“十二五”国家重点图书出版规划项目

信息与计算科学丛书　82

水沙水质类水利工程问题数值模拟理论与应用

李春光　景何仿　吕岁菊
杨　程　赵文娟　郑兰香　著

科学出版社
北京

内 容 简 介

本书是作者多年研究工作的累积，主要对一些典型水利工程问题数值模拟所涉及的数学模型、数值计算方法作了较为全面的介绍，并系统地介绍了作者在这方面的研究成果. 主要内容包括：天然河流水流运动、泥沙运移、河床变形的数值模拟，工业供水水库泥沙淤积的数值模拟，有压管道水锤的数值模拟，湖库水质的数值模拟，土壤水盐运移的数值模拟，河道或引水明渠冬季结冰问题的数值模拟等. 全书分上、下两篇，共计 10 章内容，其中上篇为基础理论篇，有 4 章，主要介绍了有关数学模型、数值计算方法及常用的数值模拟软件；下篇为实践应用篇，共 6 章，主要介绍了作者近年来在这些领域的一些研究成果.

本书可供计算数学、计算流体力学、水力学及河流动力学、环境科学与工程、农田水利工程等有关专业研究生、教师和科研人员参考.

图书在版编目(CIP)数据

水沙水质类水利工程问题数值模拟理论与应用/李春光等著.— 北京：科学出版社,2015.11

(信息与计算科学丛书；82)

“十二五”国家重点图书出版规划项目

ISBN 978-7-03-046389-0

Ⅰ. ①水… Ⅱ. ①李… Ⅲ. ①含沙水流-水利工程-水质模拟-数值模拟-研究 Ⅳ. ① TV135

中国版本图书馆 CIP 数据核字(2015) 第 274918 号

责任编辑：王丽平 / 责任校对：彭 涛

责任印制：肖 兴 / 封面设计：陈 敬

科学出版社 出版

北京东黄城根北街 16 号

邮政编码：100717

http://www.sciencep.com

北京通州皇家印刷厂印刷

科学出版社发行 各地新华书店经销

*

2015 年 11 月第 一 版 开本：720 × 1000 1/16

2015 年 11 月第一次印刷 印张：25 3/4

字数：517 000

定价：198.00 元

(如有印装质量问题，我社负责调换)

《信息与计算科学丛书》序

20 世纪 70 年代末, 由已故著名数学家冯康先生任主编、科学出版社出版了一套《计算方法丛书》, 至今已逾 30 册. 这套丛书以介绍计算数学的前沿方向和科研成果为主旨, 学术水平高、社会影响大, 对计算数学的发展、学术交流及人才培养起到了重要的作用.

1998 年教育部进行学科调整, 将计算数学及应用软件、信息科学、运筹控制等专业合并, 定名为"信息与计算科学专业". 为适应新形势下学科发展的需要, 科学出版社将《计算方法丛书》更名为《信息与计算科学丛书》, 组建了新的编委会, 并于 2004 年 9 月在北京召开了第一次会议, 讨论并确定了丛书的宗旨、定位及方向等问题.

新的《信息与计算科学丛书》的宗旨是面向高等学校信息与计算科学专业的高年级学生、研究生以及从事这一行业的科技工作者, 针对当前的学科前沿、介绍国内外优秀的科研成果. 强调科学性、系统性及学科交叉性, 体现新的研究方向. 内容力求深入浅出, 简明扼要.

原《计算方法丛书》的编委和编辑人员以及多位数学家曾为丛书的出版做出了大量工作, 在学术界赢得了很好的声誉, 在此表示衷心的感谢. 我们诚挚地希望大家一如既往地关心和支持新丛书的出版, 以期为信息与计算科学在新世纪的发展起到积极的推动作用.

石钟慈

2005 年 7 月

前　言

自 2003 年起, 北方民族大学数值计算与工程应用研究所以学校为依托, 以计算流体力学和工程数值模拟为手段, 以解决宁夏当地工农业生产中的实际工程问题为导向, 致力于研究黄河宁夏段水沙运移及河床变形问题、冬季凌汛和冰期供水问题、宁东工业供水水库泥沙淤积及水质问题、银北地区盐渍化土壤水盐运移问题, 取得了一些研究成果. 本书是十余年来团队主要研究成果的整理、总结和进一步发展.

宁夏地处我国西北部干旱少雨地区, 许多县市年均蒸发量是年均降水量的 6~8 倍. 水的问题已经成为制约当地经济社会发展和人民群众生活水平提升的关键问题. 黄河从黑山峡出甘肃流入宁夏, 至石嘴山出宁夏流入内蒙古, 在宁夏境内河段全长约 400km. 得益于黄河这条母亲河, 宁夏自古就有引黄灌溉的历史, 造就了万亩良田和一片片生机盎然的绿洲, 赢得了 “塞上江南” 的美誉. 宁夏境内 (除南部山区外) 大部分地区的水源都直接或间接来自黄河. 因此, 研究黄河宁夏段天然河道及周边一些典型水库的水沙运动、河床变形、水质变化、水盐运移等问题有着十分明显的应用背景和地域特色. 所取得的研究成果不仅具有一定的学术价值, 而且可直接为当地工农业生产和经济建设服务, 具有重要的应用价值.

全书分为基础理论篇 (上篇) 和实践应用篇 (下篇) 两大部分, 共 10 章内容. 其中, 第 1 章至第 4 章属于上篇, 第 5 章至第 10 章属于下篇.

第 1 章, 水利工程数值模拟概述. 简要介绍了水利工程数值模拟的研究内容、目标、任务, 以及该领域国内外研究现状和未来发展趋势.

第 2 章, 水利工程中常用数学模型. 系统全面地给出了水利工程水沙水质类问题经常用到的数学模型, 即水动力学数学模型、泥沙运移数学模型、湖库水质数学模型、土壤水盐运移数学模型、水温及冰凌数学模型等. 部分数学模型和其中的重要参数, 作者结合实际问题进行了改进, 以提高数值模拟的精度.

第 3 章, 水利工程数值模拟有关数值计算方法. 详细总结了研究团队所用的主要数值方法. 内容包括网格生成技术、对流扩散方程的有限体积法, 以 SIMPLE 算法为代表的压力修正类算法及其理论分析、求解线性代数方程组的 TDMA 算法收敛性证明, 以及定解条件的确定和提高收敛速度的一些算法改进等内容.

第 4 章, 水利工程数值模拟常用应用软件. 介绍了几个有代表性的应用软件, 即 FLUENT、Delft3D、MIKE 等软件的功能、特点和应用范围.

下篇是研究团队主要科研成果的系统总结和提升.

第 5 章, 连续弯曲河道水沙运移及河床变形研究. 详细总结了团队在宁夏黄河沙坡头–大柳树河段, 进行野外实测数据分析, 对水流运动、泥沙运移、河床变形等方面的二维及三维数值模拟研究成果, 以及数值模拟结果与实测结果的比对分析等内容.

第 6 章, 抽水型水库泥沙淤积研究. 以宁夏宁东水洞沟水库为例, 给出了实地实测和二维、三维水沙运动数值模拟结果, 并就如何延长水库使用年限 (寿命) 给出了若干工程建议.

第 7 章, 抽水型水库水质数值模拟研究. 对水洞沟水库水质进行了实测和数值模拟、对比分析, 并对水库水质变化进行了数值模拟预测.

第 8 章, 引水明渠冬季输水数值模拟研究. 对宁夏吴忠金积工业供水工程冬季输水问题进行了数值模拟研究, 包括一维、二维水温分布数值模拟、结冰点位置的确定, 以及结冰后冰盖厚度的发展数值模拟等内容.

第 9 章, 抽水泵站水锤数值模拟研究. 重点对事故停泵水锤进行了数值模拟研究, 并对模拟结果进行了分析.

第 10 章, 土壤水盐运移数值模拟研究. 针对宁夏银北地区盐渍化较严重的一块区域进行了实测及一维、二维数值模拟, 得出了水盐运移的特征和区域性的水盐运移规律, 为该地区的盐渍化防治提供了一定的科学依据.

本书有如下几方面的特色: 一是在理论方面, 对一些模型方程进行了改进和修正. 例如, 在天然河道弯道处加入弯道离心力影响的源项, 改进了水动力学控制方程; 对一些重要参数, 如曼宁系数提出了更符合实际的自动调整取值的确定方法. 二是在数值计算方面有一些改进和创新. 对水流运动模块和泥沙运移模块提出了一种半耦合、分时段计算策略, 大大提高了计算效率; 对工程界应用广泛但缺乏严格理论证明的一些算法, 如 SIMPLE 类算法、TDMA 算法给出了其收敛性和稳定性的理论分析和证明, 从而为这些算法的应用提供了较为坚实的理论基础. 三是本书的研究与实际应用联系紧密, 书中的模型、算法和模拟实例大都是为了解决当地有关部门的实际问题而开展的研究工作. 此外, 本书研究的一个重点是黄河大柳树–沙坡头河段, 该河段由若干个连续弯道组成, 具有一定的代表性. 因此, 本书中的研究成果对于类似的蜿蜒型河流数值模拟也具有一定的参考价值.

研究团队近十年主持和承担多项科研项目的研究. 本书的主要内容也得益于这些项目强有力的支撑. 团队成员主要承担的项目有国家自然科学基金项目 “黄河宁夏沙坡头河段三维泥沙运移数值模拟研究”、“黄河上游大柳树河段三维泥沙运移及水温数值模拟研究”、“泥沙运移数值模拟中的几个典型算法与建模问题的研究”、“水沙运移中的格子 Boltzmann 方法研究”、“强蒸发抽水型水库水质和水动力耦合模拟研究 —— 以宁夏鸭子荡水库为例”; 横向课题 “宁夏吴忠金积供水工程冬季引水数值模拟研究”(委托单位: 宁夏回族自治区水利水电开发建设总公司)、“水洞沟水库泥沙淤积测试与模拟数值”(委托单位: 宁夏长城水务有限责任公司)、“山西中部引黄工程水锤防护措施研究”(委托单位: 西安理工大学), 以及两个宁夏自然科学基金项目 (编号分别为 NZ13086 和 NZ14110)、一个宁夏高等学校科研项目 (编号为 NGY2014005) 和一个北方民族大学重点科研项目 (2015KJ11) 等.

作为团队研究成果的结晶, 本书是由李春光组织带领团队成员, 历时一年多时间认真撰写、反复修改完成的. 原始材料整理及初稿撰写分别由景何仿 (第 1、第 8 章全部及第 2～ 第 5 章部分)、吕岁菊 (第 9 章全部及第 2、第 3、第 5 章部分)、杨程 (第 6 章全部及第 2～ 第 5 章部分)、赵文娟 (第 10 章全部及第 2、第 3 章部分)、郑兰香 (第 7 章全部及第 2、第 3 章部分) 完成. 经多次集体研讨, 最终由李春光完成全书定稿.

在项目研究过程中, 我们得到石钟慈院士、林群院士、崔俊芝院士、徐宗本院士的指导、帮助和关心, 谨致谢忱! 长期以来, 黄艾香教授、李开泰教授、徐成贤教授、蒋耀林教授、何银年教授、侯延仁教授、陈绍春教授、石东洋教授、芮洪兴教授给予我们大力指导和帮助, 我们表示深深的感谢!

十余年来, 项目研究还得到宁夏回族自治区水利厅薛塞光总工、方树星总工、王昕华总工、刘华总工、刘军峰总工等几位高级工程师的大力协助; 清华大学张红武教授, 英国 Aberdeen 大学郭亚昆教授, 华北水利水电大学孙东坡教授, 宁夏大学田军仓教授、李星教授、张维江教授、孟云芳教授、姚青云教授给予长期关心和帮助, 并进行过一些愉快的合作, 在此一并致谢!

在项目研究过程中, 北方民族大学部分教师和作者的学生也部分地参与了野外测量及数值模拟工作, 他们是周炳伟、杨录峰、董建强、黄凌霄、吴砚婕、王兰香、王君超、姜艳艳、马宁、刘圣琬、王发利、李利芳、田懋、张玉环、程紫薇、田野、刘礼惠、陈晓花、马淼、杨君伟、马鸿林、杨艳娟、关鹏燕、杨洋、张晋、赵丽莎、欧阳鹏飞、侯振华、梁晨璟、蔡永军、万翠平、周芳、刘亚利、王子路、王立海、牛云霞、徐晓芳、刘鹏飞等, 在此表示诚挚谢意!

最后, 感谢科学出版社王丽平编辑为本书出版付出的细致劳动!

由于本书内容多、范围广, 参与人员较多, 受作者水平所限, 书中难免存在不足之处, 诚请各位同仁不吝批评指正!

作　者

2015 年 5 月

于北方民族大学

主要符号表

符号	含义	单位	备注
C	谢才系数	$m^{1/2}/s$	在土壤水盐运移中表示盐分浓度 (kg/m^3)
C_{mo}	土壤接受的大气凝结水量	m	
D_{50}	床沙中值粒径	mm	
$D(\phi)$	非饱和土壤扩散率	m^2/s	
J	Jacobi 行列式		
J_P	水力坡降	%	
$K(\phi)$	非饱和土壤导水率	m/s	
P	降雨量	mm	
P_{SL}	第 L 组悬移质泥沙级配	%	
P_{bL}	第 L 组床沙级配	%	
P_{mL}	混合活动层床沙级配	%	
$P_{mL,0}$	初始床沙级配	%	
R	水力半径	m	
S	垂线平均含沙量	kg/m^3	在土壤水盐运移中表示入渗量 (m)
S_L	第 L 组泥沙平均含沙量	kg/m^3	
S^*	水流挟沙力	kg/m^3	
S_L^*	第 L 粒径组悬移质泥沙水流挟沙力	kg/m^3	
S_v	体积含沙量 $S_v = S/\rho_s$	%	
U, V	拟变流速分量	m/s	
U_c	泥沙的起动流速	m/s	
$U_c{}'$	泥沙的止动流速	m/s	
$\overline{U}$	垂线平均流速大小	m/s	
ΔZ_b	泥沙冲淤厚度	m	
d	泥沙粒径	mm	
d_{50}	泥沙中值粒径	mm	
d_m	泥沙平均粒径	mm	
g	重力加速度	m/s^2	
n	曼宁系数	$s/m^{-1/3}$	
$\overline{u}, \overline{v}$	ξ, η 方向流速（协变流速分量）	m/s	
u, v	直角坐标速度分量	m/s	
Z_b	河床高程	m	
ξ, η	曲线坐标分量		
ζ	水位	m	

续表

符号	含义	单位	备注
k	紊动能	m^2/s^2	
ε	紊动能耗散率	m^3/s^4	在土壤水盐运移中表示垂直向的水量交换强度 (m/s)
ν	运动黏性系数	m^{-4}/s	
η	动力黏性系数 ($\eta = \rho\nu$)	Ns/m	
η_t	紊动黏性系数	m^{-4}/s	
η_t	紊动动力黏性系数 ($\eta_t = \rho\nu_t$)	m^{-4}/s	
α_L	第 L 组悬移质泥沙恢复饱和系数		
κ	卡门常数		
$\varepsilon_x, \varepsilon_y$	泥沙紊动扩散系数		
ω	泥沙沉速	cm/s	
ω_0	清水中泥沙沉速	cm/s	
ω_L	第 L 组泥沙沉速	cm/s	
ω_s	群体泥沙沉速		
ρ	水的密度	kg/m^3	
ρ_s	泥沙密度	kg/m^3	

目　　录

《信息与计算科学丛书》序
前言
主要符号表

上篇　基础理论篇

第 1 章　水利工程数值模拟概述 …… 3
1.1　水利工程数值模拟的研究目标和研究内容 …… 3
1.1.1　水利工程概述 …… 3
1.1.2　数值模拟概述 …… 5
1.1.3　水利工程数值模拟研究目标及研究内容 …… 6
1.2　水利工程数值模拟国内外研究现状 …… 8
1.2.1　紊流的数值模拟研究现状 …… 8
1.2.2　水流运动的数值模拟研究现状 …… 14
1.2.3　泥沙运移的数值模拟研究现状 …… 16
1.2.4　冰凌问题的数值模拟研究现状 …… 17
1.2.5　水质问题数值模拟研究现状 …… 18
1.2.6　土壤水盐运移问题数值模拟研究现状 …… 20
1.3　水利工程数值模拟研究发展趋势 …… 21
第 2 章　水利工程中常用数学模型 …… 24
2.1　水动力学数学模型 …… 24
2.1.1　一维水动力学数学模型 …… 24
2.1.2　三维水动力学数学模型 …… 30
2.1.3　平面二维水动力学数学模型 …… 37
2.1.4　垂向二维水动力学数学模型 …… 45
2.2　泥沙运移数学模型 …… 47
2.2.1　一维泥沙数学模型 …… 47
2.2.2　二维泥沙数学模型 …… 48
2.2.3　泥沙数学模型中关键问题的处理 …… 50
2.3　湖库水质数学模型 …… 61

2.3.1 湖库特点及水质影响因素 …… 61
2.3.2 湖库水温模型 …… 63
2.3.3 湖库水质数学模型 …… 65
2.3.4 生态动力学模型 …… 69
2.4 土壤水盐运移数学模型 …… 71
2.4.1 土壤水盐运移理论研究 …… 71
2.4.2 土壤水盐运移模型 …… 73
2.4.3 土壤水盐模型关键参数的确定 …… 76
2.5 水温及冰凌数学模型 …… 80
2.5.1 水温数学模型 …… 81
2.5.2 输冰数学模型 …… 84
2.5.3 冰盖厚度发展的计算 …… 86
第 3 章 水利工程数值模拟有关数值计算方法 …… 93
3.1 常用数值计算方法简介 …… 93
3.2 网格生成技术 …… 95
3.2.1 概述 …… 95
3.2.2 适体坐标变换 …… 98
3.3 对流扩散方程的有限体积法 …… 100
3.3.1 离散格式 …… 101
3.3.2 二维问题的离散 …… 107
3.4 SIMPLE 类系列算法及有关收敛性 …… 109
3.4.1 SIMPLE 算法 …… 110
3.4.2 SIMPLER 算法 …… 114
3.4.3 SIMPLEC 算法 …… 114
3.4.4 CLEAR 算法 …… 115
3.4.5 IDEAL 算法 …… 116
3.4.6 SIMPLE 类算法的矩阵形式 …… 118
3.4.7 同位网格下 SIMPLE 类算法收敛性研究 …… 123
3.5 TDMA 算法及其收敛性 …… 135
3.5.1 TDMA 算法 …… 135
3.5.2 TDMA 算法在二维水沙模型数值求解中的应用 …… 136
3.5.3 TDMA 算法的收敛性 …… 137
3.6 高分辨率组合格式构造 …… 140
3.6.1 相关概念 …… 141
3.6.2 高分辨率格式构造 …… 143

3.6.3 算例 …… 144
3.7 定解条件及有关算法改进 …… 146
3.7.1 初始条件 …… 146
3.7.2 边界条件 …… 147
3.7.3 动边界处理 …… 148
3.7.4 水流模块与泥沙模块的耦合问题 …… 149
3.8 引水明渠冬季结冰问题数学模型求解方法 …… 150
3.8.1 一维水力热力耦合模型方程的数值求解方法 …… 150
3.8.2 冰盖厚度发展模型方程的数值求解方法 …… 151
第 4 章 水利工程数值模拟常用应用软件 …… 152
4.1 FLUENT …… 152
4.1.1 概述 …… 152
4.1.2 FLUENT 软件构成 …… 153
4.1.3 FLUENT 主要功能 …… 153
4.1.4 FLUENT 计算模型 …… 154
4.1.5 FLUENT 基本操作及应用实例 …… 155
4.2 Delft3D …… 164
4.2.1 Delft3D 概述 …… 164
4.2.2 Delft3D 主要模块 …… 165
4.2.3 水动力模块 (FLOW) 简介 …… 166
4.2.4 Delft3D 模型控制方程 …… 168
4.3 MIKE …… 170
4.3.1 概述 …… 170
4.3.2 MIKE 主要功能 …… 171
4.3.3 MIKE 21 软件应用实例 …… 173

下篇　实践应用篇

第 5 章 连续弯曲河道水沙运移及河床变形研究 …… 185
5.1 主要测量仪器 …… 185
5.2 黄河上游典型河段实测 …… 188
5.2.1 沙坡头河段 …… 188
5.2.2 大柳树河段 …… 193
5.3 沙坡头河段平面二维数值模拟 …… 206
5.3.1 初边界条件及网格剖分 …… 206

5.3.2 水流运动数值模拟结果及分析 …… 210
5.3.3 泥沙运移及河床变形数值模拟结果及分析 …… 212
5.4 黄河沙坡头河段三维数值模拟 …… 222
5.4.1 模拟区域及网格划分 …… 222
5.4.2 数学模型及求解 …… 223
5.4.3 沙坡头库区三维水沙运动模拟结果及分析 …… 223
5.5 黄河大柳树河段三维数值模拟 …… 235
5.5.1 模拟区域及网格划分 …… 235
5.5.2 数学模型及求解 …… 237
5.5.3 大柳树河段三维水沙运动模拟结果及分析 …… 238
5.6 主要结论 …… 253
第 6 章 抽水型水库泥沙淤积研究 …… 256
6.1 水洞沟水库实测 …… 256
6.1.1 水洞沟水库概况 …… 256
6.1.2 测量仪器及测量方法 …… 257
6.1.3 断面布设 …… 258
6.1.4 实测结果及分析 …… 259
6.2 数值模拟区域及初边界条件 …… 265
6.2.1 模拟区域 …… 265
6.2.2 边界条件及其处理方法 …… 266
6.3 水流运动数值模拟 …… 267
6.3.1 二维水沙运动数值模拟 …… 267
6.3.2 不同工况水流运动模拟研究 …… 273
6.3.3 三维水沙运动数值模拟 …… 277
6.4 小结 …… 284
第 7 章 抽水型水库水质数值模拟研究 …… 287
7.1 水库水质样品采集及数据分析 …… 287
7.1.1 水质采样点布设 …… 287
7.1.2 水样采集及保存 …… 288
7.1.3 测定指标及分析方法 …… 288
7.1.4 水质数据分析 …… 288
7.2 初边界条件及模型参数率定 …… 290
7.2.1 水库地形的制作 …… 290
7.2.2 上水时的初边界条件 …… 291
7.2.3 不上水时的初边界条件 …… 291

7.2.4 模型参数的率定 ······ 292
7.3 模拟结果分析 ······ 292
7.3.1 库区流场分布 ······ 292
7.3.2 COD 的浓度分布 ······ 293
7.3.3 NH_3-N 的浓度分布 ······ 294
7.3.4 垂向分布分析 ······ 295
7.3.5 实测值与模拟值对比分析 ······ 300
7.4 水洞沟水库水质模拟预测 ······ 301
7.4.1 上水时的模拟结果 ······ 301
7.4.2 不上水时的模拟结果 ······ 303
7.5 小结 ······ 304
第 8 章 引水明渠冬季输水数值模拟研究 ······ 306
8.1 宁夏吴忠金积供水工程简介 ······ 306
8.2 金积供水工程引水明渠一维水温分布数值模拟 ······ 307
8.2.1 模拟区域 ······ 307
8.2.2 模拟工况及初边界条件 ······ 307
8.2.3 引水渠 0~4km 小流量供水一维数值模拟结果及分析 ······ 308
8.2.4 引水渠 0~16.5km 大流量供水一维数值模拟结果及分析 ······ 310
8.3 金积供水工程引水明渠二维水温分布数值模拟 ······ 312
8.3.1 平面二维水温分布数值模拟结果及分析 ······ 312
8.3.2 立面二维水温分布数值模拟结果及分析 ······ 315
8.4 金积供水工程引水明渠冰盖厚度数值模拟 ······ 318
8.4.1 1997—2007 年冰盖厚度发展情况 ······ 318
8.4.2 数值模拟结果与经验公式的比较 ······ 320
8.5 小结 ······ 320
第 9 章 抽水泵站水锤数值模拟研究 ······ 322
9.1 抽水泵站工程概况 ······ 322
9.2 水泵正常运行工况点的确定 ······ 323
9.2.1 水泵性能曲线方程 ······ 323
9.2.2 单泵运行工况点的确定 ······ 323
9.2.3 并联运行水泵工况点确定 ······ 324
9.2.4 庄头支线泵站水泵运行工况点确定 ······ 324
9.3 特征线法离散水锤控制方程 ······ 325
9.4 定解条件 ······ 328
9.4.1 水泵端边界条件 ······ 328

9.4.2 初值条件和边界条件 ······ 333
9.5 事故停泵水锤数值模拟 ······ 336
9.5.1 事故停泵泵出口无蝶阀防护水锤数值模拟 ······ 336
9.5.2 事故停泵有蝶阀防护的水锤数值模拟 ······ 337
9.5.3 事故停泵泵出口蝶阀和进排气阀联合防护水锤数值模拟 ······ 338
9.5.4 模拟计算结果分析 ······ 339
9.5.5 主要结论 ······ 340
第 10 章 土壤水盐运移数值模拟研究 ······ 341
10.1 土壤水分特征曲线的测定 ······ 341
10.1.1 压力膜法 ······ 341
10.1.2 压力膜法试验结果 ······ 342
10.1.3 土壤水分特征曲线的拟合 ······ 343
10.2 宁夏银北试验区域概况 ······ 347
10.2.1 研究区自然地理条件 ······ 347
10.2.2 研究区土壤物理化学特性 ······ 350
10.3 宁夏银北试验区土壤水盐动态变化特征 ······ 351
10.3.1 监测区管网布置及实验设计 ······ 351
10.3.2 监测区土壤水盐变化特征 ······ 352
10.3.3 监测区有作物下的土壤水盐变化特征 ······ 354
10.4 宁夏银北试验区土壤水盐运移数值模拟结果及分析 ······ 355
10.4.1 试验区的土壤水分运动模拟研究 ······ 355
10.4.2 试验区纵向剖面水分运动模拟 ······ 356
10.4.3 土壤盐分运移方程定解条件 ······ 365
10.4.4 土壤盐分运移方程离散处理 ······ 369
10.4.5 土壤盐分模拟曲线及数据分析 ······ 369
10.5 结论 ······ 373

参考文献 ······ 375
索引 ······ 387
《信息与计算科学丛书》已出版书目 ······ 390

上篇　基础理论篇

第1章　水利工程数值模拟概述

水是人类生活和生产活动不可缺少的重要资源, 是经济社会可持续发展的基础. 从上古时代起, 人类为了充分利用水资源, 建立了许多大桥、大坝、运河、引水渠、水库等水工建筑物, 利用水动力进行发电、灌溉、防洪、除涝、生产养殖、航运等. 然而, 水利工程在带给人们诸多好处的时候, 如果利用不当, 也会由此引发严重的社会后果. 如在河流上建立大坝而形成的水库会产生严重的泥沙淤积问题、桥墩冲刷问题、溃坝问题, 还有压力管道产生的水锤问题、土壤盐渍化问题、凌汛问题等. 这些问题, 虽然已经有一定的研究成果, 然而, 研究方法和研究结果都有待进一步深入. 数值模拟方法作为水利工程有关问题研究的手段之一, 随着计算机性能的日益提高及计算技术的逐步完善, 其重要性已经逐渐凸显出来, 而且越来越会受到水利工程界的重视.

本章首先梳理了水利工程数值模拟的研究目标和研究内容, 然后介绍了水利工程数值模拟的研究现状, 最后对其未来发展趋势进行了展望.

1.1　水利工程数值模拟的研究目标和研究内容

在对水利工程有关物理现象和问题进行数值模拟之前, 应该了解水利工程数值模拟是为了什么 (即研究目标), 是干什么的 (即研究内容). 而要了解水利工程的研究目标及研究内容, 首先应该了解水利工程方面有关知识.

1.1.1　水利工程概述

1. 水利工程有关概念

什么是水利工程? 简而言之, 水利工程是用于控制和调配自然界的地表水和地下水, 达到除害兴利目的而修建的工程, 也称为水工程.

我们知道, 水是人类生产和生活必不可少的宝贵资源, 但其自然存在的状态并不完全符合人类的需要. 只有修建水利工程, 才能控制水流, 防止洪涝灾害, 并进行水量的调节和分配, 以满足人民生活和生产对水资源的需要. 水利工程需要修建坝、堤、溢洪道、水闸、进水口、渠道、渡槽、筏道、鱼道等不同类型的水工建筑物, 以实现其目标.

2. 水利工程分类

水利工程按其服务对象分为防洪工程、农田水利工程、水力发电工程、航道和港口工程、供水和排水工程、环境水利工程、滩涂围垦工程等.

可同时为防洪、供水、灌溉、发电等多种目标服务的水利工程, 称为综合水利工程.

3. 水利工程特点

水利工程与其他工程相比, 具有如下特点:

(1) 有很强的系统性和综合性. 单项水利工程是同一流域、同一地区内各项水利工程的有机组成部分, 这些工程既相辅相成, 又相互制约; 单项水利工程自身往往是综合性的, 各服务目标之间既紧密联系, 又相互矛盾. 水利工程和国民经济的其他部门也是紧密相关的. 规划设计水利工程必须从全局出发, 系统地、综合地进行分析研究, 才能得到最为经济合理的优化方案.

(2) 对环境有很大影响. 水利工程不仅通过其建设任务对所在地区的经济和社会发生影响, 而且对江河、湖泊以及附近地区的自然面貌、生态环境、自然景观, 甚至对区域气候, 都将产生不同程度的影响. 这种影响有利有弊, 规划设计时必须对这种影响进行充分估计, 努力发挥水利工程的积极作用, 消除其消极影响.

(3) 工作条件复杂. 水利工程中各种水工建筑物都是在难以确切把握的气象、水文、地质等自然条件下进行施工和运行的, 它们又多承受水的推力、浮力、渗透力、冲刷力等的作用, 工作条件较其他建筑物更为复杂.

(4) 水利工程的效益具有随机性. 根据每年水文状况不同而效益不同, 农田水利工程还与气象条件的变化有密切联系, 影响面广.

(5) 水利工程一般规模大, 技术复杂, 工期较长, 投资多, 兴建时必须按照基本建设程序和有关标准进行.

4. 水工建筑物

无论是治理水害还是开发水利, 都需要通过一定数量的水工建筑物来实现.

按照功用, 水工建筑物大体分为三类: ①挡水建筑物; ②泄水建筑物; ③专门水工建筑物. 由若干座水工建筑物组成的集合体称水利枢纽.

1) 挡水建筑物

阻挡或拦束水流、拥高或调节上游水位的建筑物, 一般横跨河道者称为坝, 沿水流方向在河道两侧修筑者称为堤. 坝是形成水库的关键性工程. 近代修建的坝, 大多数采用当地土石料填筑的土石坝或用混凝土灌筑的重力坝, 它依靠坝体自身的重量维持坝的稳定. 当河谷狭窄时, 可采用平面上呈弧线的拱坝. 在缺乏足够筑坝材料时, 可采用钢筋混凝土的轻型坝 (俗称支墩坝), 但它抵抗地震作用的能力和耐久性都较差. 砌石坝是一种古老的坝, 不易机械化施工, 主要用于中小型工程. 大坝设计中要解决的主要问题是坝体抵抗滑动或倾覆的稳定性、防止坝体自身的破裂和渗漏. 土石坝或砂、土地基, 防止渗流引起的土颗粒移动破坏 (即所谓“管涌”和“流土”) 占有更重要的地位. 在地震区建坝时, 还要注意坝体或地基中浸水饱和的无黏性砂料、在地震时发生强度突然消失而引起滑动的可能性, 即所谓“液化现象”.

2) 泄水建筑物

能从水库安全可靠地放泄多余或需要水量的建筑物. 历史上曾有不少土石坝, 因洪水超过水库容量而漫顶造成溃坝. 为保证土石坝的安全, 必须在水利枢纽中设河岸溢洪道, 一旦水库水位超过规定水位, 多余水量将经由溢洪道泄出. 混凝土坝有较强的抗冲刷能力, 可利用坝体过水泄洪, 称溢流坝. 修建泄水建筑物, 关键是要解决好消能和防蚀、抗磨问题. 泄出的水流一般具有较大的动能和冲刷力, 为保证下游安全, 常利用水流内部的撞击和摩擦消除能量, 如水跃或挑流消能等. 当流速大于 10 ～ 15m/s 时, 泄水建筑物中行水部分的某些不规则地段可能出现所谓空蚀破坏, 即由高速水流在临近边壁处出现的真空所造成的破坏. 防止空蚀的主要方法是尽量采用流线形体形, 提高压力或降低流速, 采用高强材料以及向局部地区通气等. 多泥沙河流或当水中夹带有石渣时, 还必须解决抵抗磨损的问题.

3) 专门水工建筑物

除上述两类常见的一般性建筑物外, 为某一专门目的或为完成某一特定任务所设的建筑物. 渠道是输水建筑物, 多数用于灌溉和引水工程. 当遇高山挡路, 可盘山绕行或开凿输水隧洞穿过 (见水工隧洞); 如与河、沟相交, 则需设渡槽或倒虹吸, 此外还有同桥梁、涵洞等交叉的建筑物. 水力发电站枢纽按其厂房位置和引水方式有河床式、坝后式、引水道式和地下式等. 水电站建筑物主要有集中水位落差的引水系统, 防止突然停车时产生过大水击压力的调压系统, 水电站厂房以及尾水系统等. 通过水电站建筑物的流速一般较小, 但这些建筑物往往承受着较大的水压力, 因此, 许多部位要用钢结构. 水库建成后大坝阻拦了船只、木筏、竹筏以及鱼类回游等的原有通路, 对航运和养殖的影响较大. 为此, 应专门修建过船、过筏、过鱼的船闸、筏道和鱼道. 这些建筑物具有较强的地方性, 修建前要作专门研究.

1.1.2 数值模拟概述

1. 数值模拟有关概念

数值模拟(numerical simulation) 也叫计算机模拟、计算机仿真, 是指依靠电子计算机, 利用特定的数值计算方法, 如有限差分法、有限元法、有限体积法等, 通过编程计算和图像显示的方法, 完成对工程问题和物理问题乃至自然界各类问题进行仿真和预测.

在计算机上实现一个特定的计算, 非常类似于履行一个物理实验. 这时分析人员已跳出了数学方程的圈子来对待物理现象的发生, 就像做一次物理实验. 因此, 数值计算又称为数值试验.

在科学研究和工程设计领域, 数值模拟方法是继理论解析方法、实验观测方法之后的又一最有力的研究、求解和设计的工具. 随着计算机科学技术的发展和高效数值计算方法的不断出现, 数值计算方法已成为与理论研究、实验研究并列的重要研究手段.

2. 数值模拟的步骤

数值模拟包含以下几个步骤:

1) 建立反映问题 (工程问题、物理问题等) 本质的数学模型

具体说就是要建立反映问题各量之间的微分方程及相应的定解条件. 这是数值模拟的出发点. 没有正确完善的数学模型, 数值模拟就无从谈起. 牛顿型流体流动的数学模型就是著名的 Navier-Stokes 方程及其相应的定解条件.

2) 建立高效的数值计算方法

数学模型建立之后, 需要解决的问题是寻求高效率、高准确度的计算方法. 由于人们的努力, 目前已发展了许多数值计算方法. 计算方法不仅包括微分方程的离散化方法及求解方法, 还包括贴体坐标的建立、边界条件的处理等. 这些过去被人们忽略或回避的问题, 现在受到越来越多的重视和研究.

3) 编制程序, 在计算机上进行计算

在确定了计算方法和坐标系后, 就可以开始编制程序和进行计算. 实践表明这一部分工作是整个工作的主体, 占绝大部分时间. 由于求解的问题比较复杂, 比如方程就是一个非线性的十分复杂的方程, 它的数值求解方法在理论上不够完善, 所以需要通过实验来加以验证.

4) 计算结果可视化处理

在计算工作完成后, 大量数据只能通过图像形象地显示出来. 因此数值计算结果的图像显示也是一项十分重要的工作. 目前人们已能把数值模拟结果的图形作得像相片一样逼真. 利用录像机或电影放映机可以显示动态过程, 模拟的水平越来越高, 越来越逼真.

1.1.3　水利工程数值模拟研究目标及研究内容

1. 水利工程数值模拟的研究目标

通过前面的讨论, 我们对水利工程和数值模拟已经有了清晰的轮廓. 所谓水利工程数值模拟, 实际上就是将数值模拟技术应用到水利工程领域, 依靠电子计算机,

利用特定的数值计算方法, 通过编程计算和图像显示的方法, 达到对水利工程问题研究的目的.

因此, 水利工程数值模拟中, 数值模拟技术只是一种手段或途径, 最终要达到的目的是认识和掌握水利工程领域中有关物理现象和物理规律, 达到兴利除害、造福人类的目的. 当然, 在水利工程数值模拟过程中, 首先要建立合理的数学模型, 其次要研究求解该类模型的合理高效的数值计算方法, 另外还要对所建立的数值计算方法的有关理论, 如收敛性、稳定性、相容性等进行研究, 并通过数值模拟检验.

综上所述, 水利工程数值模拟的研究目标可以归纳为以下几点:

(1) 针对各类水利工程问题, 建立通用性较强的数学模型;

(2) 针对所建立的数学模型, 研究高效的数值计算方法;

(3) 通过计算机模拟及可视化处理, 对数值模拟结果进行分析讨论;

(4) 得到有关水利工程问题的解决方案, 用于指导工程实践.

2. 水利工程数值模拟的研究内容

水利工程问题十分宽泛, 也非常复杂. 并不是所有水利工程问题都可以通过数值模拟得到解决. 目前来说, 水利工程中可以利用数值模拟方法进行研究的问题有以下几种.

1) 地表水流运动的数值模拟

这类问题主要包括: 溃坝问题数值模拟; 有压管道水锤问题数值模拟; 绕流问题数值模拟; 弯道水流数值模拟.

2) 泥沙运移数值模拟

这类问题包括: 水库泥沙淤积问题数值模拟; 河床变形问题数值模拟; 桥墩和其他水工建筑物的冲刷问题数值模拟.

3) 物质扩散与输移数值模拟

这类问题有湖泊、水库富营养化问题数值模拟; 河流、海洋污染问题数值模拟; 河口海水倒灌问题数值模拟.

4) 水温变化数值模拟

这类问题有: 引水明渠水温分布数值模拟; 水库水温分层数值模拟; 江河湖泊水温分布数值模拟. 水温分布研究是水质、冰凌问题的基础, 较为重要.

5) 冰凌运动数值模拟

在寒冷地区冬季, 在气温降低到一定程度时, 引水明渠、江河湖水及海洋都会出现结冰现象, 往往会导致凌汛现象的发生. 对冰凌问题可通过数值模拟进行研究, 然后进行冰清预报.

6) 渗流、地下水流运动与溶质迁移数值模拟

这类问题包括: 土壤水盐运移数值模拟; 多孔介质流动问题数值模拟; 油藏问题数值模拟等.

7) 多相流数值模拟

从本质上说, 泥沙运移问题、物质扩散与输移问题、冰凌问题都是多相流运动, 应该用多相流数学模型进行数值模拟. 多相流问题还包括水库异重流问题等.

1.2　水利工程数值模拟国内外研究现状

1.2.1　紊流的数值模拟研究现状

天然河流及明渠水流大多为紊流, 应该使用紊流模型进行数值模拟. 因此, 本节首先介绍紊流数值模拟研究现状.

1. 紊流现象概述

1883 年, 雷诺 (Reynolds) 曾用试验揭示了实际液体运动存在的两种状态即层流 (laminar flow) 和紊流(turbulent flow)(吴持恭, 2003). 当流速较小时, 各流层的液体质点是有条不紊地流动, 互不掺混, 这种型态就是层流; 而当流速较大时, 各流层的液体质点形成涡体, 在流动过程中, 互相掺混, 这种流动状态就是紊流. 紊流是一种高度复杂的非稳态三维流动, 在流动过程中流体的各种物理参数如速度、压力等随时间的变化而发生随机的变化, 称为脉动.

在物理结构方面, 可把紊流看成是由各种不同尺度的涡旋叠合而成的流动, 涡旋的大小及旋转轴方向的分布是随机的. 大尺度的涡旋主要由流动的边界条件决定, 引起低频脉动. 小尺度的涡旋主要是由黏性力决定, 引起高频脉动. 一般认为, 无论紊流运动多复杂, 非稳态的 Navier-Stokes 方程仍适用于紊流的瞬时运动研究.

2. 紊流的数值模拟方法

目前, 紊流的研究方法可分为直接模拟方法和非直接模拟方法. 直接模拟方法是指直接求解瞬时紊流控制方程. 非直接模拟方法不直接计算紊流的脉动特性, 设法对紊流作某种程度的近似和简化处理. 根据采用的近似和简化方法不同, 非直接模拟方法又分为: 大涡模拟统计平均法和 Reynolds 平均法等 (陶文铨, 2001). 常用的方法有三种: 直接数值模拟方法、大涡模拟方法和 Reynolds 平均法.

1) 直接数值模拟 (direct numerical simulation, DNS)

该方法是直接采用瞬时 N-S 方程对紊流进行求解. 模拟过程中不需要对紊流做任何近似和简化处理, 计算结果的误差仅仅是数值计算产生的误差, 而这种误差可以控制的, 故理论上该方法可得到比较精确的数值解. 然而, 由于紊流流动由许

多不同尺度大小的漩涡组成, 直接模拟时既要求计算区域能包含最大尺度的涡, 也要求计算网格的尺度应小到足以分辨最小涡的运动, 这就使得网格数目非常大, 且时间步长非常小, 从而对计算机的内存和运行速度提出非常高的要求.

目前, 该方法只适于求解低雷诺数的紊流流动问题, 无法应用于工程数值模拟. 近年来, 随着计算机的发展, DNS 方法又逐渐受到重视, 或许将来能成为紊流数值模拟的一个重要发展方向.

2) 大涡模拟(large eddy simulation, LES)

紊流的涡旋学说认为: 紊流的脉动与混合主要是由大尺度的涡旋造成的. 大尺度的涡从主流中获得能量, 它们是各向异性的. 大尺度的涡通过相互作用把能量传递给小尺度的涡. 小尺度涡的主要作用是耗散能量, 它们几乎是各向同性的. 此外, 为了对紊流进行数值计算, 要求计算区域的尺寸应大到足以包含最大的涡, 计算网格的尺度应小到足以分辨最小涡的运动. 基于以上认识, 形成了大涡模拟方法(LES).

该方法的基本思想是: 用瞬时 Navier-Stokes 方程直接模拟紊流中的大尺度涡, 不直接模拟小尺度涡, 通过近似模型来考虑小涡对大涡的影响. 其中, 小涡对大涡的影响称为亚格子 Reynolds 应力 (subgrid Reynolds stress). 大多数亚格子 Reynolds 应力模型都是建立在涡黏性基础上, 即把紊流脉动造成的影响用一个紊流黏性系数(又称涡黏性) 来描述.

尽管大涡模拟方法对计算机内存和运行速度的要求仍较高, 但是已远低于直接模拟方法对计算机的要求.

3) Reynolds 平均法 (Reynolds averaged numerical simualtion, RANS)

该方法是把非稳态的 N-S 方程对时间作平均, 得到的一组以时均物理量和脉动量乘积的时均值等为未知量的新的不封闭的方程组. 求解时需要辅以各种紊流模型跟时均 N-S 方程组成闭合的方程组. 这些辅助方程包括 Reynolds 应力模型和涡黏模型. 在模拟紊流流动的方法中, RANS 方法是目前使用最为广泛的一种方法.

3. 紊流的 Reynolds 时均方程

在直角坐标系下进行如下假定: 水流密度不变, 垂直方向的加速度为 0, 压力 p 符合静压力假定, 体积黏滞系数为 0, 不考虑风应力, 不考虑地球自转引起的柯氏力, 可得三维紊流的基本方程的张量形式为

连续性方程:

$$\frac{\partial u_i}{\partial x_i}=0 \tag{1.2.1}$$

动量方程:

$$\frac{\partial u_i}{\partial t}+u_j\frac{\partial u_i}{\partial x_j}=\frac{1}{\rho}\frac{\partial p}{\partial x_i}+\eta_{\mathrm{t}}\frac{\partial^2 u_i}{\partial x_j^2} \tag{1.2.2}$$

式中: ρ 为水流密度; η_{t} 为紊动黏性系数.

任一变量 ϕ 的 Reynolds 时间平均值定义为

$$\overline{\phi}=\frac{1}{\Delta t}\int_{t}^{t+\Delta t}\phi(t)\mathrm{d}t$$

其中, 时间间隔 Δt 相对于紊流的随机脉动周期应足够大, 而相对于流场的各种时均量的缓慢变化周期应足够小. 以速度为例, 空间中某点处瞬时流速在 x_i 轴上的分量 u_i 的时间平均值为

$$\overline{u_i}=\frac{1}{\Delta t}\int_{t}^{t+\Delta t}u_i\mathrm{d}t$$

物理量的瞬时值 ϕ, 时均值 $\overline{\phi}$ 及脉动值 ϕ' 之间的关系如下:

$$\phi=\overline{\phi}+\phi'$$

设两个物理量的瞬时值为 ϕ、f, 相应的脉动值为 ϕ'、f', 则按照以上定义可得以下基本关系式:

$$\begin{cases}\overline{\phi'}=0,\overline{\overline{\phi}}=\overline{\phi},\overline{\overline{\phi}+\phi'}=\overline{\phi}\\ \overline{\overline{\phi}\,\overline{f}}=\overline{\phi}\,\overline{f},\overline{\overline{\phi}f'}=0,\overline{\overline{\phi}f}=\overline{\phi}\,\overline{f},\overline{\phi f}=\overline{\phi}\,\overline{f}+\overline{\phi' f'}\\ \overline{\dfrac{\partial\phi}{\partial x_i}}=\dfrac{\partial\overline{\phi}}{\partial x_i},\overline{\dfrac{\partial\phi}{\partial t}}=\dfrac{\partial\overline{\phi}}{\partial t},\overline{\dfrac{\partial^2\phi}{\partial x_i^2}}=\dfrac{\partial^2\overline{\phi}}{\partial x_i^2}\\ \overline{\dfrac{\partial\phi'}{\partial x_i}}=0,\overline{\dfrac{\partial^2\phi'}{\partial x_i^2}}=0\end{cases}$$

根据以上时均值的定义和性质, 紊流的基本方程公式 (1.2.1)、(1.2.2) 可化为时均值方程:

$$\frac{\partial\overline{u_i}}{\partial x_i}=0 \tag{1.2.3a}$$

脉动值方程:

$$\frac{\partial\overline{u_i'}}{\partial x_i}=0 \tag{1.2.3b}$$

动量方程:

$$\frac{\partial\overline{u_i}}{\partial t}+\overline{u_j}\frac{\partial\overline{u_i}}{\partial x_j}=\frac{1}{\rho}\frac{\partial\overline{p}}{\partial x_i}+\frac{\partial}{\partial x_j}\left(\eta_{\mathrm{t}}\frac{\partial\overline{u_i}}{\partial x_j}-\overline{u_i'u'}_j\right) \tag{1.2.4}$$

Reynolds 应力是指: 流速脉动量的乘积平均值乘以流体密度取相反数, 用 R_{ij} 表示, $R_{ij}=-\rho\overline{u_i'u_j'}$, 它是新的未知量. 故若要使方程组封闭, 需要对 Reynolds 应力

进行某种假定, 即建立应力的表达式 (或新的紊流模型方程), 通过这些表达式 (或紊流模型), 把紊流的脉动值与时均值等联系起来. 根据对 Reynolds 应力的假定不同, 目前常用的紊流模型有两大类: Reynolds 应力模型和涡黏模型.

1) Reynolds 应力模型

Reynolds 应力模型是通过直接建表示 Reynolds 应力的方程作为辅助方程, 包括: Reynolds 应力方程模型和代数应力模型. 其中, Reynolds 应力方程是微分形式时称为 Reynolds 应力方程模型; Reynolds 应力方程是代数形式时称为代数应力模型.

2) 涡黏模型

涡黏模型不直接处理 Reynolds 应力项, 而是引入紊动黏性系数 (又称涡黏系数), 将 Reynolds 应力表示为紊动黏性系数的函数. 于是整个计算的关键就在于如何确定这种紊流黏性系数.

Boussinesq 假定 紊流脉动造成的附加应力也与层流运动应力那样可以同时均的应变率关联起来. 层流时联系流体的应力与应变率的本构方程为

$$\tau_{ij} = -p\delta_{ij} + \eta\left(\frac{\partial u_i}{\partial x_j} + \frac{\partial u_j}{\partial x_i}\right) - \frac{2}{3}\eta\delta_{ij}\mathrm{div}V$$

其中 η 是分子扩散所造成的动力黏性.

仿照层流可写出紊流脉动造成的应力:

$$R_{ij} = -\rho\overline{u_i'u_j'} = (\tau_{ij})_\mathrm{t} = -p_\mathrm{t}\delta_{ij} + \eta_\mathrm{t}\left(\frac{\partial u_i}{\partial x_j} + \frac{\partial u_j}{\partial x_i}\right) - \frac{2}{3}\eta_\mathrm{t}\delta_{ij}\mathrm{div}V$$

上式各物理量均为时均值 (方便起见, 此后除脉动值的时均值外, 其他时均值的符号均予以略去). p_t 是脉动速度造成的压力, 定义为

$$p_\mathrm{t} = \rho\left(\overline{u'^2} + \overline{v'^2} + \overline{w'^2}\right)/3 = 2\rho k/3$$

上式 k 是单位质量流体紊流脉动动能:

$$k = \left(\overline{u'^2} + \overline{v'^2} + \overline{w'^2}\right)/2$$

上式 η_t 为紊流黏性系数, 它是空间坐标函数, 取决于流动状态, 不属于物性参数. 但分子黏性系数 η 是物性参数.

类似紊流切应力的处理, 对其他变量 ϕ 的紊流脉动附加项可以引入相应的紊流扩散系数, 为简便均以 Γ_t 表示, 则紊流脉动所传递的通量可通过下式与时均参数联系起来:

$$-\rho\overline{u_j'\phi'} = \Gamma_\mathrm{t}\frac{\partial \phi}{\partial x_j}$$

η_t 和 Γ_t 都取决于紊流的流动, 但实验表明, 其比值常常近似视为常数, 称为紊流 Prandl 数或紊流 Schmidtl 数, 一般记为 $\sigma = \eta_\mathrm{t}/\Gamma_\mathrm{t}$.

4. 涡黏模型的几种常见形式

依据确定紊动黏性系数的微分方程的数目多少, 涡黏模型又分为零方程模型、一方程模型和两方程模型.

1) 零方程模型 (zero equation model)

该模型不含有微分方程, 而是采用代数关系式把紊动黏性系数与时均值联系起来, 即用平均速度场的局部速度梯度表示局部 Reynolds 应力, 通过混合长度和紊流黏性建立它们之间的关系. 较常见的零方程模型有: 常系数模型和 Prandtl 混合长度理论.

常系数模型是最简单的紊流模型, 尽管比较粗糙, 但是在大水体流动问题的计算中, 运动方程中的紊动黏性项并不是十分重要, 故该模型被广泛的应用在工程中.

Prandtl 混合长度理论假定紊动黏性系数与时均速度的梯度及 "混合长度" 成正比. 在二维中, 紊动动力黏性系数可按下式计算:

$$\eta_\mathrm{t} = \rho l_\mathrm{m}^2 \left|\frac{\partial u}{\partial y}\right|$$

式中: ρ 为流体密度; u 为主流时均流速; y 为与主流方向垂直的坐标, l_m 为混合长度. 混合长度 l_m 是需要确定的参数, 自由剪切层流动中, 混合长度 l_m 与剪切层厚度 $\delta(x)$ 之间的比值, 见表 1.2.1.

表 1.2.1 自由剪切层流动中混合长度与剪切层厚度的比值

	平面混合流动	平面射流	圆形射流	径向射流	平面尾迹
l_m/δ	0.07	0.09	0.075	0.125	0.16

混合长度理论简单直观, 对诸如混合层、边界层带有薄的剪切层的流动比较有效, 然而在复杂流动中, 比如带有分离及回流的流动, 将很难确定混合长度, 这就限制了该模型在工程实践中的应用.

2) 一方程模型

一方程模型是在零方程模型的基础上, 增加了一个紊流动能方程来封闭方程组, 它考虑了紊动能的对流和扩散, 认为紊动黏性系数与紊流本身的特性量 (如脉动的特性速度和特性长度) 有关, 于是 Prandtl 和 Kolmogorov 提出了新的 η_t 计算公式:

$$\eta_{\mathrm{t}} = C_\mu \rho k^{0.5} l$$

式中: C_μ 为经验系数, 多数文献建议取 0.09(陶文铨, 2001); l 为紊动脉动的长度标尺, 与混合长度 l_{m} 有所不同.

然后在建立一个紊动能 k 的输运方程, 从而使方程组封闭. 紊动能 k 的输运方程如下式:

$$\frac{\partial(\rho k)}{\partial t} + \frac{\partial(\rho k u_i)}{\partial x_i} = \frac{\partial}{\partial x_j}\left[\left(\eta + \frac{\eta_{\mathrm{t}}}{\sigma_k}\right)\frac{\partial k}{\partial x_j}\right] + \eta_{\mathrm{t}}\left(\frac{\partial u_i}{\partial x_j} + \frac{\partial u_j}{\partial x_i}\right)\frac{\partial u_j}{\partial x_i} - \rho C_D \frac{k^{3/2}}{l}$$

其中, σ_k, C_D 为经验系数.

一方程模型比零方程更合理一些, 缺点是需要事先给出混合长度的表达式, 而这个表达式中的经验系数随着具体问题的不同而不同, 且一般很难确定, 所以通用性不好.

3) 两方程模型

根据 Kolmogorov-Prandtl 表达式, 描述紊流特性的参数最好选择特征流速和特征长度. 在一方程模型中, 紊流的长度标尺 l 是由经验公式给出的. 这两个参数均可通过求解微分方程得出, 所以通过两个微分方程来确定这两个参数, 就构成了紊流模型中的两方程模型. 在紊流计算中, 现有的两方程模型都是在紊动能 k 的方程的基础上, 再引入一个关于紊动耗散率 ε 的方程, 形成了 k-ε 两方程模型. 两方程模型种类较多, 且应用非常广泛, 其中最为成熟的是 k-ε 模型. k-ε 模型综合考虑了速度比尺和紊动长度比尺的输运.

1972 年 Launder 和 Spalding 提出该模型, 该模型也被称为标准 k-ε 模型 (Versteeg and Malalasekera, 1995). 紊动耗散率 ε 定义为

$$\varepsilon = \frac{\eta}{\rho}\overline{\left(\frac{\partial u_i'}{\partial x_j}\right)\left(\frac{\partial u_i'}{\partial x_j}\right)}$$

紊动能 k 方程:

$$\rho\frac{\partial k}{\partial t} + \rho u_j \frac{\partial k}{\partial x_j} = \frac{\partial}{\partial x_j}\left[\left(\eta + \frac{\eta_{\mathrm{t}}}{\sigma_k}\right)\frac{\partial k}{\partial x_j}\right] + \eta_{\mathrm{t}}\frac{\partial u_i}{\partial x_j}\left(\frac{\partial u_j}{\partial x_i} + \frac{\partial u_i}{\partial x_j}\right) - \rho\varepsilon \tag{1.2.5}$$

紊动耗散率 ε 方程:

$$\rho\frac{\partial \varepsilon}{\partial t} + \rho u_k \frac{\partial \varepsilon}{\partial x_k} = \frac{\partial}{\partial x_k}\left[\left(\eta + \frac{\eta_{\mathrm{t}}}{\sigma_\varepsilon}\right)\frac{\partial \varepsilon}{\partial x_k}\right] + \frac{C_1\varepsilon}{k}\eta_{\mathrm{t}}\frac{\partial u_i}{\partial x_j}\left(\frac{\partial u_j}{\partial x_i} + \frac{\partial u_i}{\partial x_j}\right) - C_2\rho\frac{\varepsilon^2}{k} \tag{1.2.6}$$

紊动黏性系数的计算公式如下:

$$\eta_{\mathrm{t}} = C_\mu \rho k^2/\varepsilon$$

其中, $C_\mu = C_\mu C_D$.

则 Reynolds 应力的计算公式可写为

$$R_{ij} = -\rho\overline{u_i'u_j'} = -\frac{2}{3}\rho k\delta_{ij} + \eta_t\left(\frac{\partial u_i}{\partial x_j} + \frac{\partial u_j}{\partial x_i}\right)$$

于是, 公式 (1.2.5)、(1.2.6) 与时均 N-S 方程就构成了 k-ε 模型. Launder 和 Spalding 给出了系数 C_1、C_2、C_μ 和常数 σ_k、σ_ε 的取值建议, 得到了工程界的广泛认可, 如表 1.2.2 所示.

表 1.2.2 标准 k - ε 模型系数取值

C_μ	C_1	C_2	σ_k	σ_ε
0.09	1.44	1.92	1	1.3

经过几十年的发展, 许多学者对 k-ε 模型进行了各种改进, 主要有非线性 k-ε 模型、可实现 k-ε 模型、重整化群 k-ε 模型和多尺度 k-ε 模型等 (陶文铨, 2001).

1.2.2 水流运动的数值模拟研究现状

对明渠流来说, 当雷诺数小于 500 时, 流动状态一般为层流, 而当雷诺数大于 500 时, 流动状态一般为紊流. 研究层流和紊流运动规律的数学模型, 分别称之为层流模型和紊流模型. 天然河流中的水流运动, 除了在非常靠近固壁边界的极小部分区域, 雷诺数较小, 流动为层流, 称为边界层, 其他区域水流雷诺数一般较大, 是紊流流动. 因此, 对天然河流的数值模拟, 应该选用紊流模型. 目前常用的紊流模型有零方程模型、k-ε 模型、雷诺应力方程模型、代数应力方程模型、k - ω 模型等 (王福军, 2004; Jing et al., 2009, 2011; 刘安成等, 2009).

由于天然河流上普遍存在弯道, 因此对弯道水沙运移、河床变形、河岸冲刷和水质的研究, 在河流治理、港口兴建、引水防沙、护岸工程、渠道设计以及改善河道航运等许多领域中, 占有重要的位置, 并受到广泛重视. 随着计算机的飞速发展, 建立数学模型来模拟弯道水沙运移及河床演变成为研究弯道水流运动、泥沙运移、水温水质变化规律的一种重要手段, 近年来发展很快 (李春光等, 2010). 而水流数学模型是泥沙、水温水质数学等模型的基础, 要准确地模拟泥沙运移、河床变形及水温水质等变化, 必须先对水流运动进行准确模拟.

水流数学模型按空间维数分类, 可分为一维 (one dimension)、二维 (two dimension) 和三维 (three dimension) 水流数学模型. 按是否随时间变化而变化分类, 又可分为恒定流 (steady flow) 数学模型和非恒定流 (unsteady flow) 数学模型. 其中非恒定流数学模型中含有时间导数项, 而恒定流数学模型则不含时间导数项. 恒定流模型可以看成是非恒定流随时间充分发展得到的稳态情形.

一维水流数学模型又分为纵向一维水流数学模型和垂向一维水流数学模型. 纵向一维水流数学模型较为简单, 计算量较小, 也发展相对比较成熟, 目前主要用于计算河流中洪水波的演进、水电站引排水管道、灌溉渠道因流量变化而引起的流动、船闸的冲水放水过程、堤坝溃决时产生的洪水、暴雨期间城市给排水系统的流动及河口地区的潮汐流动等水力现象的水力要素随时间的变化情况. 然而, 纵向一维水流数学模型只能反映水力要素沿河长方向的变化, 无法准确预测水力要素沿河宽及垂向的变化. 垂向一维水流数学模型往往和泥沙、水质等数学模型结合在一起运用, 目前主要用于水库水温和水质数值模拟, 土壤盐分运移等领域. 同样, 垂向一维水流数学模型只能反映水力要素沿垂向的分布, 其他两个方向的分布无法反映. 这就在限制了一维水流数学模型在许多领域中的应用.

基于水深平均的平面二维水流模型目前在工程上应用较多. 李义天和谢鉴衡 (1986) 利用所建立的平面二维浅水模型, 对断面不规则的天然河湾水流的流场进行了数值模拟; 黄新丽等 (2007) 提出了曲线坐标系下 BGK Boltzmann 方程, 对弯道水流进行了平面二维数值模拟.

然而, 由于上述数学模型未考虑弯道环流的影响, 对于宽深比较小、曲率半径较小及复式断面的弯道, 误差较大. 为考虑弯道环流的影响, Lien 等 (1999) 在平面二维数学模型中增加弯道环流的影响项, 对弯道水流进行了数值模拟. 但这种方法只适合于比较规则的弯道, 对较为复杂的弯道, 其计算的弯道二次流分布可能与实际相差较大. Jin 和 Kennedy (1993) 采用"动量矩" 的方法, 对弯道水流进行数值模拟. 这种方法以铅垂坐标为权函数, 对平面二维运动方程沿水深积分, 增加两个"动量矩" 方程, 从而使水流运动方程组由原来的 3 个增加到 5 个. 其缺点是增加的计算工作量较大, 而且增加的两个方程物理意义不清晰. 方春明 (2003) 提出了平面二维与弯道断面立面二维相结合的方法, 给出了考虑弯道环流影响的平面二维水沙数学模型, 增加的计算量不大, 物理意义明确. 刘玉玲和刘哲 (2006) 考虑到弯道环流引起的横行动量交换, 对曲线坐标系下平面二维浅水模型进行了修正, 并对矩形断面连续弯道的水流运动进行了数值计算. 景何仿、李春光等 (2001a,2012) 提出了曲线坐标系下考虑弯道环流影响的紊流水沙数学模型, 对黄河上游大柳树–沙坡头河段水流运动及河床变形进行了数值模拟研究.

虽然如此, 由于弯道水流具有明显的三维特性, 尤其是强弯河段、具有复式断面的弯道及宽深比较小的弯道, 具有较为复杂的流动现象, 不但存在横向环流, 往往还存在回流, 即离心环流. 采用上述平面二维数学模型, 不论如何修正, 其数值模拟结果往往与实际有一定的误差. 随着计算机内存和计算速度的提高, 采用三维数学模型将成为研究弯道水流运动的必然趋势. 天然河道和实验室水槽水流大多为紊流流动, 应采用三维紊流数学模型. 关于三维紊流模型的应用方面的文献可参考 (张雅等, 2005; Sugiyama et al., 2006; Kang and Choi, 2006; Worth and Yang, 2006;

Sijercic et al., 2007; 景何仿等, 2009b; 李春光等, 2010; 景何仿等, 2011b, 2012; 吕岁菊等, 2013b, 2015).

1.2.3 泥沙运移的数值模拟研究现状

一维泥沙数学模型的研究成果相对比较多, 也比较成熟. 迄今为止, 一维泥沙数学模型仍在河床演变数值模拟研究中发挥重要作用. 美国陆军工兵团开发的 HEC-6 模型 (Feldman, 1981), 可用来计算河道和水库的冲淤状况; 韩其为和何明民 (1987, 1988) 根据泥沙运动统计理论, 建立了一维非均匀悬移质泥沙的不平衡输沙数学模型, 并通过了多个长河段实测资料的验证; 杨国录和吴伟民 (1994) 开发的 SUSBED-2 模型为一维恒定与非恒定输沙模式嵌套计算的非均匀沙模型, 可用于计算长河段水库及河道内的水沙变化与河床变形; 在黄河中下游河段来说, 也有不少一维泥沙数学模型, 如清华大学王士强模型、黄河水科院曲少军-张启卫模型、武汉水利电力大学卫直林模型等 (钱意颖等, 1998).

但是, 河流泥沙一维数学模型只能给出水力、泥沙要素沿河道方向的变化, 不能反映其沿河宽的变化, 其计算结果对河宽变化剧烈的河段及弯曲河段, 可靠性较差.

由于大多数天然河流的水平尺度远大于垂直尺度, 因此沿水深平均的平面二维泥沙数学模型是目前研究泥沙运移和河床变形使用较为广泛的数学模型. 窦国仁等 (1987,1995)、李义天 (1988) 曾提出不同的平面二维泥沙数学模型; 陆永军和张华庆 (1993) 建立了非均匀沙的平面二维全沙动床数学模型, 并考虑了悬移质不饱和输移、非均匀沙推移质输移及床沙级配的调整; Nagata 等 (2000) 建立了可应用于非黏性河岸的二维河床变形数学模型; Xia 等 (2010) 建立了水流、泥沙耦合数学模型, 对动床条件下溃坝流进行了平面二维数值模拟研究; Duan 和 Julien(2010) 建立了较为复杂的水沙数学模型, 考虑了悬移质和推移质输移, 河床冲淤及河岸冲刷等, 对实验室弯道的河床演变进行了平面二维数值模拟研究. 李春光等 (2011, 2013) 建立平面二维紊流水沙数学模型, 考虑了弯道环流的影响, 悬移质、推移质及床沙级配对河床变形的影响, 对黄河大柳树–沙坡头连续弯道河段进行了数值模拟研究.

虽然平面二维泥沙数学模型较一维泥沙模型有较大改观, 不仅可以模拟河床沿水流方向的冲淤变化, 也可以反映出河床沿河宽方向的变形. 但是, 由于河流在弯道段的水流运动和泥沙运移的三维特征十分明显, 沿水深平均的平面二维泥沙数学模型无法对本质上是三维运动的水流运动、泥沙运移及河床变形进行精细模拟. 因此, 随着计算机运算性能的提高, 计算成本显著下降, 建立三维泥沙数学模型是研究水流运动、泥沙运移和河床变形的发展方向. 三维泥沙数学模型的研究始于 20 世纪 80 年代. Chen(1986) 对河口水沙运动进行了三维数值模拟研究; Prinos (1993) 采用三维 k-ε 双方程泥沙模型, 对复式断面明渠悬移质的输移进行了数值模拟; 陆永军等 (2004) 基于窦国仁紊流随机理论, 建立了三维紊流悬沙模型, 对三峡坝区建库前后水沙变化进行了数值模拟, Ruther 等 (2005) 应用三维紊流泥沙数学模型对一个窄深弯道的泥沙运移进行了数值模拟;Bui 和 Rutschmann(2010) 利用所建立的三维紊流泥沙数学模型 FAST3D 对实验室弯道河床变形进行了数值模拟; 李春光和杨程 (2013, 2014) 利用所建立的三维泥沙数学模型, 对位于宁夏境内的水洞沟水库的水沙运移进行了数值模拟研究.

1.2.4 冰凌问题的数值模拟研究现状

高纬度地区河流在冬季一般会出现冰凌现象, 严重时往往形成冰盖、冰塞或冰坝, 改变了水流的水力条件、热力条件和几何边界条件, 产生冰凌危害. 冰塞和冰坝的危害很大, 它们的形成会阻塞水流的过水断面, 引起水位上升, 淹没农田、房屋, 破坏沿岸水工建筑物和构筑物, 造成航运中断、水力发电损失或水厂供水中断. 冰塞引发的冲刷可导致河岸及河床的侵蚀, 可使鱼类或野生动物的一些种群的生态环境遭到破坏, 并可暴露埋于河床下面的电缆、天然气管道等设施.

因此, 围绕冰塞灾害问题, 国内外学者从理论分析、原型观测、试验研究、数值模拟等不同方面进行研究, 得到了较多研究成果. Uzuner(1975)、Tatinclaux 和 Cheng(1978)、Tatinclaux 和 Gogus(1981) 等曾就冰盖下流冰块的稳定性作过一些理论和实验研究, 他们通过分析研究方木块或石蜡块在冰盖下的稳定性, 得出了冰盖下冰块的起动速度公式. Nezhikhovshiy(1964) 在分析研究苏联大量原型观测资料的基础上, 分析了苏联学者的研究成果, 提出了将冰盖糙率分为光滑和粗糙两种方式进行计算. Urroz(1988) 通过实验室弯道试验, 研究了弯道冰盖下的水流速度分布规律及冰凌运动规律.

由于冰凌问题的复杂性, 目前数值模拟尽管已经取得了一定的研究成果, 然而整体来说研究的深度及广度仍有待进一步提高. 目前河冰数值模拟的主要研究成果可分为一维数值模拟和二维数值模拟两部分.

Zufelt 和 Ettema(2000) 等建立了一维输冰耦合模型, 研究了冰的动量和水的非恒定性对冰塞厚度值大小及其分布的影响等. She 和 Hicks(2006) 建立了一维非恒定冰、水质量和动量守恒方程, 在质量守恒方程和动量方程中采用的是冰水混合形式, 单独列出冰质量守恒方程且非耦合求解该方程. Shen 和 Yapa(1984) 基于热交换的相关原理, 提出了河流冰盖消长模型, 模型将河流系统视为气-冰-水-床系统, 较为全面地考虑了太阳和大气辐射、水流和冰及水流和床面的热交换.

Yapa 和 Shen (1986) 建立了冰盖下水流的非稳态模型, 水流基本方程为一维非恒定流方程, 在动量方程中考虑了冰盖和床面两者的切应力. Lal 和 Shen(1991) 对上述模型进一步进行了完善, 且将模型正式命名为 RICE 模型, 模型包括冰盖糙率的计算公式, 并增加了水温和冰浓度方程, 考虑了薄片冰和岸冰的形成及其对产冰的影响. Shen 等 (1990)、Lal 和 Shen(1992) 进一步改造该模型, 可用以描述河冰的输送及初始冰塞的形成.

靳国厚等 (1997) 采用一维非恒定流水力学模型和一维热力学模型建立了输水渠道的冰情预报数学模型. 董耀华和杨国录 (1999) 采用一维非恒定流方程和一维水温方程对南水北调中线方案总干渠冰期输水问题进行了研究. 杨开林等 (2002) 根据冰塞形成发展的机理, 提出了冰塞形成的发展方程, 包括非恒定流基本方程、水流的热扩散方程、冰花的扩散方程、水面浮冰的输运方程、冰盖和冰块厚度的发展方程, 冰盖下冰花含量和冰塞厚度的计算、冰盖的形成发展方程等. 蔡琳和卢杜田 (2002) 以三门峡水库为研究依托, 研究了水库防凌调度数学模型.

在一维模型的基础上, Shen 和 Lu (1996) 较为完整的推出了河冰数值模拟的两维模型, 用以模拟冰塞体的溃决. HEC-2(1979) 是由美国陆军工程师兵团研制的二维河冰模型. Flato 和 Gerard(1986) 及 Flato (1987) 研制的模型 ICE JAM , 即使对于非平衡断面也可以模拟出完全的厚度剖面. RIVJAM 由 Beltaos (1993) 研制, 模型要求流量不变, 并计入了冰塞中的渗流, 模型允许冰塞接地.

茅泽育等 (2003) 针对天然河道弯曲复杂的特点, 建立了适体坐标下的二维河冰数值模型, 对黄河河曲段从英战滩至禹庙 56 km 河段进行了模拟. 高霈生等 (2003) 根据南水北调工程中线沿线各地区的气候、邻近河道冰情实测资料的统计和冬季输水运行的防凌要求, 分析并得到了沿线各渠段地区的气候、邻近河流冰情的变化与特征.

除河冰外, 海冰方面的数值模拟结果有 (李志军等, 2005; 季顺迎等, 2005; 王刚等, 2006) 等.

1.2.5　水质问题数值模拟研究现状

水质模型是指用于描述水体水质要素在各种因素 (物理、化学、生物等) 反应作用下随时间和空间的变化关系的数学表达式.

污染物进入水体后, 随水流而迁移, 在迁移过程中受水动力学、水文、物理、化学、生物和气候等因素的作用, 产生物理、化学、生物等方面的演变, 从而引起污染物的稀释和降解. 建立水质模型的目的主要是把这些相互制约因素的定量关系确定下来.

建立水质模型的目标就是要确定各种水质要素与其他影响因素之间的相互关系. 一般河流中涉及的水质要素包括溶解氧、磷酸根、生物需氧量、化学需氧量、大肠杆菌、有机氮、重金属、铵态氮、水温、亚硝酸盐、放射性物质、硝酸盐和其他矿物质.

按水质组分的空间分布特性, 可把水质模型分为一维、二维和三维模型. 沿某一坐标方向, 水质组分有变化, 而沿其他坐标方向浓度梯度为零, 称为一维水质模型. 沿两个坐标方向水质组分有变化, 而沿另一方向浓度梯度为零, 称为二维水质模型. 沿三个坐标方向水质组分都有变化, 称为三维水质模型. 当三个坐标方向水质组分浓度梯度均为零, 水质组分处于均匀混合状态时, 称为均匀混合模型或零维模型, 亦称黑箱模型, 它经常是一种概化复杂问题的手段, 着眼于建立输入与输出的关系, 而忽略水质组分在空间分布上的差异. 模型维数的选择主要取决于模型应用的目的和条件, 并不是维数越多就越好.

按水质组分的时间变化的特性, 可将水质模型分为稳态模型和动态模型. 水质组分不随时间变化时为稳态模型, 反之则为动态模型. 当水流运动为非恒定状态时, 水质组分是随时间变化的, 而当水流运动为恒定状态时, 水质组分却有可能是随时间变化的. 在水污染控制规划中, 常应用稳态水质模型, 而当分析污染事故, 预测水质时, 常应用动态模型.

按模型变量的多寡, 可将水质模型分为单组分水质模型和多组分水质模型. 当模型变量为 BOD 或 COD 时, 称为有机污染物水质模型; 当模型变量为 BOD 和 DO 时, 称为 BOD-DO 耦合模型; 当模型变量扩大到水生生物时, 称为水生生态模型. 模型变量及其数目的选择, 取决于模型的应用目的以及对于实际资料和实测数据拥有的程度.

按水质组分是否作为随机变量, 可分为随机模型和确定性模型. 按水质组分的迁移特性, 可分为对流模型、扩散模型和对流-扩散模型. 按水质组分的转化特性可分为纯迁移模型, 纯反应模型和迁移-反应模型等.

水质模型的发展过程可分为以下四个阶段:

第一阶段 (1925—1965 年): 开发了比较简单的 BOD 和 DO 的双线性系统模型, 对河流和河口的水质问题采用了一维计算方法进行了数值模拟.

第二阶段 (1965—1970 年): 研究发展 BOD-DO 模型的多维参数估值, 将水质模型扩展为六个线性系统模型. 发展河流、河口、湖泊及海湾的水质模拟, 方法从一维发展到二维.

第三阶段 (1970—1975 年): 研究发展了相互作用的非线性系统水质模型, 涉及营养物磷、氮的循环系统, 浮游植物和浮游动物系统, 以及生物生长率同这些营养物质、阳光、温度的关系, 浮游植物与浮游动物生长率之间的关系. 其相互关系是非线性的, 一般只能用数值方法求解, 空间上用一维及二维方法进行数值模拟.

第四阶段 (1975 年以后): 发展了多种相互作用系统, 涉及与有毒物质的相互作用. 空间尺度发展到了三维. 目前对环境的污染问题的研究, 已发展到将地面水、地下水的水质与大气污染相互结合, 建立综合模型的研究阶段. 同时, 由于水环境问题的复杂性和不确定性, 在水质预测中, 已经开始水质的非确定性模拟和预测, 为水质控制与规划, 提供更为丰富的信息.

1.2.6 土壤水盐运移问题数值模拟研究现状

土壤盐渍化是全世界许多干旱、半干旱地区农业产量下降的主要原因, 全球耕地中约五分之一面临土壤盐渍化问题 (郭瑞等, 2008). 随着世界人口的增加, 世界粮食生产和水资源供应面临更大的压力. 因而, 改良利用盐碱地, 合理开发微咸水资源成为当今世界各国关注的热点问题. 在我国, 土壤盐渍化则更使得人多地少国情下的人地矛盾加剧. 因此, 加强土壤水盐系统研究, 了解土壤中盐溶质运移机理及水盐平衡变化规律, 并以合适的数学模型进行定量化的数值模拟, 可为干旱、半干旱地区土壤盐渍化的监测、评价、治理提供必要的基础.

土壤水盐运移模型起始于土壤水分运移模型, 即均质土壤水分的渗流模型 (达西定律). 随着土壤水运移模型研究由定性到定量的逐步深入, 并认识到土壤水是含有多种可溶性物质的溶液, 并且土壤水中所含化学成分的不同对于人类工农业生产生活所带来的影响也会有所差异, 因而研究方向逐渐扩展到含水层中可溶性物质的运移模型. 典型的有 Richardson 方程, 该方程最早仅用于对土壤水分运移进行模拟, 后来结合植物根系分布的对数函数, 得到土壤盐分运移数学模型 (Yao et al., 2001). 从 20 世纪二三十年代起, 国际上就开始进行土壤水盐平衡的研究工作, 在五六十年代根据系列实验, 提出了易混合置换理论, 认为溶质的通量是由对流、扩散和弥散的综合作用引起的. 由此开始了对水溶液的一维、二维乃至三维模型的研究. 随着计算计算能力的飞速发展, 针对水溶液的研究, 已经产生了大型计算软件, 如 HYDRUS 模型、WAVES 模型、PROFLOW 模型等.

从土壤水盐运移数学模型的类型来看, 包括物理模型和系统模型. 物理摸型根据土壤水动力学进行建立, 以物理概念为基础, 数学为表现手段, 利用计算机强大的数值计算能力进行数值模拟, 包括对流-弥散模型 (convection-dispersion equation, CDE)、流管模型 (stream tube model,STM)、HYDRUS 模型等.

CDE 作为物理模型的典型代表, 至今仍是世界范围内广泛应用的模型之一. Lapidus 等 (1952) 及 Nielsen 等 (1961,1962) 根据系列实验, 提出易混合置换理论, 认为溶质通量是由对流、扩散和弥散的综合作用引起的, 从而建立了土壤盐分的对流-弥散方程. 该模型所依托的物理概念清晰, 易于理解. 但是, 模型无法顾及包括盐分在内的溶质之间发生的化学反应, 以及和土壤中原有离子的交换反应等, 且方程的求解比较困难. STM 是国外研究土壤水盐运动的常用模型之一, Dagan 和 Bresler(1979) 首次提出了不存在化学反应时溶质在土壤中向下运动的 STM 模型. 该模型通过一维流管模拟复杂的三维流, 是预测均质流域内溶液传播扩散的有力工具. STM 模型是典型的随机机理模型, 该模型假设溶液内各质点的运动轨迹与流管方向一致, 适用于均质和非均质溶液中, 且不受溶液内物质反应与否的限制. HYDRUS 模型是由美国国家盐渍土改良中心开发的一套用于模拟变饱和多孔介质中水分、能量、溶液运移的新型数值模型, 2000 年以后引入中国, 其应用软件包括 HYDRUS-1D 和 HYDRUS-2D.

系统模型属于黑箱模型, 主要针对田间尺度的水盐运移, 只考虑具体某一区域或灌区的水盐入、排问题, 忽略水盐在土壤孔隙中的微观机制, 通过不同的模拟、拟合方式对区域水盐问题进行预测. 系统模型包括传递函数模型 (transfer function model, TFM) 和人工神经网络模型 (ANN). TFM 是一种不考虑溶质在土壤中运移机理的黑箱随机模型, 最早由 Jury 设计提出 (Jury, 1982). ANN 是将人工神经网络方法应用到土壤水盐运移预测中的一种方法. 传递函数模型简单易于操作, 无需考虑孔隙度、饱和含水率等土壤本身特性, 但相对于对流 - 弥散模型来说, 误差较大. BP 神经网络模型开拓了土壤水盐运移及预测的研究空间, 其应用主要是对田间宏观尺度的盐分运移, 模型机理易于理解, 操作简便.

1.3 水利工程数值模拟研究发展趋势

随着计算机科学技术的进一步发展, 水利工程数值模拟领域的研究也日新月异, 呈现出勃勃生机. 无论从研究对象、研究手段还是研究结果来看, 水利工程领域数值模拟不但比以往更为丰富, 而且更为精细. 具体来说, 今后水利工程数值模拟研究将呈现以下趋势.

1. 由以空间一维、二维为主向空间一、二维及三维并重进行转变

一维及二维数值模拟对计算机内存和运算速度要求不高, 在普通微机上即可进行数值模拟, 而且, 一维及二维数值模拟结果在一定程度上能满足水利工程设计问题的要求. 因此, 从计算机诞生直至现在, 一维及二维数值模拟仍为水利工程领域数值模拟的主导方向.

然而, 水利工程中许多问题, 如弯道水流运动及泥沙运移、水库水质的变化等, 从本质上为三维问题, 要进行精细模拟, 应该建立三维数学模型, 进行三维数值模拟. 由于计算机内存、硬盘空间及其他存储介质的存储空间进一步扩大及 CPU 运算速度的进一步增大, 对于空间三维的水利工程问题的数值模拟研究已经成为现实, 并在未来成为数值模拟的优先选择.

2. 由以单相流数学模型为主向单相流和多相流数学模型并重转变

水利工程中水沙、水质、冰凌等问题, 从本质上来说, 属于多相流问题, 要进行精细数值模拟, 应该建立多相流数学模型. 然而, 目前水利工程中的有关数学模型, 包括水沙数学模型、水质数学模型、冰凌数学模型等, 从本质上来说大多为单相流模型. 虽然也有一些多相流数学模型, 但并不成熟. 随着计算机计算性能的提高, 以

及人们对多相流的进一步认识, 未来水利工程有关问题数值模拟会出现单相流和多相流数学模型同等重要的局面.

3. 从传统的宏观数学模型向宏观、微观和介观数学模型并重转变

传统的宏观连续模型将流体视为一个连续体, 着眼于流体微团, 用一组偏微分方程直接描述流体的宏观运动; 微观分子模型将流体视为一个由大量分子构成的多体系统, 着眼于每个流体分子的动力学行为, 通过对每个分子运动的刻画并采用统计方法来描述流体的整体运动情况; 介观动力学模型着眼于流体分子的速度分布函数, 通过研究它的时空演化过程并根据宏观物理量与分布函数之间的关系来获得宏观流动信息.

这三类数学模型各有其适用范围. 通常情况下的流体都可以视为连续地充满整个流场, 可采用宏观模型来描述其运动. 在连续模型中, 无论液体还是气体, 其控制方程是相同的, 流体的不同特性表现在输运系数的差异, 在这种情况下, 可以使用各类基于宏观模型的 CFD 方法来模拟流动现象. 但是对于一些复杂的流动现象, 如水利工程中的水沙运移、污染物扩散与输移、多孔介质流动问题, 采用宏观数学模型难以进行精细数值模拟, 应该采用微观分子模型或介观动力学模型.

4. 从基于宏观连续模型的数值方法向基于宏观、微观和介观模型的多种数值模拟方法并重转变

在连续介质假设的基础上建立的流体运动方程如 Navier-Stokes 方程, 在大多数情况下能够反映流动的物理规律, 以这些偏微分方程为出发点, 采用有限差分方法、有限体积法、有限元法等方法对微分方程进行离散, 得到代数方程组并进行求解.

分子动力学模拟是用数值方法求解分子运动方程, 并确定每个分子在各个时刻的速度和位置. 对分子运动方程, 目前应用最为广泛的方法有蛙跳格式及预估-校正方法. 由于分子动力学模拟方法是基于最基本的运动规律, 原则上可以用于模拟任意的流体系统, 目前分子动力学模拟方法已经用于化学、生物学、物理学和材料科学等领域. 但要有效地模拟一个流体系统, 所需的分子数目往往非常庞大, 即使模拟一个小尺寸流体系统在很短时间内的分子演化过程, 所需的数值模拟时间非常长.

基于介观动力学模型的介观方法是近年来受到广泛关注的一类流体模拟方法. 这类方法包括格子气自动机方法、格子 Boltzmann 方法等.

由于介观方法以介观动力学模型为基础, 既具有微观方法假设条件较少的特点, 又具有宏观方法不关心分子运动细节的优势. 因此, 介观方法在处理具有多尺度、多物理的复杂流动问题中具有较大优势和潜力. 在现有的介观方法中, 格子 Boltzmann 方法最为人们关注, 在基础理论和实际应用方面都取得了很多成果 (郭

照立和郑楚光, 2009; 何雅玲等, 2009; Mohamad, 2011).

5. 数值模拟与理论分析及物理试验相结合, 相互印证, 并驾齐驱

在 20 世纪 50 年代以前, 计算机尚未产生, 数值计算的有关理论和方法尚不成熟, 科学研究完全依赖于理论分析及物理试验, 研究的深度、广度及规模上都有待进一步加强.

随着计算机技术的日益发展和数值计算的理论和方法的进一步成熟, 数值模拟方法的重要性逐渐凸显出来, 在水利工程、电气工程、航空航天工程等诸多工程领域发挥越来越重要的作用. 今后将成为与理论分析及物理试验并驾齐驱的重要手段, 在水利工程领域科学研究中地位同等重要, 研究结果相互比对, 相互印证.

第2章　水利工程中常用数学模型

水利工程问题相当广泛, 因而数值模拟中用到的数学模型也非常多. 其中应用较为广泛的数学模型有水动力学数学模型、泥沙数学模型、水质数学模型、冰凌数学模型、土壤水盐运移数学模型、渗流模型等. 其中水动力学数学模型又包括洪水演进数学模型、有压管道水击 (水锤) 数学模型、城市供水管网数学模型、水资源优化配置数学模型等. 泥沙数学模型又包括水库泥沙淤积数学模型、河道演变数学模型、桥墩冲刷数学模型等. 从模拟的空间维度来分类, 以上模型又可分为一维数学模型、二维数学模型和三维数学模型. 本章中, 作者结合自己多年在水利工程领域的数值模拟实践, 对以上数学模型进行有针对性的系统介绍.

2.1　水动力学数学模型

在泥沙运移、水质变化、水温分布、桥墩冲刷、河床演变、有压管道水锤现象、土壤水盐运移等诸多水利工程问题的数值模拟中, 水动力要素如流速 (流量)、水位 (压力) 等始终是首要因素, 也是数值模拟能否成功的关键. 而水动力学要素需要根据实际问题建立恰当的水动力学数学模型进行模拟. 以下根据空间维数不同, 并结合笔者数值模拟实践, 将水动力学中常见的有关数学模型进行介绍.

2.1.1　一维水动力学数学模型

一维模型简单, 发展时间最长也最完善, 基本上能满足实际工程需要, 主要应用于长时段河道水流和泥沙淤积情况的研究, 迄今为止, 仍是使用最广泛的一种模型, 故对一维模型的研究成果也非常多. 例如, 国内使用较广泛的模型有韩其为模型、李义天模型、窦国仁模型等; 国外比较有影响的模型有 HEC-6 模型、FLUVIAL-12 模型、GSTARS 模型、STREAM2 模型、WIDTH 模型、日本的芦田和男模型等. 尽管一维模型众多, 然而基本区别在于求解时某些参数的取值或计算方法不同, 模型中的控制方程基本相同, 当然表现形式有所不同.

1. 非恒定流和恒定流

当流场内液体质点通过空间点的运动要素 (如流速、压强等) 不仅随空间位置而变, 而且随时间而变化时, 这种流动称为非恒定流. 否则, 若运动要素仅随空间位置变化而变化, 但与时间无关时, 这种流动称为恒定流.

非恒定流在明渠、河道及有压管道中均可能产生. 河道中洪水的涨落、明渠中水闸的启闭, 都会使河渠中产生非恒定流; 而水库水位上涨或下降时, 通过有压管道的出流, 也会产生非恒定流.

当有压管道中的流速因某种外部原因而发生急剧变化时, 将引起液体内部压强产生迅速交替升降的现象, 这种交替升降的压强作用在管壁、阀门或其他管路元件上好像锤击一样, 称为水击 (或水锤). 这种压强的升高或下降, 有时会达到很高的数值, 处理不当将导致管道系统发生强烈的振动, 管道严重变形甚至爆裂. 因此, 在水电站压力引水系统的设计中, 必须进行水锤计算, 以便确定可能出现的最大和最小的水击压强, 并研究防止和削弱水击作用的适当措施. 有压管道中的这种流动现象也是非恒定流.

压力引水管道较长的水电站, 常在引水系统中修建调压室, 以减小水锤作用的强度和范围. 水击发生时, 调压系统中产生的水体振动现象, 也属于非恒定流.

由于自然条件的变化, 如洪水的涨落, 或者由于河渠上的水工建筑物 (如闸门) 的不时调节流量, 使河道或人工明渠中的水流流速、水深 (水位或流量) 等随时间而改变, 从而形成了明渠的非恒定流. 再如, 堤坝的溃决以及河口段由于潮汐的影响也会引起河道非恒定流.

因此, 非恒定流是河渠、水库中常见的流动现象, 其流动规律远比恒定流复杂得多. 若非特别指出, 本书中所研究的流动现象均为非恒定流.

2. 非恒定流一维数学模型

数值模拟是研究非恒定流运动规律的一条重要途径. 在进行数值模拟时, 首先建立相关数学模型. 根据质量守恒原理和牛顿第二定律, 可分别导出非恒定流数学模型中的连续性方程和运动方程 (吴持恭,2003):

连续性方程:

$$\frac{\partial(\rho vA)}{\partial s}+\frac{\partial(\rho A)}{\partial t}=0 \tag{2.1.1}$$

运动方程:

$$\frac{\partial z}{\partial s}+\frac{1}{\rho g}\frac{\partial p}{\partial s}+\frac{1}{g}\left(\frac{\partial v}{\partial t}+v\frac{\partial v}{\partial s}\right)+\frac{\tau_0\chi_0}{\rho gA}=0 \tag{2.1.2}$$

式中: s 为流程; z,p,v 分别为过水断面上的平均高程、平均压强和平均流速; t 为时间; A 为过水断面面积; g 为重力加速度; χ_0 为湿周; τ_0 为平均切应力; ρ 为流体密度.

对于不可压缩流体, ρ 为常数, 式 (2.1.1) 又可简化为

$$\frac{\partial(vA)}{\partial s}+\frac{\partial A}{\partial t}=0 \tag{2.1.3}$$

由于 $Q = vA$, 其中 Q 表示流量, 即单位时间内流过某过流断面 (面积为 A) 的流体体积. 因此 (2.1.3) 又可写为

$$\frac{\partial Q}{\partial s} + \frac{\partial A}{\partial t} = 0 \tag{2.1.4}$$

式 (2.1.2) 又可重新整理为

$$\frac{\partial}{\partial s}\left(z + \frac{p}{\rho g} + \frac{v^2}{g}\right) = -\frac{\tau_0 \chi_0}{\rho g A} - \frac{1}{g}\frac{\partial v}{\partial t} \tag{2.1.5}$$

将上式关于 s 积分, 可得非恒定流的能量方程:

$$z_1 + \frac{p_1}{\rho g} + \frac{v_1^2}{2g} = z_2 + \frac{p_2}{\rho g} + \frac{v_2^2}{2g} + \int_1^2 \frac{\tau_0 \chi_0}{\rho g A}\mathrm{d}s + \frac{1}{g}\int_1^2 \frac{\partial v}{\partial t}\mathrm{d}s \tag{2.1.6}$$

式 (2.1.6) 中等号两边前三项分别表示总水头, 等号右边第四项表示单位重量液体的阻力所做的功, 即能量损失 h_w, 第五项表示因当地加速度而引起的惯性力在两个断面间所做的功, 用 h_a 表示.

因此, 上述非恒定流的能量方程可表示为

$$z_1 + \frac{p_1}{\rho g} + \frac{v_1^2}{2g} = z_2 + \frac{p_2}{\rho g} + \frac{v_2^2}{2g} + h_w + \frac{1}{g}\int_1^2 \frac{\partial v}{\partial t}\mathrm{d}s \tag{2.1.7}$$

3. 水锤的基本微分方程组

对非恒定流的运动方程及连续性方程进行整理及简化, 可导出水锤的基本微分方程组 —— 运动方程及连续性方程. 为方便计, 将指向下游的 s 坐标改用由阀门指向上游的 l 坐标.

1) 水锤的运动方程

令 $H = z + \dfrac{p}{\rho g}$, 对于圆管以 $A = \dfrac{1}{4}\pi D^2$, $\chi_0 = \pi D$ 及 $\tau_0 = \dfrac{1}{8}\lambda\rho v^2$ 代入 (2.1.2), 可得

$$-g\frac{\partial H}{\partial l} + \frac{\partial v}{\partial t} + v\frac{\partial v}{\partial l} + \frac{\lambda v^2}{2D} = 0 \tag{2.1.8}$$

式中: D 为管道直径; λ 为沿程阻力系数.

如果忽略摩阻损失, 并注意到水锤现象中, $\dfrac{\partial v}{\partial l} \ll \dfrac{\partial v}{\partial t}$, 略去 $\dfrac{\partial v}{\partial l}$ 后 (2.1.8) 可进一步简化为

$$\frac{\partial H}{\partial l} = \frac{1}{g}\frac{\partial v}{t} \tag{2.1.9}$$

2) 水锤的连续性方程

将非恒定流的连续性方程 (2.1.1) 的 s 坐标改为 l 坐标, 可得

$$\frac{\partial}{\partial l}(\rho v A) = \frac{\partial}{\partial t}(\rho A) \tag{2.1.10}$$

展开式 (2.1.10) 并注意到 $\frac{\mathrm{d}A}{\mathrm{d}t}=\frac{\partial A}{\partial t}-v\frac{\partial A}{\partial l}$, $\frac{\mathrm{d}\rho}{\mathrm{d}t}=\frac{\partial \rho}{\partial t}-v\frac{\partial \rho}{\partial l}$, 可得

$$\frac{\partial v}{\partial l}=\frac{1}{\rho}\frac{\mathrm{d}\rho}{\mathrm{d}t}+\frac{1}{A}\frac{\mathrm{d}A}{\mathrm{d}t} \tag{2.1.11}$$

式 (2.1.11) 中右端第一项和第二项分别代表液体密度随时间的变化率 (即水的压缩性) 和过水断面随时间的变化率 (即管壁的弹性), 二者都是有水锤压强增量 $\mathrm{d}p$ 引起, 故上式又可写为

$$\frac{\partial v}{\partial l}=\left(\frac{1}{\rho}\frac{\mathrm{d}\rho}{\mathrm{d}p}+\frac{1}{A}\frac{\mathrm{d}A}{\mathrm{d}p}\right)\frac{\mathrm{d}p}{\mathrm{d}t} \tag{2.1.12}$$

设水击波的传播速度为 a, 而

$$a=\frac{1}{\sqrt{\rho\left(\frac{1}{\rho}\frac{\mathrm{d}\rho}{\mathrm{d}p}+\frac{1}{A}\frac{\mathrm{d}A}{\mathrm{d}p}\right)}} \tag{2.1.13}$$

于是有

$$\frac{\partial v}{\partial l}=\frac{1}{\rho a^2}\frac{\mathrm{d}p}{\mathrm{d}t} \tag{2.1.14}$$

由 $p=\rho g(H-z)$, 考虑到水击波传播过程中, ρ 相对于 H 随 t 及 l 的变化而言变化甚小, 可视为常数, 因此有

$$\frac{\mathrm{d}p}{\mathrm{d}t}=\frac{\partial p}{\partial t}-v\frac{\partial p}{\partial l}=\rho g\left(\frac{\partial H}{\partial t}-\frac{\partial z}{\partial t}\right)-v\rho g\left(\frac{\partial H}{\partial l}-\frac{\partial z}{\partial l}\right) \tag{2.1.15}$$

式中: $\frac{\partial z}{\partial t}=0$; $\frac{\partial z}{\partial l}=\sin\theta$, θ 为管轴的夹角.

将式 (2.1.15) 代入式 (2.1.14) 后整理可得

$$\frac{\partial H}{\partial t}=v\frac{\partial H}{\partial l}-v\sin\theta+\frac{a^2}{g}\frac{\partial v}{\partial l} \tag{2.1.16}$$

当略去管轴倾斜的影响, 并考虑到 $\frac{\partial H}{\partial l}\ll\frac{\partial H}{\partial t}$, 可得

$$\frac{\partial H}{\partial t}=\frac{a^2}{g}\frac{\partial v}{\partial l} \tag{2.1.17}$$

式 (2.1.16) 为考虑管轴倾斜影响的连续性方程, 而式 (2.1.17) 则为忽略管轴影响的连续性方程.

4. 明渠非恒定流的基本偏微分方程组

自然界或水利工程中大多数明渠水流或河道水流都是非恒定流. 研究明渠非恒定流的目的主要在于确定在非恒定流的过程中, 明渠水流的流速 (流量)、水深 (水位) 等随时间和流程的变化规律.

1) 明渠非恒定流的主要特性

明渠非恒定流的水力要素为时间 t 和流程 s 的函数, 是非均匀流.

明渠非恒定流也是一种波动现象. 有压管道中非恒定流波的传播是依靠压力差的作用, 故称为压力传播, 而明渠中非恒定流波的传播是依靠重力的作用, 故称重力传播. 明渠非恒定流是由于在明渠的某一位置流量和水位发生改变而形成, 它通过水流质点的位移而形成波的传播, 在波所涉及区域内, 要引起当地流量和水位的改变, 这种波称为变位波.

在稳定的没有冲淤变化的河渠内, 当水流为恒定流时, 由于水面坡度是恒定的, 所以水位与流量呈单值关系. 而非恒定流则有所不同. 在涨水过程中, 同一水位下非恒定流的水面坡度比恒电流时大, 因而其流量也大. 在落水过程中, 同一水位下非恒电流的水面坡度比恒定流时小, 因而其流量也小. 因此, 对于非恒定流, 流量与水位的关系不再是单值关系, 而是多值关系. 即同一水位可以对应两个或两个以上的流量, 同一流量也可以对应两个或两个以上的水位.

2) 明渠非恒定流波的分类

从明渠非恒定流的水力要素随时间变化的急剧程度来分, 有连续波和不连续波. 当水力要素随时间改变缓慢, 所形成的波高相对波长很小, 水流瞬时流速也近乎成平行直线, 这种水流称为非恒定渐变流. 非恒定渐变流的各种水力要素可视为流程 s 和时间 t 的连续函数, 故称为连续波. 河流洪水波、水电站进行正常调节所引起的非恒定流均属此类.

不连续波是由于水力要素随时间剧烈改变而形成的, 波高较大 (有时可达到若干米), 波的前锋 (波峰) 水面很陡, 几乎直立. 在波峰附近水力要素不再是流程 s 和时间 t 的连续函数, 但波体部分仍较平缓, 可近似看作渐变流, 这种水流称为非恒定急变流, 所形成的波称为不连续波, 如溃坝波和潮汐波属于此类.

从波到达以后, 引起明渠水位抬高或下降来分, 有涨水波和落水波. 引起水位抬高者, 称为涨水波, 反之则称为落水波.

从波的传播方向与水流方向是否一致进行分类, 可分为顺波和逆波, 一致为顺波, 否则为逆波.

3) 明渠非恒定渐变流的基本方程

明渠非恒定渐变流的基本方程是表征水力要素与流程坐标 s 和时间 t 的函数关系, 由连续性方程和能量方程组成.

(1) 连续性方程. 由于明渠非恒定流是非恒流的一种特殊情形, 因此其连续性方程为 (2.1.4), 即

$$\frac{\partial Q}{\partial s}+\frac{\partial A}{\partial t}=0$$

若 $\frac{\partial A}{\partial t}=0$, 即断面面积不随时间变化而变化, 则由上式可得 $\frac{\partial Q}{\partial s}=0$, 即 Q 沿程不变, 水流为恒定流.

因为 $Q=Av$, 水流连续性方程 (2.1.4) 又可写为

$$\frac{\partial A}{\partial t}+A\frac{\partial v}{\partial s}+v\frac{\partial A}{\partial s}=0 \tag{2.1.18}$$

对于渠宽一定的矩形断面明渠, $A=bh$, 其中 b 和 h 分别为渠宽和水深, 式 (2.1.18) 又可进一步写为

$$\frac{\partial h}{\partial t}+h\frac{\partial v}{\partial s}+v\frac{\partial h}{\partial s}=0 \tag{2.1.19}$$

若考虑到旁侧入流, 设旁侧入流量为 q_l, 则明渠非恒定渐变流的连续性方程为

$$\frac{\partial Q}{\partial s}+\frac{\partial A}{\partial t}=q_l \tag{2.1.20}$$

(2) 明渠非恒定渐变流的能量方程. 一般非恒定流的能量方程 (2.1.2) 同时也适合明渠渐变流, 即

$$\frac{\partial z}{\partial s}+\frac{1}{\rho g}\frac{\partial p}{\partial s}+\frac{1}{g}\left(\frac{\partial v}{\partial t}+v\frac{\partial v}{\partial s}\right)+\frac{\tau_0\chi_0}{\rho g A}=0$$

对于明渠非恒定渐变流, $\frac{\partial p}{\partial s}$ 很小, 可以忽略, 上式中左边最后一项代表单位重量液体在单位长度内水流的沿程损失, 记为 $\frac{\partial h_{\mathrm{f}}}{\partial s}$, 于是上式可改写为

$$-\frac{\partial z}{\partial s}=\frac{1}{g}\frac{\partial v}{\partial t}+\frac{v}{g}\frac{\partial v}{\partial s}+\frac{\partial h_{\mathrm{f}}}{\partial s} \tag{2.1.21}$$

式 (2.1.21) 即为明渠渐变流的能量方程, 或称为运动方程.

在上式中, 若水流为恒定流, 则方程变为仅含变量 s 的常微分方程:

$$-\frac{\mathrm{d}z}{\mathrm{d}s}=\frac{\mathrm{d}}{\mathrm{d}s}\left(\frac{v^2}{2g}\right)+\frac{\mathrm{d}h_{\mathrm{f}}}{\mathrm{d}s} \tag{2.1.22}$$

式 (2.1.22) 即为明渠非均匀渐变流的基本微分方程.

若水流为恒定均匀流, 流速沿程不变, 式 (2.1.22) 可进一步简化为

$$-\frac{\mathrm{d}z}{\mathrm{d}s}=\frac{\mathrm{d}h_{\mathrm{f}}}{\mathrm{d}s}=J_{\mathrm{f}}=\frac{Q^2}{K^2} \tag{2.1.23}$$

或

$$Q = K\sqrt{J_{\mathrm{f}}} \tag{2.1.24}$$

这里 J_{f} 为摩阻坡度, 可近似按恒定均匀流的摩阻坡度来计算, 即 $J_{\mathrm{f}} = \dfrac{Q^2}{K^2}$, 或 $J_{\mathrm{f}} = \dfrac{v^2}{C^2R}$, 其中 R 为水力半径, C 为 Chezy 系数, K 为有关系数. (2.1.23) 或 (2.1.24) 即为恒定均匀流的基本方程.

(2.1.21) 亦可写为

$$\frac{\partial z}{\partial s} + \frac{1}{g}\frac{\partial v}{\partial t} + \frac{v}{g}\frac{\partial v}{\partial s} + \frac{Q^2}{K^2} = 0 \tag{2.1.25}$$

若明渠渠底高程为 z_0, 水深为 h, 底面坡降为 i, 水位为 z, 则 $z = z_0 + h$, $\dfrac{\partial z_0}{\partial s} = -i$, $\dfrac{\partial z}{\partial s} = \dfrac{\partial h}{\partial s} + \dfrac{\partial z_0}{\partial s} = \dfrac{\partial h}{\partial s} - i$, 代入 (2.1.21), 可得

$$\frac{\partial h}{\partial s} + \frac{1}{g}\frac{\partial v}{\partial t} + \frac{v}{g}\frac{\partial v}{\partial s} = i - \frac{v^2}{C^2R} \tag{2.1.26}$$

式 (2.1.21)、(2.1.25) 或 (2.1.26) 是明渠非恒定渐变流能量方程不同表达形式, 根据计算方便可以任选其中之一即可.

以上明渠渐变流的连续性方程和能量方程组合到一起, 称为圣·维南 (de Saint-Venant) 方程组.

关于明渠非恒定急变流, 限于篇幅, 这里就不介绍了.

2.1.2 三维水动力学数学模型

由于平面二维和立面二维水动力学数学模型可通过三维水动力学数学模型导出, 因此, 这里先介绍三维水动力学数学模型.

1. 液体运动的连续性方程

根据质量守恒定律, 在流场空间中任意划定一个封闭曲面, 在某一时段中流入和流出该曲面的液体质量之差等于该曲面内因密度变化而引起的质量总变化相等. 如果液体是不可压缩的均质液体, 则流入与流出的液体质量应相等, 由此可导出以下微分方程 (吴持恭, 2003):

$$\frac{\partial \rho}{\partial t} + \frac{\partial(\rho u)}{\partial x} + \frac{\partial(\rho v)}{\partial y} + \frac{\partial(\rho w)}{\partial z} = 0 \tag{2.1.27}$$

其中 u, v, w 分别为 x, y, z 坐标方向上的流速分量. 此即可压缩液体非恒定流的连续性方程.

对于不可压缩液体, ρ 为常数, 连续性方程为

$$\frac{\partial u}{\partial x} + \frac{\partial v}{\partial y} + \frac{\partial w}{\partial z} = 0 \tag{2.1.28}$$

2. 理想液体运动微分方程式 —— Euler 方程

虽然实际并不存在理想液体, 但有些问题中, 如黏滞力比其他力小得多时, 为了分析问题简单起见, 可把黏滞力略去不计, 用理想液体取代替实际液体, 其结果有足够的准确性.

利用牛顿第二定律, 可导出以下理想液体运动微分方程:

$$\frac{\partial u}{\partial t}+u\frac{\partial u}{\partial x}+v\frac{\partial u}{\partial y}+w\frac{\partial u}{\partial z}=f_x-\frac{1}{\rho}\frac{\partial p}{\partial x} \tag{2.1.29a}$$

$$\frac{\partial v}{\partial t}+u\frac{\partial v}{\partial x}+v\frac{\partial v}{\partial y}+w\frac{\partial v}{\partial z}=f_y-\frac{1}{\rho}\frac{\partial p}{\partial y} \tag{2.1.29b}$$

$$\frac{\partial w}{\partial t}+u\frac{\partial w}{\partial x}+v\frac{\partial w}{\partial y}+w\frac{\partial w}{\partial z}=f_z-\frac{1}{\rho}\frac{\partial p}{\partial z} \tag{2.1.29c}$$

其中 p 为动水压强, f_x, f_y, f_z 分别为单位重量的质量力在各坐标轴上的投影.

以上方程是 Euler 于 1775 年首先推导出来的, 所以也称为 Euler 方程. 这些方程对于不可压缩及可压缩气体都是正确的.

对于静止液体, $u=v=w=0$, 上述方程可变为

$$f_x-\frac{1}{\rho}\frac{\partial p}{\partial x}=0 \tag{2.1.30a}$$

$$f_y-\frac{1}{\rho}\frac{\partial p}{\partial y}=0 \tag{2.1.30b}$$

$$f_z-\frac{1}{\rho}\frac{\partial p}{\partial z}=0 \tag{2.1.30c}$$

以上方程称为静水力学 Euler 平衡方程.

3. 实际液体运动微分方程式 ——Navier-Stokes 方程

上节所讲的都是理想液体的运动规律, 但自然界及水利工程中所存在的液体都是有黏滞性的, 由于黏滞性的存在, 有相对运动的各层液体之间将产生切应力. 在运动的液体中任意画出一个平面 z(与 z 轴垂直), 作用在该平面上任意一点的表面应力将与理想液体情况不同, 并非内法线方向, 而是倾斜方向的, 用 p_z 表示. p_z 在 x, y, z 三个方向均有分量: 一个是与 z 平面成法向的正应力 p_{zz}, 称为动水压强, 两个与 z 平面成切向的切应力 τ_{zx}, τ_{zy}. 在 p 或 τ 的右下角加两个脚号, 第一个脚标表示应力所作用的面与哪一个坐标轴垂直, 第二个脚标表示应力作用方向与哪一个轴平行.

与理想液体类似, 利用牛顿第二定律, 可以推出实际液体运动的基本微分方程, 如下所示:

$$\frac{\partial u}{\partial t}+u\frac{\partial u}{\partial x}+v\frac{\partial u}{\partial y}+w\frac{\partial u}{\partial z}=f_x-\frac{1}{\rho}\frac{\partial p_{xx}}{\partial x}+\frac{1}{\rho}\frac{\partial \tau_{yx}}{\partial y}+\frac{1}{\rho}\frac{\partial \tau_{zx}}{\partial z} \tag{2.1.31a}$$

$$\frac{\partial v}{\partial t}+u\frac{\partial v}{\partial x}+v\frac{\partial v}{\partial y}+w\frac{\partial v}{\partial z}=f_y-\frac{1}{\rho}\frac{\partial p_{yy}}{\partial y}+\frac{1}{\rho}\frac{\partial \tau_{xy}}{\partial x}+\frac{1}{\rho}\frac{\partial \tau_{zy}}{\partial z} \tag{2.1.31b}$$

$$\frac{\partial w}{\partial t}+u\frac{\partial w}{\partial x}+v\frac{\partial w}{\partial y}+w\frac{\partial w}{\partial z}=f_z-\frac{1}{\rho}\frac{\partial p_{zz}}{\partial z}+\frac{1}{\rho}\frac{\partial \tau_{xz}}{\partial x}+\frac{1}{\rho}\frac{\partial \tau_{yz}}{\partial y} \tag{2.1.31c}$$

根据牛顿内摩擦定律, 可以得到

$$\tau_{xz}=\tau_{zx}=\eta\left(\frac{\partial u}{\partial z}+\frac{\partial w}{\partial x}\right) \tag{2.1.32a}$$

$$\tau_{xy}=\tau_{yx}=\eta\left(\frac{\partial u}{\partial y}+\frac{\partial v}{\partial x}\right) \tag{2.1.32b}$$

$$\tau_{yz}=\tau_{zy}=\eta\left(\frac{\partial v}{\partial z}+\frac{\partial w}{\partial y}\right) \tag{2.1.32c}$$

$$p_{xx}=p-2\eta\frac{\partial u}{\partial x} \tag{2.1.32d}$$

$$p_{yy}=p-2\eta\frac{\partial v}{\partial y} \tag{2.1.32e}$$

$$p_{zz}=p-2\eta\frac{\partial w}{\partial z} \tag{2.1.32f}$$

其中 η 为液体的动力黏性系数, p 为动水压强的平均值, 可用下式计算:

$$p=\frac{1}{3}(p_{xx}+p_{yy}+p_{zz}) \tag{2.1.33}$$

将式 (2.1.32)、(2.1.33) 代入式 (2.1.31) 可得

$$\frac{\partial u}{\partial t}+u\frac{\partial u}{\partial x}+v\frac{\partial u}{\partial y}+w\frac{\partial u}{\partial z}=f_x-\frac{1}{\rho}\frac{\partial p}{\partial x}+\frac{\eta}{\rho}\left(\frac{\partial^2 u}{\partial x^2}+\frac{\partial^2 u}{\partial y^2}+\frac{\partial^2 u}{\partial z^2}\right) \tag{2.1.34a}$$

$$\frac{\partial v}{\partial t}+u\frac{\partial v}{\partial x}+v\frac{\partial v}{\partial y}+w\frac{\partial v}{\partial z}=f_y-\frac{1}{\rho}\frac{\partial p}{\partial y}+\frac{\eta}{\rho}\left(\frac{\partial^2 v}{\partial x^2}+\frac{\partial^2 v}{\partial y^2}+\frac{\partial^2 v}{\partial z^2}\right) \tag{2.1.34b}$$

$$\frac{\partial w}{\partial t}+u\frac{\partial w}{\partial x}+v\frac{\partial w}{\partial y}+w\frac{\partial w}{\partial z}=f_z-\frac{1}{\rho}\frac{\partial p}{\partial z}+\frac{\eta}{\rho}\left(\frac{\partial^2 w}{\partial x^2}+\frac{\partial^2 w}{\partial y^2}+\frac{\partial^2 w}{\partial z^2}\right) \tag{2.1.34c}$$

上式就是适用于不可压缩黏性液体的运动微分方程, 一般称为 Navier-Stokes 方程. 如果液体没有黏性 (即理想液体), 则 $\eta=0$, 于是 Navier-Stokes 方程就变成了理想液体的 Euler 运动方程.

4. 紊流的时均运动微分方程

1) 紊流模型

Navier-Stokes 方程为实际液体运动微分方程, 既适用于层流, 也适用于瞬时紊流. 但因紊流的瞬时运动要素有脉动现象, 其时间尺度和空间尺度都非常小, 应用时甚为困难.

由于实际液体运动大多为紊流, 为了研究紊流运动, 必须求出紊流的时均运动方程和连续性方程. Reynolds 平均方法是研究紊流的一种最常用的方法, 现介绍如下.

为了叙述和推导方便, 这里将不可压缩实际液体的 Navier-Stokes 方程重写为以下张量符号的形式:

连续方程:

$$\frac{\partial u_i}{\partial x_i}=0 \tag{2.1.35a}$$

动量方程:

$$\frac{\partial u_i}{\partial t}+u_j\frac{\partial u_i}{\partial x_j}=-\frac{1}{\rho}\frac{\partial p}{\partial x_i}+\nu\frac{\partial^2 u_i}{\partial x_j^2}+f_i,\quad i=1,2,3 \tag{2.1.35b}$$

其中 u_1,u_2,u_3 分别为 x_1,x_2,x_3 坐标方向的流速分量, ν 为液体为紊动黏性系数, $\nu=\eta/\rho$.

任一变量 ϕ 的 Reynolds 时间平均值定义为

$$\overline{\phi}=\frac{1}{\Delta t}\int_t^{t+\Delta t}\phi(t)\mathrm{d}t$$

其中时间间隔 Δt 相对于紊流的随机脉动周期应足够大, 而相对于流场的各种时均量的缓慢变化周期应足够小. 物理量的瞬时值 ϕ、时均值 $\overline{\phi}$ 及脉动值 ϕ' 之间的关系如下:

$$\phi=\overline{\phi}+\phi'$$

设两个物理量的瞬时值为 ϕ, f, 相应的脉动值为 ϕ', f', 则按照以上定义可得以下基本关系式:

$$\begin{cases}\overline{\phi'}=0,\overline{\overline{\phi}}=\overline{\phi},\overline{\overline{\phi}+\phi'}=\overline{\phi}\\ \overline{\overline{\phi f}}=\overline{\phi f},\overline{\overline{\phi}f'}=0,\overline{\overline{\phi}f}=\overline{\phi f},\overline{\phi f}=\overline{\phi f}+\overline{\phi' f'}\\ \overline{\dfrac{\partial\phi}{\partial x_i}}=\dfrac{\partial\overline{\phi}}{\partial x_i},\overline{\dfrac{\partial\phi}{\partial t}}=\dfrac{\partial\overline{\phi}}{\partial t},\overline{\dfrac{\partial^2\phi}{\partial x_i^2}}=\dfrac{\partial^2\overline{\phi}}{\partial x_i^2}\\ \overline{\dfrac{\partial\phi'}{\partial x_i}}=0,\overline{\dfrac{\partial^2\phi'}{\partial x_i^2}}=0\end{cases}$$

根据以上 Reynolds 时均值的定义和性质, 紊流的基本方程 (2.1.35) 可化为

连续性方程:

$$\frac{\partial \overline{u_i}}{\partial x_i} = 0 \tag{2.1.36a}$$

动量方程:

$$\frac{\partial \overline{u_i}}{\partial t} + \overline{u_j}\frac{\partial \overline{u_i}}{\partial x_j} = -\frac{1}{\rho}\frac{\partial \overline{p}}{\partial x_i} + \frac{1}{\rho}\frac{\partial}{\partial x_j}\left(\mu\frac{\partial \overline{u_i}}{\partial x_j} - \rho\overline{u_i'u'}_j\right) + \overline{f}_i, \quad i = 1,2,3 \tag{2.1.36b}$$

式 (2.1.36) 与式 (2.1.35) 相比, 除了将原来瞬时值变为 Reynolds 时均值中新增加了一项, 即 $-\rho\overline{u_i'u_j'}$, 称为 Reynolds 应力, 用 R_{ij} 表示, 它是新的未知量. 故若要使方程组封闭, 需要对 Reynolds 应力进行某种假定, 即建立应力的表达式 (或新的紊流模型方程), 通过这些表达式 (或紊流模型), 把紊流的脉动值与时均值等联系起来. 根据对 Reynolds 应力的假定不同, 目前常用的紊流模型有两大类: Reynolds 应力模型和涡黏模型.

Reynolds 应力模型是通过直接建表示 Reynolds 应力的方程作为辅助方程, 包括 Reynolds 应力方程模型和代数应力模型. 其中, Reynolds 应力方程是微分形式时称为 Reynolds 应力方程模型; Reynolds 应力方程是代数形式时称为代数应力模型. Reynolds 应力方程模型需要对 6 个 Reynolds 应力分别建立一个偏微分方程, 计算量相对较大.

涡黏模型不直接处理 Reynolds 应力项, 而是引入紊动黏性系数 (又称涡黏系数), 将 Reynolds 应力表示为紊动黏性系数的函数. 于是整个计算的关键就在于如何确定这种紊流黏性系数. 根据 Boussinesq 假定, 紊流脉动造成的附加应力也与层流运动应力那样可以同时均的应变率关联起来.

层流时联系流体的应力与应变率的本构方程为

$$\tau_{ij} = -p\delta_{ij} + \eta\left(\frac{\partial u_i}{\partial x_j} + \frac{\partial u_j}{\partial x_i}\right) - \frac{2}{3}\eta\delta_{ij}\mathrm{div}V \tag{2.1.37}$$

其中 $V = (u_1, u_2, u_3)$, $\mathrm{div}V = \dfrac{\partial u_1}{\partial x_1} + \dfrac{\partial u_2}{\partial x_2} + \dfrac{\partial u_3}{\partial x_3}$ 表示流速场 V 的散度.

$$\delta_{ij} = \begin{cases} 1, & i = j \\ 0, & i \neq j \end{cases} \tag{2.1.38}$$

仿照层流可写出紊流脉动造成的应力:

$$R_{ij} = -\rho\overline{u_i'u_j'} = (\tau_{ij})_t = -p_t\delta_{ij} + \eta_t\left(\frac{\partial \overline{u_i}}{\partial x_j} + \frac{\partial \overline{u_j}}{\partial x_i}\right) - \frac{2}{3}\eta_t\delta_{ij}\mathrm{div}\overline{V} \tag{2.1.39}$$

其中 p_t 是脉动速度造成的压力, 定义为

$$p_t = \rho\left(\overline{u'^2} + \overline{v'^2} + \overline{w'^2}\right)/3 = 2\rho k/3 \tag{2.1.40}$$

k 是单位质量流体紊流脉动动能:

$$k = \left(\overline{u'^2} + \overline{v'^2} + \overline{w'^2}\right)/2 \tag{2.1.41}$$

η_t 为紊流黏性系数, 它是空间坐标函数, 取决于流动状态, 不属于物性参数. 但分子黏性系数 η 是物性参数.

对于不可压缩液体, $\mathrm{div}V = 0$, 将 (2.1.39) 代入 (2.1.36b) 可得

$$\frac{\partial \overline{u_i}}{\partial t} + \overline{u_j}\frac{\partial \overline{u_i}}{\partial x_j} = \frac{1}{\rho}\frac{\partial p_\mathrm{e}}{\partial x_i} + \frac{1}{\rho}\frac{\partial}{\partial x_j}\left(\eta_\mathrm{e}\frac{\partial \overline{u_i}}{\partial x_j}\right) + \overline{f}_i, \quad i = 1, 2, 3 \tag{2.1.42}$$

这里 $p_\mathrm{e} = \overline{p} + p_\mathrm{t}$, $\eta_\mathrm{e} = \eta + \eta_\mathrm{t}$ 为有效动力黏性系数, 一般实际液体运动时, 除了非常靠近边界层的区域, η 与 η_t 相比很小, 可以忽略不计.

依据确定紊动黏性系数 η_t 的微分方程的数目多少, 涡黏模型又分为: 零方程模型、一方程模型和两方程模型, 其中使用最为广泛, 也相对比较成熟的是 k-ε 两方程模型.

2) 标准 k-ε 紊流模型

Launder 和 Spalding(1974) 提出该模型, 该模型也被称为标准 k-ε 模型, 是在连续性方程 (2.1.36) 和动量方程 (2.1.42) 的基础上, 另外增加两个偏微分方程, 使方程组封闭:

紊动动能 k 方程:

$$\rho\frac{\partial k}{\partial t} + \rho\overline{u_j}\frac{\partial k}{\partial x_j} = \frac{\partial}{\partial x_j}\left[\left(\eta + \frac{\eta_\mathrm{t}}{\sigma_k}\right)\frac{\partial k}{\partial x_j}\right] + \eta_\mathrm{t}\frac{\partial \overline{u_i}}{\partial x_j}\left(\frac{\partial \overline{u_j}}{\partial x_i} + \frac{\partial \overline{u_i}}{\partial x_j}\right) - \rho\varepsilon \tag{2.1.43}$$

紊动动能耗散率 ε 方程:

$$\rho\frac{\partial \varepsilon}{\partial t} + \rho\overline{u_j}\frac{\partial \varepsilon}{\partial x_j} = \frac{\partial}{\partial x_j}\left[\left(\eta + \frac{\eta_\mathrm{t}}{\sigma_\varepsilon}\right)\frac{\partial \varepsilon}{\partial x_j}\right] + \frac{C_1\varepsilon}{k}\eta_\mathrm{t}\frac{\partial \overline{u_i}}{\partial x_j}\left(\frac{\partial \overline{u_j}}{\partial x_i} + \frac{\partial \overline{u_i}}{\partial x_j}\right) - C_2\rho\frac{\varepsilon^2}{k} \tag{2.1.44}$$

紊动黏性系数的计算公式如下:

$$\eta_\mathrm{t} = C_\mu \rho k^2/\varepsilon \tag{2.1.45}$$

在不引起混淆的情况下, 可以略去 Reynolds 时均值的时均符号, 直接用 u_i 表示 Reynolds 时均流速分量, 于是完整的标准 k-ε 紊流模型控制方程组由六个偏微分方程组成, 可写为下述形式:

连续性方程:

$$\frac{\partial u_i}{\partial x_i} = 0 \tag{2.1.46a}$$

动量方程:

$$\frac{\partial u_i}{\partial t} + u_j\frac{\partial u_i}{\partial x_j} = \frac{1}{\rho}\frac{\partial p_\mathrm{e}}{\partial x_i} + \frac{1}{\rho}\frac{\partial}{\partial x_j}\left(\eta_\mathrm{e}\frac{\partial u_i}{\partial x_j}\right) + f_i, \quad i = 1, 2, 3 \tag{2.1.46b}$$

紊动能 k 方程:

$$\rho\frac{\partial k}{\partial t}+\rho u_j\frac{\partial k}{\partial x_j}=\frac{\partial}{\partial x_j}\left[\left(\eta+\frac{\eta_{\mathrm{t}}}{\sigma_k}\right)\frac{\partial k}{\partial x_j}\right]+\eta_{\mathrm{t}}\frac{\partial u_i}{\partial x_j}\left(\frac{\partial u_j}{\partial x_i}+\frac{\partial u_i}{\partial x_j}\right)-\rho\varepsilon \tag{2.1.46c}$$

紊动耗散率 ε 方程:

$$\rho\frac{\partial \varepsilon}{\partial t}+\rho\overline{u_j}\frac{\partial \varepsilon}{\partial x_j}=\frac{\partial}{\partial x_j}\left[\left(\eta+\frac{\eta_{\mathrm{t}}}{\sigma_\varepsilon}\right)\frac{\partial \varepsilon}{\partial x_j}\right]+\frac{C_1\varepsilon}{k}\eta_{\mathrm{t}}\frac{\partial \overline{u_i}}{\partial x_j}\left(\frac{\partial \overline{u_j}}{\partial x_i}+\frac{\partial \overline{u_i}}{\partial x_j}\right)-C_2\rho\frac{\varepsilon^2}{k} \tag{2.1.46d}$$

Launder 和 Spalding 给出了系数 C_1、C_2、C_μ 和常数 σ_k、σ_ε 的取值建议, 得到了工程界的广泛认可, 如表 2.1.1 所示.

表 2.1.1 标准 k-ε 模型系数取值

C_μ	C_1	C_2	σ_k	σ_ε
0.09	1.44	1.92	1.0	1.3

经过几十年的发展, 许多学者对 k-ε 模型进行了各种改进, 主要有非线性 k-ε 模型、可实现 k-ε 模型、重整化群 k-ε 模型和多尺度 k-ε 模型等. 以下仅对重整化群 k-ε 模型进行介绍.

(1) 重整化群 k-ε 模型. Yakhodt 及 Orzag(1986) 将非稳态 Navier-Stokes 方程组对一个平衡态作 Gauss 统计展开, 并用对脉动频谱的波数段作滤波的方法, 从理论上导出了高 Reynolds 数的 k-ε 模型, 所得的 k 方程和 ε 方程与标准 k-ε 模型方程完全相同, 但对应系数之值不是根据实验数据而是由理论分析得出, 这套系数如表 2.1.2 所示.

表 2.1.2 重整化群 k-ε 模型系数取值

C_μ	$\widetilde{\eta}_0$	β	C_2	σ_k	σ_ε
0.085	4.38	0.015	1.68	0.7179	0.7179

但上述模型中, C_1 不再是常数, 而是空间坐标的函数, 可如下计算:

$$C_1=1.42-\frac{\widetilde{\eta}(1-\widetilde{\eta}/\widetilde{\eta}_0)}{1+\beta\widetilde{\eta}^3},\quad \widetilde{\eta}=Sk/\varepsilon,\quad S=(S_{ij}\cdot S_{ij})^{\frac{1}{2}},\quad S_{ij}=\frac{1}{2}\left(\frac{\partial u_i}{\partial x_j}+\frac{\partial u_j}{\partial x_i}\right)$$

标准 k-ε 方程采用上述系数时就构成了重整化群 k-ε 模型 (renormalization group, RNG k-ε model). 标准 k-ε 模型用于强旋流或带有弯曲壁面的流动时, 会出现一定的失真. RNG k-ε 模型可以处理高应变率及流线弯曲程度较大的流动 (张明亮等, 2007).

(2) 可实现 k-ε 模型. 标准 k-ε 模型的一个缺点是当时均应变率较大时, 模型在物理上不满足可实现条件.Reynolds 正应力 R_{11} 可如下计算:

$$R_{11}=-\rho\overline{u_1'u_1'}=-\frac{2}{3}\rho k+2\eta_{\mathrm{t}}\frac{\partial u_1}{\partial x_1}$$

而 $\eta_{\rm t}=\rho\nu_{\rm t}=C_\mu\rho k^2/\varepsilon$. 因此当时均变率 $\dfrac{\partial u_1}{\partial x_1}$ 较大时, 即当 $\dfrac{\partial u_1}{\partial x_1}>\dfrac{1}{3C_\mu}\dfrac{\varepsilon}{k}\approx 3.7\dfrac{\varepsilon}{k}$ 时, 会出现 $\overline{u_1'u_1'}=\overline{(u_1')^2}<0$, 即脉动流速平方的时均值为负数, 这不可能实现.

另外, 标准 k - ε 模型的 ε 方程具有奇异性, 即当 k 接近或等于零时, 方程右边最后两项会很大甚至为无穷大. 这样会导致计算无法进行下去. 基于上述原因, 可实现 k - ε 模型对标准 k - ε 模型进行了修正, 其中 ε 方程变为 (陶文铨, 2001)

$$\frac{\partial\varepsilon}{\partial t}+\frac{\partial}{\partial x_j}(\varepsilon u_j)=\frac{\partial}{\partial x_j}\left(\left(\nu+\frac{\nu_{\rm t}}{\sigma_\varepsilon}\right)\frac{\partial\varepsilon}{\partial x_j}\right)+C_1S\varepsilon+C_2\frac{\varepsilon^2}{k+\sqrt{\nu\varepsilon}}\qquad(2.1.46{\rm b}')$$

而其他方程没有变化.

除了 ε 方程的上述变化外, 可实现 k-ε 模型还采用了新的紊动黏性系数公式. 虽然紊动黏性系数计算公式仍为 $\nu_{\rm t}=C_\mu\dfrac{k^2}{\varepsilon}$, 但是参数 C_μ 不再是常数, 而是采用下述公式求得:

$$C_\mu=\frac{1}{A_0+A_{\rm s}U^*\dfrac{k}{\varepsilon}}$$

其中, $A_0=4.04$, $A_{\rm s}=\sqrt{6}\cos\phi$, $\phi=\dfrac{1}{3}\arccos(\sqrt{6}W)$, $W=\dfrac{S_{ij}S_{jk}S_{ki}}{S}$, $S=\sqrt{2S_{ij}S_{ij}}$, $U^*=\sqrt{S_{ij}S_{ij}+\overline{\overline{\Omega}}_{ij}\overline{\overline{\Omega}}_{ij}}$, $\overline{\overline{\Omega}}_{ij}=\Omega_{ij}-2\varepsilon_{i,j,k}\omega_k$, $\Omega_{ij}=\overline{\Omega}_{ij}-\varepsilon_{i,j,k}\omega_k$, 这里 $\overline{\Omega}_{i,j}$ 为从角速度为 ω_k 的参考系中观察到的时均转动速率, 对于弯道水流来说, $\overline{\overline{\Omega}}_{i,j}=0$. 其他有关参数取值为: $\sigma_k=1.0$, $\sigma_\varepsilon=1.2$,$C_1=\max\left\{0.43,\dfrac{\overline{\eta}}{5+\overline{\eta}}\right\}$,$C_2=1.9$,$\overline{\eta}=\dfrac{Sk}{\varepsilon}$.

可实现 k-ε 模型方程与标准 k-ε 模型方程相比, 其中 k 方程相似, 但是紊流黏性系数的计算有所不同, 使得模型满足现实性条件, 而 ε 方程有很大不同, 其源项不再与湍动能 k 的生成项 G_k 有关, 另外采用了新的涡黏公式, 使得 C_μ 不再是常数, 而与时均变量及涡黏变量 k 和 ε 发生联系, 从而使 Reynolds 应力和床面切应力满足现实性条件.

2.1.3 平面二维水动力学数学模型

虽然天然河流、明渠水流、有压管道流动等流动现象从本质上来说都是三维紊流, 应该使用三维水动力紊流数学模型进行数值模拟. 然而, 由于三维数值模拟对计算机的计算性能要求较高, 模拟所需的计算时间较长, 不适宜于长河段及较长时间的数值模拟. 在河道、水库、明渠等流动现象数值模拟时, 采用较多的是一维或二维数学模型. 一维水动力学模型一般只能模拟水力要素在一个方向 (如沿水流方向) 上的分布, 而无法模拟沿其他两个方向 (如横向和垂向) 上的分布. 而平面二维数值模拟可以同时反映水力要素沿纵向和横向上的分布, 立面二维数学模型可以同时反映水力要素沿纵向和垂向的变化. 因此, 实际水力工程问题中, 常常根据需要选择平面二维或立面二维数学模型.

1. 深度平均法则

在河道水流中, 水平尺度一般远大于垂向尺度, 流速等水力参数沿垂直方向的变化常采用其垂向平均值, 并假定沿水深方向的动水压强分布符合静水压强分布, 这时可将三维流动的基本方程沿水深积分平均, 即可得到沿水深平均的平面二维流动的基本方程.

在垂向积分平均过程中, 设 ζ, z_0 分别为液面水位及河床高程, h 为相应水深, 则

$$h = \zeta - z_0 \tag{2.1.47}$$

设某一变量的 Reynolds 时均值为 ϕ, 沿水深平均值为 $\widetilde{\phi}$, 则

$$\widetilde{\phi} = \frac{1}{h}\int_{z_0}^{\zeta} \phi \mathrm{d}z \tag{2.1.48}$$

对于沿 x_i 坐标轴方向的 Reynolds 时均流速 u_i 和压力 p, 其垂向平均值分别为

$$\overline{u}_i = \frac{1}{h}\int_{z_0}^{\zeta} u_i \mathrm{d}z, \quad \overline{p} = \frac{1}{h}\int_{z_0}^{\zeta} p \mathrm{d}z$$

在推导沿水深平均的水动力学方程时, 还需用到以下 Leibniz 公式:

$$\frac{\partial}{\partial x_i}\int_{z_0}^{\zeta} \phi \mathrm{d}z = \int_{z_0}^{\zeta} \frac{\partial \phi}{\partial x_i}\mathrm{d}z + \phi\bigg|_{\zeta}\frac{\partial \zeta}{\partial x_i} - \phi\bigg|_{z_0}\frac{\partial z_0}{\partial x_i} \tag{2.1.49}$$

另外, 还要用到液面 (自由表面) 及底部运动学条件:

$$u_3\bigg|_{z=\zeta} = \frac{D\zeta}{Dt} = \frac{\partial \zeta}{\partial t} + u_1\bigg|_{z=\zeta}\frac{\partial \zeta}{\partial x_1} + u_2\bigg|_{z=\zeta}\frac{\partial \zeta}{\partial x_2} \tag{2.1.50}$$

$$u_3\bigg|_{z=z_0} = \frac{Dz_0}{Dt} = \frac{\partial z_0}{\partial t} + u_1\bigg|_{z=z_0}\frac{\partial z_0}{\partial x_1} + u_2\bigg|_{z=z_0}\frac{\partial z_0}{\partial x_2} \tag{2.1.51}$$

2. 沿水深平均的连续性方程

对三维水流连续性方程 (2.1.46a) 沿水深积分平均后可得

$$\begin{aligned}&\int_{z_0}^{\zeta}\left(\frac{\partial u_1}{\partial x_1} + \frac{\partial u_2}{\partial x_2} + \frac{\partial u_3}{\partial x_3}\right)\mathrm{d}z \\ =&\frac{\partial}{\partial x_1}\int_{z_0}^{\zeta} u_1 \mathrm{d}z - u_1\bigg|_{z=\zeta}\frac{\partial \zeta}{\partial x_1} + u_1\bigg|_{z=z_0}\frac{\partial z_0}{\partial x_1}\end{aligned}$$

$$+\frac{\partial}{\partial x_2}\int_{z_0}^{\zeta}u_2\mathrm{d}z-u_2\bigg|_{z=\zeta}\frac{\partial\zeta}{\partial x_2}+u_2\bigg|_{z=z_0}\frac{\partial z_0}{\partial x_2}+z_3\,|_{z=\zeta}-z_3|_{z=z_0}$$

$$=\frac{\partial h\overline{u}_1}{\partial x_1}+\frac{\partial h\overline{u}_2}{\partial x_2}+\frac{\partial\zeta}{\partial t}-\frac{\partial z_0}{\partial t}=0 \tag{2.1.52}$$

因此有

$$\frac{\partial h}{\partial t}+\frac{\partial h\overline{u_1}}{\partial x_1}+\frac{\partial h\overline{u_2}}{\partial x_2}=0 \tag{2.1.53}$$

此即沿水深平均的连续性方程. 在方程的推导中, 用到了 Leibniz 公式及液面和底面的运动条件.

3. 沿水深平均的运动方程

同理, 对三维水流运动方程 (2.1.46b) 沿水深积分平均, 并利用 Leibniz 公式及液面、底面运动条件, 可得 (景何仿, 李春光, 2012)

$$\frac{\partial(h\overline{u_1})}{\partial t}+\frac{\partial(h\overline{u_1u_1})}{\partial x_1}+\frac{\partial(h\overline{u_1u_2})}{\partial x_2}$$

$$=\frac{\partial}{\partial x_1}\left((\nu+\nu_{\mathrm{t}})h\frac{\partial\overline{u_1}}{\partial x_1}\right)+\frac{\partial}{\partial x_2}\left((\nu+\nu_{\mathrm{t}})h\frac{\partial\overline{u_1}}{\partial x_2}\right)-gh\frac{\partial\zeta}{\partial x_1}-\tau_{bx_1}+F_{bx_1} \tag{2.1.54a}$$

$$\frac{\partial(h\overline{u_2})}{\partial t}+\frac{\partial(h\overline{u_2u_1})}{\partial x_1}+\frac{\partial(h\overline{u_2u_2})}{\partial x_2}$$

$$=\frac{\partial}{\partial x_2}\left((\nu+\nu_{\mathrm{t}})h\frac{\partial\overline{u_2}}{\partial x_1}\right)+\frac{\partial}{\partial x_2}\left((\nu+\nu_{\mathrm{t}})h\frac{\partial\overline{u_2}}{\partial x_2}\right)-gh\frac{\partial\zeta}{\partial x_2}-\tau_{bx_2}+F_{bx_2} \tag{2.1.54b}$$

其中床面切应力为

$$\tau_{bx_1}=\frac{gn^2\overline{u_1}\sqrt{\overline{u_1}^2+\overline{u_2}^2}}{h^{1/3}},\quad \tau_{bx_2}=\frac{gn^2\overline{u_2}\sqrt{\overline{u_1}^2+\overline{u_2}^2}}{h^{1/3}} \tag{2.1.55}$$

F_{bx}, F_{by} 为 x 和 y 方向的科里奥利力项, 可如下计算:

$$F_{bx}=fv=2\omega\sin\phi\cdot v,\quad F_{by}=-fu=-2\omega\sin\phi\cdot u \tag{2.1.56}$$

其中 g 为重力加速度, n 为曼宁系数. ω 为地球自转角速度, $\omega=7.29\times10^{-5}$rad/s,ϕ 为纬度值.

在不引起混淆的情况下, 可以去掉水深积分平均值的变量上面的 "-", 直接用 u_1, u_2 表示沿水深积分平均后的流速分量, 则连续性方程及运动方程可分别写为如下形式:

$$\frac{\partial h}{\partial t}+\frac{\partial hu_1}{\partial x_1}+\frac{\partial hu_2}{\partial x_2}=0 \tag{2.1.57a}$$

$$\frac{\partial(hu_1)}{\partial t}+\frac{\partial(hu_1u_1)}{\partial x_1}+\frac{\partial(hu_1u_2)}{\partial x_2}$$
$$=\frac{\partial}{\partial x_1}\left((\nu+\nu_{\mathrm{t}})h\frac{\partial u_1}{\partial x_1}\right)+\frac{\partial}{\partial x_2}\left((\nu+\nu_{\mathrm{t}})h\frac{\partial u_1}{\partial x_2}\right)-gh\frac{\partial\zeta}{\partial x_1}-\tau_{bx_1}+F_{bx_1} \tag{2.1.57b}$$

$$\frac{\partial(hu_2)}{\partial t}+\frac{\partial(hu_2u_1)}{\partial x_1}+\frac{\partial(hu_2u_2)}{\partial x_2}$$
$$=\frac{\partial}{\partial x_2}\left((\nu+\nu_{\mathrm{t}})h\frac{\partial u_2}{\partial x_1}\right)+\frac{\partial}{\partial x_2}\left((\nu+\nu_{\mathrm{t}})h\frac{\partial u_2}{\partial x_2}\right)-gh\frac{\partial\zeta}{\partial x_2}-\tau_{bx_2}+F_{bx_2} \tag{2.1.57c}$$

4. 平面二维标准 k-ε 模型紊流控制方程

将三维紊动能方程及紊动耗时率方程 (2.1.46c)、(2.1.46d) 沿水深积分平均并进行系列简化处理后可得水深平均的平面二维紊流模型 (景何仿, 2011).

紊动动能方程 (k 方程):

$$\frac{\partial(hk)}{\partial t}+\frac{\partial(hu_1k)}{\partial x_1}+\frac{\partial(hu_2k)}{\partial x_2}$$
$$=\frac{\partial}{\partial x_1}\left(\left(\nu+\frac{\nu_{\mathrm{t}}}{\sigma_k}\right)h\frac{\partial k}{\partial x_1}\right)+\frac{\partial}{\partial x_2}\left(\left(\nu+\frac{\nu_{\mathrm{t}}}{\sigma_k}\right)h\frac{\partial k}{\partial x_2}\right)+S_k \tag{2.1.57d}$$

紊动动能耗散率方程 (ε 方程):

$$\frac{\partial(h\varepsilon)}{\partial t}+\frac{\partial(hu_1\varepsilon)}{\partial x_1}+\frac{\partial(hu_2\varepsilon)}{\partial x_2}$$
$$=\frac{\partial}{\partial x_1}\left(\left(\nu+\frac{\nu_{\mathrm{t}}}{\sigma_\varepsilon}\right)h\frac{\partial \varepsilon}{\partial x_1}\right)+\frac{\partial}{\partial x_2}\left(\left(\nu+\frac{\nu_{\mathrm{t}}}{\sigma_\varepsilon}\right)h\frac{\partial \varepsilon}{\partial x_2}\right)+S_\varepsilon \tag{2.1.57e}$$

式中 k 和 ε 分别为水深积分平均紊动能及紊动能耗散率. S_k, S_ε 分别为 k 方程和 ε 方程的源项, 可如下计算 (景何仿, 2011):

$$S_k=h(P_k+P_{kv}-\varepsilon) \tag{2.1.58}$$

$$S_\varepsilon=h\left[\frac{\varepsilon}{k}(C_{1\varepsilon}P_k-C_{2\varepsilon}\varepsilon)+P_{\varepsilon v}\right] \tag{2.1.59}$$

其中

$$P_k=2(\nu+\nu_{\mathrm{t}})\left(\left(\frac{\partial u_1}{\partial x_1}\right)^2+\left(\frac{\partial u_2}{\partial x_2}\right)^2\right)+(\nu+\nu_{\mathrm{t}})\left(\frac{\partial u_1}{\partial x_2}+\frac{\partial u_2}{\partial x_1}\right)^2 \tag{2.1.60a}$$

$$\nu_{\mathrm{t}}=C_\mu\frac{k^2}{\varepsilon} \tag{2.1.60b}$$

$$P_{kv}=\frac{C_a u_*^3}{h} \tag{2.1.60c}$$

$$P_{\varepsilon v}=\frac{C_b u_*^4}{h^2} \tag{2.1.60d}$$

$$u_*=\sqrt{C_f(u_1^2+u_2^2)} \tag{2.1.60e}$$

$$C_a=C_f^{-\frac{1}{2}} \tag{2.1.60f}$$

$$C_b=\frac{3.6C_{2\varepsilon}C_\mu^{\frac{1}{2}}}{C_f^{\frac{1}{4}}} \tag{2.1.60g}$$

这里 C_f 为经验系数, 通常取 0.003. 模型中出现的其他有关参数取值如表 2.1.1 所示.

5. 平面二维 RNG k-ε 水动力数学模型

水深平均的平面二维 RNG k-ε 模型与水深平均的标准 k-ε 模型相似, k 方程与 (2.157d) 相似, 只是紊动黏性系数发生了变化, ε 方程的紊动黏性系数与源项均发生了变化. 修正后的 k 方程和 ε 方程如下所示 (景何仿, 李春光, 2012):

$$\begin{aligned}&\frac{\partial(hk)}{\partial t}+\frac{\partial(hu_1k)}{\partial x_1}+\frac{\partial(hu_2k)}{\partial x_2}\\=&\frac{\partial}{\partial x_1}\left(\alpha_k\left(\nu+\nu_{\rm t}\right)h\frac{\partial k}{\partial x_1}\right)+\frac{\partial}{\partial x_2}\left(\alpha_k\left(\nu+\nu_{\rm t}\right)h\frac{\partial k}{\partial x_2}\right)+S_k\end{aligned} \tag{2.1.61}$$

$$\begin{aligned}&\frac{\partial(h\varepsilon)}{\partial t}+\frac{\partial(hu_\varepsilon)}{\partial x_1}+\frac{\partial(hu_2\varepsilon)}{\partial x_2}\\=&\frac{\partial}{\partial x_1}\left(\alpha_\varepsilon\left(\nu+\nu_{\rm t}\right)h\frac{\partial \varepsilon}{\partial x_1}\right)+\frac{\partial}{\partial x_2}\left(\alpha_\varepsilon\left(\nu+\nu_{\rm t}\right)h\frac{\partial \varepsilon}{\partial x_2}\right)+S_\varepsilon\end{aligned} \tag{2.1.62}$$

其中 S_k 仍为 (2.1.58) 所示, 而 S_ε 与 (2.1.59) 有所不同, 可表示为

$$S_\varepsilon=h\left[\frac{\varepsilon}{k}(C_{1\varepsilon}^*P_k-C_{2\varepsilon}\varepsilon)+P_{\varepsilon v}\right] \tag{2.1.63}$$

其中 $C_{1\varepsilon}^*=C_{1\varepsilon}-\dfrac{\eta_1(\eta_0-\eta_1)}{\eta_0(1+\beta_1\eta_1^3)}$, $\eta_1=\sqrt{\dfrac{P_k}{\nu_t}}\dfrac{k}{\varepsilon}$. 模型中有关参数的取值与标准 k-ε 模型相比, 也发生了一定变化, 如表 2.1.3 所示.

表 2.1.3 平面二维修正的 RNG k-ε 紊流模型中有关参数取值

C_μ	$C_{1\varepsilon}$	$C_{2\varepsilon}$	η_0	C_f	β_1	α_k	α_ε
0.0845	1.42	1.68	4.377	0.003	0.012	1.39	1.39

另外, 经过数值模拟实验发现, 利用上述模型计算的紊动黏性系数偏大. 将参数 C_a 由原来的 18.26 调整为 3.34 后, 计算得到的紊动黏性系数比较合理, 且计算结果与实测值比较接近.

6. 平面二维 RNG k-ε 水动力数学模型控制方程的通用形式

为了便于方程的离散及编程计算, 可将直角坐标系下修正的平面二维 RNG k-ε 模型中连续性方程、x 方向动量方程、y 方向动量方程、k 方程、ε 方程, 即 (2.1.57) 写成统一形式, 即

$$\frac{\partial}{\partial t}(h\Phi)+\frac{\partial}{\partial x}(hu\Phi)+\frac{\partial}{\partial y}(hv\Phi)=\frac{\partial}{\partial x}\left(h\Gamma_\Phi\frac{\partial\Phi}{\partial x}\right)+\frac{\partial}{\partial y}\left(h\Gamma_\Phi\frac{\partial\Phi}{\partial y}\right)+S_\Phi(x,y) \quad (2.1.64)$$

其中 Γ_Φ 为扩散系数, $S_\Phi(x,y)$ 为源项, Φ 为通用变量, 它们在不同的控制方程中代表不同的变量, 如表 2.1.4 所示, 其中动量方程中的柯里奥利力被略去, 这里仍用 u,v 分别表示 x, y 方向的流速分量, 与 (2.1.57) 中的 u_1,u_2 相对应, x,y 坐标与 (2.1.57) 中的 x_1,x_2 相对应.

表 2.1.4　直角坐标系下通用方程中各变量在不同控制方程中的含义

	Φ	Γ_Φ	S_Φ
连续性方程	1	0	0
x方向动量方程	u	$\nu+\nu_t$	$-gh\dfrac{\partial\zeta}{\partial x}-\dfrac{gn^2u\sqrt{u^2+v^2}}{h^{1/3}}$
y方向动量方程	v	$\nu+\nu_t$	$-gh\dfrac{\partial\zeta}{\partial y}-\dfrac{gn^2v\sqrt{u^2+v^2}}{h^{1/3}}$
k方程	k	$\alpha_k(\nu+\nu_t)$	$h(P_k+P_{kv}-\varepsilon)$
ε方程	ε	$\alpha_\varepsilon(\nu+\nu_t)$	$h\left[\dfrac{\varepsilon}{k}(C^*_{1\varepsilon}P_k-C_{2\varepsilon}\varepsilon)+P_{\varepsilon v}\right]$

7. 适体坐标系下的平面二维水动力学数学模型

由于所模拟区域为天然河道, 形状不太规则, 这给区域离散及方程求解带来一定困难. 采用适体坐标变换, 即 ξ - η 坐标变换, 可将复杂的物理平面区域变换为简单的计算区域, 如矩形区域.

1) 适体坐标变换

在适体坐标变换下, 物理平面区域上任一点 (x,y) 在计算平面区域上对应点的坐标为 (ξ,η), 它们之间的关系为

$$\xi=\xi(x,y),\quad \eta=\eta(x,y)$$

$$x=x(\xi,\eta),\quad y=y(\xi,\eta)$$

其偏导数之间具有以下关系:

$$\xi_x=\frac{y_\eta}{J},\quad \xi_y=-\frac{x_\eta}{J},\quad \eta_x=-\frac{y_\xi}{J},\quad \eta_y=\frac{x_\xi}{J}$$

式中 J 为坐标变换的 Jacobi 行列式, 通常称为 Jacobi 因子:

$$J=\left|\frac{\partial(x,y)}{\partial(\xi,\eta)}\right|=x_\xi y_\eta-x_\eta y_\xi$$

对于任意变量 Φ, 由链导法则有

$$\frac{\partial \Phi}{\partial x}=\frac{\partial \Phi}{\partial \xi}\frac{\partial \xi}{\partial x}+\frac{\partial \Phi}{\partial \eta}\frac{\partial \eta}{\partial x}=\frac{1}{J}\left(\frac{\partial \Phi}{\partial \xi}\frac{\partial y}{\partial \eta}-\frac{\partial \Phi}{\partial \eta}\frac{\partial y}{\partial \xi}\right)$$

$$\frac{\partial \Phi}{\partial y}=\frac{\partial \Phi}{\partial \xi}\frac{\partial \xi}{\partial y}+\frac{\partial \Phi}{\partial \eta}\frac{\partial \eta}{\partial y}=\frac{1}{J}\left(-\frac{\partial \Phi}{\partial \xi}\frac{\partial x}{\partial \eta}+\frac{\partial \Phi}{\partial \eta}\frac{\partial x}{\partial \xi}\right)$$

2) 适体坐标系下平面二维 RNG k-ε 模型

对模拟区域进行适体坐标变换, 变换后 (2.1.64) 变为

$$\frac{\partial}{\partial t}(h\Phi)+\frac{1}{J}\frac{\partial}{\partial \xi}(hU\Phi)+\frac{1}{J}\frac{\partial}{\partial \eta}(hV\Phi)=\frac{1}{J}\frac{\partial}{\partial \xi}\left(\frac{\alpha h\Gamma_\Phi}{J}\frac{\partial \Phi}{\partial \xi}\right)+\frac{1}{J}\frac{\partial}{\partial \eta}\left(\frac{\gamma h\Gamma_\Phi}{J}\frac{\partial \Phi}{\partial \eta}\right)+S_\Phi(\xi,\eta) \tag{2.1.65}$$

其中 U,V 为逆变流速分量

$$U=uy_\eta-vx_\eta,\quad V=-uy_\xi+vx_\xi \tag{2.1.66}$$

α,β,γ 可如下计算:

$$\alpha=x_\eta^2+y_\eta^2,\quad \beta=x_\xi x_\eta+y_\xi y_\eta,\quad \gamma=x_\xi^2+y_\xi^2 \tag{2.1.67}$$

曲线坐标系下沿水深平均的平面二维 RNG k - ε 双方程紊流模型通用形式中, 各变量的意义如表 2.1.5 所示.

表 2.1.5 适体坐标系下通用方程中各变量在不同控制方程中的含义

	Φ	Γ_Φ	S_Φ
连续性方程	1	0	0
x方向动量方程	u	$\nu+\nu_t$	S_u
y方向动量方程	v	$\nu+\nu_t$	S_v
k方程	k	$\alpha_k(\nu+\nu_t)$	S_k
ε 方程	ε	$\alpha_\varepsilon(\nu+\nu_t)$	S_ε
悬移质输移方程	S_L	ε'	S_{SL}

$$S_u=-\frac{1}{J}gh(z_\xi y_\eta-z_\eta y_\xi)-\frac{1}{J}\frac{\partial}{\partial \xi}\left(\frac{\beta\Gamma_u h}{J}\frac{\partial u}{\partial \eta}\right)-\frac{1}{J}\frac{\partial}{\partial \eta}\left(\frac{\beta\Gamma_u h}{J}\frac{\partial u}{\partial \xi}\right)-\frac{gn^2u\sqrt{u^2+v^2}}{h^{1/3}} \tag{2.1.68}$$

$$S_v=-\frac{1}{J}gh(-z_\xi x_\eta+z_\eta x_\xi)-\frac{1}{J}\frac{\partial}{\partial \xi}\left(\frac{\beta\Gamma_v h}{J}\frac{\partial v}{\partial \eta}\right)-\frac{1}{J}\frac{\partial}{\partial \eta}\left(\frac{\beta\Gamma_v h}{J}\frac{\partial v}{\partial \xi}\right)-\frac{gn^2v\sqrt{u^2+v^2}}{H^{\frac{1}{3}}} \tag{2.1.69}$$

$$S_k=-\frac{1}{J}\frac{\partial}{\partial \xi}\left(\frac{\beta\Gamma_u h}{J}\frac{\partial k}{\partial \eta}\right)-\frac{1}{J}\frac{\partial}{\partial \eta}\left(\frac{\beta\Gamma_u h}{J}\frac{\partial k}{\partial \xi}\right)+h(P_k+P_{kv}-\varepsilon) \tag{2.1.70}$$

$$S_{\varepsilon}=-\frac{1}{J}\frac{\partial}{\partial\xi}\left(\frac{\beta\Gamma_u h}{J}\frac{\partial\varepsilon}{\partial\eta}\right)-\frac{1}{J}\frac{\partial}{\partial\eta}\left(\frac{\beta\Gamma_u h}{J}\frac{\partial\varepsilon}{\partial\xi}\right)+h\left[\frac{\varepsilon}{k}(C_{1\varepsilon}^{*}P_k-C_{2\varepsilon}\varepsilon)+P_{\varepsilon v}\right] \quad (2.1.71)$$

$$P_k=\frac{\nu_{\mathrm{t}}}{J^2}\left[2\left(u_\xi y_\eta-u_\eta y_\xi\right)^2+2\left(-v_\xi x_\eta+v_\eta x_\xi\right)^2+\left(v_\xi y_\eta-v_\eta y_\xi-u_\xi x_\eta+u_\eta x_\xi\right)^2\right] \quad (2.1.72)$$

有关参数的取值如表 2.1.3 所示.

3) 考虑弯道环流影响的平面二维紊流水沙数学模型

由于弯道水流会产生横向环流, 其对弯道水流运动及泥沙运移影响较大, 但沿水深平均的上述平面二维水流模型在弯道处不能很好地反映弯道环流对流速分布的影响 (Vriend, 1981). 为了在模型中反映弯道环流的影响, 且增加的计算量不大, 这里参考文献 (Lien et al., 1999; 方春明, 2003; 刘玉玲, 刘哲, 2006) 的做法, 在动量方程源项中增加反映弯道环流的项, ξ 方向和 η 方向的动量方程源项分别变为

$$S_{\overline{u}}^{\mathrm{new}}=S_{\overline{u}}-M_{\overline{u}},\quad S_{\overline{v}}^{\mathrm{new}}=S_{\overline{v}}-M_{\overline{v}}$$

其中

$$M_{\overline{u}}=\frac{1}{J}\left(\frac{\partial}{\partial\xi}\left(-\xi_y\left|\overline{u}\right|\overline{u}\phi\right)+\frac{\partial}{\partial\eta}\left(\eta_y\left|\overline{u}\right|\overline{u}\phi\right)-2\frac{\partial}{\partial\eta}\left(\xi_y\left|\overline{u}\right|\overline{v}\phi\right)\right)$$

$$M_{\overline{v}}=\frac{1}{J}\left(\frac{\partial}{\partial\xi}\left(\xi_x\left|\overline{u}\right|\overline{u}\phi\right)+\frac{\partial}{\partial\eta}\left(-\eta_x\left|\overline{u}\right|\overline{u}\phi\right)+2\frac{\partial}{\partial\eta}\left(\xi_x\left|\overline{u}\right|\overline{v}\phi\right)\right)$$

其中 $\overline{u},\overline{v}$ 分别为 ξ,η 方向流速, 它们与 u,v 的关系为

$$\overline{u}=\frac{ux_\xi+vy_\xi}{L_\xi},\quad \overline{v}=\frac{ux_\eta+vy_\eta}{L_\eta}$$

而 L_ξ,L_η 分别为曲线网格的长和宽, 可如下计算:

$$L_\xi=\sqrt{x_\xi^2+y_\xi^2},\quad L_\eta=\sqrt{x_\eta^2+y_\eta^2},\quad \phi=\frac{L_\xi}{L_\eta}\frac{h^2}{R_\eta}k_{\mathrm{TS}}$$

其中 R_η 为等 η 线的曲率半径, k_{TS} 为弯道环流引起的横向动量交换系数, 可如下计算:

$$k_{\mathrm{TS}}=5\frac{\sqrt{g}}{\kappa C}-15.6\left(\frac{\sqrt{g}}{\kappa C}\right)^2+37.5\left(\frac{\sqrt{g}}{\kappa C}\right)^3$$

其中 κ 为 Karman 常数(取值为 0.42); C 为 Chezy 系数, $C=\frac{1}{n}h^{\frac{1}{6}}$; g 为重力加速度.

一般地, ξ_x,ξ_y 远小于 η_x,η_y, 故 $M_{\overline{u}},M_{\overline{v}}$ 的计算可简化为

$$M_{\overline{u}}=\frac{1}{J^2}\frac{\partial}{\partial\eta}\left(x_\xi\left|\overline{u}\right|\overline{u}\phi\right) \quad (2.1.73)$$

$$M_{\overline{v}}=\frac{1}{J^2}\frac{\partial}{\partial \eta}\left(y_\xi\left|\overline{u}\right|\overline{u}\phi\right) \tag{2.1.74}$$

然而, 以上动量方程的修正是针对正交曲线坐标系下 ξ 方向和 η 方向的动量方程源项而进行的. 在正交曲线坐标系下, 动量方程中流速基本变量为 ξ 方向和 η 方向的流速 $\overline{u}$, $\overline{v}$, 而 (2.1.64) 中, 动量方程的流速基本变量为 x 和 y 方向的流速 u, v. 由 (2.1.73) 和 (2.1.74) 联立, 即可得到 x 和 y 方向动量方程源项的修正量分别为 (景何仿, 李春光, 2011c; Jing, et al., 2014)

$$M_u=\frac{1}{J^2}\frac{uL_\xi}{\sqrt{u^2+v^2}}\frac{\partial}{\partial \eta}\left(\left|\overline{u}\right|\overline{u}\phi\right),\quad M_v=\frac{1}{J^2}\frac{vL_\xi}{\sqrt{u^2+v^2}}\frac{\partial}{\partial \eta}\left(\left|\overline{u}\right|\overline{u}\phi\right) \tag{2.1.75}$$

因此, 适体坐标系下能反映弯道环流影响的平面二维水沙紊流数学模型 (修正的平面二维 RNG k-ε 模型) 通用控制方程为 (2.1.64), 其中 x 方向与 y 方向动量方程的源项分别为

$$\begin{aligned}
S_u=&-\frac{1}{J}gh(z_\xi y_\eta-z_\eta y_\xi)-\frac{1}{J}\frac{\partial}{\partial \xi}\left(\frac{\beta\Gamma_u h}{J}\frac{\partial u}{\partial \eta}\right)-\frac{1}{J}\frac{\partial}{\partial \eta}\left(\frac{\beta\Gamma_u h}{J}\frac{\partial u}{\partial \xi}\right)\\
&-\frac{gn^2u\sqrt{u^2+v^2}}{h^{1/3}}-M_u\\
S_v=&-\frac{1}{J}gh(-z_\xi x_\eta+z_\eta x_\xi)-\frac{1}{J}\frac{\partial}{\partial \xi}\left(\frac{\beta\Gamma_v h}{J}\frac{\partial v}{\partial \eta}\right)-\frac{1}{J}\frac{\partial}{\partial \eta}\left(\frac{\beta\Gamma_v h}{J}\frac{\partial v}{\partial \xi}\right)\\
&-\frac{gn^2v\sqrt{u^2+v^2}}{H^{\frac{1}{3}}}-M_v
\end{aligned} \tag{2.1.76}$$

2.1.4 垂向二维水动力学数学模型

在窄深潮汐通道、窄深河口、高山峡谷河道型水库、引水明渠等区域, 其水较深, 水面较窄, 宽深比很小, 有关参量 (如流速、温度、含盐量、含沙量、污染物浓度) 的垂向变化要比水平横向变化为大, 可采用垂向二维水动力、泥沙、水质数学模型.

1. 垂向二维水动力模型基本假定

在使用垂向二维水动力学模型时, 有如下一些假定:

(1) 流速沿横向梯度为零, 即 $\dfrac{\partial u}{\partial y}=0$;

(2) 两岸阻力相等, 无滑移;

(3) 河 (库、湖) 的宽度仅是流程的函数, $B=B(x)$.

2. 垂向二维水动力运动基本方程组

对三维水流水动力方程沿横向积分平均后, 可以得到垂向二维水动力运动基本方程组:

水流连续性方程:

$$\frac{\partial(Bu)}{\partial x}+\frac{\partial(Bw)}{\partial z}=0 \tag{2.1.77}$$

式中: B 为河宽; x,y 分别为纵向和垂向坐标; u,w 分别为 x 和 z 方向上的平均流速.

水位方程:

$$\frac{\partial\zeta}{\partial t}+\frac{1}{B}\frac{\partial}{\partial x}\left(B\int_{z_0}^{\zeta}u\mathrm{d}z\right)=0 \tag{2.1.78}$$

水流运动方程:

$$\frac{\partial Bu}{\partial t}+\frac{\partial(Buu)}{\partial x}+\frac{\partial(Buw)}{\partial z}=-\frac{B}{\rho}\frac{\partial p}{\partial x}+\frac{\partial}{\partial x}\left(B\nu_x\frac{\partial u}{\partial x}\right)+\frac{\partial}{\partial z}\left(B\nu_z\frac{\partial u}{\partial z}\right) \tag{2.1.79}$$

式中: ρ 为水体密度, $\mathrm{kg/m^3}$; p 为压强, $\mathrm{N/m^2}$; ν_z 为垂向紊动黏性系数, $\mathrm{m^2/s}$.

将横断面概化成矩形, 并假定河宽 B 不随时间变化, 则上述方程组可进一步简化为:

水流连续性方程:

$$\frac{\partial(Bu)}{\partial x}+B\frac{\partial w}{\partial z}=0 \tag{2.1.80}$$

水位方程:

$$\frac{\partial\zeta}{\partial t}+\frac{1}{B}\frac{\partial}{\partial x}\left(B\int_{z_0}^{\zeta}u\mathrm{d}z\right)=0 \tag{2.1.81}$$

水流运动方程:

$$\frac{\partial u}{\partial t}+\frac{u}{B}\frac{\partial(Bu)}{\partial x}+w\frac{\partial u}{\partial z}=-\frac{1}{\rho}\frac{\partial p}{\partial x}+\frac{1}{B}\frac{\partial}{\partial x}\left(B\nu_x\frac{\partial u}{\partial x}\right)+\frac{\partial}{\partial z}\left(\nu_z\frac{\partial u}{\partial z}\right) \tag{2.1.82}$$

3. 水流定解条件

1) 自由表面

在有风时:

$$\nu_z\frac{\partial u}{\partial z}=\frac{\tau_{\mathrm{w}x}}{\rho} \tag{2.1.83}$$

其中 $\tau_{\mathrm{w}x}=\rho_{\mathrm{a}}f_w\left|W\right|W_x$, $\tau_{\mathrm{w}x}$ 为风对水面剪切应力在 x 向的分量; ρ_{a} 为空气密度, W 为风速, W_x 为风速在 x 向的分量, f_w 为经验系数.

无风时:

$$\tau_{\mathrm{w}x}=0 \tag{2.1.84}$$

2) 河底

无滑移:

$$u=w=0 \tag{2.1.85}$$

有滑移:

$$\nu_z \frac{\partial u}{\partial z} = \frac{\tau_{bx}}{\rho} \tag{2.1.86}$$

3) 上下游开边界

已知水位过程线:

$$\zeta_\Gamma = \zeta(x,t)\,|_{x=\Gamma} \tag{2.1.87}$$

已知流速过程:

$$u_\Gamma = u(x,t)\,|_{x=\Gamma} \tag{2.1.88}$$

其中 Γ 为入口或出口边界坐标.

4) 初始条件

初始时刻, 可以假设全场水位为零, x 和 z 方向的流速为零.

2.2 泥沙运移数学模型

为了研究河流泥沙运移及河床变形, 需要建立相应泥沙数学模型. 泥沙数学模型通常由两个模块组成, 即水流运动模块、泥沙运移模块. 其中水流运动模块由连续性方程、水流运动方程和湍流封闭方程 (如湍流动能方程和湍流动能耗散率方程) 组成, 已在 2.1 节中进行了详细讨论. 本节仅讨论泥沙运移模块.

泥沙运移模块由悬移质输沙方程、推移质输沙方程和床沙级配调整方程、河床变形方程 (考虑河床的冲淤变化) 和河岸冲刷模型 (考虑河岸的冲刷) 等组成. 按模拟方程组的空间维数分类, 泥沙数学模型又分为一维、二维和三维数学模型.

2.2.1 一维泥沙数学模型

常用的一维泥沙数学模型的基本方程包括水流连续性方程、水流运动方程、泥沙连续性方程与河床变形方程 (张瑞瑾, 1998). 泥沙连续性方程和河床变形方程如下所示:

泥沙连续性方程:

$$\frac{\partial(QS_k)}{\partial s} + \frac{\partial(AS_k)}{\partial t} + \alpha_{\rm sk}\omega_{\rm sk}B(S_k - S_{*k}) = S_{lk}q_l \tag{2.2.1}$$

悬移质引起的河床变形方程:

$$\rho'\frac{\partial A_0}{\partial t} = \sum_{k=1}^{N}\alpha_{\rm sk}\omega_{\rm sk}B(S_k - S_{*k}) \tag{2.2.2}$$

式中: S_k, S_{*k}, S_{lk} 分别为第 k 粒径组泥沙的含沙量、挟沙力、旁侧入流含沙量; $\omega_{\rm sk}$、$\alpha_{\rm sk}$ 分别为第 k 粒径组泥沙的有效沉速、恢复饱和系数; A_0 为总的河床变形面积; N 为非均匀沙分组数; ρ' 为泥沙干密度.

目前虽然一维泥沙模型较多, 其控制方程虽然在形式上有所不同, 但本质上是一致的, 区别仅在于在求解基本方程时, 某些参数的具体取值及计算方法有所不同.

2.2.2 二维泥沙数学模型

平面二维全沙数学模型的泥沙模块包括非均匀悬移质不平衡输沙方程、非均匀悬沙河床变形方程、非均匀推移质泥沙运移方程、床沙级配调整方程 (陆永军, 张华庆, 1993; 钟德钰等, 2004).

1. 非均匀悬移质不平衡输沙方程

根据模拟河段悬移质及推移质分布特点, 拟采用非均匀沙模型. 非均匀悬移质泥沙按其粒径大小可分成 N_S 组, 用 S_L 表示第 L 组泥沙含量, P_{SL} 为该粒径组悬沙含量所占的比例, 用 S 代表总含沙量, 则 S_L, P_{SL}, S 之间的关系为

$$S_L = SP_{SL}, \quad S = \sum_{L=1}^{N_S} S_L \tag{2.2.3}$$

针对非均匀悬沙中第 L 组粒径的含沙量, 平面二维悬沙不平衡输运基本方程为

$$\frac{\partial hS_L}{\partial t} + \frac{\partial hS_L u}{\partial x} + \frac{\partial hS_L v}{\partial y} = -\alpha_L \omega_L (S_L - S_L^*) + \frac{\partial}{\partial x}\left(\varepsilon_x h \frac{\partial S_L}{\partial x}\right) + \frac{\partial}{\partial y}\left(\varepsilon_y h \frac{\partial S_L}{\partial y}\right) \tag{2.2.4}$$

式 (2.2.4) 中, $S_L^*, \omega_L, \alpha_L$ 为第 L 组悬移质泥沙的挟沙力、沉速及恢复饱和系数; $\varepsilon_x, \varepsilon_y$ 分别为 x, y 水平方向上的扩散系数. 记 S^* 为总挟沙力, p_L^* 为第 L 组泥沙的挟沙力级配, 则有

$$S_L^* = p_L^* S^* \tag{2.2.5}$$

2. 非均匀悬移质河床变形方程

记 $Z_{S,L}$ 为第 L 组粒径悬沙产生的冲淤厚度, γ_s' 为泥沙干容重, 则第 L 粒径组泥沙引起的河床冲淤变形由下述方程确定:

$$\gamma_s' \frac{\partial Z_{SL}}{\partial t} = \alpha_L \omega_L (S_L - S_L^*) \tag{2.2.6}$$

记 Z_S 为由悬移质引起的河床总变形, 则有

$$Z_S = \sum_{L=1}^{N_S} Z_{SL} \tag{2.2.7}$$

当 $Z_S > 0$ 时, 表示河床发生淤积; 当 $Z_S < 0$ 时表示河床发生冲刷; $Z_S = 0$ 时表示河床不冲不淤.

3. 非均匀推移质输移方程

设推移质按粒径大小可分为 N_b 组, 第 L 组推移质泥沙引起的冲淤厚度为 $Z_{b,L}$; $g_{bx,L}$ 和 $g_{by,L}$ 为第 L 粒径组推移质泥沙在 x 方向和 y 方向的单宽输沙率; $g_{b,L}$ 为第 L 粒径组推移质泥沙单宽输沙率, 则第 L 粒径组推移质引起的河床变形方程为

$$\gamma_s' \frac{\partial Z_{b,L}}{\partial t} + \frac{\partial g_{bx,L}}{\partial x} + \frac{\partial g_{by,L}}{\partial y} = 0 \tag{2.2.8}$$

若求出 $g_{b,L}$, 则 $g_{bx,L}, g_{by,L}$ 可如下求出:

$$g_{bx,L} = \frac{g_{b,L} u}{\sqrt{u^2+v^2}}, \quad g_{by,L} = \frac{g_{b,L} v}{\sqrt{u^2+v^2}} \tag{2.2.9}$$

分粒径组求出了各组推移质输沙率, 则推移质引起的河床总变形为

$$Z_b = \sum_{L=1}^{N_b} Z_{b,L} \tag{2.2.10}$$

若同时考虑悬移质和推移质, 则全沙模型中总冲淤厚度为

$$Z = Z_S + Z_b \tag{2.2.11}$$

4. 床沙级配调整方程

冲积河流的混合活动层, 又称混合交换层, 是指在床面以下一定范围内, 与水流中的运动泥沙不断发生物质交换, 处于活动状态的河床层. 混合活动层泥沙级配对床面阻力、水流挟沙力有重要影响, 是研究冲积河流河床冲淤变化的关键问题之一. 混合层在河床发生冲淤时厚度及床沙粒径级配将会随之变化. 混合活动层厚度的计算公式目前仍不太成熟, 最简单的做法是, 认为混合层厚度等于沙坡坡高, 约为 2~3m. 混合活动层床沙级配调整方程为 (景何仿, 2011):

$$\begin{aligned} &\gamma_{\mathrm{s}}' \frac{\partial E_{\mathrm{m}} P_{\mathrm{m}L}}{\partial t} + \alpha_L \omega_L (S_L - S_L^*) + \frac{\partial g_{bx,L}}{\partial x} + \frac{\partial g_{by,L}}{\partial y} \\ &+ \gamma_s' [\varepsilon_1 P_{\mathrm{m}L} + (1-\varepsilon_1) P_{\mathrm{m}L,0}] \left(\frac{\partial z_b}{\partial t} - \frac{\partial E_{\mathrm{m}}}{\partial t} \right) = 0 \end{aligned} \tag{2.2.12}$$

其中 z_b 为河床高程, E_{m} 为混合活动层厚度, $P_{\mathrm{m}L}$ 为第 L 粒径组床沙在全部可动床沙中所占百分比, 即混合活动层床沙级配, $P_{\mathrm{m}L,0}$ 为原始床沙级配. 该式左端第五项的物理意义为混合层下界面在冲刷过程中将不断下切河床以求得河床对混合层的补给, 进而保证混合层内有足够的颗粒被冲刷. 当混合层在冲刷过程中涉及原始河床时 $\varepsilon_1 = 0$, 否则 $\varepsilon_1 = 1$.

为了便于方程的离散及编程计算, 可将直角坐标系下修正的平面二维 RNG k - ε 模型中连续性方程、x 方向动量方程、y 方向动量方程、k 方程、ε 方程及非均匀悬移质输移方程写成统一形式, 即

$$\frac{\partial}{\partial t}(h\Phi)+\frac{\partial}{\partial x}(hu\Phi)+\frac{\partial}{\partial y}(hv\Phi)=\frac{\partial}{\partial x}\left(h\Gamma_{\Phi}\frac{\partial \Phi}{\partial x}\right)+\frac{\partial}{\partial y}\left(h\Gamma_{\Phi}\frac{\partial \Phi}{\partial y}\right)+S_{\Phi}(x,y) \quad (2.2.13)$$

其中 Γ_{Φ} 为扩散系数, $S_{\Phi}(x,y)$ 为源项, Φ 为通用变量, 它们在不同的控制方程中代表不同的变量, 如表 2.2.1 所示, 其中动量方程中的柯氏力项被略去. 另外, 为了简化处理, 不妨设在 x 方向和 y 方向的泥沙扩散系数相同, 用 ε' 表示, 即 $\varepsilon_x=\varepsilon_y=\varepsilon'$.

表 2.2.1 直角坐标系下通用方程中各变量在不同控制方程中的含义

	Φ	Γ_{Φ}	S_{Φ}
连续性方程	1	0	0
x方向动量方程	u	$\nu+\nu_t$	$-gh\dfrac{\partial\zeta}{\partial x}-\dfrac{gn^2u\sqrt{u^2+v^2}}{h^{1/3}}$
y方向动量方程	v	$\nu+\nu_t$	$-gh\dfrac{\partial\zeta}{\partial y}-\dfrac{gn^2v\sqrt{u^2+v^2}}{h^{1/3}}$
k方程	k	$\alpha_k(\nu+\nu_{\rm t})$	$h(P_k+P_{kv}-\varepsilon)$
ε 方程	ε	$\alpha_{\varepsilon}(\nu+\nu_{\rm t})$	$h\left[\dfrac{\varepsilon}{k}(C_{1\varepsilon}^{*}P_k-C_{2\varepsilon}\varepsilon)+P_{\varepsilon v}\right]$
悬移质输移方程	S_L	ε'	$-\alpha_L\omega_L(S_L-S_L^{*})$

2.2.3 泥沙数学模型中关键问题的处理

1. 动床阻力问题

曼宁系数是反映水流条件和河床形态的综合系数, 取值的合理与否会在很大程度上影响数值计算精度. 动床阻力的计算可采用以下一些方法.

1) 经验系数方法

根据河道内土地利用情况、地貌及植物生产情况综合确定, 一般天然大河流河道中, 曼宁系数的取值范围为 0.02~0.16(吴持恭, 2003).

2) 黄河水利委员会计算公式 (王光谦等, 2005)

$$n=\frac{c_n\delta_*}{\sqrt{g}h^{5/6}}\left\{0.49\left(\frac{\delta_*}{h}\right)^{0.77}+\frac{3\pi}{8}\left(1-\frac{\delta_*}{h}\right)\left[\sin\left(\frac{\delta_*}{h}\right)^{0.2}\right]^{0.5}\right\}^{-1} \quad (2.2.14)$$

其中 $\delta_*=D_{50}10^{10(1-\sqrt{\sin(\pi Fr)})}$ 为摩阻高度,D_{50} 为床沙中值粒径,$Fr=\dfrac{\sqrt{u^2+v^2}}{gh}$ 为 Froude 数, $c_n=0.375\kappa$ 为参数.

3) 曼宁系数随冲淤变化调整法 (钱意颖等, 1998)

随着河道的冲淤变化, 床沙级配的粗化, 曼宁系数也应随着变化. 一般当河道淤积时, 曼宁系数减小, 当河道冲刷时, 曼宁系数变大. 计算中可根据冲淤变化情况

对曼宁系数进行修正. 曼宁系数随冲淤变化的关系式为

$$n' = n - C_m \frac{\Delta Z}{\Delta t} \tag{2.2.15}$$

其中 n 为调整前的曼宁系数, n' 为调整后的曼宁系数, C_m 为经验系数, Δt 为时间步长, ΔZ 为一个时间步的冲淤厚度, 冲刷时 $\Delta Z < 0$, 淤积时 $\Delta Z > 0$.

当发生较强冲淤变化时, n 的值可能很大或很小, 与实际不符, 因此在计算中对曼宁系数的变化可限制如下:

$$n = \begin{cases} 1.5n_0, & n > 1.5n_0 \\ 0.65n_0, & n < 0.65n_0 \end{cases} \tag{2.2.16}$$

n_0 为初始曼宁系数, 可根据河道情况给定.

4) 曼宁系数调整自适应方法 (景何仿, 李春光, 2012)

在长河段、长时间数值模拟时, 会出现以下一些问题:

问题一: 采用一些经验公式和经验系数, 模拟结果往往与实测结果有一定出入, 这时不得不调整公式或经验系数值, 整个数值模拟过程不得不重新开始. 而一个完整工况的计算往往需要数日甚至数十日, 这种确定曼宁系数的试算方法, 会浪费大量程序调试时间.

问题二: 长河段天然河流, 在不同区域曼宁系数一般不同. 若在整个河段采用同一个曼宁系数值或同一个经验公式, 在部分区域会与实测结果有较大出入.

为了解决上述问题, 本书作者创立了一种确定曼宁系数的区域分解自适应方法, 具体思想如下:

(1) 根据实测水位等资料将模拟河段分为几个子河段, 各个子河段水面坡降不同;

(2) 开始计算时, 先给出各子河段 n 的猜测值;

(3) 如果每个迭代步都修正 n 的值, 将会造成计算过程的不稳定. 为避免出现这种现象, 可每隔若干步 (如 30 步) 修正一次 n 的值;

(4) 如果该子河段水面坡降的计算值小于实测值, 则 n 加大一定值 (如 0.0005); 反之, 如果该子河段水面坡降的计算值大于实测值, 则 n 减小一定值 (如 0.0005).

(5) 经过若干步计算后, 若 n 的值趋于稳定, 这时该值即为曼宁系数的取值.

上述方法不但可以节约大量运算量, 还可以在根据实测结果在不同的子河段选取合适的曼宁系数值, 使得计算结果尽可能地接近实测值. 在数值模拟时, 应综合考虑前面提到的几种方法, 使得曼宁系数的取值尽可能趋于合理.

2. 悬移质水流挟沙力的计算

水流挟沙力是反映河床处于冲淤平衡状态下, 水流挟带泥沙能力的综合性指标. 水流挟沙力可以看成是在一定的水沙泥沙综合条件下, 水流能挟带的悬移质中床沙质的临界含沙量. 当水流中悬移质的床沙质含沙量超过了这一临界数时, 水流处于超饱和状态, 河床将发生淤积; 反过来, 当水流中悬移质的床沙质含沙量不足这一临界值时, 水流处于次饱和状态, 河床将发生冲刷 (张瑞瑾等, 1961; 张瑞瑾, 1998).

悬移质水流挟沙力计算是泥沙数学模型的关键问题, 公式的合理与否直接会影响到河床冲淤计算的精度. 关于水流挟沙力的研究, 一直是河流泥沙研究中最为棘手的难题之一. 多年来, 国内外研究者对水流挟沙力问题进行了大量的研究, 得到了不少关于水流挟沙力计算的理论的、半理论半经验的或经验公式. 现分均匀沙和非均匀沙, 分别列举部分常用公式.

1) 均匀沙水流挟沙力公式

虽然天然河流悬移质泥沙都是非均匀沙, 但有时为了计算简便, 可以简化为均匀沙来处理. 关于均匀沙悬移质挟沙力计算公式, 常用的公式有以下几种

(1) 张瑞瑾水流挟沙力公式. 张瑞瑾 (1998) 在收集大量的长江、黄河及若干水库及室内水槽的资料, 并进行了理论分析, 得到了著名的水流挟沙力公式, 即

$$S^* = K\left(\frac{\overline{U}^3}{gR\omega}\right)^m \tag{2.2.17}$$

上式中, R 为水力半径, $\overline{U}$ 为流速大小, ω 为泥沙沉速, K 和 m 分别为经验系数和指数,K=0.22,m=0.76.

(2) 沙玉清水流挟沙力公式. 沙玉清 (张瑞瑾, 1998) 在收集大量的资料的基础上, 分析了影响挟沙力的主要因素, 用回归分析的方法得到挟沙力公式:

$$S^* = \frac{KD_{50}}{\omega^{4/3}}\left(\frac{\overline{U}-U_{\mathrm{c}}'}{\sqrt{R}}\right)^{\beta} \tag{2.2.18}$$

其中 U_{c}' 为泥沙起动流速, 指数 β 与水流 Froude 数, 即 Fr 有关, 可如下计算:

$$\beta = \begin{cases} 2, & Fr < 0.8 \\ 3, & Fr \geqslant 0.8 \end{cases} \tag{2.2.19}$$

系数 K 的取值与水流挟沙力的饱和程度有关, 当悬移质正常饱和时, K=200; 超饱和时, K=400; 次饱和时, K=91.

(3) 杨志达水流挟沙力公式. 杨志达 (景何仿, 李春光, 2012) 从单位水流功率的理论出发, 建立了包括沙质推移质在内的床沙质水流挟沙力公式:

$$\lg S^* = a_1 + a_2 \lg\frac{\omega D_{50}}{\nu} + a_3 \lg\frac{u_*}{\omega} + \left(b_1 + b_2 \lg\frac{\omega D_{50}}{\nu} + b_3 \lg\frac{u_*}{\omega}\right)\lg\left(\frac{\overline{U}J_{\mathrm{P}}}{\omega} - \frac{U_{\mathrm{c}}J_{\mathrm{P}}}{\omega}\right) \tag{2.2.20}$$

其中 J_{P} 为水力坡降, $u_* = \sqrt{ghJ_{\mathrm{P}}}$ 为摩阻流速, $a_1, a_2, a_3, b_1, b_2, b_3$ 为系数, 根据黄河上游资料, 可以取 $a_1 = 3.501, a_2 = -0.159, a_3 = -0.02219$, $b_1 = 1.408, b_2 = -0.4328, b_3 = -0.04572$.

(4) 黄河干支流水流挟沙力公式.

$$S^* = 1.07\frac{\overline{U}^{2.25}}{R^{0.74}\omega^{0.77}} \tag{2.2.21}$$

这一公式是以黄河干流及部分支流的实测资料为基础推导出来的 (钱意颖等, 1998).

(5) 扎马林渠道水流挟沙力公式(景何仿, 李春光, 2012).

$$S^* = \begin{cases} 0.22\left(\dfrac{\overline{U}}{\omega}\right)^{3/2}(RJ_{\mathrm{P}})^{1/2}, & 0.002\mathrm{m/s} < \omega < 0.008\mathrm{m/s} \\ 11U\left(\dfrac{\overline{U}RJ_{\mathrm{P}}}{\omega}\right)^{1/2}, & 0.0004\mathrm{m/s} < \omega < 0.002\mathrm{m/s} \end{cases} \tag{2.2.22}$$

(6) 武汉水利电力学院水流挟沙力公式. 吴保生等选用大量黄河野外实测资料, 对国内外常见的具有代表性的公式, 进行了验证和比较, 推荐了精度较高的公式, 其中以武汉水利电力学院的公式 (钱意颖等, 1998) 形式比较简单, 而且得到了普遍应用, 即

$$S^* = 0.4515\left(\frac{\gamma}{\gamma_{\mathrm{s}} - \gamma}\frac{\overline{U}^3}{gh\omega}\right)^{0.7414} \tag{2.2.23}$$

其中 $\gamma, \gamma_{\mathrm{s}}$ 分别为清水及泥沙密度.

(7) 张红武水流挟沙力公式. 张红武等 (钟德钰等, 2009), 从水流能量消耗和泥沙悬浮功之间的关系出发, 考虑了泥沙含量对卡门常数及泥沙沉速等影响, 给出了以下半经验半理论的水流挟沙力公式, 并经过较大范围的实测资料检验, 具有较强的适应性.

$$S^* = 2.5\left[\frac{(0.0022 + S_v)\overline{U}^3}{\kappa\dfrac{\gamma_{\mathrm{s}} - \gamma_{\mathrm{m}}}{\gamma_{\mathrm{m}}}gh\omega_s}\ln\left(\frac{h}{6D_{50}}\right)\right]^{0.62} \tag{2.2.24}$$

其中卡门常数 κ 与含沙量有关, $\kappa = 0.42[1 - 4.2(0.365 - S_v)\sqrt{S_v}]$, 其中 S_v 为垂线平均的体积比含沙量, 即单位体积的水流所含泥沙的体积, γ_{s} 和 γ_{m} 分别为泥沙和浑水容重, D_{50} 为床沙中值粒径, ω_{s} 为群体沉速, 单位采用 kg、m、s 计算.

(8) 李义天二维水流挟沙力公式. 目前平面二维水流泥沙数学模型中水流挟沙力一般直接使用一维挟沙力公式或经过改进后的一维挟沙力公式. 对二维水流挟沙力的研究相对较少. 李义天根据长江中游河段的水沙资料, 给出了二维水流挟沙力 (床沙质) 的计算公式 (李义天, 谢鉴衡, 1986; 夏军强等, 2005):

$$S^* = K\left(0.1 + \frac{90\omega}{\overline{U}}\right)\frac{\overline{U}^3}{gh\omega} \tag{2.2.25}$$

其中 K=0.5.

作者通过数值模拟研究发现 (景何仿, 李春光, 2012), 以上计算水流挟沙力的一些公式中, 张红武公式能适用于不同工况, 具有一定的普适性. 这是因为该公式中综合考虑了含沙量、流速、水深、泥沙相对密度、泥沙群体沉速、床沙粗糙程度等因素对水流挟沙力的影响, 适用范围较广.

2) 非均匀沙水流挟沙力公式

关于天然非均匀泥沙水流挟沙力的计算, 可采用以下一些途径:

(1) 不进行分组, 直接按均匀沙挟沙力公式计算. 可利用前面所列举的一些水流挟沙力公式直接计算非均匀泥沙挟沙力, 不进行分组, 其中泥沙粒径和沉速分别采用平均粒径及平均沉速. 然而, 由于天然河流尤其是黄河上游河段, 悬移质泥沙粒径分布范围较宽, 用单一的代表粒径及其沉速公式计算水流挟沙力, 会与实际有较大出入.

(2) 分粒径组计算各粒径组水流挟沙力, 再求和. 为避免计算水流挟沙力与实际挟沙力的误差, 可以先分粒径组按上述水流挟沙力公式分别计算水流挟沙力 S_L^*, 再求和得到总的水流挟沙力, 即 $S^* = \sum S_L^*$.

然而, 在天然河流中, 水流的实际挟沙力是非常复杂的, 既有含沙量大小的问题, 又有泥沙粗细的问题. 由于粗颗粒泥沙较细颗粒泥沙易于淤积且难以冲刷, 在河床有冲淤变化时, 床沙及悬沙粒径级配总是沿程变化并随时间而变化. 而上述两种方法只能计算含沙量的沿程变化, 而不能计算泥沙粒配的沿程变化. 因此, 有必要引入计算分组水流挟沙力的方法和公式.

(3) Hec-6 模型方法. 美国陆军工程师兵团研制的 Hec-6 模型 (李义天, 1987) 中有关求分组水流挟沙力的基本方法是: 先求每一粒径组均匀泥沙的可能水流挟沙力, 即全部床沙均为某种均匀泥沙的水流挟沙力 S_{pL}, 再按床沙级配曲线求这一粒径组在床沙中的含量百分比 p_{bL}, 两者的乘积即为这一粒径的分组水流挟沙力. 以张瑞瑾水流挟沙力公式为例, 有

$$S_L^* = p_{bL} S_{pL} = P_{bL} K \left(\frac{\overline{U}^3}{gR\omega_L} \right)^m \tag{2.2.26}$$

用 (2.2.17) 分别除上述等式两边, 有

$$p_L^* = P_{bL} \left(\frac{\omega}{\omega_L} \right)^m \tag{2.2.27}$$

可见, 水流挟沙力级配 p_L^* 只与床沙级配及该粒径组沉速 ω_L 与平均沉速 ω 的比值有关, 而与水力要素无任何关系, 这一点不够合理.

(4) 黄河水利科学研究院模型方法. 河流中的泥沙主要由两部分组成, 一部分是上游来水挟带而来, 另一部分是由于水流的紊动扩散作用从床面上扩散而来. 悬

移质挟沙力级配也应该是来水来沙和河床条件的综合结果, 即悬移质挟沙力级配 P_L^* 不仅与床沙级配 P_{bL} 有关, 而且与来沙级配 p_L 有关 (朱庆平, 芮孝芳, 2005). 即

$$p_L^* = wp_L + (1-w)p_{bL}^{'} \tag{2.2.28}$$

其中

$$p_{bL}^{'} = \frac{P_{bL}\left(\dfrac{\omega}{\omega_L}\right)^m}{\sum P_{bL}\left(\dfrac{\omega}{\omega_L}\right)^m} \tag{2.2.29}$$

其中权重因子 w 的取值可根据下式确定:

$$w = \begin{cases} \sqrt{\dfrac{\sum\limits_L (P_{bL}d_L)}{D_{50}}}, & S^* > S \\ \sqrt{\dfrac{\sum\limits_L (p_L d_L)}{d_{50}}}, & \text{其他} \end{cases} \tag{2.2.30}$$

其中 d_{50}, D_{50} 分别为悬沙和床沙的中值粒径, S^*, S 分别为总的挟沙力和含沙量,d_L 为第 L 组泥沙直径.

另外, 黄河水利科学研究院还给出了挟沙力权重因子 w 的取值范围: 在河道淤积时,$0.624 < w < 0.853$; 当河道冲刷时, $0.641 < w < 0.862$; 当冲淤平衡时, $0.485 < w < 0.517$.

混合沙平均沉速 ω 与分粒径组沉速 ω_L 的关系为

$$\omega = \sum_L (\omega_L p_L^*) \tag{2.2.31}$$

这种方法计算水流挟沙力及其级配步骤为

第一步, 根据 (2.2.28) 计算分组挟沙力级配 p_L^*;

第二步, 根据 (2.2.31) 计算混合沙平均沉速 ω;

第三步, 根据均匀沙水流挟沙力公式, 计算出总的水流挟沙力 S^*;

第四步, 计算分组水流挟沙力, 可如下进行计算:

$$S_L^* = p_L^* S^* \tag{2.2.32}$$

黄河水利科学研究院模型方法综合考虑了床沙级配和来沙级配对水流挟沙力的影响, 比较合理, 本书拟采用该方法计算水流挟沙力及挟沙力级配.

3. 泥沙沉速的计算

泥沙沉速是指泥沙在静止的清水中等速下沉时的速度. 泥沙沉速在泥沙数学模型中占有非常重要的地位, 其计算的准确与否将直接决定数值模拟结果的精度. 关于泥沙沉速的计算, 国内外已有不少公式, 现列举部分公式如下:

(1) Stokes 公式. Stokes(张瑞瑾等, 1961; 张瑞瑾,1998) 对颗粒雷诺数 $Re_d = \dfrac{\omega d}{\gamma} < 0.5$ 的流动, 忽略了 N-S 方程的惯性力项, 推导出了球体在滞流区的沉速公式.

$$\omega = \frac{1}{18}\frac{\gamma_s - \gamma}{\gamma} g \frac{d^2}{\nu} \tag{2.2.33}$$

其中 d 为泥沙粒径, mm; ν 为水流运动黏性系数, cm^2/s.

上述公式在 Re_d 较小时 (小于 0.5) 是正确的, 但随着 Re_d 数的进一步增大, 利用上述公式会产生较大误差.

(2) 冈恰洛夫公式.

$$\omega = \begin{cases} \dfrac{1}{24}\dfrac{\gamma_s - \gamma}{\gamma} g \dfrac{d^2}{\nu}, & d < 0.15\text{mm}(\text{滞流区}), \\ 1.068\sqrt{\dfrac{\gamma_s - \gamma}{\gamma} gd}, & d > 1.5\text{mm}(\text{紊流区}), \\ \beta \dfrac{g^{2/3} d}{\nu^{1/3}} \left(\dfrac{\gamma_s - \gamma}{\gamma}\right)^{2/3}, & 0.15\text{mm} < d < 1.5\text{mm}(\text{过渡区}) \end{cases} \tag{2.2.34}$$

其中 $\beta = 0.081\left[\lg 83\left(\dfrac{3.7d}{d_0}\right)^{1-0.037T}\right]$; T 为水温, °C; d_0 为选定粒径, $d_0 = 1.5$mm.

(3) 沙玉清公式. 在滞流区 ($d <$0.1mm), 泥沙沉速公式与 Stokes 公式相似, 只是系数有所不同:

$$\omega = \frac{1}{24}\frac{\gamma_s - \gamma}{\gamma} g \frac{d^2}{\nu} \tag{2.2.35}$$

在紊流区 ($d >$2mm), 泥沙沉速公式与冈恰洛夫公式相似, 但系数略有不同:

$$\omega = 1.14\sqrt{\frac{\gamma_s - \gamma}{\gamma} gd} \tag{2.2.36}$$

在过渡区 (0.1mm$< d <$2mm), 泥沙沉速公式可如下计算:

$$(\lg S_a' + 3.79)^2 + (\lg \varphi - 5.777)^2 = 39 \tag{2.2.37}$$

其中 S_a' 为泥沙的沉速判数, φ 为粒径判数, 它们可分别如下计算:

$$S_a' = \frac{K\omega}{g^{1/3}\left(\dfrac{\gamma_s - \gamma}{\gamma}\right)^{1/3} \nu^{1/3}} \tag{2.2.38}$$

$$\varphi = \frac{g^{1/3}\left(\frac{\gamma_s - \gamma}{\gamma}\right)^{1/3} d}{\nu^{2/3}} \tag{2.2.39}$$

其中 K 为沉速比率, 在过渡区的取值为 0.75. 通过求解关于 ω 的方程 (2.2.37), 即可求得过渡区泥沙沉速.

(4) 张瑞瑾公式. 张瑞瑾 (1998) 据阻力叠加原则, 进行受力分析, 并分析了大量的实测资料, 得到以下沉速公式.

滞流区 ($Re_d < 0.5$ 或常温下 d <0.1mm):

$$\omega = \frac{1}{25.6}\frac{\gamma_s - \gamma}{\gamma} g \frac{d^2}{\nu} \tag{2.2.40}$$

紊流区 ($Re_d > 1000$ 或常温下 d >4mm):

$$\omega = 1.044\sqrt{\frac{\gamma_s - \gamma}{\gamma} gd} \tag{2.2.41}$$

过渡区 ($0.5 < Re_d < 1000$ 或常温下 0.1mm< d <4mm):

$$\omega = \sqrt{\left(C_1 \frac{\nu}{d}\right)^2 + C_2 \frac{\gamma_s - \gamma}{\gamma} gd} - C_1 \frac{\nu}{d} \tag{2.2.42}$$

其中 $C_1 = 13.95, C_2 = 1.09$.

由于黄河含沙量变幅较大, 含沙量对颗粒沉速的影响较大, 一般在水流挟沙力计算中要对沉速进行修正. 目前常用的修正方法有:

第一种为理查森和扎基公式(钱意颖等, 1998).

$$\omega = \omega_0 (1 - S_v)^m \tag{2.2.43}$$

其中 m 为待定指数, ω, ω_0 分别为浑水和清水中泥沙沉速, 根据黄河实测资料, $m = 7$.S_v 为体积比含沙量, 它与含沙量 S 和泥沙密度 ρ_s 的关系为

$$S_v = \frac{S}{\rho_s} \tag{2.2.44}$$

第二种: 明兹公式(吴持恭, 2003).

当 d >10mm 时,

$$\omega = \omega_0 \sqrt{(0.23 S_v)^2 + (1 - S_v)^2} - 0.23 S_v \tag{2.2.45}$$

当 d <10mm 时,

$$\omega = \omega_0 \sqrt{(4.5 S_v)^2 + (1 - S_v)^2} - 4.5 S_v \tag{2.2.46}$$

第三种: 张红武公式 (张瑞瑾, 1998).

$$\omega=\omega_0\left[\left(1-\frac{S_v}{2.25\sqrt{d}}\right)^{3.5}(1-1.25S_v)\right] \tag{2.2.47}$$

其中 d 为泥沙粒径, mm.

4. 推移质输沙率的计算

泥沙模块计算中, 要计算推移质输移引起的河床变形, 一般先要计算推移质输沙率. 在一定的水流和泥沙条件下, 单位时间通过过水断面的推移质数量, 称为推移质输沙率. 对天然河流来说, 由于过水断面内水流条件沿河宽变化很大, 单位时间内通过单位宽度的推移质数量相差较大, 在工程上常用单位时间内通过单位宽度的数量, 即单宽输沙率来表征推移质输移强度, 常用单位为 kg/(m· s) 或 t/(m · s).

推移质输沙率问题是一个非常复杂的问题, 由于缺乏从天然河道中对推移质输沙率的较为精确的测量工具, 关于推移质的运移规律目前还了解不太清楚. 因此, 关于推移质输沙率的研究是河流动力学的重要研究课题之一. 目前关于推移质输沙率的计算, 已有不少研究成果. 和悬移质水流挟沙力的计算一样, 推移质输沙率的计算公式也可分为两种类型, 即均匀推移质输沙率公式和非均匀推移质输沙率公式, 现分别进行讨论.

1) 均匀推移质输沙率公式

虽然天然河流中的推移质都是非均匀的, 但为了计算方便, 可以选出代表粒径, 按均匀推移质来进行计算. 关于均匀推移质输沙的计算, 常见的计算公式有:

(1) 梅叶 - 彼得公式(Meyer-Peter)(张瑞瑾, 1998).

$$g_b=\frac{\left[\left(\dfrac{K_s}{K_n}\right)^{3/2}\gamma hJ-0.047(\gamma_s-\gamma)d_m\right]^{3/2}}{0.125\rho^{1/2}\dfrac{\gamma_s-\gamma}{\gamma}} \tag{2.2.48}$$

式中, d_m 为平均粒径 J 为水力坡降; K_s 为河床的粗糙系数; K_n 为河床平整条件下的沙粒曼宁系数, 可如下计算:

$$K_n=\frac{d_{90}^{1/6}}{26} \tag{2.2.49}$$

d_{90} 为粒配曲线中 90% 较之为小的粒径.

上述公式是以拖曳力 $\tau_0=\gamma hJ$ 为主要参数的推移质输沙率公式, 式中的基本单位为 kg, m, s, 其中 γ,γ_s 的单位为 N /m^3. 该公式应用范围较广, 可用于粗沙和卵石河床.

(2) 冈恰洛夫早期推移质输沙率公式(张瑞瑾, 1998).

$$g_b = 2.08d(\overline{U} - U_{\mathrm{c}})\left(\frac{\overline{U}}{U_{\mathrm{c}}}\right)^3\left(\frac{d}{h}\right)^{1/10} \tag{2.2.50}$$

公式单位为 kg, m, s, U_{c} 为泥沙的起动流速.

(3) 沙莫夫公式(张瑞瑾, 1998).

$$g_b = 0.95d^{\frac{1}{2}}(\overline{U} - U'_{\mathrm{c}})\left(\frac{\overline{U}}{U'_{\mathrm{c}}}\right)^3\left(\frac{d}{h}\right)^{1/4} \tag{2.2.51}$$

式中, U'_{c} 为泥沙止动流速, $U'_{\mathrm{c}} = \dfrac{1}{1.2}U_{\mathrm{c}} = 3.83d^{1/3}h^{1/6}$, 公式单位为 kg, m, s. 沙莫夫公式对于平均粒径小于 0.2 mm 的泥沙的推移质输沙率不适用.

(4) 爱因斯坦(Einstein) 公式.

$$1 - \frac{1}{\sqrt{\pi}}\int_{-B_*\Psi-\frac{1}{\eta_0}}^{B_*\Psi-\frac{1}{\eta_0}} \mathrm{e}^{-t^2}\mathrm{d}t = \frac{A_*\Phi}{1 + A_*\Phi} \tag{2.2.52}$$

式中: Φ 为无量纲推移质输沙率 (或称为推移质输沙强度函数), 与单宽推移质输沙率的关系为

$$\Phi = \frac{g_b}{\rho_{\mathrm{s}}d\sqrt{\dfrac{\rho_{\mathrm{s}} - \rho}{\rho}gd}} \tag{2.2.53}$$

Ψ 为水流强度函数, Ψ 及其他参数的意义详见文献 (张瑞瑾, 1998).

爱因斯坦推移质输沙率公式, 是利用统计法则建立起来的输沙率公式, 理论比较完整, 但含有诸多参数, 计算不太方便.

(5) 张瑞瑾公式. 张瑞瑾等 (1961) 根据沙坡高度及运行速度的关系式, 求得了单宽推移质输沙率公式为

$$g_b = \beta\frac{\alpha\rho'_{\mathrm{s}}U^4}{g^{3/2}h^{1/4}d^{1/4}} \tag{2.2.54}$$

式中, ρ'_{s} 为泥沙干密度, α 为体积系数, 可取 $\alpha = 0.5$, β 为经验系数, 经与实测结果分析比较, 在黄河上游可取为 $\beta = 0.000124$.

(6) 窦国仁公式 (窦国仁等, 1987).

$$g_b = K_0\frac{\gamma_{\mathrm{s}}U\overline{U}^3}{\dfrac{\gamma_{\mathrm{s}} - \gamma}{\gamma}g\omega C_0^2} \tag{2.2.55}$$

其中 K_0 为经验系数, 在黄河上游可取值为 0.001; C_0 为无因次谢才系数, $C_0 = \dfrac{h^{1/6}}{n\sqrt{g}}$; n 为曼宁系数; U 的值可如下进行计算:

$$U = \begin{cases} \overline{U} - U_{\mathrm{c}}, & \overline{U} > U_{\mathrm{c}} \\ 0, & \text{其他} \end{cases} \tag{2.2.56}$$

U_c 为泥沙的起动流速, 可按下式计算:

$$U_c = 0.265\ln\left(\frac{11h}{\Delta}\right)\sqrt{\frac{\gamma_s-\gamma}{\gamma}gd+0.19\frac{\varepsilon_k+gh\delta}{d_{b50}}} \tag{2.2.57}$$

其中 d_{b50} 为推移质颗粒的中值粒径; ε_k 为黏结力参数, 对天然沙, $\varepsilon_k = 2.56\text{cm}^3/\text{s}^2$; δ 为薄膜水厚, 取值为 0.12×10^{-4}cm; Δ 为床面糙率高度, 取值为

$$\Delta = \begin{cases} 0.5\text{mm}, & D_{50} \leqslant 0.5\text{mm} \\ D_{50}, & D_{50} > 0.5\text{mm} \end{cases} \tag{2.2.58}$$

在计算卵石推移质的泥沙起动流速时, ε_k, δ 均可忽略不计.

2) 非均匀推移质输沙率公式

当前对输沙率问题有两种不同的处理方法: 第一种方法是找到一个合适的代表粒径, 按均匀沙推移质公式来计算非均匀沙的总输沙率, 前面所述公式仍然适用; 第二种方法是将推移质按粒径大小进行分组, 分组计算各粒径组推移质输沙率, 求和得到总的推移质输沙率.

(1) 直接用均匀推移质输沙率公式进行计算. 该方法的关键是选择代表粒径. 爱因斯坦根据一些小河的实测资料和水槽的试验成果, 建议在使用均匀推移质输沙率公式中应选用 d_{35} 作为代表粒径; Meyer 和 Peter 则建议用床沙组成的平均粒径 d_m 作为粒径代表; 钱宁的结论是对于低强度输沙, 用 d_m 较为合适, 对于高强度输沙, 用 d_m 和 d_{35} 计算结果是相同的 (张瑞瑾, 1998).

(2) 分组计算非均匀推移质输沙率的方法. 这种方法需要把推移质按粒径大小分成若干组, 每一粒径组选择适合的代表粒径, 计算出各粒径组推移质输沙率, 然后求和求出总的推移质输沙率. 该方法一般不能直接套用上述均匀推移质输沙率公式计算各粒径组推移质输沙率, 需加以改进. 如爱因斯坦曾将其均匀推移质输沙率公式扩展用于计算非均匀推移质输沙率. 爱因斯坦采用分粒径组计算的方法, 得出了适用于床沙组成中各粒径级的推移质输沙率公式:

$$1-\frac{1}{\sqrt{\pi}}\int_{-B_*\Psi_*-\frac{1}{\eta_0}}^{B_*\Psi_*-\frac{1}{\eta_0}} \mathrm{e}^{-t^2}\mathrm{d}t = \frac{A_*\Phi_*}{1+A_*\Phi_*} \tag{2.2.59}$$

式中, $\Phi_* = \dfrac{i_b}{i_0}\Phi$, $\Psi_* = \dfrac{Y\xi\beta^2}{\theta\beta_x^2}\Psi$, 而 i_b, i_0 分别为推移质及床沙中该粒径组泥沙所占百分比, $Y, \xi, \beta, \beta_x, \theta$ 都是考虑非均匀沙而引进的修正参数. 该方法需要计算的参数较多, 计算非常烦琐.

5. 泥沙扩散系数的计算

在悬移质泥沙运移方程中 x 方向和 y 方向的泥沙紊动扩散系数分别为 $\varepsilon_x, \varepsilon_y$,

对于天然河流来说, 为了简化计算, 常常令它们相等, 统一用 ε_{f} 来表示, 不会引起较大误差.

设 $\theta = \dfrac{\omega}{\kappa u_*}$ 为泥沙悬浮指标, 当 $\theta < 1$ 时, 可近似用紊动扩散系数 ν_{t} 代替 ε_{f}, 一般不会引起太大误差 (朱庆平, 2005). 其中 $u_* = \sqrt{\rho h J}$ 为摩阻流速. 对于本节所模拟河段来说, 经过计算, $\theta \ll 1$. 因此可以令 $\varepsilon_x = \varepsilon_y = \nu_{\mathrm{t}}$.

6. 恢复饱和系数的计算

在非均匀沙悬沙输移方程及河床变形方程中都出现了恢复饱和系数α_L. 恢复饱和系数的选择, 将直接决定悬移质泥沙模拟结果的精度, 在河床变形计算中发挥重要作用. 然而, 该值的选取, 截至目前尚无定论. 一般根据实测结果在数值模拟中经过反复调试确定.

在分粒径组计算时, 若对 α_L 在各粒径组中都取相同的值, 会出现一些问题: 在同一子断面上, 小粒径组相对于大粒径组来说, 其冲淤量可以忽略不计; 当发生冲刷时, 较粗的粒径组冲起的比较快, 从而河床发生细化. 这些现象与实际结果完全不符. 因此, 在武汉水利电力学院韦直林模型中, 给出以下公式 (钱意颖等, 1998):

在河床变形方程 (2.2.6) 中, 取

$$\alpha_L = \begin{cases} 0.001/\omega_L^{0.3}, & S_L > S_L^* \\ 0.001/\omega_L^{0.7}, & \text{其他} \end{cases} \tag{2.2.60}$$

而在悬移质输移方程 (2.2.5) 中, 取

$$\alpha_L = 0.001/\omega_L^{0.5} \tag{2.2.61}$$

其中泥沙沉速的单位为 m/s.

2.3 湖库水质数学模型

2.3.1 湖库特点及水质影响因素

湖泊是陆地上天然洼地的蓄水体系, 是湖盆、湖水以及水中物质组合成的自然综合体. 水库是人工蓄水体, 是人类因防洪、发电、灌溉、航运等目的创造蓄水条件而形成的人工湖泊. 由于水库的基本特征与天然湖泊相似, 因而常将湖泊、水库归为一类进行研究. 与江河相比, 湖库水面面积一般较大、水流缓慢、交替周期较长, 致使湖体中发生的化学过程、生物学过程、动力学过程有别于河流, 具体体现在以下几个方面 (杨志峰, 2006):

(1) 水流运动缓慢, 导致水体稀释自净能力下降, 对污染物的生物降解、累积和转化能力增强. 由于湖泊交换能力弱, 污染物在湖库中的滞留时间较长, 易使水质恶化. 当入流的营养物 (氮、磷等) 浓度较高时, 容易发生富营养化.

(2) 水面宽广, 水质分布常出现平面不均匀性, 同时蒸发量增大, 造成水体矿化度升高, 并影响水循环.

(3) 风浪作用明显. 风浪作用有利于水体混合, 使湖库的水质分布逐渐地平面均匀化. 风的作用对浅水湖库尤为突出, 水流主要由风动力生成, 使湖库区产生许多形态各异的环流. 随着风向和风力的不同, 环流的形态和强弱也不相同, 必然会对污染物在湖中的迁移、扩散途径产生重要的影响.

(4) 水温与密度具有垂直分层现象, 即垂向分布不均匀. 一般各类湖库均有这一现象, 只是程度不同而已, 在深湖尤其明显. 因水温垂向分层, 溶解氧也呈现出明显的垂向分层.

(5) 对流作用主要在垂向进行 (特别是湖泊), 对流扩散作用的驱动力主要是湖水的密度差, 这将影响污染物和热量的传播扩散途径.

水库水流运动和水质变化是相互耦合的两种运动过程, 水流运动会加速水体对流混合, 进而影响水体中的生物和化学过程; 另一方面, 水温水质的变化会改变水体的密度状况, 从而对水体水动力产生影响 (吴昊, 2006). 可见, 水动力是水质变化的基础, 是水环境中污染物迁移的关键因素. 湖库中水质传递与水流运动规律密切相关, 影响湖库混合和水质传递的因素主要包括以下几个方面.

1) 入流和出流

湖库的入流和出流是进行水质、水量交换的主要形式, 又是湖库自身完成水量输运调蓄和水质分布调节的重要形式.

湖库入流携带着污染物质进入, 出流则可将湖库中的物质带出水体. 入流和出流对于湖库的水质更新周期和湖中污染物或营养物的浓度变化有着十分重要的影响. 此外, 水流入湖还会改变湖泊的动能和势能. 在入流运动过程中, 其中一部分能量将消耗于水体的混合, 例如入流流速较高时, 将发生明显的紊动卷吸作用, 湖库的泄流也将给水域内各点的流速和流向造成不同程度的影响, 进而影响污染物浓度的空间分布规律.

2) 风力作用

在水面辽阔的湖库, 当受到强劲而持续不断的风力作用时, 风力流动将成为主要的水团运动形式. 风力作用首先施加于水面, 由于水黏滞力的传递作用, 风力作用下表层水流的运动带动次层水流运动, 以此类推. 风力的能量被逐渐传递到湖库内部, 使水体内部诱发紊动, 促进了污染物质、热量的交换和混合.

在风力作用下, 湖库很容易产生周期性起伏的振荡运动, 称为风浪. 风浪的大小取决于风速、风向和风的持续时间, 而且和水深有密切的关系. 风力作用下, 水质变化过程十分复杂.

3) 热交换与扩散

湖库水体与外部的热交换主要通过水面进行, 水面热交换包括太阳热辐射、大气辐射热、水面传导至空气中的热、水面蒸发所损失的热、水面辐射所损失的热等. 此外, 进出湖库的径流也会引起蓄水体热量的变化. 与前面两个影响因素不同, 湖库入流、出流和风力作用都会促使水域沿水平和深度方向发生混合, 而水面热交换引起的混合主要在深度方向发展.

4) 密度流动

在稳定的垂向密度分布情况下, 密度流是由于湖库的不均匀增温、矿化度不一致等原因使得水域密度不均匀而产生的. 当垂向密度分布不稳定时, 密度流的强度很大, 直到密度分布均匀为止. 密度流动也同时伴随着水质的传递.

2.3.2 湖库水温模型

根据湖库的混合形式, 可将湖库划分为混合均匀型湖库及分层型湖库. Orlob(1983) 提出了一个考虑湖库进出水流的密度弗劳德数 Fd, 用来判断水体的分层:

$$Fd = \frac{L}{h_{\mathrm{m}}} \cdot \frac{Q}{V} \cdot \frac{\rho h_{\mathrm{m}}}{\Delta\rho g} \tag{2.3.1}$$

式中: L 为湖库长度, m; h_{m} 为湖库平均水深, m; Q 为湖库平均进出流量, $\mathrm{m^3/s}$; V 为湖库体积, $\mathrm{m^3}$; ρ 为水体密度, $\mathrm{kg/m^3}$; $\Delta\rho$ 为水体表面与底部的密度差值, $\mathrm{kg/m^3}$; g 为重力加速度.

当 $Fd \ll 1$ 时为强分层水体, 可认为水体温度水平分布是均匀的, 只考虑温度的垂向变化. 这种水体较适宜用垂向一维模型来计算温度分布; 当 $Fd \gg 1$ 时为完全混合均匀水体, 湖库水体用零维模型; 当 Fd 取其他值时为弱分层型湖库, 应根据实际水温分布情况选择水温模型.

1. 均匀混合温度模型

对于水质均匀的湖库, 可将水体看作一个完全混合反应器. 水流进入该系统后, 在湖库流、对流和风浪等因素的共同作用下, 会立即完全分散到整个系统, 水体中各水团是完全均匀混合的. 对于均匀混合型湖库, 假定水温在各个方向是均匀的, 仅考虑其随时间的变化, 可通过利用总体热量平衡模型, 计算湖库温度随时间的变化. 模型可表达为

$$\frac{\partial T}{\partial t} = (\mathrm{SR} - \mathrm{SR_b} + \mathrm{AR} - \mathrm{AR_b} - \mathrm{BR} - E + C + \mathrm{HOI})_t \tag{2.3.2}$$

式中: SR 为太阳短波辐射量; $\mathrm{SR_b}$ 为短波反射量; AR 为大气长波辐射量; $\mathrm{AR_b}$ 为长波反射量; BR 为水体长波返回辐射量; C 为水体与大气对流作用的热交换量; E

为蒸发损失热量; HOI 为出入流所引起的热交换量.

2. 垂向一维温度模型

在湖库环境中, 某一点的温度变化速率依赖于热能以及内部和表面热源的扩散. 当湖库水温在垂向形成较稳定的分层时, 假定等温面为水平面, 仅在铅垂方向上考虑这些项的变化, 即只在垂向上存在温度梯度, 可用垂向一维温度模型来描述湖泊的温度分布.

以 z 表示垂向坐标, 由热量平衡原理可得水温的一维扩散基本方程为

$$A(z)\left(\frac{\partial T}{\partial t}+w\frac{\partial T}{\partial t}\right)=\frac{\partial}{\partial z}\left[A(z)(D-E_v)\frac{\partial T}{\partial z}\right]+S \tag{2.3.3}$$

式中: A 为水平截面面积, 是水深 z 的函数; T 为温度; t 为时间; z 为水下的深度, 取向下为正; w 为垂向流速; D 为分子扩散系数; E_v 为紊动扩散系数; S 为热源.

当忽略水流垂向速度及分子扩散项时, 垂向一维温度模型可表示为

$$\frac{\partial T}{\partial t}=\frac{1}{A(z)}\frac{\partial}{\partial z}\left[A(z)E_v\frac{\partial T}{\partial z}\right]+\frac{S}{A(z)} \tag{2.3.4}$$

式 (2.3.4) 在适当的初始条件和边界条件下才能用于湖库水温分布预测. 因为湖库温度计算常开始于春天恒温期, 水体经过全断面翻腾作用出现全湖同温, 刚开始分层. 取此时的水温作为初始水温, 即

$$T(z,t)|_{t=t_0}=T_0 \tag{2.3.5}$$

边界条件包括水面边界条件和库底边界条件. 在水面上, 吸收的净辐射热和水面向库内扩散的热量应相等, 即

$$-E_v\left.\frac{\partial T}{\partial z}\right|_{z=0}=Q(T,t) \tag{2.3.6}$$

式中: Q 为热能进入水表面的净流量.

在湖库底部, 通常认为底部 $(z=h)$ 处是绝热的, 即

$$\left.\frac{\partial T}{\partial z}\right|_{z=h}=0 \tag{2.3.7}$$

夏季湖库的水温垂向分布存在三个典型的稳定分层, 即上部温水层、中部温跃层和底部均温层. 由于影响因素不同, 各层中水温的混合程度是不一样的. 因此, 各层的垂向混合系数 E_v 也不相同.

2.3.3 湖库水质数学模型

水质模型是用于描述污染物质在水环境中的混合、迁移过程及影响因素相互关系的数学方程, 即描述水体中污染物与时间、空间的定量关系. 在一定的定解条件 (初始条件和边界条件) 下求解这些数学方程, 可以实现对某个理论问题或工程实际问题的模拟研究.

谢永明 (1996) 把水质模型的发展分成五个阶段:

第一阶段为 1925–1960 年, 这一阶段以 S-P 水质模型为代表, 后来在其基础上发展了 BOD-DO 耦合模拟, 并应用于水质预测等方面;

第二阶段为 1960–1965 年, 在 S-P 模型的基础上又有了新的发展, 空间变量、物理变量、动力学系数、温度等作为状态变量被引入到一维河流和湖库模型中, 同时考虑了空气和水表面的热交换, 并将其用于比较复杂的系统;

第三阶段为 1965–1970 年, 不连续的一维模型扩展到其他输入源和汇, 计算机也成功应用到水质数学模型的研究, 使其有了突破性的进展;

第四阶段为 1970–1975 年, 水质模型已发展成相互作用的线性化体系, 并且开始进行生态水质模型的研究, 有限元模型用于二维体系, 有限差分技术应用于水质模型的计算;

第五阶段为 1975 年至今, 人们的注意力已逐渐转移到改善模型的可靠性和评价能力的研究上, 同时水质模型从单一组分模型向综合模型发展.

1. *湖库完全混合模型*

1) 沃伦威德尔模型

该模型是沃伦威德尔 (Vollenweider) 在 20 世纪 70 年代初期研究北美大湖时提出的, 适用于停留时间很长, 水质基本处于稳定状态的湖泊水库. 模型假定湖泊中某种污染物的浓度随时间的变化率, 是输入、输出和在湖内沉积的该种污染物量的函数. 但该模型不能描述发生在湖泊内的物理、化学和生物过程, 同时也不考虑湖泊和水库的热分层, 仅考虑其输入-产出关系的模型.

沃伦威德尔模型适用于处于稳定状态的湖泊与水库, 其将湖库看成一个均匀混合的水体. 水中某种污染物的浓度变化速率是该种污染物输入、输出和在水体中沉积速率的函数, 表示为

$$V\frac{\mathrm{d}C}{\mathrm{d}t} = I_{\mathrm{c}} - sCV - QC \tag{2.3.8}$$

式中: V 为湖库容积, m^3; C 为某污染物浓度, $\mathrm{g/m^3}$; I_{c} 为某污染物的总负荷, g/a; s 为某污染物在湖库中的沉积速度常数, 1/a; Q 为湖库出流的流量, $\mathrm{m^3/a}$.

如果在该公式中引入冲刷速度常数 r(令 $r = Q/V$), 则可推导出:

$$\frac{\mathrm{d}C}{\mathrm{d}t} = \frac{I_{\mathrm{c}}}{V} - sC - rC \tag{2.3.9}$$

当 $t=0, C=C_0$ 时, 求得上式的解析解为

$$C=\frac{I_{\mathrm{c}}}{V(s+r)}+\frac{V(s+r)C_0-I_{\mathrm{c}}}{V(s+r)}\exp[-(s+r)t] \tag{2.3.10}$$

当湖库的入流、出流流量及污染物输入稳定的情况下, 当 $t\to\infty$, 可以获得某污染物的平衡浓度 C_{p}:

$$C_{\mathrm{p}}=\frac{I_{\mathrm{c}}}{(r+s)V} \tag{2.3.11}$$

再令 $t_{\mathrm{w}}=\dfrac{1}{r}=\dfrac{V}{Q}$, 且 $V=A_sh$, 则湖库中某污染物的平衡浓度为

$$C_{\mathrm{p}}=\frac{L_{\mathrm{c}}}{sh+\dfrac{h}{t_{\mathrm{w}}}} \tag{2.3.12}$$

式中: t_{w} 为湖库水力停留时间, a; A_s 为湖库的水面面积, m^2; h 为湖库的平均深度, m; L_c 为湖库单位面积上的污染物负荷, $\mathrm{g/(m^2\cdot a)}$, $L_{\mathrm{c}}=I_{\mathrm{c}}/A_s$.

2) 吉柯奈尔-狄龙模型

吉柯奈尔-狄龙模型引入滞留系数 R_{c}, R_{c} 指进入湖库的污染物的滞流分数. 该模型表示为

$$\frac{\mathrm{d}C}{\mathrm{d}t}=\frac{I_{\mathrm{c}}(1-R_{\mathrm{c}})}{V}-rC \tag{2.3.13}$$

如给定初始条件 $t=0, C=C_0$, 得到上式的解析解:

$$C=\frac{I_{\mathrm{c}}(1-R_{\mathrm{c}})}{rV}+\left[C_0-\frac{I_{\mathrm{c}}(1-R_{\mathrm{c}})}{rV}\right]\exp(-rt) \tag{2.3.14}$$

若湖库的入流、出流及污染物的输入都比较稳定, 当 $t\to\infty$ 时, 可以得到污染物的平衡浓度 C_{p}:

$$C_{\mathrm{p}}=\frac{I_{\mathrm{c}}(1-R_{\mathrm{c}})}{rV}=\frac{L_{\mathrm{c}}(1-R_{\mathrm{c}})}{rh} \tag{2.3.15}$$

可以根据湖库的入流、出流近似计算出滞流系数:

$$R_{\mathrm{c}}=1-\frac{\sum\limits_{j=1}^{m}q_{\mathrm{o}j}C_{\mathrm{o}j}}{\sum\limits_{k=1}^{n}q_{\mathrm{i}k}C_{\mathrm{i}k}} \tag{2.3.16}$$

式中: $q_{\mathrm{o}j}$ 为第 j 条支流的出流量, $\mathrm{m^3/a}$; $C_{\mathrm{o}j}$ 为第 j 条支流出流中的污染物浓度, mg/L; $q_{\mathrm{i}k}$ 为第 k 条支流入流水库的流量, $\mathrm{m^3/a}$; $C_{\mathrm{i}k}$ 为第 k 条支流入流中的污染物浓度, mg/L; m 为入流的支流数目; n 为出流的支流数目.

3) 分层箱式模型

1975 年, 斯诺得格拉斯 (Snodgrass) 等提出一个分层的箱式模型, 用来近似描述水质分层状况. 分层箱式模型把上层和下层分别视为完全混合模型, 上、下层之间具有紊流扩散的传递作用. 分层箱式模型分为夏季模型和冬季模型, 夏季模型考虑上、下分层现象, 冬季模型则考虑上、下层之间的循环作用. 模拟包含的水质组分为正磷酸盐 (P_{o}) 和偏磷酸盐 (P_{p}) 的变化规律.

夏季分层模型:

(1) 对表层正磷酸盐 P_{oe}:

$$V_{\mathrm{e}}\frac{\mathrm{d}P_{\mathrm{oe}}}{\mathrm{d}t}=\sum Q_jP_{\mathrm{o}j}-QP_{\mathrm{oe}}-\rho_{\mathrm{e}}V_{\mathrm{e}}P_{\mathrm{oe}}+\frac{K_{\mathrm{th}}}{\overline{Z_{\mathrm{th}}}}A_{\mathrm{th}}(P_{\mathrm{oh}}-P_{\mathrm{oe}}) \tag{2.3.17}$$

(2) 对表层偏磷酸盐 P_{pe}:

$$V_{\mathrm{e}}\frac{\mathrm{d}P_{\mathrm{pe}}}{\mathrm{d}t}=\sum Q_jP_{\mathrm{p}j}-QP_{\mathrm{pe}}-S_{\mathrm{e}}A_{\mathrm{th}}P_{\mathrm{pe}}+\rho_{\mathrm{e}}V_{\mathrm{e}}P_{\mathrm{oe}}+\frac{K_{\mathrm{th}}}{\overline{Z_{\mathrm{th}}}}A_{\mathrm{th}}(P_{\mathrm{ph}}-P_{\mathrm{pe}}) \tag{2.3.18}$$

(3) 对下层正磷酸盐 P_{oh}:

$$V_{\mathrm{h}}\frac{\mathrm{d}P_{\mathrm{oh}}}{\mathrm{d}t}=r_{\mathrm{h}}V_{\mathrm{h}}P_{\mathrm{ph}}+\frac{K_{\mathrm{th}}}{\overline{Z_{\mathrm{th}}}}A_{\mathrm{th}}(P_{\mathrm{oe}}-P_{\mathrm{oh}}) \tag{2.3.19}$$

(4) 对下层偏磷酸盐 P_{ph}:

$$V_{\mathrm{h}}\frac{\mathrm{d}P_{\mathrm{ph}}}{\mathrm{d}t}=S_{\mathrm{e}}A_{\mathrm{th}}P_{\mathrm{pe}}-S_{\mathrm{h}}A_{\mathrm{s}}P_{\mathrm{ph}}-r_{\mathrm{h}}V_{\mathrm{h}}P_{\mathrm{ph}}-\frac{K_{\mathrm{th}}}{\overline{Z_{\mathrm{th}}}}A_{\mathrm{th}}(P_{\mathrm{pe}}-P_{\mathrm{ph}}) \tag{2.3.20}$$

式中: 下标和 e 和 h 表示上层和下层; 下标 th 和 s 分别表示斜温区和底层沉淀区的界面; ρ 和 r 为净产生和衰减的速度常数; K 为竖向扩散系数; $\overline{Z}$ 为平均水深; V 为箱的体积; A 为界面面积; Q_j 为河流流入湖泊的流量; Q 为流出湖泊的流量; S 为磷的沉淀速度常数.

在冬季, 由于上部水温下降, 密度增加, 促使上下层之间的水量循环, 由上层和下层的磷平衡可以得到两个微分方程:

(1) 对全湖的正磷酸盐 P_{o}:

$$V\frac{\mathrm{d}P_{\mathrm{o}}}{\mathrm{d}t}=Q_jP_{\mathrm{o}j}-QP_{\mathrm{o}}-P_{\mathrm{eu}}V_{\mathrm{eu}}P_{\mathrm{o}}+rVP_{\mathrm{p}} \tag{2.3.21}$$

(2) 对下层偏磷酸盐 P_{p}:

$$V\frac{\mathrm{d}P_{\mathrm{p}}}{\mathrm{d}t}=Q_jP_{\mathrm{p}j}-QP_{\mathrm{p}}+P_{\mathrm{eu}}V_{\mathrm{eu}}P_{\mathrm{o}}-rVP_{\mathrm{p}}-SA_{\mathrm{s}}P_{\mathrm{p}} \tag{2.3.22}$$

式中: 下标 eu 表示上层富营养区.

夏季的分层模型和冬季的循环模型可以用秋季或春季的"翻池"过程形成的完全混合状态作为初始条件, 此时

$$P_{\mathrm{o}} = \frac{P_{\mathrm{oe}}V_{\mathrm{e}} + P_{\mathrm{oh}}V_{\mathrm{h}}}{V} \tag{2.3.23}$$

$$P_{\mathrm{p}} = \frac{P_{\mathrm{pe}}V_{\mathrm{e}} + P_{\mathrm{ph}}V_{\mathrm{h}}}{V} \tag{2.3.24}$$

2. *湖库分层水质模型*

对于水域宽阔的湖泊水库, 当其主要污染物来自某些入湖库河道或沿湖库厂矿时, 污染往往仅出现在入湖库河口与排污口附近的水域, 污染物浓度梯度明显. 此时若采用均匀混合模型会造成较大的误差, 因此需要研究污染物在湖库水体中的稀释、扩散规律, 采用不均匀混合水质模型描述. 污染物在开阔湖库水体中的稀释扩散现象比较复杂, 一般采用有限容积模型, 而且扩散系数应考虑风浪等其他更多的影响因素. 在研究湖库水质模型时, 采用圆柱形坐标较为简便, 因而湖库中的二维扩散问题就可简化为一维扩散问题.

1) 卡拉乌舍夫湖库水质扩散模型

卡拉乌舍夫在研究难降解污染物在湖水中的稀释、扩散规律时采用圆柱形坐标. 取湖库排污口附近的一块水体, 其中, q 为入湖污水量, m^3/d; r 为湖库内某计算点离排污口的距离, m; C 为所求计算点的污染物浓度, mg/L; ϕ 为废水在湖水中的扩散角度, 由排放口附近地形决定, 当废水在开阔的岸边排放时, ϕ=180°; 当在湖心排放时 ϕ=360°.

卡拉乌舍夫分析了湖水中的平流和扩散过程, 应用质量平衡原理推出扩散方程:

$$\frac{\partial C}{\partial r} = \left(M_r - \frac{Q_P}{\phi H}\right)\frac{1}{r}\frac{\partial C_r}{\partial r} + M_r\frac{\partial^2 C_r}{\partial r^2} \tag{2.3.25}$$

式中: C_r 为求计算点的污染物浓度, mg/L; M_r 为径向湍流混合系数, m^2/d; ϕ 为废水在湖库中的扩散角; r 为湖库内某计算点到排出口的距离, m.

当稳定排放, 以距离排放口足够远的某地 r_0 的现状值 C_{r0} 作为边界条件, 将上式积分可得到:

$$C_r = C_{\mathrm{p}} - (C_{\mathrm{p}} - C_{r_0})\left(\frac{r}{r_0}\right)^{\frac{Q_p}{\phi H M_r}} \tag{2.3.26}$$

对于径向湍流混合系数 M_r, 考虑风浪的影响, 可采用以下经验公式计算:

$$M_r = \frac{\rho H^{\frac{2}{3}} d^{\frac{1}{3}}}{f_0 g}\sqrt{\left(\frac{uh}{\pi H}\right)^2 + u'^2} \tag{2.3.27}$$

式中: ρ 为水的密度; H 为计算范围内湖库的平均水深; d 为湖底沉积物颗粒的直径; f_0 为经验系数; u' 为风浪和湖库流造成的湖水平均流速; h 为波高.

2) 易降解物质简化的水质模型

当湖库水流很小、风浪不大、湖水稀释扩散作用较弱的情况下, 可速将卡拉乌舍夫湖泊水库水质扩散模型中扩散项忽略掉, 并考虑污染物的降解作用, 即可得到稳态条件下污染物在湖库中推流和生化降解共同作用下的基本方程:

$$Q_{\rm p}\frac{{\rm d}C_r}{{\rm d}r}=-K_1C_rH\phi r \tag{2.3.28}$$

当边界条件取 $r=0$ 时, $C_r=C_{r0}$(为排出口浓度), 则其解析解为

$$C_r=C_{r_0}\exp\left(-\frac{K_1H\phi r^2}{172800Q_{\rm p}}\right) \tag{2.3.29}$$

式中, K_1 为耗氧速率系数.

当考察湖库的水质指标是溶解氧时, 且只考虑 BOD 的耗氧因素与大气复氧因素, 可推导出湖库的氧亏方程:

$$Q_{\rm p}\frac{{\rm d}D}{{\rm d}r}=(K_1L-K_2D)H\phi r \tag{2.3.30}$$

式中, K_2 为大气复氧系数.

其解析解为

$$D=\frac{K_1L_0}{K_2-K_1}\left[\exp\left(-\frac{K_1\phi Hr^2}{2Q_{\rm p}}\right)-\exp\left(-\frac{K_2\phi Hr^2}{2Q_{\rm p}}\right)\right]+D_0\exp\left(-\frac{K_2\phi Hr^2}{2Q_{\rm p}}\right) \tag{2.3.31}$$

2.3.4 生态动力学模型

生态动力学模型以质量平衡方程为基础, 以各生态变量的生态动力过程为核心, 模拟生态变量的时空变化过程. 考虑了自然界中多因素之间的相互作用, 对湖库富营养化的动力过程有了更深入的研究. 生态动力学模型的方程包括四大项:

(1) 对流, 是由于水流流动过程所引起的, 流速项由水动力模型确定;

(2) 扩散项, 由于分子扩散引起的;

(3) 生化项, 是由水体中污染物降解引起的;

(4) 源汇项, 湖库周围外环境输入水体中的污染物量.

根据维数不同, 生态动力学模型可分为一维、二维和三维水质数学模型三种.

1. 一维水质数学模型

纵向一维水质模型包括水流连续性方程、水流运动方程和污染物输移方程. 水流连续性方程和运动方程已经在 2.1 节中进行了讨论, 这里仅写出污染物输移方程:

$$\frac{\partial(AC)}{\partial t}+\frac{\partial(QC)}{\partial x}=\frac{\partial}{\partial x}\left(AK\frac{\partial C}{\partial x}\right)-Ak_1C+S \tag{2.3.32}$$

式中: C 为断面平均的污染物浓度; K 为扩散系数; k_1 为污染物降解速率常数; S 为源汇项.

2. 二维水质数学模型

1) 平面二维水质模型

一般湖库水平尺度远大于垂向尺度, 因此常采用平面二维水质模型进行水质数值模拟. 与一维水质数学模型类似, 平面二维水质数学模型同样包括水流连续性方程、水流运动方程和污染物输移扩散方程, 前两个方程已在 2.1 节进行了详细讨论, 这里仅写出污染物扩散输移方程:

$$\frac{\partial(hC)}{\partial t}+\frac{\partial(huC)}{\partial x}+\frac{\partial(hvC)}{\partial y}=\frac{\partial}{\partial x}\left(hE_x\frac{\partial C}{\partial x}\right)+\frac{\partial}{\partial y}\left(hE_y\frac{\partial C}{\partial y}\right)+S \tag{2.3.33}$$

式中: C 为深度平均的污染物浓度; E_x, E_y 为纵向和横向扩散系数, $\mathrm{m^2/s}$; S 为源项.

2) 垂向二维水质模型

当水深较大时, 可以采用垂向二维水质数学模型, 例如水深较大但库面较窄的水库的流场. 垂向二维数学模型是由三维模型沿河 (库、湖) 宽度方向进行积分平均得到, 其物理量都是沿宽度平均值. 与纵向一维、平面二维水质数学模型类似, 垂向二维水质数学模型也由垂向二维水动力学数学模型和垂向二维污染物扩散与输移方程组成, 以下仅写出污染物扩散与输移方程:

$$\frac{\partial(BC)}{\partial t}+\frac{\partial(Bu_xC)}{\partial x}+\frac{\partial(Bu_zC)}{\partial Z}=\frac{\partial}{\partial x}\left(BE_x\frac{\partial C}{\partial x}\right)+\frac{\partial}{\partial z}\left(BE_z\frac{\partial C}{\partial z}\right)+S \tag{2.3.34}$$

式中: x,z 分别为纵向和垂向坐标; C 为沿河 (库、湖) 宽度方向平均的污染物浓度; B 为河 (库、湖) 宽; E_z 为垂向扩散系数, $\mathrm{m^2/s}$.

3. 三维水质数学模型

当需要精细数值模拟时, 可在局部使用三维水质数学模型. 三维水质数学模型由水动力学控制方程和污染物扩散与输移方程组成, 前者已在 2.1 节中进行了介绍, 这里仅列举三维污染物扩散与输移方程如下:

$$\frac{\partial C}{\partial t}+u_x\frac{\partial C}{\partial x}+u_y\frac{\partial C}{\partial y}+u_z\frac{\partial C}{\partial z}=\frac{\partial}{\partial x}\left(E_x\frac{\partial C}{\partial x}\right)+\frac{\partial}{\partial y}\left(E_y\frac{\partial C}{\partial y}\right)+\frac{\partial}{\partial z}\left(E_z\frac{\partial C}{\partial z}\right)+S \tag{2.3.35}$$

从理论上说, 若已知三维流场、扩散系数、水质组分的动力学反应及负荷, 在适当的初值条件和边界条件下, 可以解出上述三维方程. 但在实际工作中, 直接求解三维水质控制方程是很难的, 通常结合水文水质条件和研究目的、精度要求等, 将三维方程简化为一维或二维方程中来描述河流中水质组分的输移、转化规律.

目前水质模型通用软件较多, 但各软件的适用范围和特点不尽相同, 表 2.3.1 列出部分常用的水质模型软件 (王玲杰等, 2005).

表 2.3.1 常用水质模型软件

软件名称	空间维数	来源	适用范围	特点
QUAL2E	一维动态模型	美国国家环保局	可模拟分支河网的富营养化问题	可进行不确定性分析, 简单, 常用
WASP	一维模型	美国国家环保局	可模拟几个底泥层和 2 个水体层	水质模块为二维, 水动力模块为一维
MIKE11	一维动态模型	丹麦水动力研究所	可模拟河网、河口、滩涂等多种地区	界面友好, 模拟水质变化过程较多
CE-QUAL-RIV1	一维动态模型	美国陆军工程兵团	可模拟分支河网的水流量与水质变化	模拟对象可拥有多个水工建筑物
QTIS	一维输移模型	美国地质调查局	可模拟河流的调蓄作用	使用模拟示踪剂实验, 提供参数优化器
SNTEMP	一维河网模型	美国地质调查局	可模拟稳态河流中的热源、热汇	温度模型
MIKE2	二维模型	丹麦水动力研究所	湖泊、河口、海岸地区	考虑了垂向变化
RMA4	二维模型	资源管理协会	可模拟最多 6 个用户定义组分的水质模型	水质变化过程种类不多, 考虑垂向平均一致
CE-QUAL-W2	二维模型	美国陆军工程兵团	湖泊、水库和具有湖泊特性的河流	考虑横向平均
MIKE3	三维模型	丹麦水动力研究所	河流、湖泊、河口、水库	界面友好, 模拟水质变化过程较多
CE-QUAL-ICM	三维模型	美国陆军工程兵团	可模拟一维、二维、三维	集成网格模型, 不模拟流量
HSPF	水系模型	美国国家环保局, 美国地质调查局	水系、海岸	可模拟标准的富营养化过程
BASINS	模型系统	美国国家环保局	水系、河流、渠道	基于 GIS 并在试图提供水质调查功能
SMS	地表水模型系统	Brigham Young 大学	可在二维方向模拟河流、河口、海岸	垂向平均, 不模拟降雨-径流过程
MIKE SHE	一维动态模型	丹麦水动力研究所	水系、渠道	界面友好, 模拟水质变化过程较多

2.4 土壤水盐运移数学模型

2.4.1 土壤水盐运移理论研究

土壤水分运动理论起源于法国水力学家达西 (Darcy), 他在 1856 年通过饱和渗透实验, 得出了通量 q(单位时间内通过单位面积土壤的水量), 即为渗透流速 v 和水力梯度成正比的达西定律(雷志栋和杨诗秀, 1988):

$$q = K_{\mathrm{s}} \frac{\Delta H}{L} \tag{2.4.1}$$

式中, L 为渗流路径的直线长度; H 为总水头或总水势, ΔH 为渗流路径始末断面的总水头差, $\Delta H/L$ 是相应的水力梯度; K_{s} 是表示空隙介质透水性能的综合比例系数, 即单位梯度下的通量或渗流速率, 其单位与速度相同, 称为饱和导水率或渗透系数. 对于非饱和土壤水分流动达西定律也同样适用.

自 1907 年 Buckingham 将能量引入土壤水运动的研究, 到 1931 年 Richards 把饱和条件下的达西定律引入多孔介质非饱和流中, 最终建立了多孔介质中流体运动的基本方程. 在方程 (2.4.1) 的基础上结合质量守恒原理推导出了非饱和土壤水分运动的基本方程, 基本理论为对于某无限小的单元体, 单位时间内土壤水分的变化量为流入和流出单元体的变化量. 非饱和土壤水分运动的连续性方程由四项所构成, 分别为时间项、扩散项、对流项及源项, 见方程 (2.4.1).

$$\frac{\partial \theta}{\partial t} = \frac{\partial}{\partial x}\left[K_x(\theta)\frac{\partial \psi}{\partial x}\right] + \frac{\partial}{\partial y}\left[K_y(\theta)\frac{\partial \psi}{\partial y}\right] + \frac{\partial}{\partial z}\left[K_z(\theta)\frac{\partial \psi}{\partial z}\right] \tag{2.4.2}$$

其中: θ 是土壤含水量; ψ 是土壤总水势; $K(\theta)$ 是土壤导水率.

以含水率 θ 为因变量, 方程 (2.3.1) 可改写为

$$\frac{\partial \theta}{\partial t} = \frac{\partial}{\partial x}\left[D(\theta)\frac{\partial \theta}{\partial x}\right] + \frac{\partial}{\partial y}\left[D(\theta)\frac{\partial \theta}{\partial y}\right] + \frac{\partial}{\partial z}\left[D(\theta)\frac{\partial \theta}{\partial z}\right] + \frac{\partial K(\theta)}{\partial z} \tag{2.4.3}$$

其中: $D(\theta)$ 是土壤扩散率.

从方程 (2.4.3) 可知水分在土壤中运动规律是与土壤水扩散率、土壤导水率及水分在土壤中的运动时间有关. 土壤水盐运移的过程是水分与盐分溶液运动共同作用的结果, 所以土壤盐分运移的基本方程是建立在土壤水分运动方程的基础之上的. 土壤溶质运移问题的研究的已有 40 余年. 20 世纪 60 年代初, Nielson 和 Biggar(1961) 分别从实验、理论、数值模型及运移过程这几个方面说明对流、扩散和化学反应的耦合是同时存在于土壤溶质运移过程中的. 进而, 确立了土壤溶质运移的对流 - 弥散方程 (convection dispersion equation, CDE, 或 advection dispersion equation, ADE), 作为土壤溶质运移研究的经典和基本方程的主导地位. 溶质运移的基本方程见方程 (2.4.4):

$$\theta\frac{\partial c}{\partial t} = \frac{\partial}{\partial x}\left[D_{\mathrm{sh}}(v,\theta)\frac{\partial c}{\partial x}\right] + \frac{\partial}{\partial y}\left[D_{\mathrm{sh}}(v,\theta)\frac{\partial c}{\partial y}\right] + \frac{\partial}{\partial z}\left[D_{\mathrm{sh}}(v,\theta)\frac{\partial c}{\partial z}\right] - q\frac{\partial c}{\partial z} \tag{2.4.4}$$

其中: c 是溶质的浓度; D_{sh} 是水动力弥散系数; v 是溶液流动的速度; q 是渗流系数.

国内土壤水盐运移研究 20 世纪 50 年代初开始, 主要针对地下水矿化度和地表盐渍化的相互关系进行了研究; 到了 80 年代, 由于地中渗透仪 (用于测量降水入渗等量的一种地下装置) 的应用, 可对土壤水在蒸发、入渗的运动规律方面开展研究, 利用该方法石元春和辛德惠 (1983) 对黄淮海平原的土壤水分动态特点进行了详细的研究, 并提出了黄淮海平原的水均平衡方程和模型. 随着国外研究成果的引入, 80 年代至今, 土壤水盐运移的研究就围绕着土壤水盐运移能量的平衡方程和数学模拟而展开, 并得到的长足的发展. 张展羽和郭相平 (1998) 将溶质运移理论和 SPAC 系统理论项结合, 建立了考虑农作物动态生长的农田水盐运移模型. 郭维东等 (2001) 根据非饱和土壤水运动理论, 建立了坐水播种时耕层土壤水分入渗的二维数值模拟, 结果表明入渗过程受到土壤初始含水率、回土量、种沟宽度的影响. 李宏伟 (2010) 对降雨入渗条件下建立了土质边坡的二维非饱和土壤水渗流模型, 模拟结果表明, 土体表层的含水率受降雨的入渗量影响. 雨强越大土壤含水率越大, 当渗透系数与雨强相同时土壤含水率变化减弱, 该模拟结果对土质边坡滑坡的预防与控制具有重要研究意义. 杨红梅等 (2010) 对干旱区防护林次生盐渍化土壤在滴灌条件下的土壤水盐运移规律进行了模拟研究, 结果显示在滴头下方所形成的湿润体的土壤盐分受植被蒸腾和地表蒸发而迁移, 在滴灌带中间盐分积聚, 盐分回沿垂向运移. 郑平 (2011) 建立冻土区埋地管道周围土壤的土壤水分运动模型, 认为在输油温度不稳定情况下, 土壤水分的运动对土壤本身的传导性具有一定的影响.

2.4.2 土壤水盐运移模型

土壤水盐运移模型主要有物理模型和系统模型. 物理模型是以质量守恒原理和达西定律为准则建立起来的, 对于利用土壤水动力学方程拟合土壤中水分盐分等参数均属于这类模型; 而系统模型只考虑具体某一区域或灌区的水盐宏观问题, 对水盐在土壤孔隙介质中的运移进行随机处理, 如 Jury 提出的传递函数模型 (transfer function model, TFM) 就属于系统模型的一种. 他是以溶质质点为研究对象, 在某一时间间隔内, 结合概率密度函数对该质点的运动状态进行描述, 基本思想类似于描述流体运动的拉格朗日法. TFM 易于描述空间各向异性的土壤溶质运移模型, 但该模型不具有通用性, 即在某一区域建立的 TFM 推广到其他区域可能得到错误的结果.

土壤水盐运移物理模型又可分为确定性物理模型和随机性物理模型两类.

1) 确定性模型

确定性模型是基于对流扩散方程和初边值条件共同构建的模型, 模型中的各类土壤水动力参数均需要通过实验来确定. 典型代表有对流-弥散方程, 使用该方程时需要假设土壤质地均匀, 各向同性且不存在固相离子的吸附作用. 在户外大面积土壤区域使用典型的 CDE 模型进行模拟时, 拟合结果与实测值存在较大差异,

Warrick、Lawson 等学者研究发现这是由于模型中相关参数具有着空间变异性所产出的. Nielsen 和 Biggar (1986) 又提出了考虑源汇项 S_{e}(表示单位时间内单位土体所生成或消失的溶质质量) 的一维的 CDE 模型:

$$\frac{\partial(\theta c)}{\partial t}=\frac{\partial}{\partial z}\left[D_{\mathrm{sh}}(v,\theta)\frac{\partial c}{\partial z}\right]-\frac{\partial(qc)}{\partial z}+S_{\mathrm{e}} \tag{2.4.5}$$

通过添加源汇项, 改进的 CDE 模型就具备了实际生产的可信度. Toride 和 Leij (1996) 建立了针对稳定下渗和初级运动线性吸附的 CDE 模型; Flury (1998) 溶质的降解和吸附过程与土壤深度的关系用函数进行了概化, 并用实验数据进行了验证; 张展羽和郭相平 (1999) 把土壤对盐分的吸附作用源汇项简化为对弥散项的弱化, 即引入影响因素 α, 使方程 (2.4.5) 简化可得

$$\frac{\partial(\theta c)}{\partial t}=\frac{\partial}{\partial z}\left[\alpha D_{\mathrm{sh}}(v,\theta)\frac{\partial c}{\partial z}\right]-\frac{\partial(qc)}{\partial z} \tag{2.4.6}$$

将方程 (2.4.5) 与土壤水分模型和作物生长模型并行计算, 结果表明实测值与模拟值吻合较好.

乔云峰和沈冰 (2001) 在含水率不变的前提下, 又把土壤中存在的可动水和不可动水加入到对流弥散模型中, 改进后的 CDE 模型有

$$\frac{\partial(\theta_{\mathrm{m}}c_{\mathrm{m}})}{\partial t}+\frac{\partial(\theta_{\mathrm{im}}c_{\mathrm{im}})}{\partial t}=\frac{\partial}{\partial z}\left[\alpha D_{\mathrm{sh}}(v,\theta_{\mathrm{m}})\frac{\partial c_{\mathrm{m}}}{\partial z}\right]-\frac{\partial(qc_{\mathrm{m}})}{\partial z} \tag{2.4.7}$$

$\theta_{\mathrm{m}},\theta_{\mathrm{im}}$ 分别表示动水与不动水区域的土壤体积含水率，$\mathrm{cm}^3/\mathrm{cm}^3$. $c_{\mathrm{m}},c_{\mathrm{im}}$ 为动水与不动水区域的土壤溶液浓度, $\mathrm{g/cm}^3$; q 为土体中水的流速; D_{sh} 为水动力弥散系数 cm^2/d; t 为时间; z 为垂直坐标.

在土壤各项共性的条件下, 二维非饱和土壤水分运动方程为

$$\frac{\partial\phi}{\partial t}=\frac{\partial}{\partial x}\left[D(\phi)\frac{\partial\phi}{\partial x}\right]+\frac{\partial}{\partial z}\left[D(\phi)\frac{\partial\phi}{\partial z}\right]\pm\frac{\partial k(\phi)}{\partial z} \tag{2.4.8}$$

其中, $D(\phi)$ 为非饱和土壤扩散率, $\mathrm{cm}^2/\mathrm{min}$; $k(\phi)$ 为非饱和土壤导水率, $\mathrm{cm/min}$; ϕ 为体积含水率, $\mathrm{cm}^3/\mathrm{cm}^3$; Z 坐标向下为正.

方程 (2.4.7) 的定解条件为

$$\begin{cases}\phi(x,z,0)=\phi_0\\ \phi(0,0,t)=\phi_{\mathrm{s}}, & t\in[0,T]\\ \phi(C,z,0)=\phi_0, & C\to\pm\infty\\ \phi(x,S,0)=\phi_0, & S\to\pm\infty\end{cases}$$

其中: ϕ_0 为土壤的初值含水率, $\mathrm{cm}^3/\mathrm{cm}^3$, ϕ_{s} 为土壤的饱和含水率, $\mathrm{cm}^3/\mathrm{cm}^3$.

考虑吸附或分解作用下的二维非饱和土壤盐分运移方程为

$$\frac{\partial(\phi C)}{\partial t}=\frac{\partial}{\partial x}\left[\phi D_{\mathrm{sh}}(\phi)\frac{\partial\phi}{\partial x}\right]+\frac{\partial}{\partial z}\left[\phi D_{\mathrm{sh}}(\phi)\frac{\partial\phi}{\partial z}\right]-qC-S_{\mathrm{c}} \tag{2.4.9}$$

其中: C 为土壤溶质的浓度, $\mathrm{g/cm^3}$; $D_{\mathrm{sh}}(\phi)$ 为水动力弥散系数, $\mathrm{cm^2/d}$; q 为土壤水通量, $\mathrm{cm^3/(cm^2 \cdot d)}$; S_{c} 为汇源项, 表示为吸附或分解的量, $\mathrm{g/(cm^3 \cdot d)}$.

方程 (2.4.9) 的定解条件有:

把地表作为计算的上边界, 所以又可分为降水和蒸发两类.

降水时的上边界条件为: $-\phi D_{\mathrm{sh}}\dfrac{\partial C}{\partial z}+qC=\varepsilon C_{\mathrm{r}}$.

蒸发时的上边界条件为: $-\phi D_{\mathrm{sh}}\dfrac{\partial C}{\partial z}+\varepsilon C=0$.

取地下水位作为计算的下边界条件, 有 $C(D,t)=C_{\mathrm{d}}$.

初始条件: $C(z,t)=C_0(z)$.

其中: ε 为上边界垂向水量交换强度, $\mathrm{cm/d}$; C_{r} 为降水盐分浓度, $\mathrm{g/cm^3}$; C_{d} 为地下水矿化度, $\mathrm{g/cm^3}$; $C_0(z)$ 为计算初值盐分浓度, $\mathrm{g/cm^3}$.

CDE 模型为土木工程、农业生产领域的研究水盐运动规律上提供理论依据. 余艳玲等 (2006) 以土壤水运动方程为基础, 研究了降雨条件下旱地土壤水分的运动规律, 实测值与拟合值吻合较好. 彭建平和邵爱军 (2005) 采用 CDE 模型, 模拟了三峡工程对长江河口地区土壤水盐动态的影响; 梁冰等 (2009) 根据饱和-非饱和土壤水分确定性物理模型, 对路堑边坡进行降雨入渗和再分布下坡面土壤水分分布的动态规律研究, 数值模拟及分析结果可为边坡排水加固设计提供定量依据; 陈丽娟等 (2010) 利用 CDE 模型, 对明沟排水洗盐过程中土壤水盐运移动态进行了研究, 建立了区域不同含盐量情况下明沟排水洗盐沟距一半处的洗盐制度. 我国新疆学者虎胆 · 吐马尔白等 (2012) 利用土壤水盐运移模型, 对膜下滴灌棉花全生育期时段内土壤中水盐运移规律进行了数值模拟, 提出只有增加田间实测资料, 方可模拟表、中、深层土壤含水率和含盐量.

2) 随机性模型

随机性物理模型主要有 HYDRUS 模型和流管模型这两类. HYDRUS 模型是 1991 年美国农业部盐渍土改良中心开发的用于模拟非饱和土壤中水、热、溶质运移的模型. HYDRUS 软件的土壤水分运动模型是采用 Richards 方程用于描述非饱和土壤的水分运动过程, 方程如下:

$$\frac{\partial\theta}{\partial t}=\frac{1}{r}\frac{\partial}{\partial r}\left[tK(h)\frac{\partial h}{\partial r}\right]+\frac{\partial}{\partial z}\left[K(h)\frac{\partial h}{\partial z}\right]-\frac{\partial K(h)}{\partial z} \tag{2.4.10}$$

其中, r 为径向坐标; h 为土壤负压水头.

溶质运移模型沿用了 CDE 模型的基本框架, 方程如下:

$$\frac{\partial(\theta C)}{\partial t}+\rho\frac{\partial S}{\partial t}=\frac{\partial}{\partial z}\left[\theta D_{\text{sh}}(\theta,q)\frac{\partial C}{\partial z}-qC\right]-\partial(z,t) \tag{2.4.11}$$

其中, S 为溶质在吸附相中的浓度; C 为土壤溶质浓度; $D_{\text{sh}}(\theta,q)$ 为土壤弥散系数; q 为流速.

HYDRUS 模型自 2000 年引入我国以来, 得到了广泛的应用. 李韵珠和胡克林 (2004) 运用 HYDRUS 对在浅层地下水和蒸发条件下含有黏土层土壤的水和 Cl^- 的运移状况进行数值模拟的研究; 毕经伟等 (2004) 应用 HYDRUS-1D 模型对黄淮海平原典型土壤 (黄潮土) 中土壤水渗漏及硝态氮淋失动态进行了模拟分析; 池宝亮等 (2005) 结合非饱和土壤水动力学理论, 应用 HYDRUS 软件建立了地下点源滴灌的土壤水分轴对称二维模型, 分析对比了几种土壤条件下地埋点源滴灌时土壤水分的运动状况, 模拟值与实测值具有良好的同步性, 说明该模型可由于模拟土壤条件下的水分运动状况. 孙建书和余美 (2011) 利用 HYDRUS-1D 模型对宁夏银北灌区在不同灌排模式下土壤水盐运移进行一维数值模拟, 研究结果为节水排水工程的规划和盐渍化的防止提供参考依据.

流管模型将流动平面划分成为若干流管, 假设流管内的流动方向与迹线一致, 各流管内的流量保持守恒方程如下:

$$\frac{\mathrm{d}x}{u}=\frac{\mathrm{d}y}{v}$$

其中, u 为 x 轴方向的流速; v 为 y 轴方向的流速, 流管内的溶质运移方程为

$$\frac{\partial}{\partial x}(AuS)-\frac{\partial}{\partial z}(AwS)=\frac{\partial}{\partial x}\left(A\varepsilon_x\frac{\partial S}{\partial x}\right)+\frac{\partial}{\partial z}\left(A\varepsilon_z\frac{\partial S}{\partial z}\right) \tag{2.4.12}$$

流管模型与 HYDRUS 模型相比, HYDRUS 模型需要考虑溶质中化学反应, 而流管模型则不考虑.

2.4.3 土壤水盐模型关键参数的确定

描述土壤水分运动的关键参数为比水容重 $C(\phi)$(即土壤水分特征曲线斜率的倒数)、非饱和土壤水导水率 $K(\phi)$ 和非饱和土壤水扩散率 $D(\phi)$.

1. 土壤水分特征曲线(SWCC)

土壤水分特征曲线是描述土壤含水量与吸力 (基质势) 之间的关系曲线. 它反映了土壤水能量与土壤水数量之间的函数关系, 对研究土壤水运移和保持有十分重要的生产作用. 科研工作者通过长期的研究分析将确定水分特征曲线的方法归纳为两大类. 一类是直接测定法. 如张力计法、砂芯漏斗法、压力膜法、平衡水汽压

法等. 前两种方法均只可测定吸力低于 0.8Pa 的土壤水分特征曲线, 要获得更高的吸力, 就需用压力膜仪进行测定. 此法所加压力的大小, 取决于多孔板 (陶土板或薄膜) 的耐压能力 (即在压力用下透水不透气的能力) 和压力室的安全工作压力.

国内目前使用最多的是美国的 1500 型 15 巴压力膜仪, 陶土板有 1bar、5bar、15bar 三种. 压力膜仪还可用来研究大型原状土块的物理特性, 进行土壤水动力学模型研究. 因此, 它是土壤物理实验室里一种多用途的常规仪器. 在一系列压力下的实验过程完成后, 按如下公式即可得到在某个压力下的土壤含水率:

$$V_i = \frac{(M_{\mathrm{ws}i} - M_{\mathrm{s}})/\rho_{\mathrm{w}}}{M_{\mathrm{s}}/\rho_{\mathrm{s}}} \tag{2.4.13}$$

式中: V_i 为在压力值 i 下的某个土样的体积含水率, $\mathrm{cm^3/cm^3}$; $M_{\mathrm{ws}i}$ 为在压力值 i 下的某个土样的湿土质量, g; M_{s} 为某个土壤样品的干土质量, g; ρ_{w} 为水的密度, 取 $1\mathrm{g/cm^3}$; ρ_{s} 为某个土样的容重, $\mathrm{g/cm^3}$).

通过直接实验或间接推求可以得到非饱和土壤水分特征曲线. 为了准确拟合土壤水分特征曲线并在此基础上求得非饱和导水率和扩散率, 需要对土壤水分特征曲线的实测数据进行拟合, 而且所选拟合方程必须能够充分描述土壤含水量和土壤基质势的关系. 人们通过大量的实验研究, 已提出了一些经验公式来描述土壤负压和土壤含水率 Φ 的关系曲线, 目前国内外使用最为普遍的描述土壤水分特征曲线的方程是 VG 模型和 Broods-Corey 模型.

1)Van-Genuchten 模型

Van-Genuchten 模型由美国学者在 1980 年提出的, 方程形式为

$$\phi(h) = \phi_{\mathrm{r}} + \frac{\phi_{\mathrm{s}} - \phi_{\mathrm{r}}}{[1 + |\alpha h^n|]^m}, \quad m = 1 - \frac{1}{n}, 0 < m < 1 \tag{2.4.14}$$

式中: ϕ 为体积含水率, $\mathrm{cm^3/cm^3}$; ϕ_{s} 为残留含水率, $\mathrm{cm^3/cm^3}$; ϕ_{r} 为饱和含水率, $\mathrm{cm^3/cm^3}$; h 为负压, $\mathrm{cmH_2O}$.

2)Broods-Corey 模型

Broods-Corey 模型是土壤水分特征曲线模型中参数较少、函数表达式最为简单的模型, 方程形式为

$$\phi(h) = \phi_{\mathrm{r}} + \frac{\phi_{\mathrm{s}} - \phi_{\mathrm{r}}}{(\gamma h)^{\beta}}, \quad \gamma h > 1 \tag{2.4.15}$$

式中: ϕ_{s} 为饱和含水率, $\mathrm{cm^3/cm^3}$, ϕ_{r} 为残余含水率, $\mathrm{cm^3/cm^3}$; h 为压力水头; γ、β 为经验性的形状参数, 可通过拟合实测数据得到.

2. 非饱和土壤水扩散率 $D(\phi)$

扩散率是非饱和土壤水分运动的一个重要指标. 水平土柱法是测定土壤水扩散率 $D(\phi)$ 的较常用的方法, 最早由 Bruse 和 Klute(1956) 提出该法是利用一个半无

限长水平土柱的吸渗试验资料, 忽略重力作用, 根据一维水平流动的方程和定解条件, 采用 Boltzmann 变换, 将偏微分方程转换为常微分方程, 结合解析法求得的计算公式, 由实测数据最后列表计算出 $D(\phi)$ 的值. 此方法为室内测定 $D(\phi)$ 的重要方法之一.

做一个厚度较小 (小于 10cm) 的水平土柱, 长度为 100cm 左右, 使密度均一, 且有均匀的初始含水率, 并使水分在土柱中做水平吸渗运动, 忽略重力作用, 作为一维水平流动其微分方程和定解条件为

$$\begin{cases} \phi|_{(x>0,t=0)} = \phi_a \\ \dfrac{\partial \phi}{\partial t} = \dfrac{\partial}{\partial x}\left[D(\phi)\dfrac{\partial \phi}{\partial x}\right] \\ \phi|_{(x=0,t>0)} = \phi_b \end{cases} \tag{2.4.16}$$

上式中第一项为初始条件, 即土柱有平均的初始含水率 ϕ_a, 第三项为进水端的边界条件, 即土柱始端边界含水率始终保持在 ϕ_b(接近饱和含水率). 方程在上述定解条件下, 求出其解析解, 即可得出 $D(\phi)$ 的计算方法. 该方程为非线性偏微分方程, 求解比较困难. 采用 Boltzmann 变换, 令 $\lambda(x,t) = xt^{-1/2}$, 则有

$$\frac{\partial \phi}{\partial t} = \frac{\mathrm{d}\phi}{\mathrm{d}\lambda}\frac{\partial \lambda}{\partial t} = -\frac{1}{2}\lambda t^{-1}\frac{\mathrm{d}\varphi}{\mathrm{d}\lambda}$$

$$\frac{\partial \phi}{\partial x} = \frac{\mathrm{d}\phi}{\mathrm{d}\lambda}\frac{\partial \lambda}{\partial x} = t^{-1/2}\frac{\mathrm{d}\phi}{\mathrm{d}\lambda}$$

$$\frac{\partial\left[D(\phi)\dfrac{\partial \phi}{\partial x}\right]}{\partial x} = \frac{\mathrm{d}\left[D(\phi)\dfrac{\mathrm{d}\phi}{\mathrm{d}\lambda}t^{-1/2}\right]}{\mathrm{d}\lambda}t^{-1/2} = t^{-1}\frac{\mathrm{d}\left[D(\phi)\dfrac{\mathrm{d}\phi}{\mathrm{d}\lambda}\right]}{\mathrm{d}\lambda}$$

将上面各式代入式 (2.4.16), 并对初始条件、边界条件采用 Boltzmann 变换, 经整理得

$$-\frac{\lambda}{2}\frac{\mathrm{d}\phi}{\mathrm{d}\lambda} = \frac{\mathrm{d}\left[D(\phi)\dfrac{\mathrm{d}\phi}{\mathrm{d}\lambda}\right]}{\mathrm{d}\lambda}$$

$$\phi = \phi_{\mathrm{i}}, \quad \phi = \phi_{\mathrm{s}}, \quad \lambda = 0$$

其中 ϕ_{i} 为第 i 个土壤含水率, ϕ_{s} 为饱和土壤含水率.

此时, 得到求土壤水分运动的常微分方程:

$$-\frac{\lambda}{2} = \frac{\mathrm{d}\left[D(\phi)\dfrac{\mathrm{d}\phi}{\mathrm{d}\lambda}\right]}{\mathrm{d}\phi}$$

对式自 ϕ_{i} 到 ϕ 积分, 得

$$-\frac{1}{2}\int_{\phi_{\mathrm{i}}}^{\phi}\lambda \mathrm{d}\phi = D(\phi)\frac{\mathrm{d}\phi}{\mathrm{d}\lambda}$$

可将其转化成常微分方程求解. $D(\phi)$ 值的公式为

$$D(\phi) = \frac{-1}{2(\mathrm{d}\phi/\mathrm{d}\lambda)} \int_{\phi_a}^{\phi} \lambda \mathrm{d}\phi \tag{2.4.17}$$

进行水平土柱吸渗试验时, 在 t 时刻测出土柱的含水率分布, 并计算出各 x 点的 λ 值, 就可以绘制出 $\phi = f(\lambda)$ 关系的实验曲线. 一般说来, ϕ 和 λ 关系难以表达成一个解析式, 故式 (2.4.17) 常改写成差分形式

$$D(\phi) = -\frac{1}{2}\frac{\Delta\lambda}{\Delta\phi} \sum_{i=\phi_a}^{\phi_s} \lambda \Delta\phi_i \tag{2.4.18}$$

通过试验数据, 用曲线拟合的最小二乘方法, 对 D 和 ϕ 按下述关系进行拟合:

$$D(\phi) = a\mathrm{e}^{b\phi} \tag{2.4.19}$$

3. 非饱和土壤水动力弥散系数

用数学模型来研究溶质运移问题, 需要首先确定数学模型中的两个主要参数, 分别是非饱和土壤水动力弥散系数和滞流因子. 国内外测定土壤中水动力弥散系数的计算方法主要以参数统计法为主, 如水平土柱法等 (杨金忠, 1986). 下面简要介绍用水平入渗法确定水动力弥散系数 D_{sh} 的原理和方法.

试验装置与水平土柱测定水分扩散率的装置一样, 只是供水装置中供应的是浓度为 C_0 的溶液, 水位恒定保持在水平土柱的下边缘, 此定解问题可描述为

溶质方程:

$$\begin{cases} \dfrac{\partial(\phi C)}{\partial t} = \dfrac{\partial C}{\partial x}\left(\phi D_{\mathrm{sh}}\dfrac{\partial C}{\partial x}\right) - \dfrac{\partial(qC)}{\partial x} \\ C(x,0) = C_{\mathrm{i}}, \quad x \geqslant 0 \\ C(0,t) = C_0, \quad t > 0 \\ C(\infty,t) = C_{\mathrm{i}}, \quad t > 0 \end{cases} \tag{2.4.20}$$

水流方程:

$$\begin{cases} \dfrac{\partial\phi}{\partial t} = \dfrac{\partial}{\partial x}\left(D_{\mathrm{w}}(\phi)\dfrac{\partial\phi}{\partial x}\right) \\ \phi(x,0) = \phi_{\mathrm{i}}, \quad (x \geqslant 0) \\ \phi(0,t) = \phi_0, \quad t > 0 \\ \phi(\infty,t) = \phi_{\mathrm{i}}, \quad t > 0 \end{cases} \tag{2.4.21}$$

以上两式中: q 为达西流速; ϕ_{i}、C_{i} 分别为土柱初始含水率及土壤溶液初始浓度; ϕ_0、C_0 为 $x = 0$ 处的含水率及溶液浓度.

由质量守恒原理知

$$\frac{\partial\phi}{\partial t} = -\frac{\partial q}{\partial x}$$

于是方程 (2.4.20) 可改写为

$$\begin{aligned}\phi\frac{\partial C}{\partial t}&=\frac{\partial}{\partial x}\left(\phi D_L\frac{\partial C}{\partial x}\right)-q\frac{\partial C}{\partial x}\\&=\frac{\partial}{\partial x}\left(\phi D_L\frac{\partial C}{\partial x}\right)+D_{\mathrm{w}}(\phi)\frac{\partial \phi}{\partial x}\frac{\partial C}{\partial x}\end{aligned}\tag{2.4.22}$$

令 $\lambda=xt^{-1/2}$, 对式 (2.4.21) 进行 Boltzmann 变换, 得

$$\frac{\mathrm{d}}{\mathrm{d}\lambda}\left(D_{\mathrm{w}}(\phi)\frac{\mathrm{d}\phi}{\mathrm{d}\lambda}\right)=-\frac{1}{2}\lambda\frac{\mathrm{d}\phi}{\mathrm{d}\lambda}\tag{2.4.23}$$

令 $x=0$, $\phi=\phi_0$, $\lambda=0$, 得 $x\to\infty$, $\phi=\phi_i$, $\lambda\to\infty$.

式 (2.4.22) 两边对 λ 自 $\infty\to\lambda$ 积分, 有

$$\int_{\infty}^{\lambda}\frac{\mathrm{d}}{\mathrm{d}\lambda}\left(D_{\mathrm{w}}(\phi)\frac{\mathrm{d}\phi}{\mathrm{d}\lambda}\right)=-\frac{1}{2}\int_{\infty}^{\lambda}\lambda\frac{\mathrm{d}\phi}{\mathrm{d}\lambda}\mathrm{d}\lambda\tag{2.4.24}$$

将式 (2.4.23) 代入式 (2.4.24), 并令

$$\Theta(\phi)=-\left(\frac{1}{2}\lambda\phi+D_{\mathrm{w}}(\phi)\frac{\mathrm{d}\phi}{\mathrm{d}\lambda}\right)=-\frac{1}{2}\left(\lambda\phi-\int_{\theta_i}^{\theta}\lambda\mathrm{d}\phi\right)$$

得

$$\frac{\mathrm{d}}{\mathrm{d}\lambda}\left(\phi D_L\frac{\mathrm{d}C}{\mathrm{d}\lambda}\right)=\Theta(\phi)\frac{\mathrm{d}C}{\mathrm{d}\lambda}\tag{2.4.25}$$

式 (2.4.24) 两边对对 λ 自 $\infty\to\lambda$ 积分, 有

$$\phi D_{\mathrm{sh}}=\frac{\mathrm{d}\lambda}{\mathrm{d}C}\int_{C_i}^{C}\Theta(\phi)\mathrm{d}C$$

根据试验结果绘出 ϕ-λ 图及 C-λ 图, 运用数值积分及差分, 即得到 D_L 与 ϕ 或 q 的关系曲线.

2.5 水温及冰凌数学模型

寒冷地区天然河道或人工渠道在冬季输水必然会出现结冰和融冰现象, 这对河道或渠道的输水、防洪、航运、水力发电及周围环境和生态产生一定的影响, 并带来一系列的问题. 因此, 冰凌的形成与消融以及由此产生的危害是寒冷地区水利工程建设和水资源开发利用必须考虑的一个重要因素. 研究冰凌的形成和演变规律, 寻求相应的解决办法以保证在冰期安全输水成为许多国家关心的重要问题. 要研究冰凌问题, 首先需要掌握水温的变化规律, 需要建立相应的水温数学模型. 本节首先介绍水温数学模型, 其次介绍输冰数学模型, 最后介绍冰盖形成后冰盖发展数学模型.

2.5.1 水温数学模型

1. 纵向一维水温模型

河流纵向一维温度方程是建立在水量平衡 (连续性) 关系和热量平衡关系基础上的 (杨国录, 1993; 傅国伟, 1987). 热量平衡是指微分河段在单位时间内, 由移流和离散引起的热量输送, 以及水体通过其边界所获得或损失的热量与水体温度变化而产生的热量变化要保持平衡.

在河流中任取一微分河段 $\mathrm{d}x$, 设上、下游断面流量分别为 Q_1 和 Q_2, 局部加入流量为 q, 若不考虑蒸发和降雨情况, 则流段内水量平衡关系为

$$Q_1 - Q_2 + q = 0$$

由于微分段非常小, 可以假设上下游流量相等, 即

$$Q_1 = Q_2 = Q$$

进入或流出流段的热量有下列各项:

(1) 由于移流输送通过上游断面单位时间内流入微分段的热量为 $\rho C_{\mathrm{p}}QT$, 通过下游断面单位时间内流出微分段的热量为 $\rho C_{\mathrm{p}}QT_{\mathrm{w}} + \frac{\partial}{\partial x}(\rho C_{\mathrm{p}}QT_{\mathrm{w}})\mathrm{d}x$. 其中 C_{p} 为水的比热, T_{w} 为水温.

(2) 由于扩散, 通过上游断面单位时间内流入微分段的热量为 $-\frac{\partial}{\partial x}(E_x A\rho C_{\mathrm{p}}T_{\mathrm{w}})$, 相应通过下游断面流出的热量为 $-\frac{\partial}{\partial x}(E_x A\rho C_{\mathrm{p}}T_{\mathrm{w}}) + \frac{\partial}{\partial x}\left[-\frac{\partial}{\partial x}(E_x A\rho C_{\mathrm{p}}T_{\mathrm{w}})\right]$, 其中 A 为距离为 x 的断面过水面积, E_x 为纵向扩散系数.

(3) 局部流量 q 所加入的热量 H_q.

(4) 单位表面积净热交换通量 φ_{T}, 表示水流与外界之间的热交换量, 包括明流水面与大气的热交换率 ϕ_{n}、水面与漂浮冰块或冰盖的热交换 ϕ_{wi}、河底水体与河床的热交换率 ϕ_{wb}.

由于流入和流出微分段的热量差的总和应与 $\mathrm{d}x$ 流段内水体在单位时间内因温度变化而引起的热量变化相等, 可以得到以下微分方程:

$$\frac{\partial(\rho C_{\mathrm{p}}AT_{\mathrm{w}})}{\partial t} + \frac{\partial(\rho C_{\mathrm{p}}QT_{\mathrm{w}})}{\partial x} = \frac{\partial}{\partial x}\left(\rho C_{\mathrm{p}}AE_x\frac{\partial T_{\mathrm{w}}}{\partial x}\right) + H_q - B\varphi_{\mathrm{T}} \tag{2.5.1}$$

在无支流汇入 (汇出) 的条件下, 设水面热交换为均匀分布, 令 C_{p} 与 ρ 为常数, 上式可简化为

$$\frac{\partial(AT_{\mathrm{w}})}{\partial t} + \frac{\partial(QT_{\mathrm{w}})}{\partial x} = \frac{\partial}{\partial x}\left(AE_x\frac{\partial T_{\mathrm{w}}}{\partial x}\right) - \frac{B\varphi_{\mathrm{T}}}{\rho C_{\mathrm{p}}}$$

水面与大气的热交换量可由下式确定:

$$\varphi_{\mathrm{n}} = -\varphi_{\mathrm{sn}} - \varphi_{\mathrm{an}} + \varphi_{\mathrm{br}} + \varphi_{\mathrm{c}} + \phi_{\mathrm{e}} \tag{2.5.2}$$

式 (2.5.2) 中各项可按如下公式计算:

水体净吸收的太阳短波辐射:

$$\phi_{\mathrm{sn}} = (1 - r)H_{\mathrm{si}} \tag{2.5.3}$$

其中 r 是水面发射率, 参考有关资料取值为 0.1,H_{si} 为太阳到达水面总辐射.

大气长波辐射:

$$\phi_{\mathrm{an}} = (1 - r_{\mathrm{a}})\sigma\xi_{\mathrm{a}}(273.3 + T_{\mathrm{a}})^4 \tag{2.5.4}$$

其中 r_{a} 为长波反射率, 取值为 0.03; $\sigma = 5.67 \times 10^{-8}(\mathrm{W/(m^2 \cdot K^4)})$ 为 Stefan-Boltzmann 常数; ξ_{a} 为大气的发射率, 可按如下公式计算:

$$\xi_{\mathrm{a}} = (1 - 0.261\exp(-0.000074T_{\mathrm{a}}^2))(1 + KC_{\mathrm{r}}^2) \tag{2.5.5}$$

其中 K 为由云层高度确定的常数, 取值为 0.17,C_{r} 为云层覆盖率; T_{a} 为水面上 2m 处气温.

水体长波的返回辐射可由 Stefan-Boltzmann 四次方定律来计算:

$$\phi_{\mathrm{br}} = \sigma\varepsilon_{\mathrm{w}}(273.3 + T_{\mathrm{s}})^4 \tag{2.5.6}$$

其中 ε_{w} 为水体的长波发射率, 取值为 0.97, T_{s} 为水面温度.

水面蒸发热损失为

$$\varphi_{\mathrm{e}} = \beta \cdot f(W_z)(T_{\mathrm{s}} - T_{\mathrm{d}}) \tag{2.5.7}$$

其中 β=0.35-0.015T+ 0.0012T^2, T= $(T_{\mathrm{s}} + T_{\mathrm{d}})/2$, T_{d} 为露点温度, $f(W_z)$ 为风函数, $f(W_z) = 9.2 + 0.46W_z^2$, W_z 为水面以上 10 米处的风速.

水面与大气的热交换量为

$$\phi_{\mathrm{c}} = (2.8 + 3.0W_z)(T_{\mathrm{s}} - T_{\mathrm{a}}) \tag{2.5.8}$$

河流出现冰盖后, 冰盖与水面的边界存在热交换, 可用下式计算:

$$\phi_{\mathrm{wi}} = h_{\mathrm{wi}}(T_{\mathrm{w}} - T_{\mathrm{i}}) \tag{2.5.9}$$

其中 h_{wi} 为水体与冰盖的热交换系数,T_{i} 为冰的温度.

同理, 河道与水接触的边界存在的热交换可用下式计算:

$$\phi_{\mathrm{wb}} = h_{\mathrm{wb}}(T_{\mathrm{w}} - T_{\mathrm{b}}) \tag{2.5.10}$$

其中 h_{wb} 为水体与河床的热交换系数,T_{b} 为河床温度.

2. 垂向一维水温数学模型

大型水库由于深度较大, 水温分层现象严重. 为了模拟不同深度处水温分布, 常采用垂向一维水温数学模型. 由于水库水温一维数学模型是将水库沿垂向划分成一系列的水平薄层, 假设每个水平薄层内温度均匀混合, 对该层进行热量平衡分析, 考虑扩散引起的热输移和水体内部的太阳辐射量, 对任意水平薄层建立起热量平衡方程:

$$\frac{\partial(A_{\rm h}T_{\rm w})}{\partial t}=\frac{\partial}{\partial z}\left(A_{\rm h}E_z\frac{\partial T_{\rm w}}{\partial z}\right)-\frac{1}{\rho C_{\rm p}}\frac{\partial(A_{\rm h}\phi_{\rm n})}{\partial z} \tag{2.5.11}$$

其中 $T_{\rm w}$ 为单元层水温, $A_{\rm h}$ 为单元层水平水面面积, E_z 为垂向扩散系数.

3. 三维水温数学模型

在水温变化较为急剧的区域, 可以采用三维水温数学模型进行数值模拟. 在无支流汇入 (汇出) 的条件下, 设水面热交换为均匀分布, 令 $C_{\rm p}$ 与 ρ 为常数, 并忽略水体与边界之间的热交换, 可得以下三维水温数学模型:

$$\frac{\partial T_{\rm w}}{\partial t}+\frac{\partial(uT_{\rm w})}{\partial x}+\frac{\partial(vT_{\rm w})}{\partial y}+\frac{\partial(wT_{\rm w})}{\partial z}=\frac{\partial}{\partial x}\left(E_x\frac{\partial T_{\rm w}}{\partial x}\right)+\frac{\partial}{\partial y}\left(E_y\frac{\partial T_{\rm w}}{\partial y}\right)+\frac{\partial}{\partial z}\left(E_z\frac{\partial T_{\rm w}}{\partial z}\right)-\frac{\phi_{\rm n}}{\rho C_{\rm p}} \tag{2.5.12}$$

其中 E_x, E_y, E_z 分别为水温的纵向、横向和垂向扩散系数, $\phi_{\rm n}$ 为水面与大气的热交换量, u, v, w 分别为 x, y, z 方向的流速分量.

4. 平面二维水温数学模型

在水深相对水面宽度较小时, 为了节约计算工作量, 可以将三维水温模型沿水深平均, 得到以下方程:

$$\frac{\partial}{\partial t}(C_{\rm p}hT_{\rm w})+\frac{\partial}{\partial x}(huT_{\rm w})+\frac{\partial}{\partial y}(hvT_{\rm w})=\frac{\partial}{\partial x}\left(hE_x\frac{\partial T_{\rm w}}{\partial x}\right)+\frac{\partial}{\partial y}\left(hE_y\frac{\partial T_{\rm w}}{\partial y}\right)-\frac{h\phi_{\rm n}}{\rho C_{\rm p}} \tag{2.5.13}$$

式中 h 为水深, $T_{\rm w}$ 为沿深度平均的水温.

5. 立面二维水温数学模型

对于河流或水库, 若温度分层现象明显, 但沿宽度方面变化不大, 则可将三维水温模型沿河宽 (库宽) 进行平均, 得到以下立面二维水温数学模型:

$$\frac{\partial}{\partial t}(BT_{\rm w})+\frac{\partial}{\partial x}(BuT_{\rm w})+\frac{\partial}{\partial z}(BwT_{\rm w})=\frac{\partial}{\partial x}\left(BE_x\frac{\partial T_{\rm w}}{\partial x}\right)+\frac{\partial}{\partial z}\left(BE_z\frac{\partial T_{\rm w}}{\partial z}\right)-\frac{B\phi_{\rm n}}{\rho C_{\rm p}} \tag{2.5.14}$$

式中: B 为水面宽度; w 为垂向水流速度; E_z 为水温垂向扩散系数, $T_{\rm w}$ 为沿河宽 (库宽) 平均的水温.

2.5.2 输冰数学模型

水温降至结冰点以下时, 就会出现水内冰, 这时部分液体发生相变由液相变为固相 (即冰花), 同时释放潜热. 当水温升至结冰点以上时, 冰花由固相变为液相, 吸收液体中的潜热. 根据上述原理, 可以得到水内冰传输数学模型.

1. 冰的一维传输数学模型

用 $C_{\rm i}$ 表示冰花含量, 即单位长度河道内冰花的体积与液体和冰花总体积的比值, 用 $L_{\rm i}$ 表示结冰潜热, 即单位质量的水在一定标准大气压下结成冰后放出的热量, 用 $\rho_{\rm i}$ 表示冰密度, $S_{\rm i}$ 表示冰盖生成、侵蚀、沉积和消融所引起的附加热源或质量源.

从河流 (明渠、水库、湖泊) 中长为 $\mathrm{d}x$ 的区间为控制单元体, 其横断面面积为 A, 则 $\mathrm{d}t$ 时段内, 控制单元体内冰花体积变化包括以下一些项 (王军, 2004):

(1) $\mathrm{d}t$ 时段内控制单元体内冰花体积增量, 即 $\dfrac{\partial(C_{\rm i}A\mathrm{d}x)}{\partial t}\mathrm{d}t$;

(2) $\mathrm{d}t$ 时段内对流引起的控制单元体内冰花体积增量, 即 $\dfrac{\partial(QC_{\rm i})}{\partial x}\mathrm{d}x\mathrm{d}t$;

(3) $\mathrm{d}t$ 时段内由于扩散引起的控制单元体内冰花体积增量, 即 $-\dfrac{\partial}{\partial x}\left(E_xA\dfrac{\partial C_{\rm i}}{\partial x}\right)\mathrm{d}x\mathrm{d}t$;

(4) $\mathrm{d}t$ 时段内控制单元冰花体积源项 $-\dfrac{S_{\rm i}A}{\rho_{\rm i}L_{\rm i}}\mathrm{d}x\mathrm{d}t$;

(5) $\mathrm{d}t$ 时段内水面与大气的热交换量 $-\dfrac{B\phi_{\rm n}}{\rho_{\rm i}L_{\rm i}}\mathrm{d}x\mathrm{d}t$.

可得水内冰的纵向一维传输数学模型方程为

$$\frac{\partial}{\partial t}(AC_{\rm i})+\frac{\partial}{\partial x}(QC_{\rm i})=\frac{\partial}{\partial x}\left(AE_x\frac{\partial C_{\rm i}}{\partial x}\right)-\frac{B\phi_{\rm n}}{\rho_{\rm i}L_{\rm i}}-\frac{S_{\rm i}A}{\rho_{\rm i}L_{\rm i}} \tag{2.5.15}$$

另外, 模拟冰花传输时, 除上述方程外, 还需要以下水动力学数学模型及水温数学模型:

水流连续性方程:

$$\frac{\partial A}{\partial t}+\frac{\partial Q}{\partial x}=0 \tag{2.5.16}$$

水流运动方程:

$$\frac{\partial Q}{\partial t}+\frac{2Q}{A}\frac{\partial Q}{\partial x}-\frac{Q^2}{A^2}\frac{\partial A}{\partial x}+gA\frac{\partial H}{\partial x}+\frac{1}{\rho}\left(p_{\rm i}\tau_{\rm i}+p_{\rm b}\tau_{\rm b}\right)=0 \tag{2.5.17}$$

水温控制方程:

$$\frac{\partial(\rho C_{\rm p}AT_{\rm w})}{\partial t}+\frac{\partial(\rho C_{\rm p}QT_{\rm w})}{\partial x}=\frac{\partial}{\partial x}\left(\rho C_{\rm p}AE_x\frac{\partial T_{\rm w}}{\partial x}\right)-B\varphi_{\rm T} \tag{2.5.18}$$

其中 $p_{\rm i},p_{\rm b}$ 分别为冰盖和河床的湿周, $\tau_{\rm i},\tau_{\rm b}$ 分别为冰水交界面及河床上的剪切力.

2. 二维冰凌数学模型

当冰凌体积百分比沿横向变化较大时, 应该使用二维冰凌数学模型. 对于天然河流, 二维冰凌数学模型包括以下控制方程:

水流连续性方程:

$$\frac{\partial h}{\partial t}+\frac{\partial hu}{\partial x}+\frac{\partial hv}{\partial y}=q_L \tag{2.5.19}$$

水流运动方程:

$$\frac{\partial u}{\partial t}+u\frac{\partial u}{\partial x}+v\frac{\partial u}{\partial y}+g\frac{\partial H}{\partial x}=b_x' \tag{2.5.20}$$

$$\frac{\partial v}{\partial t}+u\frac{\partial v}{\partial x}+v\frac{\partial v}{\partial y}+g\frac{\partial H}{\partial y}=b_y' \tag{2.5.21}$$

水温控制方程:

$$\frac{\partial T_{\mathrm{w}}}{\partial t}+\frac{\partial uT_{\mathrm{w}}}{\partial x}+\frac{\partial vT_{\mathrm{w}}}{\partial y}=\frac{\partial}{\partial x}\left(E_x\frac{\partial T_{\mathrm{w}}}{\partial x}\right)+\frac{\partial}{\partial y}\left(E_y\frac{\partial T_{\mathrm{w}}}{\partial y}\right)-\frac{\phi_{\mathrm{T}}}{\rho C_{\mathrm{p}}} \tag{2.5.22}$$

浮冰浓度分布方程:

$$\frac{\partial C_{\mathrm{s}}}{\partial t}+\frac{\partial}{\partial x}(uC_{\mathrm{s}})+\frac{\partial}{\partial y}(vC_{\mathrm{s}})=-\frac{B}{\rho_{\mathrm{i}}L_{\mathrm{i}}A}S_{\mathrm{i}}+\frac{\alpha}{A}\left(1-\frac{\nu_z}{u_{\mathrm{i}}}\right)C_{\mathrm{s}} \tag{2.5.23}$$

水内冰浓度分布方程:

$$\frac{\partial C_{\mathrm{c}}}{\partial t}+\frac{\partial}{\partial x}(uC_{\mathrm{c}})+\frac{\partial}{\partial y}(vC_{\mathrm{c}})=-\frac{B}{\rho_{\mathrm{i}}L_{\mathrm{i}}A}S_{\mathrm{i}}-\frac{\alpha}{A}\left(1-\frac{\nu_z}{u_{\mathrm{i}}}\right)C_{\mathrm{s}} \tag{2.5.24}$$

式中, $H=h+\frac{\rho_{\mathrm{i}}}{\rho}h_{\mathrm{i}}$, 其中 h 为水深, h_{i} 为冰盖厚度, ρ_{i} 为冰凌密度, $C_{\mathrm{s}},C_{\mathrm{c}}$ 分别为浮冰和水内冰浓度, α 为水内冰变为浮冰的比例系数, u_{i} 为冰粒浮速, ν_z 为垂向紊动扩散系数.

当风作用于无冰盖的水面时,

$$b_x'=-\frac{1}{\rho}\frac{\partial p_{\mathrm{a}}}{\partial x}-g\frac{\partial z_{\mathrm{b}}}{\partial x}+\frac{\tau_{\mathrm{a}x}-\tau_{\mathrm{b}x}}{\rho h}+F_{\mathrm{b}x} \tag{2.5.25}$$

$$b_y'=-\frac{1}{\rho}\frac{\partial p_{\mathrm{a}}}{\partial y}-g\frac{\partial z_{\mathrm{b}}}{\partial y}+\frac{\tau_{\mathrm{a}y}-\tau_{\mathrm{b}y}}{\rho h}+F_{\mathrm{b}y} \tag{2.5.26}$$

当水面有冰盖时,

$$b_x'=-\frac{1}{\rho}\frac{\partial p_{\mathrm{a}}}{\partial x}-g\frac{\partial z_{\mathrm{b}}}{\partial x}-\frac{\tau_{\mathrm{i}x}+\tau_{\mathrm{b}x}}{\rho h}+F_{\mathrm{b}x} \tag{2.5.27}$$

$$b_y'=-\frac{1}{\rho}\frac{\partial p_{\mathrm{a}}}{\partial y}-g\frac{\partial z_{\mathrm{b}}}{\partial y}-\frac{\tau_{\mathrm{i}y}+\tau_{\mathrm{b}y}}{\rho h}+F_{\mathrm{b}y} \tag{2.5.28}$$

其中 $z_{\rm b}$ 为水底高程; $\tau_{{\rm a}x}, \tau_{{\rm a}y}$ 为风对水面的拖曳力在 x 和 y 方向的分量; $\tau_{{\rm b}x}, \tau_{{\rm b}y}$ 为河底摩阻力在 x 和 y 方向的分量; $\tau_{{\rm i}x}, \tau_{{\rm i}y}$ 为冰水交界面上水流拖曳力在 x 和 y 方向的分量; $p_{\rm a}$ 为大气压强.

$$\tau_{\rm a} = \rho_{\rm a} C_{\rm D} \left| w_{\rm a} \right| w_{\rm a} \tag{2.5.29}$$

式中, $\rho_{\rm a}$ 为大气密度, $w_{\rm a}$ 为水面上 10m 处的风速, m/s; $C_{\rm D}$ 为拖曳力系数, 与风速有关; 在北半球科里奥利力可以如下计算:

$$F_{{\rm b}x} = fv, \quad F_{{\rm b}y} = -fu$$

其中 f 为 Corilis 系数, $f = 2\overline{w} \sin\varphi$, $\overline{w}$ 为地球自转角速度, φ 为纬度.

在不考虑风的作用下, $\tau_{{\rm b}x}, \tau_{{\rm b}y}$ 可以采用一般传统方法:

$$\tau_{{\rm b}x} = \frac{\rho g u\sqrt{u^2+v^2}}{C^2} = \frac{\rho g n_{\rm b}^2 u\sqrt{u^2+v^2}}{h^{1/3}} \tag{2.5.30}$$

$$\tau_{{\rm b}y} = \frac{\rho g v\sqrt{u^2+v^2}}{C^2} = \frac{\rho g n_{\rm b}^2 u\sqrt{u^2+v^2}}{h^{1/3}} \tag{2.5.31}$$

$$\tau_{{\rm i}x} + \tau_{{\rm b}x} = \frac{\rho g n_{\rm c}^2 u\sqrt{u^2+v^2}}{h^{1/3}}, \quad \tau_{{\rm i}y} + \tau_{{\rm b}y} = \frac{\rho g n_{\rm c}^2 v\sqrt{u^2+v^2}}{h^{1/3}} \tag{2.5.32}$$

式中, C 为谢才系数, $n_{\rm b}$ 为河床糙率, $n_{\rm c}$ 为综合糙率系数, 按下式计算:

$$n_{\rm c} = \left(\frac{p_{\rm b} n_{\rm b}^{3/2} + p_{\rm i} n_{\rm i}^{3/2}}{p} \right)^{\frac{2}{3}} \tag{2.5.33}$$

2.5.3 冰盖厚度发展的计算

河 (湖、库、明渠) 水结冰形成冰盖后当水面冷却至 0°C 且连续散热后会生成冰盖, 有两种形式的冰盖: 第一种是静态冰盖, 主要发生在湖泊及河道缓流区, 冰晶在冷却表层形成且停在水面上促成稳定冰盖, 这类冰盖主要受热力影响, 机械影响相对较小; 第二种为动态冰盖, 此类冰盖主要受风力、水力作用及冰粒相互作用控制, 表面的流冰导致冰盖的形成. 表面流冰包括雪冰和浮冰块, 水内冰聚集后浮于水面是表面流冰的主要来源之一. 而一旦冰盖生成滞后, 由于表面散热作用, 会使冰盖孔隙水冻结, 冰盖厚度增加很快, 动态冰盖可由冰块相互并置、水力增厚以及机械增厚产生, 它的初始生成需要存在障碍以阻止冰块前进. 冰盖初始厚度受几何条件、水力条件和冰块特性控制. 这里首先介绍静态冰盖形成过程, 其次介绍动态冰盖生成过程, 最后介绍冰盖的发展过程.

1. 静态冰盖形成过程

水面温度 T_{ws} 可作为封冻开始时水面渣冰生成的标志, Matousek(1984a) 提出了静态冰盖形成的临界条件:

(1) $T_{\mathrm{ws}} > 0°$ 时, 无冰现象;

(2) $T_{\mathrm{w}} > 0°$ 时, 若 $T_{\mathrm{cr}} \leqslant T_{\mathrm{ws}} < 0°$, $V_{\mathrm{b}} > V_z'$, 渣冰出现; 若 $V_{\mathrm{b}} < V_z'$, 渣冰转化为冰花流;

(3) 当 $T_{\mathrm{w}} > 0°$ 时, 如果 $T_{\mathrm{ws}} \leqslant T_{\mathrm{cr}}$, 则生成静态冰盖;

(4) $T_{\mathrm{ws}} \leqslant 0°$ 时, 流冰花出现, 它将导致动态冰盖的形成,

其中 T_{cr} 为水面上生成静态渣冰的临界水温, 不同河流或渠道其值不同; T_{w} 为水深平均水温; V_{b}, V_z' 分别为冰花上浮速度和紊动速度的垂直分量.

上述现象反映了紊动强度对河流冰盖生成过程的作用. 过冷的水表层内冰晶生成的稳定度取决于冰晶上浮速度 V_{b}, V_z' 的相对大小. 当 $V_{\mathrm{b}} < V_z'$ 时, 表层冰晶向深层移动, 此时若 $T_{\mathrm{w}} > 0°$, 冰晶就会融于水中; 若 $T_{\mathrm{w}} < 0°$, 则冰晶就会生长为悬浮冰花, Ramseier(1976)、Matousek(1984b) 推出 V_{b} 的计算表达式如下:

$$V_{\mathrm{b}} = -0.025T_{\mathrm{ws}} + 0.005 \tag{2.5.34}$$

同时, Matousek 建议 V_z' 按下式计算:

$$V_z' = \frac{\sqrt{g}}{5\sqrt{(0.7\overline{u} + 6)C}} \tag{2.5.35}$$

其中 $\overline{u}$ 为水流平均流速, C 为谢才系数, g 为重力加速度.

2. 动态边缘冰盖形成过程

除静态热力形成的冰盖外, 河道上由于面冰沿岸堆积或沿已有岸冰堆积而形成动力缘冰, 这类缘冰横向生长, 生长速度受已存缘冰冰缘接触的表面冰块稳定性控制. 此外, 这类缘冰横向生长, 宽度方向的生长速度还受流冰密度影响. 与缘冰边缘接触的冰块稳定性受到的力有: 水流对冰块的拖曳力、重力沿水面的分量、其他冰块的碰撞力. 描述这些冰现象目前仍停留在经验模式上.

Michel(1966) 根据加拿大 St. Anne 河资料分析, 得到缘冰横向生长速度的经验公式:

$$R = 14.1V_*^{-0.93}N^{1.08} \tag{2.5.36}$$

式中, $R = \dfrac{\rho L_i \Delta w}{\Delta \phi}, V_* = \dfrac{\overline{u}}{V_{\mathrm{c}}}$, $\overline{u}$ 为冰缘前明流区深度平均流速 (m/s), V_{c} 是面冰块能黏附缘冰体的最大速度, Δw 为缘冰单位时间生长量, $\Delta \phi$ 是单位面积单位时间的热交换量, $N = \dfrac{Q_{\mathrm{i}}^{\mathrm{s}}}{\overline{u}t_{\mathrm{i}}B}$, $Q_{\mathrm{i}}^{\mathrm{s}}$ 是表面冰流量, t_{i} 是浮冰块厚度.

Michel 认为 $N<0.1$ 时只有静态冰盖存在, 因此 (2.5.36) 的应用条件时 $N\geqslant 0.1$. 同时 Michel 认为 (2.5.36) 中 $V_*\in(0.167,1.0)$ 时, 公式 (2.5.36) 有效. $V_*<0.167$ 时只会出现静冰, $V_*>1$ 时冰花不能黏附于缘冰体, 只能发生热力增长.

3. 动态冰盖形成过程

河面形成冰盖后, 只要条件合适, 随着上游冰块的不断到来, 冰盖会向上游发展.

1) 冰块的交叠过程

流速较小的河段, 冰块主要是通过交叠形成冰盖. Pariset 等 (1966) 提出用傅汝德数判别冰盖前缘的稳定性, 即

$$F_{\rm rc}=\frac{V_{\rm c}}{\sqrt{gh}}=F\left(\frac{t_{\rm i}}{L_{\rm i}}\right)\left(1-\frac{t_{\rm i}}{H_{\rm u}}\right)\sqrt{2g\left(1-\frac{\rho_{\rm i}}{\rho}\right)(1-e)\frac{t_{\rm i}}{H_{\rm u}}}\tag{2.5.37}$$

式中, $F_{\rm rc}$ 为冰凌傅汝德数; $V_{\rm c}$ 为上游冰块下潜的临界速度; $H_{\rm u}$ 为上游水深; e 为冰块孔隙率; $F\left(\dfrac{t_{\rm i}}{L_{\rm i}}\right)$ 为来冰形状因子, 范围在 (0.66,1.30) 内.

当符合 (2.5.37) 条件时, 和浮冰厚度相当的冰块交叠而形成冰盖, 如果水流流速进一步加大, 冰盖厚度会增加. 在实际问题中, 确切知道流冰尺寸大小具有一定困难, 所以数学模型中很多情况下不是根据具体的河流观测值率定 $V_{\rm c}$ 或 $F_{\rm rc}$, 一般认为 $F_{\rm rc}=0.08\sim0.13$.

设冰盖在 Δt 时段内由断面 1 达到断面 2, 两断面之间距离为 Δx, 则断面 1 和断面 2 之间的能量平衡式可写为

$$H_{\rm u}+\frac{Q^2}{2gA^2}=H_{\rm u0}+\frac{Q^2}{2gA_0^2}+S_{\rm f}\Delta x\tag{2.5.38}$$

式中, $S_{\rm f}$ 为能坡, $S_{\rm f}=n_{\rm c}^2\dfrac{Q^2}{A^2R^{4/3}}$, $n_{\rm c}$ 为综合糙率, R 为水力半径. 下标 0 代表数值为已知的下游断面参量. 记 Z 为参考水位, $A_{\rm f}$ 为参考水位下断面面积, 则有

$$A=A_{\rm f}+B\left(H_{\rm u}-Z-\frac{\rho_{\rm i}}{\rho}h_0\right)\tag{2.5.39}$$

将上式代入 (2.5.38), 得到

$$\begin{aligned}F_1(A,h_0)=&\frac{A-A_{\rm f}}{B}+Z+\frac{\rho_{\rm i}}{\rho}h_0+\frac{Q^2}{2gA^2}-H_{\rm u0}-\frac{Q^2}{2gA_0^2}\\&-\sqrt[3]{2}Q^2n_{\rm c}^2\Delta x\left[\frac{B^{4/3}}{A^{10/3}}\left(1+\frac{A^{4/3}}{B^2}\right)+\frac{B_0^{4/3}}{A_0^{10/3}}\left(1+\frac{A_0^{4/3}}{B_0^2}\right)\right]\\=&0\end{aligned}\tag{2.5.40}$$

2) 水力增厚过程

当水流傅汝德数 F_r 大于 F_{rc} 时, 不会发生交叠, 冰盖主要是通过水力增厚过程而形成, 即通常所说的窄河型冰塞, 其厚度由 Michel(1984) 给出:

$$\frac{V}{\sqrt{gh}} = \left[\frac{2h_0}{H_u}(1-e_c)\left(1-\frac{\rho_i}{\rho}\right)\right]^{1/2}\left(1-\frac{h_0}{H_u}\right) \tag{2.5.41}$$

式中, $e_c = e_\rho + (1-e_\rho)e$, e 为冰块的孔隙度, e_ρ 为冰块堆积体的孔隙率, H_u 为上游的流段行进水深, h_0 为冰盖初始平衡厚度, V 为冰盖前缘上游水流速度.

式 (2.5.38) 给出了最大的临界傅汝德数, 即当 $\dfrac{h_0}{H_u} = \dfrac{1}{2}$ 时, F_{rc} 取最大值

$$F_{rc}^* = \frac{V_c}{\sqrt{gH_u}} = 0.158\sqrt{1-e_c} \tag{2.5.42}$$

式 (2.5.38) 可用于计算冰盖初始平衡厚度, 可以简化为

$$\frac{V^2}{2g} = (1-e_c)\left(1-\frac{\rho_i}{\rho}\right)h_0 \tag{2.5.43}$$

或者写为

$$F_2(A,h_0) = Q^2 - 2gA^2\left(1-\frac{\rho_i}{\rho}\right)h_0 = 0 \tag{2.5.44}$$

将式 (2.5.40) 和式 (2.5.44) 联立, 即可求出 A 和 h_0.

3) 机械增厚过程

对于较宽河道的水力条件, 作用于冰盖的流向上水的拖曳力等于或大于河岸阻力的增量时, 即作用于冰堆体上的作用力大于冰体本身强度, 此时, 冰盖将发生坍塌增厚直至内部强度平衡外力为止. 这样的机械增厚过程形成的冰盖 (或冰塞) 称为宽河型冰塞. 挤堆发生时, 冰盖前缘会向下游移动一段距离直至平衡为止.

Pariset 等 (1966) 提出了宽河型冰塞平衡厚度公式为

$$\frac{BV_u^2}{\mu C^2 H_u^2}\left|1+\frac{\rho_0 h_0}{\rho R_H}\right| = \frac{2\tau_c h_0}{\rho g \mu H_u^2} + \frac{\rho_i}{\rho}\left|1-\frac{\rho_i}{\rho}\right|\frac{h_0^2}{H_u^2} \tag{2.5.45}$$

式中, B 为河宽, V_u 为冰下流速, μ 为冰与冰的摩擦系数 (约等于 1.28), R_H 为冰下过流断面的水力半径, τ_c 为水流拖曳力, 封冻期数学模型采用 $\tau_c = 0.98\text{kPa}$, 解冻期 τ_c 的值较小, 可以忽略不计.

Shen 和 Yapa(1984) 在此基础上提出了下列的改进形式:

$$f_i + \frac{\rho_i}{\rho}(f_b + f_i)\frac{h_0}{d_w}\frac{V_u^2}{8g} = \frac{2\tau_c h_0}{\rho g} + u(1-e_c)\left(1-\frac{\rho_i}{\rho}\right)\frac{\rho_i}{\rho}h_0^2 \tag{2.5.46}$$

式中, f_i, f_b 为冰盖及河床的沿程阻力系数; d_w 为冰下水深.

上式是假定了冰盖达到平衡厚度时, 水力条件为已知, 实际上这是一个非恒定过程, 需要了解水力条件和冰盖的相互作用过程.

河段上平衡冰塞条件下力的平衡方程可写为

$$2(\tau_c h_0 + \mu_l f)\Delta x = (\tau_i + \tau_g + \tau_a)B\Delta x \tag{2.5.47}$$

其中 f 为冰的纵向力, τ_i 为冰盖底部水流拖曳力, τ_g 为冰盖重力分量, μ_l 为河床摩擦系数, τ_a 为风沿水流方向对冰盖的拖曳力, $\tau_a = C_a P_a |V_a| V_a \cos\theta_a$, 其中 C_a 为糙率系数, θ_a 为风向与河道下游方向夹角.

如果冰花是完全可流动的, 冰盖纵向力 f 可写为

$$f = \rho_i k_2 \left(1 - \frac{\rho_i}{\rho}\right)\frac{g h_0^2}{2} \tag{2.5.48}$$

$$k_2 = \tan^2\left(\frac{\pi}{4} + \frac{\phi}{2}\right)(1 - e_c) \tag{2.5.49}$$

其中 ϕ 为冰塞内摩擦角.

$$\tau_i = \rho g R_i S_i = \rho g \left(\frac{h_i}{h_c}\right)^{3/2} S_f \tag{2.5.50}$$

$$\tau_g = \rho_i g h_0 S_f \tag{2.5.51}$$

式中, R_i 和 R 分别是冰盖区水力半径和过流断面水力半径.

于是有

$$\begin{aligned} F_4(A, h_0) =& \mu\frac{\rho_i}{\rho}\left(1 - \frac{\rho_i}{\rho}\right)h_0 + \frac{2\tau_c h_0}{\rho g} - \sqrt{2}\frac{Q^2 n_c^2 B^{4/3}}{A^{7/3}}\left[\left(\frac{n_i}{n_c}\right)^{3/2}\right. \\ & \left. + 2\frac{\rho_i}{\rho}\frac{h_0 B}{A} + B C_a \frac{\rho_a}{\rho} V_a |V_a| \cos\theta_a\right] = 0 \end{aligned} \tag{2.5.52}$$

联立求解 $A_1(A, h_0) = 0$ 和 $A_4(A, h_0) = 0$ 可得 A 和 h_0 的值.

4. 冰盖的发展过程模拟

当河面上出现冰花时, 这就意味着冰盖过程的开始, 过冷的紊流内产生的晶核可在整个水流深度内形成, 悬浮冰粒增长、粘结上浮至水面则形成流凌. 冰粒上浮运动取决于上浮速率和紊流的强度. 表面絮状冰沿河传输时会聚在一起形成冰盘和浮冰块, 气温的进一步下降使冰块孔隙中的水冻结, 且冰块底部的冰花粒聚集使其厚度增加, 这些冰花粒可冻结成为冰块的整体部分.

(Shen and Yapa, 1984) 把冰流量分成表层冰流量和悬浮冰流量两部分, 即双层模式. 表层冰流量限于表层传输, 而悬浮冰流量假设扩展至整个水深范围. 两层冰流量计算公式如下:

$$Q_s^i = [h_i + (1 - e_f)h_f] C_a B_0 u \tag{2.5.53}$$

$$Q_{\rm d}^{\rm i} = C_{\rm v} A u \tag{2.5.54}$$

其中, $Q_{\rm s}^{\rm i}, Q_{\rm d}^{\rm i}$ 分别为表层和悬浮冰的传输体积流量; $h_{\rm i}, h_{\rm f}$ 分别为表层冰块厚度和表层冰下的冻结冰层厚度, $C_{\rm a}, C_{\rm v}$ 分别为表层冰密度 (以面积覆盖的百分比计) 和悬浮层冰花的体积浓度, u 为水流平均流速, $e_{\rm f}$ 为冻结冰层的孔隙率.

对于表层及悬浮层, 质量守恒方程分别为

$$\frac{\partial Q_{\rm s}^{\rm i}}{\partial t} + u\frac{\partial Q_{\rm s}^{\rm i}}{\partial x} = \frac{B_0 C_{\rm a} \phi_{\rm si}}{\rho_0 L_{\rm i}} + E \tag{2.5.55a}$$

$$\frac{\partial C_{\rm v} A}{\partial t} + \frac{\partial (C_{\rm v} A u)}{\partial x} = \frac{B_0 C_a \phi_{\rm sw}}{\rho_{\rm i} L_{\rm i}} - D - E \tag{2.5.55b}$$

其中 $\phi_{\rm si}$ 为表层冰覆盖面上单位面积的净热交换率, $\phi_{\rm sw}$ 为开敞水面部分的净热交换率, D、E 分别为河床与表面层和浮冰层的净热交换量.

(2.5.55) 可进一步表示为

$$\begin{aligned} & C_{\rm a} B_0 \frac{D}{Dt}[h_{\rm i} + (1-e_{\rm f})h_{\rm f}] + [h_{\rm i} - (1-e_{\rm f})h_{\rm f}]\frac{D(C_{\rm a}B_0)}{Dt} \\ = & \frac{C_{\rm a} B_0 \phi_{\rm si}}{\rho_{\rm i} L_{\rm i}} + \theta V_{\rm b} C_{\rm v} B_0 - [h_{\rm i} + (1-e_{\rm f})h_{\rm f}] C_{\rm a} B_0 \frac{\partial u}{\partial x} \end{aligned} \tag{2.5.56a}$$

$$A\frac{DC_{\rm v}}{Dt} = \frac{B_0(1-C_{\rm a})\phi_{\rm sw}}{\rho_{\rm i} L_{\rm i}} - \theta V_{\rm b} C_{\rm v} B_0 \tag{2.5.56b}$$

其中 θ 表示表层和浮冰层的交换系数, $V_{\rm b}$ 为冰花上浮速度.

假定表层冰块的表面热损失使其厚度增加, 固冰厚度的变化率为

$$\frac{Dh_{\rm i}}{Dt} = \frac{\phi_{\rm si}}{e_{\rm f} \rho_{\rm i} L_{\rm i}} \tag{2.5.57}$$

冰面热交换量 $\phi_{\rm si} = \alpha + \beta(T_{\rm s} - T_{\rm a})$, 当 $h_{\rm f} = 0$ 时, 即表层浮冰块底部无冰花沉淀, 则有

$$\frac{Dh_{\rm i}}{Dt} = \frac{1}{\rho_{\rm i} L_{\rm i}} \frac{\alpha + \beta(T_{\rm m} - T_{\rm a})}{1 + \dfrac{\beta h_{\rm i}}{K_{\rm i}}} \tag{2.5.58a}$$

若 $h_{\rm f} > 0$, 则有

$$\frac{Dh_{\rm i}}{Dt} = \frac{1}{e_{\rm f} \rho_{\rm i} L_{\rm i}} \frac{\alpha + \beta(T_{\rm m} - T_{\rm a})}{1 + \dfrac{\beta h_{\rm i}}{K_{\rm i}}} \tag{2.5.58b}$$

表层下冰结层厚度由下式决定:

$$\frac{Dh_{\rm f}}{Dt} = \frac{\theta V_{\rm b} C_{\rm v}}{1 - e_{\rm f}} - \frac{1}{e_{\rm f} \rho_{\rm i} L_{\rm i}} \frac{\alpha + \beta(T_{\rm m} - T_{\rm a})}{1 + \dfrac{\beta h_{\rm i}}{L_{\rm i}}} \tag{2.5.59}$$

式中, T_{s} 为冰面温度, T_{m} 为冰熔点, T_{a} 为大气温度, K_{i} 为冰的热交换系数, α,β 为冰的热交换系数.

这样, 联立 (2.5.56)、(2.5.58)、(2.5.59) 可以求出 $h_{\mathrm{i}}, h_{\mathrm{f}}, C_{\mathrm{v}}, C_{\mathrm{a}}$ 的值.

冰盖厚度的计算还可以用经验公式进行计算 (齐顺迎, 2001):

$$h_{\mathrm{i}} = \alpha\sqrt{\mathrm{FDD} - 3\mathrm{TDD}} \tag{2.5.60}$$

其中, FDD 为日平均气温低于 0°C 的累积冰冻度日 (°C· d), TDD 为口平均气温高于 0 °C 的累计融冰度日 (°C· d), α 为经验系数, 一般取值为 0.7~2.7(cm/ (°C·d)$^{1/2}$).

第 3 章　水利工程数值模拟有关数值计算方法

3.1　常用数值计算方法简介

在工程数值模拟中, 数值计算方法的选择将直接影响到数值模拟的结果. 根据微分方程的离散方式不同, 主要有: 有限差分法 (finite difference method, FDM)、有限元法 (finite element method, FEM)、有限体积法 (finite volume method, FVM)、有限分析法 (finite analytic method, FAM)、边界元法 (boundary element method, BEM) 及特征线法等 (李人宪, 2008).

1. *有限差分法*

有限差分法 (陆金甫, 关冶, 2004) 是数值模拟最早使用的数值计算方法. 它以泰勒级数展开为工具, 对运动微分方程中的导数项用差分式来逼近, 从而在每个计算时段可得到一个差分方程组. 有限差分法数学概念直观, 表达简单, 其解的存在性、稳定性及收敛性的研究成果较完善.

其基本思想是: 将求解区域划分网格, 然后在每一个网格交点处, 把方程中的偏导数以差分代替, 并在网格点处离散, 即在每一个节点处形成一个方程, 其中包含了本节点及其附近一些节点上的所求量的未知值, 最后联立所有节点上的方程形成方程组及其初边值条件求解.

根据所用泰勒展开式的不同, 差分格式可按逼近精度分为一阶、二阶和高阶格式, 也可按格式的性质分为中心差分及迎风格式两大类. 目前在平面二维水沙数学模型中应用较多的 FDM 主要是交替方向隐格式法 (alternating direction implicit scheme, ADI) 和破开算子法.

在规则区域的结构网格上, 有限差分法简便灵活, 而且很容易引入对流项的高阶格式, 如近年来发展起来的高阶紧致格式的实施. 但其不足之处是离散方程难以保持原微分方程的守恒性, 对不规则区域的适应性也较差.

2. *有限元法*

有限元法 (李开泰等, 2006) 产生于 20 世纪 50 年代, 60 年代开始应用于流体力学领域的研究, 70 年代后期开始用于水沙数学模型中. 其基本思想是: 将区域划分成若干任意形状的单元 (可以是三角形、四边形), 在单元上用插值函数进行插值, 然后用一定的权函数在计算区域内加权, 使总体离散误差达到最小, 进而得到相应的代数方程组, 求解这个代数方程组, 就可以得到各节点上的数值解. 如果把 FDM 理解为在各网格点邻域内逼近解的话, FEM 就是在整个计算域上的逼近.

有限元的求解方法常见的有直接法、变分法、加权余量法和能量平衡法等. 其优点是网格划分灵活, 拟合复杂岸边界容易, 网格节点可局部加密, 稳定性好, 精度高, 适合于几何、物理条件复杂的问题. 相对于隐式 FEM, 其精度较高, 但数学推导繁杂, 计算量和储存量较大, 而且在误差估计、收敛性和稳定性等方面的理论研究与有限差分法相比还显得不够成熟和完善. 尤其在多维计算中, 由于有限元法贮存量大, 直接影响着计算速度. FEM 在用于非恒定流计算时, 每个时间步都要求解一个大型线性方程组, 耗时多. 另外 Galerkin FEM 在数学上适于求解椭圆方程的边值问题, 其性能类似中心差分格式, 缺乏足够的耗散, 不适于计算间断问题, 要加入人工黏性.

3. 有限体积法

有限体积法 (Versteeg and Malalasekera, 1995；帕坦卡, 1989；杨程, 2009) 是 Spalding 和 Patanker 等在 20 世纪六七十年代提出、逐渐发展起来的一种数值计算方法.

该方法的基本思想是：将计算区域划分为若干网格, 并使每个网格点周围有一个互不重复的控制体积；将待解微分方程 (控制方程) 对每一个控制体积积分, 从而得出一组离散方程, 离散沿坐标方向进行. 其中的未知数是网格点上的因变量 ϕ. 为了求出控制体积的积分, 必须假定 ϕ 值在网格点之间的变化规律. 从积分区域的选取方法看来, 由有限体积法属于加权余量法中的子域法, 从未知解的近似方法看来, 有限体积法属于采用局部近似的离散方法.

由于有限体积法能够使微分方程包含的守恒性质在每个控制容积上都得到满足, 并保持各个单元界面两侧相邻控制体的计算输运通量相等, 从而使整个计算过程都可以保持守恒. 这一点使得有限体积法不仅能在精细的网格上能获得很好的结果, 而且即使在较粗的网格的情况下, 也可以得到较好的结果. 而且, 有限体积法具有计算过程稳定的特点, 在计算网格不变的情况下, 适当加大时间步长, 只影响精度, 不影响计算过程的收敛性. 它的优点是集有限差分与有限元于一体, 方程离散简单，易于理解而且适用于非结构网格, 特别是离散方程是守恒的, 这一点也是该方法广泛应用于流体力学中的重要原因. 由于离散方程能写成通用的形式, 故编程方便, 通用性很强, 所以有限体积法在传热学、空气动力学和水流的计算中得到了广泛的运用, 很多 NHT 与 CFD 商用软件也都是基于该方法的. 基于上述优点本书将采用它进行水沙运动方程的离散.

4. 有限分析法

有限分析法 (Chen et al., 1981) 克服了有限差分法在求解不可压黏性流体时大雷诺数下的困难, 避免了差分近似中的数值效应, 是求解大雷诺数下的各种流体力学问题行之有效的方法.

在有限分析法中也像有限差分法, 有限体积法那样, 用一系列网格线将计算区域进行离散, 所不同的是在这里每一个节点与其相邻的四个网格组成一个计算单元, 即每一个计算单元由一个内点及八个邻点组成. 在计算单元内把控制方程的非线性项 (对流项) 局部线性化 (速度已知), 并对该单元边界上未知函数的变化型线作出假设, 把所选定型线表达式中的常数或系数项用单元边界节点的函数值来表示, 这样在该单元内的被求问题转化为第一类边界条件下的问题, 该方法可以克服在高 Reynolds 数下有限差分及有限体积的数值解容易发散或振荡的缺点, 但计算工作量较大, 对计算区域几何形状的适应性也较差.

5. 边界元法

边界元法是英国南安普敦大学土木工程系 20 世纪 70 年代创立的一种数值方法. 基本思想: 利用基本解将所研究问题的控制方程变换为求解区域边界上的积分方程, 再将边界划分为有限个单元, 对上述积分方程进行离散, 得到单元结点上未知量的代数方程组, 进而可利用已求得的边界上的参数值求得区域内点的参数值.

BEM 最大优点是降维, 只在区域的边界进行离散就可得到整个流场的解. 这样, 三维问题降为二维问题, 二维问题降为一维问题, 计算量大为减小, 更适宜于大空间外部扰流计算, 特别是非黏性流体的计算. 但对较复杂的流动问题, 如黏性 Navier-Stokes 方程 (简称 N-S 方程), 则对应的权函数算子基本解不一定能找到, 这样 BEM 受到了很大限制.

6. 特征线法

特征线法 (刘嘉夫, 2007) 是利用特征线把微分方程组转化为常微分方程组的数值方法. 基本思想: 在 X-t 平面上绘制特征线, 在其交点上确定因变量来依次求解. 该方法在时间离散和空间离散同时处理, 其优点是能反映波动传播的物理特性、稳定性好、精度高, 较适于双曲型和抛物型方程, 适于求解短周期, 变化急剧 (如涌潮) 的问题. 缺点是求解格式复杂、计算烦琐, 尤其对高维问题更困难, 目前很少直接用于计算.

3.2 网格生成技术

3.2.1 概述

网格生成在计算流体力学领域中起着至关重要的作用. 网格是数值模拟与分析的载体, 网格质量对计算流体力学计算精度和计算效率有重要影响. 对于复杂的计算流体力学问题, 网格生成过程非常耗时, 也容易出错, 甚至生成网格所需时间往往会大于实际数值模拟计算时间.

在数值模拟过程中, 首要的工作就是区域离散化, 亦即网格生成问题. 规则区域网格生成较为简单, 如二维空间上的矩形区域或三维空间上的长方体区域, 使用规则矩形网格或长方体网格离散所给区域即可. 但对于不规则区域, 尤其是边界较为复杂的区域, 使用规则的矩形网格或长方体网格, 一般要用阶梯型边界逼近真实边界, 往往会产生较大误差, 尤其是网格较粗的时候.

为了解决上述问题, 常用以下几种方法处理不规则边界问题.

1. 采用阶梯型边界逼近真实边界

在直角坐标系中采用矩形网格或长方体网格进行区域剖分时, 不规则区域的边界不一定在网格节点上, 如图 3.2.1 所示.

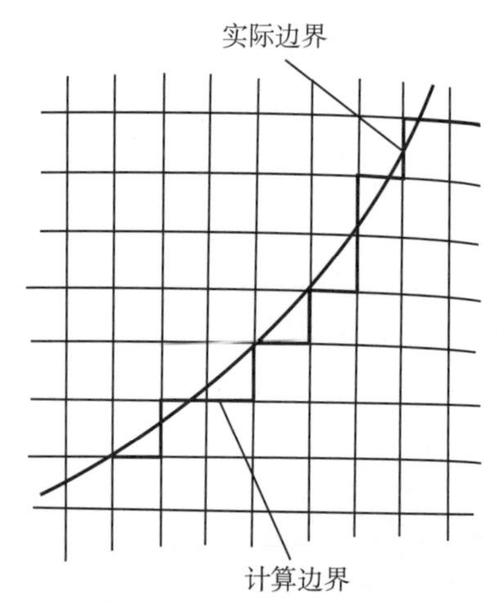

图 3.2.1　阶梯型边界逼近曲边边界

该方法的优点是构造简单, 适合于任何形状的物体, 但是, 计算边界是带有 90° 角尖峰的锯齿状粗糙表面, 虽然随着网格的细化可以减小这一影响, 但还是会带来一定的误差.

2. 采用适体坐标系

利用适体坐标变换或采用适体坐标系, 可将直角坐标系下较为复杂的物理区域变换为较为规则的计算区域, 如在二维情形下可变为矩形计算区域, 三维情形下可变为长方体计算区域. 首先, 经过适体坐标变换, 在规则的计算区域上进行区域剖分是非常方便的. 其次, 利用适体坐标变换还可根据需要随意加密或变粗网格. 如在流速梯度较大的区域 (如边界附近), 可以适当加密网格, 而在流速梯度较小的区域可以适当加粗网格, 在提高精度的同时, 还可以减小计算量. 另外, 在适体坐标系下, 坐标轴与计算域的边界相一致, 可控制网格线与边界平行或正交, 这给边界条件的离散带来方便.

适体坐标系又称为贴体坐标系 (body-fitted coordinates, BFC), 是指坐标轴与所计算区域的边界一一相符合的坐标系, 如图 3.2.2 所示. 直角坐标系下物理区域 $ABCD$(图 3.2.2(a)) 经过适体坐标变换后相应的适体坐标系下计算区域为 $A'B'C'D'$(图 3.2.2(b)), 物理平面上任一点 $P(x, y)$ 在计算平面上对于点的坐标为 $P'(\xi, \eta)$.

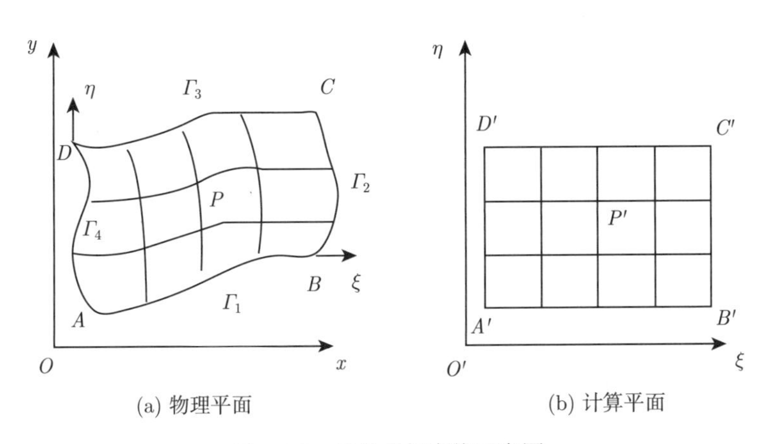

(a) 物理平面 (b) 计算平面

图 3.2.2 适体坐标变换示意图

3. 采用块结构化网格

若用到的网格系统中节点排列有序、邻点之间的关系明确, 这种网格称为结构化网格 (structural grid). 直角坐标网格 (Cartesian grid) 和贴体坐标网格都是结构网格. 结构网格具有以下特点:

(1) 网格节点位于坐标线 (与坐标轴平行的直线或曲线) 的交点上;

(2) 内部网格节点具有固定数量的邻点;

(3) 网格节点可以投影到矩阵中, 它们在结构网格系统下的坐标和在矩阵中的位置可以用下标来表示 (二维情形用 i, j, 三维情形下用 i, j, k).

而块结构化网格 (block-structural grid) 是指把一个复杂的计算区域分成若干个块, 在每一块内均采用结构化网格, 但不同的块中网格系统不同的这一类网格. 最简单的块结构化网格可用一个二维弯头为例, 如图 3.2.3 所示. 它由两个直角坐标区域和一个极坐标区域所组成.

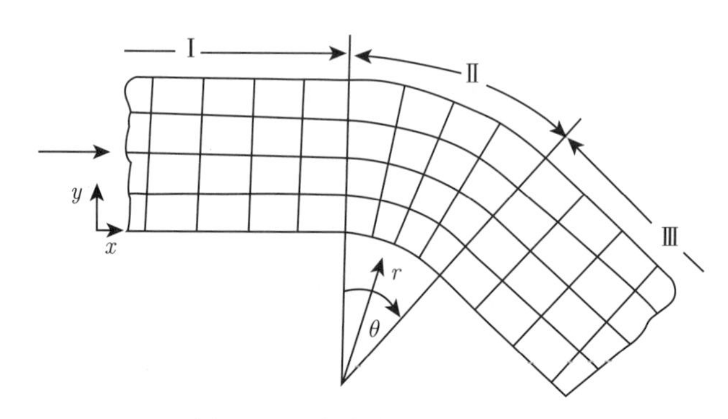

图 3.2.3 块结构化网格示意图

4. 采用非结构化网格

与结构化网格不同, 非结构化网格中节点的位置无法用一个固定的法则予以有序地命名. 图 3.2.4 给出了一个二维非结构网格示意图, 其中部分网格为三角形网格, 部分为四边形网格.

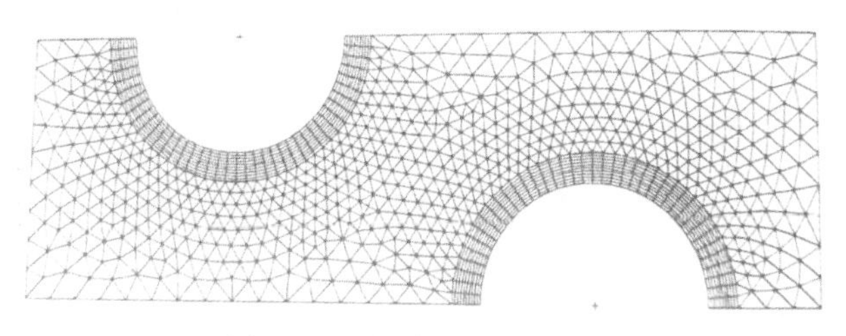

图 3.2.4 非结构网格示意图

非结构网格对控制体积的形状没有限制, 在二维情形可以是三角形网格、四边形网格、六边形网格等, 在三维情形可以是四面体网格、六面体网格等. 同样, 非结构网格中相邻节点数目没有限制, 而且, 在同一个区域上, 可以同时使用不同类型的网格 (混合网格).

非结构网格的最大优点是在计算复杂边界流动时无须在网格生成上浪费太多时间, 网格生成是很容易实现的, 有现成的软件可以实现. 非结构网格下, 可以根据需要随意加密和自适应处理. 目前大多数商业软件都可以实现非结构网格生成及在非结构网格下进行数值模拟.

3.2.2 适体坐标变换

由于天然河道长度往往比宽度要大得多. 如果采用非结构的三角形网格剖分, 由于网格剖分时对三角形角度有很严格的限制, 纵向和横向的网格尺度基本相同. 这样, 网格节点数就相应较大, 数值计算所需的时间就相应较长. 而采用结构网格剖分, 在与河道平行的方向上 (纵向) 网格可以布置稀疏一点, 而在河宽方向上 (横向) 网格布置密集一点, 一方面可以达到比较高的精度, 另一方面计算量可以大大减小.

由于天然河道边界不太规则, 如果直接在直角坐标系下离散, 将会出现利用阶梯型边界逼近真实边界的问题, 产生一定的误差. 对天然河道区域的离散, 一般采用适体坐标变换, 将不规则区域变为规则的矩形区域, 然后在计算区域上利用规则的矩形网格进行剖分, 可根据需要加密网格.

生成适体坐标系的方法有代数法和微分方程法, 由于微分方程法生成的网格具有较好的性质如正交性、适应性, 并可根据需要随意加密网格, 因此本书拟采用微分方程法建立适体坐标系.

适体坐标的网格生成问题, 可以看成是椭圆型偏微分方程的边值问题. 偏微分方程可选择为 Poisson 方程. 对于二维问题, 设 (ξ,η) 为与物理平面上点 (x,y) 对应的计算平面上的点, 它们之间的关系由下列 Poisson 方程来描述:

$$\xi_{xx}+\xi_{yy}=P(\xi,\eta),\quad \eta_{xx}+\eta_{yy}=Q(\xi,\eta) \tag{3.2.1}$$

其中源函数 P, Q 是用来调节区域内部网格分布及正交性的调节因子. 从数值计算的角度在计算区域上解方程比较方便. 利用链导法则及函数与反函数之间的关系, 可以得到在计算平面上与 (3.2.1) 相对应的关于 (x,y) 的偏微分方程 (陶文铨, 2001):

$$\alpha x_{\xi\xi}-2\beta x_{\xi\eta}+\gamma x_{\eta\eta}=-J^2(Px_\xi+Qx_\eta),\quad \alpha y_{\xi\xi}-2\beta y_{\xi\eta}+\gamma y_{\eta\eta}=-J^2(Py_\xi+Qy_\eta) \tag{3.2.2}$$

关于源函数 P 和 Q 的选择, Thomas 和 Middlecoeff (1980) 提出了一种可以控制网格线与边界正交的方法, 且不需要任何试凑过程:

$$P(\xi,\eta)=\phi(\xi,\eta)(\xi_x^2+\xi_y^2),\quad Q(\xi,\eta)=\psi(\xi,\eta)(\eta_x^2+\eta_y^2) \tag{3.2.3}$$

其中

$$\phi(\xi,\eta)=-\frac{y_\xi y_{\xi\xi}+x_\xi x_{\xi\xi}}{\gamma},\quad \psi(\xi,\eta)=-\frac{y_\eta y_{\eta\eta}+x_\eta x_{\eta\eta}}{\alpha} \tag{3.2.4}$$

将 (3.2.3) 代入 (3.2.2) 并整理可得

$$\alpha(x_{\xi\xi}+\phi x_\xi)-2\beta x_{\xi\eta}+\gamma(x_{\eta\eta}+\psi x_\eta)=0,\quad \alpha(y_{\xi\xi}+\phi y_\xi)-2\beta y_{\xi\eta}+\gamma(y_{\eta\eta}+\psi y_\eta)=0 \tag{3.2.5}$$

取 ξ 方向和 η 方向的离散步长分别为 $\Delta\xi$ 和 $\Delta\eta$, ξ 方向和 η 方向的网格节点数分别为 M 和 N, 则计算区域上任一节点的坐标为 (ξ_i,η_j), 与之对应的物理区域上相应的节点为 (x_i,y_j), 其中

$$\xi_i=i\times\Delta\xi, i=1,2,\cdots,M;\quad \eta_j=j\times\Delta\eta, j=1,2,\cdots,N$$

利用中心差分格式在内部节点离散上述微分方程, 得到

$$a_P f_P = a_{\mathrm{E}} f_{\mathrm{E}} + a_{\mathrm{W}} f_{\mathrm{W}} + a_{\mathrm{S}} f_{\mathrm{S}} + a_{\mathrm{N}} f_{\mathrm{N}} + b_P \tag{3.2.6}$$

其中 f 为通用变量, 可以代表 x 或 y, 点 P 为控制体中心节点, 下标 E、W、S、N 分别代表点 P 的东、西、南、北邻点.

$$a_{\mathrm{E}} = \alpha_P \frac{1+\phi_P}{\Delta\xi^2}, \quad a_{\mathrm{W}} = \alpha_P \frac{1-\phi_P}{\Delta\xi^2}, \quad a_{\mathrm{N}} = \gamma_P \frac{1+\psi_P}{\Delta\eta^2}, \quad a_{\mathrm{S}} = \gamma_P \frac{1-\psi_P}{\Delta\eta^2}$$

$$a_P = a_{\mathrm{E}} + a_{\mathrm{W}} + a_{\mathrm{N}} + a_{\mathrm{S}}, \quad b_P = \frac{\beta_P}{2\Delta\xi\Delta\eta}(f^0_{\mathrm{NE}} - f^0_{\mathrm{NW}} - f^0_{\mathrm{SE}} + f^0_{\mathrm{SW}})$$

f^0 表示上一迭代层次的值, 下标 NE、NW、SE、SW 分别表示点 P 在东北、西北、东南、西南角的邻点.

附加边界条件后, 通过求解上述代数方程组, 即可求得物理区域上相应于计算区域上节点 (ξ_i, η_j) 的坐标 (x_i, y_j), 从而实现对复杂区域的网格剖分.

图 3.2.5 给出了黄河沙坡头河段模拟区域利用适体坐标变换剖分的网格示意图.

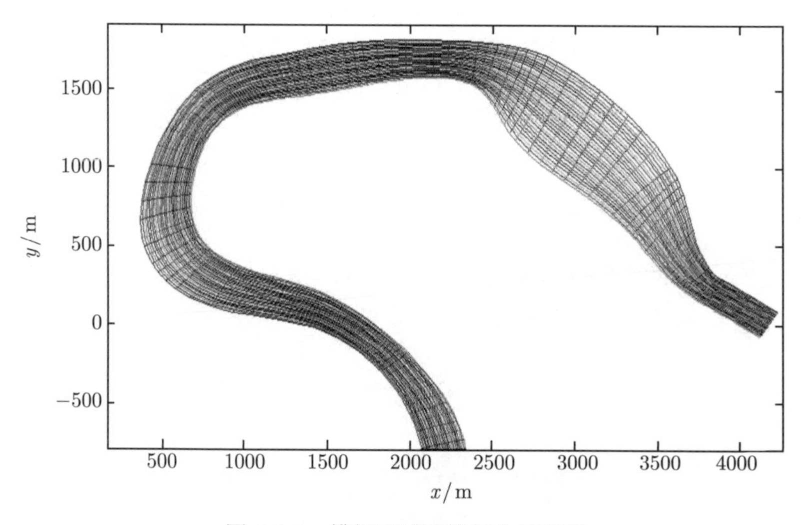

图 3.2.5 模拟区域网格剖分示意图

3.3 对流扩散方程的有限体积法

在进行数值模拟计算之前, 首先要将计算区域离散化, 即把空间上连续的计算区域划分为许多子区域, 并确定每个区域中的节点. 然后选择离散格式, 将控制方程在每个子区域上进行离散, 从而将偏微分方程组转化为代数方程组, 再进行求解.

有限体积法从守恒的流动方程出发，对它在每个小的控制体上积分，利用 Gauss 散度定理转化为控制体的面积分 (二维即为围成面的边)，在积分过程中需要对界面上被求函数的本身 (对流通量) 及其一阶导数 (扩散通量) 构成方式作出假设，这就形成了不同的格式，常用的离散格式有中心差分、一阶迎风、混合格式、指数格式、乘方格式、二阶迎风格式、QUICK 格式，以及高精度格式，如 ENO 格式、WENO 格式等.

3.3.1 离散格式

N-S 方程均为对流-扩散方程，包括瞬态项、对流项、扩散项和源项. 由于离散格式并不影响控制方程中的源项和瞬态项，为了方便以一维稳态无源项的对流-扩散问题为例介绍各离散格式. 一维输运方程如式 (3.3.1) 所示，控制体如图 3.3.1 所示.

$$\frac{\mathrm{d}(\rho u\phi)}{\mathrm{d}x}=\frac{\mathrm{d}}{\mathrm{d}x}\left(\Gamma\frac{\mathrm{d}\phi}{\mathrm{d}x}\right) \tag{3.3.1}$$

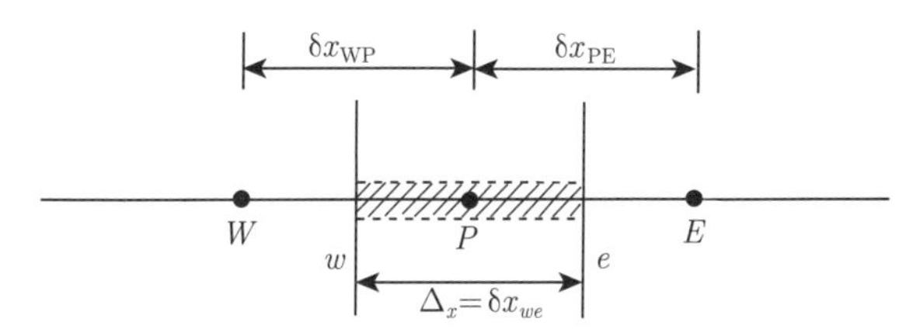

图 3.3.1 一维问题控制体积及网络示意图

我们给出任意一个中间节点 P 所代表的控制体积尺寸定义 (图 3.3.1). P 点的西侧相邻节点为 W，东侧相邻节点为 E，W 点到 P 点的距离定义为 δx_{WP}，P 点到 E 点的距离定义为 δx_{PE}；P 点所在控制体积西侧边界为 w，东侧边界为 e，控制容积长度为 δx_{we}.

采用有限体积法对式 (3.3.1) 在控制体 P 上积分得

$$(\rho uA\phi)_e-(\rho uA\phi)_w=\left(\Gamma A\frac{\mathrm{d}\phi}{\mathrm{d}x}\right)_e-\left(\Gamma A\frac{\mathrm{d}\phi}{\mathrm{d}x}\right)_w \tag{3.3.2}$$

定义两个物理量 F, D. 其中，F 表示通过界面上单位面积的对流质量通量，简称对流质量流量. D 表示界面的扩散传导性. 且两者的表达式如下式：

$$F=\rho u,\quad D=\frac{\Gamma}{\delta x}$$

在此基础上定义一维单元的 Peclet 数 Pe，表达式如下式：

$$Pe=\frac{F}{D}=\frac{\rho u}{\Gamma/\delta x}$$

于是, 公式 (3.3.2) 可写为

$$F_e\phi_e - F_w\phi_w = D_e(\phi_{\rm E} - \phi_P) - D_w(\phi_P - \phi_{\rm W}) \tag{3.3.3}$$

对于 F 和 D 在界面 e 和 w 处的值可以通过流场参数的初始值求得, 对于广义的未知量 ϕ 在界面 e 和 w 处的值必须利用节点的物理量通过插值求得, 这些插值方法即离散格式.

1. 中心差分格式

中心差分格式 (central difference scheme, CDS) 是对界面上的物理量采用线性插值公式计算, 相当于在界面上取分段线性的型线. 对于一给定的均匀网格, 计算公式如下式:

$$\phi_e = (\phi_P + \phi_{\rm E})/2, \quad \phi_w = (\phi_P + \phi_{\rm W})/2$$

将上式代入公式 (3.3.3) 中的对流项, 则公式 (3.3.3) 可化为

$$a_P\phi_P = a_{\rm E}\phi_{\rm E} + a_{\rm W}\phi_{\rm W} \tag{3.3.4}$$

式中 $a_{\rm E} = D_e - F_e/2$, $a_{\rm W} = D_{\rm w} + F_w/2$, $a_P = a_{\rm E} + a_{\rm W} + (F_e - F_w)$

文献 (刘嘉夫, 2007) 已证明：当 $Pe < 2$ 时, 中心差分格式的计算结果与精确解基本吻合. 但当 $Pe > 2$ 时, 中心差分格式所得的解就完全失去了物理意义.

2. 一阶迎风格式

一阶迎风格式 (first-order upwind scheme, FUS) 规定：因对流造成的界面上的 ϕ 值被认为等于上游节点 (即迎风侧节点) 的 ϕ 值. 于是, 当流动沿着正方向, 即 $u_w > 0, u_e > 0\,(F_w > 0, F_e > 0)$ 时：

$$\phi_w = \phi_{\rm W}, \quad \phi_e = \phi_{\rm E}$$

将上式代入式 (3.3.3) 中的对流项, 则式 (3.3.3) 可化为

$$a_P\phi_P = a_{\rm E}\phi_{\rm E} + a_{\rm W}\phi_{\rm W}$$

式中 $a_{\rm E} = D_e + \max(0, -F_e)$, $a_{\rm W} = D_w + \max(F_w, 0)$, $a_P = a_{\rm E} + a_{\rm W} + (F_e - F_w)$.

特点与适应性：①一阶迎风格式考虑了流动方向的影响, 故采用此格式离散方程所得的系数 $a_{\rm E}$ 和 $a_{\rm W}$ 永远大于零, 因而在任何条件下都不会引起解的振荡, 正是这一点使得一阶迎风格式在过去半个世纪中得到了广泛的应用；② 由于一阶迎风格式的截差阶数低, 故而限制了计算结果的精度；③ 当 $Pe < 2$ 时, 在相同的网格节点数下, 采用迎风格式计算结果的误差要比采用中心差分计算结果的大；④ 当 $|Pe|$ 非常大时, 迎风格式将夸大扩散项的影响.

3. 混合格式

混合格式 (hybrid scheme, HS) 综合了中心差分和迎风作用的两个方面, 规定: 当 $Pe < 2$ 时使用中心差分格式, 当 $Pe > 2$ 时采用一阶迎风格式.

则在混合格式下, 式 (3.3.3) 可化为

$$a_P\phi_P = a_{\mathrm{E}}\phi_{\mathrm{E}} + a_{\mathrm{W}}\phi_{\mathrm{W}}$$

式中 $a_{\mathrm{E}} = \max\left[-F_e, \left(D_e - F_e/2\right), 0\right]$, $a_{\mathrm{W}} = \max\left[-F_w, \left(D_w + F_w/2\right), 0\right]$, $a_P = a_{\mathrm{E}} + a_{\mathrm{W}} + (F_e - F_w)$.

混合格式综合了中心差分格式和迎风格式的优点, 因此是无条件稳定的, 与后面将要介绍的高阶离散格式相比, 该格式效率较高, 且稳定性好, 总能计算出比较真实的解. 该格式的缺点是只具有一阶精度.

4. 指数格式

对于一维模型方程 (3.3.1), 我们已能求出其精确解. 指数格式 (exponential scheme, ES) 是利用方程 (3.3.1) 的精确解建立的一种离散格式. 该法同时考虑了扩散与对流的作用.

对于一维模型方程 (3.3.1), 在计算域 $0 \leqslant x \leqslant L$ 内, 当 $x = 0$ 时, $\phi = \phi_0$; 当 $x = L$, $\phi = \phi_L$, 则方程的精确解为 (李人宪, 2008)

$$\frac{\phi - \phi_0}{\phi_L - \phi_0} = \frac{\exp\left(Pex/L\right) - 1}{\exp\left(Pe\right) - 1} \tag{3.3.5}$$

总通量 J 指单位时间内、单位面积上由扩散及对流作用引起的某一物理量的总转移量. 对通用变量 ϕ, 总通量密度为

$$J = \rho u\phi - \mathit{\Gamma}\frac{\mathrm{d}\phi}{\mathrm{d}x} \tag{3.3.6}$$

于是, 方程 (3.3.1) 可化为

$$\frac{\partial J}{\partial x} = 0 \tag{3.3.7}$$

在图 (3.3.1) 中的控制体内求方程 (3.3.7) 的积分, 可得: $J_e - J_w = 0$. 将精确解 (3.3.5) 代入公式 (3.3.6) 可得

$$J = F\left[\phi_0 + \frac{\phi_0 - \phi_L}{\exp\left(Pe\right) - 1}\right] \tag{3.3.8}$$

把公式 (3.3.8) 用于计算界面总通量密度 J_e 和 J_w.

求 J_e: 令 $\phi_0 = \phi_P$, $\phi_L = \phi_{\mathrm{E}}$, $L = (\delta x)_e$, 则可得

$$J_e = F_e\left[\phi_P + \frac{\phi_P - \phi_{\mathrm{E}}}{\exp\left(P_{\Delta e}\right) - 1}\right] \tag{3.3.9}$$

求 J_w：令 $\phi_0 = \phi_{\mathrm{W}}$, $\phi_L = \phi_P$, $L = (\delta x)_w$, 则可得

$$J_w = F_w \left[\phi_{\mathrm{W}} + \frac{\phi_{\mathrm{W}} - \phi_P}{\exp(P_{\Delta w}) - 1} \right] \tag{3.3.10}$$

故由 $J_e - J_w = 0$, 结合公式 (3.3.9) 和 (3.3.10) 整理可得

$$\phi_P \left[F_e \frac{\exp(P_{\Delta e})}{\exp(P_{\Delta e}) - 1} + F_w \frac{1}{\exp(P_{\Delta w}) - 1} \right] = \phi_{\mathrm{E}} \frac{F_e}{\exp(P_{\Delta e}) - 1} + \phi_{\mathrm{W}} \frac{F_w \exp(P_{\Delta w})}{\exp(P_{\Delta w}) - 1} \tag{3.3.11}$$

则式 (3.3.11) 可化为

$$a_P \phi_P = a_{\mathrm{E}} \phi_{\mathrm{E}} + a_{\mathrm{W}} \phi_{\mathrm{W}}$$

式中 $a_{\mathrm{E}} = \dfrac{F_e}{\exp(P_{\Delta e}) - 1}$, $a_{\mathrm{W}} = \dfrac{F_w \exp(P_{\Delta w})}{\exp(P_{\Delta w}) - 1}$, $a_P = a_{\mathrm{E}} + a_{\mathrm{W}} + (F_e - F_w)$.

对于一维问题, 指数格式能保证对任何的 Peclet 数及任意数量网格点均可得到精确解. 但指数格式运算费时, 且对二维或三维问题, 或者源项不为零时, 这种格式计算的结果就不准确了. 故该格式未得到广泛的推广.

5. 乘方格式

乘方格式 (power-law scheme, PLS) 与指数格式比较接近, 但是乘方格式的计算量相对较小. 由 Patankar 在 1979 年提出 (陶文铨, 2001)：

$$\frac{a_{\mathrm{E}}}{D_e} = \begin{cases} 0, & P_{\Delta e} > 10 \\ (1 - 0.1 P_{\Delta e})^5, & 0 \leqslant P_{\Delta e} \leqslant 10 \\ (1 + 0.1 P_{\Delta e})^5 - P_{\Delta e}, & -10 \leqslant P_{\Delta e} \leqslant 0 \\ -P_{\Delta e}, & P_{\Delta e} \leqslant -10 \end{cases} \tag{3.3.12}$$

在式 (3.3.12) 中用乘方运算代替了指数运算, 故称为乘方格式. 利用乘方格式离散方程 (3.3.1) 可得

$$a_P \phi_P = a_{\mathrm{E}} \phi_{\mathrm{E}} + a_{\mathrm{W}} \phi_{\mathrm{W}} \tag{3.3.13}$$

式中 $a_{\mathrm{E}} = D_e \max\left[0, (1 - 0.1 |P_{\Delta e}|)^5\right] + \max[-F_e, 0]$, $a_{\mathrm{W}} = D_w \max\left[0, (1 - 0.1 |P_{\Delta e}|)^5\right] + \max[F_w, 0]$, $a_P = a_{\mathrm{E}} + a_{\mathrm{W}} + (F_e - F_w)$.

6. 二阶迎风格式

与一阶迎风格式相同, 二阶迎风格式 (second order upwind scheme, SUS) 也是通过上游单元节点物理量来确定控制体界面的物理量, 但是二阶迎风格式要用到上游两个节点的值. 二阶迎风格式的示意图如图 3.3.2 所示 (陶文铨, 2001).

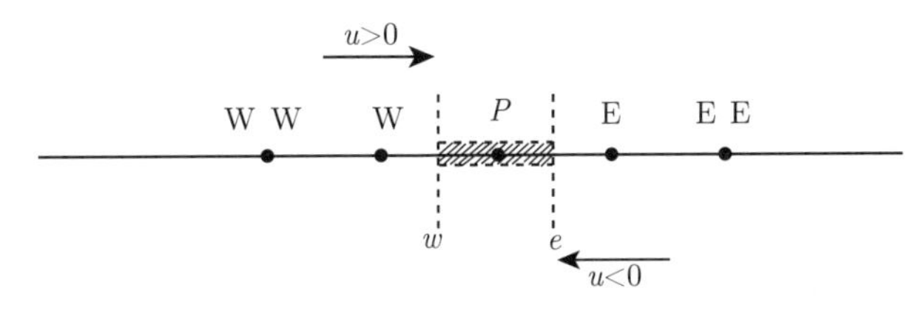

图 3.3.2 二阶迎风格式示意图

二阶迎风格式采用以下离散公式:

$$\begin{cases} \phi_e = 1.5\phi_P - 0.5\phi_{\mathrm{W}}, \phi_w = 1.5\phi_{\mathrm{W}} - 0.5\phi_{\mathrm{WW}}, & u_e > 0, u_w > 0 \\ \phi_e = 1.5\phi_{\mathrm{E}} - 0.5\phi_{\mathrm{EE}}, \phi_w = 1.5\phi_P - 0.5\phi_{\mathrm{E}}, & u_e < 0, u_w < 0 \end{cases}$$

将上式代入式 (3.3.3) 中的对流项, 则可化为

$$a_P\phi_P = a_{\mathrm{E}}\phi_{\mathrm{E}} + a_{\mathrm{EE}}\phi_{\mathrm{EE}} + a_{\mathrm{W}}\phi_{\mathrm{W}} + a_{\mathrm{WW}}\phi_{\mathrm{WW}}$$

式中$a_{\mathrm{E}} = D_e - 1.5(1-\alpha_{\mathrm{SUS}})F_e - 0.5(1-\alpha_{\mathrm{SUS}})F_w$, $a_{\mathrm{EE}} = 0.5(1-\alpha_{\mathrm{SUS}})F_e$, $a_{\mathrm{W}} = D_w + 1.5\alpha_{\mathrm{SUS}}F_w + 0.5\alpha_{\mathrm{SUS}}F_e$, $a_{\mathrm{WW}} = -0.5\alpha_{\mathrm{SUS}}F_w$, $a_P = a_{\mathrm{E}} + a_{\mathrm{EE}} + a_{\mathrm{W}} + a_{\mathrm{WW}} + (F_e - F_w)$. 其中, 当流动沿着正方向, 即 $u_e > 0, u_w > 0(F_e > 0, F_w > 0)$ 时, $\alpha_{\mathrm{SUS}} = 1$, 当流动沿着负方向, 即 $u_e < 0, u_w < 0(F_e < 0, F_w < 0)$ 时, $\alpha_{\mathrm{SUS}} = 0$.

7. QUICK 格式

QUICK 格式 (陶文铨, 2001) 是 “quadratic upwind interpolation of convective kinematics” 的缩写, 意为 “对流运动的二次迎风插值”. 该格式的数学描述如下:

如图 3.3.3 所示, 在控制体积有界面上的值 ϕ_e 如采用中心差分, 则 $\phi_e = (\phi_P + \phi_{\mathrm{E}})/2$, 故当实际的 ϕ 曲线下凸时, 实际值要小于插值结果, 而当曲线上凸时又要大于插值结果. 于是 Leonard 提出了一种新的方法:

$$\phi_e = (\phi_P + \phi_{\mathrm{E}})/2 - \mathrm{Cur}/8 \tag{3.3.14}$$

式中, Cur 是曲率修正, 其计算方法如下:

$$\mathrm{Cur} = \begin{cases} \phi_{\mathrm{E}} - 2\phi_P + \phi_{\mathrm{W}}, & u > 0 \\ \phi_P - 2\phi_{\mathrm{E}} + \phi_{\mathrm{EE}}, & u < 0 \end{cases}$$

故界面处的值可由下面公式计算:

$$\begin{cases} \phi_e = \dfrac{6}{8}\phi_P + \dfrac{3}{8}\phi_{\mathrm{E}} - \dfrac{1}{8}\phi_{\mathrm{W}}, \phi_w = \dfrac{6}{8}\phi_{\mathrm{W}} + \dfrac{3}{8}\phi_P - \dfrac{1}{8}\phi_{\mathrm{WW}}, & u_e > 0, u_w > 0 \\ \phi_e = \dfrac{6}{8}\phi_{\mathrm{E}} + \dfrac{3}{8}\phi_P - \dfrac{1}{8}\phi_{\mathrm{EE}}, \phi_w = \dfrac{6}{8}\phi_P + \dfrac{3}{8}\phi_{\mathrm{W}} - \dfrac{1}{8}\phi_{\mathrm{E}}, & u_e < 0, u_w < 0 \end{cases}$$

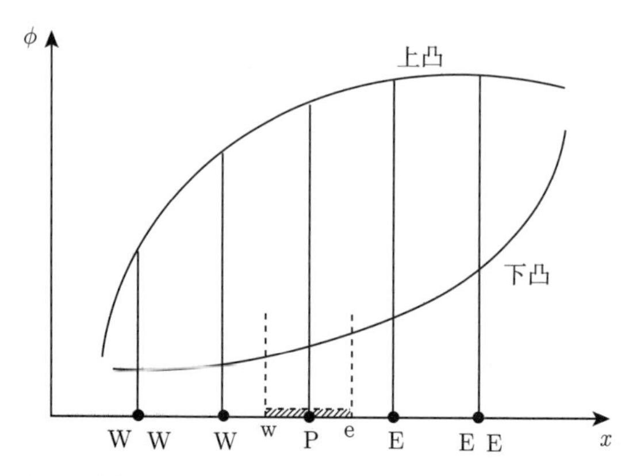

图 3.3.3 二阶迎风格式中的曲率修正

将上式代入公式 (3.3.3) 中的对流项, 则可化为

$$a_P\phi_P = a_{\rm E}\phi_{\rm E} + a_{\rm EE}\phi_{\rm EE} + a_{\rm W}\phi_{\rm W} + a_{\rm WW}\phi_{\rm WW}$$

式中$a_{\rm E} = D_e - \frac{3}{8}\alpha_{Qe}F_e - \frac{6}{8}(1-\alpha_{Qe})F_e - \frac{1}{8}(1-\alpha_{Qe})F_w$, $a_{\rm EE} = \frac{1}{8}(1-\alpha_{Qe})F_e$, $a_{\rm W} = D_w + \frac{6}{8}\alpha_{Qw}F_w + \frac{1}{8}\alpha_{Qw}F_e + \frac{3}{8}(1-\alpha_{Qw})F_w$, $a_{\rm WW} = -\frac{1}{8}\alpha_{Qw}F_w$, $a_P = a_{\rm E} + a_{\rm EE} + a_{\rm W} + a_{\rm WW} + (F_e - F_w)$. 其中, $u_e > 0(F_c > 0)$ 时, $\alpha_{Qe} = 1$; $u_w > 0(F_w > 0)$ 时, $\alpha_{Qw} = 1$; $u_e < 0(F_e < 0)$ 时, $\alpha_{Qe} = 0$; $u_w < 0(F_w < 0)$ 时, $\alpha_{Qw} = 0$.

在 QUICK 格式所建立的离散方程中, 系数并不总是为正, 例如, 当流动方向为正时, $P_e > 8/3$ 时 $a_{\rm E} < 0$, 当流动方向相反时 $a_{\rm W} < 0$. 所以, QUICK 格式在某种情况下会出现解的不稳定问题. 于是很多学者提出了改进的 QUICK 格式. 如 Hayase 等 (1992) 提出的改进 QUICK 格式:

$$\begin{cases} \phi_e = \phi_P + \frac{1}{8}\left[3\phi_{\rm E} - 2\phi_P - \phi_{\rm W}\right], & F_e > 0 \\ \phi_w = \phi_{\rm W} + \frac{1}{8}\left[3\phi_P - 2\phi_{\rm W} - \phi_{\rm WW}\right], & F_w > 0 \\ \phi_e = \phi_{\rm E} + \frac{1}{8}\left[3\phi_P - 2\phi_{\rm E} - \phi_{\rm EE}\right], & F_e < 0 \\ \phi_w = \phi_P + \frac{1}{8}\left[3\phi_{\rm W} - 2\phi_P - \phi_{\rm E}\right], & F_w < 0 \end{cases}$$

则相应的离散方程为

$$a_P\phi_P = a_{\rm W}\phi_{\rm W} + a_{\rm E}\phi_{\rm E} + \overline{S}$$

式中 $a_{\mathrm{E}}=D_e-(1-\alpha_{Qe})F_e$, $a_{\mathrm{W}}=D_w+\alpha_{Qw}F_w$, $a_P=a_{\mathrm{E}}+a_{\mathrm{W}}+(F_e-F_w)$,

$$\overline{S}=\frac{1}{8}(3\phi_P-2\phi_{\mathrm{W}}-\phi_{\mathrm{WW}})\alpha_{Qw}F_w+\frac{1}{8}(\phi_{\mathrm{W}}+2\phi_P-3\phi_{\mathrm{E}})\alpha_{Qe}F_e$$

$$+\frac{1}{8}(3\phi_{\mathrm{W}}-2\phi_P-\phi_{\mathrm{E}})(1-\alpha_{Qw})F_w+\frac{1}{8}(2\phi_{\mathrm{E}}+\phi_{\mathrm{EE}}-3\phi_P)(1-\alpha_{Qe})F_e$$

其中, $u_e>0(F_e>0)$ 时, $\alpha_{Qe}=1$; $u_w>0(F_w>0)$ 时, $\alpha_{Qw}=1$; $u_e<0(F_e<0)$ 时, $\alpha_{Qe}=0$; $u_w<0(F_w<0)$ 时, $\alpha_{Qw}=0$.

3.3.2 二维问题的离散

前面以一维问题为例介绍了几种工程数值模拟中常用的离散格式, 下面介绍二维非稳态对流-扩散问题的离散方程.

二维对流 - 扩散问题的控制方程可写做以下通用形式:

$$\frac{\partial(\rho\phi)}{\partial t}+\frac{\partial(\rho u\phi)}{\partial x}+\frac{\partial(\rho v\phi)}{\partial y}=\frac{\partial}{\partial x}\left(\Gamma\frac{\partial\phi}{\partial x}\right)+\frac{\partial}{\partial y}\left(\Gamma\frac{\partial\phi}{\partial y}\right)+S \tag{3.3.15}$$

式中, ϕ 是广义变量, Γ 是相应于 ϕ 的广义扩散系数, S 是相应于 ϕ 的广义源项.

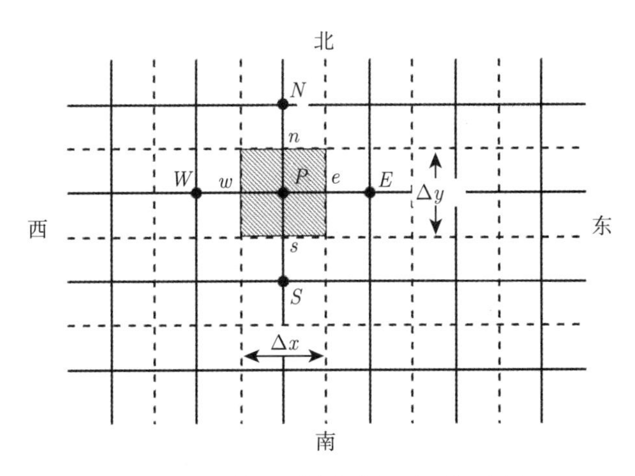

图 3.3.4 二维问题控制体积及网格示意图

图 3.3.4 是二维问题的网格系统的一部分，图中阴影区域为节点 P 的控制体积。Δx 可以不等于 Δy。与一维问题不同，节点 P 除了有西侧邻点 W 和东侧邻节点 E 外，有北侧邻点 N 和南侧邻节点 S。W 点到 P 点的距离仍定义为 δx_{WP}，P 点到 E 点的距离仍定义为 δx_{PE}，还增加南北两个邻点的距离，分别记为 δy_{SP} 和 δy_{PN}。w,e,n,s 分别表示取在点 W-P，P-E，N-P 和 P-S 中间的界面。

对方程 (3.3.15) 在控制体上求积分, 时间项采用全隐式时间积分, 时间段 Δt(从 t 到 $t+\Delta t$), 则控制方程积分得

$$\int_t^{t+\Delta t}\int_{\Delta V}\frac{\partial(\rho\phi)}{\partial t}\mathrm{d}V\mathrm{d}t+\int_t^{t+\Delta t}\int_{\Delta V}\mathrm{div}\,(\rho u\phi)\mathrm{d}V\mathrm{d}t$$
$$=\int_t^{t+\Delta t}\int_{\Delta V}\mathrm{div}\,(\varGamma\mathrm{grad}\phi)\mathrm{d}V\mathrm{d}t+\int_t^{t+\Delta t}\int_{\Delta V}S\mathrm{d}V\mathrm{d}t \tag{3.3.16}$$

由 Gauss 散度定理将体积分转化为面积分, 则式 (3.3.16) 中各项可转化为

瞬态项

$$\int_t^{t+\Delta t}\int_{\Delta V}\frac{\partial(\rho\phi)}{\partial t}\mathrm{d}V\mathrm{d}t=\int_{\Delta V}\left[\int_t^{t+\Delta t}\rho\frac{\partial\phi}{\partial t}\mathrm{d}t\right]\mathrm{d}V=\rho_P^0\left(\phi_P-\phi_P^0\right)\Delta V$$

式中, 上标 0 表示物理量在时刻 t 的值, 时刻 $t+\Delta t$ 时物理量的值没有上标. 下标 P 表示物理量在控制体 P 的节点处取值.

源项

$$\int_t^{t+\Delta t}\int_{\Delta V}S\mathrm{d}V\mathrm{d}t=\int_t^{t+\Delta t}S\Delta V\mathrm{d}t=\int_t^{t+\Delta t}(S_C+S_P\phi_P)\Delta V\mathrm{d}t$$
$$=\int_t^{t+\Delta t}(S_C\Delta V+S_P\phi_P\Delta V)\mathrm{d}t$$

式中, 源项采取了线性化处理, 即 $S=S_C+S_P\phi_P$, 其中 S_C 为常数部分, S_P 是 S 随 ϕ 变化的曲线在 P 点的斜率.

对流项

$$\int_t^{t+\Delta t}\int_{\Delta V}\mathrm{div}\,(\rho u\phi)\mathrm{d}V\mathrm{d}t=\int_t^{t+\Delta t}\left[(\rho u\phi A)_e-(\rho u\phi A)_w+(\rho v\phi A)_n-(\rho v\phi A)_s\right]\mathrm{d}t$$
$$=\int_t^{t+\Delta t}\left[(\rho u)_e\,\phi_eA_e-(\rho u)_w\,\phi_wA_w+(\rho v)_n\,\phi_nA_n-(\rho v)_s\,\phi_sA_s\right]\mathrm{d}t$$

式中, A 是控制体界面的面积.

扩散项

$$\int_t^{t+\Delta t}\int_{\Delta V}\mathrm{div}\,(\varGamma\mathrm{grad}\phi)\mathrm{d}V\mathrm{d}t$$
$$=\int_t^{t+\Delta t}\left[\left(\varGamma\frac{\partial\phi}{\partial x}A\right)_e-\left(\varGamma\frac{\partial\phi}{\partial x}A\right)_w+\left(\varGamma\frac{\partial\phi}{\partial x}A\right)_n-\left(\varGamma\frac{\partial\phi}{\partial x}A\right)_s\right]\mathrm{d}t$$
$$=\int_t^{t+\Delta t}\left[\varGamma_eA_e\frac{\phi_\mathrm{E}-\phi_P}{(\delta x)_e}-\varGamma_wA_w\frac{\phi_P-\phi_\mathrm{W}}{(\delta x)_w}+\varGamma_nA_n\frac{\phi_\mathrm{N}-\phi_P}{(\delta y)_n}-\varGamma_sA_s\frac{\phi_P-\phi_\mathrm{S}}{(\delta y)_\mathrm{s}}\right]\mathrm{d}t$$

结合以上各项积分结果, 采用任一中离散格式处理物理量 ϕ 在边界处的取值, 均可将方程 (3.3.15) 化为

$$a_P\phi_P = a_{\rm W}\phi_{\rm W} + a_{\rm E}\phi_{\rm E} + a_{\rm S}\phi_{\rm S} + a_{\rm N}\phi_{\rm N} + b \text{ 或 } a_P\phi_P = \sum a_{nb}\phi_{nb} + b \tag{3.3.17}$$

式中 $a_P = \sum a_{nb} + \Delta F + a_P^0 - S_P\Delta V$, $a_P^0 = \dfrac{\rho_P^0\Delta V}{\Delta t}$, $b = a_P^0\phi_P^0 + S_C\Delta V$. $\Delta F = F_e - F_w + F_n - F_s$, F 和 D 的表达式见表 3.3.1, A 的取值见表 3.3.2.

$a_{\rm E}$, $a_{\rm W}$, $a_{\rm S}$ 和 $a_{\rm N}$ 的取值与离散格式有关, 下面介绍采用一阶迎风和中心差分时的取值, 见表 3.3.3 和表 3.3.4.

表 3.3.1　F 和 D 的表达式

界面	w	e	n	s
F	$(\rho u)_w A_w$	$(\rho u)_e A_e$	$(\rho u)_n A_n$	$(\rho u)_s A_s$
D	$\Gamma_w A_w/(\delta x)_w$	$\Gamma_e A_e/(\delta x)_e$	$\Gamma_n A_n/(\delta x)_n$	$\Gamma_s A_s/(\delta x)_s$

表 3.3.2　参数 A 的取值

A_w	A_e	A_n	A_s
Δy	Δy	Δx	Δx

表 3.3.3　一阶迎风格式下方程 (3.3.17) 中系数 a_{nb} 的表达式

$a_{\rm W}$	$a_{\rm E}$	$a_{\rm S}$	$a_{\rm N}$
$D_w + \max(0, F_w)$	$D_e + \max(0, -F_e)$	$D_s + \max(0, F_s)$	$D_n + \max(0, -F_n)$

表 3.3.4　中心差分格式下方程 (3.3.17) 中系数 a_{nb} 的表达式

$a_{\rm W}$	$a_{\rm E}$	$a_{\rm S}$	$a_{\rm N}$
$D_w + F_w/2$	$D_e - F_e/2$	$D_s + F_s/2$	$D_n - F_n/2$

3.4　SIMPLE 类系列算法及有关收敛性

SIMPLE(semi-implicit method for pressure-linked equations) 算法最初的实施是在交错网格中进行的, 是指速度分量与压力在不同的网格系统上离散. 一般情况下标量 (密度、温度、压力、水位等) 存储在主控网格上, 而矢量 (速度) 存储在交错网格的节点上, 相对于同位网格来说, 它避免了离散后的动量方程出现的不真实的特性. 而且它在恰当的位置产生速度, 这一位置正好是标量输运计算所需要的位置. 因此, 不需要任何插值就可以得到压力控制体积界面上的速度.

在实施过程中为简化处理, 对 SIMPLE 算法进行一下近似: ①初始速度场与初始压力场假定相互独立, 因而忽略了压力与速度的内部联系, 引起了它们之间的不"协调性"; ②为简化求解过程, 随意舍弃了相邻网格点速度修正值的影响, 使得算法是隐式的. 可以发现这些简化处理使得速度被过度修正 (Cheng et al., 2007), 为确保迭代过程的稳定性, 需要对压力修正过程进行亚松驰处理. 自 SIMPLE 算法提出之后, 为克服这两个近似的缺陷提出了许多改进形式, 如 SIMPLER (SIMPLE revised) 、SIMPLEC (SIMPLE consistent) 、SIMPLEX、PISO、MSIMPLER、CLEAR (coupled and linked equations algoruthm revised) 、IDEAL (inner doubly-iterative efficient algorithm for linked-equations) 等.

随着数值模拟的发展, 网格技术的发展, 以及研究问题逐渐由一维扩展到二维再到三维, 交错网格的缺点也就逐渐显现出来, 主要表现在程序编制的复杂和不便, 以及复杂边界处理困难. 在 20 世纪 80 年代初美国的几位博士生将 SIMPLE 算法推广到同位网格中 (Meskat et al., 1991; Hsu, 1981; Prakash, 1981). 在 20 世纪末, 非结构网格 SIMPLE 类算法被推广到不可压缩流场计算中. 本书对常用的 SIMPLE、SIMPLER 和 SIMPLEC 算法进行详细介绍.

为简便起见, 以二维稳态不可压缩层流为例, 其控制方程如下:

连续方程

$$\frac{\partial(\rho u)}{\partial x}+\frac{\partial(\rho v)}{\partial y}=0 \tag{3.4.1}$$

动量方程

$$\frac{\partial(\rho uu)}{\partial x}+\frac{\partial(\rho uv)}{\partial y}=-\frac{\partial p}{\partial x}+\frac{\partial}{\partial x}\left(\mu\frac{\partial u}{\partial x}\right)+\frac{\partial}{\partial y}\left(\mu\frac{\partial u}{\partial y}\right)+S_u \tag{3.4.2}$$

$$\frac{\partial(\rho vu)}{\partial x}+\frac{\partial(\rho vv)}{\partial y}=-\frac{\partial p}{\partial y}+\frac{\partial}{\partial x}\left(\nu\frac{\partial v}{\partial x}\right)+\frac{\partial}{\partial y}\left(\nu\frac{\partial v}{\partial y}\right)+S_v \tag{3.4.3}$$

3.4.1 SIMPLE 算法

在 SIMPLE 算法中引入了以下三方面的假定:

(1) 速度场 u^0, v^0 的假定与 p^* 的假定是各自独立的, 两者之间并无任何联系;

(2) 在导出速度修正值计算式时舍弃了邻点速度修正值的影响;

(3) 采用线性化的动量离散方程, 即在一个层次的计算中, 动量离散方程中的各个系数及源项 b 假定均为定值.

采用有限体积法对方程 (3.4.2)、(3.4.3) 进行离散, 具体步骤可参见 3.3.2 小节. 下面介绍 SIMPLE 算法.

1. 速度修正方程

假定初始速度场 u^0, v^0, 初始压力场 p^*, 根据动量方程的离散方程以及初始压力场, 可得动量方程的离散方程组, 如式 (3.4.4) 所示:

$$\begin{cases} a_e u_e^* = \sum a_{nb} u_{nb}^* + b + (p_P^* - p_{\mathrm{E}}^*) A_e \\ a_n u_n^* = \sum a_{nb} v_{nb}^* + b + (p_P^* - p_{\mathrm{N}}^*) A_n \end{cases} \tag{3.4.4}$$

求解离散方程组 (3.4.4) 可得到相应的速度分量 u^*, v^*.

定义压力修正值 p' 为正确的压力场 p 与猜测的压力场 p^* 之差, 即 $p = p^* + p'$; 同样定义速度修正值 u', v', 正确的速度场为 (u, v), 即 $u = u^* + u'$, $v = v^* + v'$.

我们认为修正后的速度场和压力场同样也满足本层次的动量离散方程 (即线性化的动量方程), 代入公式 (3.4.4) 可得

$$a_e (u_e^* + u_e') = \sum a_{nb} (u_{nb}^* + u_{nb}') + b + [(p_P^* + p_P') - (p_{\mathrm{E}}^* + p_{\mathrm{E}}')] A_e \tag{3.4.5}$$

式 (3.4.5) 减去式 (3.4.4) 的第一个式子可得

$$a_e u_e' = \sum a_{nb} u_{nb}' + (p_P' - p_{\mathrm{E}}') A_e \tag{3.4.6}$$

可见, 速度修正值 u' 由两部分构成, 前一部分是相邻节点速度的修正值所引起的修正量, 可以视为四周压力修正值对所讨论的节点的速度改进的间接影响; 后一部分是与速度在同一方向上的相邻节点间的压力修正值之差引起的修正值量, 这是产生速度修正值的直接动力. 这里我们认为直接影响是主要的, 为了简化计算, 略去第一项的影响 (即假设式 (3.4.6) 中 $a_{nb} = 0$), 则式 (3.4.6) 可简写为:

$$a_e u_e' = (p_P' - p_{\mathrm{E}}') A_e$$

令 $d_e = A_e / a_e$, 则有

$$u_e' = d_e (p_P' - p_{\mathrm{E}}')$$

对 v 动量方程采用类似的处理, 可得 v' 的计算式为

$$v_n' = d_n (p_P' - p_{\mathrm{N}}'), \quad d_n = A_n / a_n$$

因此改进后的速度场为

$$\begin{cases} u_e = u_e^* + d_e (p_P' - p_{\mathrm{E}}') \\ v_n = v_n^* + d_n (p_P' - p_{\mathrm{N}}') \end{cases} \tag{3.4.7}$$

接下来的问题是如何确定压力修正值.

2. 压力修正方程

压力修正值 p' 是由于通过 p' 改进后的速度场能满足连续性方程. 将式 (3.4.7) 代入离散形式的连续方程:

$$(\rho u)_e A_e - (\rho u)_w A_w + (\rho v)_n A_n - (\rho v)_s A_s = 0$$

整理得压力修正方程:

$$a_P p'_P = a_{\rm E} p'_{\rm E} + a_{\rm W} p'_{\rm W} + a_{\rm N} p'_{\rm N} + a_{\rm S} p'_{\rm S} + b' \tag{3.4.8}$$

式中 $a_{\rm E} = \rho d_e \Delta y$, $a_{\rm W} = \rho d_w \Delta y$, $a_{\rm N} = \rho d_n \Delta x$, $a_{\rm S} = \rho d_s \Delta x$, $a_P = a_{\rm E} + a_{\rm W} + a_{\rm N} + a_{\rm S}$

$$b' = \left((\rho u^*)_w - (\rho u^*)_e\right) \Delta y - \left((\rho v^*)_s - (\rho v^*)_n\right) \Delta x$$

b' 为残差质量源, 其数值大小反映了控制容积上连续性方程不满足的程度, 所以可将各控制容积的 b' 的绝对值最大值或者各控制容积 b' 的绝对值之和作为收敛场的判别依据. 通过求解式 (3.4.6) 即可得到压力修正值 p', 从而修正已得出的速度场 u^*, v^*, 得到本层次的速度场, 然后用本层次的速度场重新计算离散方程系数, 开始下一层次的迭代计算.

3. SIMPLE 算法实施步骤

(1) 假定速度分布 u^0, v^0, 据此计算动量离散方程中的系数和常数项, 假定压力场 p^*;

(2) 依次求解动量离散方程, 得 u^*, v^*;

(3) 求解压力修正方程, 得 p';

(4) 按照格式 (3.4.7), 根据 p' 改进速度值;

(5) 利用改进后的速度场求解与速度耦合的 ϕ 变量, 如果 ϕ 并不影响流场, 则应在速度场收敛后求解;

(6) 利用改进后的速度场重新计算动量离散方程的系数, 并用改进后的压力场作为下一层迭代计算的初值, 重复上述步骤, 直到获得收敛解.

4. 亚松弛技术

由于在速度修正方程中略去了部分项, 因此在该过程中收敛速度受到一定的影响, 如果略去项过多, 有可能导致迭代过程的发散, 为了保证算法的收敛性, 在求解压力修正方程的过程中引入亚松弛技术.

而亚松弛就是将本层次计算结果与上一层次计算结果的差值作适当缩减, 以避免由于其差值过大而引起非线性问题迭代过程的发散. 引入松弛因子后得

$$\phi_P = \alpha_i \left[\frac{\sum a_{nb}\phi_{nb} + b}{a_P} - \phi_P^0 \right] \tag{3.4.9}$$

式中 ϕ_P^0 为上一层次值；α_i 为松弛因子, 对于水位即为 α_z, 对于流速即为 α_u，α_v；将式 (3.4.9) 改写后可得

$$\left(\frac{a_P}{\alpha_i}\right)\phi_P = \sum a_{nb}\phi_{nb} + b + (1-\alpha_i)\frac{a_P}{\alpha_i}\phi_P^0 \tag{3.4.10}$$

求解代数方程组 (3.4.10) 即可得到松弛后的解. 但最佳松弛因子选取比较困难, 实际操作过程中 $\alpha_i\,(0<\alpha_i<1)$ 的选取多依赖于计算经验, 需要多次尝试才能选出相对较好的松弛因子.

5. 迭代收敛的依据

在 SIMPLE 算法的求解过程中包含两个层面的迭代：其一是在同一迭代层次上代数方程迭代求解 (内迭代), 其二是非线性问题从一个层次向另一个层次推进的迭代求解 (外迭代).

在内迭代中, 压力修正方程的求解占用内迭代的大部分时间, 因而内迭代的收敛判定依据主要针对压力修正方程. 最简单可行的方法就是规定最大迭代次数, 但最大迭代次数的确定是依赖于计算经验的. 第二种方式是规定 p' 方程的余量范数小于某一正数 ε, 设经过 k 次内迭代后 p' 方程的残差 Euclid 范数 $R_p^{(k)}$, 则这一判别收敛依据可表示为

$$R_p^{(k)} = \sqrt{\sum\left(a_{\mathrm{E}}p'_{\mathrm{E}} + a_{\mathrm{W}}p'_{\mathrm{W}} + a_{\mathrm{N}}p'_{\mathrm{N}} + a_{\mathrm{S}}p'_{\mathrm{S}} + b - a_P p'_P\right)^2}$$

式中, (k) 表示第 k 次迭代后的值, 第三种方式是规定中止迭代时的范数与初始范数之比小于允许值 r (通常称为余量下降率), 即

$$R_p^{(k)}/R_p^0 \leqslant r$$

其合理性依据是随着迭代的进行误差下降越来越慢, 每次迭代后的范数与初始范数之比随着迭代次数的增加总体上有增大的趋势.

对非线性问题迭代即外迭代的收敛依据有以下四种方式 (王福军, 2004)：

(1) 特征量在连续若干层次外迭代中的相对偏差小于允许值, 这些特征量可以是平均 Nusselt 数、阻力系数等.

(2) 要求内结点上连续性方程余量绝对值的和 R_{sum} 及节点余量绝对值的最大值 $R_{\max}$ 小于给定值.

(3) 要求连续性方程余量范数的相对值小于允许值.

(4) 要求在整个求解区域内动量方程余量之和或其范数与参考动量之比小于给定值, 参考动量的计算因问题而异.

有时为了确保收敛判断的可靠性, 可以联合采用以上几个判据.

3.4.2 SIMPLER 算法

在 SIMPLE 算法中, 为了确定动量离散方程的系数, 一开始就假定了一个速度分布, 同时又独立地假定了一个压力分布, 两者之间未必协调, 影响迭代收敛的速度. 其实, 假定了速度分布后, 与这一速度分布相协调的压力场即可由动量方程计算而得, 不必再单独假定一个压力场. 另外, 由 SIMPLE 算法得出的 p' 值对修正速度可以认为是相当好的, 对修正压力则是过分了. 虽然对 p' 采用了亚松弛处理, 也未必能恰到好处. 这样就使得速度场的改进与压力场的改进不能较好地同步进行, 最终影响了整个流场的迭代收敛速度. 于是就产生了这样的想法, 即 p' 只用来修正速度, 压力场的改进则另谋更合适的方法.

把上述两个思想结合起来, 就构成了 Patankar 提出的 SIMPLER 算法 (陶文铨, 2001).

SIMPLER 算法的实施步骤如下：

(1) 首先假定一个速度场 u^0, v^0, 以此计算动量离散方程的系数；

(2) 由已知得速度计算假拟速度 $\hat{u}$, $\hat{v}$；

(3) 求解压力方程, 得压力值 p^*；

(4) 求解动量方程得速度值 u^*, v^*；

(5) 由 u^*, v^* 计算压力修正方程的源项, 并解得压力修正值 p'；

(6) 利用 p' 修正速度, 但不修正压力；

(7) 若有必要利用改进后的速度场求解那些和速度场耦合的变量 ϕ, 如果 ϕ 并不影响流场, 则可在流场收敛后求解;

(8) 利用改进后的速度, 计算动量离散方程的系数, 重复 (2)~(8) 的计算, 直至收敛.

3.4.3 SIMPLEC 算法

SIMPLEC 是英文 SIMPLE Consistent 的缩写, 意为协调一致的 SIMPLE 算法. 它是对 SIMPLE 算法的改进算法之一.

在 SIMPLE 算法中, 为了求解的方便, 略去了速度修正值方程中的 $\sum a_{nb}u'_{nb}$ 项, 从而把速度的修正完全归结为压差项的直接作用. 这一做法虽不影响收敛解的值, 但降低了速度场的收敛速度. 同时, 由于忽略这一项, 也使得速度场和压力场事实上是不协调的. 故 SIMPLEC 算法在计算中没有忽略该项.

SIMPLEC 算法实施步骤：

(1)、(2) 同 SIMPLE 算法；(3) 同 SIMPLE 算法, 但是此处的 d_e, d_n 用下式计算：

$$d_e = \frac{A_e}{a_e - \sum a_{nb}}, \quad d_n = \frac{A_n}{a_n - \sum a_{nb}}$$

(4)~(6) 同 SIMPLE 算法.

3.4.4 CLEAR 算法

2003 年陶文铨等在交错网格中提出了一种新的全隐式分离求解算法 —— CLEAR 算法. 该算法与 SIMPLE 算法的本质区别是: CLEAR 算法不是求解压力修正值来改进压力, 而是直接求解满足质量守恒的压力方程来改进压力, 这样既可使速度满足连续性方程, 又可显式地满足本层次线性化的动量方程, 从而避免了略去邻点速度修正这一基本假设, 完全考虑了邻点速度的影响 (陶文铨, 2009).

1. 改进压力修正方程

动量方程离散后, 速度 u 可写成以下形式:

$$u_e = \frac{\sum a_{nb}u_{nb} + b}{a_e} + d_e\left(p_P - p_{\mathrm{E}}\right) = \hat{u}_e + d_e\left(p_P - p_{\mathrm{E}}\right) \tag{3.4.11}$$

式中, $\hat{u}_e$ 为假拟速度 (pseudo-velocity). 同理, 速度 v 可写为

$$v_n = \hat{v}_n + d_n\left(p_P - p_{\mathrm{N}}\right) \tag{3.4.12}$$

SIMPLER 算法中对速度进行修正公式为式 (3.4.7). 与式 (3.4.11) 和式 (3.4.12) 相比, $\hat{u}_e$ 和 u_e^* 的位置相同, $(p_P - p_{\mathrm{E}})$ 和 $(p'_P - p'_{\mathrm{E}})$ 的作用类似. 因此, 可采用假拟速度的方式, 在修正速度是采用式 (3.4.13a) 和式 (3.4.13b) 计算改进后的速度.

$$u_e = \hat{u}_e^* + d_e\left(p_P - p_{\mathrm{E}}\right) \tag{3.4.13a}$$

$$v_n = \hat{v}_n^* + d_n\left(p_P - p_{\mathrm{N}}\right) \tag{3.4.13b}$$

引入第二松弛因子 β, 则上式可写为

$$u_e = \frac{\sum a_{nb}u_{nb}^* + b + \left[(1-\beta_u)/\beta_u\right]a_e u_e^*}{a_e/\beta_u} + d_e\left(p_P - p_{\mathrm{E}}\right) = \hat{u}_e^* + d_e\left(p_P - p_{\mathrm{E}}\right) \tag{3.4.14a}$$

$$v_n = \frac{\sum a_{nb}v_{nb}^* + b + \left[(1-\beta_v)/\beta_v\right]a_n v_n^*}{a_n/\beta_v} + d_n\left(p_P - p_{\mathrm{N}}\right) = \hat{v}_n^* + d_n\left(p_P - p_{\mathrm{N}}\right) \tag{3.4.14b}$$

CLEAR 算法采用式 (3.4.14a) 和式 (3.4.14b) 对速度进行修正. 于是, 将式 (3.4.14a) 和式 (3.4.14b) 代入连续性方程, 即得到于式 (3.4.8) 形式相同的方程, 但式中 b' 的计算公式如下式所示:

$$b' = \left(\left(\rho\hat{u}^*\right)_w - \left(\rho\hat{u}^*\right)_e\right)\Delta y - \left(\left(\rho\hat{v}^*\right)_s - \left(\rho\hat{v}^*\right)_n\right)\Delta x$$

2. CLEAR 算法实施

CLEAR 算法实施步骤：

(1) 假定速度分布 u^0, v^0, 据此计算动量离散方程中的系数、常数项和假逆速度 $\hat{u}^0$, $\hat{v}^0$. 其中假拟速度的计算公式如下：

$$\hat{u}_e^0 = \frac{\sum a_{nb} u_{nb}^0 + b}{a_e}, \quad \hat{v}_n^0 = \frac{\sum a_{nb} v_{nb}^0 + b}{a_n}$$

(2) 求解压力方程, 得到中间压力场 p^*；

(3) 利用中间压力 p^*, 求解动量离散方程, 得中间速度 u^*, v^*；

(4) 利用中间速度 u^*, v^*, 重新计算方程中的系数、常数项和假拟速度 $\hat{u}^*$, $\hat{v}^*$. 然后再求解压力方程, 得到改进的压力场 p；

(5) 利用公式 (3.4.14a) 和 (3.4.14b) 改进速度, 得到本迭代层次的速度 u, v；

(6) 利用得到的速度和压力作为下一层迭代计算的初值, 重复上述步骤, 直到获得收敛解.

3.4.5 IDEAL 算法

由于直接求解压力方程, 将降低 CLEAR 算法的稳定性, 2004 年陶文铨等在 CLEAR 算法的基础上又提出了一种高效稳定的分离式算法 ——IDEAL 算法 (陶文铨, 2009). IDEAL 算法中, 在每个迭代层次上需对压力方程进行两次内迭代计算, 其中, 第一次是为了克服 SIMPLE 算法的第一个近似假定, 第二次是为了克服 SIMPLE 算法的第二个近似假定, 用直接求解的压力改进速度, 完全考虑了邻点速度的影响, 很大程度上加快了迭代的收敛速度和计算过程的稳定性.

1. IDEAL 算法中的压力方程

把界面速度代入连续性方程得到压力方程时, 若引入亚松弛因子 α_p, 则可得到下式：

$$\frac{a_P}{\alpha_p} p_P^{\text{temp}} = \sum a_{nb} p_{nb}^{\text{temp}} + b \tag{3.4.15}$$

式中, $a_{\mathrm{E}} = \rho d_e \Delta y$, $a_{\mathrm{W}} = \rho d_w \Delta y$, $a_{\mathrm{N}} = \rho d_n \Delta x$, $a_{\mathrm{S}} = \rho d_s \Delta x$, $a_P = a_{\mathrm{E}} + a_{\mathrm{W}} + a_{\mathrm{N}} + a_{\mathrm{S}}$ $b' = \left(\left(\rho \hat{u}^0\right)_w - \left(\rho \hat{u}^0\right)_e\right) \Delta y - \left(\left(\rho \hat{v}^0\right)_s - \left(\rho \hat{v}^0\right)_n\right) \Delta x + (1+\alpha_p) \dfrac{a_P}{\alpha_p} p_P^{\text{Ptemp}}$, temp 表示临时值, Ptemp 为前一次计算得到的临时值.

2. IDEAL 算法中的速度方程

在 IDEAL 算法中, 通过直接求解压力方程对速度进行改进. 假定初始流速为 u^0, v^0, 初始压力为 p^0. 利用初始的速度场计算节点处的假逆速度 $\hat{u}_P$, $\hat{v}_P$, d_P^u, d_P^v 等. 然后采用 3.2 节介绍的动量插值方法, 计算压力方程中的界面假逆速度 $\hat{u}_e$, $\hat{v}_n$,

d_e^u, d_n^v 等, 进一步求出方程 (3.4.15) 的系数, 并求解该方程, 得到改进速度的压力 p^{temp}. 最后对速度进行改进, 得到 u_P^{temp}, v_P^{temp} 的计算公式如下:

$$u_P^{\text{temp}} = \left(\frac{\alpha_u \left(\sum a_{nb}^u u_{nb}^0 + B_u \right)}{a_P^u} \right)_P + \frac{\alpha_u}{a_P^u} \Delta y \left(p_w^{\text{temp}} - p_e^{\text{temp}} \right)_P = \hat{u}_P^0 + d_P^u \left(p_w^{\text{temp}} - p_e^{\text{temp}} \right)_P \tag{3.4.16a}$$

$$v_P^{\text{temp}} = \left(\frac{\alpha_v \left(\sum a_{nb}^v v_{nb}^0 + B_v \right)}{a_P^v} \right)_P + \frac{\alpha_v}{a_P^v} \Delta x \left(p_s^{\text{temp}} - p_n^{\text{temp}} \right)_P = \hat{v}_P^0 + d_P^u \left(p_s^{\text{temp}} - p_n^{\text{temp}} \right)_P \tag{3.4.16b}$$

式中, $B_u = b_u + \dfrac{1-\alpha_u}{\alpha_u} a_P^u u_P^0$, $B_v = b_v + \dfrac{1-\alpha_v}{\alpha_v} a_P^v v_P^0$, 界面处的值 p_e^{temp}, p_w^{temp}, p_s^{temp}, p_n^{temp} 等均可有相关的离散格式求得. 通常这样求得的速度场 u_P^{temp}, v_P^{temp} 不能满足连续性方程, 故需对压力场 p^{temp} 和速度场 u_P^{temp}, v_P^{temp} 进行多次重复迭代求解, 从而使两者相协调.

3. IDEAL 算法实施

下面以同位网格为例介绍 IDEAL 算法的实施:

(1) 假定初始速度分布 u^0, v^0. 利用动量插值可计算出界面流速值 u_e^0, u_n^0. 并由初始值计算动量离散方程中的系数和常数项;

(2) 由公式 (3.4.16a) 和 (3.4.16b) 分别计算假拟速度 $\hat{u}_P^0, \hat{v}_P^0$ 和 d_P^u, d_P^v;

(3) 利用动量插值公式计算界面假拟速度 $\hat{u}_e^0, \hat{v}_n^0$ 和 d_e^u, d_n^v;

(4) 计算压力方程系数并求解压力方程, 得出临时压力 p^{temp};

(5) 将 p^{temp} 代入公式 (3.4.16a) 和 (3.4.16b), 求出 u_P^{temp}, v_P^{temp};

(6) 用 u_P^{temp}, v_P^{temp} 和 p^{temp} 作为上一层次内迭代值, 并返回步骤 (2) 取代其中的 $\hat{u}_P^0, \hat{v}_P^0$, 然后开始下一层次内迭代步;

(7) 重复 (2)~(6), 直到迭代次数等于已经设定的第一次内迭代次数 N_1, 或满足某种判定性准则, 然后令第一次内迭代的最终压力作为初始压力 p^*. 通过对压力方程的第一次内迭代计算, 可使求出的初始压力更接近当前迭代层次上的最终压力, 并使速度和压力更协调;

(8) 由求出的初始压力 p^* 求解动量方程 (3.4.17), 求出中间速度 u_P^*, v_P^*. (3.4.17) 中 $\hat{u}_P^0, \hat{v}_P^0$ 是上一次迭代值, 界面处的值均有动量插值法求出;

$$\frac{a_P^u u_P^*}{\alpha_u} = \sum a_{nb}^u u_{nb}^* + b_u + \frac{1-\alpha_u}{\alpha_u} a_P^u u_P^0 + \Delta y \left(p_w^* - p_e^* \right)_P \tag{3.4.17a}$$

$$\frac{a_P^v v_P^*}{\alpha_v} = \sum a_{nb}^v v_{nb}^* + b_v + \frac{1-\alpha_v}{\alpha_v} a_P^v v_P^0 + \Delta x \left(p_s^* - p_n^* \right)_P \tag{3.4.17b}$$

(9) 用求出的 u_P^*, v_P^* 代替 (3.4.16a) 和 (3.4.16b) 第一项中的 u^0, v^0, 计算出节点处的假拟速度 $\hat{u}_P^*, \hat{v}_P^*$;

(10) 利用动量插值公式计算界面假拟速度 $\hat{u}_e^*, \hat{v}_n^*$ 和 d_e^u, d_n^v;

(11) 计算压力方程系数并求解压力方程, 再次得到临时压力 p^{temp};

(12) 将新的 p^{temp} 代入公式 (3.4.16a) 和 (3.4.16b), 求出新的 $u_P^{\text{temp}}, v_P^{\text{temp}}$;

(13) 用新的 u_P^{temp}, v_P^{temp} 和 p^{temp} 作为上一层次内迭代值, 并返回步骤 (9) 取代其中的 $\hat{u}_P^*, \hat{v}_P^*$, 然后开始下一层次内迭代步;

(14) 重复 (9)~(13), 直到迭代次数等于已经设定的第一次内迭代次数 N_2, 或满足某种判定性准则, 然后令第一次内迭代的最终速度作为当前层次上求得的速度 u, v;

(15) 求解其他标量方程;

(16) 最后把当前迭代层次上的最终速度 u, v 和压力 p 当作下一个迭代层次上的初始速度 u^0, v^0, 并返回步骤 (1). 重复以上迭代过程直到获得收敛的解.

3.4.6　SIMPLE 类算法的矩阵形式

为了分析 SIMPLE 类算法的收敛性和收敛速度, 先将 SIMPLE 类算法写成矩阵形式. 以稳态不可压缩 Navier-Stokes 方程为例, 其向量形式为

$$-\nu\Delta u + u \cdot \mathrm{grad}u + \mathrm{grad}p = f \tag{3.4.18a}$$

$$-\mathrm{div}u = 0 \tag{3.4.18b}$$

式中 u 为速度场; p 为压力场; ν 为动力黏性系数.

Stokes 方程是无非线性项的 Navier-Stokes 方程, 离散不可压缩 Stokes 方程可得到如下大型稀疏非线性方程组 (Pernice, 2000):

$$F(u,p) = \begin{bmatrix} Q[u] & G \\ G^{\mathrm{T}} & O \end{bmatrix} \begin{bmatrix} u \\ p \end{bmatrix} - \begin{bmatrix} f \\ 0 \end{bmatrix} = 0$$

式中 $Q[u]$ 为离散动力方程算子; G 为离散梯度算子, 表示离散压力梯度项的系数矩阵; G^{T} 为离散散度算子, 表示离散连续性方程的系数矩阵.

对非定常流动问题, 瞬态项的处理采用向后 Euler 方法离散时间导数项, 则方程可变为

$$F(u,p) = \begin{bmatrix} Q[u] + \dfrac{u}{\Delta t} & G \\ G^{\mathrm{T}} & O \end{bmatrix} \begin{bmatrix} u \\ p \end{bmatrix} - \frac{1}{\Delta t}\begin{bmatrix} u^n \\ 0 \end{bmatrix} - \begin{bmatrix} f \\ 0 \end{bmatrix} \tag{3.4.19}$$

式中 u^n 为上一时间步速度场.

在迭代中采用 Picard 迭代, 方程 (3.4.19) 可化为线性方程组:

$$Ax = b, \text{ 其中 } A = \begin{bmatrix} Q[u] & G \\ G^{\mathrm{T}} & 0 \end{bmatrix}$$

离散连续性方程导出一个主对角含有零块的系数矩阵 A, A 是一个非正定的对称矩阵, 这使得线性方程组的求解变得非常困难. 目前, 解决这类问题的方法有: Uzawa 算法、SIMPLE 类算法、压力修正算法等. 下面推导出 SIMPLE 类算法中 SIMPLE、SIMPLER 和 CLEAR 算法的矩阵形式, 并用矩阵形式描述这三种算法的实施过程 (杨录峰, 2008; Li and Vuik, 2004).

1. SIMPLE 算法的矩阵形式

由初始假定 (上一层次) 的压力场求解动量方程:

$$Qu^{\left(n+\frac{1}{2}\right)} = f - Gp^{(n)} \tag{3.4.20}$$

可求出中间速度场 $u^{\left(n+\frac{1}{2}\right)}$, 修正后的速度场 $u^{(n+1)} = u^{\left(n+\frac{1}{2}\right)} + \delta u$ 与修正后的压力场 $p^{(n)} + \delta p$ 同样满足离散动量方程, 即

$$Q\left(u^{\left(n+\frac{1}{2}\right)} + \delta u\right) = f - G\left(p^{(n)} + \delta p\right) \tag{3.4.21}$$

(3.4.20)、(3.4.21) 两式相减得

$$Q\delta u + G\delta p = 0$$

引入分裂 $Q = D - (L + U)$, 其中 $D = \mathrm{diag}(\mathrm{diag}(Q))$, 则上式可化为

$$D\delta u - (L + U)\delta u + G\delta p = 0$$

若忽略邻点速度的影响, 则得速度修正方程:

$$D\delta u + G\delta p = 0$$

于是得

$$u^{(n+1)} = u^{\left(n+\frac{1}{2}\right)} - D^{-1}G\delta p \tag{3.4.22}$$

若要使 $u^{(n+1)}$ 满足连续性方程, 则对式 (3.4.22) 两端取散度, 得

$$G^{\mathrm{T}}u^{(n-1)} = G^{\mathrm{T}}u^{\left(n+\frac{1}{2}\right)} - G^{\mathrm{T}}D^{-1}G\delta p = 0$$

令 $R = -G^{\mathrm{T}}D^{-1}G$, 则可得压力修正方程:

$$G^{\mathrm{T}}u^{\left(n+\frac{1}{2}\right)} + R\delta p = 0 \tag{3.4.23}$$

则 SIMPLE 算法矩阵形式的实施步骤如下：

(1) 假定初始的速度场 $u^{(0)}$, 初始压力场 $p^{(0)}$；

(2) 由初始假定 (或上一层次) 的速度和压力场计算动量离散方程的系数；

(3) 求解动量离散方程 (3.4.20), 得中间流速场 $u^{\left(n+\frac{1}{2}\right)} = Q^{-1}f - Q^{-1}Gp^{(n)}$；

(4) 求解压力修正方程 (3.4.23), 得到压力修正值 $\delta p = -R^{-1}G^{\mathrm{T}}u^{\left(n+\frac{1}{2}\right)}$；

(5) 计算修正后的压力场 $p^{(n+1)} = p^{(n)} + \delta p$, 由式 (3.4.22) 修正速度场；

(6) 转 (2) 直至收敛.

SIMPLE 算法可表示成一般迭代算法：

$$\begin{bmatrix} u^{(n+1)} \\ p^{(n+1)} \end{bmatrix} = \begin{bmatrix} u^{(n)} \\ p^{(n)} \end{bmatrix} + G_S r^{(n)}$$

式中 $G_S = \begin{bmatrix} I_1 & -D^{-1}G \\ 0 & I_2 \end{bmatrix} \begin{bmatrix} Q & 0 \\ G^{\mathrm{T}} & R \end{bmatrix}^{-1}$, $r^{(n)} = \begin{bmatrix} f \\ 0 \end{bmatrix} - A \begin{bmatrix} u^{(n)} \\ p^{(n)} \end{bmatrix}$, $r^{(n)}$ 为第 n 次迭代的残差向量；I_1, I_2 为单位阵；这种迭代方法称为分布式迭代法 (distributive iteration)(Chatwani and Turan, 1991).

2. SIMPLER 算法的矩阵形式

前面已对 SIMPLER 算法进行了较为详细的介绍, 下面以矩阵形式介绍该方法的实施. SIMPLER 算法为了消除 SIMPLE 算法的第一个近似造成的不利影响, 要求 $n+1$ 层次的速度场合压力场满足动量方程：

$$Qu^{(n+1)} = f - Gp^{(n+1)}$$

在导出压力方程时类似 SIMPLE 算法, 引入分裂矩阵, 化简得

$$\begin{aligned} u^{(n+1)} &= D^{-1}\left(f + (L+U)\,u^{(n+1)} - Gp^{(n+1)}\right) \\ &\approx D^{-1}\left(f + (L+U)\,u^{(n)} - Gp^{(n+1)}\right) \end{aligned}$$

对上式两边取散度, 又由于要求 $u^{(n+1)}$ 满足连续性方程, 即 $G^{\mathrm{T}}u^{(n+1)} = 0$. 化简后得到压力方程：

$$Rp^{(n+1)} = -G^{\mathrm{T}}D^{-1}\left(f + (L+U)\,u^{(n)}\right) \tag{3.4.24}$$

式中 R 的定义与 SIMPLE 中定义相同.

则 SIMPLER 算法矩阵形式的实施步骤如下：

(1) 假定初始的速度场 $u^{(0)}$；

(2) 由初始假定 (或上一层次) 的速度场计算动量离散方程的系数；

(3) 求解压力修正方程 (3.4.24), 得到压力 $p^{(n+1)} = -R^{-1}G^{\mathrm{T}}D^{-1}(f+(L+U)u^{(n)})$；

(4) 求解动量离散方程 (3.4.20), 得中间流速场 $u^{\left(n+\frac{1}{2}\right)}=Q^{-1}f-Q^{-1}Gp^{(n)}$;

(5) 求解压力修正方程 (3.4.23), 得到压力修正值 δp;

(6) 计算修正后的压力场 $p^{(n+1)}=p^{(n)}+\delta p$, 由式 (3.4.22) 修正速度场;

(7) 转 (2) 直至收敛.

修正后的速度 $u^{(n+1)}$ 可看作对中间速度 $u^{\left(n+\frac{1}{2}\right)}$ 的投影, 即

$$\begin{aligned}u^{(n+1)}&=u^{\left(n+\frac{1}{2}\right)}+D^{-1}GR^{-1}G^{\mathrm{T}}u^{\left(n+\frac{1}{2}\right)}\\&=\left(I+D^{-1}GR^{-1}G^{\mathrm{T}}\right)u^{\left(n+\frac{1}{2}\right)}\equiv Pu^{\left(n+\frac{1}{2}\right)}\end{aligned}\tag{3.4.25}$$

求压力方程得

$$p^{(n+1)}=-R^{-1}G^{\mathrm{T}}D^{-1}\left(f+(L+U)\,u^{(n)}\right)$$

求解动量方程得

$$\begin{aligned}u^{\left(n+\frac{1}{2}\right)}&=Q^{-1}\left(f-Gp^{(n+1)}\right)\\&=Q^{-1}\left(f+GR^{-1}G^{\mathrm{T}}D^{-1}\left(f+(L+U)\,u^{(n)}\right)\right)\\&=Q^{-1}f+Q^{-1}GR^{-1}G^{\mathrm{T}}D^{-1}\left(f+(L+U)\,u^{(n)}\right)\end{aligned}$$

于是有

$$\begin{bmatrix}u^{\left(n+\frac{1}{2}\right)}\\p^{(n+1)}\end{bmatrix}=\begin{bmatrix}Q^{-1}&-Q^{-1}GR^{-1}\\0&R^{-1}\end{bmatrix}\begin{bmatrix}f\\-G^{\mathrm{T}}D^{-1}\left(f+(L+U)\,u^{(n)}\right)\end{bmatrix}\tag{3.4.26}$$

令 $M=\begin{bmatrix}Q&G\\0&R\end{bmatrix}$, 则 $M^{-1}=\begin{bmatrix}Q^{-1}&-Q^{-1}GR^{-1}\\0&R^{-1}\end{bmatrix}$.

设 $r^{(n)}=(r_1,r_2)^{\mathrm{T}}$ 是第 n 步迭代的残差, 则有

$$Qu^{(n)}+Gp^{(n)}+r_1=f$$

$$G^{\mathrm{T}}u^{(n)}+r_2=0$$

于是

$$\begin{aligned}D^{-1}\left(f+(L+U)\,u^{(n)}\right)&=D^{-1}\left(Qu^{(n)}+Gp^{(n)}+r_1+(D-Q)\,u^{(n)}\right)\\&=u^{(n)}+D^{-1}Gp^{(n)}+D^{-1}r_1\end{aligned}$$

那么式 (3.4.26) 可变为

$$\begin{aligned}\begin{bmatrix} u^{(n+\frac{1}{2})} \\ p^{(n+1)} \end{bmatrix} &= M^{-1}\left[\begin{bmatrix} f \\ 0 \end{bmatrix} + \begin{bmatrix} 0 & 0 \\ -G^{\mathrm{T}} & R \end{bmatrix}\begin{bmatrix} u^{n} \\ p^{(n)} \end{bmatrix} + \begin{bmatrix} 0 & 0 \\ -GD^{-1} & 0 \end{bmatrix} r^{(n)}\right] \\ &= M^{-1}\left[\begin{bmatrix} f \\ 0 \end{bmatrix} + (M-A)\begin{bmatrix} u^{(n)} \\ p^{(n)} \end{bmatrix} + \begin{bmatrix} 0 & 0 \\ -GD^{-1} & 0 \end{bmatrix} r^{(n)}\right] \\ &= \begin{bmatrix} u^{(n)} \\ p^{(n)} \end{bmatrix} + M^{-1}\begin{bmatrix} I_1 & 0 \\ -GD^{-1} & I_2 \end{bmatrix} r^{(n)}\end{aligned}$$

由式 (3.4.25) 可知, 第 $n+1$ 步迭代中的速度和压力有以下关系:

$$\begin{aligned}\begin{bmatrix} u^{(n+1)} \\ p^{(n+1)} \end{bmatrix} &= \begin{bmatrix} P & 0 \\ 0 & I_2 \end{bmatrix}\begin{bmatrix} u^{(n+\frac{1}{2})} \\ p^{(n+1)} \end{bmatrix} \\ &= \begin{bmatrix} P & 0 \\ 0 & I_2 \end{bmatrix}\left[\begin{bmatrix} u^{(n)} \\ p^{(n)} \end{bmatrix} + M^{-1}\begin{bmatrix} I_1 & 0 \\ -GD^{-1} & I_2 \end{bmatrix} r^{(n)}\right]\end{aligned}$$

于是 SIMPLER 算法可写成以下迭代形式:

$$\begin{bmatrix} u^{(n+1)} \\ p^{(n+1)} \end{bmatrix} = \begin{bmatrix} Pu^{(n)} \\ p^{(n)} \end{bmatrix} + G_R r^{(n)} \tag{3.4.27}$$

式中, $G_R = \begin{bmatrix} P & 0 \\ 0 & I_2 \end{bmatrix} M^{-1} \begin{bmatrix} I_1 & 0 \\ -GD^{-1} & I_2 \end{bmatrix}$.

式 (3.4.27) 即为 SIMPLER 算法的矩阵形式.

3. CLEAR 算法的矩阵形式

CLEAR 算法矩阵形式实施步骤:

(1) 求解如下压力方程, 得压力值 $p^{(n+\frac{1}{2})}$:

$$Rp^{(n+\frac{1}{2})} = -G^{\mathrm{T}}D^{-1}\left[f + \left(\frac{D}{\alpha} - Q\right)u^{(n)}\right]$$

(2) 求解如下动量方程, 得中间速度值 $u^{(n+\frac{1}{2})}$:

$$\left(\frac{1-\alpha}{\alpha}D + Q\right)u^{(n+\frac{1}{2})} = f - Gp^{(n+\frac{1}{2})} + \frac{1-\alpha}{\alpha}Du^{(n)}$$

(3) 求解如下含有第二松弛因子的压力方程, 得压力值 $p^{(n+1)}$:

$$Rp^{(n+1)} = -G^{\mathrm{T}}D^{-1}\left[f + \left(\frac{D}{\beta} - Q\right)u^{(n+\frac{1}{2})}\right] \tag{3.4.28}$$

(4) 由下式得到修正速度 $u^{(n+1)}$:

$$\beta D^{-1}u^{(n+1)}=\left[f+\left(\frac{D}{\beta}-Q\right)u^{\left(n+\frac{1}{2}\right)}-Gp^{(n+1)}\right] \tag{3.4.29}$$

(5) 转至 (2) 迭代, 直至收敛.

类似 SIMPLER 算法, CLEAR 算法也可写出以下形式:

$$\begin{bmatrix} u^{\left(n+\frac{1}{2}\right)} \\ p^{\left(n+\frac{1}{2}\right)} \end{bmatrix}=\begin{bmatrix} u^{(n)} \\ p^{(n)} \end{bmatrix}+M^{-1}B_1r^{(n)} \tag{3.4.30}$$

式中, $M=\begin{bmatrix} \left(\dfrac{1-\alpha}{\alpha}D+Q\right) & G \\ 0 & R \end{bmatrix}$, $B_1=\begin{bmatrix} I_1 & 0 \\ -G^{\mathrm{T}}D^{-1} & \dfrac{2\alpha-1}{\alpha}I_2 \end{bmatrix}$.

由式 (3.4.28) 和 (3.4.29) 得

$$\begin{bmatrix} u^{(n+1)} \\ p^{(n+1)} \end{bmatrix}=\begin{bmatrix} u^{\left(n+\frac{1}{2}\right)} \\ p^{\left(n+\frac{1}{2}\right)} \end{bmatrix}+N^{-1}B_2r^{\left(n+\frac{1}{2}\right)} \tag{3.4.31}$$

式中, $N=\begin{bmatrix} D & G \\ 0 & R \end{bmatrix}$, $B_2=\begin{bmatrix} I_1 & 0 \\ -G^{\mathrm{T}}D^{-1} & \dfrac{2\beta-1}{\beta}I_2 \end{bmatrix}$.

将式 (3.4.30) 代入 (3.4.31) 整理得

$$\begin{bmatrix} u^{(n+1)} \\ p^{(n+1)} \end{bmatrix}=\begin{bmatrix} u^{(n)} \\ p^{(n)} \end{bmatrix}+G_Cr^{(n)} \tag{3.4.32}$$

式中, $G_C=M^{-1}B_1+N^{-1}B_2\left(I-AM^{-1}B_1\right)$.

3.4.7 同位网格下 SIMPLE 类算法收敛性研究

上一节对同位网格中 SIMPLE 类算法的矩阵形式进行了推导, 本节在同位网格下, 引入松弛因子, 应用傅里叶 (Fourier) 分析法推导出对这类算法的迭代矩阵, 通过分析迭代矩阵的收敛性进而对这类算法的收敛性进行分析.

首先定义 n 个自变量函数的傅里叶变换和逆变换 (欧阳鹏飞, 2014).

设, $x=(x_1,x_2,\cdots,x_n)\in\mathbf{R}^n$ 以及 $\xi=(\xi_1,\xi_2,\cdots,\xi_n)\in\mathbf{R}^n$, $\xi\cdot x=\xi_1x_1+\xi_2x_2+\cdots+\xi_nx_n$, $\mathrm{d}x=\mathrm{d}x_1\mathrm{d}x_2\cdots\mathrm{d}x_n$, 若 $f(x)=f(x_1,x_2,\cdots,x_n)$ 在 $\mathbf{R}^n$ 上连续、分片光滑且绝对可积, 则记作

$$F(\xi)=\int_{\mathbf{R}^n}f(x)\mathrm{e}^{-\mathrm{i}\xi\cdot x}\mathrm{d}\xi$$

于是, 对 $\forall x\in\mathbf{R}^n$,

$$f(x)=\frac{1}{(2\pi)^n}\int_{\mathbf{R}}^{n}F(\xi)\mathrm{e}^{\mathrm{i}\xi\cdot x}\mathrm{d}\xi$$

称 $F(\xi)$ 是 $f(x)$ 的 n 维傅里叶变换, $f(x)$ 称为 $F(\xi)$ 的 n 维傅里叶逆变换. 本书中将函数 f 经过傅里叶变换后的函数记作 $\tilde{f}$.

n 维傅里叶变换有以下位移性质：

$$\tilde{f}(x-c)=\mathrm{e}^{-\mathrm{i}c\xi}\tilde{f}(x) \tag{3.4.33}$$

式中, $c=(c_1,c_2,\cdots,c_n)$.

下面以直角坐标系下的二维无源、稳态不可压缩 Navier-Stokes 方程为例, 对 SIMPLE 类算法的收敛性进行分析.

1. SIMPLE 算法收敛性分析

由前面介绍的 SIMPLE 算法及相关亚松弛处理的实施步骤, 当网格为均匀网格时, 并取 $\alpha_u=\alpha_v$, 求解动量方程可得中间速度：

$$\left(\frac{a_P^u}{\alpha_u}\right)u_P^*=\sum a_{nb}^u u_{nb}^0+(1-\alpha_u)\frac{a_P^u}{\alpha_u}u_P^0-\frac{1}{2}(p_{\mathrm{E}}^*-p_{\mathrm{W}}^*)\Delta y \tag{3.4.34}$$

$$\left(\frac{a_P^v}{\alpha_u}\right)v_P^*=\sum a_{nb}^v v_{nb}^0+(1-\alpha_u)\frac{a_P^v}{\alpha_u}v_P^0-\frac{1}{2}(p_{\mathrm{N}}^*-p_{\mathrm{S}}^*)\Delta x \tag{3.4.35}$$

对式 (3.4.34)、(3.4.35) 中 u^*,v^* 作傅里叶变换得

$$\tilde{u}^*=(1-\alpha_u)\frac{a_P^u}{P_\theta^u}\tilde{u}^0-\frac{\mathrm{i}\alpha_u\Delta y\sin(\xi_1\Delta x)}{P_\theta^u}\tilde{p}^*$$

$$\tilde{v}^*=(1-\alpha_u)\frac{a_P^v}{P_\theta^v}\tilde{v}^0-\frac{\mathrm{i}\alpha_u\Delta x\sin(\xi_2\Delta y)}{P_\theta^v}\tilde{p}^*$$

式中, $P_\theta^u=a_P^u-\alpha_u Q_\theta^u$, $Q_\theta^u=a_{\mathrm{E}}^u\mathrm{e}^{\mathrm{i}\xi_1\Delta x}+a_{\mathrm{W}}^u\mathrm{e}^{-\mathrm{i}\xi_1\Delta x}+a_{\mathrm{N}}^u\mathrm{e}^{\mathrm{i}\xi_2\Delta y}+a_{\mathrm{S}}^u\mathrm{e}^{-\mathrm{i}\xi_2\Delta y}$, $P_\theta^v=a_P^v-\alpha_u Q_\theta^v$, $Q_\theta^v=a_{\mathrm{E}}^v\mathrm{e}^{\mathrm{i}\xi_1\Delta x}+a_{\mathrm{W}}^v\mathrm{e}^{-\mathrm{i}\xi_1\Delta x}+a_{\mathrm{N}}^v\mathrm{e}^{\mathrm{i}\xi_2\Delta y}+a_{\mathrm{S}}^v\mathrm{e}^{-\mathrm{i}\xi_2\Delta y}$.

此过程只有速度更新为中间速度, 压力场不变, 即 $\tilde{p}^*=\tilde{p}$. 经迭代关系的矩阵形式为

$$\begin{bmatrix}\tilde{u}^*\\ \tilde{v}^*\\ \tilde{p}^*\end{bmatrix}=G_1\begin{bmatrix}\tilde{u}\\ \tilde{v}\\ \tilde{p}\end{bmatrix}=\begin{bmatrix}d&0&e\\0&d&f\\0&0&1\end{bmatrix}\begin{bmatrix}\tilde{u}\\ \tilde{v}\\ \tilde{p}\end{bmatrix}$$

式中, $d=\dfrac{(1-\alpha_u)a_P^u}{P_\theta^u}$, $e=-\dfrac{\mathrm{i}\alpha_u\Delta y\sin(\xi_1\Delta x)}{P_\theta^u}$, $f=-\dfrac{\mathrm{i}\alpha_u\Delta x\sin(\xi_2\Delta y)}{P_\theta^v}$.

假定修正后的速度和压力分别为 u^{**}, v^{**}, p^{**}, 结合前面求出的中间速度, 求解连续性方程得压力修正值 p', 进而对初始速度和压力进行修正. 则有

$$u_e^{**} = u_e^* - \alpha_u B_e \left(p'_{\mathrm{E}} - p'_P\right) \tag{3.4.36}$$

$$v_n^{**} = v_n^* - \alpha_u C_n \left(p'_{\mathrm{N}} - p'_P\right) \tag{3.4.37}$$

$$p_P^{**} = p_P^* + \alpha_p p'_P \tag{3.4.38}$$

式中, $B_e = \dfrac{1}{2}\left(\dfrac{\Delta y}{a_P^u} + \dfrac{\Delta y}{a_{\mathrm{E}}^u}\right)$, $C_n = \dfrac{1}{2}\left(\dfrac{\Delta x}{a_{\mathrm{N}}^v} + \dfrac{\Delta x}{a_P^v}\right)$, α_p 为压力松弛因子.

将 (3.4.36)、(3.4.37) 代入连续性方程即得压力修正方程:

$$a_P^p p'_P - a_{\mathrm{E}}^p p'_{\mathrm{E}} - a_{\mathrm{W}}^p p'_{\mathrm{W}} - a_{\mathrm{N}}^p p'_{\mathrm{N}} - a_{\mathrm{S}}^p p'_{\mathrm{S}} = \rho \Delta y \left(u_w^* - u_e^*\right) + \rho \Delta x \left(v_s^* - v_n^*\right) \tag{3.4.39}$$

式中, $a_P^p = a_{\mathrm{E}}^p + a_{\mathrm{W}}^p + a_{\mathrm{N}}^p + a_{\mathrm{S}}^p$, $a_{\mathrm{E}}^p = \alpha_u \rho \Delta y B_e$, $a_{\mathrm{W}}^p = \alpha_u \rho \Delta y B_w$, $a_{\mathrm{N}}^p = \alpha_u \rho \Delta x C_n$, $a_{\mathrm{S}}^p = \alpha_u \rho \Delta x C_s$.

将式 (3.4.39) 进行傅里叶变换得到

$$\tilde{p'} = \rho \Delta y \frac{\tilde{u}_w^* - \tilde{u}_e^*}{P_\theta^p} + \rho \Delta x \frac{\tilde{v}_s^* - \tilde{v}_n^*}{P_\theta^p} \tag{3.4.40}$$

式中, $P_\theta^p = a_P^p - \left[a_{\mathrm{E}}^p \mathrm{e}^{\mathrm{i}\xi_1 \Delta x} + a_{\mathrm{W}}^p \mathrm{e}^{-\mathrm{i}\xi_1 \Delta x} + a_{\mathrm{N}}^p \mathrm{e}^{\mathrm{i}\xi_2 \Delta y} + a_{\mathrm{S}}^p \mathrm{e}^{-\mathrm{i}\xi_2 \Delta y}\right]$.

仿照式 (3.4.34)、(3.4.35), 可写出界面处的流速:

$$u_e^* = \alpha_u \left(\frac{\sum a_{nb}^u u_{nb}^*}{a_P^u}\right)_e + (1 - \alpha_u) u_e - \alpha_u B_e \left(p_{\mathrm{E}} - p_P\right) \tag{3.4.41}$$

$$v_n^* = \alpha_u \left(\frac{\sum a_{nb}^v v_{nb}^*}{a_P^v}\right)_n + (1 - \alpha_u) v_n - \alpha_u C_n \left(p_{\mathrm{N}} - p_P\right) \tag{3.4.42}$$

式中右端第一项有相邻节点值线性插值得到, 计算公式如下:

$$\left(\frac{\sum a_{nb}^u u_{nb}^*}{a_P^u}\right)_e = \frac{1}{2}\left[\left(\frac{\sum a_{nb}^u u_{nb}^*}{a_P^u}\right)_P + \left(\frac{\sum a_{nb}^u u_{nb}^*}{a_P^u}\right)_{\mathrm{E}}\right]$$

$$\left(\frac{\sum a_{nb}^u u_{nb}^*}{a_P^u}\right)_e = \frac{1}{2}\left[\left(\frac{\sum a_{nb}^u u_{nb}^*}{a_P^u}\right)_P + \left(\frac{\sum a_{nb}^u u_{nb}^*}{a_P^u}\right)_{\mathrm{E}}\right]$$

对式 (3.4.41)、(3.4.42) 中 u_e^*, v_n^* 进行傅里叶变换后得到：

$$\tilde{u}_e^* = \frac{1}{2}\alpha_u \left[\left(\frac{Q_\theta^u}{a_P^u}\right)_P + \left(\frac{Q_\theta^u}{a_P^u}\right)_{\mathrm{E}} \mathrm{e}^{\mathrm{i}\xi_1\Delta x}\right]\tilde{u}^* + (1-\alpha_u)\,\tilde{u}_e - \alpha_u B_e\left(\mathrm{e}^{\mathrm{i}\xi_1\Delta x}-1\right)\tilde{p}^* \tag{3.4.43}$$

$$\tilde{u}_w^* = \frac{1}{2}\alpha_u \left[\left(\frac{Q_\theta^u}{a_P^u}\right)_P + \left(\frac{Q_\theta^u}{a_P^u}\right)_{\mathrm{W}} \mathrm{e}^{-\mathrm{i}\xi_1\Delta x}\right]\tilde{u}^* + (1-\alpha_u)\,\tilde{u}_w - \alpha_u B_w\left(1-\mathrm{e}^{-\mathrm{i}\xi_1\Delta x}\right)\tilde{p}^* \tag{3.4.44}$$

$$\tilde{v}_n^* = \frac{1}{2}\alpha_u \left[\left(\frac{Q_\theta^v}{a_P^v}\right)_P + \left(\frac{Q_\theta^v}{a_P^v}\right)_{\mathrm{N}} \mathrm{e}^{\mathrm{i}\xi_2\Delta y}\right]\tilde{v}^* + (1-\alpha_u)\,\tilde{v}_n - \alpha_u C_n\left(\mathrm{e}^{\mathrm{i}\xi_2\Delta y}-1\right)\tilde{p}^* \tag{3.4.45}$$

$$\tilde{v}_s^* = \frac{1}{2}\alpha_u \left[\left(\frac{Q_\theta^v}{a_P^v}\right)_P + \left(\frac{Q_\theta^v}{a_P^v}\right)_{\mathrm{S}} \mathrm{e}^{-\mathrm{i}\xi_2\Delta y}\right]\tilde{v}^* + (1-\alpha_u)\,\tilde{v}_s - \alpha_u C_s\left(1-\mathrm{e}^{-\mathrm{i}\xi_2\Delta y}\right)\tilde{p}^* \tag{3.4.46}$$

将式 (3.4.43)~(3.4.46) 代入式 (3.4.40) 可得

$$\tilde{p'} = \frac{T_u}{P_\theta^p}\tilde{u}^* + \frac{T_v}{P_\theta^p}\tilde{v}^* + \frac{T_p}{P_\theta^p}\tilde{p}^* + \frac{1-\alpha_u}{P_\theta^p}\left[\rho\Delta y\left(\tilde{u}_w-\tilde{u}_e\right)+\rho\Delta x\left(\tilde{v}_s-\tilde{v}_n\right)\right] \tag{3.4.47}$$

式中：

$$T_u = \frac{\alpha_u\rho\Delta y}{2}\left[\left(\frac{Q_\theta^u}{a_P^u}\right)_{\mathrm{W}}\mathrm{e}^{-\mathrm{i}\xi_1\Delta x} - \left(\frac{Q_\theta^u}{a_P^u}\right)_{\mathrm{E}}\mathrm{e}^{\mathrm{i}\xi_1\Delta x}\right]$$

$$T_v = \frac{\alpha_u\rho\Delta x}{2}\left[\left(\frac{Q_\theta^v}{a_P^v}\right)_{\mathrm{S}}\mathrm{e}^{-\mathrm{i}\xi_2\Delta y} - \left(\frac{Q_\theta^v}{a_P^v}\right)_{\mathrm{N}}\mathrm{e}^{\mathrm{i}\xi_2\Delta y}\right]$$

$$\begin{aligned} T_p = &-\alpha_u\{\rho\Delta y\left[B_w\left(1-\mathrm{e}^{-\mathrm{i}\xi_1\Delta x}\right)-B_e\left(\mathrm{e}^{\mathrm{i}\xi_1\Delta x}-1\right)\right] \\ &-\rho\Delta x\left[C_s\left(1-\mathrm{e}^{-\mathrm{i}\xi_2\Delta y}\right)-C_n\left(\mathrm{e}^{\mathrm{i}\xi_2\Delta y}-1\right)\right]\} \end{aligned}$$

当流场为恒定均匀流场、网格为均匀网格时，$T_u, T_v, T_p, P_\theta^p$ 可简化为

$$T_u = -\frac{\mathrm{i}\alpha_u\rho\Delta y Q_\theta^u \sin\left(\xi_1\Delta x\right)}{a_P^u}$$

$$T_v = -\frac{\mathrm{i}\alpha_u\rho\Delta x Q_\theta^v \sin\left(\xi_2\Delta y\right)}{a_P^v}$$

$$T_p = -2\alpha_u\left\{\rho\Delta y B_P\left[1-\cos\left(\xi_1\Delta x\right)\right]+\rho\Delta x C_P\left[1-\cos\left(\xi_2\Delta y\right)\right]\right\}$$

$$P_\theta^P = 2\alpha_u\left\{\rho\Delta y B_P\left[1-\cos\left(\xi_1\Delta x\right)\right]+\rho\Delta x C_P\left[1-\cos\left(\xi_2\Delta y\right)\right]\right\}$$

式 (3.4.40) 右端的最后一项表示上一层迭代后连续方程的余量，由假定连续方程在每个迭代层都完全求解，则求解完成后得到的界面流速都是完全满足该层连续方程，故式 (3.4.40) 右端的最后一项取值为 0，则式 (3.4.40) 可简化为

$$\tilde{p'} = \frac{T_u}{P_\theta^p}\tilde{u}^* + \frac{T_v}{P_\theta^p}\tilde{v}^* + \frac{T_p}{P_\theta^p}\tilde{p}^* \tag{3.4.48}$$

将式 (3.4.48) 代入公式 (3.4.36)~(3.4.38) 即得到修正后的速度和压力, 则修正后速度、压力的迭代关系为

$$\tilde{u}^{**} = \tilde{u}^* - a\left(T_u\tilde{u}^* + T_v\tilde{v}^* + T_p\tilde{p}^*\right)$$

$$\tilde{v}^{**} = \tilde{v}^* - b\left(T_u\tilde{u}^* + T_v\tilde{v}^* + T_p\tilde{p}^*\right)$$

$$\tilde{p}^{**} = \tilde{p}^* + c\left(T_u\tilde{u}^* + T_v\tilde{v}^* + T_p\tilde{p}^*\right)$$

其中, $a = \dfrac{\mathrm{i}\alpha_u B_P \sin(\xi_1\Delta x)}{P_\theta^p}$, $b = \dfrac{\mathrm{i}\alpha_u C_P \sin(\xi_2\Delta y)}{P_\theta^p}$, $c = \dfrac{\alpha_p}{P_\theta^p}$.

本次计算的迭代矩阵形式为

$$\begin{bmatrix} \tilde{u}^{**} \\ \tilde{v}^{**} \\ \tilde{p}^{**} \end{bmatrix} = G_2 \begin{bmatrix} \tilde{u}^* \\ \tilde{v}^* \\ \tilde{p}^* \end{bmatrix} = \begin{bmatrix} 1 - aT_u & -aT_v & -aT_p \\ -bT_v & 1 - bT_v & -bT_p \\ cT_u & cT_v & 1 + cT_p \end{bmatrix} \begin{bmatrix} \tilde{u}^* \\ \tilde{v}^* \\ \tilde{p}^* \end{bmatrix}$$

式中 G_2 即为本次的迭代矩阵.

于是, SIMPLE 算法同一层计算中, 经过两次计算后总的迭代矩阵为

$$G = G_2 G_1 = \begin{bmatrix} d - aT_u d & -aT_v d & e - aT_u e - uT_v f - aT_p \\ -bT_v d & d - bT_v d & f - bT_u e - bT_v f - bT_p \\ cT_u d & cT_v d & 1 + cT_u e + cT_v f + cT_p \end{bmatrix}$$

故只需要证明矩阵 G 的谱半径小于 1, 即说明 SIMPLE 算法的迭代过程收敛. 矩阵 G 的的特征方程为

$$\begin{aligned} |\lambda I - G| = (\lambda - d)\big\{\lambda^2 - \left[1 + cT_u e + cT_v f + cT_p - d\left(aT_u + bT_v\right) + d\right]\lambda \\ - \left(aT_u + bT_v - 1 - cT_p\right) d\big\} = 0 \end{aligned}$$

式中:

$$aT_u + bT_v = \frac{\alpha_u Q_\theta^u}{a_P^u} \frac{\rho\alpha_u B_P \Delta y \sin^2(\xi_1\Delta x) + \rho\alpha_u C_P \Delta x \sin^2(\xi_2\Delta y)}{2\left\{\rho\alpha_u B_P \Delta y\left[1 - \cos(\xi_1\Delta x)\right] + \rho\alpha_u C_P \Delta x\left[1 - \cos(\xi_2\Delta y)\right]\right\}} \tag{3.4.49}$$

$$cT_u e + bT_v f = -\alpha_u\alpha_p \frac{Q_\theta^u}{P_P^u} \frac{\rho\alpha_u B_P \Delta y \sin^2(\xi_1\Delta x) + \rho\alpha_u C_P \Delta x \sin^2(\xi_2\Delta y)}{2\left\{\rho\alpha_u B_P \Delta y\left[1 - \cos(\xi_1\Delta x)\right] + \rho\alpha_u C_P \Delta x\left[1 - \cos(\xi_2\Delta y)\right]\right\}} \tag{3.4.50}$$

$$cT_p = \alpha_p \frac{-2\left\{\rho\alpha_u B_P \Delta y\left[1 - \cos(\xi_1\Delta x)\right] + \rho\alpha_u C_P \Delta x\left[1 - \cos(\xi_2\Delta y)\right]\right\}}{2\left\{\rho\alpha_u B_P \Delta y\left[1 - \cos(\xi_1\Delta x)\right] + \rho\alpha_u C_P \Delta x\left[1 - \cos(\xi_2\Delta y)\right]\right\}} = -\alpha_p \tag{3.4.51}$$

易证当 $t_1 > 0, t_2 > 0$ 时, $t_1 \sin^2 x + t_2 \sin^2 y \leqslant 2t_1(1-\cos x) + 2t_2(1-\cos y)$. 又因取 $\alpha_u = \alpha_v > 0$ 时, $\rho\alpha_u B_P \Delta y > 0, \rho\alpha_u C_P \Delta x > 0$, 令

$$w = \frac{\rho\alpha_u B_P \Delta y \sin^2(\xi_1 \Delta x) + \rho\alpha_u C_P \Delta x \sin^2(\xi_2 \Delta y)}{2\{\rho\alpha_u B_P \Delta y [1-\cos(\xi_1 \Delta x)] + \rho\alpha_u C_P \Delta x [1-\cos(\xi_2 \Delta y)]\}}$$

则 $w < 1$. 于是将 w 并入松弛因子中, 则式 (3.4.49)、(3.4.50) 可化为

$$aT_u + bT_v = \frac{\alpha_u Q_\theta^u}{a_P^u}, \quad cT_u e + bT_v f = -\alpha_u \alpha_p \frac{Q_\theta^u}{P_P^u}$$

将上式代入迭代矩阵的特征方程得

$$\left(\lambda - \frac{(1-\alpha_u)\, a_P^u}{P_\theta^u}\right)[\lambda - (1-\alpha_u)]\left[\lambda - \left(1 - \frac{\alpha_P a_P^u}{P_\theta^u}\right)\right] = 0$$

则得特征根为

$$\lambda_1 = \frac{(1-\alpha_u)\, a_P^u}{P_\theta^u}, \quad \lambda_2 = 1 - \alpha_u, \lambda_3 = 1 - \frac{\alpha_P a_P^u}{P_\theta^u}$$

若使迭代矩阵的谱半径 $\delta = \max\{|\lambda_1|, |\lambda_2|, |\lambda_3|\} < 1$, 则要求三个特征根的绝对值都小于 1. 由计算中, 选取 $0 < \alpha_u = \alpha_v < 1$, 可得

$$|P_\theta^u| > a_P^u - \alpha_u \left|a_E^u e^{i\xi_1 \Delta x}\right| - \alpha_u \left|a_W^u e^{-i\xi_1 \Delta x}\right| - \alpha_u \left|a_N^u e^{i\xi_2 \Delta y}\right| - \alpha_u \left|a_S^u e^{-i\xi_1 \Delta y}\right| = (1-\alpha_u)\, a_P^u$$

故易知 $|\lambda_1| < 1, |\lambda_2| < 1$. 现只需 $|\lambda_3| < 1$ 即可. 由 $|\lambda_3| < 1$ 得

$$0 < \alpha_p < 2|P_\theta^u|/a_P^u$$

在最低频率下 (汪飞, 2013)($\xi_1 \Delta x \to 0, \xi_2 \Delta y \to 0$), 上式可化简为

$$0 < \alpha_p < 2(1-\alpha_u)$$

综上分析可知, SIMPLE 算法迭代收敛的充分条件为

$$0 < \alpha_u < 1, \quad 0 < \alpha_p < 2(1-\alpha_u)$$

2. SIMPLER 算法收敛性分析

SIMPLER 算法与 SIMPLE 算法的主要区别是, 在初始时只给出流速场, 通过初始流速场计算出与之协调的初始压力场, 即把界面流速公式 (3.4.41)、(3.4.42) 代入连续性方程求出初始压力场. 于是可得压力场变化关系为

$$\tilde{p}^* = -i\alpha_u \rho \Delta y \frac{\sin(\Delta x \xi_1)}{P_\theta^p} \frac{Q_\theta^u}{a_P^u} \tilde{u} - i\alpha_u \rho \Delta x \frac{\sin(\Delta y \xi_2)}{P_\theta^p} \frac{Q_\theta^u}{a_P^u} \tilde{v}$$

此过程中速度场不变, 故 $u_P^* = u_P^0, v_P^* = v_P^0$. 则该步计算后, 流速场和压力场变化的迭代矩阵为

$$\begin{bmatrix} \tilde{u}^* \\ \tilde{v}^* \\ \tilde{p}^* \end{bmatrix} = G_0 \begin{bmatrix} \tilde{u} \\ \tilde{v} \\ \tilde{p} \end{bmatrix} = \begin{bmatrix} 1 & 0 & 0 \\ 0 & 1 & 0 \\ \gamma T_1 & \gamma T_2 & 0 \end{bmatrix} \begin{bmatrix} \tilde{u} \\ \tilde{v} \\ \tilde{p} \end{bmatrix}$$

式中, $T_1 = -\mathrm{i}\alpha_u \rho \Delta y \dfrac{\sin(\Delta x \xi_1)}{P_\theta^p} \dfrac{Q_\theta^u}{a_P^u}$, $T_2 = -\mathrm{i}\alpha_u \rho \Delta x \dfrac{\sin(\Delta y \xi_2)}{P_\theta^p} \dfrac{Q_\theta^u}{a_P^u}$, $\gamma = 1/P_\theta^p$.

在求出与速度场协调的压力场后, 对中间速度的计算与 SIMPLE 算法一样, 则第一次计算的迭代矩阵 G_1 与 SIMPLE 算法相同. 在最后的修正步中, 不修正压力, 则此步的迭代矩阵 G_2 为

$$G_2 = \begin{bmatrix} 1 - aT_u & -aT_v & -aT_p \\ -bT_v & 1 - bT_v & -bT_p \\ 0 & 0 & 1 \end{bmatrix}$$

故 SIMPLER 算法的迭代矩阵为

$$G = G_2 G_1 G_0 = \begin{bmatrix} d - aT_u d + \gamma T_1 (e - aT_u e - aT_v f - aT_p) & -aT_v d + \gamma T_2 (e - aT_u e - aT_v f - aT_p) & 0 \\ -bT_v d + \gamma T_2 (f - bT_u e - bT_v f - bT_p) & d - bT_v d + \gamma T_2 (f - bT_u e - bT_v f - bT_p) & 0 \\ \gamma T_1 & \gamma T_2 & 0 \end{bmatrix}$$

迭代矩阵的特征方程为

$$\lambda(\lambda - d)\{\lambda - [(1 - aT_u - bT_v) d + \gamma T_1 e + \gamma T_2 f - (aT_1 + bT_2)(\gamma T_u e + \gamma T_v f + \gamma T_p)]\} = 0$$

上式部分项计算如下:

$$aT_u + bT_v = aT_1 + bT_2 = \frac{\alpha_u Q_\theta^u}{a_P^u}, \quad \gamma T_u e + \gamma T_v f = \gamma T_1 e + \gamma T_2 f = -\alpha_u \frac{Q_\theta^u}{P_P^u}, \quad \gamma T_p = -1$$

则 SIMPLER 算法迭代记作的特征根为

$$\lambda_1 = \frac{(1 - \alpha_u) a_P^u}{P_\theta^u}, \quad \lambda_2 = 0, \quad \lambda_3 = 1 - \alpha_u$$

若使迭代矩阵的谱半径 $\delta = \max\{|\lambda_1|, |\lambda_2|, |\lambda_3|\} < 1$, 只需要求 $0 < \alpha_u < 1$ 即可.

3. SIMPLEC 算法收敛性分析

SIMPLEC 算法在第一次速度场的修正时, 其过程与 SIMPLE 算法完全一样, 由前面对 SIMPLE 算法的迭代矩阵的推导, 可得 SIMPLEC 算法中第一次对速度

修正的迭代矩阵为

$$G_1 = \begin{bmatrix} d & 0 & e \\ 0 & d & f \\ 0 & 0 & 1 \end{bmatrix}$$

SIMPLEC 算法在修正速度场的时候, 考虑相邻节点的速度修正值的影响. 则速度修正值的计算公式为

$$\left(a_P^u - \alpha_u \sum a_{nb}^u\right) u'_P = \alpha_u \sum a_{nb}^u \left(u'_{nb} - u'_P\right) - \alpha_u \Delta y \left(p'_e - p'_w\right) \tag{3.4.52}$$

$$\left(a_P^u - \alpha_u \sum a_{nb}^u\right) v'_P = \alpha_u \sum a_{nb}^u \left(v'_{nb} - v'_P\right) - \alpha_u \Delta x \left(p'_n - p'_s\right) \tag{3.4.53}$$

上两式中的右端第一项对速度修正值的贡献相对较小, 略去右端第一项, 式 (3.4.52)、(3.4.53) 可以简化为

$$u'_P = -\alpha_u k B_P \left(p'_e - p'_w\right)$$

$$v'_P = -\alpha_u k C_P \left(p'_n - p'_s\right)$$

式中, $k = a_P^u \Big/ \left(a_P^u - \alpha_u \sum a_{nb}^u\right)$.

于是, 更新后界面处的流速为

$$u_e^{**} = u_e^* - \alpha_u k B_e \left(p'_E - p'_P\right) \tag{3.4.54}$$

$$v_n^{**} = v_n^* - \alpha_u k C_n \left(p'_N - p'_P\right) \tag{3.4.55}$$

将式 (3.4.54)、(3.4.55) 代入连续性方程可得压力修正方程, 求出压力修正值后, 进而求出速度修正值, 对速度进行修正. 在对压力进行修正时, 由于 SIMPLEC 算法考虑了邻点的影响, 故不需要进行松弛化处理. 其修正公式为

$$p_P^{**} = p_P^* + p'_P$$

于是得 SIMPLEC 算法在第二次速度场更新和压力场更新的迭代矩阵:

$$G_2 = \begin{bmatrix} 1 - aT_u & -aT_v & -aT_p \\ -bT_v & 1 - bT_v & -bT_p \\ cT_u & cT_v & 1 + cT_p \end{bmatrix}$$

形式上与 SIMPLE 算法相同, 但是参数的计算不相同: $a = \dfrac{\mathrm{i}\alpha_u k B_P \sin\left(\xi_1 \Delta x\right)}{P_\theta^p}$, $b = \dfrac{\mathrm{i}\alpha_u k C_P \sin\left(\xi_2 \Delta y\right)}{P_\theta^p}$, $P_\theta^p = 2\alpha_u k \left\{\rho \Delta y B_P \left[1 - \cos\left(\xi_1 \Delta x\right)\right] + \rho \Delta x C_P \left[1 - \cos\left(\xi_2 \Delta y\right)\right]\right\}$. $c = \dfrac{1}{P_\theta^p}$, 于是 SIMPLEC 算法的迭代矩阵为 $G = G_1 G_2$.

SIMPLEC 算法的迭代矩阵对应的特征方程为

$$
\begin{aligned}
|\lambda I - G| = & (\lambda - d)\left\{\lambda^2 - \left[1 + cT_u e + cT_v f + cT_p - d\left(aT_u + bT_v\right) + d\right]\lambda\right. \\
& \left. - \left(aT_u + bT_v - 1 - cT_p\right)d\right\} = 0
\end{aligned}
$$

式中, a, b, c 的计算见 SIMPLEC 算法的迭代矩阵 G_2 中的参数计算公式.

对于无源的情况时, $k = 1/(1-\alpha_u)$, $c = (1-\alpha_u)/P_\theta^p$. 故, 当 SIMPLE 算法中的压力松弛因子 $\alpha_p = 1 - \alpha_u$ 时, SIMPLEC 算法与 SIMPLE 算法的迭代矩阵完全一样, 收敛性也完全一致. 于是迭代矩阵的特征方程中的系数可化为

$$
aT_u + bT_v = \frac{\alpha_u Q_\theta^u}{a_P^u}, \quad cT_u e + bT_v f = -\alpha_u\left(1-\alpha_u\right)\frac{Q_\theta^u}{P_P^u}, \quad cT_p = \alpha_u - 1
$$

则 SIMPLEC 算法迭代记作的特征根为

$$
\lambda_1 = \frac{\left(1-\alpha_u\right)a_P^u}{P_\theta^u}, \quad \lambda_2 = 1 - \alpha_u, \quad \lambda_3 = 1 - \frac{\left(1-\alpha_u\right)a_P^u}{P_\theta^u}
$$

若使迭代矩阵的谱半径 $\delta = \max\{|\lambda_1|, |\lambda_2|, |\lambda_3|\} < 1$, 则要求三个特征根的绝对值都小于 1. 由 SIMPLE 算法中的讨论可知, 在 $0 < \alpha_u = \alpha_v < 1$ 时, $|\lambda_1| < 1, |\lambda_2| < 1$. 现只需 $|\lambda_3| < 1$ 即可.

$$
\lambda_3 = 1 - \frac{\left(1-\alpha_u\right)a_P^u}{P_\theta^u} = \frac{\alpha_u\left(a_P^u - Q_\theta^u\right)}{a_P^u - \alpha_u Q_\theta^u}
$$

由求解迭代矩阵 G 的过程中可知, Q_θ^u 为复数, 即 $Q_\theta^u = Q_1 + Q_2\mathrm{i}$, 其中 Q_1, Q_2 为实数. 下面分析 $|\lambda_3| < 1$ 是否成立.

由$|Q_\theta^u| < \left|a_E^u \mathrm{e}^{\mathrm{i}\xi_1\Delta x}\right| + \left|a_W^u \mathrm{e}^{-\mathrm{i}\xi_1\Delta x}\right| + \left|a_N^u \mathrm{e}^{\mathrm{i}\xi_2\Delta y}\right| + \left|a_S^u \mathrm{e}^{-\mathrm{i}\xi_2\Delta y}\right| = a_P^u$ 可知: $\sqrt{(Q_1^2 + Q_2^2)} < a_P^u$, 则得 $Q_1 < a_P^u$. 于是可推导出:

$$
\left(\alpha_u\left|a_P^u - Q_\theta^u\right|\right)^2 - \left|a_P^u - \alpha_u Q_\theta^u\right|^2 = \left[\left(1+\alpha_u\right)a_P^u - 2\alpha_u Q_1\right]\left(\alpha_u - 1\right)a_P^u < 0
$$

即 $|\lambda_3| < 1$. 综上所述, SIMPLEC 算法迭代矩阵收敛的充分条件为 $0 < \alpha_u < 1$.

4. IDEAL 算法矩阵形式

通过 IDEAL 算法的实施步骤可知: IDEAL 算法在每一个外迭代步进行两次内迭代计算, 用来避免 SIMPLE 算法的两个假设. 在求解过程中, 每一个迭代层次上都满足压力速度耦合关系, 同时, 也提高了计算的稳定性和收敛性.

在第一次内迭代中对于假拟速度:

$$
\hat{u}_e = \alpha_u\left(\frac{\sum a_{nb}u_{nb}}{a_P^u}\right)_e + (1-\alpha_u)u_e^0 + \frac{\alpha_u}{a_P^u}b \tag{3.4.56a}
$$

$$\hat{v}_n = \alpha_v \left(\frac{\sum a_{nb} v_{nb}}{a_P^v} \right)_n + (1-\alpha_v) v_n^0 + \frac{\alpha_v}{a_P^v} b \tag{3.4.56b}$$

式 (3.4.56) 右端第一项界面的流速可以用周围节点的值进行线性插值:

$$\left(\frac{\sum a_{nb} u_{nb}}{a_P^u} \right)_e = 0.5 \left(\frac{\sum a_{nb} u_{nb}}{a_P^u} \right)_P + 0.5 \left(\frac{\sum a_{nb} u_{nb}}{a_P^u} \right)_{\mathrm{E}} \tag{3.4.57a}$$

$$\left(\frac{\sum a_{nb} v_{nb}}{a_P^v} \right)_n = 0.5 \left(\frac{\sum a_{nb} v_{nb}}{a_P^v} \right)_P + 0.5 \left(\frac{\sum a_{nb} v_{nb}}{a_P^v} \right)_{\mathrm{N}} \tag{3.4.57b}$$

将 (3.4.57) 代入到假拟速度表达式中, 并且应用本章的预备知识对其进行 Fourier 变换, 得到

$$\hat{u}_e^* = 0.5\alpha_u \left[\left(\frac{Q_\theta^u}{a_P^u} \right)_P + \left(\frac{Q_\theta^u}{a_P^u} \right)_{\mathrm{E}} \mathrm{e}^{\mathrm{i}\xi_1 \Delta x} \right] \tilde{u} + (1-\alpha_u)\, \tilde{u}_e^0 + \frac{\alpha_u}{a_P^u} b \tag{3.4.58a}$$

$$\hat{v}_n^* = 0.5\alpha_v \left[\left(\frac{Q_\theta^v}{a_P^u} \right)_P + \left(\frac{Q_\theta^v}{a_P^v} \right)_{\mathrm{N}} \mathrm{e}^{\mathrm{i}\xi_2 \Delta y} \right] \tilde{u} + (1-\alpha_v)\, \tilde{u}_n^0 + \frac{\alpha_v}{a_P^v} b \tag{3.4.58b}$$

式中, $Q_\theta^u = a_{\mathrm{E}}^u \mathrm{e}^{\mathrm{i}\xi_1\Delta x} + a_{\mathrm{W}}^u \mathrm{e}^{-\mathrm{i}\xi_1\Delta x} + a_{\mathrm{N}}^u \mathrm{e}^{\mathrm{i}\xi_2\Delta y} + a_{\mathrm{S}}^u \mathrm{e}^{-\mathrm{i}\xi_2\Delta y}$, $Q_\theta^v = a_{\mathrm{E}}^v \mathrm{e}^{\mathrm{i}\xi_1\Delta x} + a_{\mathrm{W}}^v \mathrm{e}^{-\mathrm{i}\xi_1\Delta x} + a_{\mathrm{N}}^v \mathrm{e}^{\mathrm{i}\xi_2\Delta y} + a_{\mathrm{S}}^v \mathrm{e}^{-\mathrm{i}\xi_2\Delta y}$.

由于界面处的速度表达式为

$$u_e = \hat{u}_e + d_e(p_{\mathrm{P}} - p_{\mathrm{E}}) \tag{3.4.59a}$$

$$v_n = \hat{v}_n + d_n(p_{\mathrm{P}} - p_{\mathrm{N}}) \tag{3.4.59b}$$

将 (3.4.59) 进行 Fourier 变换, 可以得到

$$\begin{aligned} \tilde{u}_e^* =& 0.5\alpha_u \left[\left(\frac{Q_\theta^u}{a_P^u} \right)_P + \left(\frac{Q_\theta^u}{a_P^u} \right)_{\mathrm{E}} \mathrm{e}^{\mathrm{i}\xi_1 \Delta x} \right] \tilde{u} + (1-\alpha_u)\, \tilde{u}_e^0 \\ &+ \frac{\alpha_u}{a_P^u} b + \frac{\alpha_u \Delta x}{a_P^u} \left(1 - \mathrm{e}^{\mathrm{i}\xi_1 \Delta x} \right) \tilde{p} \end{aligned} \tag{3.4.60a}$$

$$\begin{aligned} \tilde{v}_n^* =& 0.5\alpha_v \left[\left(\frac{Q_\theta^v}{a_P^v} \right)_P + \left(\frac{Q_\theta^v}{a_P^v} \right)_{\mathrm{N}} \mathrm{e}^{\mathrm{i}\xi_2 \Delta y} \right] \tilde{v} + (1-\alpha_v)\, \tilde{v}_n^0 \\ &+ \frac{\alpha_v}{a_P^v} b + \frac{\alpha_v \Delta y}{a_P^v} \left(1 - \mathrm{e}^{\mathrm{i}\xi_2 \Delta y} \right) \tilde{p} \end{aligned} \tag{3.4.60b}$$

同理, 可以得到 w 和 s 界面处的流速表达式, 并且经过 Fourier 变换有

$$\begin{aligned} \tilde{u}_w^* =& 0.5\alpha_u \left[\left(\frac{Q_\theta^u}{a_P^u} \right)_P + \left(\frac{Q_\theta^u}{a_P^u} \right)_{\mathrm{W}} \mathrm{e}^{-\mathrm{i}\xi_1 \Delta x} \right] \tilde{u} + (1-\alpha_u)\, \tilde{u}_w^0 + \frac{\alpha_u}{a_P^u} b \\ &+ \frac{\alpha_u \Delta x}{a_P^u} \left(\mathrm{e}^{-\mathrm{i}\xi_1 \Delta x} - 1 \right) \tilde{p} \end{aligned} \tag{3.4.61a}$$

$$\begin{aligned}\tilde{v}_s^* =& 0.5\alpha_v\left[\left(\frac{Q_\theta^v}{a_P^v}\right)_P+\left(\frac{Q_\theta^v}{a_P^v}\right)_{\mathrm{S}}\mathrm{e}^{-\mathrm{i}\xi_2\Delta y}\right]\tilde{v}+(1-\alpha_v)\,\tilde{v}_s^0+\frac{\alpha_v}{a_P^v}b\\&+\frac{\alpha_v\Delta y}{a_P^v}\left(\mathrm{e}^{-\mathrm{i}\xi_2\Delta y}-1\right)\tilde{p}\end{aligned}\tag{3.4.61b}$$

将式 (3.4.59) 代入连续方程 (3.4.1) 中, 可得

$$a_P P_P-\sum a_{nb}P_{nb}=\rho\Delta y\left(\hat{u}_w-\hat{u}_e\right)+\rho\Delta x\left(\hat{v}_s-\hat{v}_n\right)\tag{3.4.62}$$

将式 (3.4.62) 进行 Fourier 变换可以得到

$$\tilde{P}^*=\rho\Delta y\left(\frac{\hat{u}_w^*-\hat{u}_e^*}{P_\theta^p}\right)+\rho\Delta x\left(\frac{\hat{v}_s^*-\hat{v}_n^*}{P_\theta^p}\right)\tag{3.4.63}$$

式中, $P_\theta^p=a_P^p-[a_{\mathrm{E}}^p\mathrm{e}^{\mathrm{i}\xi_1\Delta x}+a_{\mathrm{W}}^p\mathrm{e}^{-\mathrm{i}\xi_1\Delta x}+a_{\mathrm{N}}^p\mathrm{e}^{\mathrm{i}\xi_2\Delta y}+a_{\mathrm{S}}^p\mathrm{e}^{-\mathrm{i}\xi_2\Delta y}]$

将式 (3.4.60)、(3.4.61) 代入式 (3.4.63) 得到

$$\tilde{P}^*=\frac{T_u}{P_\theta^p}\tilde{u}+\frac{T_v}{P_\theta^p}\tilde{v}+\frac{1-\alpha_u}{P_\theta^p}\left[\rho\Delta y\left(\tilde{u}_w^0-\tilde{u}_e^0\right)\right]+\frac{1-\alpha_v}{P_\theta^p}\left[\rho\Delta x\left(\tilde{u}_s^0-\tilde{u}_n^0\right)\right]\tag{3.4.64}$$

式中,

$$\begin{aligned}T_u&=0.5\alpha_u\rho\Delta y\left[\left(\frac{Q_\theta^u}{a_P^u}\right)_{\mathrm{W}}\mathrm{e}^{-\mathrm{i}\xi_1\Delta x}-\left(\frac{Q_\theta^u}{a_P^u}\right)_{\mathrm{E}}\mathrm{e}^{\mathrm{i}\xi_1\Delta x}\right]\\T_v&=0.5\alpha_v\rho\Delta x\left[\left(\frac{Q_\theta^v}{a_P^v}\right)_{\mathrm{S}}\mathrm{e}^{-\mathrm{i}\xi_2\Delta y}-\left(\frac{Q_\theta^v}{a_P^v}\right)_{\mathrm{N}}\mathrm{e}^{\mathrm{i}\xi_2\Delta y}\right]\\P_\theta^p&=a_P^p-[a_{\mathrm{E}}^p\mathrm{e}^{\mathrm{i}\xi_1\Delta x}+a_{\mathrm{W}}^p\mathrm{e}^{-\mathrm{i}\xi_1\Delta x}+a_{\mathrm{N}}^p\mathrm{e}^{\mathrm{i}\xi_2\Delta y}+a_{\mathrm{S}}^p\mathrm{e}^{-\mathrm{i}\xi_2\Delta y}]\end{aligned}$$

流场为均匀流场, 在均匀网格下有 $(a_{nb})_{\mathrm{E}}=(a_{nb})_{\mathrm{W}}=(a_{nb})_{\mathrm{N}}=(a_{nb})_{\mathrm{S}}$. 式 (3.4.64) 右端的最后两项代表上层迭代完成后连续方程的余量. 由于假定连续方程在每一个迭代层次都完全求解, 因此求解得到的界面流速都是完全满足该层次连续方程的, 即该项结果为 0, 因此式 (3.4.64) 可以简化为

$$\begin{aligned}\tilde{P}^*&=\frac{T_u}{P_\theta^p}\tilde{u}+\frac{T_v}{P_\theta^p}\tilde{v}\\T_u&=-\frac{\mathrm{i}\alpha_u\rho\Delta yQ_\theta^u\sin\left(\xi_1\Delta x\right)}{a_P^u}\\T_v&=-\frac{\mathrm{i}\alpha_v\rho\Delta xQv\sin\left(\xi_2\Delta y\right)}{a_P^v}\end{aligned}\tag{3.4.65}$$

将 (3.4.65) 求出的压力值 P 记为 P^*, 代入 (3.4.4) 得临时速度 u^*,v^*,

$$u_P^*=\alpha_u\left(\frac{\sum a_{nb}^u u_{nb}+b}{a_P^u}\right)+0.5\frac{\alpha_u\Delta y}{a_P^u}(P_{\mathrm{W}}^*-P_{\mathrm{E}}^*)+(1-\alpha_u)u_P^0\tag{3.4.66a}$$

$$v_P^* = \alpha_v \left(\frac{\sum a_{nb}^v v_{nb} + b}{a_P^v} \right) + 0.5 \frac{\alpha_v \Delta x}{a_P^v} (P_{\mathrm{S}}^* - P_{\mathrm{N}}^*) + (1 - \alpha_v) v_P^0 \tag{3.4.66b}$$

将 (3.4.66) 速度 u^*, v^* 通过 Fourier 变换：

$$\tilde{u}_P^* = \frac{(1-\alpha_u)\, a_P^u}{p_\theta^u} \tilde{u} - \frac{\mathrm{i}\alpha_u \Delta y \sin(\xi_1 \Delta x)}{p_\theta^u} \tilde{p} \tag{3.4.67a}$$

$$\tilde{v}_P^* = \frac{(1-\alpha_v)\, a_P^v}{p_\theta^v} \tilde{v} - \frac{\mathrm{i}\alpha_v \Delta x \sin(\xi_2 \Delta y)}{p_\theta^v} \tilde{p} \tag{3.4.67b}$$

式中, $P_\theta^u = a_P^u - [a_{\mathrm{E}}^u \mathrm{e}^{\mathrm{i}\xi_1 \Delta x} + a_{\mathrm{W}}^u \mathrm{e}^{-\mathrm{i}\xi_1 \Delta x} + a_{\mathrm{N}}^u \mathrm{e}^{\mathrm{i}\xi_2 \Delta y} + a_{\mathrm{S}}^u \mathrm{e}^{-\mathrm{i}\xi_2 \Delta y}]$.

显然经过压力场和速度场的更新, 其迭代关系写成迭代矩阵的形式为

$$\begin{bmatrix} \tilde{u}^* \\ \tilde{v}^* \\ \tilde{P}^* \end{bmatrix} = G_1 \begin{bmatrix} \tilde{u} \\ \tilde{v} \\ \tilde{P} \end{bmatrix} = \begin{bmatrix} c & 0 & d \\ 0 & e & h \\ g & k & 0 \end{bmatrix} \begin{bmatrix} \tilde{u} \\ \tilde{v} \\ \tilde{P} \end{bmatrix}$$

式中, $c = \dfrac{(1-\alpha_u)\, a_P^u}{P_\theta^u}$, $d = \dfrac{-\mathrm{i}\alpha_u \Delta y \sin(\xi_1 \Delta x)}{P_\theta^u}$, $g = \dfrac{-\mathrm{i}\alpha_u Q_\theta^u \Delta y \sin(\xi_1 \Delta x)}{a_P^u P_\theta^u}$, $e = \dfrac{(1-\alpha_v)\, a_P^v}{P_\theta^v}$, $h = \dfrac{-\mathrm{i}\alpha_v \Delta x \sin(\xi_2 \Delta y)}{P_\theta^v}$, $k = \dfrac{-\mathrm{i}\alpha_v Q_\theta^v \Delta x \sin(\xi_2 \Delta y)}{a_P^v P_\theta^v}$.

将得到的 u^*, v^*, P^* 进行内迭代的下一次迭代, 经过以上同样的方法步骤, 设最后得到的在节点 P 处的速度和压力分别为 $u_P^{**}, v_P^{**}, P_P^{**}$, 经过 Fourier 变换之后记为 $\tilde{u}_P^{**}$, $\tilde{v}_P^{**}$, $\tilde{P}_P^{**}$, 那么就有

$$\begin{bmatrix} \tilde{u}^{**} \\ \tilde{v}^{**} \\ \tilde{P}^{**} \end{bmatrix} = G \begin{bmatrix} \tilde{u}^* \\ \tilde{v}^* \\ \tilde{P}^* \end{bmatrix} = \begin{bmatrix} c & 0 & d \\ 0 & e & h \\ g & k & 0 \end{bmatrix} \begin{bmatrix} \tilde{u}^* \\ \tilde{v}^* \\ \tilde{P}^* \end{bmatrix} = G^2 \begin{bmatrix} \tilde{u} \\ \tilde{v} \\ \tilde{P} \end{bmatrix}$$

假设第一次内迭代步数为 N_1 步, 当迭代完成后, 将得到的速度和压力记为 u', v', P', 经过 Fourier 变换之后的值为 $\tilde{u}', \tilde{v}', \tilde{P}'$, 最终经过 N_1 步得到迭代关系的迭代矩阵为

$$\begin{bmatrix} \tilde{u}' \\ \tilde{v}' \\ \tilde{P}' \end{bmatrix} = G^{N_1} \begin{bmatrix} \tilde{u} \\ \tilde{v} \\ \tilde{P} \end{bmatrix}$$

将得到的速度 u', v' 和压力 P' 赋值给下一层次的初始速度, 进行第二次内迭代, 假设第二次内迭代步数为 N_2 步, 我们将每一个迭代层次上进行两次内迭代以

后得到的速度和压力记为 u'', v'', P'', 经过 Fourier 变换之后的值为 $\tilde{u}'', \tilde{v}'', \tilde{P}''$, 最终经过 N_1 和 N_2 步得到迭代矩阵为

$$\begin{bmatrix} \tilde{u}'' \\ \tilde{v}'' \\ \tilde{P}'' \end{bmatrix} = G^{N_2} \begin{bmatrix} \tilde{u}' \\ \tilde{v}' \\ \tilde{P}' \end{bmatrix} = G^{N_2} G^{N_1} \begin{bmatrix} \tilde{u} \\ \tilde{v} \\ \tilde{P} \end{bmatrix} = G^{N_2+N_1} \begin{bmatrix} \tilde{u} \\ \tilde{v} \\ \tilde{P} \end{bmatrix} \tag{3.4.68}$$

式 (3.4.68) 即为 IDEAL 算法的矩阵形式. 通过对其中的矩阵 $G^{N_1+N_2}$ 进行特征值分析, 可望得到保证 IDEAL 算法收敛的充分条件. 目前, 该项工作正在进行中.

3.5 TDMA 算法及其收敛性

平面二维水动力和泥沙运移数学模型的通用控制方程 (2.1.64) 和 (2.2.13), 利用延迟修正的 QUICK 格式离散后为如下形式:

$$a_P \Phi_P = a_\mathrm{E} \Phi_\mathrm{E} + a_\mathrm{W} \Phi_\mathrm{W} + a_\mathrm{N} \Phi_\mathrm{N} + a_\mathrm{S} \Phi_\mathrm{S} + b \tag{3.5.1}$$

该方程组为五对角线性代数方程组, 虽然可以采用五对角阵算法 (pentadiagonal matrix algorithm, PDMA) 来求解, 但应用起来不是太方便. 也可以采用 Jacobi 迭代、Gauss-Seidel 迭代、SOR 迭代等传统方法来求解, 但总体效率不如交替方向 TDMA 方法 (tridiagonal matrix method)(李人宪, 2008).

3.5.1 TDMA 算法

对于三对角方程组

$$A_i \Phi_i = B_i \Phi_{i+1} + C_i \Phi_{i-1} + D_i \tag{3.5.2}$$

其中 A_i, B_i, C_i, D_i 为已知系数, Φ_i 为求解变量, $i = 1, 2, \cdots, M$.

设

$$\Phi_{i-1} = P_{i-1} \Phi_i + Q_{i-1} \tag{3.5.3}$$

将 (3.5.3) 代入 (3.5.2), 可得

$$\Phi_i = \frac{B_i}{A_i - C_i P_{i-1}} \Phi_{i+1} + \frac{D_i + C_i Q_{i-1}}{A_i - C_i P_{i-1}} \tag{3.5.4}$$

与 (3.5.3) 对比可得

$$P_i = \frac{B_i}{A_i - C_i P_{i-1}}, Q_i = \frac{D_i + C_i Q_{i-1}}{A_i - C_i P_{i-1}}, \quad i = 2, 3, \cdots, n \tag{3.5.5}$$

由于当 $i = 1$ 时, (3.5.2) 变为

$$A_1 \Phi_1 = B_1 \Phi_2 + D_1 \tag{3.5.6}$$

与 (3.5.3) 对比可得

$$P_1 = B_1/A_1, \quad Q_1 = D_1/A_1 \tag{3.5.7}$$

因此可由 (3.5.7) 和 (3.5.5) 依次求出 P_i, Q_i.

当 $i = M$ 时, 由 (3.5.5), 有

$$\Phi_M = P_M \Phi_{M+1} + Q_M \tag{3.5.8}$$

而 $P_M \Phi_{M+1} = 0$, 因此有

$$\Phi_M = Q_M \tag{3.5.9}$$

这样, 从 (3.5.9) 出发, 利用 (3.5.8) 逐个回代, 即可得到 $\Phi_i (i = M-1, M-2, \cdots, 1)$.

上述 TDMA 方法充分利用了系数矩阵的稀疏性特点, 一方面计算量很小, 另一方面可以节约大量内存, 只需存储非对角元素即可. 因此上述算法在计算流体力学及计算传热学领域应用很广.

3.5.2 TDMA 算法在二维水沙模型数值求解中的应用

方程组 (3.5.1) 为五对角方程组, 虽然不能直接利用 TDMA 算法, 但可以使用交替方向隐式方法, 即在每个坐标方向上分别采用 TDMA 进行直接求解, 而在其他方向上则用显格式处理的方法.

首先, 将 (3.5.1) 写为

$$a_P \Phi_P = a_{\mathrm{E}} \Phi_{\mathrm{E}} + a_{\mathrm{W}} \Phi_{\mathrm{W}} + a_{\mathrm{N}} \Phi_{\mathrm{N}}^* + a_{\mathrm{S}} \Phi_{\mathrm{S}}^* + b \tag{3.5.10}$$

其中上标 "*" 表示上一迭代层次的值, 这样可以将 (3.5.10) 中的后三项视为源项, 方程组变为三对角形式, 可以沿 W-E 方向逐层利用 TDMA 算法进行计算, 一般要经过多次扫描才可以达到一定精度要求.

其次, 将 (3.5.1) 写为

$$a_P \Phi_P = a_{\mathrm{N}} \Phi_{\mathrm{N}} + a_{\mathrm{S}} \Phi_{\mathrm{S}} + a_{\mathrm{E}} \Phi_{\mathrm{E}}^* + a_{\mathrm{W}} \Phi_{\mathrm{W}}^* + b \tag{3.5.11}$$

仍然将后三项视为源项, 在 S-N 方向逐层进行扫描, 每扫描一次, 相当于解一系列三对角方程组, 用 TDMA 方法即可.

这样, 经过反复实行上述过程, 可使所求变量值达到精度要求. 这就是交替方向 TDMA 算法, 它将较为复杂的二维或三维问题转化为一维问题, 进而可以使用高效的 TDMA 算法来求解, 简单实用, 计算量及存储量都较小. 本书使用交替方向 TDMA 算法对动量方程、k 方程、ε 方程、泥沙连续性方程及水位校正方程的离散方程进行求解. 另外在网格生成时使用了 Possion 方程法, 该方程的离散形式也形如 (3.5.1), 仍然可以使用交替方向 TDMA 方法求解.

3.5.3 TDMA 算法的收敛性

1. 二维问题中 TDMA 算法收敛性证明 (关朋燕, 2014)

以二维问题为例, 数学模型离散后形式如公式 (3.5.1), 设方程组的系数矩阵为 A, 则矩阵 A 具有如下特征: 除了对角线及其上下相邻几个元素不为零外, 只有离开主元素为 m(S-N 方向有 m 条网格线) 个元素的位置才为非零元素, 其余都是零元素, 是五对角矩阵, 且为不可约对角占优或严格对角占优 (李人宪, 2008), 令 $A=-W-S+P-N-E$, 其中 $a_{W_{i,j}}, a_{S_{i,j}}, a_{N_{i,j}}, a_{E_{i,j}}$ 分别是 W, S, P, E 中的元素, 并且

$$a_{W_{i,i-m}}=-a_{i,i-m}>0, a_{W_{i,j}}=0,\quad i>m, j\neq i-m; i,j=1,2,\cdots,n$$

$$a_{S_{i,i-1}}=-a_{i,i-1}>0, a_{s_{i,j}}=0,\quad i>1, j\neq i-1; i,j=1,2,\cdots,n$$

$$a_{E_{i,i+m}}=-a_{i,i+m}>0, a_{E_{i,j}}=0,\quad i\leqslant n-m, j\neq i+m; i,j=1,2,\cdots,n$$

$$a_{N_{i,i-1}}=-a_{i,i+1}>0, a_{N_{i,j}}=0,\quad i\leqslant n-1, j\neq i+1; i,j=1,2,\cdots,n$$

$$P=\operatorname{diag}\left(a_{11}, a_{22},\cdots,a_{nn}\right),\quad a_{ii}>0, i=1,2,\cdots,n$$

其中, 当 A 为不可约对角占优或严格对角占优矩阵时, 矩阵 $-W-S+P-N$ 也为不可约对角占优或严格对角占优, 因此, 矩阵 A、$-W-S+P-N$ 分块 (逐列迭代的块矩阵) 后并不影响二维 TDMA 算法的收敛性. 下面对 TDMA 算法的收敛性进行证明.

定理 3.5.1 在二维对流扩散问题中, 若离散出的方程组其系数矩阵是严格对角占优或不可约对角占优的, 则 TDMA 算法在迭代上述方程组时是收敛的.

证明 (逐列迭代收敛的证明)

在求解二维对流扩散问题所得的线性方程组中, 用 TDMA 算法逐列进行迭代求解, 可得

$$\left(-W-S+P-N\right)x^{(k)}=Ex^{(k-1)}+b,\quad k=1,2,\cdots \tag{3.5.12}$$

上式可化为

$$x^{(k)}=Mx^{(k-1)}+g,\quad k=1,2,\cdots \tag{3.5.13}$$

式中

$$M=\left(-W-S+P-N\right)^{-1}E,\quad g=\left(-W-S+P-N\right)^{-1}b$$

当且仅当

$$\rho\left(M\right)<1$$

时, 上述迭代法收敛 (徐树方等, 2000).

假设式 (3.5.13) 的迭代矩阵 M 的某个特征值

$$|\lambda| \geqslant 1$$

则

$$(-W-S+P-N)-\frac{1}{\lambda}E$$

是严格对角占优或不可约对角占优, 也是非奇异矩阵.

$$\begin{aligned}
&\det(\lambda I - M) = \det\left(\lambda I - (-W-S+P-N)^{-1}E\right)\\
&=\det\left[\lambda(-W-S+P-N)^{-1}\left((-W-S+P-N)-\frac{1}{\lambda}E\right)\right]\\
&=\lambda^n \det\left((-W-S+P-N)^{-1}\right)\det\left[\left((-W-S+P-N)-\frac{1}{\lambda}E\right)\right]\neq 0
\end{aligned}$$

这与 λ 是 M 的特征值矛盾. 这也就是说 M 的特征值的模均小于 1, 所以式 (3.5.13) 收敛. 即 TDMA 算法在逐列迭代求解二维对流扩散问题离散方程组时是收敛的.

采用有限体积法且满足四条基本原则后, 离散方程组的系数矩阵一定是不可约对角占优或严格对角占优的, 所以得出定理 3.5.2.

定理 3.5.2 在采用有限体积法离散二维对流扩散问题控制方程时, 若满足如以下四条基本原则:

(1) 控制体积界面上的连续性原则;

(2) 正系数原则;

(3) 源项的负斜率线性原则;

(4) 系数等于相邻节点系数之和原则,

则 TDMA 算法在迭代求解上述离散方程组时是收敛的.

2. 三维问题中 TDMA 算法收敛性证明

与二维问题相比, 三维问题的网格系统中, 除了有东西南北 (E、W、S、N) 四个邻点以外, 还增加了上、下两个邻点, 分别用 T 和 B 表示. 因此, 三维问题离散的方程组为

$$-a_{\mathrm{S}}\phi_{\mathrm{S}}+a_P\phi_P-a_{\mathrm{N}}\phi_{\mathrm{N}}=a_{\mathrm{W}}\phi_{\mathrm{W}}+a_{\mathrm{E}}\phi_{\mathrm{E}}+a_B\phi_B+a_T\phi_T+b \tag{3.5.14}$$

式中

$$b=S_c\Delta V+a_P^0\phi_P^0$$

$$a_P^0=\frac{\rho_P^0\Delta V}{\Delta t}$$

$$a_P = a_W + a_E + a_N + a_S + a_B + a_T + (F_e - F_w) + (F_n - F_s) + (F_t - F_b) + a_P^0 - S_P \Delta V$$

由于采用有限体积法进行离散三维对流扩散问题的控制方程, 并且在离散时满足四条基本原则: 连续性原则、正系数原则、源项的负斜率线性原则和系数 a_p 等于相邻节点系数之和原则. 故离散方程组的系数矩阵一定是不可约对角占优或严格对角占优. 采用 TDMA 算法求解三维问题, 系数矩阵与二维问题中系数矩阵的特征相同.

令 $A = -B - W - S + P - N - E - T$, 其中 $a_{B_{i,j}}, a_{W_{i,j}}, a_{S_{i,j}}, a_{N_{i,j}}, a_{P_{i,j}}, a_{T_{i,j}}, a_{E_{i,j}}$ 分别是 B, W, S, P, N, T, E 中的元素, 并且

$$a_{W_{i,i-m}} = -a_{i,i-m} > 0, a_{W_{i,j}} = 0, \quad i > m, j \neq i - m; i, j = 1, 2, \cdots, n$$

$$a_{S_{i,i-1}} = -a_{i,i-1} > 0, a_{s_{i,j}} = 0, \quad i > 1, j \neq i - 1; i, j = 1, 2, \cdots, n$$

$$a_{E_{i,i+m}} = -a_{i,i+m} > 0, a_{E_{i,j}} = 0, \quad i \leqslant n - m, j \neq i + m; i, j = 1, 2, \cdots, n$$

$$a_{N_{i,i-1}} = -a_{i,i+1} > 0, a_{N_{i,j}} = 0, \quad i \leqslant n - 1, j \neq i + 1; i, j = 1, 2, \cdots, n$$

$$a_{B_{i,i-m \cdot n1}} = -a_{i,i-m \cdot n1} > 0, a_{B_{i,j}} = 0, \quad i > m \cdot n1, j \neq i - m \cdot n1; i, j = 1, 2, \cdots, n$$

$$a_{T_{i,i+m \cdot n1}} = -a_{i,i+m \cdot n1} > 0, a_{T_{i,j}} = 0, \quad i \leqslant n - m \cdot n1, j \neq i + m \cdot n1; i, j = 1, 2, \cdots, n$$

$$P = \operatorname{diag}(a_{11}, a_{22}, \cdots, a_{nn}), \quad a_{ii} > 0, i = 1, 2, \cdots, n$$

其中 m 为离开主对角线元素数, $n1$ 为南北方向的节点数, 当 A 为不可约对角占优或严格对角占优矩阵时, 矩阵 $-B - W - S + P - N$ 也为不可约对角占优或严格对角占优, 因此, 矩阵 A、$-B - W - S + P - N$ 分块 (逐层迭代的块矩阵) 后并不影响三维 TDMA 算法的收敛性. 下面对 TDMA 算法的收敛性进行证明.

定理 3.5.3 在三维对流扩散问题中, 若离散出的方程组其系数矩阵是严格对角占优或不可约对角占优的, 则 TDMA 算法在迭代上述方程组时是收敛的.

证明(逐层迭代收敛的证明)

在求解三维对流扩散问题所得的线性方程组中, 用 TDMA 算法逐层进行迭代求解, 可得

$$(-B - W - S + P - N)\,x^{(k)} = (E + T)\,x^{(k-1)} + b, \quad k = 1, 2, \cdots \tag{3.5.15}$$

上式可化为

$$x^{(k)} = Mx^{(k-1)} + g, \quad k = 1, 2, \cdots \tag{3.5.16}$$

式中, $M = (-B - W - S + P - N)^{-1}(E + T)$, $g = (-B - W - S + P - N)^{-1} b$, M 为迭代矩阵. 当且仅当 $\rho(M) < 1$ 时, 上述迭代法收敛.

现在只需证明 $\rho(M) < 1$. 假设式 (3.5.16) 的迭代矩阵 M 的某个特征值 $|\lambda| \geqslant 1$. 则 $(-B-W-S+P-N)-\dfrac{1}{\lambda}(E+T)$ 是严格对角占优或不可约对角占优, 也是非奇异矩阵.

$$\det(\lambda I - M) = \det\left(\lambda I - (-B-W-S+P-N)^{-1}(E+T)\right)$$

$$= \det\left[\lambda(-B-W-S+P-N)^{-1}\left((-B-W-S+P-N)-\frac{1}{\lambda}E\right)\right]$$

$$= \lambda^n \det\left((-B-W-S+P-N)^{-1}\right)\det\left[\left((-B-W-S+P-N)-\frac{1}{\lambda}(E+T)\right)\right] \neq 0$$

这与 λ 是 M 的特征值矛盾. 这也就是说 M 的特征值的模均小于 1, 所以式 (3.5.16) 收敛. 即 TDMA 算法在逐列迭代求解三维对流扩散问题离散方程组时是收敛的.

采用有限体积法且满足四条基本原则后, 离散方程组的系数矩阵一定是不可约对角占优或严格对角占优的, 所以得出定理 3.5.4.

定理 3.5.4 在采用有限体积法离散三维对流扩散问题控制方程时, 若满足如以下四条基本原则 (王福军, 2004):

(1) 控制体积界面上的连续性原则;

(2) 正系数原则;

(3) 源项的负斜率线性原则;

(4) 系数等于相邻节点系数之和原则.

则 TDMA 算法在迭代求解上述离散方程组时是收敛的.

3.6 高分辨率组合格式构造

对于扩散项的离散, 二阶精度的中心差分格式各种性能表现得都很好, 在大多数工程计算中被采用. 而构造一种令人满意的格式的难点在于: 精度的要求与有界性的要求常常是互相抵触的. 在梯度较大的区域, 对流项的离散格式中, 高阶 (二阶或者更高) 格式会导致不合理的振荡或越界, 而基于传统的 FUD 格式的数值计算经常会由于低阶截差导致假扩散 (陶文铨, 2009). 为使所构造的格式既能有较高的精度, 又能避免不合理的振荡或越界现象, 促成了所谓的高分辨率组合格式的产生. 所谓组合格式是指界面插值的定义要根据界面与节点间的距离不同分段进行. 高阶组合格式, 计算结果精确度高, 数值扩散轻微, 又具备有界性, 称为高分辨率组合格式.

Harten 于 1983 年首次提出高分辨率 (high resolusion) 方法 (Harten, 1983; Harten et al., 1987), 该方法为数值方法, 特别是差分方法的理论和构造, 开拓了一个崭新的方向, 为数值方法的发展作出了巨大贡献. 从此, 高分辨率方法发展非常迅速, 如: TVD、ENO、weighted ENO 等方法 (刘儒勋, 舒其望, 2003). 目前, 高分辨率方法主要分为两大类, 一类称为通量密度混合法, 如稳定性可靠的二阶格式 SCSD(stability controlable second-order difference scheme); 另一类称为组合通量密度限制法, 如 EULER、MINMOD、SMART、SECBC 等 (陶文铨, 2009).

本节根据已有的高分辨率组合格式 MINMOD, 依据高分辨率格式的构造准则, 构造了一种新的高分辨率组合格式 (MMINMOD), 使差分格式可以至少达到二阶精度, 且满足有界性要求. 以典型数值算例为例, 分别采用构造的新格式和 FUD 格式、QUICK 格式及 MINMOD 格式进行模拟计算, 其中高阶格式的实施采用延迟修正技术. 将模拟结果进行对比, 结果表明, FUD 产生了严重的数值扩散现象; QUICK 格式产生了越界现象; 新格式比其他格式的精度高, 比 QUICK 格式和 MINMOD 格式数值扩散小; 在流速梯度变化较大的流场及间断问题时, 新格式能较好地模拟场变量突变现象, 且稳定性较好, 精度较高.

3.6.1 相关概念

1. 归正变量

为了研究高分辨率组合格式, Leonard 提出归正变量及归正变量图 (normalized variable diagram, NVD)(陶文铨, 2009) 的概念. 归正变量定义如下:

$$\tilde{\phi}_C = \frac{\phi_C - \phi_U}{\phi_D - \phi_U}$$

式中, U 为 C 点的上游节点, D 为 C 点的下游节点, 其对应的变量值分别为 ϕ_U, ϕ_C, ϕ_D.

易得 $\tilde{\phi}_U = 0$, $\tilde{\phi}_D = 1$, 因此引入归正变量后, 界面插值函数就仅仅是 $\tilde{\phi}_C$ 的函数了, 即 $\tilde{\phi}_f = f(\tilde{\phi}_C)$.

2. 二阶精度的插值方法

假设速度 $u > 0$, 定义变量 ϕ 在 e、w 界面的值按照如下形式插值:

$$\begin{cases} \phi_e = a_{i-1}\phi_{i-1} + a_i\phi_i + a_{i+1}\phi_{i+1} \\ \phi_w = a_{i-1}\phi_{i-2} + a_i\phi_{i-1} + a_{i+1}\phi_i \end{cases}$$

文献 (陶文铨, 2009) 指出, 二阶精度差分格式的统一表达式可以写为

$$\begin{cases} \phi_e = a_i\phi_i + \left(\dfrac{1}{4} - \dfrac{a_i}{2}\right)\phi_{i-1} + \left(\dfrac{3}{4} - \dfrac{a_i}{2}\right)\phi_{i+1} \\ \phi_w = a_i\phi_{i-1} + \left(\dfrac{1}{4} - \dfrac{a_i}{2}\right)\phi_{i-2} + \left(\dfrac{3}{4} - \dfrac{a_i}{2}\right)\phi_i \\ a_i \neq \dfrac{5}{6} \end{cases}$$

根据归正变量的定义, 上式可以写为

$$\tilde{\phi}_f = \left(\frac{3}{4} - \frac{a_i}{2}\right) + a_i\tilde{\phi}_C = a_i\left(\tilde{\phi}_C - \frac{1}{2}\right) + \frac{3}{4}$$

无论 a_i 取何值时, 归正变量图都必然通过点 (0.5,0.75). 因此, Leonard 指出, 特征线通过点 (0.5,0.75) 的格式都具有至少二阶的精度 (陶文铨, 2009).

3. 对流有界性准则

Gaskell 与 Lau 提出了一种对流项差分格式有界性准则 (convective boundedness criterion GL-CBC)(陶文铨, 2009). 文献 (Yu et al., 2001) 和 (陶文铨, 2001) 认为 GL-CBC 仅仅是一个充分条件, 并提出了拓宽的对流有界性准则 (extended convective boundedness criterion, ECBC). 通过仔细研究 GL-CBC 和 ECBC, 发现某些满足上述两个准则的格式计算精度低, 为此魏进家提出了新的通用对流有界性准则 (generalized convective boundedness criterion, GCBC)(陶文铨, 2009), GL-CBC 和 ECBC 是这一判据的两种极限情况.

文献 (陶文铨, 2009) 指出, 在 NVD 中构建有界且精确的合理插值的方法应该满足以下条件:

(1) GL-CBC 准则且在 NVD 上特征线应该通过 (0.5,0.75);

(2) 在下式中变量参数 α 的最大绝对值应该在 $[-0.125, 0.375]$ 范围内, 以满足插值的合理性:

$$\begin{cases} \phi_e^+ = -(0.125+\alpha_e^+)\phi_{\mathrm{W}} + (0.75+2\alpha_e^+)\phi_P + (0.375-\alpha_e^+)\phi_{\mathrm{E}}, & u_e \geqslant 0 \\ \phi_e^- = -(0.125+\alpha_e^-)\phi_{\mathrm{EE}} + (0.75+2\alpha_e^-)\phi_{\mathrm{E}} + (0.375-\alpha_e^-)\phi_P, & u_e < 0 \end{cases}$$

$$\begin{cases} \phi_w^+ = -(0.125+\alpha_w^+)\phi_{\mathrm{WW}} + (0.75+2\alpha_w^+)\phi_{\mathrm{W}} + (0.375-\alpha_w^+)\phi_P, & u_w \geqslant 0 \\ \phi_w^- = -(0.125+\alpha_w^-)\phi_{\mathrm{E}} + (0.75+2\alpha_w^-)\phi_P + (0.375-\alpha_w^-)\phi_{\mathrm{W}}, & u_w < 0 \end{cases}$$

上述三个条件被称为 BAIR(boundedness accuracy and interpolative reasonableness). 在图 3.6.1 中阴影区域加上区域外两段一阶迎风线 ($\tilde{\phi}_C < 0$ 和 $\tilde{\phi}_C > 1$) 表示 BAIR 区域. 在此区域内, 格式有界, 至少具有二阶精度且具有插值合理性.

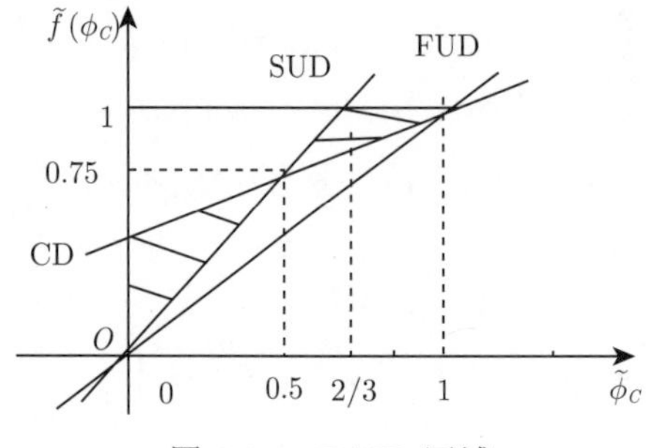

图 3.6.1　BAIR 区域

3.6.2 高分辨率格式构造

由上述分析, 为使所构造的对流项的离散格式有界, 具有插值合理性, 且至少有二阶精度. 只需在归正变量图 $\tilde{\phi}_C \in [0,1]$ 的范围内, 满足 BAIR 区域即可. 由此可以提出多种不同的组合格式.

高分辨率组合格式 MINMOD(陶文铨, 2009) 的定义如下:

$$\tilde{\phi}_{\mathrm{f}} = \begin{cases} 1.5\tilde{\phi}_C, & 0 \leqslant \tilde{\phi}_C \leqslant 0.5 \\ 0.5(1+\tilde{\phi}_C), & 0.5 \leqslant \tilde{\phi}_C \leqslant 1 \\ \tilde{\phi}_C, & \text{其他} \end{cases} \tag{3.6.1}$$

在此格式的基础之上, 构造新的组合格式, 将其命名为 MMINMOD, 归正变量定义为

$$\tilde{\phi}_{\mathrm{f}} = \begin{cases} 4.5\tilde{\phi}_C, & 0 \leqslant \tilde{\phi}_C \leqslant 0.1 \\ 0.75\tilde{\phi}_C + 0.375, & 0.1 \leqslant \tilde{\phi}_C \leqslant 0.5 \\ \tilde{\phi}_C + 0.25, & 0.5 \leqslant \tilde{\phi}_C \leqslant 1 - \dfrac{1}{4\gamma} \\ (1-\gamma)\tilde{\phi}_C + \gamma, & 1 - \dfrac{1}{4\gamma} \leqslant \tilde{\phi}_C \leqslant 1 \\ \tilde{\phi}_C, & \text{其他} \end{cases} \tag{3.6.2}$$

线性的高分辨率格式的插值定义一般可写成以下的通用形式:

$$\tilde{\phi}_{\mathrm{f}} = m\tilde{\phi}_C + k \tag{3.6.3}$$

式中, m 与 k 在某一段 $\tilde{\phi}_C$ 的范围内均为常数.

由归正变量的原始定义, 式 (3.6.3) 可写成如下形式:

$$\frac{\phi_{\mathrm{f}} - \phi_U}{\phi_D - \phi_U} = m\frac{\phi_C - \phi_U}{\phi_D - \phi_U} + k$$

即

$$\phi_{\mathrm{f}} = m(\phi_C - \phi_U) + k(\phi_D - \phi_U) + \phi_U = m\phi_C + k\phi_D + (1-m-k)\phi_U$$

MMINMOD 格式的归正变量对应的常规定义的界面处的表达式如下:

$$\phi_{\mathrm{f}} = \begin{cases} 4.5\phi_C - 3.5\phi_U, & 0 \leqslant \dfrac{\phi_C - \phi_U}{\phi_D - \phi_U} \leqslant 0.1 \\ 0.75\phi_C + 0.375\phi_D - 0.125\phi_U, & 0.1 \leqslant \dfrac{\phi_C - \phi_U}{\phi_D - \phi_U} \leqslant 0.5 \\ \phi_C + 0.25\phi_D - 0.25\phi_U, & 0.5 \leqslant \dfrac{\phi_C - \phi_U}{\phi_D - \phi_U} \leqslant 1 - \dfrac{1}{4\gamma} \\ (1-\gamma)\phi_C + \gamma\phi_D, & 1 - \dfrac{1}{4\gamma} \leqslant \dfrac{\phi_C - \phi_U}{\phi_D - \phi_U} \leqslant 1 \\ \phi_C, & \text{其他} \end{cases}$$

本节中高阶格式包括新格式的实施采用延迟修正技术 (李人宪, 2008). 延迟修正是指把界面上的函数的插值表述成以下方式的实施方法:

$$\phi_{\mathrm{f}}^{\mathrm{H}}=\phi_{\mathrm{f}}^{\mathrm{L}}+(\phi_{\mathrm{f}}^{\mathrm{H}}-\phi_{\mathrm{f}}^{\mathrm{L}})^{*}$$

式中, 上标 H 及 L 分别为高阶和低阶格式, 如 FUD; 下标 f 为界面; $*$ 为上一层次的迭代值.

这样做可以保证所求解的代数方程满足对角占优的条件, 增加了代数方程组求解过程的稳定性.

3.6.3　算例

为了比较不同格式的精度, 本算例中定义偏差量如下所示:

$$\mathrm{ERR}=\sum_{\text{所有节点}}|\phi_{\mathrm{exact}}-\phi_{\mathrm{comput}}|$$

算例中对流项的离散分别使用 FUD、QUICK、MINMOD 和 MMINMOD, 时间项的离散取全隐格式 (Tian and Ge, 2003). 网格步长分别取为 $\Delta x=0.05$ 和 $\Delta x=\Delta y=0.05$, γ 取为 0.999.

算例 3.6.1　考虑初值问题

$$\begin{cases}\dfrac{\partial u}{\partial t}+\dfrac{\partial u}{\partial x}=0\\ u(x,0)=u_0(x)\end{cases}$$

式中

$$u_0(x)=\begin{cases}1, & x\in[0.4,0.6]\\ 0, & x\notin[0.4,0.6]\end{cases}$$

模拟时间为 $t=1$. 计算结果如图 3.6.2 所示, 偏差量如表 3.6.1 所示.

表 3.6.1　偏差量

格式名称	FUD	QUICK	MINMOD	MMINMOD
偏差量 ERR	5.5273	4.0580	4.4196	2.7159

算例 3.6.2　计算如图 3.6.3 所示的区域内的流动, 速度场为 $u=2\mathrm{m/s}$, $v=2\mathrm{m/s}$ 的均匀场, 流动方向为对角线 AA', 场变量 ϕ 在西侧及北侧 $\phi=100$, 在东侧和南侧为 $\phi=0$. 比较负对角线 (即 BB') 上节点处的值.

对角线 AA' 左上侧的值为 $\phi=100$, 右下侧的值是 $\phi=0$, 两对角线交点处有一阶跃. 流动区域的长度 $AB=1$, $AB'=1$. 精确解如图 3.6.4 所示.

控制方程如下：

$$\frac{\partial(\rho\phi)}{\partial t}+\frac{\partial(\rho u\phi)}{\partial x}+\frac{\partial(\rho v\phi)}{\partial y}=0$$

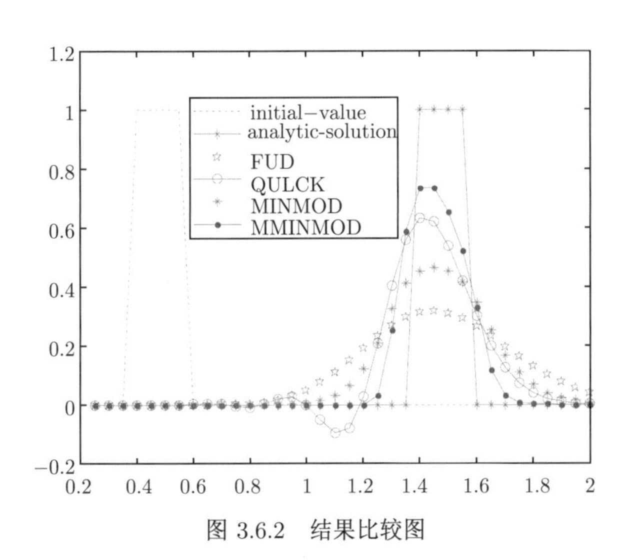

图 3.6.2 结果比较图

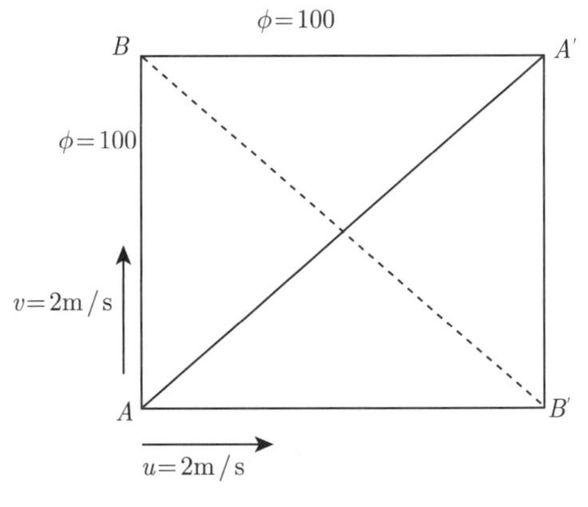

图 3.6.3 流动区域

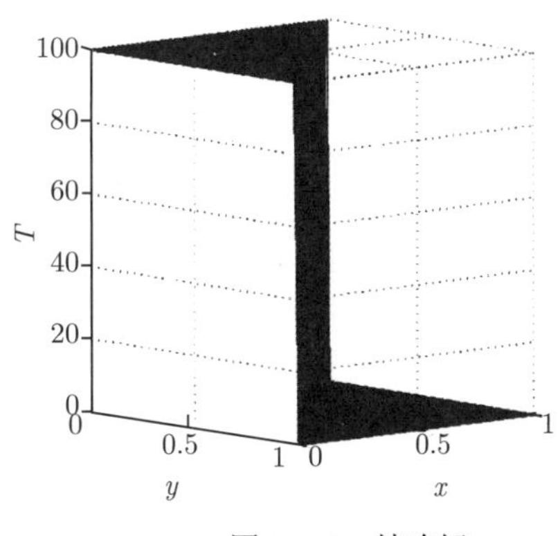

图 3.6.4 精确解

计算结果如图 3.6.5 示, 偏差量如表 3.6.2 所示.

表 3.6.2 偏差量

格式名称	FUD	QUICK	MINMOD	MMINMOD
偏差量 ERR	176.1971	81.3507	91.2897	57.6532

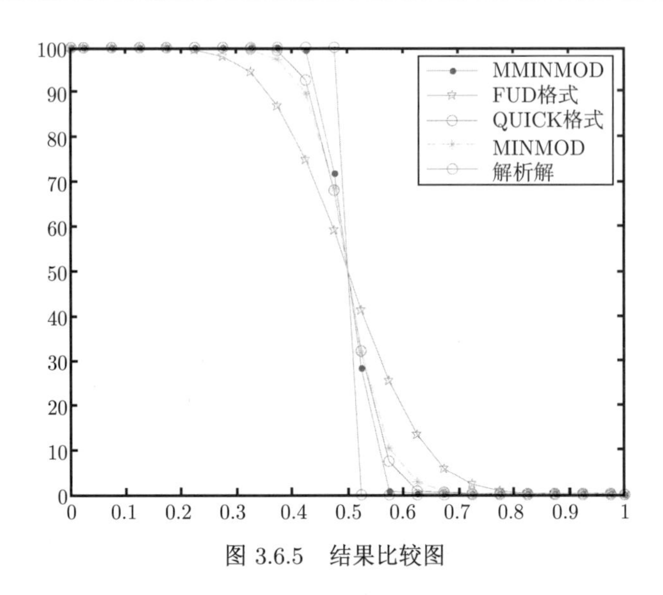

图 3.6.5　结果比较图

由图 3.6.2 和图 3.6.5 可知, FUD 有严重的数值扩散, 使阶跃处的剧烈变化在计算域内被大大抹平, QUICK 格式则发生越界现象, MMINMOD 格式数值扩散轻微, 对有突然变化的流动计算的稳定性比较好. 由表 3.6.1 和表 3.6.2 可知, 偏差量按照 MMINMOD、QUICK 格式、MINMOD 、FUD 格式的顺序减小, 表明了新格式的优越性.

3.7　定解条件及有关算法改进

本书建立的水沙数学模型是非恒定模型, 需要给出计算开始时刻的所有变量值, 即初始条件, 计算才能启动, 另外还需给定边界条件. 平面二维水沙数学模型的边界条件包括流动进口边界、出口边界条件、壁面边界. 边界条件的不同处理, 对整个数值模拟结果影响较大, 甚至关系到整个数值计算的成败. 平面二维紊流水沙数学模型, 不但含有水流, 而且含有泥沙, 涉及紊流边界条件和动边界条件, 这给边界条件的处理带来一定的难度和挑战. 以下分别进行讨论.

3.7.1　初始条件

在模拟时, 需给定以下一些初始条件.

1. *河岸边界位置*

对于边界网格节点处的坐标值, 可根据在一些实测点处的坐标值进行插值得到. 为了得到比较光滑的河岸曲线, 一般可利用三次样条插值来实现.

2. 河床高程

根据实测的一些点处的河床高程值, 通过插值得到各网格节点处的河床高程值, 即为初始时刻的河床高程.

3. 水位分布

初始水位可根据进出口水位边界条件来给定. 若在出口边界处给出水位, 初始时刻全场水位值可统一取为出口水位值. 但当模拟河段较长、水位落差较大时, 这样取值往往会使上游部分位置水位低于河床高程, 使得计算无法进行下去. 为避免出现这种情况, 可参考实测结果给定水力坡降, 使得沿程水位不断下降, 直到出口边界处水位等于给定水位值. 这样处理, 一方面可以避免出现上述现象, 另一方面可以加速计算过程.

4. 流速分布

初始流速分布的给定, 一般可以采用两种方式. 一种是所谓"冷启动", 另一种是所谓"热启动". "冷启动"除进口边界处外, 全场流速均取为零. 这种处理方式比较简便, 但达到稳定流速分布需要较长时间. "热启动"是指初始时刻给定各点合理的流速分布值. 可给定各断面处的流速分布与进口处流速分布完全相同, 亦可将上一时段流速模拟结果当成下一时段的初始流速. "热启动"往往可以大大缩减模拟时间. 本文在开始模拟时采用"冷启动"方式, 在进行下一时段或同一工况但不同含沙量的数值模拟时, 采用"热启动"的方式.

5. 紊动动能 k 及其耗散率 ε 的分布

在流速应用"冷启动"给定时, k 和 ε 的初始值并不能直接赋零, 否则会使程序无法进行下去. 根据作者的数值模拟经验, 本节在数值模拟时, 除进口边界外, k 的初值取为 0.01, 而 ε 的初值取为 0.001. 若流速应用"热启动"给定时, k 和 ε 的初始值可利用流速进行计算, 或将上一时段的相应的计算值取为初值.

6. 悬移质含沙量及其粒径级配的分布

可根据实测值给定初始时刻全场悬移质含沙量及粒配分布. 若实测资料比较缺乏时, 可取初始时刻全场悬移质含沙量及其粒配与进口边界处相应值完全相同.

7. 床沙粒径级配分布

床沙粒径级配, 会随着河床冲淤变化而发生一定变化. 在初始时刻, 一般需给定床沙粒径级配, 可根据实测值给定.

3.7.2 边界条件

在数值模拟时, 除上述初始条件外, 还需给定以下边界条件.

1. 进口边界

在进口边界给定流速 $U_{\rm in}$、各粒径组悬移质含沙量 S_L、推移质输沙率 $g_{{\rm b},L}$、紊动能 k 及其耗散率 ε. 对于非恒定流, 需要给定这些变量随时间变化的过程. $U_{\rm in}$、S_L 和 $g_{{\rm b},L}$ 可根据实测值给定; k 和 ε 可按下式计算:

$$k=\frac{3}{2}(IU_{\rm in})^2,\quad \varepsilon=C_\mu^{\frac{3}{4}}\frac{k^{\frac{3}{2}}}{0.1R} \tag{3.7.1}$$

其中 I 为紊动强度, 一般可取为 10%, R 为水力半径, 可取为水深 h. 水位 z 在进口处的值不给定, 在计算中根据下游水位自动进行调整.

2. 出口边界

在出口边界给定水位 z 的过程值, 流速 u、v 和紊动能 k 及其耗散率 ε 均按充分发展边界条件处理. 当出口处有各粒径组悬移质含沙量 S_L 及推移质输沙率 $g_{{\rm b},L}$ 实测数据时, 可在出口处给定各粒径组含沙量及推移质输沙率. 否则, 出口处的含沙量及推移质输沙率可按充分发展条件处理. 在出口边界处按充分发展条件处理 u, v, k, ε, S_L, $g_{{\rm b},L}$, 即

$$\frac{\partial u}{\partial n}=\frac{\partial v}{\partial n}=\frac{\partial k}{\partial n}=\frac{\partial \varepsilon}{\partial n}=\frac{\partial S_L}{\partial n}=\frac{\partial g_{{\rm b},L}}{\partial n}=0 \tag{3.7.2}$$

3. 壁面边界

利用 3.4 节介绍的壁面函数法来处理. 另外, 对流速采用无滑移固壁边界条件, 对水位和悬沙含沙量, 采用不可渗透边界条件, 即

$$u=v=0 \tag{3.7.3}$$

$$\frac{\partial z}{\partial \eta}=0,\quad \frac{\partial S_L}{\partial \eta}=0 \tag{3.7.4}$$

3.7.3 动边界处理

水沙运移过程伴随着河床的冲淤变化及水位的升降, 与此同时, 河岸边界或模拟区域也会随着发生变化. 这就涉及动边界问题. 计算区域中有水区域和无水区域的交界线即为动边界, 如图 3.7.1 所示. 动边界的处理是河道平面二维数值模拟的难点之一. 在计算非恒定水沙模型时, 水位及河床高程都随时间的变化而变化, 从而造成水陆边界的不断移动, 如果每一步都进行坐标变换生成新的计算网格, 计算量是非常可观的, 在实际工程计算中是不可取的.

窄缝法 (何少苓和王连祥, 1986) 是处理动边界问题的一种重要方法. 该方法的基本思想是: 设想在岸滩上各空间步长内存在一条很窄的缝隙, 缝内的水和岸滩前的水相连, 这相当于把岸滩前的水域延伸到岸滩内, 这样就可以把计算边界设在岸

滩的窄缝内, 使动边界问题化为固定边界问题. 然而, 窄缝法需要将控制方程进行相应的变换, 计算比较烦琐.

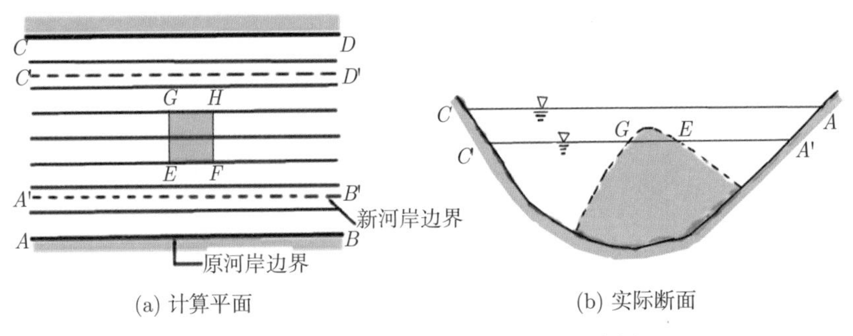

(a) 计算平面 (b) 实际断面

图 3.7.1 水位变化引起的动边界示意图

冻结法 (程文辉和王船海,1988) 是处理动边界问题的另一种有效的方法. 计算时根据节点处水位 z 及河床高程 $Z_{\rm b}$ 的关系, 判断网格节点是否露出水面, 若 $z > Z_{\rm b}$, 则该网格节点不露出水面, 曼宁系数取正常值, 否则, 曼宁系数取一个接近无穷大的正数 (如 $n = 10^{10}$), 将该曼宁系数代入动量方程中计算, 可使流速 u、v 趋于零, 这样用连续性方程计算该节点水位时, 水位将冻结不变. 在实际计算中, 为防止因为水深为零或很小时, 迭代中会出现的溢出或发散现象, 给露出水面的节点给定一个虚拟的水深 (如给定 $h_{\min} = 0.05{\rm m}$), 可使露出水面的节点与其他节点一样参与计算, 将动边界问题转化为简单的定边界问题.

将冻结法与壁面函数法结合起来, 即移动边界的壁面函数法 (吴修广, 2004), 具体方法如下:

如图 3.7.1 所示, 水位变化后, 使边界处的网格干出, 原来的水陆边界 AB、CD 变成了新的水陆边界 $A'B'$、$C'D'$, 这时壁面函数应布置在新的水陆边界岸边界 $A'B'$ 和 $C'D'$ 处; 水域内河心洲由于水位的变化而露出, 其内部按 “冻结法” 来处理, 边界 $EFGH$ 周围也需用壁面函数法来处理. 采用 “水位扫描法” 来判断新的水陆边界, 即从边界 AB 向 CD 扫描, 如水深不为零, 则令其为起始点; 从边界 CD 向 AB 扫描, 如水深不为零, 则令其为终点; 扫描水域内部, 确定河心洲的边界 $EFGH$ 之后, 对水陆边界实施壁面函数法.

3.7.4 水流模块与泥沙模块的耦合问题

目前对水流模块及泥沙模块, 通常有以下两种处理方法:

第一种是分离式计算方法. 先计算水流模块, 计算出流场及水位后水流模块停止工作, 泥沙模块开始启动. 这种方法计算量较小, 但往往会带来较大误差. 实际上, 水流和泥沙是互相影响、互相作用的. 泥沙模块启动后由于泥沙的输移会引起河床的变形, 从而引起流速、水位的变化, 如果流速、水位一直保持不变, 势必会造成较大误差, 反过来影响泥沙运移及河床变形的模拟精度.

第二种处理方法是耦合式计算, 即水流模块与泥沙模块实时启动, 实时进行信息交换. 这种方法符合水沙运动实际, 模拟精度较高. 然而, 这种方法计算量很大, 在长时间长河段的数值模拟中必然会耗费很多时间.

为了克服上述困难, 本节提出一种水流和泥沙模块的半耦合算法, 在计算精度上高于分离式算法, 在计算量上比耦合式算法要小得多. 该算法在以下三个模拟时段上对水流模块和泥沙模块有不同的处理方式.

1. 第一模拟时段

在计算开始的前若干时间步, 先启动水流模块, 泥沙模块不参与计算. 因为开始计算时, 水位、流速都是假定的, 与实际有较大出入, 如果泥沙模块也参与计算, 往往会导致程序发散或造成一定的计算误差. 针对所模拟河段, 水流模块达到基本稳定模拟时间一般需要 5 个小时, 若时间步长取为 12s, 可在前 1500 时间步左右前只启动水流模块即可.

2. 第二模拟时段

水流模块基本稳定后, 同时启动水流模块和泥沙模块, 计算若干时间步, 使得水流和泥沙实时进行信息交换, 水流模块更加稳定. 如可在水流模块基本稳定后再将两个模块同时启动数值模拟 7 小时, 总体模拟时间达到 12 小时左右.

3. 第三模拟时段

第二模拟时段后, 流速、水位在每个时间步已经变化非常小, 如果每个时间步水流模块都参与计算, 势必会造成计算资源的巨大浪费. 这是因为水流模块在整个计算中占用时间较多, 相当于泥沙模块计算时间的 2 至 5 倍, 具体视非均匀沙分组数不同而不同. 但是, 如果仅启动泥沙模块, 经过较长时间的冲淤变形, 对水流条件如流速、水位等也会产生较大影响.

鉴于上述原因, 在这一时段, 水流模块采用间歇式启动的方式, 即水流模块每隔一个固定时间后启动, 工作一段时间后停止; 接着再启动, 再停止, 如此循环, 一直到达到指定模拟时间为止. 针对所模拟河段, 具体时间间隔可取为 12 小时, 即每隔 12 小时启动水流模块一次, 计算 1 小时后再停止水流模块.

3.8 引水明渠冬季结冰问题数学模型求解方法

3.8.1 一维水力热力耦合模型方程的数值求解方法

采用四点隐格式 (槐文信等, 2005) 离散一维水流连续性方程和运动方程, 可求

出某一时刻各断面流量分布, 并代入水温控制方程. 若对流项采用迎风格式, 扩散项采用中心差分格式, 方程离散形式如下:

$$a_i T_{i-1} + b_i T_i + c_i T_{i+1} = d_i \tag{3.8.1}$$

其中$a_i = -Q_{i-\frac{1}{2}}\Delta t - \dfrac{\Delta t}{\Delta x}(AE_x)_{i+\frac{1}{2}}$, $c_i = -\dfrac{\Delta t}{\Delta x}(AE_x)_{i+\frac{1}{2}}$, $d_i = S_i \Delta x \Delta t + A_i T_i^n \Delta x$, $b_i = A_i \Delta x + Q_{i+\frac{1}{2}}\Delta t + \dfrac{\Delta t}{\Delta x}(AE_x)_{i+\frac{1}{2}} + \dfrac{\Delta t}{\Delta x}(AE_x)_{i-\frac{1}{2}}(i = 2, 3, \cdots, m-1)$.

初始条件可根据渠道水流水温的特点, 假设一个流量、水位及水温分布. 上游水库来流流量、水温作为计算的上游边界条件, 对于宁夏吴忠金积冬季供水工程来说, 可取 T_{in} =3℃, $Q_{\text{in}} = 1.55\text{m}^3/\text{s}$. 下游给出水位, 下游水温边界条件可按自由发展边界条件来处理, 即在出口处 $\dfrac{\partial T}{\partial x} = 0$. 离散后的代数方程组为三对角方程组, 可用追赶法求解.

3.8.2 冰盖厚度发展模型方程的数值求解方法

将方程 (2.5.58a) 从第 j 天到第 $j+1$ 天积分, 可得

$$h_{j+1} = \sqrt{(B + h_j)^2 + 2A(T_m - T_a)_j \Delta t} - B \tag{3.8.2}$$

其中$A = \dfrac{k_i}{\rho\lambda}, B = \dfrac{k_i}{H_{ia}}$, $\Delta t = 3600 \times 24(\text{s}) = 86400(\text{s})$. 这样, 给出初始冰厚 h_0, 即可利用上述迭代公式依次求出以后各天的冰盖厚度 h_j.

第 4 章　水利工程数值模拟常用应用软件

水利工程数值模拟研究过程中, 随着研究的不断深入, 许多用户针对所研究的一些具体对象, 用一些特定编程语言如 Fortran 程序设计语言、C 程序设计语言、Matlab 软件包等, 编制了相应程序, 进行数值模拟, 可以初步满足某些实际水利工程问题的需要. 这些应用程序具有一定优点, 如可以根据实际问题需要修改程序代码, 具有一定的灵活性; 可以根据需要输出相关数据; 可以根据用户所建立的新的数学模型和数值计算方法进行相应计算等.

然而, 用户自己编制程序进行数值模拟也具有以下诸多缺点: ①流通性弱. 一些研究者出于自身利益需要, 对所编制的程序进行保密保护, 致使所编制的程序只能在很小的圈子内流通和使用. ②通用性差. 这些应用程序一般只针对某一领域某些具体问题, 当问题类型改变后, 这些程序便无法正常使用. ③可读性差. 这些程序大多都缺乏统一的详细注解, 致使程序使用者不得不花费大量的精力和时间去 "消化" 这些程序. ④可视化程度差. 应用程序中计算结果的可视化处理一般都比较差, 除 Matlab 可以进行基本的可视化处理外, 其他程序设计语言的计算结果一般要利用其他专业软件进行可视化处理.

随着水利工程有关问题的不断出现, 上述应用程序已经远远不能满足实际需要. 在此情况下, 一批商用软件应运而生, 其中应用较多的水利工程数值模拟方面的软件有 FLUENT、Delft3D、MIKE 等.

4.1　FLUENT

4.1.1　概述

FLUENT 是由美国 FLUENT 公司于 1983 年推出的计算流体力学软件, 也是目前功能最全面、适用性最广、国内使用非常多的计算流体力学软件之一 (韩占忠, 2009; 丁欣硕和焦楠, 2014).

FLUENT 可以使用结构网格和非结构网格, 甚至可以使用混合型非结构网格, 允许用户根据解的具体情况对网格进行加密或粗化处理. FLUENT 使用 GAMBIT 作为前处理软件, 可以读入多种 CAD 软件的三维几何模型和多种 CAE 软件的网格模型. FLUENT 可用于二维平面、二维轴对称和三维流动分析, 可以完成多种参考系下流场模拟、定常和非定常流动分析、不可压和可压流计算、层流和紊流模拟、传热和热混合分析、多相流分析、流固耦合传热分析、多孔介质分析等.

FLUENT 可以让用户定义多种边界条件, 包括流动入口和出口边界条件、壁面边界条件等, 所有边界条件均可随时间和空间的变化而变化. FLUENT 提供的用户自定义子程序功能, 可让用户自行设定连续性方程、动量方程、能量方程或组分输运方程中的体积源项, 自定义边界条件、初始条件、流体的物性、添加新的标量方程和多孔介质模型等.

FLUENT 是用 C 语言写的, 可实现动态内存分配及高效数据结构, 具有很大的灵活性与很强处理能力. FLUENT 使用 Client/Server 结构, 可以同时在用户桌面工作中和强有力的服务器上分离地运行程序, 可以在 Windows 2000/XP、Windows 7/8、Linux/Unix 等操作系统下运行, 支持并行处理.

FLUENT 中, 解的计算与显示可以通过交互式用户界面来完成, 用户可以使用基于 C 语言的用户自定义函数功能对 FLUENT 进行扩展.

4.1.2 FLUENT 软件构成

FLUENT 软件主要包括前处理软件、计算器、后处理软件.

FLUENT 支持的前处理软件主要有 GAMBIT、TGrid、prePDF、GeoMesh 及其他的 CAD/CAE 软件包. 其中 GAMBIT 可以生成 FLUENT 直接使用的网格模型, 也可以将生成的网格传送给 TGrid, 由该软件处理后再传给 FLUENT, 目前 GeoMesh 基本被 GAMBIT 取代, prePDF 主要用于对某些燃烧问题进行建模, 而 CAD/CAE 生成的网格一般由 GAMBIT 处理后再传给 FLUENT.

FLUENT 本身只是一个计算器, 其提供的功能主要包括导入网格模型、提供计算的物理模型、设定初边界条件和材料特性、求解及简单的后处理等.

FLUENT 本身具有一定的后处理功能. 然而, FLUENT 自身后处理功能并不强大, 如其生成的图形比较单一, 无法灵活地进行处理. 一般来说, FLUENT 计算的结果要利用一些后处理软件进行处理. 其中 Tecplot 是一款优秀的后处理软件, 可根据用户要求作出较为漂亮的图形, 包括二维和三维图形.

4.1.3 FLUENT 主要功能

FLUENT 广泛应用于航空、汽车、透平机械、水利、电子、发电、建筑设计、材料加工、加工设备、环境保护等领域. 其主要功能主要包括以下几个方面:

(1) 可以使用结构网格和非结构网格;

(2) 可以模拟二维流动问题, 而且可以模拟三维流动问题;

(3) 可以使用单精度数据类型和双精度数据类型;

(4) 可以模拟无黏性流和黏性流 (包括层流和紊流);

(5) 可以模拟牛顿流体和非牛顿流体;

(6) 可以模拟单相流和多相流;

(7) 可以模拟多孔介质流动;

(8) 可以模拟空化流、相变流、复杂外形的自由表面流;

(9) 可以模拟自然对流、强迫对流、混合对流、辐射对流等多种形式的热交换;

(10) 可以模拟惯性坐标系和非惯性坐标系下的流动;

(11) 可以模拟多重运动参照系下, 包括滑动网格界面、转子与定子相互作用的动静结合模型;

(12) 提供了化学组分的混合与反应模型;

(13) 提供了可供选择的多种紊流模型;

(14) 提供了热、质量、动量、紊流和化学组分的体积源项模型.

4.1.4 FLUENT 计算模型

FLUENT 中提供的计算模型比较丰富, 在水利工程中用到的模型主要有以下几种.

1. 黏性模型

FLUENT 中提供了以下 7 种黏性模型:

(1) inviscid 模型: 用于无黏性流动或黏性项可以忽略的流动数值模拟;

(2) Laminar 模型: 用于层流的数值模拟;

(3) Spalart-Allmaras 模型 (一方程模型): 这种模型主要用于求解航空领域的壁面限制流动、受逆压力梯度作用的边界层流动和透平机械中的流动现象等;

(4) k-ε 两方程模型: 这是进行紊流计算的基本模型, 又分为标准 k-ε 模型、RNG k-ε 模型 (重整化群 k-ε 模型)、Realizable k-ε 模型 (可实现 k-ε 模型);

(5) k-ω 两方程模型: 这是进行紊流计算的另一模型, 又分为标准 k-ω 模型和剪切应力输运 k-ω 模型 (shear stress transport, SST k-ω 模型), 后者是为了在近壁区有更好的精度和算法稳定性而发展的;

(6) Reynolds stress model(RSM, 雷诺应力模型): 这是 FLUENT 制作最为精细的紊流模型, 放弃了各向同性的黏性假定, 直接求解 Reynolds 应力方程, 尽管计算量较大, 但对复杂流动现象总体上有更高的预测精度, 可以模拟飓风流动、燃烧室高速旋转流、弯道中的二次流等物理现象;

(7) 大涡模拟模型 (large eddy simulation model, LES) 是介于直接模拟 (DNS) 和 Reynolds 平均法 (RANS) 之间的一种紊流模型, 计算量比 DNS 方法小许多, 但模拟精度较高. 随着计算机硬件水平的快速提高, 对大涡模拟方法的研究呈明显上升趋势, 成为目前计算流体力学领域的热点之一.

2. 多相流模型

FLUENT 提供了 3 种多相流模型, 即 VOF(Volume of Fluid) 模型、Mixture(混合) 模型和 Eulerian(欧拉) 模型.

(1) VOF 模型：该模型通过求解单独的动量方程和处理穿过区域的每一流体的体积比来模拟 2 种或 3 种不能混合的流体, 如流体喷射、流体中气泡运动、大坝坝口水流运动、气液界面流动等.

(2) Mixture 模型：用于模拟各相有不同速度的多相流, 但是假定了在短空间尺度上的局部平衡, 相之间的耦合性很强. 也用于模拟有强烈耦合的各向同性多相流和各相以相同速度运动的多相流. 该模型典型的应用包括沉降、气旋分离器、低载荷作用下的多粒子流动、气相容积率很低的泡状流.

(3) Eulerian 模型：该模型可以模拟多相分离流及相互作用的相, 相可以是液体、气体和固体.

3. 传热模型

若在计算中涉及热交换, 则要在 FLUENT 模型定义中选中 Energy equation 复选框, 激活相应的传热模型, 提供有关参数及初边界条件. 如果模拟的是黏性流动, 并且考虑黏性生成热, 则应在黏性模型 (viscous model) 对话框中激活 Viscous Heating 选项. 对于流体剪切应力较大 (如流体润滑问题) 和高速可压流动, 应该考虑黏性生成热.

4. 辐射模型

若在流体流动中包含辐射传热问题, 则应激活辐射模型 (radiation model), 并设置该模型相应的参数. 能够应用该模型的典型问题有：火焰辐射传热、表面辐射传热、导热、对流及辐射的耦合问题、汽车车厢的传热分析等.

5. 离散相模型

除了求解连续相的输运方程, FLUENT 也可以借助离散相模型 (discrete phase model) 在 Lagrange 坐标下模拟流场中离散的第二相 (discret phase). FLUENT 可以计算球形颗粒 (如液滴或气泡) 构成的第二相的轨道及由颗粒引起的热量/质量传递等.

4.1.5 FLUENT 基本操作及应用实例

FLUENT 的具体应用较为复杂, 限于篇幅, 本书不能进行全面介绍. 这里仅以水利工程中复合明渠水流运动为例进行说明. 利用 FLUENT 进行数值模拟, 可以分以下一些步骤：

1. 明确物理区域

数值模拟时, 首先应该明确所要模拟的物理区域的几何形状及特征尺度, 明确流体入口、出口边界及壁面边界等.

本例中复合明渠由主槽 (连续弯道) 及漫滩部分组成, 如图 4.1.1 所示. 模拟区域长 26m, 宽 10m, 主槽由 5 个弯曲段和 4 个顺直段拼接而成, 弯曲段半径为 2.743m, 中间 3 个弯道的中心角为 120°, 两边的弯道为 60°, 每个顺直段长度为 2.5m. 模拟区域横截面如图 4.1.2 所示, 其中主槽为等腰梯形, 上底、下底和高分别为 1.2m、0.9m、0.15m.

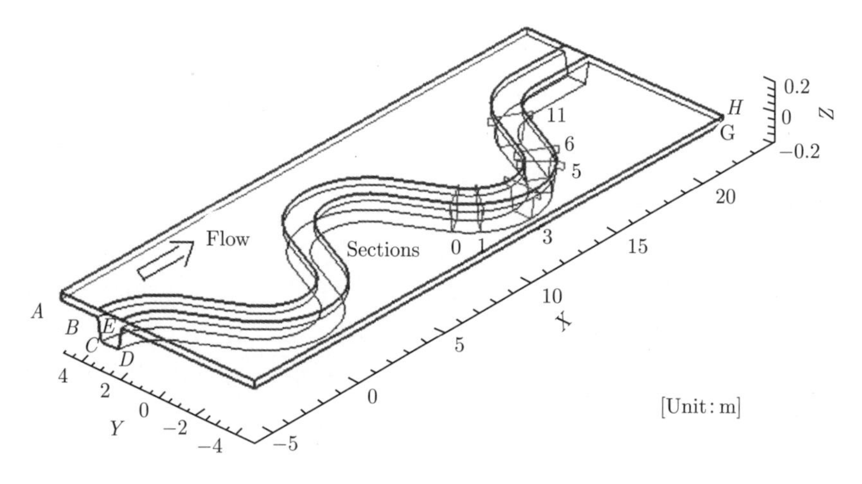

图 4.1.1　模拟区域立体示意图

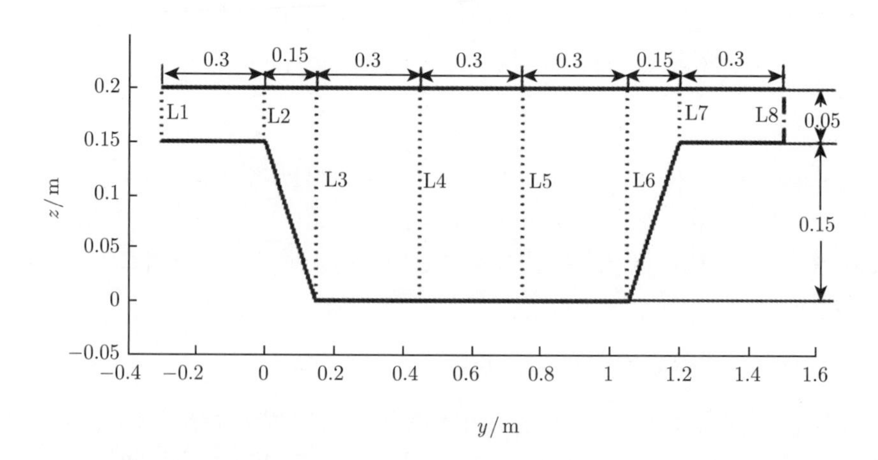

图 4.1.2　模拟区域横截面示意图

2. 进行网格剖分

在进行数值计算之前, 无论是编程计算还是应用商业软件, 网格剖分都是至关重要的一步. GAMBIT 作为 FLUENT 的前处理软件之一, 可以实现网格剖分, 包括结构网格和非结构网格. 利用 GAMBIT 进行网格剖分的基本步骤如下.

1) 生成几何模型

启动 GAMBIT, 选择 File/New 命令, 新建一个项目文件, 不妨命名为 trape_new, 其扩展名为.dbs, 如图 4.1.3 所示. 单击界面右侧操作区 Operation/Geometry, 在其下边出现一排按钮, 依次为顶点 (Vertex)、边 (Edge)、面 (Face)、体 (Volume) 等. 可根据所模拟的物理区域形状及大小, 首先建立顶点, 然后由点生成边, 再由边生成面, 再由面生成所需的几何体.

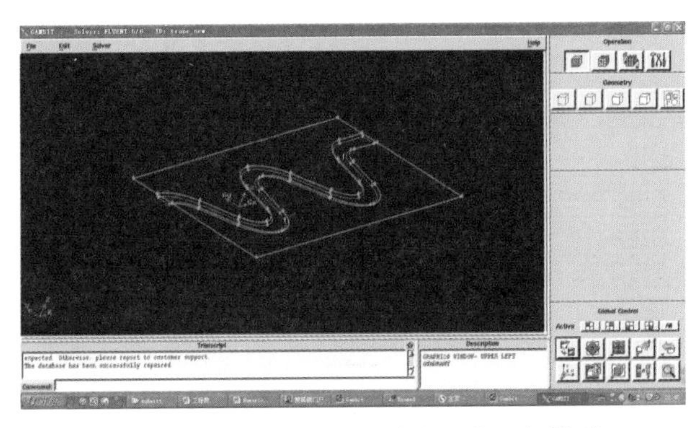

图 4.1.3 在 GAMBIT 中生成的几何模型

2) 划分网格

生成几何模型后, 下一步是要生成网格. 单击 GAMBIT 右侧操作区中 Operation/Mesh, 先将边 (Ege) 进行剖分, 再生成面网格, 最后生成体网格, 即可实现物理区域的网格剖分. 在生成面网格时, 可供选择的网格单元 (Elements) 有三种: 四边形单元 (Quad)、三角形单元 (Tri)、混合单元 (Quad/Tri). 可供选择的网格类型有: 结构网格 (Map)、在子区域上采用结构网格 (Submap)、非结构网格 (Pave) 等. 可根据需要选择所需要的网格类型.

3) 指定边界类型和区域类型

单击 Operation/Zones 按钮, 然后单击所出现的第一个图标, 弹出 Specify Boundary Types 对话框, 可以根据这个对话框来指定边界的类型. FLUENT 中提供了 10 多种边界条件可供选择, 本例中用到的边界类型为: VELOCITY_INLET(流速进口边界)、OUTLET(出口边界)、WALL(壁面边界)、INTERIOR(内部边界).

若网格模型中包含多个区域时, 需要为每个区域指定类型. FLUENT 提供了两种区域类型: Fluid(流体)、Solid(固体). 若只有一个区域, 不需要指定区域类型,因为 GAMBIT 在输出网格时会自动给这个区域一个类型和名称. 本例中有两个区域 (主槽内部及漫滩部分), 可都指定为 Fluid 类型.

4) 导出网格文件

选择 File/Export/Mesh 命令, 弹出 File 对话框, 给出文件名, 如 trape_new, 单击 Accept 按钮, 可输出指定名称的网格文件, 本例为 trape_new.mesh. 如果输出的二维网格文件, 应该选中 Export 2D Mesh 复选框, 如果输出的是三维网格文件, 则不能选该复选框. 由 GAMBIT 生成的网格文件可由 FLUENT 直接读入.

3. 导入网格, 并进行检查和修正

1) 导入网格

启动 FLUENT, 选择 File/Read/Case 命令, 在弹出的对话框中选择由 GAMBIT 生成的网格文件 trape_new.mesh, 单击 OK 按钮, 即可导入网格, 如图 4.1.4 所示.

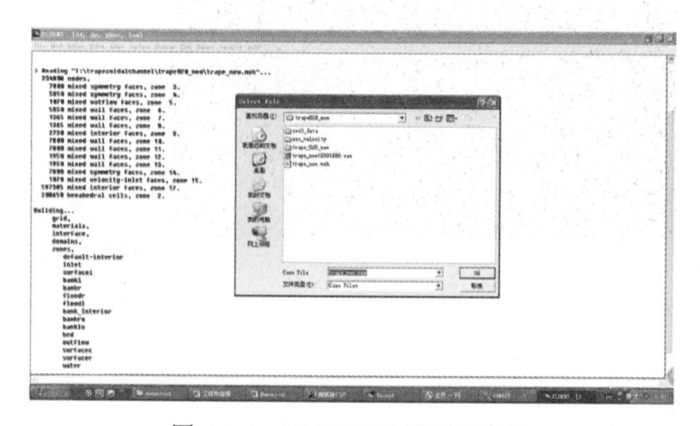

图 4.1.4　FLUENT 界面示意图

在导入网格过程中, 在 FLUENT 控制台窗口中会显示所读入的网格文件信息, 包括网格中所包含的面 (faces) 的个数及其类型, 单元 (cell) 个数及其类型等.

2) 检查网格

在 FLUENT 导入网格后, 必须要对网格进行检查, 以便确定是否可以直接用于求解. 可选择 Grid/Check 命令, FLUENT 会自动完成网格的检查, 同时报告计算域、体、面、节点的统计信息. 若发现错误, 会给出相关提示, 用户可以根据需要进行相应修改.

3) 显示网格

选择 Display/Grid 命令, 在弹出的对话框中可以选择需要显示的节点 (Nodes)、边 (Ege)、面 (Faces)、体 (Volume) 等的网格图.

4) 修改和光顺网格

对不满意的网格, 可以通过选择 Grid/Scale、Translate、Separate、Fuse 等命令进行缩放、平移、分解、融合等操作. 对所生成的网格, 可以通过选择 Grid/Smooth 按钮进行光顺处理.

4. 选择求解器及运行环境

FLUENT 提供了耦合式和分离式两种求解器, 而耦合式求解器又分为隐式和显式两种. 在运行环境方面, FLUENT 允许用户设定参考工作压强和是否考虑重力.

1) 分离式求解器

分离式求解器 (seperated solver) 是顺序地、逐一地求解关于 u、v、w、p 和 T 等的方程. 由于控制方程是非线性的, 且是相互耦合的, 因此, 在得到收敛解之前, 要经过多轮迭代. 每一轮迭代由如下步骤组成:

(1) 根据当前的解的结果, 更新所有流动变量;

(2) 按顺序分别求解 u、v、w 动量方程, 得到速度场;

(3) 用连续性方程及线性化的动量方程构造一个 Poisson 型的压力修正方程, 然后求解该压力修正方程, 得到压力场与速度场的修正值;

(4) 利用新得到的速度场和压力场, 求解其他标量的控制方程;

(5) 检查方程组是否收敛. 若不收敛, 返回第一步, 重复进行.

分离式求解器主要用于不可压流动和微可压流动, 所需内存较小, FLUENT 默认使用分离式求解器.

2) 耦合式求解器

耦合式求解器 (coupled solver) 是同时求解连续性方程、动量方程等, 然后再逐一地求解紊流等标量方程. 由于控制方程是非线性的, 且相互之间是耦合的, 因此, 在求得收敛解之前, 同样要经过多轮迭代.

耦合式求解器主要用于高速可压流动、由强体积力 (如浮力或旋转力) 导致的强耦合流动, 或者在非常精细的网格上求解的流动, 占用的内存一般是分离式求解器的 1.5 到 2 倍.

3) 计算模式的选择

除了设置求解器格式之外, 用户还需要告诉 FLUENT 采用什么样的计算模式. 主要包括以下一些项目:

在 Space 选项组中, 可选择所计算的对象所具有的空间几何特征: 2D(二维)、3D(三维)、Axisymmetric(轴对称)、Axisymmetric Swirl(轴对称回转).

在 Time 选项组中, 指定所求解的问题是 Steady(稳态) 还是 Unsteady(非稳态).

在 Velocity Formulation 选项组中, 可指定在求解时速度是按 Absolute(绝对速度) 还是按 Relative(相对速度) 处理. 注意 Relative 选项只用于分离式求解器.

如果在 Time 选项中选择了 Unsteady, 还会出现 Unsteady Formulation 选项组, 让用户决定时间相关项的计算公式及方法, 有 1st-Order Implicit(一阶隐式) 和 2nd-Order Implicit(二阶隐式).

在完成了求解器及相关的设置后, 选择 File/Write/Case 命令, FLUENT 将结果保存到案例文件 (*.Case).

对于本节中所举的例子, 选择分离式求解器, 在 Space 选项组中选择 3D, Time 选择组中选择 Steady, 在 Velocity Formulation 选择组中, 指定求解速度是按 Absolute 计算, 其他采用默认值即可.

4) 运行环境的选择

(1) 参考压力的选择. 在 FLUENT 中, 压力都是相对压力值 (gauge pressure), 即相对于运行参考压力 (operating pressure) 而言的. 参考压力的数值由用户提前设定. 选择 Define/Operating Condition 命令, 在弹出的对话框中可以设置参考压力的大小, 默认为标准大气压, 即 101325Pa.

对于不可压缩流动, 如果边界条件不包含压力边界条件时, 用户应设置一个参考压力位置. 在计算中, FLUENT 规定这点的相对压力为 0. 若不指定参考压力位置, 则默认为 (0,0,0) 点.

本节例子中, 参考压力值采用默认值, 参考压力位置取为区域中自由水面上某一点.

(2) 重力选项. 由于本例中所研究问题属于重力驱动流, 应该考虑重力影响. 需要勾选 Operating Condition 对话框中的 Gravity 复选框, 在 X、Y、Z 方向指定重力加速度的分量值分别为 0、0、-9.8m/s^2.

5. 确定计算模型

本节例题中的弯道水流是紊流运动, 可以选择 RNG k-ε 双方程模型、可实现 k-ε 双方程模型或雷诺应力方程模型 (Reynolds stress) 进行紊流计算. 选择 Define/Models/Viscous 命令, 在弹出的 Viscous Model 对话框中选择相应的紊流模型即可. 本节例题选择 Reynolds Stress 模型.

6. 定义材料

FLUENT 要求为每个参与计算的区域指定一种材料 (Material). FLUENT 在其材料数据库中已经提供了如 air(空气) 和 water(水) 等一些常用材料, 用户可以复制过来直接使用或修改后使用, 也可以定义新的材料. 可通过选择 Define/Materials 命令, 在弹出的 Materials 对话框中选择或定义所需材料, 指定材料的一些基本属性, 如密度 (Density)、黏度 (Viscous) 等.

本节例题中的流体是水, 只需复制过来直接使用就可以.

7. 设置边界条件

FLUENT 提供了数十种边界条件, 可通过选择 Define/Boundary Conditions 命令, 在弹出的 Boundary 对话框中设置所需的边界条件类型. 常用的边界类型有: 压力进口 (pressure-inlet)、速度进口 (velocity-inlet)、质量进口 (mass-flow-inlet)、压力出口 (pressure-outlet)、出流 (outflow)、壁面 (wall) 等.

1) 压力进口边界

压力进口用于定义流动进口对的压力以及流动的其他标量特性参数. 这些边界条件对于可压和不可压流动计算均适用, 可用于进口的压力已知但流量或速度未知的情况, 例如, 浮力驱动的流动. 压力进口边界条件也可用来定义外部流动或无约束流动中的"自由"边界.

2) 速度进口边界

速度进口边界条件用于定义在流动进口处的流动速度及相关的其他标量型流动变量, 一般只用于不可压缩流动. 速度进口边界的有关数据可通过 Velocity Inlet 对话框输入, 对于三维问题, 需要输入进口处 x、y、z 方向的流速分量 (单位为 m/s), 对于 k-ε 紊流模型, 还需输入紊动能 k 及紊动耗散率 ε 的值.

速度进口边界应尽可能设置在远离固体障碍物的地方, 否则容易导致出现较大的误差或数值模拟整个过程的不稳定.

3) 质量进口边界

质量进口边界条件用来规定进口的质量流量. 设置进口边界上的质量总流量后, 允许总压随着内部求解进程而变化. 与对总压的匹配要求相比, 对规定的质量流量的匹配要求显得更重要时, 要使用质量进口边界条件. 如当一股小的冷却喷射流动以固定的流量与主流场相混, 而主流的流速由压力进口和压力出口边界条件所控制. 此时需要使用质量进口边界条件. 边界条件的有关数据可通过 Mass-flow Inlet 对话框输入, 需要输入质量流量大小和方向等数据.

4) 压力出口边界

压力出口边界条件需要在出口边界处设置静压. 静压值的设置只用于亚音速流动, 对于超音速流动, 所设置的压力就不再被使用了, 此时的压力要从内部流动中判断. 压力出口边界条件的数据可通过 Pressure 对话框输入, 输入数据除静压值 (gauge pressure) 外, 还需输入回流 (backflow) 条件.

5) 出流边界

出流边界条件用于模拟在求解前流速和压力未知的出口边界. 该边界条件适用于出口处的流速是完全发展的情况. 设置出流边界条件可在 Boundary 对话框中

打开 Outflow 对话框, 用户只需要给定所指定的出流边界上流体的流出量的权重 (占总流量的百分比). 如果系统只有一个出口, 则直接输入 “1” 即可.

6) 壁面边界

壁面用于限定 fluid 和 solid 区域, 在黏性流动中, 壁面处默认为无滑移边界条件, 但用户可以根据壁面边界区域的平移或转动来指定一个切向速度分量, 或者通过指定剪切来模拟一个 “滑动” 壁面. 在流体和壁面之间的剪切力和热传导可根据流场内部的流动参数来计算. 壁面边界条件的有关数据通过 Wall 对话框输入.

本节例题中边界条件在进口处流速边界, 给定流速的大小及方向, 在出口处选择为出流边界, 其他均为壁面边界, 其中自有表面可取为剪切应力为 0 的壁面边界, 其余均为无滑移 (no slip) 边界.

8. 设置求解控制参数

1) 设置离散格式与低松弛因子

FLUENT 允许用户为控制方程中的对流项选择不同的离散格式, 但扩散项总是采用二阶精度的中心差分格式. 默认情况下, 当使用分离式求解器是, 所有方程中的对流项均用一阶迎风格式离散, 当使用耦合式求解器时, 流动方程使用二阶精度格式, 而其他方程使用一阶精度格式.

FLUENT 6.3 中对流项离散格式有如下几种选择：First Order Upwind(一阶迎风)、Second Order Upwind(二阶迎风)、Power Law(乘方格式)、QUICK 格式等. 当流动与网格对齐时, 如使用四边形或六面体网格模拟层流流动, 使用一阶精度的迎风格式或乘方格式是可以接受的, 但当流动斜穿网格线时, 一阶精度格式将会产生明显的离散误差, 可以考虑使用二阶精度的迎风格式. 对于转动及有旋流的计算, 若使用结构网格, 可使用具有三阶精度的 QUICK 格式.

低松弛因子是分离式求解器所使用的一个加速收敛的参数, 用于控制每个迭代步所计算的场变量的更新. 在 FLUENT 中, 为一些场变量如压力、动量、密度、k 和 ε 等提供了默认值 (分别为 0.3、0.7、0.8、0.8). 在计算时, 可根据实际情况修改这些值. 一般来说, 在刚启动计算时, 先使用较小的松弛因子值, 以避免出现计算不稳定现象；随着迭代次数的增加, 可以逐步增大松弛因子的值, 以加速收敛.

Pressure-Velocity Coupling(压力速度耦合方式) 的列表. 该项只在分离式求解器中出现, 可以选择 SIMPLE(默认)、SIMPLEC 和 PISO. SIMPLEC 算法中, 低松弛因子可以取到 1.0, 但有时会造成计算的不稳定, 需要减小松弛因子, 或者选择 SIMPLE 算法. PISO 算法主要用于瞬态问题的模拟, 或者是希望使用大的时间步长的情况.

2) 设置求解限制器

FLUENT 的求解过程在某些极端条件下会出现解的不稳定, 为了保证流场变量在指定的范围内, FLUENT 提供了求解限制功能来设置这些范围值. 对绝对压力给出了其最小和最大允许值, 分别为 1Pa 和 500000Pa, 对紊动能及紊动耗散系数给出了最小允许值, 分别为 $1\times10^{-14}\text{m}^2/\text{s}^2$ 和 $1\times10^{-20}\text{m}^2/\text{s}^3$. 用户可以通过选择 Solve/Controls/Limits 命令, 改变上述限制值.

3) 设置求解过程的监视参数

在求解过程中, 通过检查变量的残差、统计值、力等, 用户可以动态地监视计算的收敛性和当前计算结果. 对于非稳定流动, 用户还可监视时间进程. 监视命令可以通过选择 FLUENT 的 Solve/Monitors 的有关命令来实现.

4) 初始化流场的解

在开始流场计算之前, 必须提供对流场的解的初始猜测值, 该初始值对流场的收敛性有重要影响, 与最终的实际解越接近越好. 一般可以用两种方法初始化流场:

第一种方法是用相同的场变量初始化整个流场的所有单元. 需给出静压力大小、各个方向流速分量及紊动能及紊动耗散率的大小等. 可通过选择 Solve/Initialize/Initialize 实现.

第二种方法在选定的区域中给流场变量覆盖一个值或一个函数. 可通过 Solve/Initialize/Patch 命令来进行设置.

本节例题中, 设置压力速度耦合方式为 SIMPLEC 算法, 对流项离散格式采用 QUICK 格式, 低松弛因子采用默认值, 可以利用进口界面处的值初始化流场.

9. 流场迭代计算

当进行了前面各项的设置后, 便可以进行流场的迭代计算. 可通过选择 Solver/Iterate 命令进行有关设置.

对于稳态问题, 用户需设置 Number of Interations (最大迭代次数)、Repotring Interval(每隔多少次输出迭代结果监视信息) 等. 对于非稳态问题, 用户需要设置 Time Step(时间步长)、Number of Time Steps (时间步数)、Max Interations per Time Step (每个时间步迭代次数) 等数据.

在计算结束后, 选择 File/Write/Case & Data 命令, 将案例 (Case) 文件和数据 (Data) 文件分别进行保存. 另外, 用户还可以设置自动保存 Case 文件和 Data 文件的间隔, 这样, 每隔一定迭代步或时间步, 可以自动保存计算的中间值, 以便进行结果分析 (时间序列分析), 或避免由于突然断电或死机而导致计算结果无法保存, 不得不重新进行计算, 造成计算资源的浪费.

10. 计算结果的后处理

FLUENT 可以用多种方式显示和输出计算结果, 例如显示速度矢量图、压力等值线图、等温线图、流线图、XY 散点图、残差图、流场变化的动画, 报告流量、力、界面积分、体积分及离散相的信息等.

然而, 需要指出的是, FLUENT 显示的图形, 无法直接导出图形文件的形式, 某些图形处理功能不够强大. 可通过选择 File/Export 命令, 需要导出的数据输出为 Tecplot 文件类型 (File Type), 然而利用 Tecplot 软件进行数据的后处理. 图 4.1.5 和图 4.1.6 分别给出了本节例题中当主槽最大水深为 2.0m 时, 进口流量和流速分别为 0.248m^3/s 和 0.378m/s 时, 断面 3 处流速大小等值线图和流场矢量图 (Jing 等, 2011). 这两个图都是利用 Tecplot10 软件绘制并导出为 tif 或 eps 图形格式保存的.

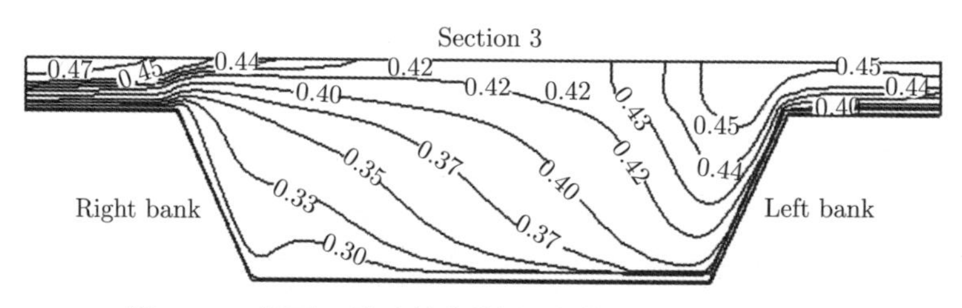

图 4.1.5　断面 3 流速等值线图 (主槽最大水深为 2.0m)

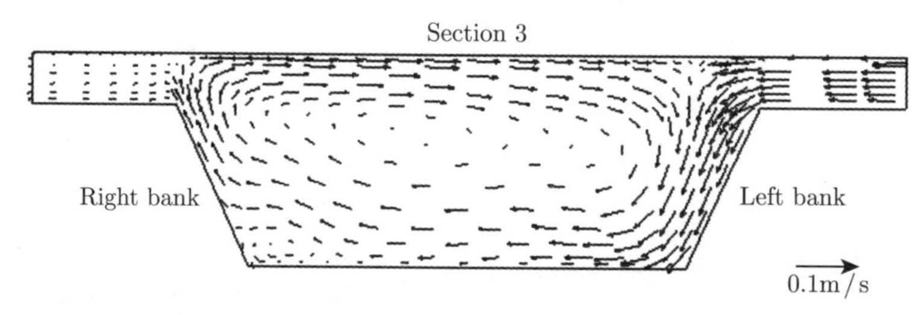

图 4.1.6　断面 3 流速矢量图 (主槽最大水深为 2.9m)

4.2　Delft3D

4.2.1　Delft3D 概述

Delft3D 是目前为止世界上最为先进和完全的 3 维水动力-水质模型系统, 包含水流、水动力、波浪、泥沙、水质、生态等 6 个模块, 各模块之间完全在线动态耦合; 整个系统按照目前最新的 “即插即用” 的标准设计, 完全实现开放, 满足用户二次开发和系统集成的需求.

系统能非常精确地进行大尺度的水流 (Flow)、水动力 (Hydrodynamics)、波浪 (Waves)、泥沙 (Morphology)、水质 (Waq) 和生态 (Eco) 的计算. Delft3D 采用 Delft

计算格式, 快速而稳定, 完全保证质量、动量和能量守恒; 系统自带丰富的水质和生态过程库 (Processes Library), 能帮助用户快速建立起需要的模块. 此外, 在保证守恒的前提下, 水质和生态模块采用了网格结合的方式, 大幅度降低了运算成本. 系统实现了与 GIS 的无缝链接, 有强大的前后处理功能, 并与 Matlab 环境结合, 支持各种格式的图形、图像和动画仿真; 基于 Visual Basic 的用户界面非常友好. 系统的操作手册、在线帮助和理论说明全面、详细、易用, 既适合一般的工程用户, 也适合专业研究人员. Delft3D 支持所有主要的操作系统, 如 Windows, Unix, Linux, Mac 等.

Delft3D 系统在国际上应用的十分广泛, 如荷兰、俄罗斯、波兰、德国、澳大利亚、美国、西班牙、英国、新西兰、新加坡、马来西亚等, 尤其是美国已经有很长的应用历史. 中国香港地区从 70 年代中期就开始使用 Delft3D 系统, 已经成为香港环境署的标准产品. Delft3D 从 80 年代中期开始在内陆也有越来越多的应用, 如长江口、杭州湾、渤海湾、滇池、辽河、三江平原. 此外 Delft3D 已经成为很多国际著名的水、环境咨询公司的有力工具, 如 DHV、Witteven+Boss、Royal Haskoning、Halcrow 等公司.

4.2.2 Delft3D 主要模块

Delft3D 由一系列经过全面测试和验证的模块组成, 是相互联系的有机整体. 包括以下一些模块.

1. 水动力模块 (Delft3D-FLOW)

该模块主要用于浅水非恒定流模拟. 综合考虑了潮汐、气压、风、密度差 (由盐度和温度引起)、波浪、紊流以及潮滩的干湿交替. 本模块集成了热量及物质传输方程求解, 并在 WL- Delft Hydraulics 有关分层水动力学等前沿理论研究基础上开发而成. Delft3D 的其他模块均可采用了该模块的输出结果.

2. 波浪模块 (Delft3D-WAVE)

波浪模块主要计算短波在非平整床底上的非稳定传播, 考虑风力、底部摩阻力造成的能量消散、波浪破碎、波浪折射 (由于床底地形、水位及流场)、浅水变形及方向分布.

3. 水质模块 (Delft3D-WAQ)

该模块通过考虑一系列泥沙运移和水质过程来模拟远-中水域的水质及泥沙. 该模块包含了若干对流扩散方程求解工具和一个庞大的标准化过程方程库, 其方程组对应用户所选择的物质类型.

4. 颗粒跟踪模块 (Delft3D-PART)

颗粒跟踪模块为短期的、邻近水域水质模块, 通过即时跟踪个体颗粒轨迹来估算其动态、空间 (子网格尺度下) 密度分布. 污染物可以是难降解的, 也可以遵循简单的一阶降解过程. 该模块也可用于滨岸水域疏浚 / 浊漏等灾害事件模拟.

5. 生态模块 (Delft3D-ECO)

Delft 3D 系统采用了不同的藻类生长和营养动力学模块. 例如, 研究富营养化现象时, 过程库里嵌入了基本控制过程模块, 描述生物及非生物生态系统及其相互作用. 除 Delft3D -WAQ 模块里所有和藻类相关的水质变化过程之外, 生态模块还包括一些更为细化的水质过程.

6. 泥沙运移模块 (Delft3D-SED)

该子模块用来模拟黏性或非黏性、有机或无机、悬移质或推移质泥沙的输移、侵蚀和沉降过程. 该模块包括若干标准运动方程, 单独考虑不同的泥沙粒径. 由于忽略床底地貌变化的影响, 该模块仅适用于评估短期的泥沙运移过程.

7. 动力地貌模块 (Delft3D-MOR)

该模块用于计算床底地形的变化, 其结果取决于泥沙运移梯度以及用户定义的、和时间有关的边界条件. 模块中包含风和波浪驱动力, 以及一系列的运输方程. 该模块的突出特点, 是与 Delft3D FLOW 和 WAVE 模块的动态回馈. 由此, 水流和波浪能够根据当地水下地形自行调整, 可以给出任意时间范围的预报成果.

以下仅对水动力模块进行介绍.

4.2.3 水动力模块 (FLOW) 简介

FLOW 模块是一个多维 (二维或三维) 水动力学 (和物质输运) 模拟程序, 该模块综合考虑潮流、气象作用, 采用边界拟合较好的曲线网格离散格式, 可计算非稳定流和物质输运现象. 在三维模拟过程中, 垂向网格采用 σ 坐标离散. 这样, 整个计算场的垂面层数保持不变, 从而大大地提高了计算效率. FLOW 模块可用于河川径流, 河流淡水注入海湾流量过程, 咸水入侵, 湖泊、海洋、水库中的温度分层现象, 冷却水取水口及污水排放口, 溶解及污染物运移, 潮流和风生流 (如：风暴潮), 分层流和密度流, 波生流等问题的数值模拟. 该模块计算得出的水动力学结果 (流速、水位、密度、盐度等) 都可以用作 Delft3D 其他模块的输入数据.

1. 操作平台简介

应用水流模块建立一套平面水流数学模型总体上需要四个步骤：原体数据的采集和整理、数模的前处理、数值计算过程和数模的后处理.

原体数据的采集和整理是所建数模的边界文件数据和地形散点数据的采集和整理. 边界文件数据指的是确定模型的范围, 一般用一条闭合的样条曲线或多段线将模型边界勾画出来, 然后要适当调整线段, 使所勾画的边界要尽量光滑, 其线段上的点要适当密一点. 然后从 CAD 中读取样条曲线或多段线上点的 X、Y 坐标, 最后建立以后缀名为.ldb 的边界文件. 地形散点数据的用来确定模型的地形, 要尽量使所采集的地形散点反映原体地形, 地形点一般需要三个坐标: X、Y 和 Z 最后建立后缀名为.xyz 的地形散点文件. 我们最好先建立一个目标文件夹, 将上面两个文件放入, 然后正式进入建模的环节.

数模的前处理包括网格生成模块 (RGFGRID) 和模型初始场数据生成模块 (QUICKIN), 数模的数值计算在水流模块 (FLOW) 中完成, 数模的后处理即可视化模块 (QP 和 GPP), 在后文中依次介绍.

2. FLOW 模块的前处理

1) 网格生成

Delft3D 的 Delft3D-RGFGRID 网格生成模块, 可以生成用于 Delft3D 各类模块的尺寸可变的正交曲线网格. 网格尺寸可变, 便于用户在重点模型区域布置较高密度的网格, 而在与之远离的模型边界区域网格密度采用较低密度的网格, 以此减小计算量. 此外, 网格线可以沿陆地边界和渠道弯曲, 能达到和边界的光滑嵌合, 该模块允许分步生成网格. 先将网格进行大致的样条划分, 而后把样条转化成粗疏的网格, 然后再采取平滑加密. 在整个过程当中, 可以随时生成正交网格. 曲线网格可以用于笛卡儿坐标系和球面坐标系.

2) 模型初始场的生成

Delft3D-QUICKIN 模块用于生成和操作模型的水下地形, 以及 Delft3D-FLOW 水动力模块、Delft3D-WAVE 波浪模块和 Delft3D-WAQ 水质模块的初始条件. 采集的深度数据 (原始数据) 的来源经常各不相同, 包括日期不同、质量各异、疏密度差别等. 为了避免低质量样本 “污染” 高质量样本, 该模块可以实现数据组的依次加载功能.

3. FLOW 模块数值计算

FLOW 模块前处理完成后, 将设定 FLOW 模块数值计算的参数, 建立后缀名为.mdf 文件, 进行模型的数值计算. 点击 FLOW-define input, 进入模型计算参数设定界面. 在该模块中需要输入前处理模块中生成的网格文件和地形数据, 定义网格垂直分层数 (number of layers), 定义干点 (dry point)、细坝 (thin dams), 设定模型计算时间步长和时间范围, 设定初始条件和边界条件, 设定重力加速度、水的密度、糙率等物理参数, 设定临界水深、平滑时间 (smoothing time) 等数值参数, 设定源

汇项 (discharges), 设定观测点和观测断面 (monitoring), 定义输出文件的类型和格式 (output).

以上所有参数设定好后, 将文件保存为后缀名为.mdf 的文件, 放入目标文件夹中. 退出 define input, 点击 verify 对编辑的文件进行验证, 如有错误, 将重新打开.mdf 文件, 进行修改, 直到完全正确为止. 点击 flow 出现一对话框, 选择做好的 MDF 文件, 点击 OK 进行模型运算. 如出现运算中断, 可点击 report 可以查看运算情况, 查找原因.

4. FLOW 模块的后处理

FLOW 模块中有两个后处理模块: GPP 和 QP, 各有特点, 可以按所需选择应用, 也可以将数值计算模块所得到的数据, 运用其他一些后处理软件对结果数据进行编辑.

4.2.4 Delft3D 模型控制方程

在 Delft3D FLOW 模块中, 控制方程为沿水深平均的二维或三维非线性浅水方程组. 该方程组是从关于不可压自由表面流动的三维 Navier-Stokes 方程推导出来的.

1. 水动力学控制方程

在水平方向上, Delft3D 使用正交曲线坐标系, 包括笛卡儿坐标系 (ζ, η) 和球面坐标系 (λ, ϕ). 在球面坐标系中, λ 和 ϕ 分别为地球的经度、纬度.

在垂直方向上, 垂向加速度被忽略, 垂向速度从连续性方程得到. 在垂向上, 有两种不同的网格系统, 分别为 σ 坐标系和 Z 坐标系.

1) σ 坐标系

σ 坐标系于 1957 年由 Phillip 引入, 垂向网格分若干层, 与底部边界和自由表面基本平行. σ 网格与底部边界和移动的自由表面贴合较好, 通过 σ 变换, 可以将不规则边界变为规则的矩形边界. 在整个计算区域上垂向的层数是固定的, 但每层厚度并不均匀, 可以根据实际问题需要, 在自由表面附近或床面附近一些区域, 网格密度大一点, 从而计算结果具有更高的精度.

σ 坐标系可如下定义 σ 坐标:

$$\sigma = \frac{z-\zeta}{H}$$

其中 z 为物理平面垂向坐标, ζ 为水位 (相对于参考平面 $z=0$), d 为参考平面下水深, H 为总水深,$H=d+\zeta$.

在底面处, $\sigma=-1$, 在自由表面处, $\sigma=0$.

2) Z 坐标系

在海洋、海湾、湖泊中, 分层流动往往和陡峭床面边界一起出现, 这种情况下, σ 坐标系可能会产生较大误差. 因而 Z 坐标系应运而生. 在 Z 坐标系下, 对于较陡床面边界的区域, 水平网格线与密度分界面 (如自由表面) 平行, 每层的厚度基本相同, 这样可以有效较小诸如盐分或温度的认为混合.

Z 网格在垂向不是边界贴合的, 其底部不是坐标线, 而是用折线代替.

(1) 连续性方程:

$$\frac{\partial \zeta}{\partial t}+\frac{1}{\sqrt{G_{\xi\xi}}\sqrt{G_{\eta\eta}}}\frac{\partial\left[Hu\sqrt{G_{\eta\eta}}\right]}{\partial \xi}+\frac{1}{\sqrt{G_{\xi\xi}}\sqrt{G_{\eta\eta}}}\frac{\partial\left[Hv\sqrt{G_{\xi\xi}}\right]}{\partial \eta}=Q$$

式中 Q 为流量变化量, H 为水深, u, v 分别为 ξ 和 η 方向上水深平均流速, $\sqrt{G_{\xi\xi}}$, $\sqrt{G_{\eta\eta}}$ 为曲线坐标系相对于直角坐标系的转换系数.

(2) 水平方向动量方程:

ξ, η 方向的动量方程分别为

$$\begin{aligned}&\frac{\partial u}{\partial t}+\frac{u}{\sqrt{G_{\xi\xi}}}\frac{\partial u}{\partial \xi}+\frac{v}{\sqrt{G_{\eta\eta}}}\frac{\partial u}{\partial \eta}+\frac{\omega}{H}\frac{\partial u}{\partial \sigma}-\frac{v^2}{\sqrt{G_{\xi\xi}}\sqrt{G_{\eta\eta}}}\frac{\partial\sqrt{G_{\eta\eta}}}{\partial \xi}\\&+\frac{uv}{\sqrt{G_{\xi\xi}}\sqrt{G_{\eta\eta}}}\frac{\partial\sqrt{G_{\xi\xi}}}{\partial \eta}-fv\\=&-\frac{1}{\rho_0\sqrt{G_{\xi\xi}}}P_\xi+F_\xi+\frac{1}{H^2}\frac{\partial}{\partial \sigma}\left(\nu_{\mathrm{mol}}+\max(\nu_{3D},\nu_V^{\mathrm{back}})\frac{\partial v}{\partial \sigma}\right)+M_\xi\end{aligned}$$

$$\begin{aligned}&\frac{\partial v}{\partial t}+\frac{u}{\sqrt{G_{\xi\xi}}}\frac{\partial v}{\partial \xi}+\frac{v}{\sqrt{G_{\eta\eta}}}\frac{\partial v}{\partial \eta}+\frac{\omega}{H}\frac{\partial u}{\partial \sigma}-\frac{uv}{\sqrt{G_{\xi\xi}}\sqrt{G_{\eta\eta}}}\frac{\partial\sqrt{G_{\eta\eta}}}{\partial \xi}\\&-\frac{u^2}{\sqrt{G_{\xi\xi}}\sqrt{G_{\eta\eta}}}\frac{\partial\sqrt{G_{\xi\xi}}}{\partial \eta}-fu\\=&-\frac{1}{\rho_0\sqrt{G_{\eta\eta}}}P_\eta+F_\eta+\frac{1}{H^2}\frac{\partial}{\partial \sigma}\left(\nu_{\mathrm{mol}}+\max(\nu_{3D},\nu_V^{\mathrm{back}})\frac{\partial v}{\partial \sigma}\right)+M_\eta\end{aligned}$$

式中 P_ξ, P_η 分别为 ξ, η 方向的压力梯度, F_ξ, F_η 代表水平方向雷诺应力的非平衡项, M_ξ, M_η 分别为 ξ, η 方向外力项, ν_{mol} 为分子运动黏性系数, ν_{3D} 为三维紊流涡黏系数, ν_V^{back} 为动量方程中背景垂向涡黏系数.

(3) 垂向速度的计算:

在 σ 坐标系下垂向流速 ω 可由连续性方程进行计算:

$$\frac{\partial \zeta}{\partial t}+\frac{1}{\sqrt{G_{\xi\xi}}\sqrt{G_{\eta\eta}}}\frac{\partial\left[Hu\sqrt{G_{\eta\eta}}\right]}{\partial \xi}+\frac{1}{\sqrt{G_{\xi}\xi}\sqrt{G_{\eta\eta}}}\frac{\partial\left[Hv\sqrt{G_{\xi\xi}}\right]}{\partial \eta}+\frac{\partial \omega}{\partial \sigma}=Q$$

物理区域上的垂向流速 w 可如下进行计算：

$$w=\omega+\frac{1}{\sqrt{G\xi\xi}\sqrt{G_{\eta\eta}}}\left[u\sqrt{G_{\eta\eta}}\left(\frac{\partial H}{\partial\xi}+\frac{\partial\zeta}{\partial\xi}\right)\right.$$
$$\left.+v\sqrt{G_{\xi\xi}}\left(\sigma\frac{\partial H}{\partial\eta}+\frac{\partial\zeta}{\partial\eta}\right)\right]+\left(\sigma\frac{\partial H}{\partial t}+\frac{\partial\zeta}{\partial t}\right)$$

2. 输运方程

在河流、海湾、湖泊中, 除水流运动外, 还涉及到盐分、泥沙浓度、温度的输运, 可以用以下三维坐标系下的对流-扩散方程来描述：

$$\frac{\partial Hc}{\partial t}+\frac{1}{\sqrt{G_{\xi\xi}}\sqrt{G_{\eta\eta}}}\left[\frac{\partial\left[Huc\sqrt{G_{\eta\eta}}\right]}{\partial\xi}+\frac{\partial\left[Huc\sqrt{G_{\eta\eta}}\right]}{\partial\eta}\right]+\frac{\partial\omega c}{\partial\sigma}$$
$$=\frac{H}{\sqrt{G_{\xi\xi}}\sqrt{G_{\eta\eta}}}\left\{\frac{\partial}{\partial\xi}\left[\frac{D_H}{\sigma_{c0}}\frac{\sqrt{G_{\eta\eta}}}{\sqrt{G_{\xi\xi}}}\frac{\partial c}{\partial\xi}\right]+\frac{\partial}{\partial\eta}\left[\frac{D_H}{\sigma_{c0}}\frac{\sqrt{G_{\xi\xi}}}{\sqrt{G_{\eta\eta}}}\frac{\partial c}{\partial\eta}\right]\right\}$$
$$+\frac{1}{H}\frac{\partial}{\partial\sigma}\left[\frac{\nu_{\text{mol}}}{\sigma_{\text{mol}}}+\max(v_{3\text{D}}/\sigma_c,D_V^{\text{back}})\frac{\partial c}{\partial\sigma}\right]-\lambda_d Hc+S$$

这里 c 为物质浓度, S 为源汇项, D_H 为水平方向涡黏系数, D_V^{back} 为垂向紊动黏性系数, σ_c 为普朗特数, σ_{C_0} 为成分普朗特数, λ_d 为一阶衰变数.

4.3　MIKE

4.3.1　概述

MIKE 主要软件包括：① 水资源、海洋模型软件：MIKE11、MIKE21、MIKEBASIN 和 MIKESHE; ② 城市水问题模型软件：MIKEMOUSE、MIKENET.

MIKE 软件由丹麦水资源及水环境研究所 (DHI) 开发. DHI 是一家私营研究和技术咨询机构, 主要致力于水资源及水环境方面的研究, 被指派为世界卫生组织 (The World Health Organization, WHO) 水质评估和联合国环境计划水质监测和评价合作中心之一.

DHI 的专业软件已被广泛应用, 经过了众多实际工程验证, 得到水资源研究人员的广泛认同. 软件的功能涉及范围从降雨 → 产流 → 河流 → 城市 → 河口 → 近海 → 深海, 从一维到三维, 从水动力到水环境和生态系统, 从流域大范围水资源评估和管理的 IKEBASIN, 到地下水与地表水联合的 MIKESHE, 一维河网的 MIKE11, 城市供水系统的 MIKENET 和城市排水系统的 MIKEMOUSE, 二维河口和地表水体的 MIKE21, 近海的沿岸流 LITPACK, 直到深海的三维 MIKE3.

4.3.2 MIKE 主要功能

1. MIKE11 一维河道、河网综合模拟软件

MIKE11 主要用于河口、河流、灌溉系统和其他内陆水域的水文学、水力学、水质和泥沙传输模拟, 在防汛洪水预报、水资源水量水质管理、水利工程规划设计论证均可得到广泛应用. 包含如下基本模块:

(1) 水动力学模块 (HD): 采用有限差分格式对圣维南方程组进行数值求解, 模拟水文特征值 (水位和流量);

(2) 降雨径流模块 (RR): 对降雨产流和汇流进行模拟. 包括 NAM, UHM, URBAN, SMAP 模型;

(3) 对流扩散模块 (AD): 模拟污染物质在水体中的对流扩散过程;

(4) 水质模块 (WQ): 对各种水质生化指标进行物理的、生化的过程进行模拟. 可进行富营养化过程、细菌及微生物、重金属物质迁移等模拟;

(5) 泥沙输运模块 (ST): 对泥沙在水中的输移现象进行模拟, 研究河道冲淤状况.

除上述基本模块外, 还有各种附件模块如洪水预报 (FF) 模块、GIS 模块、溃坝分析模块 (DB)、水工结构分析模块 (SO)、富营养化模块 (EU)、重金属分析模块 (WQHM) 等.

2. MIKE21 河口、海岸综合模拟系统软件

MIKE21 是二维自由水面流动模拟系统工程软件包, 主要用于河口、河流、海洋、湖泊、水库等地表水体流动、波浪、水环境变化、泥沙运移等二维水利专业工程软件. 该软件包含的模型: 二维水动力模型、波浪模型、水质运移模型、富营养模型、泥沙运移模型.

该软件可进行水利工程设计及规划、复杂条件下的水流计算、洪水淹没计算、泥沙沉积与传输、水质模拟预报和环境治理规划等多方面研究应用.

此外, MIKE21 可与 MIKE11 耦合, 即一维、二维耦合, 进行河口复杂水流的模拟, 洪水预报和淹没范围计算等. 也可与 GIS 技术结合, 方便数据的采集和处理. 软件包含先进的数据前、后处理和图形专用工具, 重要计算区域变剖分网格加密计算处理技术, 先进的图形工具使数据进行可视化的输入、编辑、分析和多形式输出结果的表达, 动态、三维高度可视化的结果表达方式、时间序列图等输出方式.

3. MIKEBASIN 流域水资源规划和管理平台

MIKEBASIN 是应用于流域或区域的水资源综合规划和管理工具. 软件基于 GIS 平台, 采用数学模型技术解决流域的地表水产汇计算, 地下水资源的计算与评价, 流域水环境状况分析等具体问题.

模型包含进行水库的优化调度 (单库、多库联调) 和对水力资源进行模拟计算, 对农业灌溉用水、城市工业、生活供水进行计划调配等功能模块. 该软件可对未来流域复杂的水资源计算和多目标开发利用、水环境保护、制定工程规划等专项研究提供有效工具.

以流域节点图为基础, 把实际水资源系统中的一些基本规律抽象成为数学关系式, 通过数值计算, 追踪河道径流、水库蓄水、水质等变化过程, 分析计算每个节点的物理指标, 从而达到在时间上和空间上模拟流域各种水资源信息特征的目的. 包括水量平衡模型、水文分析模型、地下水模型、综合水质模型、水库调度和水量分配模型.

MIKEBASIN 通用性强, 适于大、小流域和行政区域各种复杂条件水资源问题研究. 综合性强. 可进行水量、水质综合平衡研究, 单库, 多库联合优化调度等多目标问题研究.

4. MIKESHE—— 地下水、地表水综合性的规划管理软件工具

MIKESHE 是进行大范围陆地水循环研究的工具, 侧重地下水资源和地下水环境问题分析、规划和管理. 软件主要包括一维非饱和带, 二、三维饱水带水量模拟模型和对流弥散模型、水质模型 (包括水文地球化学模型如吸附和解吸、生化反应过程, 农作物生长模型与氮、磷循环专业模块). MIKESHE 还可以与 MIKE11 模型耦合计算, 并包含坡面流、蒸散发模型, 模型运算采用不同时间步长技术.

结合 GIS 技术, 可视化的输入、编辑、分析, 参数自动识别, 局部重点计算区域剖分网格加密计算技术. 并采用动态、三维计算结果表达、时间序列图等多输出方式.

MIKESHE 可用于流域或局部区域不饱和, 饱和带二, 三维地下水水资源计算, 优化调度和规划, 地表、地下水的联合计算和调度, 供水井井网优化, 湿地的保护、恢复和生态保护, 氮、磷等常规污染组分, 重金属、有害放射性物质迁移, 甚至酸性水渗流等复杂问题的模拟、追踪和预报, 地下水运动过程中的地球化学反应、生物化学反应的模拟分析、污染含水层水体功能的恢复与治理, 农作物生长对水分和污染物质在非饱和带运移的影响等综合研究.

5. MIKEMOUSE—— 城市排水系统模拟软件

MIKEMOUSE 是模拟城市排水, 污水系统的水文, 水力学和水质等集成工程软件, 它集成了城市下水系统中的表面流, 明渠流, 管流, 水质, 和泥沙传输等模型.

MIKEMOUSE 的典型应用包括合流下水道溢出研究 (CSO), 生活污水管溢出 (SSO), 复杂 RTC 计算和分析, 分析和诊断现有雨水和生活污水管系统问题. 应用 MOUSE 可研究: 下水道系统的退水时间; 超负荷载的主要原因; 是否需要替换有

问题的下水道, 安装新的水槽和堰等; 运行规则的改变对环境将产生怎样的长期影响; 沉淀物会滞留在下水道中的什么位置, 为什么会滞留; 暴雨之后, 在溢流堰和污水处理厂的污染物状况.

6. MIKENET—— 新一代城市供水系统管理专业软件

MIKENET 采用 EPANET 模拟压力管道系统内水力和水质, 跟踪每根管道内水的流动、节点的水压力、水池的水位和网络内化学物的浓度. 该软件内嵌 SQL Server 数据库管理系统, 对大量的供水系统空间和属性数据进行有效管理、编辑、查询和输出.

使用 MIKENET 内置工具可以很快地建立模型. 网络图可以直接导入 MapInfo, ArcInfo 或 ArcView 数据格式, 或使用鼠标简单地点击生成. 管网自动监控系统 (压力、水质等), 用任何 SCADA 系统实现供水取水水源到用户的实时监测和操作运行模拟. 实时控制和掌握供水系统运行状况. MIKENET 提供多种平面图和剖面图表示方式, 动态演示平面、剖面管网压力分布、水质变化等模拟结果.

本书后续的计算主要跟 MIKE 21 相关, 下面以 MIKE 21 为例, 对该软件进行介绍.

4.3.3 MIKE 21 软件应用实例

近年来, MIKE 21 在世界范围内大量工程应用经验的基础上持续发展起来. 该软件包不仅可以满足海洋、海岸及河口等领域的深层次应用, 也可用于内陆地表水相关课题的研究, 比如洪水的坡面溢流现象, 湖泊及水库环境评价等. 是一款成熟、适应性强、精确度高的软件包. 具有优点如 (许婷, 2010):

(1) 用户界面友好, 可在 Windows 界面下进行操作;

(2) 强大的前、后处理功能;

(3) MIKE 21 模型中, 若用户在设置了热启动文件, 若在计算时选择中断, 再次开始计算时将热启动文件调入便可继续计算;

(4) 为了方便地对滩地水流进行模拟, 可对干湿边界进行设置;

(5) 可进行多种控制性结构的设置, 如桥墩、堰、闸、涵洞等;

(6) 可定义多种类型的水边界条件, 如流量、水位或流速等;

(7) 具有多种计算网格形式;

(8) 可进行耦合或解耦运算;

(9) 可广泛地应用于二维水力学现象的研究, 如: 潮汐、水流、风暴潮、传热、盐流、水质、波浪紊动、湖震、防波堤布置、船运、泥沙侵蚀、输移和沉积等.

此外, 2008 版及后续版本还具有多核 CPU 或多 CPU 并行计算的优点.

1. 计算网格形式

MIKE 21 包括以下几种网格:

单一矩形网格: 如图 4.3.1 所示, 这是一种传统的结构化网格模型, 将研究区域划分成同一大小的矩形网格, 网格大小 (分辩率) 由模拟区域的大小及具体应用决定, 网格越小计算精度越高, 但耗时越长.

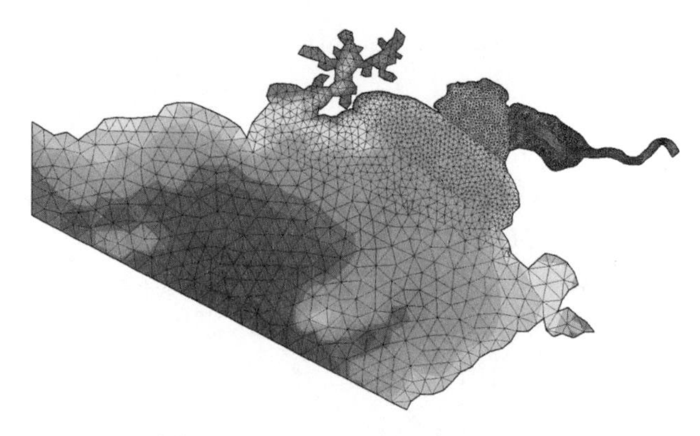

图 4.3.1　局部加密的非结构化网格

嵌套矩形网格: 如图 4.3.2 所示, 可局部加密的矩形网格形式, 在同一模型中可以有多种网格大小, 对需要重点研究的区域可进行加密, 以提高计算精度.

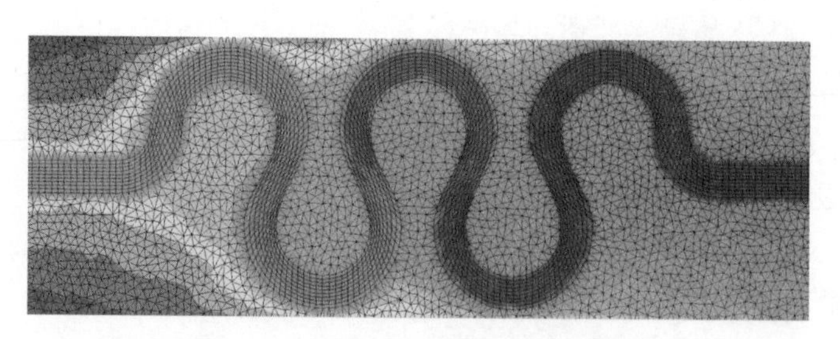

图 4.3.2　三角形、四边形混合网格

非结构网格: 如图 4.3.3 所示, 三角形、四边形或者三角形与四边形结合的网格形式. 此种网格可以非常精确地对复杂地形和曲折岸线边界进行模拟, 避免了矩形网格在地形模拟上的局限性, 使模型计算时更好地收敛, 保证了计算结果的精确度. 同时, 此种网格可以进行局部加密, 在重点区域布置较小的网格单元, 非重点区域布置较大的网格单元, 既保证结果足够精确, 又可以缩短计算时间, 对整个计算方案进行合理优化.

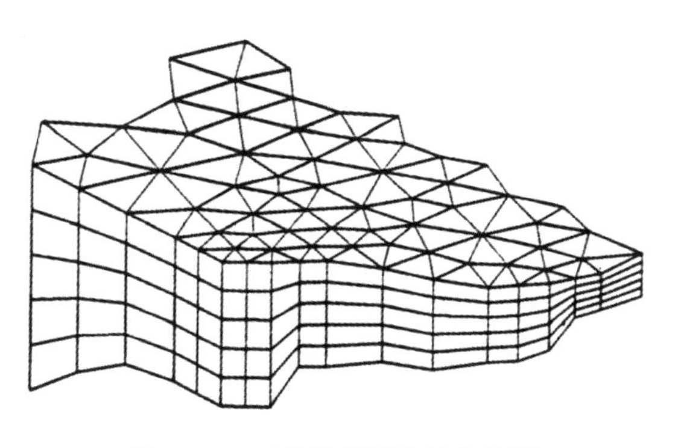

图 4.3.3 三维计算网格的立体图

2. 耦合或解耦运算

MIKE 21 的水动力模块不仅可以与水质 (ECO Lab)、对流扩散 (Advection-Dispersion)、泥传输 (Mud Transport)、粒子追踪 (Particle Tracking)、沙传输 (Sand Transport) 模块进行单项及多项的实时耦合计算, 还可以分别与这些模块进行解耦运算.

MIKE 21 的过程模块 (包括 AD, ECO Lab, PT, MT, ST) 包括两种计算模式: 耦合运算和解耦运算. 耦合运算是指水动力模块和过程模块在时间步长尺度上的耦合, 即两者同步计算, 其模块选择界面如图 4.3.4 所示; 解耦运算是指水动力和过程模块分开计算, 即首先进行水动力模块计算, 得到完整的流场信息, 然后通过直接调用流场信息文件进行各个相应过程模块的计算. 解耦运算可以避免水动力场的重复计算, 在很大程度上节约了计算时间.

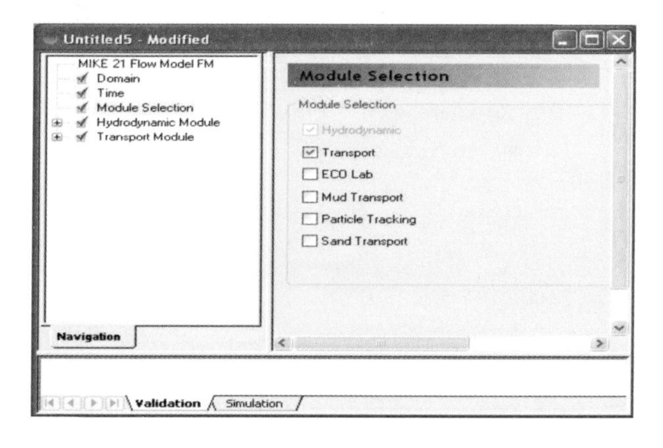

图 4.3.4 MIKE 21 水动力模块的耦合计算模块选择界面

3. MIKE 21 应用实例

以常用的非结构计算网格为例, 即 MIKE 21 FM 在水洞沟水库的应用为例进行简单介绍.

1) 生成计算网格

网格文件的生成是一项非常重要的前处理工作. 包含以下信息: 计算网格、水深、边界信息. 生成网格文件需要一个包含陆地边界位置信息的.xyz 文件和一个包含水深信息的.xyz 文件, 也可用水下地形.dfs2 文件来代替水深.xyz 文件.

本实例是利用高精度 GPS 对水洞沟水库岸边设置的桩点进行测量, 结合 “河猫” 对库区断面上的水深进行测量, 再利用 MATLAB 软件对测量数据进行处理, 将得到的结果存在两个文件中: 存储陆地边界三维坐标的.xyz 文件和存储库区内部断面上散点的. xyz 文件. 然后在 MIKE ZERO 的 Mesh Generator 中, 导入两个.xyz 文件, 生成 (*.mesh) 文件, 并编辑网格、定义边界条件、边界名称. 最后导出计算网格如图 4.3.5 所示.

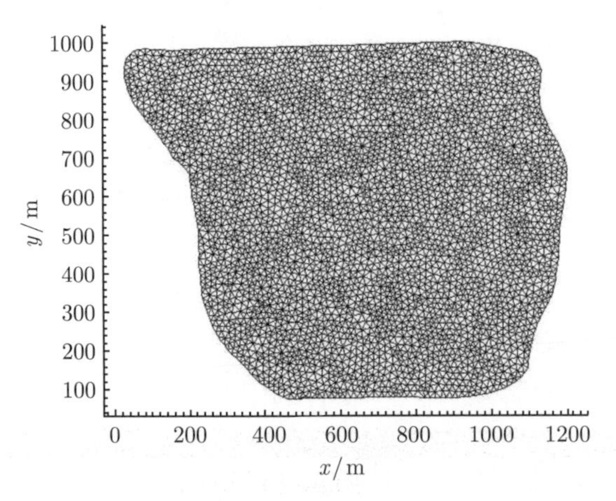

图 4.3.5 水洞沟水库计算网格图

2) 基本参数设置

打开 MIKE 21 FM 对话框, 在 Doman 中导入计算网格, 如图 4.3.6 所示. 根据第一步设置边界名称的意义, 对边界重新命名, 如: Code 1 是进口边界, 可重新设置为 input , 如图 4.3.7 所示.

在时间 (Time) 对话框中, 总时间步长默认值为 60s, 可根据计算情况进行设置. 如果仅计算水流运动, 可设置为 60s, 如在使得模拟周期为 7 天, 可将模拟时间设为 10080 个时间步, 见图 4.3.8.

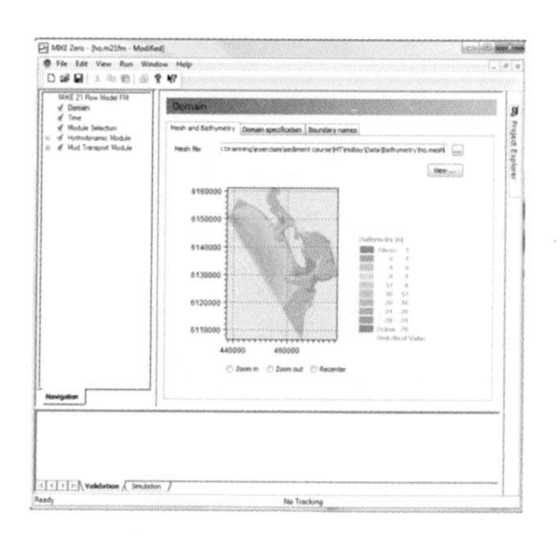

图 4.3.6 设定模型范围

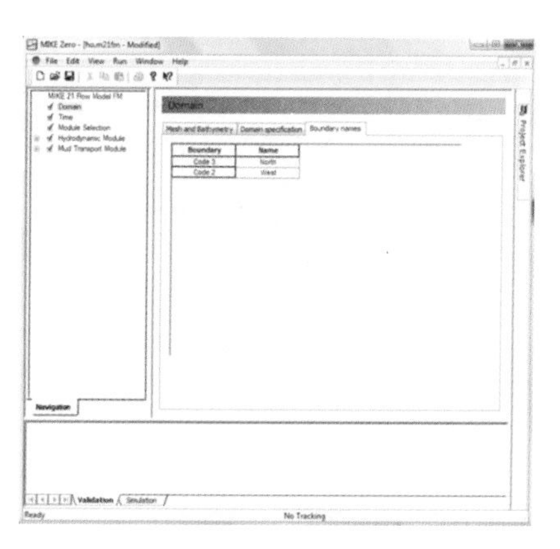

图 4.3.7 边界重命名

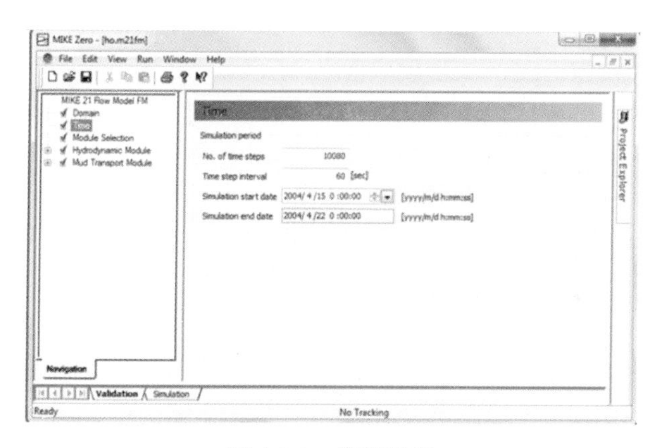

图 4.3.8 模拟周期

在模块选择 (Module Selection) 对话框中, MIKE21 Flow Model FM 包含多个模块: Transport (对流扩散模块)、ECOLab (水质水生态模块)、Mud Transport (黏性泥沙模块)、Particle Tracking(粒子追踪模块) 和 Sand Transport(非黏性泥沙模块). 使用者可依照需求做选择一个或多个模块使用, 但是水动力 (Hydrodynamic) 模块始终是必需的. 如选择泥沙输运模块 Mud Transport Module , 见图 4.3.9. 限于篇幅, 本例中只介绍水动力模块.

3) 水动力模块

(1) 空间和时间的积分都采用 Low order, fast algorithm(低阶, 快速运算) 的求解格式来求解浅水方程, 见图 4.3.10.

最小的时间步长设置为 0.01s, 以确保 CFL 数总是低于临界 CFL 数 0.8. 最大时间步长与总时间步长相同为 60s.

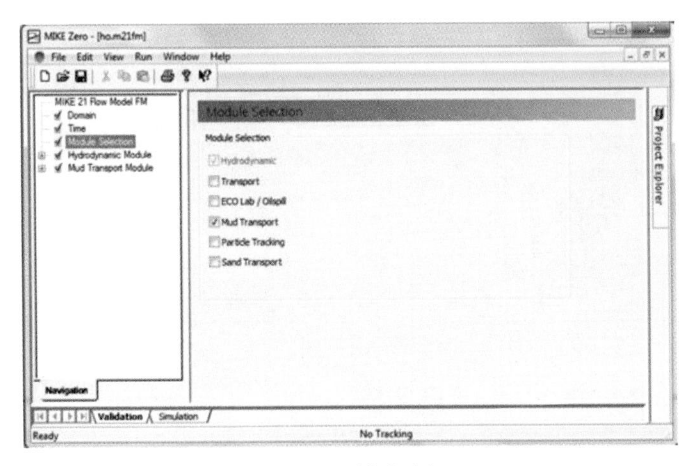

图 4.3.9　模块选择

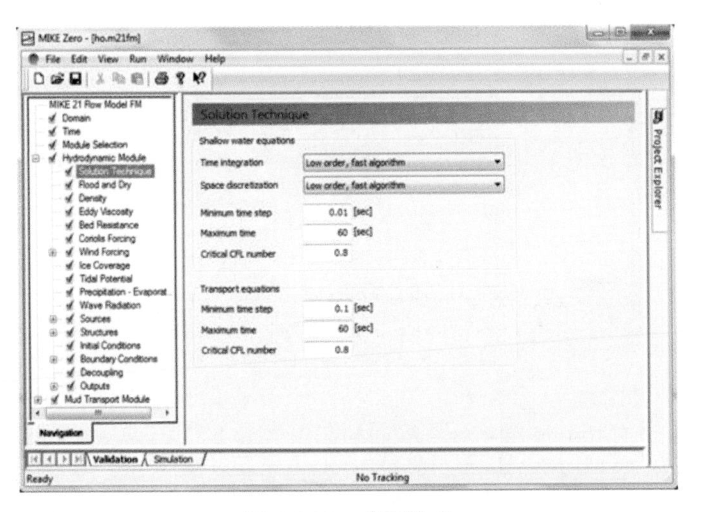

图 4.3.10　求解格式

(2) 本例中, 由于水库进水和取水使得模拟过程中水位不断变化, 有些模拟区域将会变成干点, 如果选择不考虑干湿动边界, 模型会在干点处崩溃, 所以需要考虑干湿动边界.

在 Flood and Dry(干湿动边界) 对话框中, 需要考虑干湿动边界, 见图 4.3.11. 本例中, 取默认值即可, 即绝对干点水深为 0.005m, 淹没水深为 0.05m, 绝对湿点水深为 0.1m.

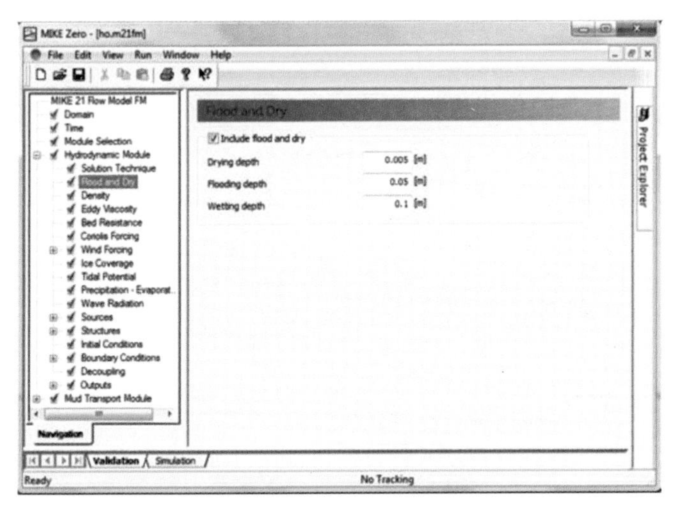

图 4.3.11 干湿动边界

(3) 本例不考虑密度变化, 所以在 Density(密度) 对话框中, 将密度设为 Barotropic(正压), 见图 4.3.12. 水平涡黏系数取默认设置 Smagorinsky 公式, 系数为 0.28, 见图 4.3.13.

(4) 由于该算例水库区域不大, 床面阻力选择常数默认值. 且不考虑科氏力. 为了避免计算初始时, 进水和取水量突然增大, 引起初始计算值波动较大, 建议采用软启动间隔. 本例中的软启动间隔建议设为 1200s. 在软启动期间, 初始时刻的进水

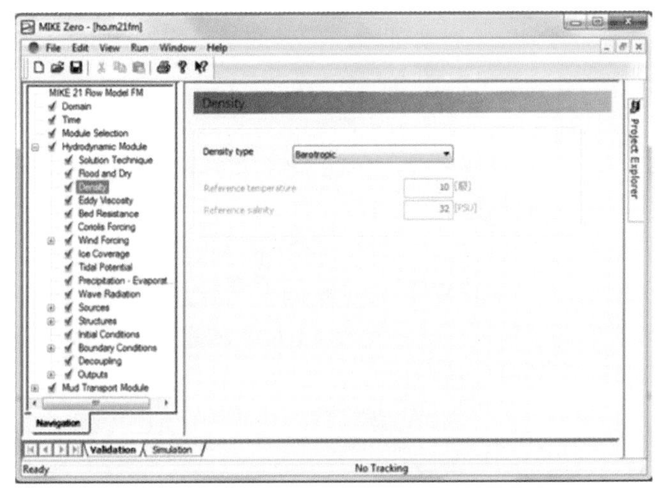

图 4.3.12 密度设置

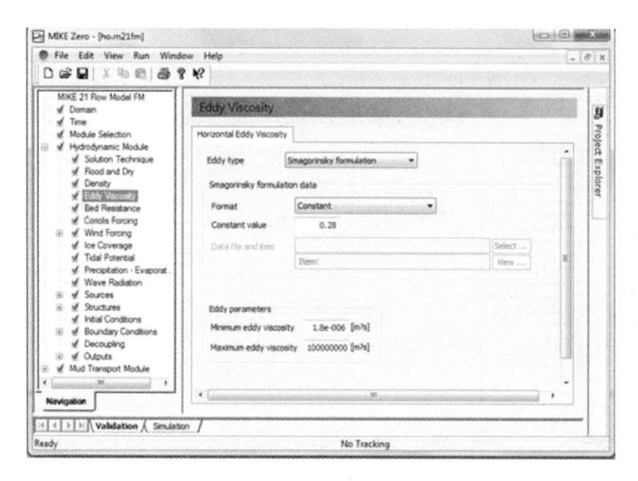

图 4.3.13 水平涡黏系数

和取水量为 0, 之后逐渐增大, 到软启动间隔终止时刻才发挥其全部作用. 本例中没有考虑冰盖、降雨-蒸发、波浪辐射和潮汐势能.

(5) 源汇项的创建有两种方式: ①在清单表中你可以按按键"new source", 建立一个新的源项, 或按按键"delete source"删除. ②对于每个源汇项, 不管是否纳入计算, 你都可以设定名字. 在源汇项名称的后面, 可以设定关于源汇项的信息. 最后面有个"GO TO"按键, 或是选取要编辑的源汇项, 按下面的"Edit Source", 便会跳到源汇项的页面开始编辑. MIKE 给出三种源汇项: 简单源项、标准源项、源汇对.

简单源汇项, 只考虑水量平衡的连续方程而不考虑动量方程. 在这个选项中, 你只需设定源项的强度 (m^3/s). 如果源项的强度是正的, 水是由源流进水体, 如果源项强度是负的, 那水就是由水体流向源.

标准源汇项, 同时考虑了连续方程和动量方程式的影响. 在这个选项中, 你必须设定点源强度 (m^3/s)、流速 (m/s). 注意动量方程只有在强度为正值 (水由源汇项排入临近水体中) 的时候被考虑.

源汇对, 同时考虑了连接于连续方程和动量方程式的影响. 在这个选项中, 你必须设定源汇项所连接的点源编号. 源汇项的强度会由所连接的点源来决定, 但符号相反. 你必须设定源项排入水体的速度 (m/s). 动量方程只有在强度为正值 (水由源汇项排入水体中) 的时候被考虑.

本例将取水口简化为一个简单源汇项. 本例模拟区域中没有水工结构物, 故不考虑.

(6) 水动力模块的初始值可以被有三种定设方法: 常数、随空间变化的表面水位、随空间变化的水深及速度. 本例中根据水位情况, 初始值设定为常数, 即水位的初始值.

(7) 在水动力模块中, 有六种边界条件: 陆地边界 (零垂向流速)、陆地 (零流速)、速度边界、通量边界、水位边界和流量边界. 本例中进水口为流量边界, 即设定进水量.

(8) 最后设定模型输出的数据文件. 因为结果通常含有大量数据, 因此储存整个范围中所有时间段的数据是不可能的. 在输出的对话框中, 可按 "New Output" 按键增加新的输出. 或是 "Delete output" 移除文件.

对于每个输出文件, 不管文件是否在这次运行中使用, 都可设定每个输出文件文件名称, 然后按"Go To" 按键, 到页面中编辑. 最后你可以按 "View" 使用 MIKE ZERO VIEWING/EDITING 工具.

下篇　实践应用篇

第 5 章　连续弯曲河道水沙运移及河床变形研究

5.1　主要测量仪器

在河道及水库地形、流速、水深、含沙量等数据的现场实测过程中, 常用的实测仪器有声学多普勒流速剖面仪(RiverCAT)、天宝 RTK(GPS)、回声测深仪(ESE-50)、激光粒度分析仪 (BT-9300H)、激光测距仪等.

1. *声学多普勒流速剖面仪*

美国 SonTek 公司的声学多普勒流速剖面仪 (RiverCAT), 俗称 “河猫”, 是一部完整的河水流量测量数据装置, 由声学多普勒三声束水流断面流量测量仪主机和集成电子控制器等硬件设备和 RiverSurveyor 测量软件、定点测流软件等软件系统组成. 测量时, “河猫” 系统采集的数据实时传输到运行 RiverSurveyor 软件的电脑中. 采用底跟踪技术, “河猫” 系统可以用于测量断面流量、水深、面积和三维水流流速等数据, 简单快捷. 图 5.1.1 为 SonTek 公司生产的 RiverCAT.

图 5.1.1　声学多普勒流速剖面仪 (RiverCAT)

测量时, 将 “河猫” 安装在专用双体船上, 再固定在测船上, 当测船从断面的一侧缓缓驶向另一侧时, “河猫” 会每隔 5 秒 (可设置) 采集一次数据, 记录断面不同垂线上 20 层 (可设置) 处三维流速、水深等数据.

2. *回声测深仪*

回声测深仪 (ESE-50) 是由美国生产的一款基于 ESE-50 主板的微型超声波测深仪 (图 5.1.2), 操作简单, 工作稳定, 由电脑显示和存储数据, 主要用于水文测验和工程测量. 在测量时, 将该仪器和声学多普勒流速剖面仪同时使用, 同步采集数据, 可以对比测量的水深大小.

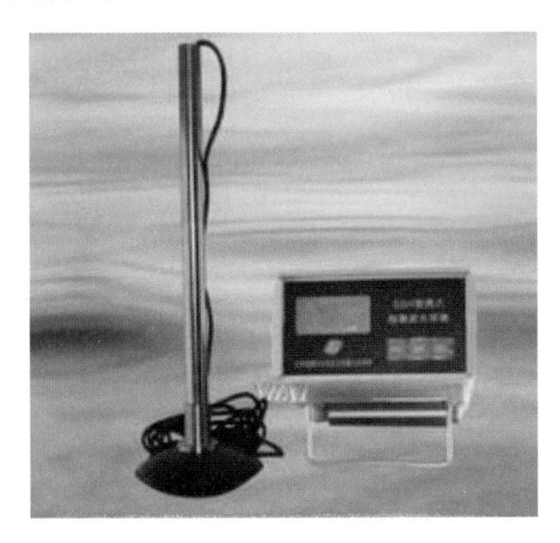

图 5.1.2 回声测深仪

3. 便携式数字声呐深度计

便携式野外水深测量工具, 采用声波测距原理, 声呐发生器发射高频脉冲, 通过测量水底反射声呐来快速测量水深 (图 5.13).

图 5.1.3 便携式数字声呐深度计

4. 激光粒度分析仪

激光粒度仪是根据泥沙颗粒能使激光产生散射这一物理现象测试粒度分布的. 当光束遇到颗粒阻挡时, 一部分光将发生散射现象. 散射光的传播方向将与主光束的传播方向形成一个夹角 θ, 颗粒越大, 产生的散射光的 θ 角就越小; 颗粒越小, 产生的散射光的 θ 角就越大. 散射光的强度代表该泥沙粒径颗粒的数量. 这样, 在不同的角度上测量散射光的强度, 就可以得到泥沙的粒度分布. 测试范围为 $0.1 \sim 340$ 微米, 误差小于 1%. 使该仪器具有准确可靠、测试速度快、重复性好、操作简便、适用领域广泛等突出特点. 测量系统具有自动进水、自动排水、自动清洗、超声分散定时、流量调整、水位检测等功能 (图 5.1.4).

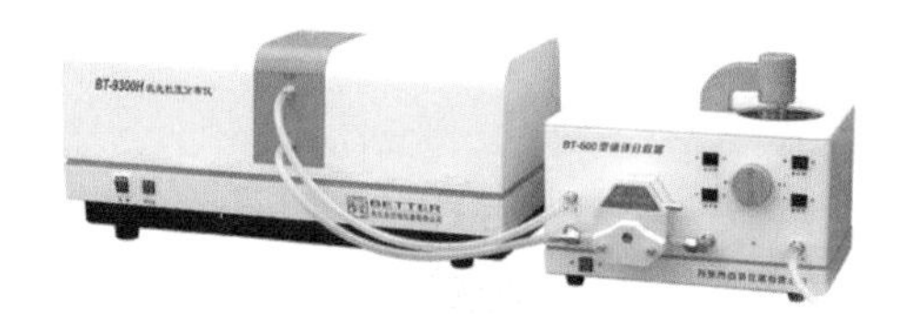

图 5.1.4 激光粒度分析仪

5. 南方测绘灵锐 S86 RTK

灵锐 S86 的 RTK 测量方案以简洁、灵动的作业方式, 稳定、高效的产品品质成就全新的 RTK 测量概念的新境界, 是国内同类产品中第一款采用四馈点双频双星天线的 GPS 接收机之一, 可有效防止多路径效应. 拥有更强的接收信号能力. 此外, 它随身标配 (内置) 的蓝牙是国内第一家通过 EMC(蓝牙组织) 认证产品, 蓝牙连接更加稳定.

机身液晶显示 128×64 分辨率, 2 英寸液晶显示. 用户可通过显示屏灵活进行仪器设置和观察仪器运行情况 (图 5.1.5).

图 5.1.5 灵锐 S86 RTK

6. 三维激光扫描仪

该产品包括扫描仪、倾斜传感器、电池、控制器、数据存储、自动调整摄像机以及激光准线. 在工作效率方面具有很大优势, 能够放置在测量设备上使用, 亦可通过外部移动计算机进行控制, 实现更为强大的现场监测及数据处理功能. 该扫描仪将便携性与多功能巧妙结合在一起, 用户可以使用该设备对目标进行现场扫描、观察、剖析等, 极大地增强了扫描仪的功能灵活性. 该产品具备 360×270 度视域, 精确度高, 距离远 (可达到 1km, 90% 反射率), 是目前业内功能最为全面的扫描产品 (图 5.1.6).

图 5.1.6 徕卡三维激光扫描仪

另外, 项目组在测量中用到的仪器还有深水采样器、GPS 手持机、对讲机、水准仪等.

5.2 黄河上游典型河段实测

黄河上游连续弯道现场实测主要在两个典型河段进行, 一个由 5 个弯道组成的天然不规则连续弯道, 即沙坡头河段, 全长 13.4km, 另一个为由 7 个弯道组成的天然不规则连续弯道, 即大柳树河段, 全长 17.7km.

5.2.1 沙坡头河段

1. *沙坡头河段概况*

黄河上游沙坡头河段位于宁夏回族自治区中卫市境内, 入口处在拟建的大柳树水利枢纽坝址上游, 出口处在沙坡头水利枢纽坝址附近, 全长 13.4km. 已建的沙坡头水利枢纽在 2004 年 3 月第一台机组投运, 2005 年 5 月底 6 台机组全部投运, 是一座以灌溉、发电为主的综合性水利工程. 原始库容 2600 万 m^3, 多年平均径流量为 336 亿 m^3.

沙坡头河段共布设 20 个淤积测验断面, 如图 5.2.1 所示. 该河段地形复杂, 河势曲折, 由五个连续弯道组成, 上游从断面 SH15 到断面 SH10, 为黑山峡谷出口处, 河面较窄 (平均宽度仅为 135m 左右), 水流湍急, 水位落差较大 (在正常水位条件下水位比降可达万分之三左右). 从断面 SH10 到沙坡头坝址处, 水面较宽 (平均水面宽可达 300m), 水流较缓, 水位落差较小 (在正常水位条件下水位比降仅为十万分之六左右).

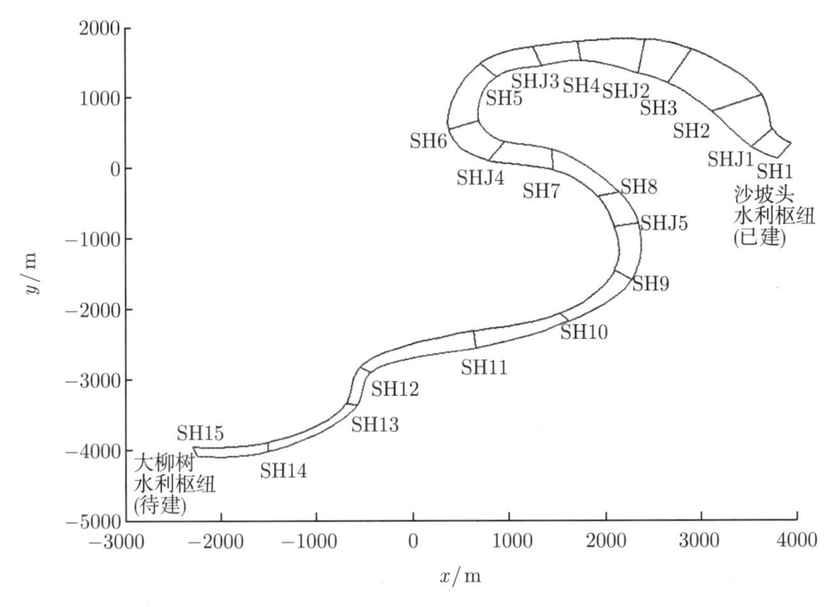

图 5.2.1 黄河沙坡头河段平面示意图

为了叙述方便, 现将该河段 5 个弯道分别用不同的符号表示出来. 从上游到下游, 这五个弯道依次为: 弯道 A(从断面 SH15 到断面 SH13)、弯道 B(从断面 SH13 到断面 SH11)、弯道 C(从断面 SH11 到 SH7)、弯道 D(从断面 SH7 到断面 SHJ2), 弯道 E(从断面 SHJ2 到断面 SH1).

2. 沙坡头河段实测结果及分析 (景何仿等, 2009b)

沙坡头水利枢纽建成后, 库区泥沙淤积严重, 导致有效库容减少, 利用率下降. 为了掌握沙坡头水库水流特征及泥沙冲淤变化规律, 验证数值模拟结果, 在宁夏沙坡头水利枢纽有限公司和黄河水利委员会 (简称黄委会) 宁蒙水文水资源局的大力协助下, 2008 年 7 月 15~17 日 (第一次)、2008 年 12 月 5~7 日 (第二次)、2009 年 7 月 16~18 日 (第三次), 项目组对沙坡头河段分别进行了实测. 测量了部分断面的三维流速、水深、水位和河宽, 并对部分实测断面悬移质泥沙进行取样, 利用激光粒度分析仪进行分析, 得到了各断面不同位置处的悬移质泥沙级配.

表 5.2.1 ~ 表 5.2.3 分别给出了 2008 年 7 月、2008 年 12 月和 2009 年 7 月三次实测的典型断面处的基本数据, 其中断面编号采用黄委会的编号, 距坝里程也采用黄委会测量的数据, 水位、水深、河宽等数据是通过 RiverCAT、回声测深仪和激光测距仪等仪器实测得到的.

表 5.2.1　2008 年 7 月实测基本数据

断面编号	距坝里程/km	流量/(m^3/s)	水位/m	最大水深/m	平均水深/m	河宽/m	平均流速/(m/s)
SH4	3.72	915.02	1240.70	7.71	5.38	219.4	0.78
SHJ3	4.16	809.35	1240.72	7.18	4.85	247.6	0.67
SH6	5.60	920.35	1240.88	7.13	3.94	325.9	0.69
SHJ4	6.10	897.80	1240.98	6.67	4.76	269.8	0.70
SH7	6.70	906.44	1240.91	7.01	4.57	250.4	0.79
SHJ5	8.05	975.08	1241.03	6.04	4.53	251.4	0.86
SH9	8.75	977.63	1241.14	6.77	5.13	168.5	1.13
SH10	9.61	1240.97	1241.39	14.47	7.95	131.1	0.99
平均值		929.52	1034.50	7.87	4.90	233.0	0.83

表 5.2.2　2008 年 12 月实测数据汇总

断面编号	离坝距离/km	流量/(m^3/s)	水位/m	最大水深/m	平均水深/m	河宽/m	平均流速/(m/s)
SH2	1.78	466.02	1239.71	7.78	5.39	212.1	0.35
SH3	2.59	443.84	1239.73	5.30	4.51	269.5	0.31
SHJ2	3.04	444.71	1239.74	4.98	4.6	267.5	0.33
SH4	3.72	576.82	1239.78	5.90	4.67	215.5	0.49
SHJ3	4.16	585.39	1239.96	7.63	4.48	214.9	0.52
SH5	4.62	588.17	1239.99	7.67	4.27	228.0	0.56
SH6	5.60	584.65	1240.02	6.34	3.67	295.4	0.44
SHJ4	6.10	599.07	1240.06	5.43	3.89	259.3	0.49
SH7	6.70	422.00	1240.08	5.69	3.95	234.2	0.38
SH8	7.55	422.53	1240.10	6.54	4.64	221.7	0.35
SHJ5	8.05	619.25	1240.11	5.24	3.92	245.9	0.53
SH9	8.75	461.91	1240.22	5.65	4.04	175.9	0.54
SH10	9.61	385.63	1240.47	12.88	6.87	115.0	0.44
SH11	10.6	588.71	1240.58	5.49	3.85	155.9	0.81
平均值		513.48	1240.04	6.61	4.48	222.2	0.47

表 5.2.3　2009 年 7 月实测数据汇总

断面编号	离坝距离/km	流量/(m^3/s)	水位/m	最大水深/m	平均水深/m	河宽/m	平均流速/(m/s)
SH3	2.59	916.90	1240.65	6.27	5.35	274.8	0.62
SHJ2	3.04	977.23	1240.88	7.00	4.96	280.7	0.70
SH4	3.72	852.48	1240.35	7.83	5.67	229.7	0.65
SHJ3	4.16	830.28	1240.43	8.80	5.86	212.3	0.67
SH5	4.62	812.00	1240.51	8.06	4.74	261.9	0.66
SH6	5.60	742.90	1240.59	7.19	4.32	303.5	0.57
SHJ4	6.10	865.91	1240.68	7.13	5.11	256.9	0.66
SH7	6.70	850.88	1240.76	7.24	4.80	241.5	0.73
SH8	7.55	833.59	1240.84	7.52	5.53	246.0	0.63
SHJ5	8.05	804.68	1240.84	6.37	4.76	246.0	0.69
SH9	8.75	865.58	1240.84	6.77	5.11	174.0	0.97
SH10	9.61	739.37	1240.85	14.44	7.92	124.2	0.75
SH11	10.60	746.65	1241.86	6.22	4.64	147.0	1.03
平均值		833.73	1240.78	7.76	5.29	230.65	0.72

第一次实测的平均流量约为 930m^3/s, 水位从上游到下游呈减小的趋势. 断面 SH10 比较窄深, 水面宽只有 131.1m, 最大水深达 14m 左右, 水流湍急, 平均流速为 1.0m/s 左右. 断面 SH6 比较宽浅, 最大水深为 7m 左右, 平均水深只有 4m 左右, 断面平均流速为 0.69m/s. 第二次实测选择在冬季, 流量较小 (平均流量仅为 500m^3/s 左右), 流速较小 (平均流速仅为 0.5m/s 左右), 水深较小 (平均水深为 4.5m), 水位较低 (平均水位为 1240m), 河宽较窄 (平均河宽 222m), 第三次实测选择在夏季, 流量较大 (平面流量为 830m^3/s 左右), 流速较大 (平均流速为 0.7m/s), 水深、水位、河宽都相应较大.

现将三次实测的河床高程套绘在一起, 来比较河床高程在一年内的变化情况. 现仅就三个代表断面 SH10、SH7 和 SH6 作出图形, 如图 5.2.2 所示.

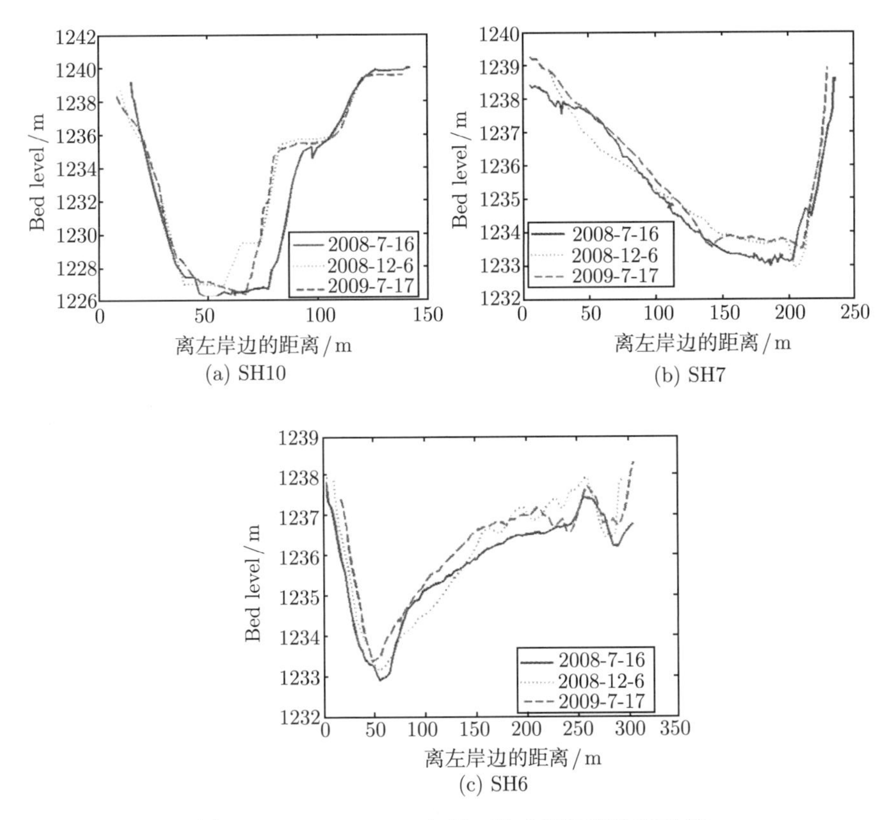

图 5.2.2 2008~2009 年间三次实测河床高程比较

经过认真的比对分析, 可以发现以下几个规律:

(1) 从 2008 年 7 月到 2009 年 7 月, 所研究河段河床整体上呈现淤积现象. 由于黄河沙坡头河段大部分位于沙坡头水利枢纽库区内, 由于水库的修建, 抬高了水位, 在同流量下流速减小, 水流挟沙力下降, 因此河床会出现淤积现象.

(2) 当流量减小时, 河床高程增加, 而当流量增加时, 河床高程会减小. 从 2008 年 7 月到 2009 年 12 月, 流量减小, 河床高程在一些断面上呈升高趋势, 而从 2008 年 12 月到 2009 年 7 月, 流量增大, 河床高程呈降低趋势. 这反映了多沙河流大水冲刷、小水淤积的现象.

(3) 凹岸附近河床出现冲刷现象, 而凸岸附近河床淤积. 断面 SH10 可以看成是弯道 B 的出口段, 左岸是凹岸, 右岸是凸岸, 右岸处有明显淤积现象, 而左岸基本保持冲淤平衡状态; 断面 SH7 位于弯道 C 的出口段, 左岸为凸岸, 右岸为凹岸, 左岸处出现淤积, 而右岸处则出现冲刷; SH6 位于弯道 D 的弯顶段, 左岸为凹岸, 右岸为凸岸, 在断面不同位置处均出现不同程度的淤积现象, 在个别位置处个别时段也存在冲刷现象.

利用深水取样器在每个断面靠近左岸、右岸和河中心处分别取样一次并利用激光粒度分析仪进行泥沙粒度分析, 测量结果如表 5.2.4 所示. 通过分析各断面悬疑质泥沙粒径分布可以发现, 从断面 SH10 到断面 SH4, 悬移质泥沙中值粒径呈减小的趋势. 从断面 SH10 到断面 SH4, 断面平均流速逐渐减小, 水流挟沙力减小, 粗颗粒泥沙下沉, 从而导致悬移质泥沙中值粒径减小, 床面出现淤积.

表 5.2.4 各断面悬移质泥沙中值粒径 (单位: μm)

断面编号	靠近左岸处	河中心处	靠近右岸处	平均中值粒径
SH4	8.56	6.86	9.69	8.37
SHJ3	7.28	9.87	9.67	8.94
SH6	8.59	10.61	9.63	9.61
SHJ4	10.35	10.02	11.35	10.57
SH7	10.36	7.32	10.68	9.45
SHJ5	11.88	10.73	10.01	10.87
SH9	12.06	11.38	10.91	11.45
SH10	18.79	18.20	16.80	17.93
均值	10.98	10.62	11.09	10.90

从分析各断面悬移质泥沙的横向分布发现, 流速较大处, 一般悬移质泥沙中值粒径也比较大, 反之, 若流速较小, 则该处悬移质泥沙中值粒径也较小. 由此可见, 垂线平均流速对悬移质粒径分布影响较大.

为了对沙坡头水库库区泥沙分布规律有进一步的了解, 限于篇幅, 本节仅选取断面 SHJ5 进行分析. 根据断面 SHJ5 左岸附近、中心处、右岸附近分别取样的悬移质泥沙粒径实测数据, 绘制了泥沙级配曲线, 如图 5.2.3 所示. 断面 SHJ5 的粒径分布近似呈正态分布, 粒径范围为 0.5~76μm, $d_{10} = 2.71$μm, $d_{90} = 29.05$μm, $d_{50} = 10.73$μm. 通过简单计算可知, 该断面 80% 的悬移质泥沙粒径介于 2.71~29.05μm.

综合各断面实测结果, 沙坡头库区悬移质泥沙粒径一般在 0.2~100μm, 80% 的悬移质泥沙粒径一般在 2~30μm.

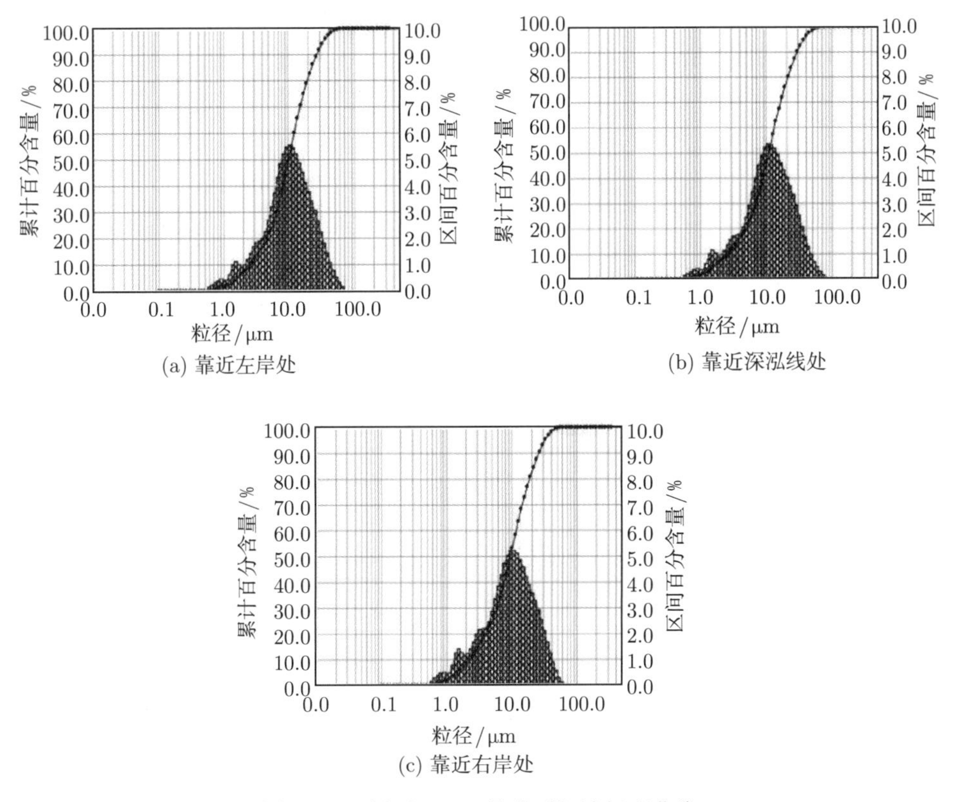

(a) 靠近左岸处

(b) 靠近深泓线处

(c) 靠近右岸处

图 5.2.3 断面 SHJ5 悬移质泥沙级配曲线

5.2.2 大柳树河段

1. 大柳树河段概况

拟建的大柳树水利枢纽在黄河黑山峡出口以上 2km 处宁夏境内的大柳树修建高坝, 最大坝高 163.5m, 正常蓄水位 1380m, 总库容 110.3 亿 m^3, 电站装机容量 200 万 kW. 水库运行 50 年后仍保持有效库容 56.1 亿 m^3, 大柳树库区包括黑山峡、五佛川、红山峡以及靖远川三滩, 库区总长度 185km, 其中峡谷河段长度占水库总长度的 79.5%, 峡谷段库容占总库容的 52.6%, 大柳树库区水位天然落差约 137m, 大柳树水库规划原则是在满足其综合利用的前提条件下, 实行水资源优化配置, 以发电、自流灌溉、改善生态为主, 兼顾防凌、防洪等综合利用 (赵文发和张娉, 2004). 大柳树可以在较长时间保持较大调节库容, 可用于黄河上游的水沙调节; 可在 5~7 月灌溉高峰期比建库前增加 48.2 亿 m^3, 从而缓解黄河中下游的缺水现状; 可以使宁夏、内蒙古、陕西、甘肃四省 (区) 已有的 40 万 hm^2, 变扬水灌溉为自流灌溉; 对黄河中下游具有冲沙和减淤等作用 (鲁春霞等,2003).

大柳树河段属游荡性河道, 由多个连续弯道组成, 全长约 17.7km, 共布设 19 个测量断面, 如图 5.2.4 所示. 其中测量区域曲率较大的有 2 个连续弯道, 记 d18 至 d15 之间为第一个弯道,d14 至 d12 之间为第二个弯道, 两个弯道之间有明显的顺直过渡段.

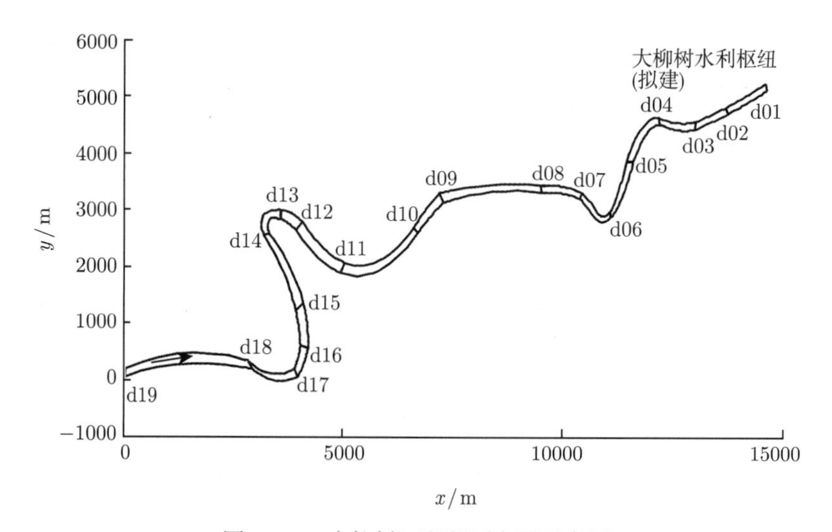

图 5.2.4　大柳树河段断面布置示意图

2. 大柳树河段实测结果及分析 (吕岁菊等, 2015)

为了掌握大柳树河段水流特征、河床冲淤变化规律及连续弯道中主流的变化情况. 项目组成员利用高精度 RTK, 于 2009 年 7 月 16~18 日, 历经 3 天时间布设断面, 设置桩号及测量断面对应水边坐标和水位. 并于 2010 年 10 月、2011 年 11 月两次赴大柳树河段, 利用 SonTek 公司生产的 ADP-1500Hz 声学多普勒流速剖面仪、回声测深仪、深水取样器等先进测量设备, 对 d01-d19 共 19 个典型断面进行了实地勘测, 测量了各断面水位、河床高程、断面面积、悬移质泥沙级配及各层水深处的三维流速等数据. 从表 5.2.5 可以看出, 第一个弯道段 (d18 至 d15) 左岸为凸岸, 右岸为凹岸, 横向水面线凹高凸低, 存在水面超高, 形成横向比降; 中间过渡段弯道环流减弱或消失, 进入第二个弯道段 (d14 至 d12), 横比降方向转换. 断面 d02 比较窄深, 水面宽 100.4m, 最大水深达 9.39m 左右, 水流湍急, 平均流速为 2.14m/s 左右. 断面 d12 比较宽浅, 最大水深为 4.3m 左右, 平均水深 3.0m 左右, 断面平均流速为 1.23m/s.

表 5.2.5 各断面实测数据

断面编号	左岸水位/m	右岸水位/m	最大水深/m	平均水深/m	河宽/m	断面面积/m^2	平均流速/(m/s)
d01	1242.40	1242.32	5.80	4.65	136.0	625.57	1.76
d02	1242.99	1242.99	9.39	5.11	100.4	544.75	2.14
d03	1243.49	1243.61	8.76	4.29	137.3	645.88	1.74
d04	1244.02	1243.52	5.72	4.26	132.7	517.19	1.90
d05	1244.95	1244.88	4.98	3.32	134.7	438.23	1.75
d06	1246.02	1246.11	8.70	4.73	111.8	556.32	1.87
d07	1246.29	1246.24	7.36	5.39	109.7	563.77	2.06
d08	1246.60	1246.56	6.95	5.32	123.3	673.91	1.82
d09	1247.88	1247.80	10.20	5.37	171.8	931.47	1.10
d10	1248.13	1248.11	6.26	3.81	117.9	419.45	1.83
d11	1249.32	1249.47	2.99	2.64	184.0	474.86	1.98
d12	1250.13	1250.20	4.30	3.00	228.3	475.35	1.23
d13	1250.80	1250.80	5.46	3.25	157.2	523.19	1.93
d14	1251.14	1251.00	6.03	4.25	101.5	441.33	1.82
d15	1252.53	1252.95	4.03	2.47	195.8	456.02	1.49
d16	1253.50	1253.53	8.37	3.81	175.8	740.24	1.22
d17	1253.81	1254.04	6.63	3.80	138.0	547.34	1.8
d18	1256.10	1255.95	6.30	2.98	161.1	597.61	1.72
d19	1258.36	1258.39	8.35	5.02	101.7	461.21	1.64

3. 大柳树河段实测河床高程及垂线平均流速

将河床高程与断面垂线平均流速套绘在一起, 得到图 5.2.5. 从图 5.2.5 可以看出, 在黄河大柳树河段中, 水流主流线一般在弯道进口段偏靠凸岸 (断面 d18), 进入弯道后逐渐向凹岸过渡, 最大流速均紧靠凹岸 (断面 d17-d15). 纵向垂线平均流速沿横向分布规律是, 在弯道进口段水流有发展成为自由旋体的趋势 (d18), 但由于弯道螺旋流的影响, 自由旋体被抑制, 表层流速较大的水体逐渐推向凹岸 (d17、d16), 使高流速区向凹岸转移.

从河床高程来看, 断面 d18 至断面 d16, 主槽由靠近左岸处逐渐向右岸过渡, 从断面 d15 到断面 d13, 主槽再从靠近右岸处回到左岸. 河道主槽严重淤积萎缩, 河势游荡摆动频繁, “横河”、“斜河” 的发生概率增大, 堤防 “冲决” 和 “溃决” 的可能性增加, 严重威胁黄河下游两岸的防洪安全.

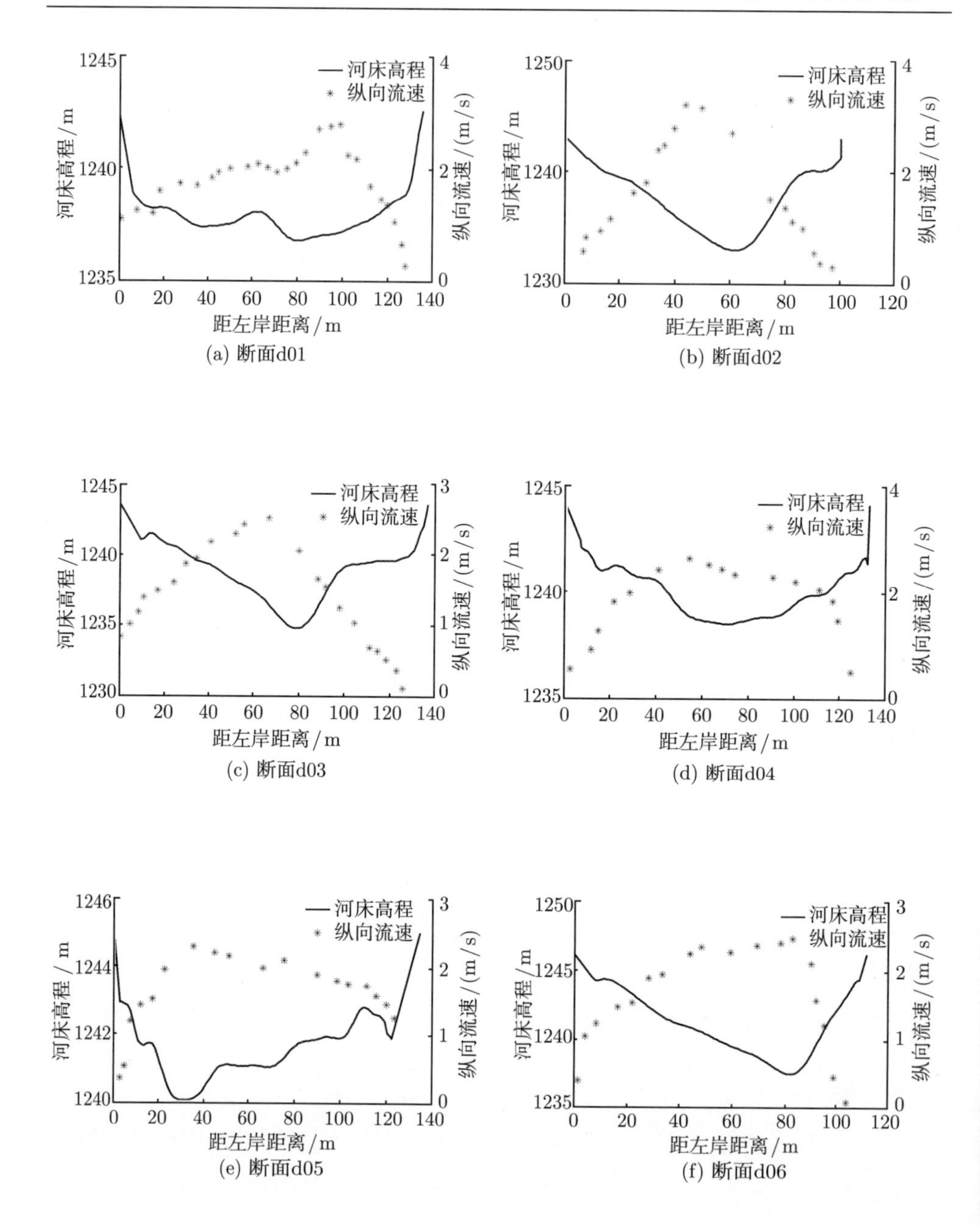

(a) 断面d01

(b) 断面d02

(c) 断面d03

(d) 断面d04

(e) 断面d05

(f) 断面d06

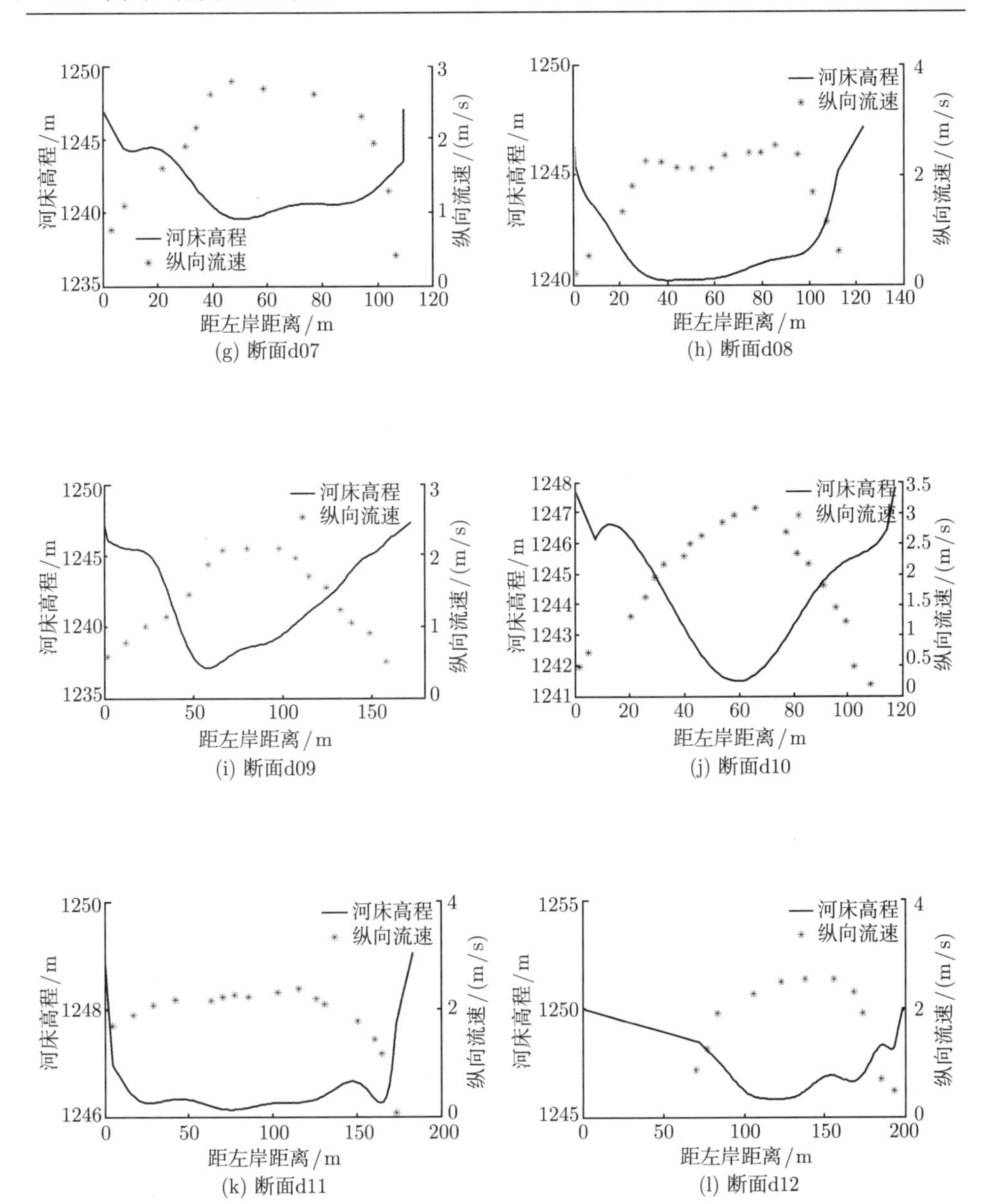

(g) 断面d07

(h) 断面d08

(i) 断面d09

(j) 断面d10

(k) 断面d11

(l) 断面d12

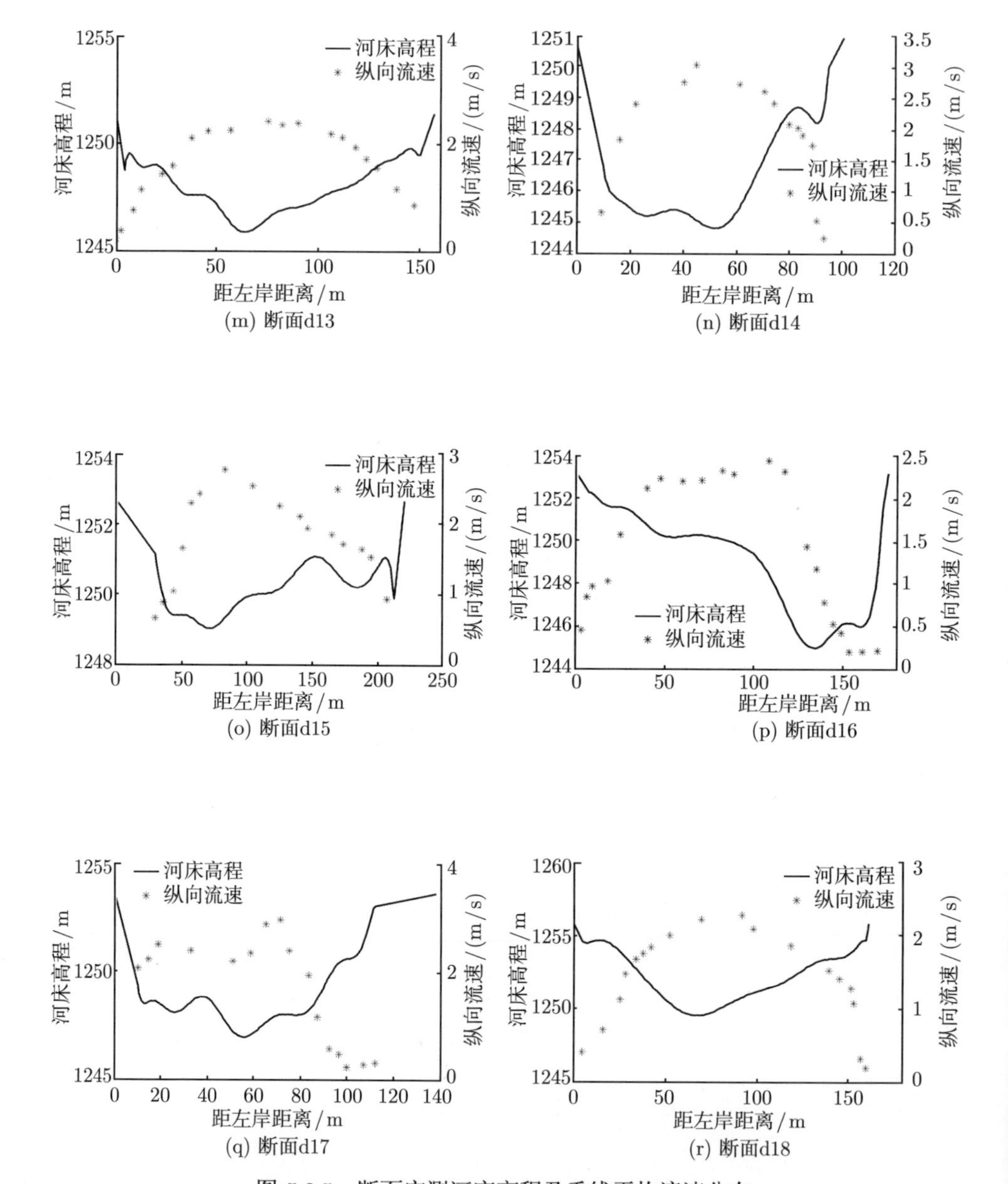

图 5.2.5　断面实测河床高程及垂线平均流速分布

4. 大柳树河段各断面速度场分布

为了研究弯道中水流的环流特性, 以 2011 年 11 月的实测资料对弯道中水流运动的主流沿程变化规律进行分析. 在黄河大柳树河段中, 沿着水流的方向, 对 d01、d02、d03、d04、d13、d14、d16、d17 共 8 个典型断面给出了流场等值线图. 断面 d01 位于拟建的大柳树水利枢纽坝址处, 从断面 d01-d04 的河床高程和流场分布可看出, 该河段由峡谷段组成, 河道主槽呈 “V” 形, 主流分布基本稳定, 具备在黄河上游修建大柳树高坝大库的条件.

从图 5.2.6 还可以发现, 断面 d17 位于第一个弯道弯顶处, 河床横比降较小, 流速分布比较均匀, 最大流速位于河中心偏右岸处 (凹岸). 断面 d16 位于第一个弯道出口段, 河床横比降较大, 深泓线 (断面水深最大处) 及最大流速都靠近右岸 (凹岸), 水流经过顺直过渡段得到了充分发展, 受上一弯道高速区的影响已基本消失, 断面内的流速分布趋于均匀, 只有一个高速区 (d14). 断面 d13 位于第二个弯道的出口, 高速区又向中央部位转移.

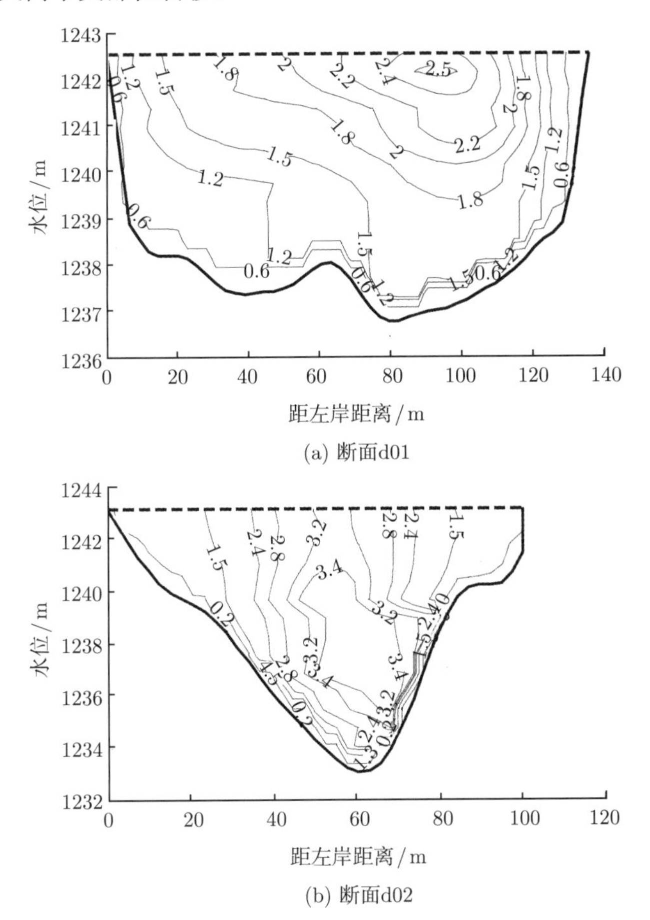

(a) 断面d01

(b) 断面d02

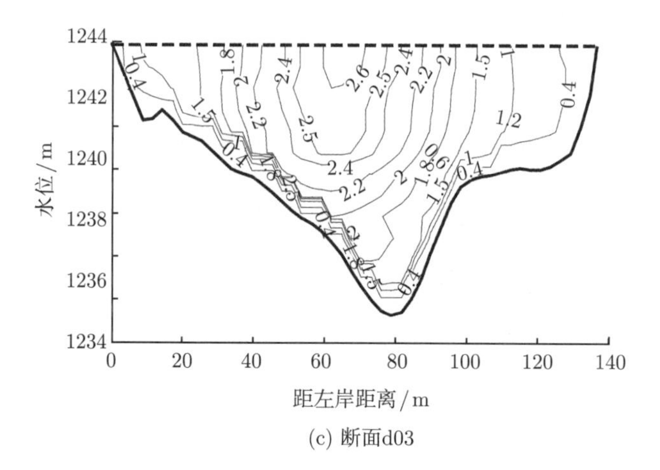

(c) 断面d03

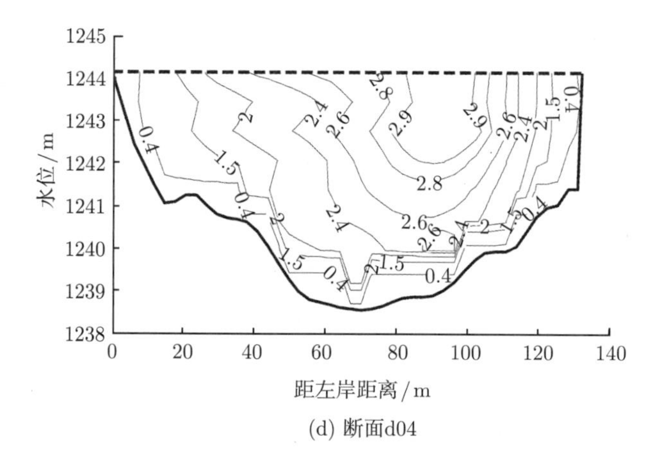

(d) 断面d04

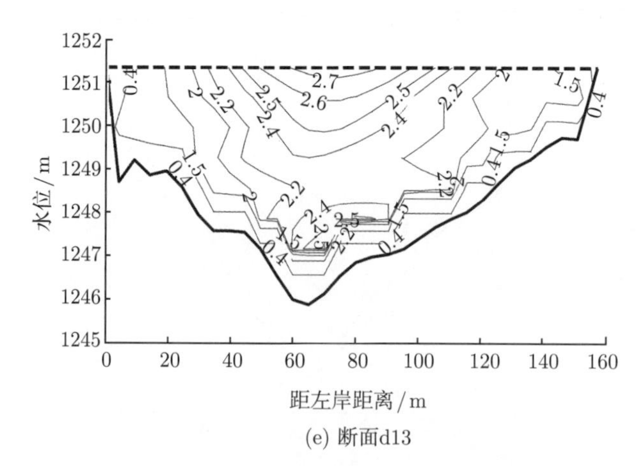

(e) 断面d13

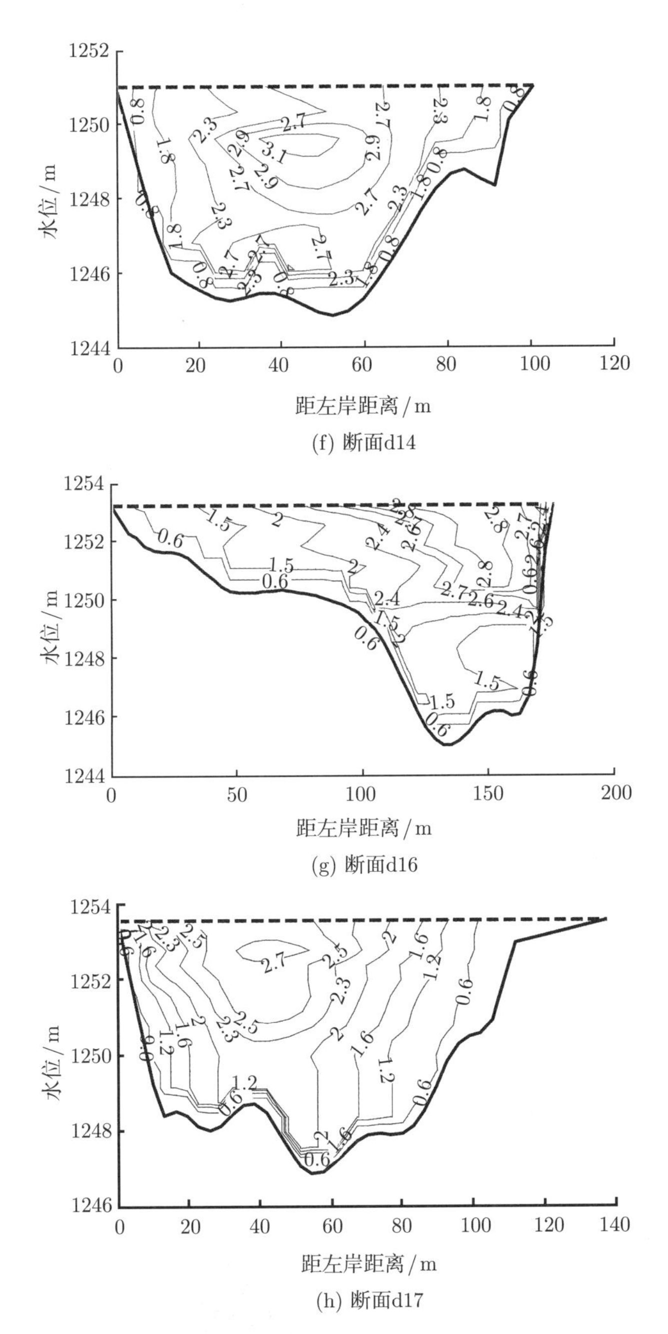

(f) 断面d14

(g) 断面d16

(h) 断面d17

图 5.2.6 大柳树河段弯道断面流场等值线图

整个河道在平面上向下游方向蠕动, 在弯顶不断向下蠕动, 河身不断加长的同时, 同一岸相邻两个弯顶之间的距离也逐渐缩短, 形成 S 形河弯 (如断面 d18 至

d11), 经过多年后, 有可能会发生河弯自然裁直, 这样将会对上下游河道的河床演变带来很大影响.

5. 悬移质泥沙粒径分布

利用深水取样器在每个断面靠近左岸、右岸及河中心处分别取样一次并利用激光粒度分析仪进行泥沙粒径分析, 如表 5.2.6 所示. 通过分析各断面悬移质泥沙粒径分布可以发现, 从断面 d12 到断面 d01, 悬移质泥沙中值粒径呈减小趋势. 泥沙粒径的分布和断面平均流速有关, 断面平均流速减小, 水流挟沙力减小, 粗颗粒泥沙下沉, 从而导致悬移质泥沙中值粒径减小, 床面出现淤积. 从分析各断面悬移质泥沙的横向分布发现, 流速较大处, 一般悬移质泥沙中值粒径也较大, 反之, 若流速较小, 则该处悬移质泥沙中值粒径也较小, 如断面 d12 右岸流速较左岸流速大, 其水流中所挟带的粗颗粒泥沙的比例也较左岸大. 由此可见, 垂线平均流速对悬移质粒径分布影响较大. 为了对大柳树河段泥沙分布规律有一定了解, 选取断面 d12 左岸附近、中心处及右岸附近的悬移质泥沙粒径数据绘制了泥沙级配曲线, 如图 5.2.7

表 5.2.6 各断面悬移质泥沙中值粒径 (单位: μm)

断面编号	靠近左岸处	河中心处	靠近右岸处
d01	14.58	21.15	10.30
d02	11.10	11.02	10.68
d04	12.39	23.15	25.00
d05	14.95	18.1	13.04
d06	19.77	20.55	33.80
d07	22.01	9.63	21.64
d08	20.13	15.53	27.43
d09	12.96	19.17	27.31
d10	26.60	31.2	28.8
d12	20.63	28.84	22.85

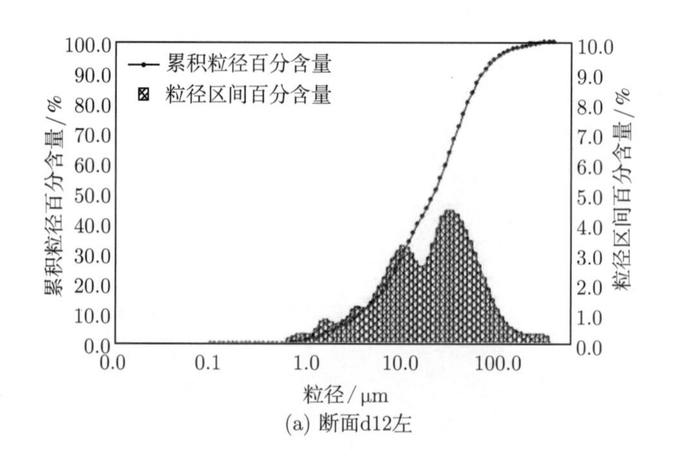

(a) 断面d12左

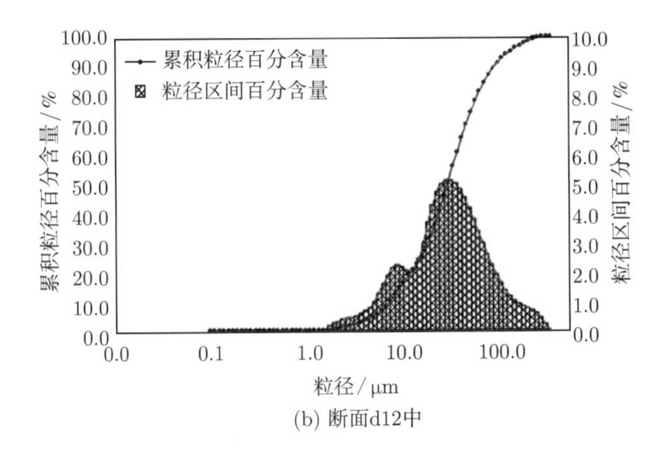

(b) 断面d12中

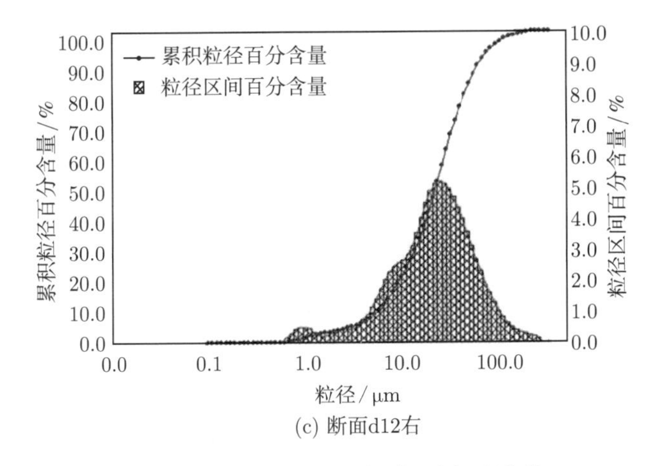

(c) 断面d12右

图 5.2.7 断面 d12 悬移质泥沙级配曲线

所示, 断面 d12 的粒径分布近似呈正态分布, 左、右岸的粒径范围为 0.18~94.5μm , 中心处的粒径范围为 1.62~145.1μm .

6. 大柳树河段历年断面实测河床高程比较

为了研究河床冲淤情况, 将 2010 年和 2011 年利用声学多普勒流速剖面仪实测的河床高程进行比较, 如图 5.2.8 所示. 图 5.2.8 给出了断面 d11、d12、d13 的测量结果. 断面 d11 位于另一弯顶附近, 左岸为凸岸, 右岸为凹岸, 整体上呈现淤积状态. 断面 d12、d13 位于第二个弯道弯顶出口附近, 左岸为凹岸, 右岸为凸岸. 凹岸出现不同程度冲刷, 凸岸不同位置均有不同程度的淤积.

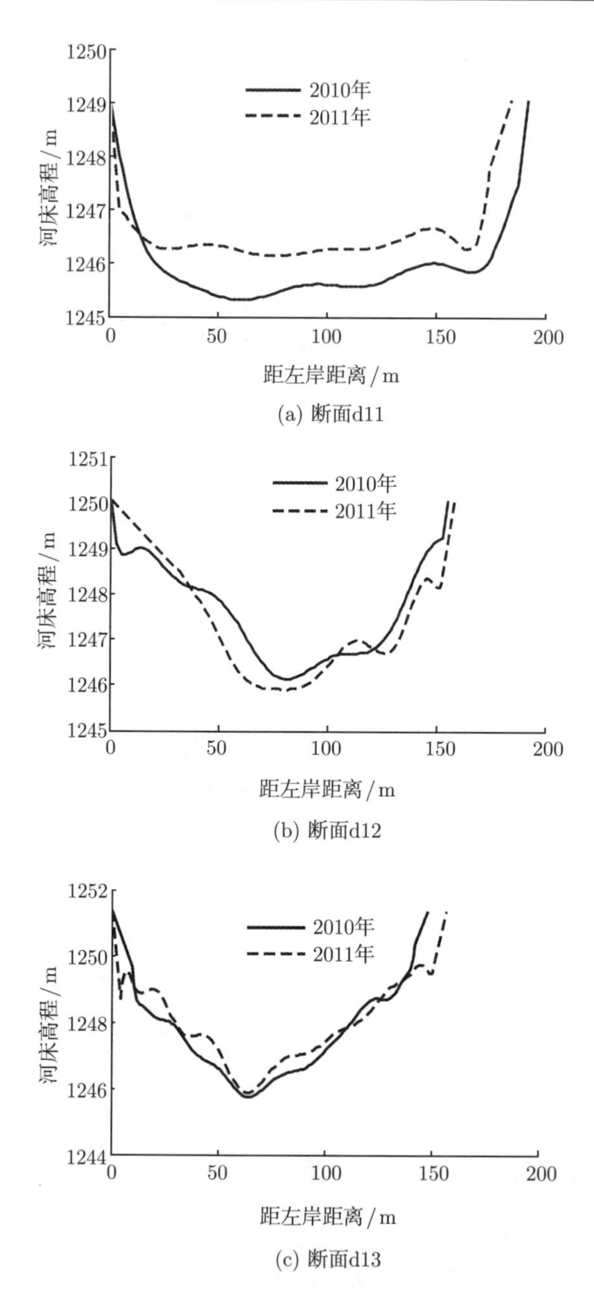

(a) 断面d11

(b) 断面d12

(c) 断面d13

图 5.2.8　历年实测河床高程比较

通过比较两年实测结果发现, 各断面有冲有淤, 基本处于冲淤平衡状态, 凸岸的堆积主要来自凹岸的冲刷, 联系的纽带是通过弯道环流作用, 凹岸崩塌和凸岸淤积在数量上近乎相等, 其结果是河道在多年情况下作横向摆动, 断面形态则变化不大. 但个别断面有所反常, 这是因为受上游来水来沙及天然河道等诸多因素的影响, 使得弯道水沙运动呈现出高度复杂性.

7. 实测结果分析

(1) 通过对大柳树河段实测水位可发现, 在连续弯道中, 横向水面线凹高凸低, 存在水面超高, 形成横向比降; 主流线是从上一个凸岸过渡到下一个凸岸, 高流速区均出现在弯顶前凸岸一侧. 纵向垂线平均流速沿横向分布规律是, 在弯道进口段水流有发展成为自由旋体的趋势, 但由于弯道螺旋流的影响, 自由旋体被抑制, 表层流速较大的水体逐渐推向凹岸, 使高流速区向凹岸转移.

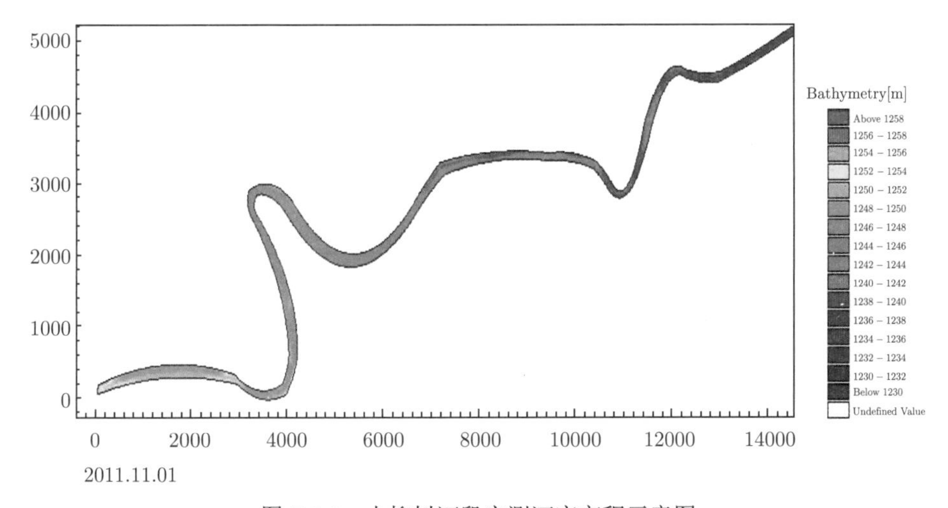

图 5.2.9 大柳树河段实测河床高程示意图

(2) 从黄河大柳树河段的河床高程来看, 河道主槽严重淤积萎缩, 河势游荡摆动频繁,“横河”、“斜河” 的发生概率增大, 堤防 “冲决” 和 “溃决” 的可能性增加, 严重威胁黄河下游两岸的防洪安全. 断面 d01 位于拟建的大柳树水利枢纽坝址处, 该河段比较窄深, 水面宽 100m 左右, 由峡谷段组成; 主流分布基本稳定, 平均流速 2.14m/s 左右. 河道主槽呈 “V” 形, 地理位置优越, 具备在黄河上游修建大柳树高坝大库的条件.

(3) 整个河道在平面上向下游方向蠕动, 河床与水流相互依存和相互制约. 在弯顶不断向下蠕动, 河身不断加长的同时, 同一岸相邻两个弯顶之间的距离也逐渐缩短, 形成 S 形河弯 (如断面 d18 至 d11), 经过多年后, 有可能会发生河弯自然裁直, 这样将会对上下游河道的河床演变带来一定影响, 正确认识和了解大柳树河段河床的演变过程与规律有利于更好的治理与利用该河段的水流资源.

(4) 从分析各断面悬移质泥沙粒径分布发现, 悬移质泥沙粒径近似呈正态分布, 整个河道上中值粒径分布范围为 14.58~33.8μm. 流速较大处, 一般悬移质泥沙中值粒径较大, 反之, 若流速较小, 则该处悬移质泥沙中值粒径也较小, 垂线平均流速对悬移质粒径分布影响较大.

5.3 沙坡头河段平面二维数值模拟

5.3.1 初边界条件及网格剖分

1. 模拟区域

模拟区域为大柳树 — 沙坡头河段, 从断面 SH15 到断面 SH1, 全长约 13.4km, 平均水面纵比降约为 0.15 ‰, 部分河段水面纵比降可达到 0.28 ‰, 而部分河段仅为 0.05 ‰, 而图 5.3.1 给出了模拟区域的三维立体示意图.

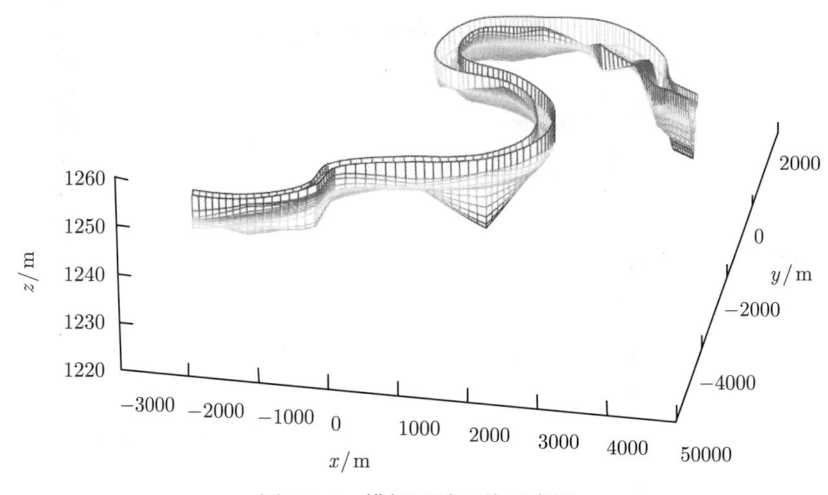

图 5.3.1 模拟区域三维示意图

2. 模拟工况及初边界条件

为了验证数值模拟结果并对数值模拟结果进行比较分析, 本节就四种典型工况分别进行计算. 表 5.3.1 给出了四种典型工况下进出口边界条件, 包括流量、出口边界水位、进口断面平均流速、进口断面悬移质含沙量、k 和 ε 的值. 其中进口断面流速由进口断面流量除以进口断面面积得到, 进口断面 k 和 ε 按公式 (3.7.1) 计算得到.

表 5.3.1 四种典型工况边界条件

工况	进口边界					出口边界水位/m
	流量 /(m^3/s)	平均流速 /(m/s)	悬移质含沙量 /(kg/m^3)	k /(m^2/s^2)	ε /(m^2/s^3)	
工况 1	513.50	1.0398	0.51	0.0121	0.0005	1239.68
工况 2	930.00	1.5405	3.53	0.0269	0.0013	1240.65
工况 3	1500.00	1.8098	10	0.0378	0.0016	1241.50
工况 4	2000.00	2.0579	20	0.0492	0.0020	1242.00

四个工况中, 其中工况 1 的边界条件是按 2008 年 12 月的实测值给定, 工况 2 的边界条件是按 2008 年 7 月的实测值给定. 工况 3 和工况 4 是参考了水文站关于历年该河段流量、水位及含沙量的实测值后设定的.

进口断面悬移质泥沙及推移质泥沙按粒径各分三组, 其代表粒径及含量百分比 (粒径级配) 如表 5.3.2 所示. 悬移质泥沙的中值粒径为 0.0249mm, 推移质泥沙的中值粒径为 10mm. 出口流速、含沙量、k 和 ε 均按充分发展边界条件处理, 进口处水位由所内部相邻节点计算值插值得到.

表 5.3.2 进口断面泥沙粒径级配

	悬移质			推移质		
代表粒径/mm	0.01	0.05	0.25	2	10	40
含量百分比/%	38	53	9	38.3	31.3	30.4

初始床沙按粒径级配曲线如图 5.3.2 所示.

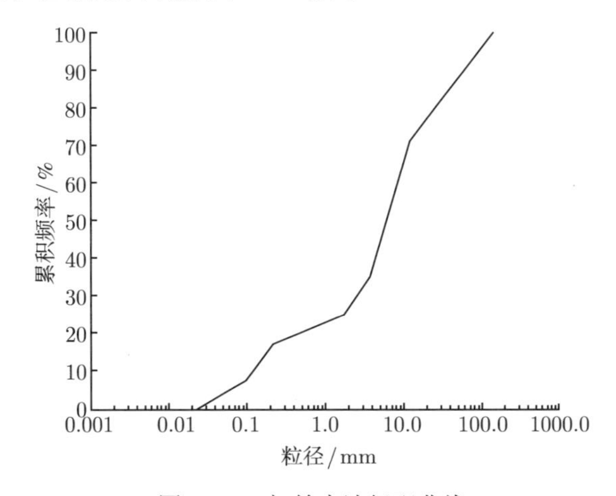

图 5.3.2 初始床沙级配曲线

现按大小将床沙质分为六组, 其代表粒径及含量百分比 (级配) 如表 5.3.3 所示.

表 5.3.3　初始床沙粒径级配

代表粒径/mm	0.01	0.05	0.25	2	10	40
含量百分比/%	0.2	3.8	17.9	12.7	36.5	28.9

初始河床高程采用 2008 年 12 月的实测结果. 图 5.3.3 给出了河床高程等值线图, 其中高程为相对值 (单位为 m), 绝对高程 (黄海高程) 为图中高程加上 1200m.

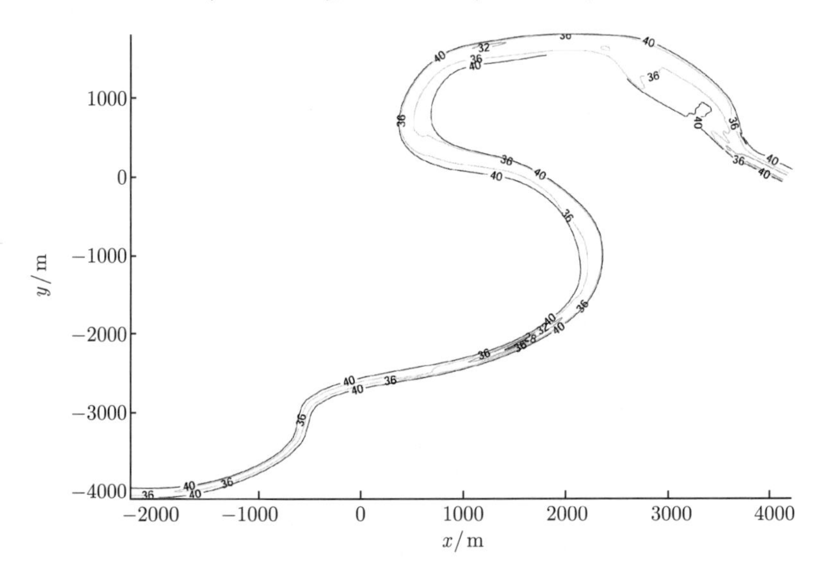

图 5.3.3　模拟区域初始河床高程等值线图 (实际值为上述值加上 1200m)

开始计算时只启动流速模块, 采用冷启动的方法, 即除进口外, 全场流速赋零, 而 k 赋值为 0.01, ε 赋值为 0.001；计算时每隔一个时段自动保存数据一次, 如开始计算时可每隔 2 小时的计算时间保存一次数据, 总体计算时间达到一天后可每隔一天计算时间保存一次, 以防数据丢失, 并供下一时段重新启动时用. 另外, 所保存的数据还可供结果分析及可视化处理时用.

在下一时段计算时, 可采用热启动的方式, 即 u、v、k、ε 的值均采用上一时段的值. 泥沙模块开始启动时, u、v、k、ε 的值均采用上一时段的值, 而初始含沙量分布可采用实测值或全场赋值为进口处含沙量分布.

3. 网格剖分

采用适体坐标变换, 将模拟区域 (物理区域) 转化为矩形区域 (计算区域). 在计算区域上采用均分网格, 沿水流方向 (ξ 方向) 布置 161 个节点, 河宽方向 (η 方向) 布置 31 个节点, 共计 $161 \times 31 = 4991$ 个网格节点, $160 \times 30 = 4800$ 个网格单元. 采用 Poisson 方程法实施坐标变换的逆变换, 将计算区域的网格节点变换到物理区域上去, 即得到物理区域的网格剖分, 如图 5.3.4 所示. 为了比较清晰地反映网格剖分情况, 特将出口附近区域的网格剖分局部放大, 如图 5.3.5 所示 (注: 进口处网格剖分与出口处类似, 不再画出).

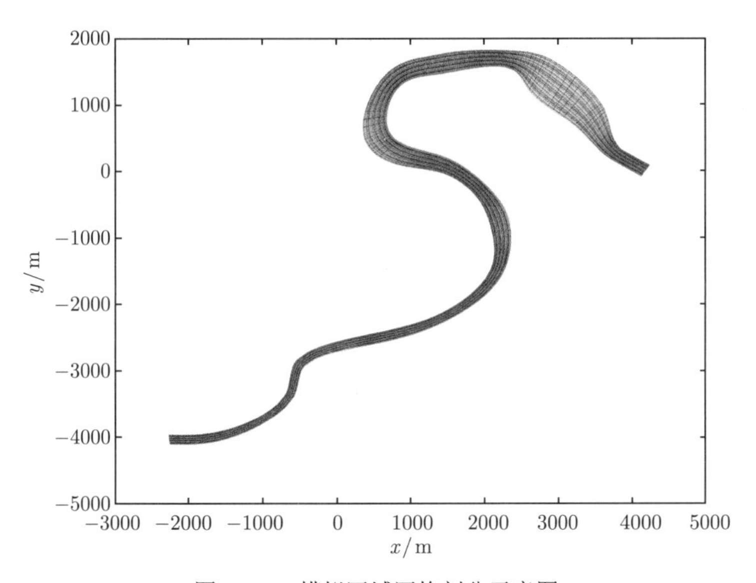

图 5.3.4 模拟区域网格剖分示意图

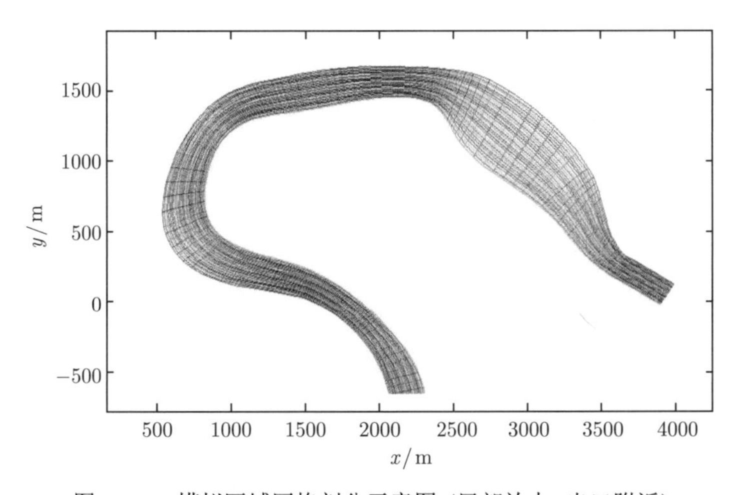

图 5.3.5 模拟区域网格剖分示意图 (局部放大, 出口附近)

5.3.2 水流运动数值模拟结果及分析

1. 确定 Manning 系数的自适应算法 (景何仿, 李春光, 2011b)

在水流模块计算时, 一般需要选取曼宁系数. 本节采用 Manning 系数的自适应算法. 该算法不但可以节约大量运算量, 还可以在根据实测结果在不同的子河段选取合适的曼宁系数值, 使得计算水位尽可能地接近实测值. 为了验证这一点, 这里以工况 2 为例, 分四种方法对全河段水流运动进行了模拟. 取时间步长为 10s, 经过 1800 个时间步, n 的值基本达到稳定, 流场、水位可满足精度要求.

方法 1. 全河段采用同一个曼宁系数值. 水面坡降 $J = 1.55 \times 10^{-4}$. 利用上述算法, 得到 $n = 0.034$.

方法 2. 将全河段分为两个子河段：第一个子河段从断面 SH15 至 SH11, 水面坡降较大, 为 1.55×10^{-4}；第二个子河段从断面 SH11 至出口断面, 水面坡降较小, 约为 8.76×10^{-5}. 利用上述算法可得子河段上曼宁系数分别取 $n_1 = 0.036, n_2 = 0.033$.

方法 3. 将全河段分为四个子河段, 子河段 1(从断面 SH15 至 SH11)、子河段 2(从断面 SH11 至 SH7)、子河段 3(从断面 SH7 至 SH4)、子河段 4(从断面 SH4 至出口断面), 其水面坡降分别为 $J_1 = 3.32 \times 10^{-4}$, $J_2 = 1.23 \times 10^{-4}$, $J_3 = 7.05 \times 10^{-5}$, $J_4 = 5.67 \times 10^{-5}$, 利用上述算法可得各子河段上曼宁系数分别取 $n_1 = 0.036$, $n_2 = 0.035$, $n_3 = 0.021$, $n_4 = 0.019$.

现将上述三种方法计算出的水位值和实测水位值进行比较, 如图 5.3.6 所示. 其中横坐标 y 表示与进口断面的距离, 纵坐标 z 为水位值. 从图 5.3.6 可以看出, 方法 3 计算出的水位值更接近实测值. 这说明在长河段水流数值模拟时, 适当地将所研究河段进行分段, 各段采用不同的曼宁系数值, 模拟结果会更接近实测值.

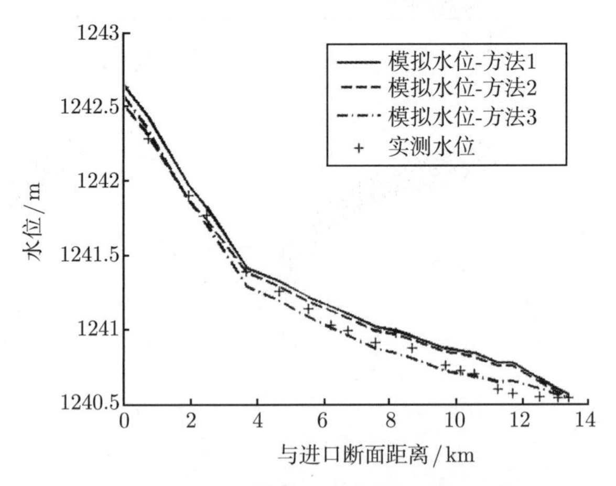

图 5.3.6 水位沿程变化计算结果与实测结果的比较

2. 流场数值模拟结果

现对加入弯道修正项与不加修正项的计算结果与实测结果进行比较. 图 5.3.7 给出了断面 SH7 处沿水深平均流速计算结果与实测结果的比较. 可以看出, 加入弯道修正项后, 垂线平均流速沿横向的梯度变大, 数值模拟结果与实测结果吻合较好. 弯道 D 中, 左岸为凹岸, 右岸为凸岸, 最大流速靠近凹岸, 符合弯道水流的一般规律.

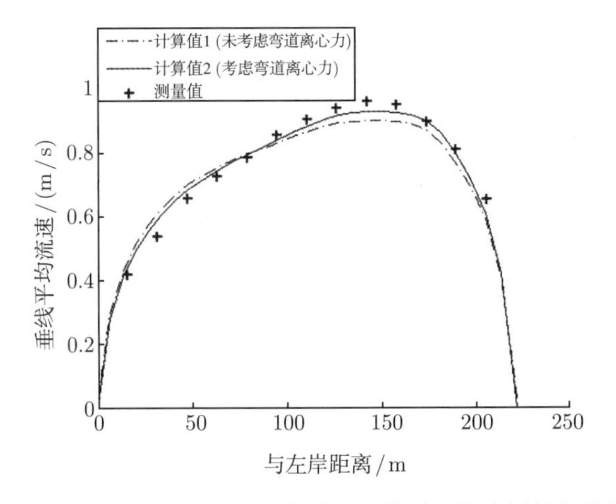

图 5.3.7　断面 SH7 处水深平均流速计算结果与实测结果的比较

图 5.3.8 给出了从断面 SH12 到 SH1 之间流速矢量图. 由于断面 SH1 位于流场变化剧烈处, 若将其作为计算区域的出口断面, 则出口边界处对流场的充分发

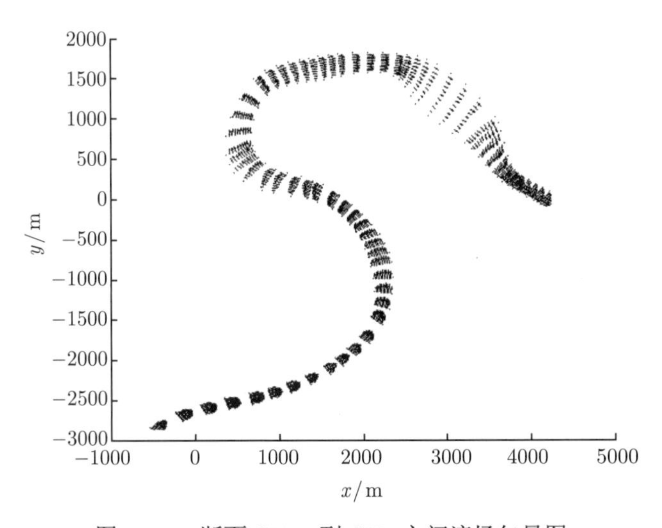

图 5.3.8　断面 SH12 到 SH1 之间流场矢量图

展边界条件难以用, 如果边界条件运用不当, 会造成整个计算过程的发散. 为了避免上述现象的发生, 本节在数值模拟时, 在出口断面 SH1 外添加了 40m 长的顺直河段, 该河段可看成是断面 SH1 沿其外法线方向平移 40m 后得到的.

从图 5.3.8 可以看出, 模拟流场基本上符合弯道水流运动规律: 在弯道进口处, 主流 (最大流速所在位置) 靠近凸岸, 然后逐渐向凹岸过渡, 在弯道出口处, 主流靠近凹岸.

图 5.3.9 比较了主流线与深泓线 (最大水深所在位置的连线) 的位置. 可以看出, 在大部分位置处, 主流线与深泓线的位置基本重合. 一般而言, 弯道进口处靠近凸岸处水深较大, 流速也较大, 然后, 最大水深和最大流速均向凹岸逐渐过渡, 越过弯道顶部 (弯顶) 后, 最大水深和最大流速靠近凹岸.

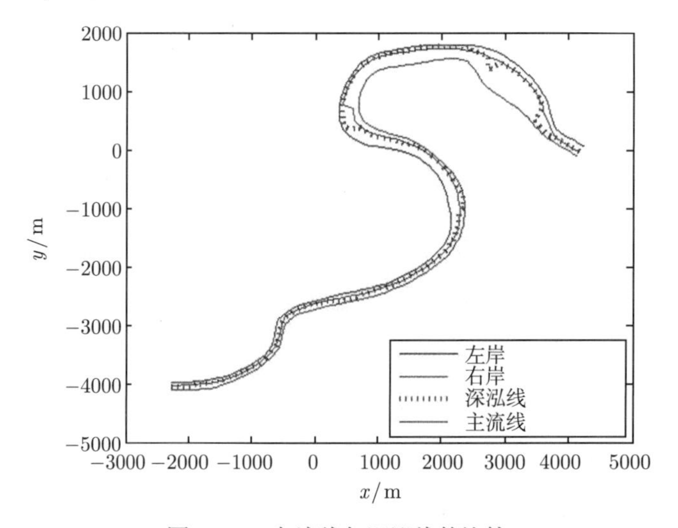

图 5.3.9　主流线与深泓线的比较

然而, 从图 5.3.9 中还可以看出, 在部分位置处, 主流线与深泓线出现分离, 在个别位置甚至出现了较大的分离, 如在 SHJ4-SH6、SH4-SHJ2、SH2-SHJ1 之间均发生这样的现象. SHJ4-SH6 之间可以看出是弯道 C 和弯道 D 的拐点附近, 既位于弯道 C 的出口段, 又位于弯道 D 的进口段, 两个弯道之间没有明显的顺直过渡段. 而 SH4-SHJ2、SH2-SHJ1 之间的部分, 分别位于弯道 D 的渐扩段和渐缩段.

由此可以得到这样的结论: 在弯道的拐点处、渐缩段和渐扩段等水流运动变化较为强烈处附近, 主流线和深泓线发生较大程度分离, 其余位置处主流线与深泓线基本重合, 即最大水深处一般流速也较大.

5.3.3　泥沙运移及河床变形数值模拟结果及分析

下面将对沙坡头河段泥沙运移及河床变形进行平面二维数值模拟, 并与实测结

果进行比较 (景何仿, 李春光, 2011b).

1. 泥沙沉速

泥沙沉速在泥沙模块中起着关键作用, 其计算的准确与否关系到整个数值模拟结果的精度. 然而, 关于泥沙沉速的计算公式较多, 各家的计算公式相差较大. 表 5.3.4 给出了分别用冈恰洛夫公式 (2.2.34)、沙玉清公式 (2.2.35)–(2.2.37)、张瑞谨公式 (2.2.40)–(2.2.42) 计算得到的分组悬移质和推移质泥沙沉速大小.

表 5.3.4　不同计算公式得到的各粒径组泥沙沉速　(单位: cm/s)

代表粒径/mm	冈恰洛夫公式 (2.2.34)	沙玉清公式 (2.2.35)–(2.2.37)	张瑞谨公式 (2.2.40)–(2.2.42)
0.01	0.0067	0.0067	0.0062
0.05	0.1675	0.1675	0.1570
0.25	1.0167	3.5797	1.6142
2	6.0864	7.7214	5.8798
10	13.6096	14.5271	13.3038
40	27.2192	29.0542	26.6075

可以看出, 在滞流区 (d <0.1mm), 各家公式的计算结果基本一致; 在紊流区 (d >1.5mm), 冈恰洛夫公式和沙玉清公式结果相差不大, 但沙玉清公式计算结果稍大; 在过渡区 (0.1 < d <1.5mm), 各家公式计算结果相差很大, 张瑞谨公式计算出的沉速为冈恰洛夫公式的 1.5 倍左右, 而沙玉清公式计算的沉速又为张瑞谨公式的 2 倍左右. 经过与实测结果反复比较, 本书拟采用张瑞谨公式计算单颗粒泥沙在清水中的沉速.

含沙量对颗粒流速较大影响, 在计算水流挟沙力及河床变形时应该对上述计算公式计算出的沉速进行修正. 取泥沙密度为 $\rho_s = 2650\text{kg/m}^3$, 当含沙量 $S = 10\text{kg/m}^3$ 时体积含沙量 $S_y = S/\rho_s = 10/2650 = 0.038$. 现对分别运用理查森和扎基公式 (2.2.43)、明兹公式 (2.2.45)、张红武公式 (2.2.47) 对利用张瑞谨沉速公式 (2.2.40)–(2.2.42) 计算出的分粒径组沉速进行修正. 表 5.3.5 给出了各家公式计算出的分粒径组群体沉速, 表 5.3.6 给出了各家公式对清水中泥沙沉速的修正率.

表 5.3.5　各粒径组泥沙群体沉速　(单位: cm/s)

代表粒径/mm	清水中流速 (2.2.40)–(2.2.42)	明兹公式 (2.2.45)	理查森和扎基公式 (2.2.43)	张红武公式 (2.2.47)
0.01	0.0062	0.0061	0.0061	0.0059
0.05	0.1570	0.1534	0.1529	0.1522
0.25	1.6142	1.5779	1.5720	1.5877
2	5.8798	5.7475	5.7262	5.8277
10	13.3038	13.0046	12.9563	13.2164
40	26.6075	26.4340	25.9126	26.4575

表 5.3.6 各家公式计算出的分粒径组泥沙沉速修正率 (单位：%)

代表粒径/mm	明兹公式 (2.2.45)	理查森和扎基公式 (2.2.43)	张红武公式 (2.2.47)
0.01	1.61	1.64	4.92
0.05	2.29	2.67	3.14
0.25	2.25	2.67	1.69
2	2.25	2.67	0.91
10	2.25	2.67	0.67
40	0.65	2.63	0.58

可以发现, 各家公式对泥沙沉速均有不同程度的修正. 但总体上来说, 由于含沙量不是太大, 各家修正公式计算出的群体沉速与清水中泥沙沉速相差不大. 当采用张红武公式时, 在粒径为 0.01mm 时, 修正率最大 (约为 5%), 在粒径为 40mm 时, 修正率最小, 不足 1%.

张红武公式 (2.2.47) 不但考虑到体积含沙量对沉速的影响, 而且考虑到泥沙粒径大小对沉速的影响. 当粒径较小时, 含沙量对泥沙沉速影响较大, 但随着粒径的逐步变大, 含沙量对沉速的修正越来越小, 这与实际情形比较吻合. 也就是说, 粗颗粒泥沙因其他颗粒的存在引起沉速的减小, 比细颗粒泥沙要小 (张瑞瑾, 1998).

综上所述, 本章在计算群体沉速时, 采用张红武公式 (2.2.47), 其中清水中泥沙沉速利用张瑞谨公式 (2.2.40)–(2.2.42) 进行计算.

2. 悬移质水流挟沙力

采用张红武公式 (2.2.24) 计算悬移质总水流挟沙力 S^*, 采用 (2.2.32) 计算分组水流挟沙力, 而挟沙力级配的计算按 (2.2.28) 计算.

图 5.3.10 给出了工况 2 条件下总挟沙力和分组挟沙力沿程分布, 可以看出, 各分组挟沙力沿程分布与总挟沙力分布基本相同. 进口断面悬移质按粒径大小分成三

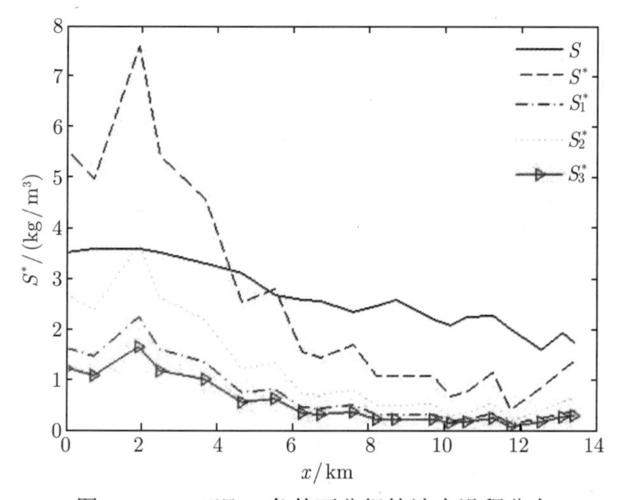

图 5.3.10 工况 2 条件下分组挟沙力沿程分布

组: 0.01mm、0.05mm、0.25mm, 其粒径级配分别是 38%、53%、9%, 而床沙中这三组粒径泥沙的级配分别是 0.2%、3.8%、1.79%, 比例很小. 因此, 根据 (2.2.28), 挟沙力级配主要由来沙级配决定.

3. 推移质单宽输沙率的计算

在计算推移质泥沙运移引起的河床变形时, 首先要计算推移质输沙率. 而推移质输沙率的计算, 虽然有许多半理论、半经验或经验公式, 但各家公式的计算结果相差较大, 这给推移质输沙的计算带来一定困难. 现针对所模拟河段, 利用 2.2.4 小节列举的几个代表性公式, 包括梅叶-彼得公式 (2.2.48)、冈恰洛夫公式 (2.2.50)、沙莫夫公式 (2.2.51)、张瑞谨公式 (2.2.54)、窦国仁公式 (2.2.55), 分别计算了分粒径组和不分粒径组情况下推移质单宽输沙率, 并进行对比分析.

经过将各家公式互相比较可以发现 (表 5.3.7), 在入口断面附近 (从断面 SH15 到断面 SH11), 窦国仁公式计算值与张瑞谨公式相近, 是沙莫夫公式计算值的 1.5 倍, 是冈恰洛夫公式计算值的 3 倍左右, 和梅叶-彼得公式计算值大致相当; 从断面 SH10 到断面 SH7, 冈恰洛夫公式和沙莫夫公式的计算值较为接近, 窦国仁公式计算值略小于张瑞谨公式, 而梅叶 - 彼得公式计算值则上述公式计算值相差较大. 从断面 SH7 到出口断面 SH1, 窦国仁公式计算值仍略小于张瑞谨公式, 但大于冈恰洛夫公式和沙莫夫公式计算值的 10 倍以上, 与梅叶-彼得公式计算值大致相当, 而冈恰洛夫公式与沙莫夫公式的计算值比较接近, 见表 5.3.7.

表 5.3.7 工况 2 条件下不同公式计算所得河道中心线处推移质单宽输沙率比较

(单位: kg/(m·s))

断面编号	流速大小 /(m/s)	窦国仁公式 (2.2.55)	冈恰洛夫公式 (2.2.50)	沙莫夫公式 (2.2.51)	张瑞谨公式 (2.2.54)	梅叶-彼得公式 (2.2.48)
SH1	0.8578	0.0018	0.0003	0.0002	0.0032	0.0022
SHJ1	0.7692	0.0013	0.0002	0.0001	0.0022	0.0007
SH2	0.5452	0.0006	0.0001	0	0.0008	0
SH3	0.4377	0	0	0	0.0002	0.0007
SHJ2	0.7452	0.0013	0.0002	0.0001	0.0020	0.0004
SH4	0.6237	0.0005	0	0	0.0009	0.0016
SHJ3	0.5794	0.0003	0	0	0.0007	0.0018
SH5	0.7179	0.0011	0.0001	0.0001	0.0017	0.0004
SH6	0.6995	0.0010	0.0001	0.0001	0.0016	0
SHJ4	0.7255	0.0010	0.0001	0	0.0017	0.0007
SH7	0.9129	0.0033	0.0005	0.0005	0.0044	0.0566
SH8	0.8619	0.0025	0.0003	0.0003	0.0034	0.0688
SHJ5	0.8656	0.0028	0.0004	0.0004	0.0036	0.0534
SH9	1.2117	0.0132	0.0020	0.0028	0.0134	0.0634

续表

断面编号	流速大小 /(m/s)	窦国仁公式 (2.2.55)	冈恰洛夫公式 (2.2.50)	沙莫夫公式 (2.2.51)	张瑞谨公式 (2.2.54)	梅叶-彼得公式 (2.2.48)
SH10	1.2626	0.0111	0.0016	0.0015	0.0132	0.1241
SH11	1.5050	0.0350	0.0095	0.0162	0.0334	0.0467
SH12	1.7007	0.0499	0.0152	0.0249	0.0512	0.0571
SH13	2.0345	0.0937	0.0353	0.0601	0.1021	0.0562
SH14	1.6252	0.0415	0.0116	0.0187	0.0423	0.0575
SH15	1.6844	0.0557	0.0188	0.0334	0.0538	0.0485

4. 河床变形数值模拟结果与实测结果比较

为了验证所建立的平面二维水沙模型的泥沙模块, 现运用该模型对大柳树 — 沙坡头河段的泥沙运移及河床变形进行数值模拟, 并与实测结果进行比较分析. 模拟区域为该河段从断面 SH15 至断面 SH1 的整个区域, 其中进口断面为断面 SH15, 出口断面为 SH1. 模拟时段选择为 2008 年 12 月 6 日至 2009 年 7 月 17 日, 共计 224 天. 该时段开始和结束时, 作者所在项目组分别对该河段进行了实测, 便于对模拟结果进行对比分析. 由于该时段内流量、水位、及含沙量等均随时间变化而变化, 因此边界条件也应是时间的函数, 可利用时段始末的实测值进行线性插值得到. 时段始末有关流量、含沙量及水位的数值如表 5.3.8 所示.

表 5.3.8 模拟时段始末边界条件

时间	进口边界流量 /(m^3/s)	进口边界平均流速/(m/s)	进口边界悬移质含沙量/(kg/m^3)	出口边界水位/m
2008-12-6	513.5	1.040	0.51	1239.68
2009-7-17	833.7	1.191	3.53	1240.10

数值模拟时, 水流和泥沙模块采用半耦合算法, 时间步长取为 20s, 采用 Matlab7.1 进行编程, 在 IBM 工作站 (内存为 4.0G, 处理器为双核 Intel(R)Xeon(R)CPU 2.00G Hz, 操作系统为 Ghost-Server2003SP2 企业版) 上进行计算, 历时 15.7 天. 计算结果与 2009 年 7 月 17 日的实测结果进行对比. 图 5.3.11 给出了从断面 SH11 至断面 SH2 的河床高程比较. 图中河床高程值均为各断面沿河宽平均后的高程, 初始值为 2008 年 12 月实测河床高程, 实测值为 2009 年 7 月实测河床高程, 计算值为利用上述平面二维水沙模型数值计算所得河床高程.

从图 5.3.11 可以发现, 数值计算结果与实测结果吻合较好, 反映了所建立的沿水深平均的平面二维紊流水沙数学模型的合理性. 从断面 SH11 到断面 SH9 的三个断面 (分别为 SH11、SH10、SH9), 床面坡降很大, 河宽较小, 水流较急, 床面整体呈下挫状态. 从断面 SHJ5 开始, 床面坡降变缓, 水面变宽, 流速变小, 各断面床面均出现不同程度的淤积, 部分断面平均淤积厚度可达 1m 以上 (断面 SHJ2), 而部分断面平均淤积厚度仅为 0.01m 左右 (断面 SHJ5), 处于冲淤平衡状态. 模拟值与实测值的绝对误差不超过 0.25m.

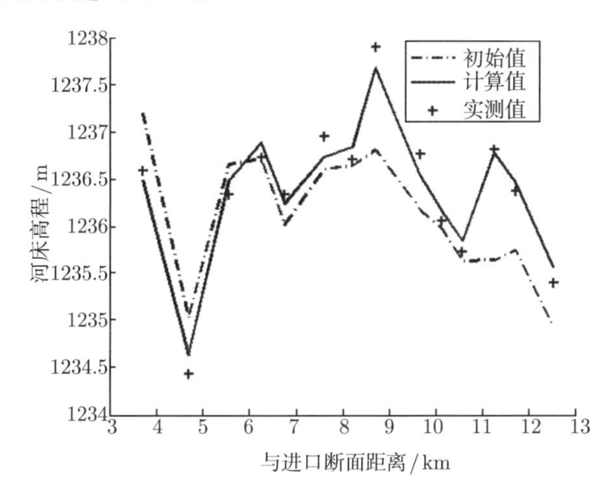

图 5.3.11 沿程平均河床高程比较

图 5.3.12 给出了六个典型断面处河床高程的比较. 断面 SH10 位于弯道 C 的进口河段, 除个别靠近岸边的区域外, 河床整体上呈冲刷状态. 该处实际上是大柳树 — 沙坡头河段峡谷部分的谷底, 水深较大 (最大水深可达 15m 左右), 水流较急, 容易出现冲刷. 断面 SHJ5 和断面 SH7 分别位于弯道 C 的弯顶和出口处, 其左岸 (凸岸) 附近河床淤积, 右岸 (凹岸) 附近河床冲刷. 断面 SH6 位于弯道 D 的弯顶处, 断面不同位置处均出现不同程度的淤积, 其右岸 (凸岸) 附近淤积量较大, 左岸 (凹岸) 附近淤积量较小, 河道中心线附近淤积量最大. 断面 SHJ3 位于弯道 D 的出口段, 其左岸 (凹岸) 附近床面冲刷, 右岸 (凸岸) 附近床面淤积. 断面 SHJ2 位于弯道

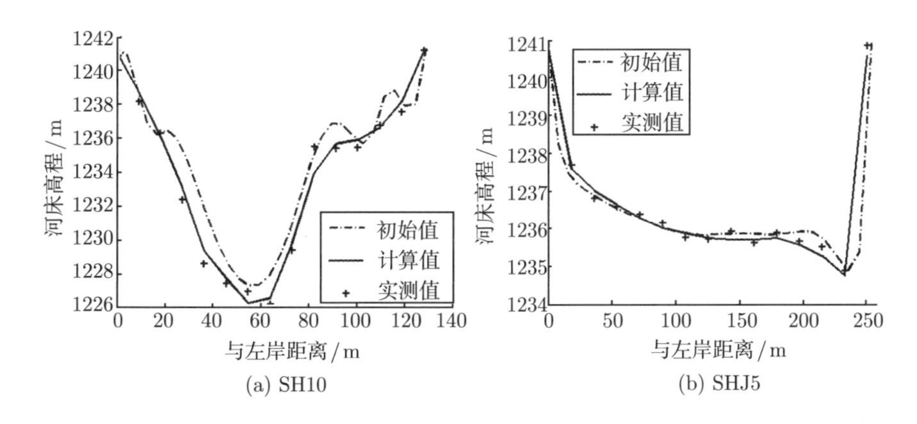

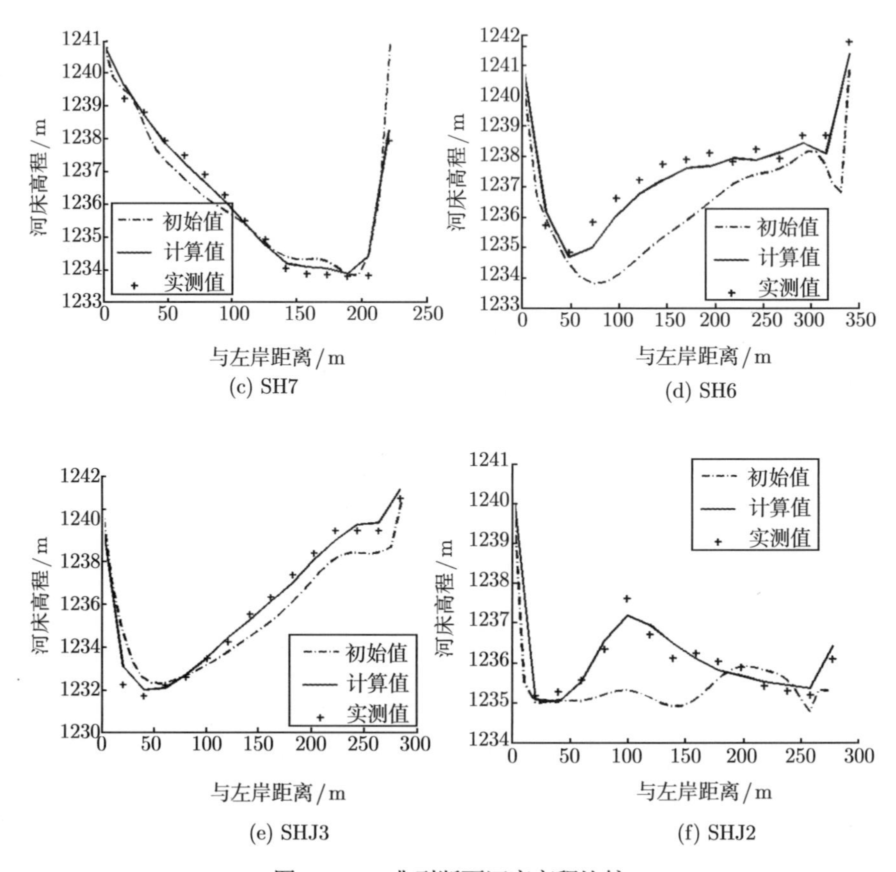

图 5.3.12　典型断面河床高程比较

D 的出口段较为顺直处, 该断面除靠近右岸的极小部分区域外, 床面淤积, 最大淤积厚度可达 2m 左右.

5. 悬移质含沙量沿纵向分布比较分析

图 5.3.13 给出了四种典型工况在进口含沙量变化时悬移质含沙量沿主流线的分布. 各种工况下含沙量沿程均呈下降的趋势, 但下降的幅度有所不同. 同一工况下, 进口含沙量越大, 含沙量沿程下降越快. 进口含沙量相同时, 不同工况下, 含沙量沿程下降幅度也有所不同.

一般而言, 随着流量的增大, 含沙量沿程下降幅度趋于平缓. 这是因为, 各种工况下流速沿程呈减小的趋势, 水流挟沙力沿程也随之减小, 相应含沙量沿程也呈减小的趋势. 同一工况下, 进口断面含沙量增大, 但水流挟沙力并不随之增大, 当含沙量大于挟沙力时, 悬移质泥沙会随之下沉, 且含沙量越大, 下沉幅度越大, 因而含沙量沿程减小也越快. 当悬移质泥沙含量减小到接近水流挟沙力时, 含沙量减小幅度

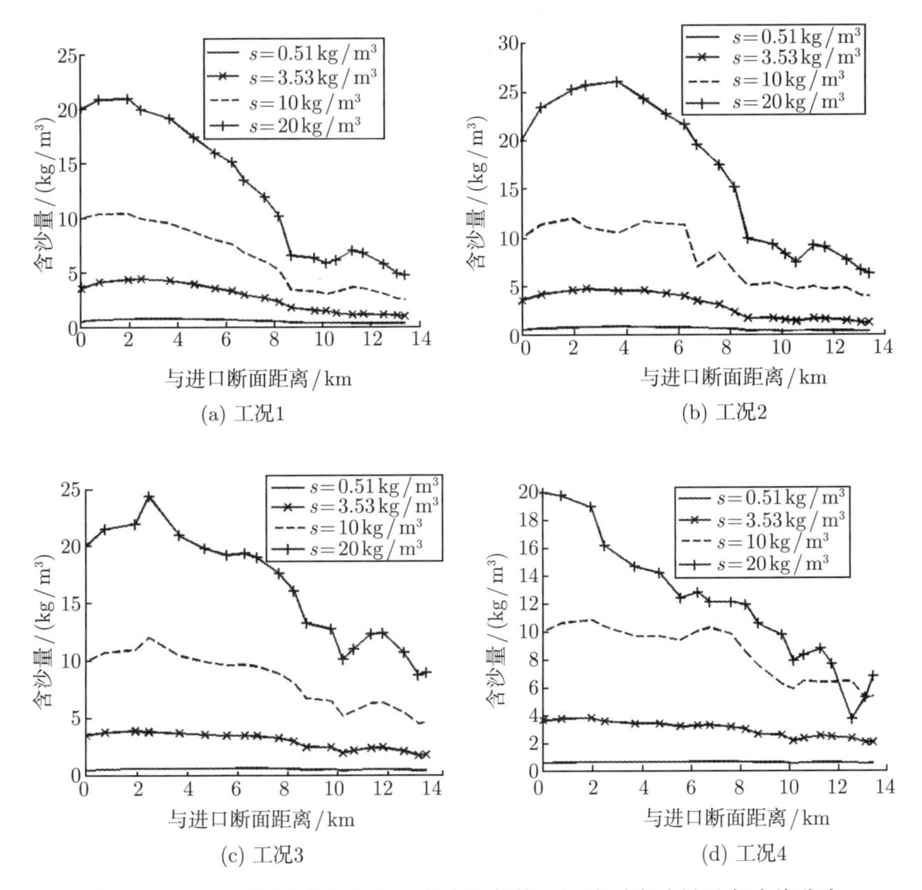

(a) 工况1

(b) 工况2

(c) 工况3

(d) 工况4

图 5.3.13 各种工况在不同进口含沙量条件下悬移质含沙量沿主流线分布

放缓 (距进口断面 8km 左右, 断面 SH6 附近). 同一含沙量条件下, 随着流量的增大, 不同位置处流速及水流挟沙力也随之增大, 因此, 含沙量沿程减小幅度变缓.

6. 不同工况下河床变形模拟结果比较

图 5.3.14 给出了进口含沙量为 3.53kg/m^3, 其他条件按工况 1 至工况 4 给定 (分别记为工况 1.2、工况 2.2、工况 3.2、工况 4.2) 时, 经过 10 天的冲淤变化, 各断面河床冲淤平均高程沿纵向分布.

可以发现, 工况 1.2 和工况 2.2 条件下, 该河段河床整体呈淤积状态, 在断面 SH10 处淤积高程将近 40cm, 而在个别水面宽度较小、流速较大的一些断面 (如 SH4、SHJ2、SHJ1、SH1 等) 河床出现微弱冲刷, 冲刷高程不足 7cm. 工况 3.2 和工况 4.2 条件下, 该河段在进口断面附近以冲刷为主, 而在出口断面附近, 则以淤积为主.

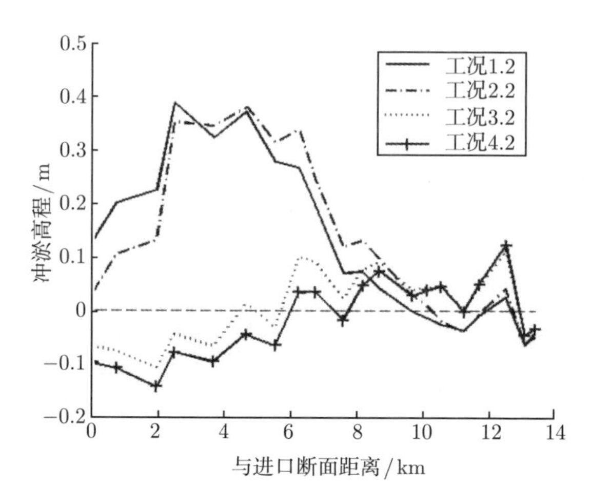

图 5.3.14 四种工况在进口含沙量相同 (3.53kg/m^3) 时河床冲淤情况

这是因为, 在工况 1.2 和工况 2.2 条件下, 在进口河段流速较小, 水流挟沙力小于进口含沙量, 造成大量泥沙在进口段附近区域淤积, 到断面 SH5 附近冲淤基本平衡, 之后当流速较大时 (如断面 SHJ2 和 SH1 附近), 水流挟沙力大于含沙量, 河床出现冲刷现象; 而在工况 3.2 和工况 4.2 条件下, 在进口断面附近, 流速较大, 水流挟沙力大于含沙量, 河床出现冲刷, 当冲刷达到一定距离后 (如在断面 SH9 附近), 达到冲淤平衡状态, 在断面 SH9 的下游断面 (如断面 SHJ2 和 SHJ1), 当流速较小时, 水流挟沙力小于含沙量, 河床出现淤积, 而在流速较大的一些断面, 水流挟沙力大于含沙量, 河床又出现冲刷现象. 这反映了天然河流大水冲刷、小水淤积的自然现象.

7. 推移质和悬移质运移产生的河床变形比较分析

为了反映悬移质和推移质运移对河床变形的影响程度, 现将四种工况下当进口悬移质含沙量相同时 (均为 3.53kg/m^3), 经过 10 天的冲淤变形, 各断面在主流线处悬移质和推移质引起的冲淤厚度计算值进行比较, 用表 5.3.9 表示.

表 5.3.9 在进口含沙量相同条件下 (为 3.53kg/m^3) 推移质和悬移质引起的河床冲淤厚度

(单位: m)

断面编号	工况 1.2		工况 2.2		工况 3.2		工况 4.2	
	推移质	悬移质	推移质	悬移质	推移质	悬移质	推移质	悬移质
SH15	0.0011	0.0723	0.0039	−0.0604	0.0035	−0.1096	0.0019	−0.1405
SH14	0.0001	0.0642	0.0013	−0.0600	−0.0033	−0.1284	−0.0129	−0.1613
SH13	0.0012	0.0361	0.0038	−0.0446	0.0090	−0.1913	0.0084	−0.2381
SH12	0.0002	0.2240	−0.0005	0.2044	−0.0068	−0.1381	0.1257	−0.1826

续表

断面编号	工况 1.2		工况 2.2		工况 3.2		工况 4.2	
	推移质	悬移质	推移质	悬移质	推移质	悬移质	推移质	悬移质
SH11	0.0000	0.3512	0.0000	0.4212	0.0077	−0.0913	0.0122	−0.1312
SH10	0.0000	0.4749	0.0000	0.5219	0.0013	−0.0615	0.0040	−0.1028
SH9	0.0000	0.3428	0.0000	0.4127	0.0016	−0.0655	0.0029	−0.1021
SHJ5	0.0000	0.4225	0.0000	0.5007	0.0018	0.1500	0.0035	0.0409
SH8	0.0000	0.2918	0.0000	0.4109	−0.0011	0.1800	−0.0016	0.0961
SH7	0.0000	0.1484	0.0000	0.2303	0.0010	0.0803	0.0018	0.0000
SHJ4	0.0000	0.1492	0.0000	0.1308	0.0006	0.1051	0.0009	0.0493
SH6	0.0000	0.0161	0.0000	0.0738	0.0000	0.1049	0.0020	0.0781
SH5	0.0000	−0.0289	0.0000	0.0138	0.0001	0.0539	0.0008	0.0332
SHJ3	0.0000	−0.0318	0.0000	−0.0211	0.0000	0.0022	0.0001	−0.0154
SH4	0.0000	−0.0355	−0.0003	−0.0336	0.0000	0.0458	−0.0007	0.0382
SHJ2	0.0034	−0.0511	0.0020	−0.0502	0.0016	0.0185	0.0019	0.0128
SH3	0.0000	−0.0253	0.0003	−0.0273	0.0000	0.0741	0.0003	0.0765
SH2	0.0000	0.0367	0.0000	0.0515	0.0000	0.1699	0.0000	0.1702
SHJ1	−0.0081	−0.0799	−0.0088	−0.0760	−0.0073	−0.0550	−0.0079	−0.0535
SH1	0.0006	−0.0807	0.0017	−0.0795	0.0024	−0.0512	0.0027	−0.0526

在工况 1 条件下, 由于流量较小, 除流速较大的 6 个断面 (断面 SH15、SH14、SH13、SH12、SHJ2、SHJ1 和 SH1) 外, 推移质引起的河床冲淤厚度较小, 可以忽略不计. 即使在这 6 个断面处, 推移质引起的冲淤厚度很小, 仅相当于悬移质引起的冲淤厚度的 1/10 左右或更小.

工况 2 条件下, 推移质引起的河床冲淤厚度有所增大, 但相比悬移质引起的冲淤厚度仍很小, 并在一部分断面处其值为零.

在工况 3 条件下, 推移质引起的冲淤厚度继续增大, 在绝大部分断面处冲淤量不为零, 但相比悬移质泥沙引起的冲淤厚度仍较小, 不到悬移质引起的冲淤厚度的 1/10.

在工况 4 条件下, 由于流量较大, 推移质输沙率较大, 这时推移质引起的河床变形相对较大, 在一些断面处 (如 SH12), 其冲淤厚度已接近悬移质泥沙引起的冲淤厚度.

综合上述分析, 可以得到这样的结论, 在沙坡头河段水沙数值模拟中, 当流量较小 (如小于 $1500\text{m}^3/\text{s}$) 时, 可以忽略推移质泥沙引起的河床变形, 对计算结果不会产生较大影响. 但当流量较大时 (如超过 $2000\text{m}^3/\text{s}$), 则应同时考虑悬移质和推移质运移引起的河床变形.

5.4　黄河沙坡头河段三维数值模拟

5.4.1　模拟区域及网格划分

本节以 2008 年 7 月 16 日沙坡头库区的实测数据作为数值模拟的初始值, 模拟计算的时间为 2008 年 7 月 16 日至 12 月 7 日. 模拟区域为断面 SH1-SH11, 文章用到的断面位置、深泓线位置如图 5.4.1 所示. 其中断面 SH11 为进水口, 断面 SH1 为出水口.

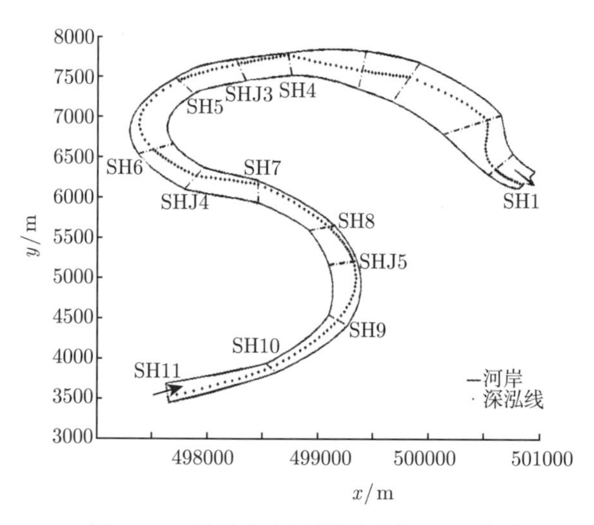

图 5.4.1　沙坡头库区模拟区域及深泓线

本节选择在 B 弯道进行加密, 其中包括断面 SHJ4、SH6 和 SH5, 模拟区域的网格划分及局部放大见图 5.4.2 所示, 其中纵向分为 15 层, 整个区域共 85381 个单元.

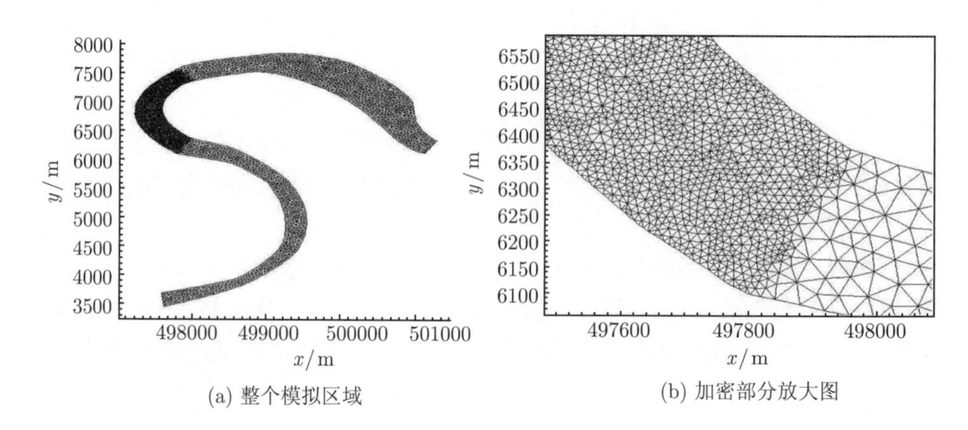

(a) 整个模拟区域　　(b) 加密部分放大图

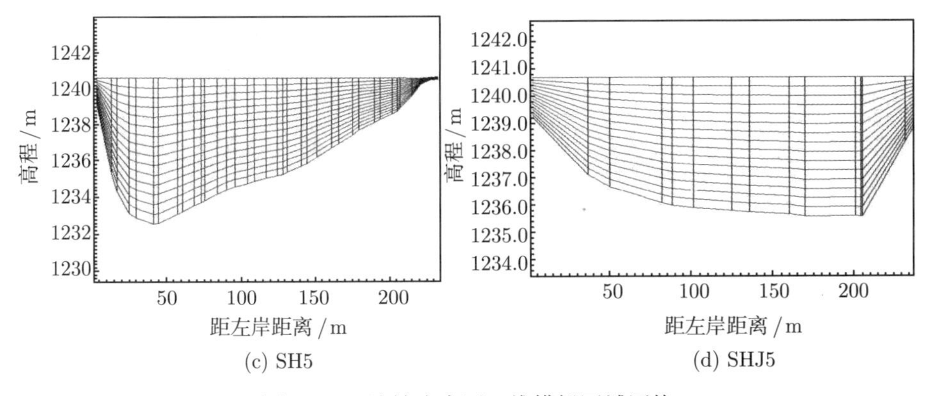

(c) SH5　(d) SHJ5

图 5.4.2 沙坡头库区三维模拟区域网格

由图 5.4.2 可看出, 由于 B 弯道处的网格进行了加密, 故加密处的横断面的网格也相对较密, 并且由于是采用三角网格, 每个网格的面积不同, 那么横向断面上网格线的分布也是不均匀的.

5.4.2 数学模型及求解

本节采用可实现的 k-ε 紊流模型, 求解方法采用 SIMPLEC 算法和 TDMA 算法. 本书第 2 章已对于模型及其相关处理都做了详细介绍, 此处不再赘述.

边界条件:

边界条件包括两岸边界、进口边界、出口边界和自由表面边界. 其中水流边界条件与 4.1 节相同, 下面只介绍泥沙边界条件.

(1) 两岸边界: 无泥沙交换;

(2) 进口边界: 给定进口断面的悬移质含沙量横向分布和推移质单宽输沙率, 其中含沙量沿垂线分布根据张瑞瑾、丁君松方法 (中国水利委员会, 1992) 计算, 进口断面的 k 和 ε 的取值按照公式 (3.7.1) 计算得到;

(3) 出口边界: 出口边界推移质的单宽输沙率及含沙量沿流向的梯度均为 0;

(4) 自由表面边界: 无泥沙交换.

模拟计算时采用 "软启动" 方式.

5.4.3 沙坡头库区三维水沙运动模拟结果及分析

1. 平面流场模拟结果分析

计算中对沙坡头库区在垂向分为 15 层, 本部分选取表层 (第 15 层)、中层 (第 7 层) 和底层 (第 1 层) 为例, 对模拟的流场结果进行分析. 三层的流场图及局部放大如图 5.4.3 所示.

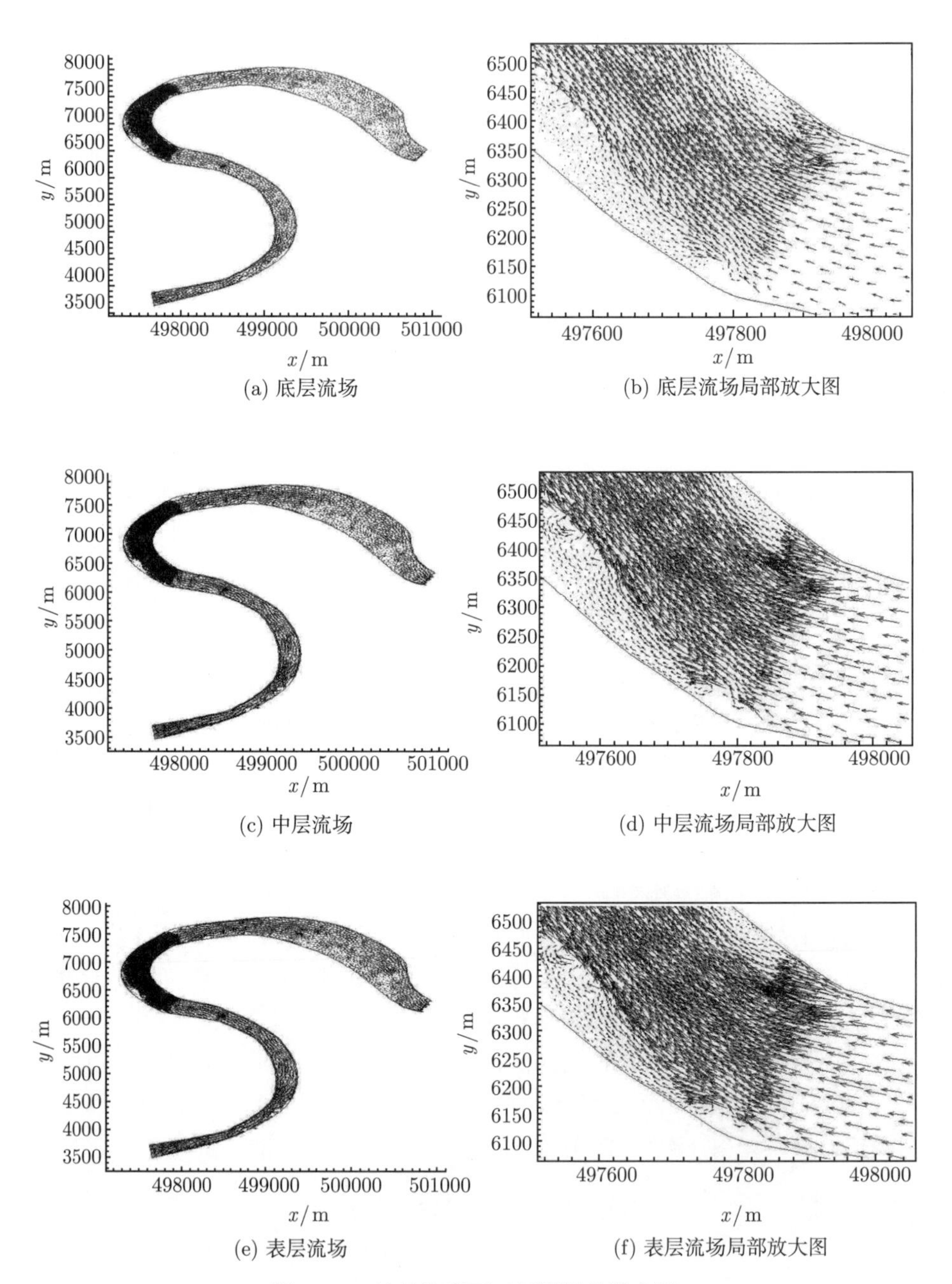

(a) 底层流场 (b) 底层流场局部放大图

(c) 中层流场 (d) 中层流场局部放大图

(e) 表层流场 (f) 表层流场局部放大图

图 5.4.3 沙坡头库区三层流场及放大图

由沙坡头库区三个典型层流场及放大图可知：

(1) 从底层到表层, 流速逐渐增大. 由底层到中层变化较为明显, 中层到表层流速的增长较为缓慢;

(2) 水深位置较水浅处的流速大, 中间的流速较岸边的流速大. 以上两点符合水流运动的一般规律;

(3) 由放大图可看出, 稀疏的网格不能精确模拟出靠近河岸边界的流场, 而网格密集的区域能精细的反映出边界附近的流场, 这也说明了数值模拟中网格对模拟结果的影响很大.

下面以表层流场为例, 对 B 弯道流场进行放大并分析. 其中将弯道由断面 SHJ4 至 SH5 分为四段, 流场放大图如图 5.4.4 所示.

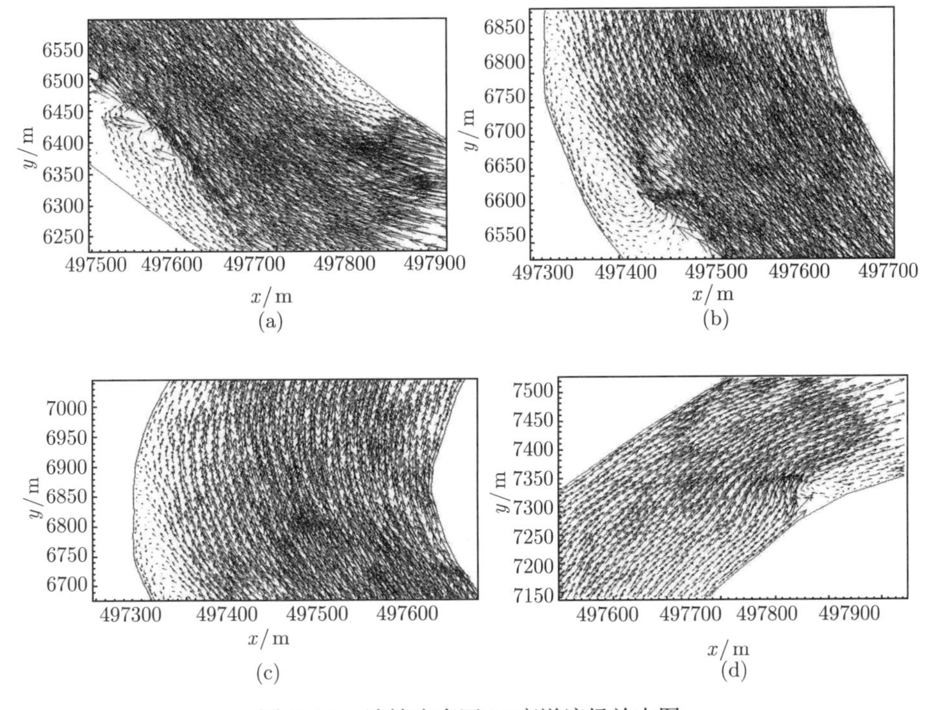

图 5.4.4 沙坡头库区 B 弯道流场放大图

由沙坡头库区 B 弯道流场放大图可知:

(1) 由弯道放大图可看出, 断面 SHJ4 至弯道顶部之间主流在右岸附近, 右岸流速大于左岸. 然后主流偏向左岸, 左岸流速大于右岸;

(2) 断面 SH6 在图 (b) 左岸回流区的下方, 断面 SH6 的流速较大, 故断面冲刷;

(3) 断面 SH5 在图 (d) 的右岸回流区附近, 故断面右岸应淤积.

对于断面 SH6、SH5 的冲淤情况, 由实测资料可验证模拟结果的正确性. 2008 年 7 月和 2008 年 12 月实测两个断面的河床高程如表 5.4.1 和表 5.4.2 所示, 表中

y_1 为实测点距左岸的距离, zb1 为 2008 年 7 月实测点的河床高程, zb2 为 2008 年 12 月实测点的河床高程.

表 5.4.1　断面 SH6 两次实测河床高程表

y1/m	zb1/m	zb2/m	y1/m	zb1/m	zb2/m
63.20	1233.93	1233.86	150.07	1236.72	1236.60
79.69	1235.21	1234.20	162.75	1236.94	1236.92
97.46	1235.91	1235.10	201.41	1237.38	1237.40
118.25	1236.25	1235.71	259.09	1238.14	1238.00
134.55	1236.49	1236.03	274.51	1237.93	1237.02

表 5.4.2　断面 SH5 两次实测河床高程表

y1/m	zb1/m	zb2/m	y1/m	zb1/m	zb2/m
62.204	1232.3	1232.6	150.33	1235.6	1235.8
72.571	1231.8	1233.4	160.69	1236.0	1236.3
93.306	1232.0	1234.2	176.24	1236.4	1236.9
114.040	1234.0	1234.8	196.98	1236.8	1238.0
134.780	1235.1	1235.3	228.08	1239.3	1239.8

2. *断面流场模拟结果分析*

以弯道处的横向断面 SHJ5、SH8、SHJ4、SH6 和 SH5 为例进行分析, 五个断面流场的等速线图如图 5.4.5 所示. 由于模拟计算的初始值为 2008 年 7 月的实测值, 故模拟结果中各断面是以 7 月的左岸水边点作为原点, 而实测结果是 2008 年 12 月实测值, 两次实测时同一断面的水面宽度稍有不同, 故图 5.4.5 中部分断面模拟结果与实测结果的横坐标稍有差异.

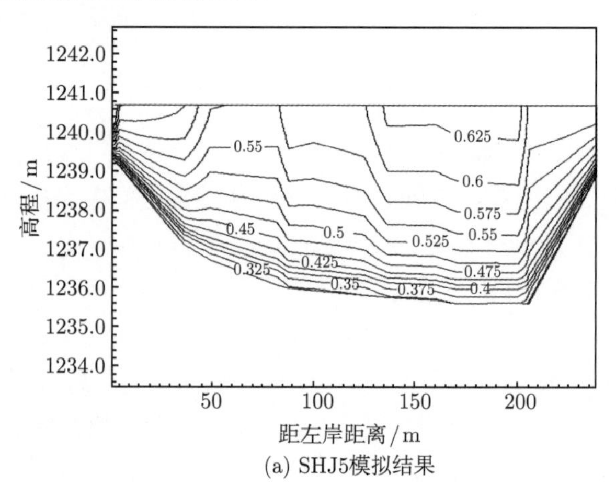

(a) SHJ5模拟结果

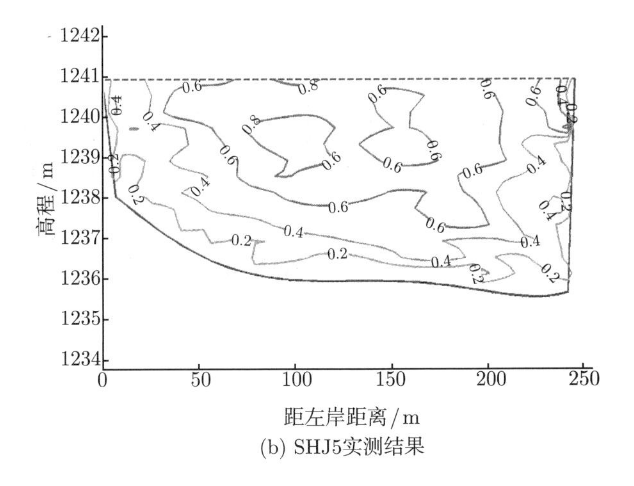

(b) SHJ5实测结果

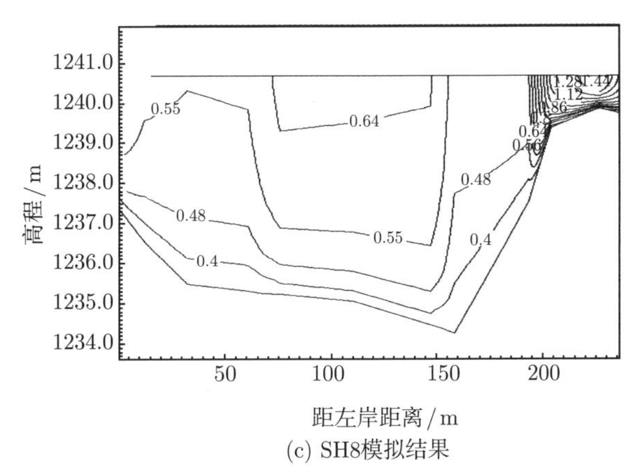

(c) SH8模拟结果

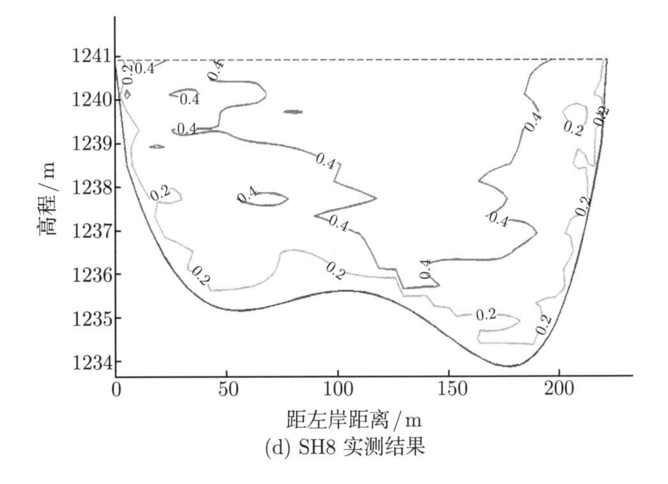

(d) SH8 实测结果

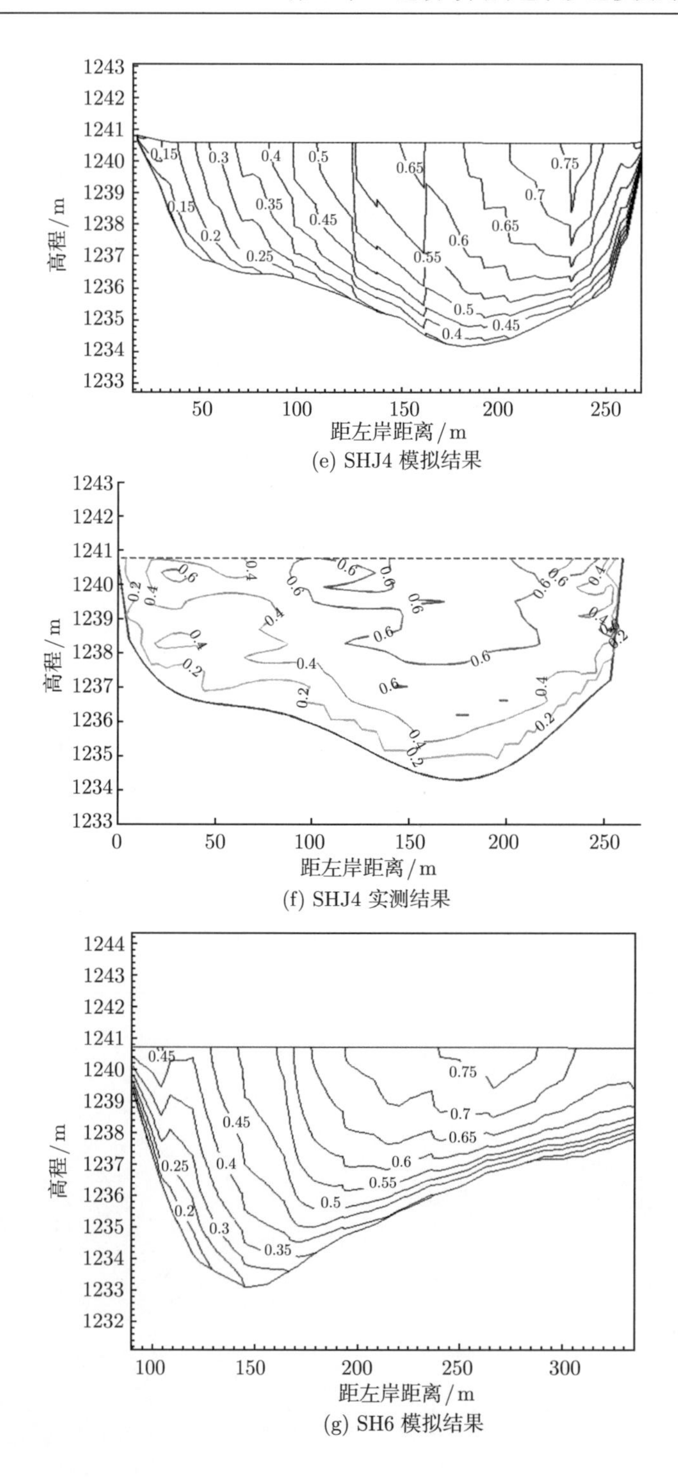

(e) SHJ4 模拟结果

(f) SHJ4 实测结果

(g) SH6 模拟结果

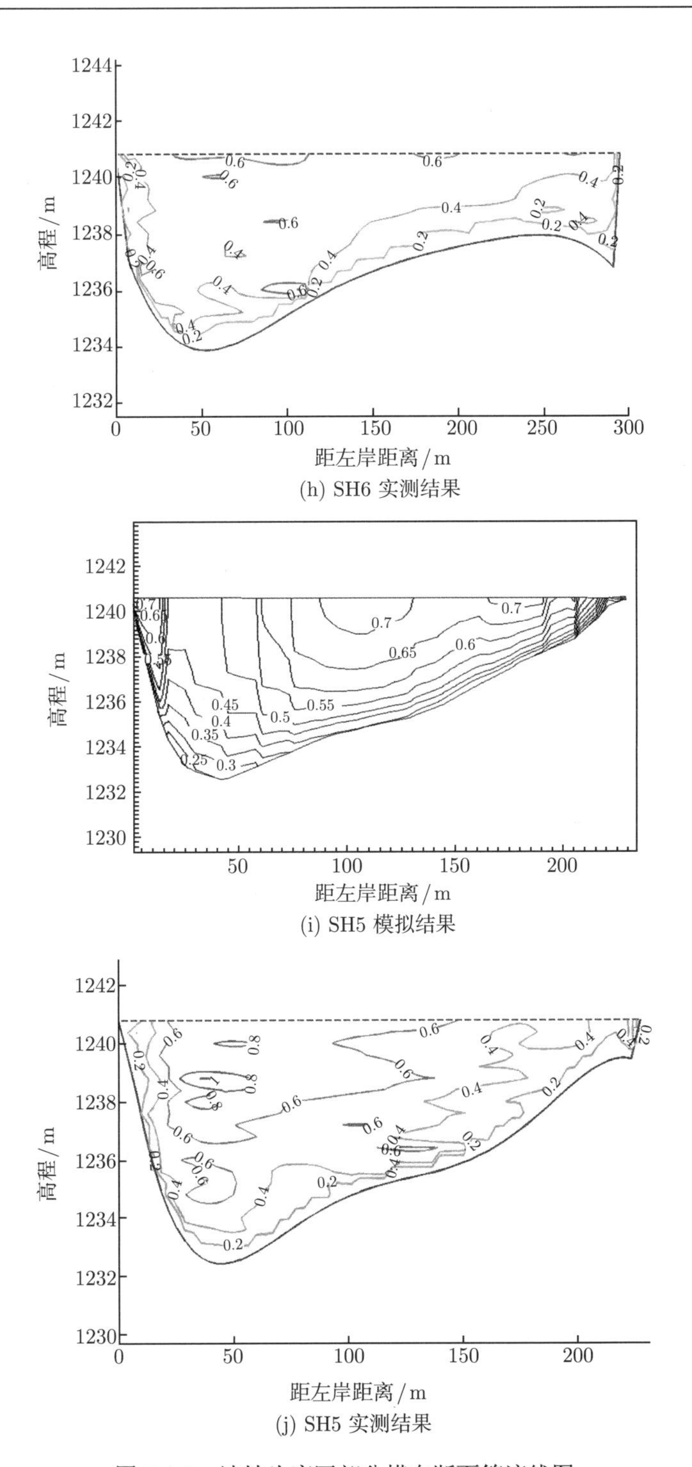

(h) SH6 实测结果

(i) SH5 模拟结果

(j) SH5 实测结果

图 5.4.5　沙坡头库区部分横向断面等流线图

为了进一步表明模拟值与实测值是一致的, 以断面 SHJ5、SH8、SHJ4 为例, 将模拟计算中的断面四等分, 即在断面内得三条垂直于河面的垂线, 每条线上取 5 个点, 将断面的流速的模拟值与实测值进行对比, 如表 5.4.3、表 5.4.4、表 5.4.5 所示. 其中, y1,y2,y3 为从左岸起三条垂线, 表中对应的为垂线上点的高程值; u1 为模拟值; u2 为实测值. 在断面 SHJ5 中 y1、y2、y3 距左岸分别为: 61m、122m、183m; 在断面 SH8 中 y1、y2、y3 距左岸分别为: 55.5m、111m、166.5m; 在断面 SHJ4 中 y1、y2、y3 距左岸分别为 65m、130m、195m.

表 5.4.3 断面 SHJ5 流速模拟值与实测值对比表

y1/m	u1/m	u2/m	y2/m	u1/m	u2/m	y3/m	u1/m	u2/m
1240.0	0.57	0.580	1239.9	0.60	0.65	1239.8	0.63	0.65
1239.3	0.55	0.561	1239.1	0.58	0.63	1239.0	0.62	0.63
1238.6	0.52	0.525	1238.3	0.55	0.58	1238.2	0.60	0.61
1237.9	0.48	0.493	1237.4	0.51	0.53	1237.3	0.55	0.56
1237.2	0.41	0.415	1236.6	0.44	0.40	1236.4	0.47	0.47

表 5.4.4 断面 SH8 流速模拟值与实测值对比表

y1/m	u1/m	u2/m	y2/m	u1/m	u2/m	y3/m	u1/m	u2/m
1239.8	0.57	0.53	1239.8	0.63	0.600	1239.7	0.53	0.50
1238.9	0.55	0.51	1238.8	0.58	0.550	1238.6	0.52	0.51
1238.1	0.53	0.49	1237.9	0.54	0.520	1237.6	0.49	0.52
1237.2	0.49	0.46	1237.0	0.49	0.425	1236.5	0.46	0.47
1236.3	0.43	0.39	1236.0	0.44	0.410	1235.5	0.39	0.37

表 5.4.5 断面 SHJ4 流速模拟值与实测值对比表

y1/m	u1/m	u2/m	y2/m	u1/m	u2/m	y3/m	u1/m	u2/m
1240.0	0.41	0.40	1239.8	0.65	0.63	1239.8	0.71	0.74
1239.4	0.39	0.39	1239.0	0.64	0.61	1238.8	0.70	0.71
1238.7	0.36	0.36	1238.1	0.61	0.60	1237.8	0.67	0.67
1238.0	0.32	0.34	1237.3	0.51	0.53	1236.9	0.63	0.60
1237.4	0.27	0.30	1236.4	0.49	0.49	1236.0	0.55	0.52

由沙坡头部分断面流速的模拟值与实测值可知:

(1) 模拟结果与实测结果较为一致, 表明本节建立的三维水沙模型中的水流模块是适合对库区进行模拟计算的;

(2) 由三个表的对比可看出, 由于断面 SHJ4 的网格相对较密, 故模拟结果更接近实测值;

(3) 由于 SHJ5 和 SH8 的网格较为稀疏, 尽管在平面流场中不能精细地计算边

界流速, 但是在断面流速的模拟值能较好地反映实际情况;

(4) 由断面 SHJ5-SH5 可看出, 断面上的最大流速先是靠近右岸, 然后逐渐向左岸偏移;

(5) 从河底到河面流速逐渐增大, 符合水流运动的基本规律;

(6) 结合图 5.4.1 中深泓线的位置, 几个断面的最大流速与深泓线均有不同程度的偏移, 其中 SH8、SH6 和 SH5 偏移较多. 由此可知, 一般而言, 最大水深处流速一般最大, 但是在弯道的拐点、进出口、突扩或突缩等流场变化剧烈处主流与深泓线分离.

实测时没有对沿程纵向断面的数据进行测量, 本节选取两个沿程纵向断面观察其模拟结果, 两个断面为: 断面 SH10-SH7 沿深泓线, 断面 SHJ4-SH5 沿深泓线, 如图 5.4.6 所示. 由图 5.4.6 可看出, 模拟结果符合水流运动的一般规律.

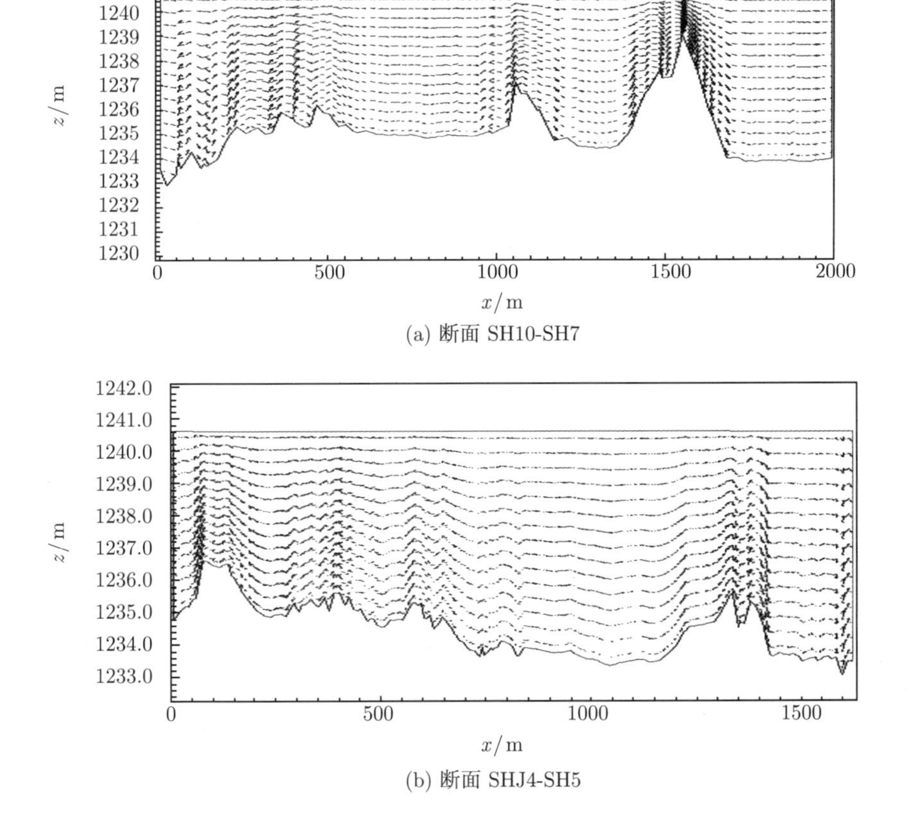

(a) 断面 SH10-SH7

(b) 断面 SHJ4-SH5

图 5.4.6 沙坡头库区沿程纵向断面流场图

3. 断面垂向平均流速、主流与二次流的比较

通过对平面流场和断面流场模拟结果的分析, 说明流场的模拟结果符合水流运动的一般规律, 并与实测结果较为一致. 为了进一步验证模拟结果与实测结果的一致性, 下面以几个断面的断面垂向平均流速、主流和二次流的模拟值与实测值进行比对、分析.

1) 断面垂向平均流速

本节选断面 SH8、SH7、SHJ4 和 SH4 为例, 将模拟值与实测值进行对比分析, 对比图如图 5.4.7 所示.

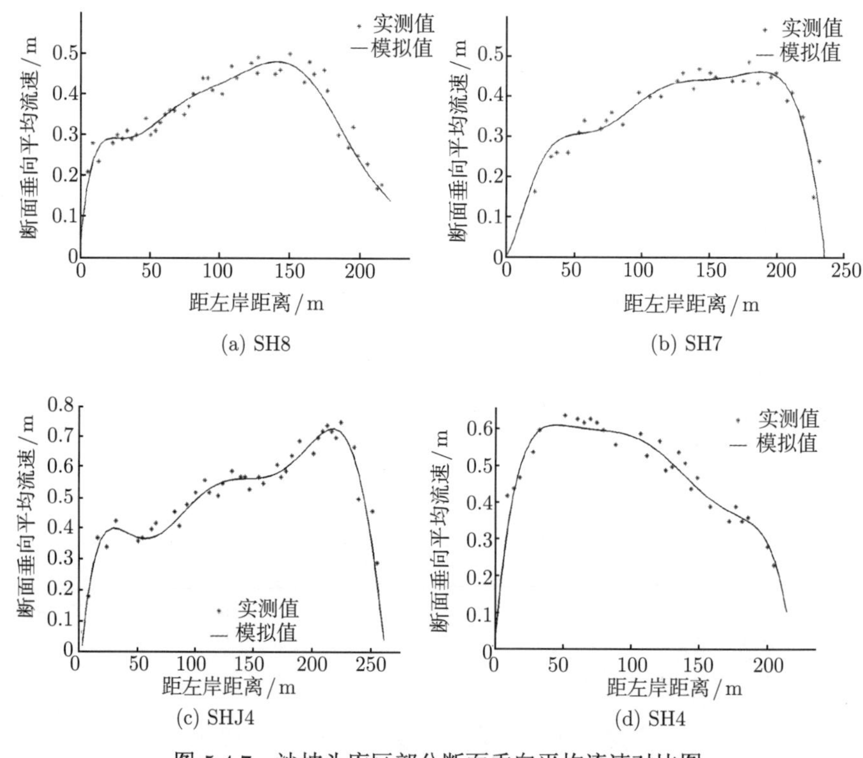

图 5.4.7 沙坡头库区部分断面垂向平均流速对比图

由图 5.4.7 分析可知:

(1) 模拟值与实测值吻合较好, 具有相同的趋势;

(2) 断面 SH8、SH7 和 SHJ4 的主流靠近右岸, 断面 SH4 的主流靠近左岸. 断面 SH8 位于 A 弯道出口处, 断面 SH7 和 SHJ4 位于 B 弯道进口附近, 结合深泓线位置和水力学知识, 这一点符合水流运动的一般规律.

2) 主流、二次流

沙坡头库区属于河道型水库, 模拟区域有两个较大的弯道, 弯道水流的紊动性

较平直河道更强, 本节对 B 弯道的网格进行了加密, 计算的流场更为精细, 故对 B 弯道中断面 SH6 和 SH5 的主流和二次流进行研究.

将模拟计算中的断面五等分, 即得四条垂直于河面的垂线, 然后将垂线上的模拟值与对应位置的实测值进行比较、分析. 其中, 断面 SH6 四条垂线距左岸的距离分别为 $y = 52\text{m}, 104\text{m}, 156\text{m}, 208\text{m}$; 断面 SH5 四条垂线距左岸的距离分别为 $y = 47\text{m}, 94\text{m}, 141\text{m}, 188\text{m}$.

两个断面的主流流速比较如图 5.4.8 所示. 由图 5.4.8 可知, 第一, 模拟值与实测值较为接近, 且主流流速沿垂线的分布均符合对数律. 第二, 离河床床面越远, 主流流速在垂向的变化逐渐减小.

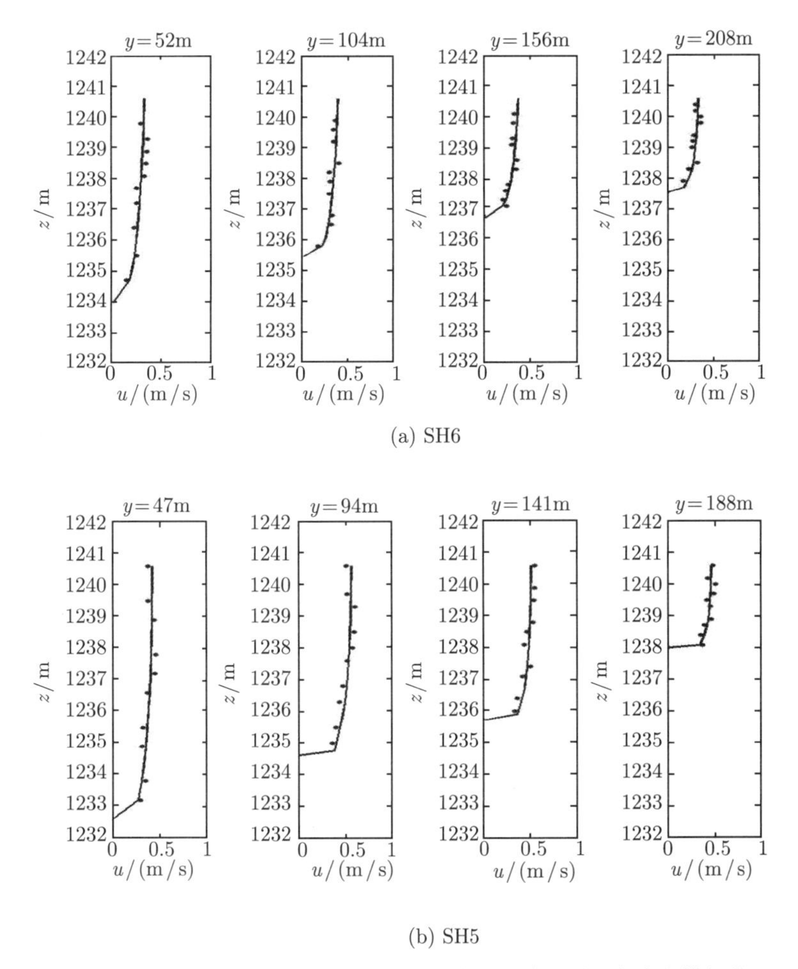

(a) SH6

(b) SH5

图 5.4.8　断面 SH6、SH5 主流比较图 (实点为实测值, 实线为模拟值)

断面 SH6 和 SH5 的二次流比较如图 5.4.9 所示. 图中的横坐标表示横向流速

v, 定义从左岸指向右岸为正. 由图 5.4.9 可知, 模拟值与实测值比较吻合, 两个断面都是靠近水面处的横向流速为负, 靠近床面的横向流速为正. 断面 SH6 可看成是 B 弯道的顶断面, 根据弯道环流的运动规律, 由断面 SH6 到 SH5 水流的特性变化不大, 所以模拟的结果是合理的.

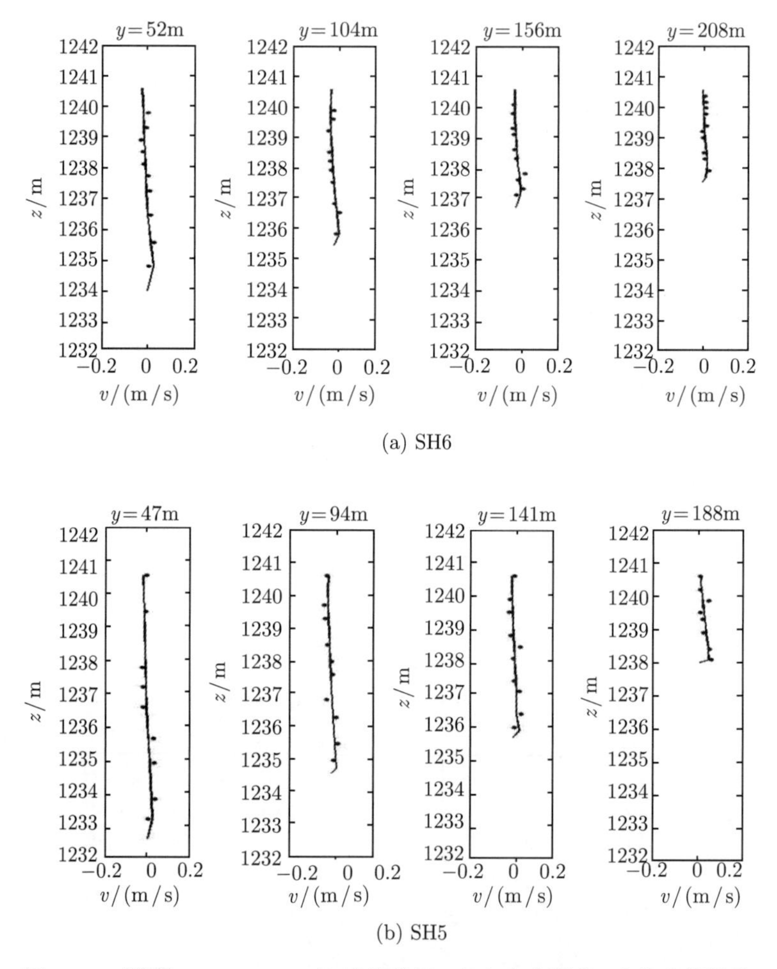

图 5.4.9　断面 SH6、SH5 二次流比较图 (实点为实测值, 实线为模拟值)

4. 河床变形模拟结果分析

本节选择断面 SH10、SH7、SHJ4 和 SHJ3 进行简要分析. 四个断面的河床高程对比如图 5.4.10 所示.

由图 5.4.10 可知, 模拟值与实测值较为一致, 表明本节建立的三维水沙模型中的泥沙模块能应用于沙坡头库区河床变形的模拟中.

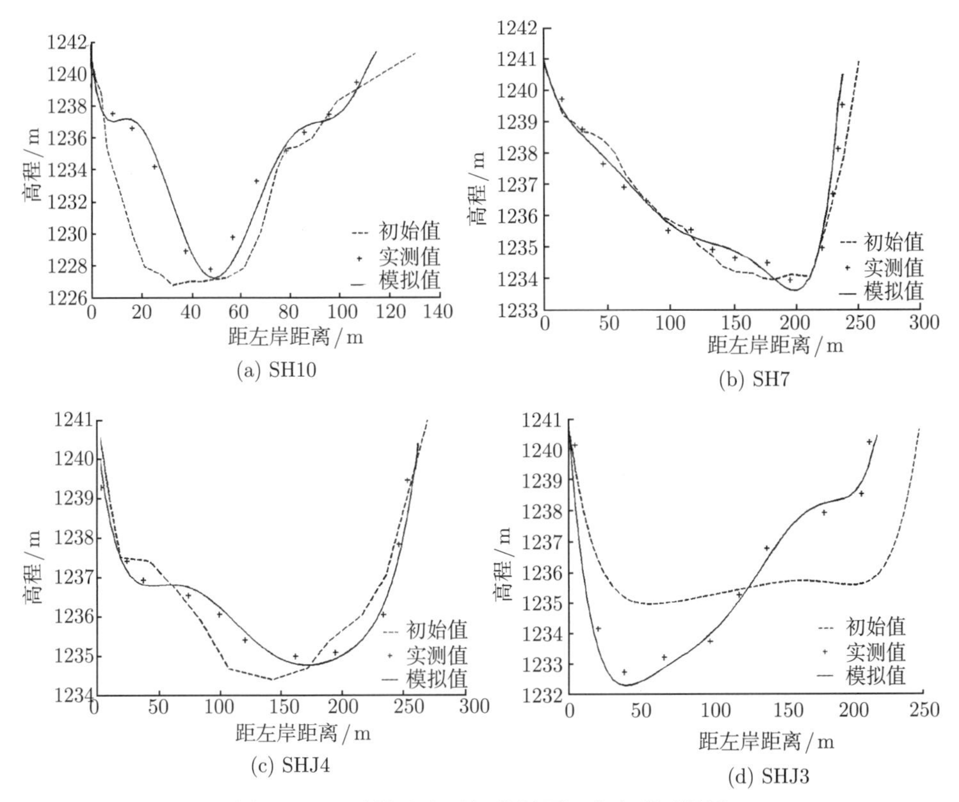

(a) SH10　　(b) SH7

(c) SHJ4　　(d) SHJ3

图 5.4.10　沙坡头库区部分断面河床高程对比图

5.5　黄河大柳树河段三维数值模拟

5.5.1　模拟区域及网格划分

模拟区域为黄河大柳树河段, 从断面 d19 到断面 d01, 全长约 20km, 平均水面纵比降约为 0.73 ‰, 模拟区域地形图如 5.5.1 所示.

图 5.5.1　大柳树河段地形图

本节以 2011 年 11 月大柳树河段的实测数据作为数值模拟的初始值, 模拟计算的时间为 2011 年 11 月至 2014 年 10 月. 模拟区域为断面 d01-d19, 如图 5.5.2 所示断面位置及深泓线. 其中断面 d19 为进水口, 断面 d01 为出水口.

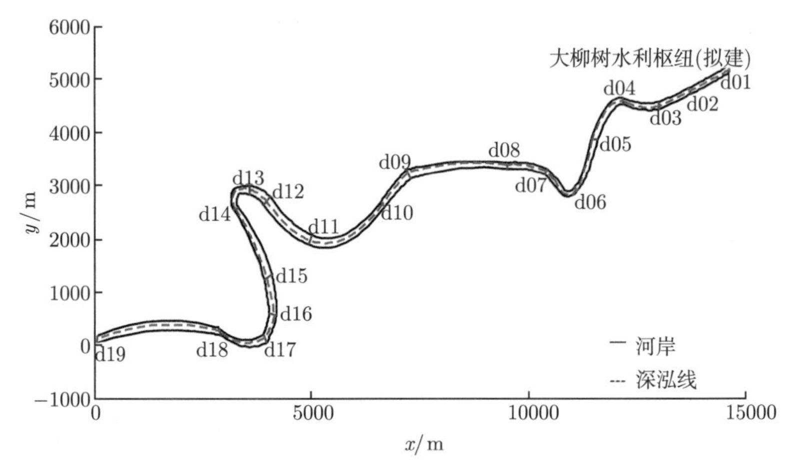

图 5.5.2　大柳树河段模拟区域及深泓线

本次模拟计算选择对河段弯道部分进行加密, 包括断面 d18-d11 和 d07-d04, 模拟区域的网格划分及局部放大见图 5.5.3, 其中垂向为 8 层, 整个区域共 430344 个节点.

由图 5.5.2 可看出, 对研究区域采用三角形网格剖分, 划分网格时要兼顾计算精度和计算速度, 使用疏密不同的网格, 对连续弯道区域采用较密的网格, 对沿直线段区域采用稀疏网格, 由于研究河段较长, 给出全区域网格显示不清楚, 本节给出部分弯道区域网格放大图. 密网格较疏网格更能反映实际流场的分布, 但网格较密, 会影响计算速度和精度. 通过设置不同的疏密网格, 极大地提高了程序运行速度.

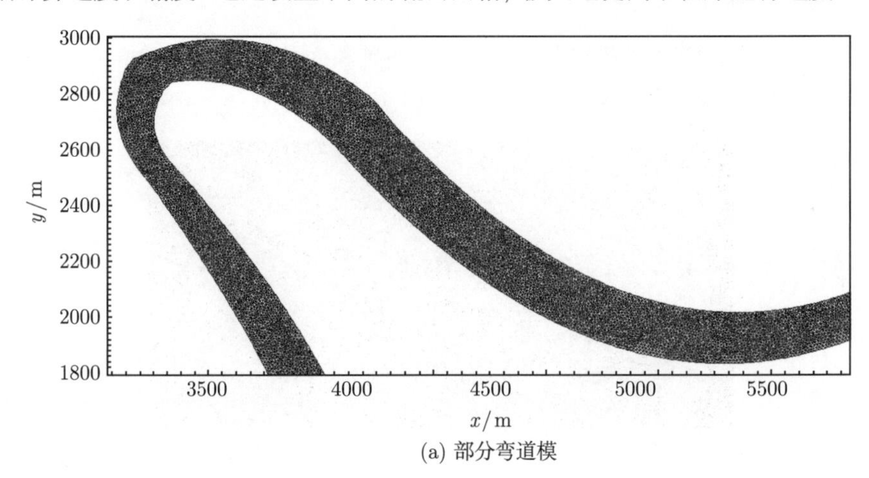

(a) 部分弯道模

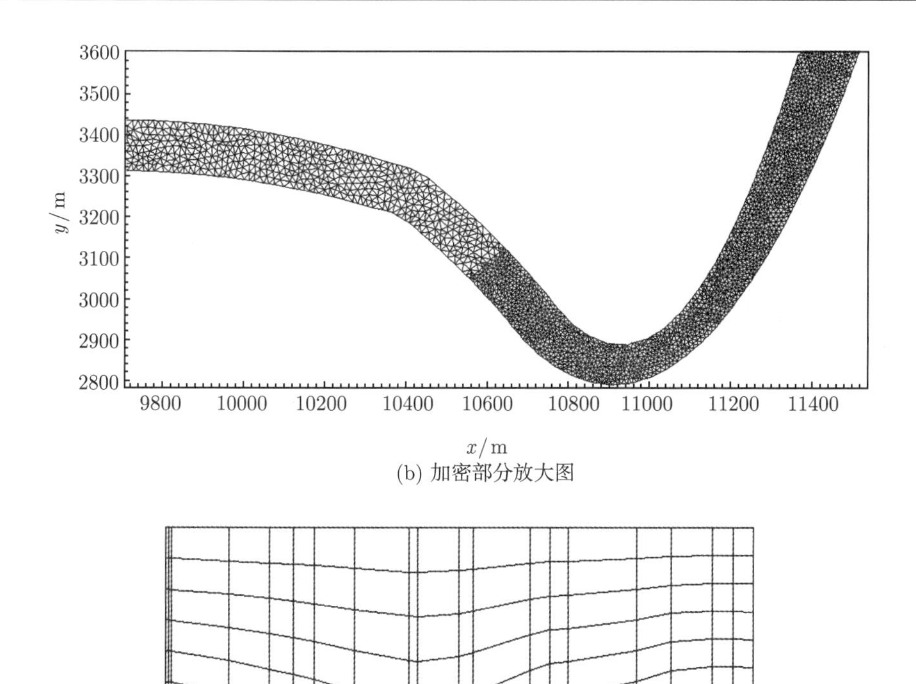

(b) 加密部分放大图

(c) 横断面网格

图 5.5.3 大柳树河段三维模拟区域网格

5.5.2 数学模型及求解

本节采用可实现的 k-ε 紊流模型, 求解方法采用 SIMPLEC 算法和 TDMA 算法. 第 2 章已对于模型及其相关处理都作了详细介绍, 此处不再赘述.

边界处理包括进口边界、出口边界、固壁边界和计算域上表面边界. 进口边界给定流量 $Q = 903\text{m}^3/\text{s}$, 紊动动能及紊动动能耗散率由 $k = 0.00375(u_{\text{in}}^2 + v_{\text{in}}^2)$, $\varepsilon = 0.09k^{3/2}/(0.05h)$ 给出 (吕岁菊, 2013b); 进口断面推移质单宽输沙率以及悬移质含沙量的横向分布由实测值给定, 含沙量沿垂线分布由张瑞瑾方法确定 (中国水利委员会,1992). 出口边界给定水位 $h = 1242.40\text{m}$, 出口边界推移质的单宽输沙率及含沙量沿流向的梯度均为 0. 固壁边界采用无滑移条件, 并由壁面函数法处理; 表面边界为动边界, 采用干湿边界处理, 水面处无泥沙交换.

5.5.3　大柳树河段三维水沙运动模拟结果及分析

初始河床高程采用 2011 年 11 月实测结果 (Lv and Feng, 2015). 图 5.5.4 给出了河床高程等值线图.

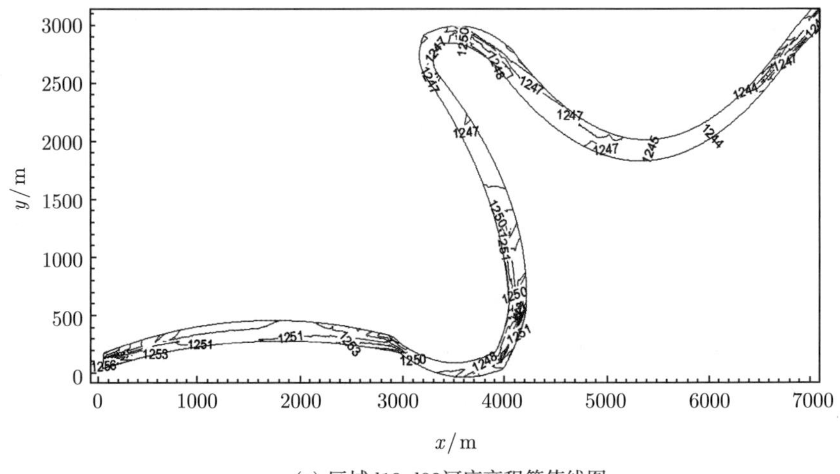

(a) 区域d19-d09河床高程等值线图

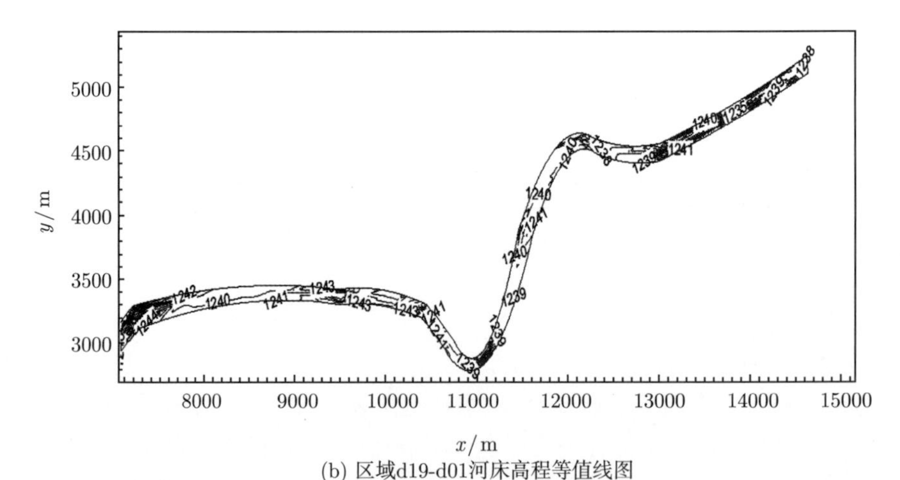

(b) 区域d19-d01河床高程等值线图

图 5.5.4　模拟区域初始河床高程等值线图

1. 水位数值模拟结果

图 5.5.5 表示计算区域河道中心水位计算值和实测值对比分析, 图中横坐标为距离进口断面的距离, 纵坐标为自由水面水位的变化. 通过实测值和计算值比较可

以看出, 沿程水位比降整体呈现下降趋势, 计算值和实测值吻合较好. 图 5.5.6 给出了断面 d15-d11 弯道处左右两岸水位差的变化趋势, 由于弯道水体受离心力的作用, 在弯道段凹岸水位为 1251.2m, 凸岸水位为 1250.8, 水位差为 0.4m. 呈现出凹高凸低, 符合弯道的一般规律. 可见, 模型能够很好的模拟弯道自由水面和流动的物理现象.

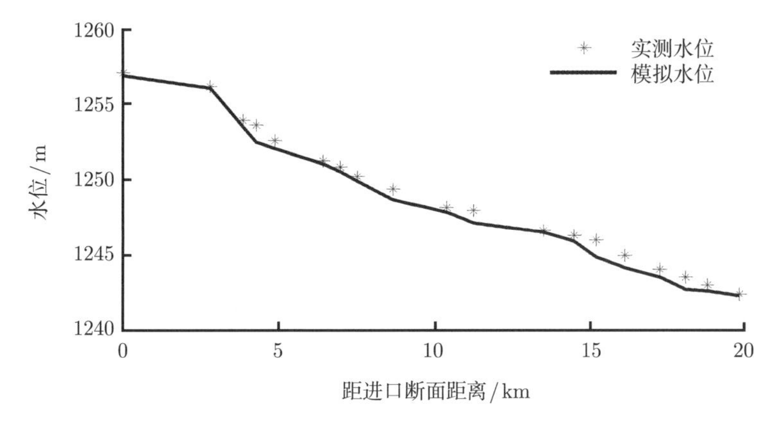

图 5.5.5 水位沿程变化计算与实测结果比较

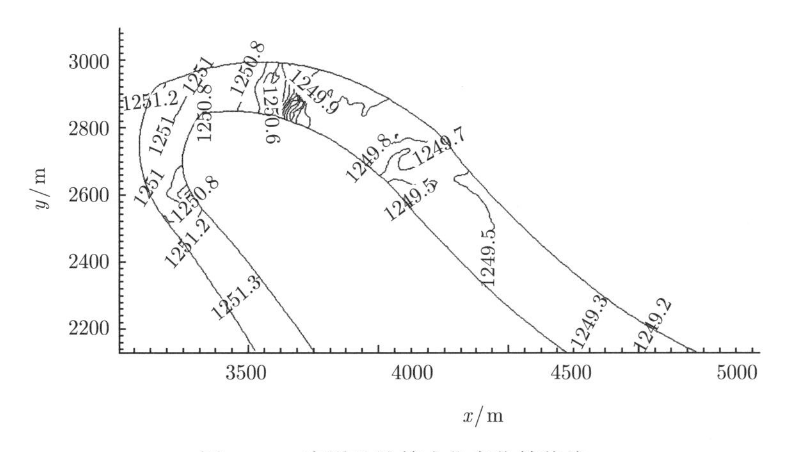

图 5.5.6 弯道处计算水位变化等值线

2. 平面流场模拟计算

图 5.5.7(a) 和 (b) 给出了整个计算区域的实测平面流场分布, 本次测量流量 Q =903m^3/s. 断面 d18、d17 和 d16 分别位于第一个弯道的进口、弯顶和出口处, 由于受上游弯道的影响, 水流没有得到充分发展, 由图可以看出, 最大流速靠近凸岸附近如 (d18、d17), 且凸岸处流速明显大于凹岸处流速, 直到断面 d16 时, 最大流速才完全靠近凹岸附近. 呈现出典型的 “小水坐弯, 大水走直” 的现象.

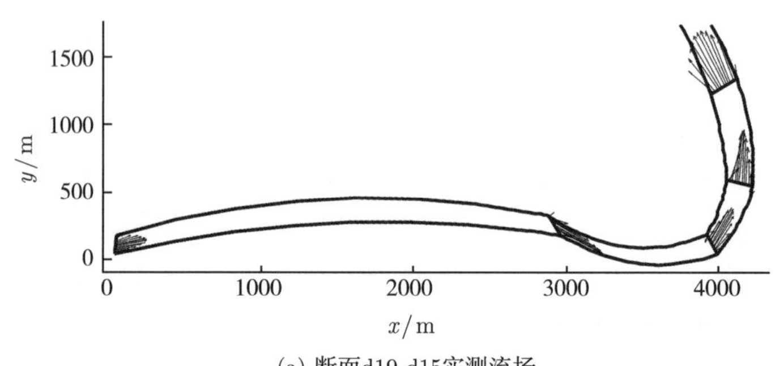

(a) 断面d19-d15实测流场

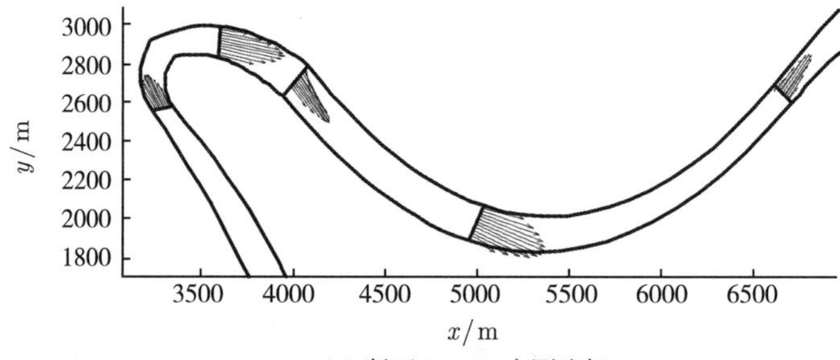

(b) 断面d14-d10实测流场

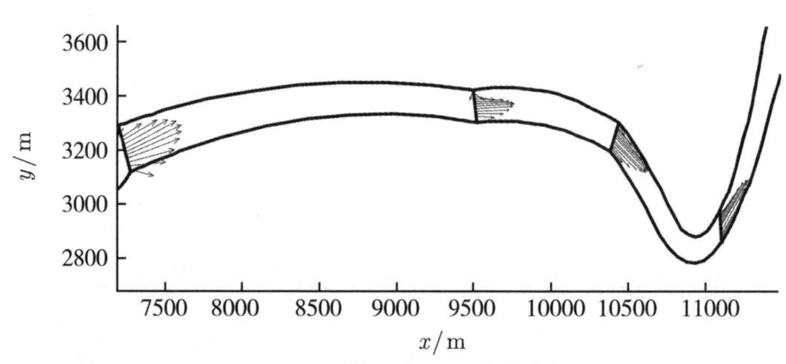

(c) 断面d09-d06实测流场

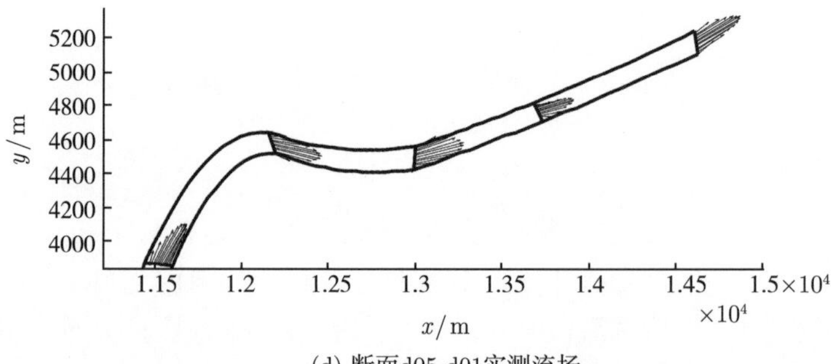

(d) 断面d05-d01实测流场

图 5.5.7　大柳树河段实测流场分布

断面 d15 为过渡段, 由于过渡段较长, 弯道水流得到充分发展. 断面 d14、d13 和 d12 分别位于第二个弯道的进口、弯顶和出口处. 在第二个弯道的进口处 (d14), 流速的最大值向凹岸过渡; 在弯顶附近 (d13), 流速的最大值完全靠近凹岸. 在第二个弯道出口处 (d12), 弯道水流得到充分发展, 主流出现在河道中心处. 因此, 连续弯道水流的分布除受来水影响外, 还受上游弯道的影响.

断面 d15-d19 的流场分布稳定, 主流基本在河道中心线处.

图 5.5.8(a) 给出了较密网格下第二个弯道段 (d14 至 d12) 处的计算流场, 图 5.5.8(b) 给出了较疏网格下 d07-d05 段的计算流场, 由图 (a) 和 (b) 可以看出, 密网格较疏网格更能反映实际流场的分布, 但网格较密, 会影响计算速度和精度. 通过设置不同的疏密网格, 极大地提高了程序运行速度, 算法和网格都表现出良好的稳定性、和谐性及收敛性.

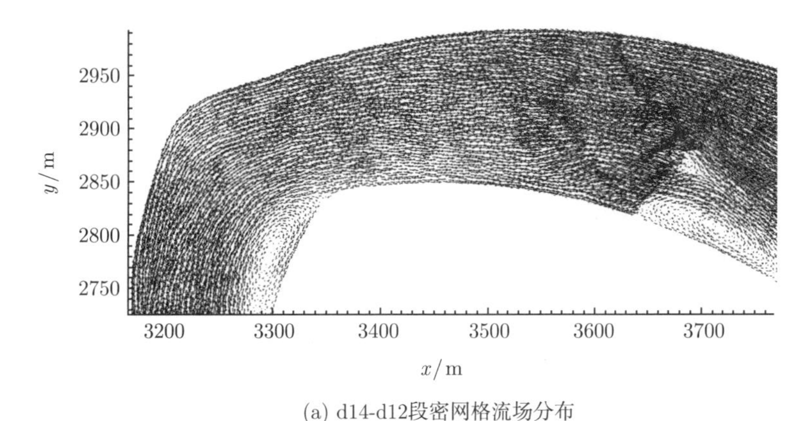

(a) d14-d12段密网格流场分布

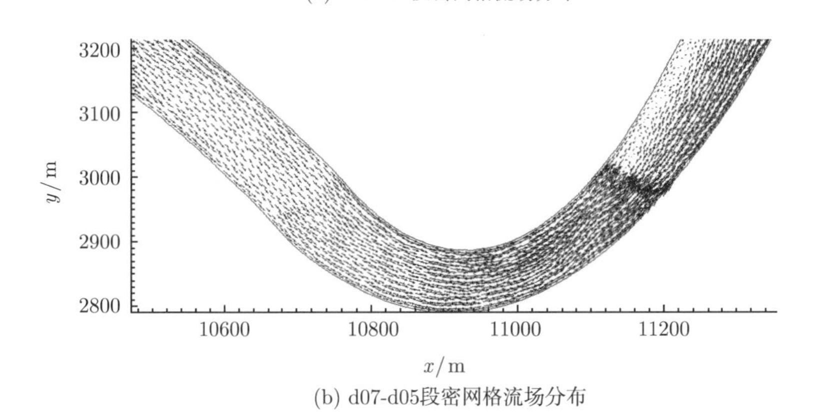

(b) d07-d05段密网格流场分布

图 5.5.8 大柳树河段疏密网格流场分布

模拟计算中对大柳树河段在纵向分为 8 层, 分别选取表层 (第 8 层)、中层 (第 4 层) 和底层 (第 1 层) 为例, 对模拟的流场结果进行分析. 三层的流场图及局部放大如图 5.5.9 所示.

(a) d14-d11段底层流场

(b) d14-d11段中层流场

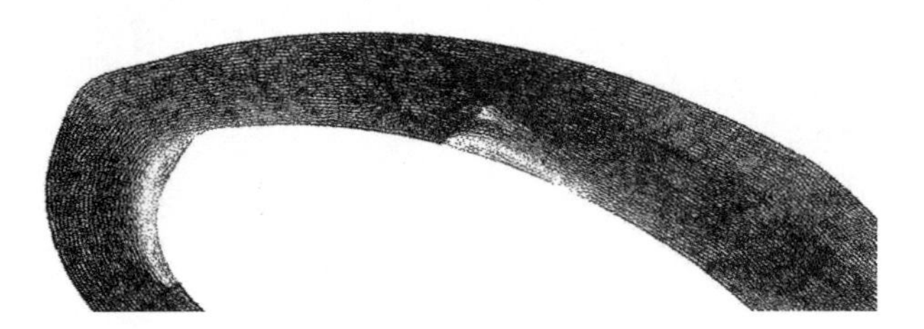

(c) d14-d11段表层流场

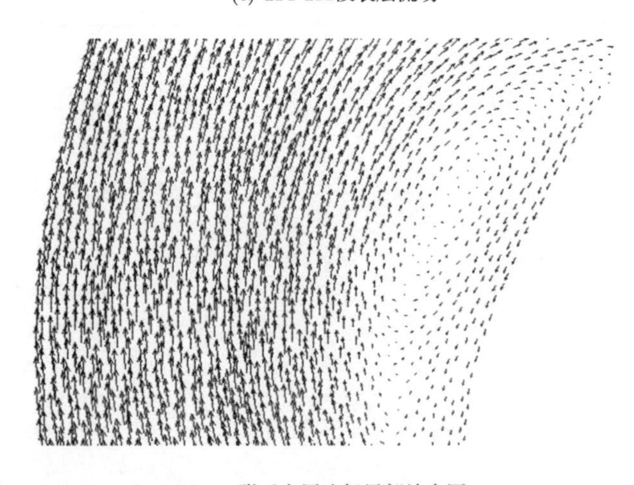

(d) d14附近底层流场局部放大图

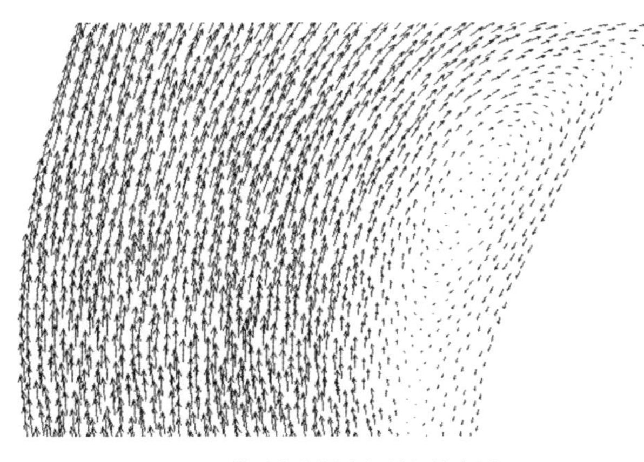

(e) d14附近底中层流场局部放大图

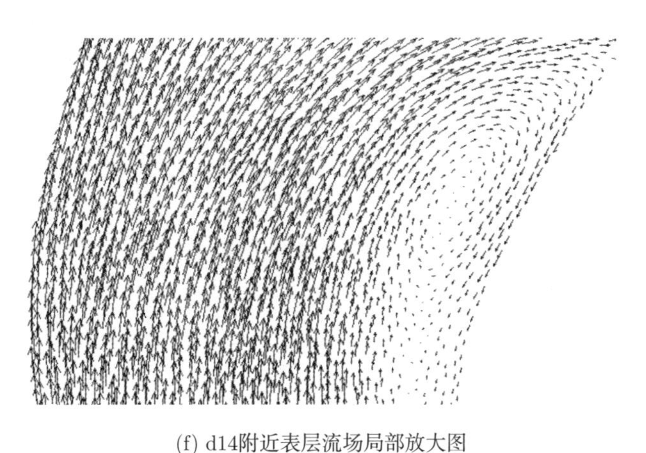

(f) d14附近表层流场局部放大图

图 5.5.9 大柳树河段三层流场及放大图

从大柳树河段三个典型层流场及放大图可知：

(1) 从底层到表层, 流速逐渐增大. 由底层到表层流速变化较为明显. 在凸岸处形成明显的表面环流, 遵循天然河湾运动的一般规律：凹岸崩退, 凸岸淤长, 由于水流的螺旋运动使河道横向蠕动.

(2) 由放大图可看出, 稀疏的网格不能精确模拟出靠近河岸边界的流场, 而网格密集的区域能精细的反映出边界附近的流场, 说明了疏密网格对数值模拟结果影响较大.

以表层流场为例, 对连续弯道处断面 d16 和 d14 附近的流场进行分析, 流场放大图如图 5.5.10 所示.

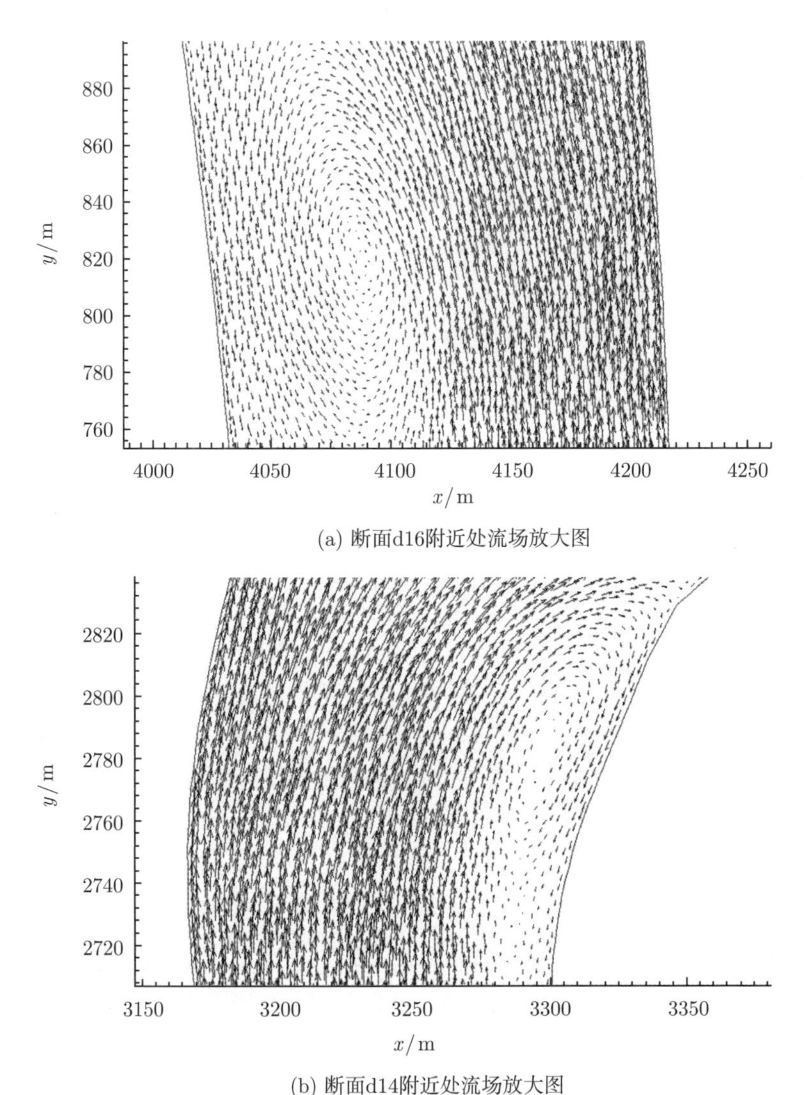

(a) 断面d16附近处流场放大图

(b) 断面d14附近处流场放大图

图 5.5.10 大柳树河段连续弯道流场放大图

由图 5.5.10 可看出, 断面 d16 位于第一个弯道的出口处, 凹岸流速大于凸岸流速, 在凸岸出现回流, 形成漩涡; 断面 d14 位于第二个弯道的进口处, 其流速分布与 d16 流速分布呈横向对称, 凹岸流速大于凸岸流速, 在凸岸处形成明显的表面环流.

图 5.5.11 给出了断面 d16、d13、d03 和 d02 的计算和实测垂线平均流速对比图.

从图 5.5.11 可以看出, 实测流速与计算流速吻合较好. 在河床深泓处, 流速均较大. 表明修正湍流模型能较好的模拟连续弯道的水流变化情况.

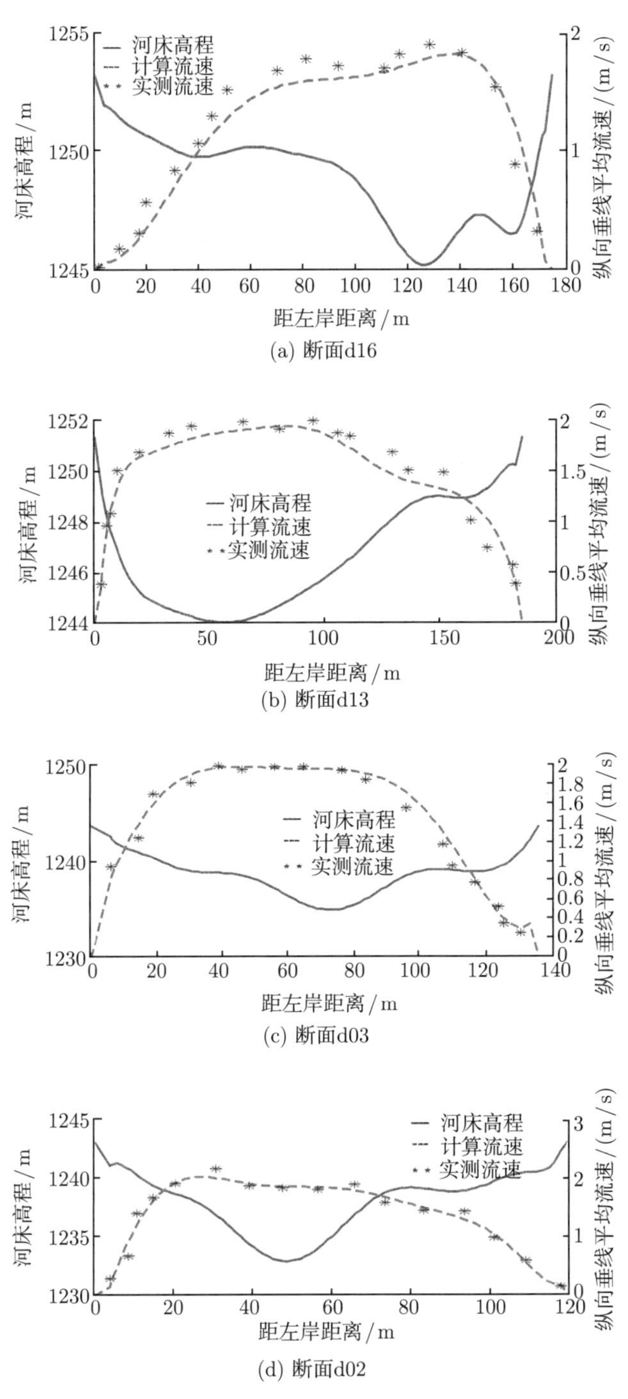

(a) 断面d16

(b) 断面d13

(c) 断面d03

(d) 断面d02

图 5.5.11　计算和实测平均流速对比图

断面 d03 和 d02 位于拟建大柳树水利枢纽坝址处, 从断面 d03 和 d02 的河床高程和流速分布可以看出, 该河段由峡谷段组成, 河道主槽呈 "V" 形, 主流分布稳定, 地理位置优越, 具备在黄河上游修建大柳树高坝大库的条件.

3. 纵向流速沿垂线的分布

图 5.5.12 是对黄河大柳树河段连续弯道处六个典型断面 (d18-d13) 上 5 条垂线处主流流速的计算值和实测值进行对比分析. 断面 d18、d17 和 d16 位于第一个弯道上, 其左岸为凸岸, 右岸为凹岸. 断面 d14 和 d13 位于第二个弯道上, 其左岸为凹岸, 右岸为凸岸. 断面 d15 位于第一个弯道和第二个弯道中间位置上, 属于过渡段. 对于断面 d18, 5 条垂线距左岸的距离分别 λ = 34m, 52m, 77m, 98m, 119m; 对于断面 d17, 5 条垂线距左岸的距离分别为 λ = 10m, 33m, 59m, 79m, 98m; 对于断面 d16, 5 条垂线距左岸的距离分别为 λ = 28m, 68m, 89m, 112m, 133m; 对于断面 d15, 5 条垂线距左岸的距离分别为 λ = 27m, 58m, 84m, 113m, 164m; 对于断面 d14, 5 条垂线距左岸的距离分别为 λ = 17m, 46m, 62m, 81m, 94m; 对于断面 d13, 5 条垂线距左岸的距离分别为 λ = 17m, 50m, 79m, 111m, 138m; 横坐标表示纵向流速, 纵坐标表示水位. 断面 d18-d16 为第一个弯道, 其左岸为凸岸, 右岸为凹岸. 断面 d15 为过渡段, 断面 d14-d13 为第二个弯道, 其左岸为凹岸, 右岸为凸岸.

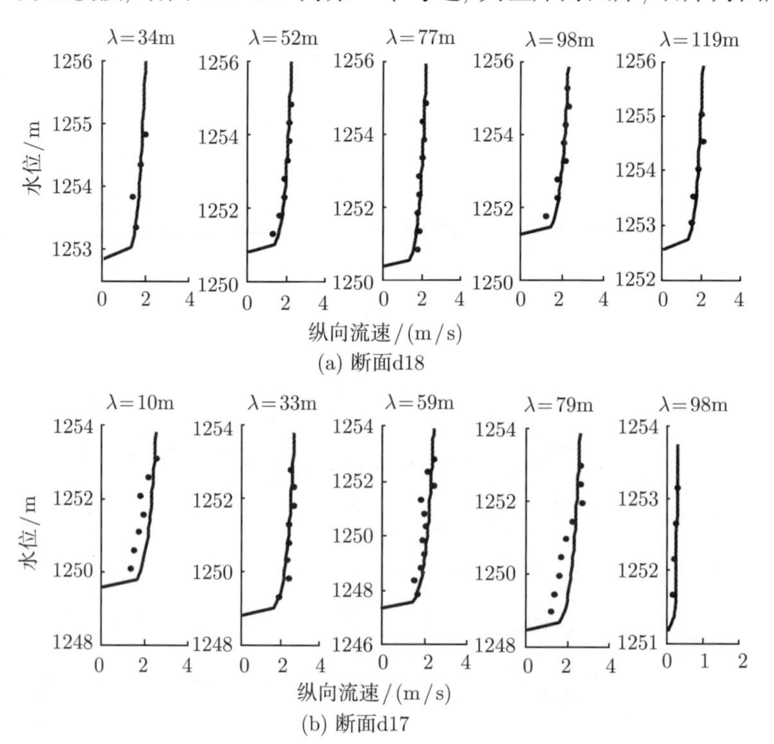

(a) 断面d18

(b) 断面d17

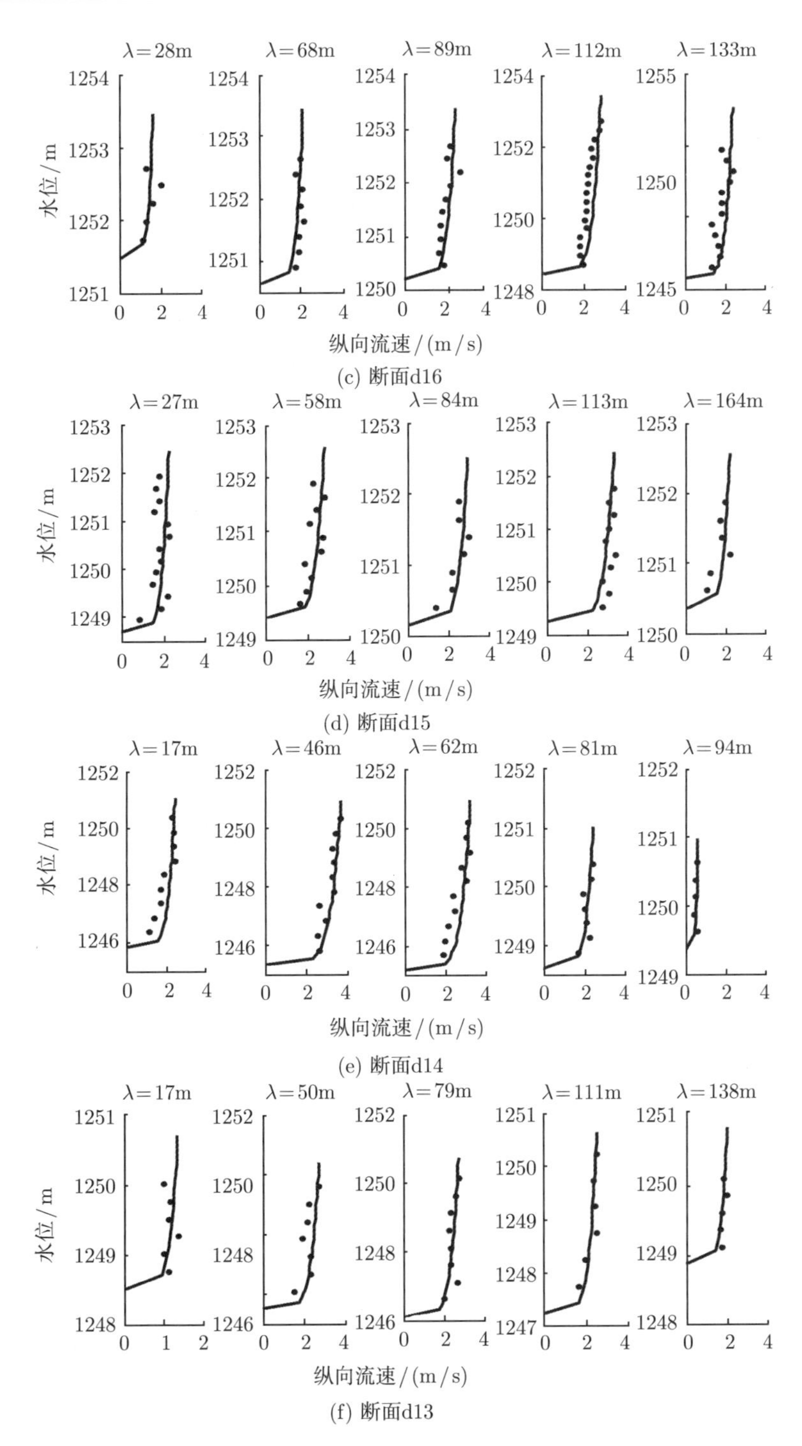

图 5.5.12 连续弯道断面纵向流速的垂线分布 (● 为实测值, — 为计算值)

由图 5.5.12 可以看出：模型计算结果与实测结果较为接近，且主流流速沿垂线的分布均符合对数律，离河床床面越远，主流流速在垂向上的变化较小.

水流进入第一个弯道 (d18-d16) 后，由于受上游弯道的影响，第一个弯道弯顶附近最大流速靠近凸岸，凸岸处流速明显大于凹岸处流速，即断面 d18、d17 的左岸流速明显大于右岸流速 (图 5.5.12(a)、(b))；过了第一个弯道弯顶后 (即断面 d16 右岸为凹岸 (图 5.5.12(c))，主流已完全转移至凹岸附近. 断面 d15 为过渡段，由于过渡段较长，第一个弯道的水流得到了充分发展，过渡段流速分布趋于均匀 (图 5.5.12(d)). 当水流进入第二个弯道 (d14-d13)，过渡段有效减弱了前弯剩余环流对后弯水流的影响，由于弯道螺旋流的影响，自由旋体被抑制，水流进入第二个弯道后，在第二弯道的进口处 (d14)，主流开始向凹岸转移 (图 5.5.12(e))，越过弯顶后，主流分布趋于均匀 (图 5.5.12(f)).

因此，模拟计算结果也说明了连续弯道水流的分布除受来水影响外，还受上游弯道的影响. 在同一流量下，过渡段的长短对弯道水流的影响较大，若过渡段较短，水流未得到充分发展，最大流速在弯道的出口处靠近凹岸；若过渡段较长，水流得到充分发展，最大流速在弯道的进口处开始靠近凹岸.

4. 横向流速分布

在弯道中，由于惯性离心力的存在，水流沿轴向运动的同时，所有的水质点又受到同样的径向压力梯度，使得近水面的水质点向凹岸运动，而近底的水质点向凸岸运动. 图 5.5.13 为断面 d16、d15 和 d14 在横向上的二次流速矢量场. 横坐标代表从左岸到右岸的距离，纵坐标代表河床高程.

从图 5.5.13 可以看出，断面 d16 左岸为凸岸，右岸为凹岸. 表层水流的横向流速指向凹岸，底层水流指向凸岸. d15 是过渡段，环流强度减弱，环流方向开始向反方向转化. 对于断面 d14 左岸为凹岸，右岸为凸岸，表层水流的横向流速指向左岸，底层水流指向右岸. 断面 d16 和 d14 为连续弯道两个弯顶附近的断面，横向环流分布呈对称状态，符合弯道环流的运动规律.

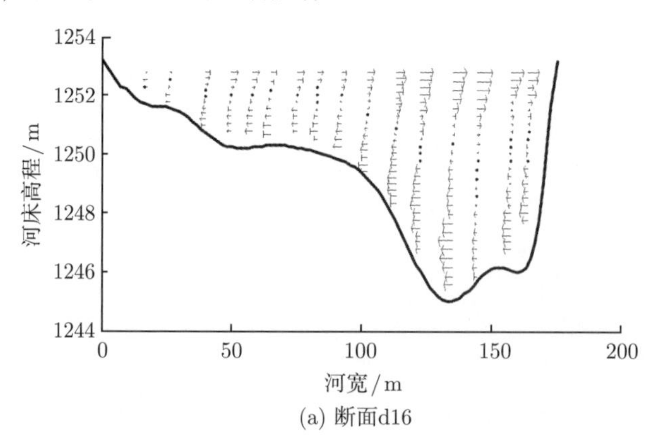

(a) 断面d16

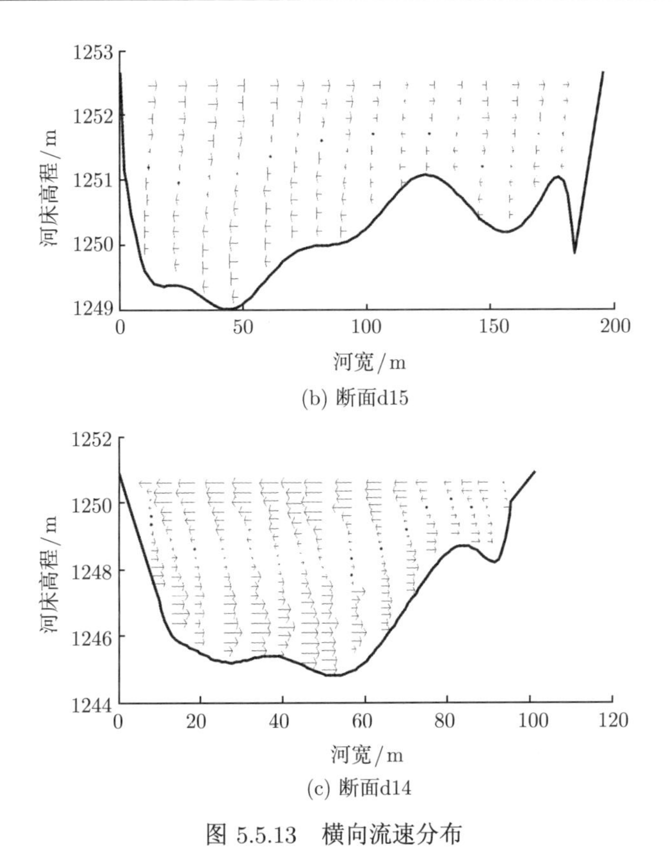

(b) 断面d15

(c) 断面d14

图 5.5.13 横向流速分布

还可以看出, 横向流速在水深方向距离水面一定水深处, 横向流速为零, 由此向上向下, 分别增大. 环流强度呈现出凹岸大, 凸岸小的分布状态. 接近床面处的环流强度比水面稍大, 正因为如此, 横向环流对河床起着凹岸冲刷, 凸岸淤积的作用.

5. *河段冲淤验证分析*

黄河宁夏大柳树河段属游荡性河段, 河岸坍塌、主流摆动剧烈, 冲淤变化大. 水沙条件的变化不仅影响河道的冲淤调整, 对平面形态的变化也有重要作用. 本节采用三维水沙数学模型模拟了该河段在 2011 年 11 月 -2014 年 10 月的河势变化, 选取该河段 10 个典型断面分析如下:

从图 5.5.14 可以看出, 在 2011 年 11 月至 2014 年 10 月, d18 断面位于第一个弯道上游段, 发生了较剧烈的冲刷, 断面左侧最大冲深达 0.7m 左右, 深槽位置仍维持在断面左侧; d17 断面接近第一个弯道弯顶处, 凹岸处发生了冲刷, 凸岸处发生了一定的淤积, 主槽最深点发生右移, 右移距离约 40m; d16 断面位于第一个弯道弯顶下游, 左岸冲刷, 右岸淤积, 基本处于冲淤平衡; d15 断面位于连续弯道的过渡段, 该断面基本整体冲刷, 最大冲刷深度达 1.5m 左右.

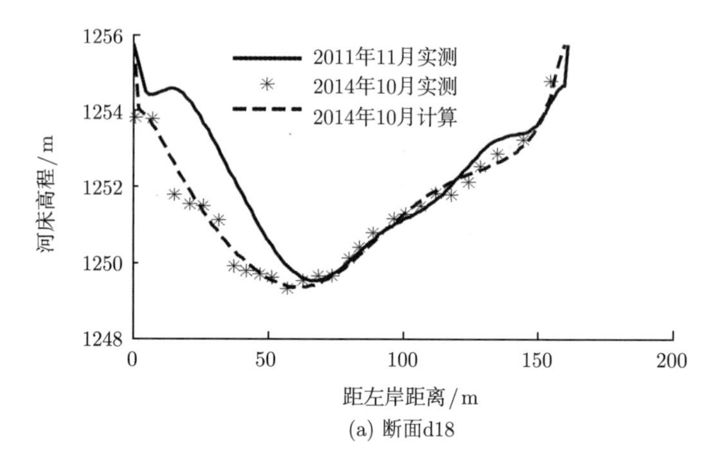

(a) 断面d18

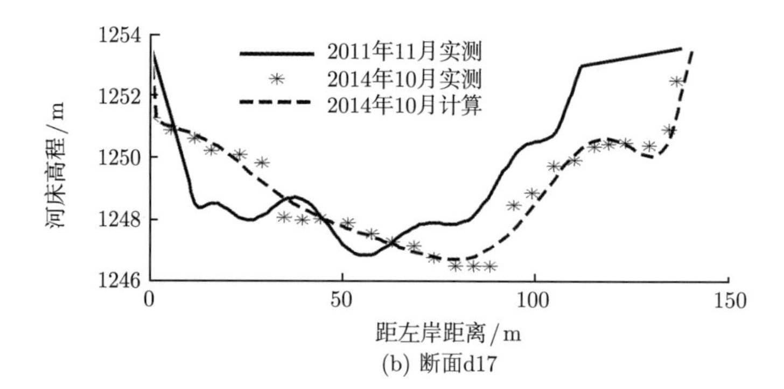

(b) 断面d17

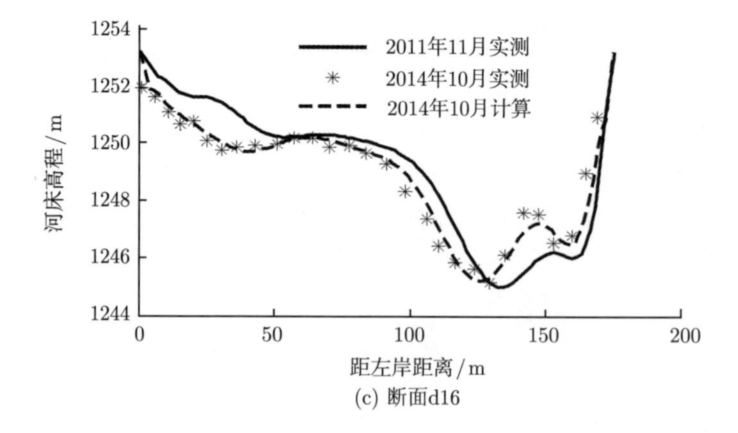

(c) 断面d16

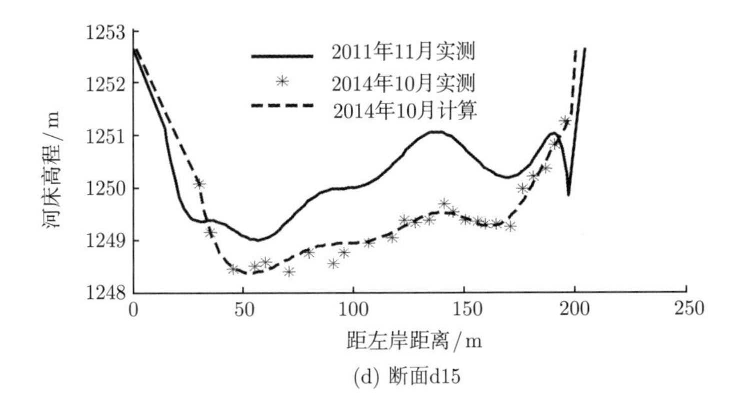

(d) 断面d15

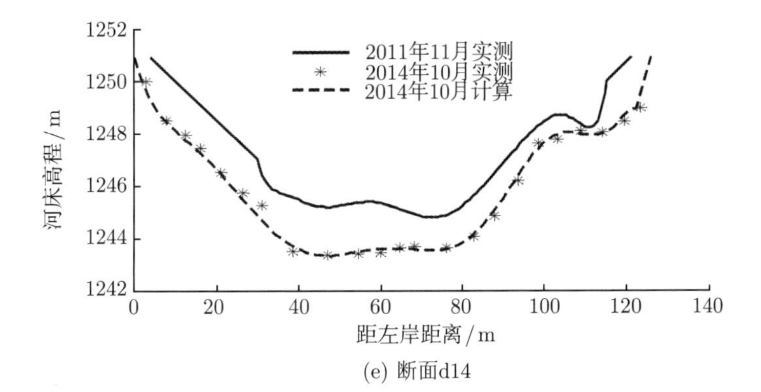

(e) 断面d14

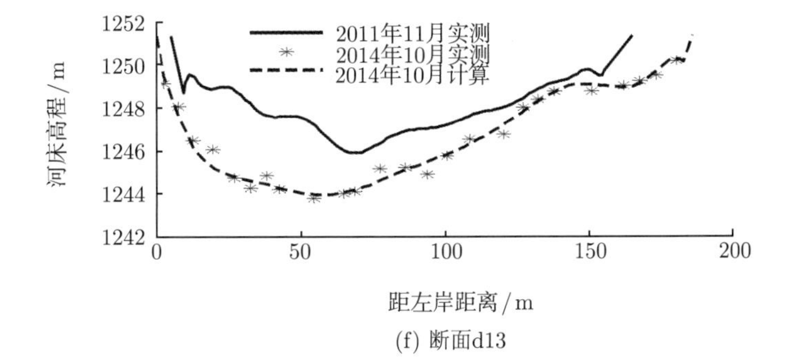

(f) 断面d13

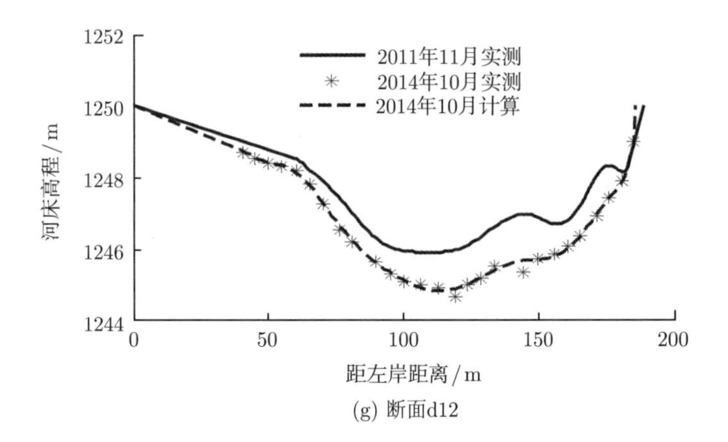

(g) 断面d12

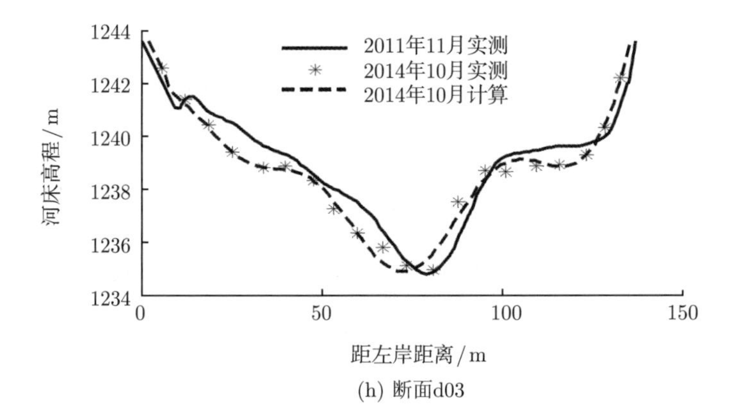

(h) 断面d03

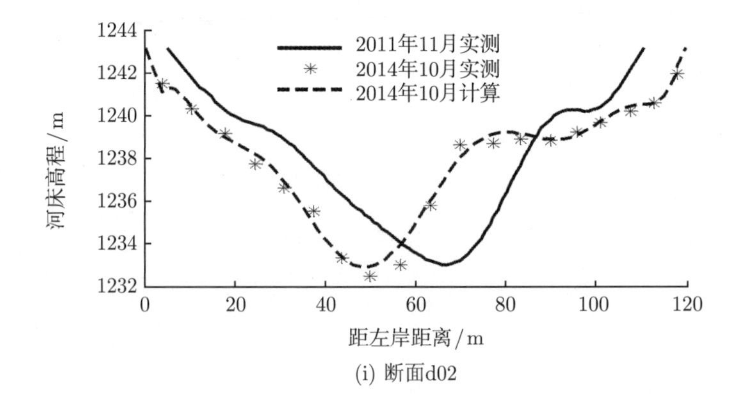

(i) 断面d02

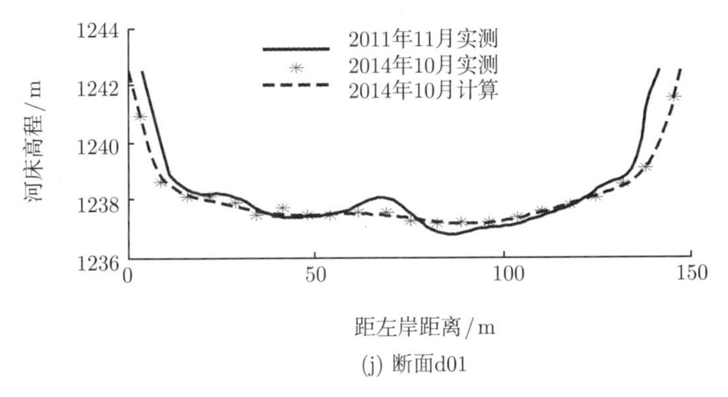

(j) 断面d01

图 5.5.14 黄河大柳树河段典型断面冲淤验证

d14 断面位于第二个弯道进口段, 该断面整体冲刷, 最大冲深达 2m 左右, 由于受弯道水流的作用, 该断面凹岸冲刷较凸岸严重, 河岸坍塌; d13 断面位于第二个弯道弯顶下游段, 凹岸冲刷较凸岸严重, 最大冲深达 4m 左右, 深槽位置逐渐左移; d12 断面位于第二个弯道出口段, 整体冲刷, 但深槽位置维持不变.

d03、d02、d01 断面位于拟建的大柳树水利枢纽坝址处, 该河段比较窄深, 断面形态呈 "V" 形, 深槽有所冲深, 但量不大. 该河段基本由峡谷段组成, 断面形态相对较稳定, 地理位置优越, 具备在黄河上游修建大柳树高坝大库的条件.

5.6 主要结论

本章利用所建立的数学模型, 对黄河沙坡头河段和大柳树河段的水流运动、泥沙运移、河床变形等进行了数值模拟研究. 为了验证数值模拟结果, 本章还对所研究河段进行了一些必要的实测, 对实测结果进行了对比分析. 主要结果如下.

1. 建立了平面二维紊流水沙数学模型并进行了一些算法上的研究

该模型由两个基本模块组成: 水流模块和泥沙模块. 其中水流模块采用平面二维 RNG k-ε 紊流模型并进行了修正, 为了反映弯道离心力的影响, 对动量方程中的源项进行了修正; 泥沙模块采用全沙模型, 对床沙按粒径进行分组, 同时考虑了各粒径组悬移质和推移质的运移及其引起的河床变形, 考虑了床沙级配的调整变化.

对比了各家计算泥沙沉速、水流挟沙力、推移质输沙率的公式, 得到了适合于所研究河段的计算公式; 采用自适应算法确定各子河段的曼宁系数值, 可以提高模拟结果精度并有效地减少试算曼宁系数的计算工作量; 采用了水流模块和泥沙模块的半耦合算法, 兼具耦合算法和分离式算法的优点, 可以节约计算工作量并保持一定的计算精度; 在出口处添加一段垂直于出口断面的顺直河段, 以便使用充分发展边界条件并保持计算过程稳定.

2. 利用所建立的平面二维紊流水沙数学模型, 对沙坡头河段水流运动及河床变形进行了数值模拟研究

进行了大量的数值实验. 按所研究河段特点, 根据流量、水位及含沙量等分四个大的工况, 每一大工况又按含沙量不同分四个小工况, 共计 16 个子工况, 分别进行了 10~20 天的数值模拟; 为了验证数值模拟结果, 从 2008 年 12 月 6 日至 2009 年 7 月 17 日共计 224 天的水沙运移, 运用所建立的数学模型对整个河段进行了长时段数值模拟, 仅这一工况计算机时近 16 天. 通过数值模拟, 得到以下一些结论:

(1) 在弯道渐缩段、渐扩段等处, 主流线与深泓线会发生较大程度分离, 而其他位置处, 二者基本重合;

(2) 水面纵比降和横比降的绝对值均随着进口断面流量的增大而增大;

(3) 水流挟沙力、含沙量在纵向、横向分布上与流速分布基本一致, 沿程呈减小的趋势;

(4) 在同一工况下, 当进口含沙量较小时, 河床呈冲刷状态, 当进口含沙量较大时, 河床呈淤积状态;

(5) 含沙量相同而流量改变时, 对水流进口附近区域河床冲淤影响较大, 但在远离水流进口的区域, 影响不大;

(6) 当流量较小时 (如小于 $1500\text{m}^3/\text{s}$) 时, 模拟河段中悬移质引起的河床变形起主导地位, 推移质引起的河床变形可以忽略不计, 而当流量较大时 (如大于 $2000\text{m}^3/\text{s}$), 则应同时考虑悬移质和推移质对河床变形的影响;

(7) 当河床冲刷时, 床沙会发生粗化现象, 而淤积时床沙会发生细化现象, 一般平均流速较大的河段, 床沙粗化程度较严重.

3. 建立了三维水沙数学模型, 对黄河对沙坡头河段和大柳树河段进行了数值模拟研究

本章建立了三维水沙数学模型, 对黄河上游两个典型弯道河段 (沙坡头河段和大柳树河段) 的水流运动和河床变形进行了数值模拟分析研究. 主要结论如下:

(1) 数值模拟结果与实测结果较为吻合, 反映了模型对具有连续弯道的天然河流水沙运移数值模拟具有一定的应用价值.

(2) 主流线与深泓线一般比较一致, 但有时也会发生分离现象.

(3) 天然连续弯道中在进口段的凹岸和出口段的凸岸, 还会发生离心环流 (即逆向回流) 现象. 该模型可以合理地模拟弯道离心回流现象.

(4) 天然连续弯道环流主要受前弯剩余环流、流量及河道形态的影响, 在弯道进口的直线段因受上一个弯道的影响, 流速分布不是均匀的, 较大的流速靠近凸岸, 进入弯道以后, 流速分布逐步调整, 到弯顶处接近对称, 在弯道的下半段, 主流已靠近凹岸.

(5) 在弯道断面中, 水面的横向流速指向凹岸, 近底的横向流速指向凸岸. 横向流速在水深方向距离水面一定水深处, 横向流速为零, 由此向上向下, 分别增大. 环流强度凹岸大, 凸岸小.

(6) 三维水沙数学模型不仅能模拟出河道的垂向冲淤过程, 而且还可模拟由河岸坍塌引起的横向摆动过程.

4. 对黄河沙坡头河段和大柳树河段进行了数次实测, 对实测结果进行了比较分析

为了给数值模拟提供必要的初边界条件并验证数值模拟结果, 项目组对所模拟河段典型断面处垂线平均流速、河床高程、水位和悬移质泥沙粒径分布等进行了多次实测, 并对实测结果进行了比较分析.

根据对所研究河段典型断面垂线平均流速、河床高程和悬移质泥沙粒径分布实测结果的分析, 主要有以下一些结论:

(1) 断面平均流速沿程呈减小的趋势, 悬移质泥沙中值粒径沿程也呈同样的趋势, 反映了水流挟沙力随流速减小而减小的规律.

(2) 垂线平均流速的最大值在第一个弯道进口段靠近凸岸, 然后逐渐向凹岸过渡, 在弯道出口段靠近凹岸; 在下一个弯道, 垂线平均流速最大值又从凸岸向凹岸逐渐过渡, 反映了弯道水流的一般规律.

(3) 通过与往年实测资料的比较发现, 所研究河段河床整体上逐年呈淤积趋势, 但局部区域河床出现冲刷.

(4) 弯道弯顶段以后凹岸附近河床冲刷, 而凸岸附近河床发生淤积.

(5) 流量减小时, 河床一般会发生淤积, 而流量增大时, 河床一般会发生冲刷.

(6) 在连续弯道中, 横向水面线凹高凸低, 存在水面超高, 形成横向比降.

第 6 章　抽水型水库泥沙淤积研究

抽水型水库是在距河流较远的地方, 为工业和生活供水需要修建的蓄水水库, 通过抽水泵站和输水管道将河流中的水抽至水库. 该型水库的水沙运动具有与河道型水库不同的特征, 如库区面积不大, 进水次数和进水量随需水量调整, 库区水较深, 流速不大, 入库泥沙几乎淤积在库内, 表层水受风影响较大, 蒸发量大, 水质易恶化等. 宁夏中部干旱带绝大多数工业或生活供水水库属于抽水型水库, 如宁夏境内的移民区 (如红寺堡区) 和工业区 (如宁东工业基地).

本章以水洞沟水库为研究对象, 建立适合水洞沟水库的平面二维和三维水沙运移数学模型. 结合三角网格技术及高效数值计算方法, 对水库的水沙运动进行数值模拟, 并将计算结果与实测结果进行对比分析. 为宁夏中部干旱带抽水型水库的合理运行、减少水库淤积、水库运行管理提供重要的理论依据, 具有一定的科学意义、工程应用价值和推广价值.

6.1　水洞沟水库实测

6.1.1　水洞沟水库概况

宁东能源化工基地 —— 宁东镇周边和西南区域基本形成了煤化工园区、临河综合园区, 灵州综合园区以及电厂煤矿为工业主体, 宁东镇为商贸服务中心的基地发展格局. 2008 年 9 月, 国家在《关于进一步促进宁夏经济社会发展的若干意见》中明确指出 "将宁东能源化工基地列为国家重点开发区, 把宁东能源化工基地建设成为国家重要的大型煤炭基地、煤化工产业基地、'西电东送' 火电基地和循环经济示范园区". 基地的工业用水主要依靠工业供水水库, 包括鸭子荡水库、太阳山水库、水洞沟水库等. 目前鸭子荡水库、太阳山水库已运行多年, 水洞沟水库及相关的水处理厂等配套设施于 2012 年基本建成, 刚刚正式运行. 水洞沟水库实景如图 6.1.1 所示, 该水库为工业供水水库, 供水的对象是内蒙古上海庙能源化工基地和宁东红墩子煤化工园区.

上海庙能源化工基地位于内蒙古自治区西南部鄂托克前旗上海庙镇境内, 地处内蒙古、陕西、宁夏三省区交界处, 西与宁夏相邻, 南与陕西相连, 北依鄂尔多斯大草原, 距宁夏回族自治区省会银川市 30km, 基地与全国 13 个亿吨煤炭生产基地之一的宁夏宁东能源化工基地相邻. 鄂托克前旗境内煤炭、天然气等矿产资源非常丰富. 煤炭主要分布在上海庙镇境内, 面积达 1000 km^2, 已取得探矿权面积 754 km^2, 储量在 100 亿 t 以上, 现已完成精查储量近 30 亿 t.

图 6.1.1 水洞沟水库实景图

红墩子煤化工园区位于银川市兴庆区黄河东岸, 距银川市 25km. 该园区是宁夏宁东能源重化工基地的组成部分. 红墩子矿区面积 96.852km^2, 估算煤炭地质储量 14 亿 t, 园区规划的主要项目有: 年产 2200 万 t 的矿区和与之配套的洗煤厂项目; 容量 5×60 万 kW((2×60 万 +3×60 万)kW) 的红墩子电厂项目; 480 万 t/a 煤制甲醇、120 万 t/a 煤制烯烃、60 万 t/a 聚乙烯、60 万 t/a 聚丙烯、60 万 t/a 煤制二甲醚、12 亿 m^3/a 煤制天然气和 600 万 t/a 焦化及化工产品的循环经济产业项目.

水洞沟发源于宁夏灵武市与盐池县的交界处, 属黄河一级支流. 水洞沟水库位于水洞沟中段的大泉, 以黄河为取水水源, 水库由主坝、尾坝、放水建筑物组成, 其中主坝长 1230m, 最大坝高 29.83m; 尾坝长 720m, 最大坝高 20.1m. 水库由金水源一泵站从黄河取水, 最大进水量为 60m^3/d, 水库设计总库容 1 039 万 m^3, 最大运行水位为 1180m, 供水规模设计一期 (2015 年) 取水量为 20 万 m^3/d, 二期 (2020 年) 取水量为 40 万 m^3/d. 鸭子荡水库的取水口与水洞沟水库相同, 根据鸭子荡水库几年的运行情况可知, 水库淤积较为严重, 且水库水质逐渐恶化. 故研究水洞沟水库泥沙淤积情况是非常有必要的. 本章以水洞沟水库为例, 对库区的水沙运移进行数值模拟研究对研究库区淤积情况, 提高水库的性能、使用年限有着重要的意义, 同时也能为水库的运行和管理提供一定的合理建议.

6.1.2 测量仪器及测量方法

1. 测量仪器

测量设备有 “河猫” 系统、回声测深仪 (型号 ESE-50Box-50)、深水采样器、激

光测距仪 (型号 JCM-4)、烘干箱、电子天平、滤纸、干燥器、激光粒度分析仪等.

2. *测量方法*

部分测量仪器的测量方法如下:

"河猫" 系统: 测量时用快艇拖曳 "河猫" 系统沿测量断面, 从断面的一侧行至另一侧, 该系统每隔 5s 自动采集数据 1 次, 自动存储距岸边距离、断面底高程、流场等数据. 为减少测量误差, 每个断面来回测两遍, 取两次中数据较好的一次或进行平均.

回声测深仪: 在测量时, 将该仪器和声学多普勒流速剖面仪同时使用, 同步采集数据, 可以对比测量的水深大小.

深水取样器: 用于在进水口、取水口及部分断面处取水样, 一般每个位置分别取 3 个水样, 即靠近库底、中间位置和靠近表层.

激光测距仪: 在测量中 "河猫" 无法靠近岸边时, 使用激光测距仪测量此时 "河猫" 距岸的距离.

6.1.3　断面布设

2011 年 10 月中旬, 项目组成员对水洞沟水库进行现场勘测, 选择并布设典型断面的桩号, 利用高精 GPS、RiverCAT("河猫") 系统、采样器等, 设置断面桩号、测量地形高程和岸边水位、采集水样等, 并对含沙量进行测量和分析.

共布设了 24 个断面, 每个横断面设 3 个桩号, 每个纵断面设置 2 个桩号, 利用高精度 GPS 仪器测量桩号的位置、高程等. 其中横向 15 个、纵向 9 个, 见图 6.1.2、图 6.1.3.

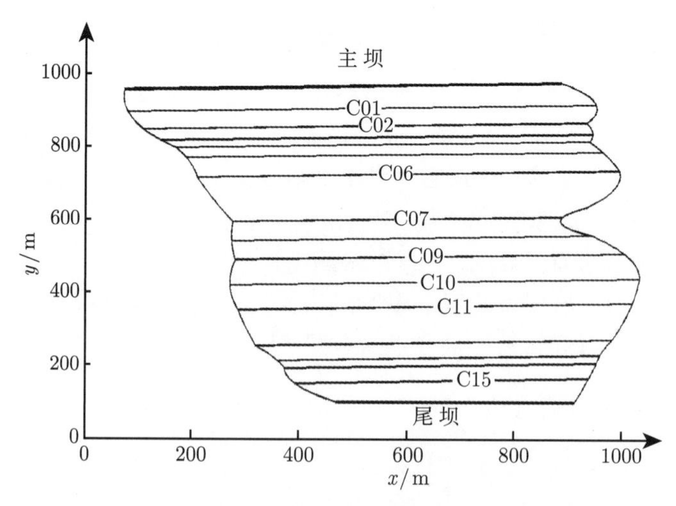

图 6.1.2　水洞沟水库横断面设置

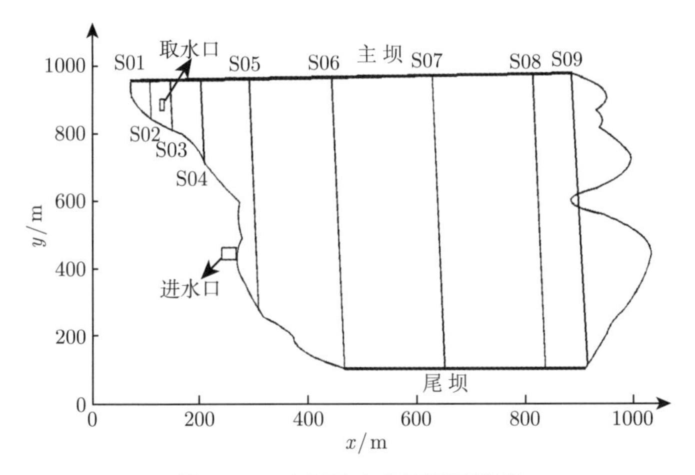

图 6.1.3 水洞沟水库纵断面设置

图中 x、y 为地理坐标, x 轴以正东方向为正, y 轴以正北方向为正, 原点的地理坐标为 (35630650, 4243900). 由图 6.1.2 和图 6.1.3 可知, 两个相邻断面的距离不相同的, 主要是因为进水口和取水口附近的流场和含沙量变化较大, 附近区域断面布设较其他地方密集. 其中, 进水口位于横断面 C09 和 C10 之间的左岸, 取水口位于横断面 C01、C02 和纵断面 S02、S03 组成的矩形内.

6.1.4 实测结果及分析

2011 年 11 月 (第一次) 和 2012 年 5 月 (第二次), 项目组成员两次对水洞沟水库进行了测量. 其中, 第一次对水库的 21 个断面 (15 个横断面, 6 个纵断面) 进行测量, 此次测量水库只有取水. 第二次对水库的 17 个断面 (15 个横断面, 2 个纵断面) 进行了测量, 此次有取水也有进水. 使用 Matlab 软件编写程序, 采用曲线拟合的方法画出各断面地形图.

1. 第一次测量结果及分析

1) 横向断面地形图及分析

部分横断面库底地形见图 6.1.4, 各断面的水面宽度、断面面积及最大水深见表 6.1.1.

表 6.1.1 水洞沟水库实测横断面水面宽度、断面面积及最大水深

桩号	水面宽度/m	断面面积/m^2	最大水深/m
C01	867.1	9353.6	18.02
C02	865.8	9240.8	17.28
C03	826.6	9183.4	17.12

续表

桩号	水面宽度/m	断面面积/m^2	最大水深/m
C04	821.7	8879.1	16.86
C05	896.2	8977.6	16.97
C06	869.5	8438.5	17.19
C07	633.4	8452.6	18.43
C08	719.9	8296.1	16.93
C09	715.8	8878.9	17.06
C10	842.5	9082.8	18.73
C11	727.7	7951.9	15.37
C12	734.1	6658.8	14.00
C13	601.2	5725.3	14.13
C14	566.8	5166.1	14.75
C15	551.5	3500.6	11.49

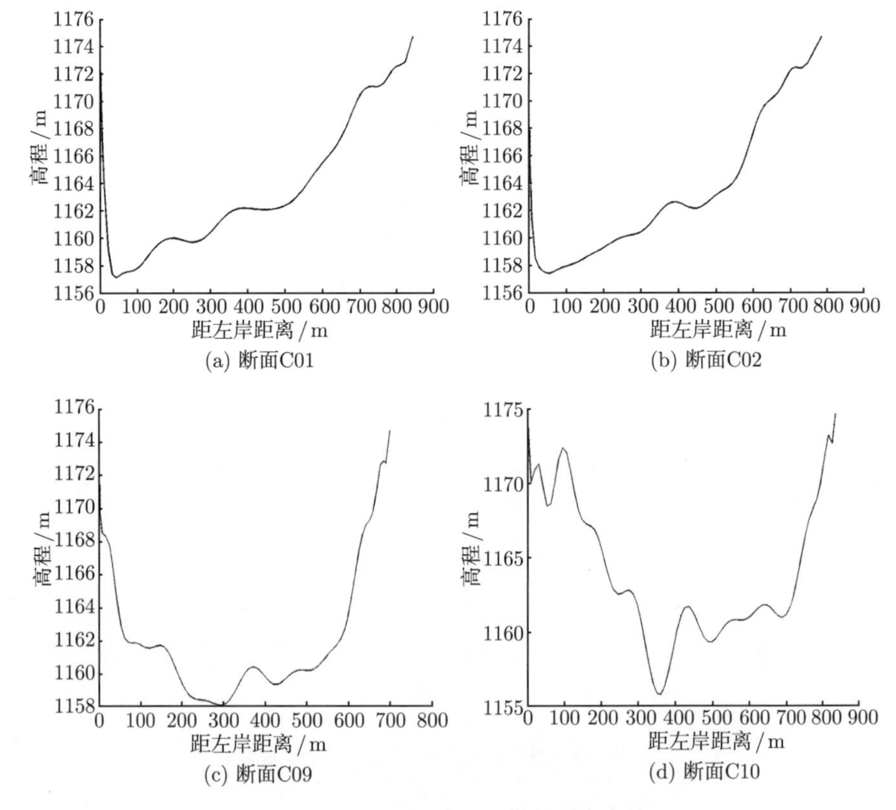

图 6.1.4 水洞沟水库部分横断面库底地形

由实测数据分析知, 最大水深由断面左岸移向断面中间, 然后再移回断面左岸, 各断面右岸为浅滩, 水深较浅. 结合图 6.1.2 中进、取水口位置分析可知:

(1) 断面 C01-C06 的最大水深在左岸附近, 最大水深 18m 左右, 取水口位于断面 S02 和 S03 之间, 此处水深较大利于取水, 且流速较小、含沙量较小, 取出的水易于净化, 能减少水处理成本、提高运行效率;

(2) 断面 C07-C11 最大水深逐渐靠近断面中心位置, 左岸附近水深仍有 5~12 m, 进水口设在此处能起到消能作用, 减少对进水口两岸的冲刷;

(3) 断面 C12-C15 最大水深逐渐靠近左岸;

(4) 水库正式投入运行后, 左岸和取水口处将被冲刷, 右岸将淤积.

(5) 断面 C01 到 C15, 水面宽度、断面面积及最大水深均呈减小的趋势. 断面 C05 水面宽度最大 (896.2m), 断面 C15 靠近尾坝, 水面宽度最小 (551.5m). 最大水深位于断面 C10 上 (18.73m).

2) 纵向断面地形图及分析

选择取水口附近 2 个纵断面为例, 库底地形图见图 6.1.5.

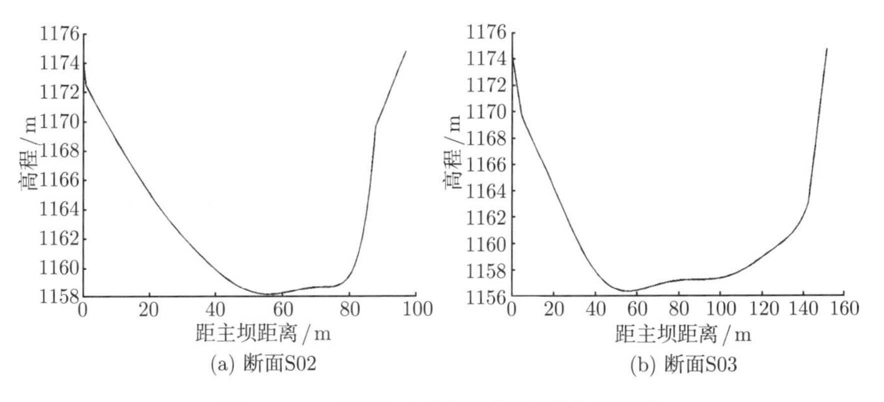

图 6.1.5 水洞沟水库部分纵断面库底地形

纵断面中 S01 是基准面, 受测量当日水位限制, 仅对 S02-S08 共 7 个纵断面进行了测量. 由实测数据分析知, 随着断面逐渐变宽 (从不足 90 m 扩大到 850 m 左右), 最大水深逐渐移向断面中间, 最大水深为 18.5 m 左右. 根据实测的各断面数据, 利用断面法 (李秋梅等, 1999; 舒彩文和谈广鸣, 2009) 计算几种不同水位条件下的库容, 见表 6.1.2.

表 6.1.2 水洞沟水库不同水位下的库容计算值

水位/m	库容/万 m^3	设计库容/万 m^3
1158	2.27	
1160	19.66	
1162	61.41	

续表

水位/m	库容/万 m^3	设计库容/万 m^3
1164	123.25	
1166	199.49	
1168	285.5	
1170	378.49	
1172	483.15	
1174	603.8	
1175	675.3	
1178	868.46	
1179	963.5	
1180(最大允许水位)	1015.86	1039

3) 等高线及三维地形图

根据所测各断面的库底高程, 并结合各断面桩点, 利用插值方法, 得到水洞沟水库整体库底地形图 (图 6.1.6、图 6.1.7), 其中图 6.1.6 为水洞沟水库等高线图 (黑色粗线表示实测时的水位), 图 6.1.7 为水洞沟水库三维地形图.

由图 6.1.6 和图 6.1.7 可以看出: 从北向南 (即从主坝到尾坝方向), 库底高程分布不均匀; 最小库底高程开始时靠近水库左岸, 然后逐渐移向水库中心; 水库左岸高且在靠近主坝处较陡, 而右岸地势相对低且平坦.

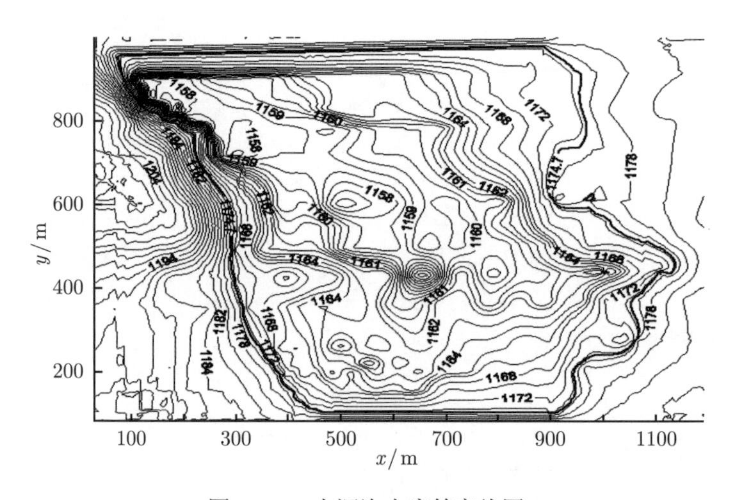

图 6.1.6　水洞沟水库等高线图

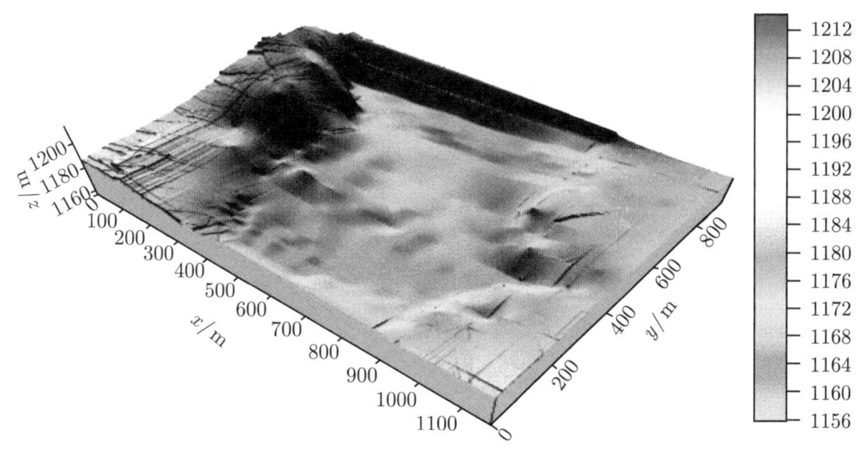

图 6.1.7 水洞沟水库三维地形图

4) 淤积量预测

在进水口和取水口采集水样，测得其含沙量分别为 1.031 kg/ m^3、0.021 kg/m^3. 按照规划，计入水库蒸发渗漏损失和输水损失，水洞沟水库一期需从黄河取水 8176 万 m^3/a，二期需从黄河取水 16352 万 m^3/a. 若淤积泥沙密度按 1400 kg/m^3 计，依据实测含沙量和设计年取水量可得各时期末水库淤积量，见表 6.1.3. 经计算到水库 30 年使用期末，水库总淤积量将达到 309.65 万 m^3.

表 6.1.3 水洞沟水库各时期末水库淤积量预测

规划时间	累计淤积量/万 m^3	备注
2010 年年末	0	一期
2015 年年末	29.49	一期
2020 年年末	73.73	供水规模按一期、二期平均计算
2040 年年末	309.65	二期

2. 两次测量结果及分析

由于两次测量时的进水情况不同、水位不同，且第二次测量数据有限，本部分以取水口附近断面 C02，进水口附近断面 C09、C10 和 C11 为例，比较、分析断面的冲淤变化，两次实测库底地形比较见图 6.1.8.

由图 6.1.8 可知：① 整体上库底地形变化不大. 应是由于取水量不大，库区水的流动较为缓慢，并且两次实测之间只进水 7 天，带入的泥沙有限，故对地形的影响不大；② 断面 C02 位于取水口附近，由于取水的因素，该断面靠近取水口附近稍有冲刷；③ 进水口位于断面 C09 和 C11 之间，故进水口附近理应冲刷，由图 6.1.8 (b)、(c) 和 (d) 明显可以看出断面稍有冲刷，特别是断面 C10 靠近左岸冲刷较为明显.

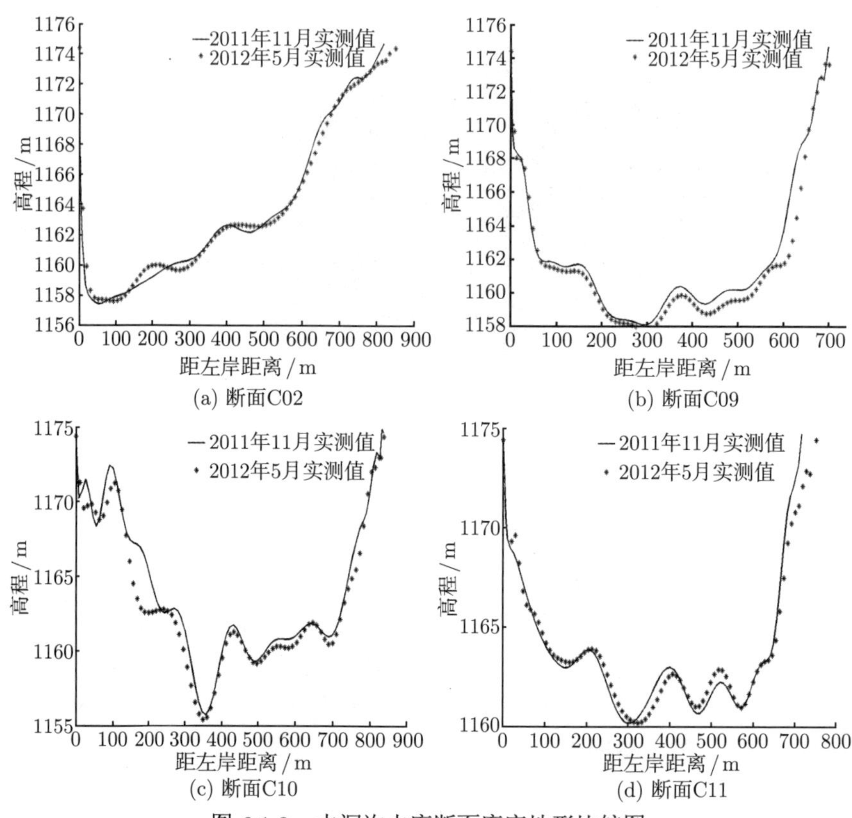

(a) 断面C02　(b) 断面C09

(c) 断面C10　(d) 断面C11

图 6.1.8　水洞沟水库断面库底地形比较图

3. 泥沙粒径分析

在对水洞沟水库进行实测时, 只在进口和取水口采集了水样, 故本节只对进水口和取水口的悬移质泥沙粒径进行简要分析. 根据实测资料绘制泥沙级配曲线如图 6.1.9 所示.

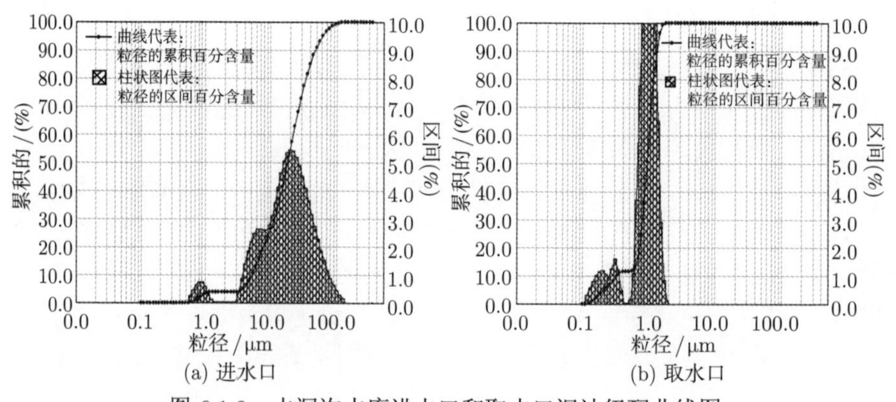

(a) 进水口　(b) 取水口

图 6.1.9　水洞沟水库进水口和取水口泥沙级配曲线图

进水口的粒径范围为0.55~130.37μm, 80%的悬移质泥沙粒径介于4.72~44.69μm, $d_{10} = 5.14$μm, $d_{25} = 9.57$μm , $d_{75} = 30.7$μm, $d_{90} = 48.06$μm, $d_{50} = 18.28$μm.

取水口的粒径范围为 0.11~2μm, 90%的悬移质泥沙粒径介于 0.15~1.62μm, $d_{10} = 0.33$μm, $d_{25} = 0.77$μm, $d_{25} = 1.13$μm, $d_{90} = 1.31$μm, $d_{50} = 0.94$μm.

由实测资料可知进水口附近悬移质泥沙粒径较取水口大的多, 经分析有以下原因: ① 实测时进水口流量是取水口的 60 倍, 故进水口流速较取水口大得多, 相应的进水口的水流挟沙力也要较取水口大; ② 水库以黄河为水源, 进水含沙量较高, 加之对进口两岸的冲刷, 使得进口附近悬移质泥沙粒径较取水口大; ③ 取水口距进水口较远, 且水洞沟水库里的流速整体较小, 大颗粒泥沙应在进库不久就沉淀下来, 使得取水口附近悬移质泥沙粒径较小.

6.2 数值模拟区域及初边界条件

6.2.1 模拟区域

水洞沟水库的设计水位为 1180m, 由于进水量远大于取水量, 为了防止计算过程中库区中的水溢出边界, 本节选择 1183m 等高线作为模拟区域的边界. 水洞沟水库的模拟区域、取水口和进水口等位置如图 6.2.1 所示.

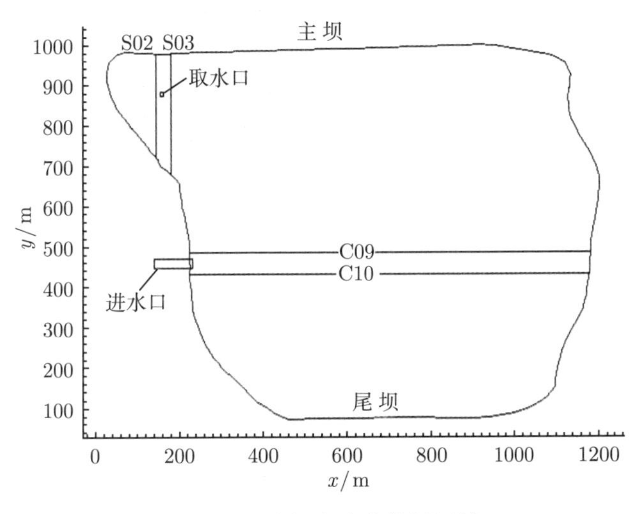

图 6.2.1 水洞沟水库模拟区域

水库的地形图如图 6.2.2 所示. 采用 Delaunay 三角化法在模拟区域内生成三角形网格, 3567 个节点, 6841 个单元, 如图 6.2.3 所示.

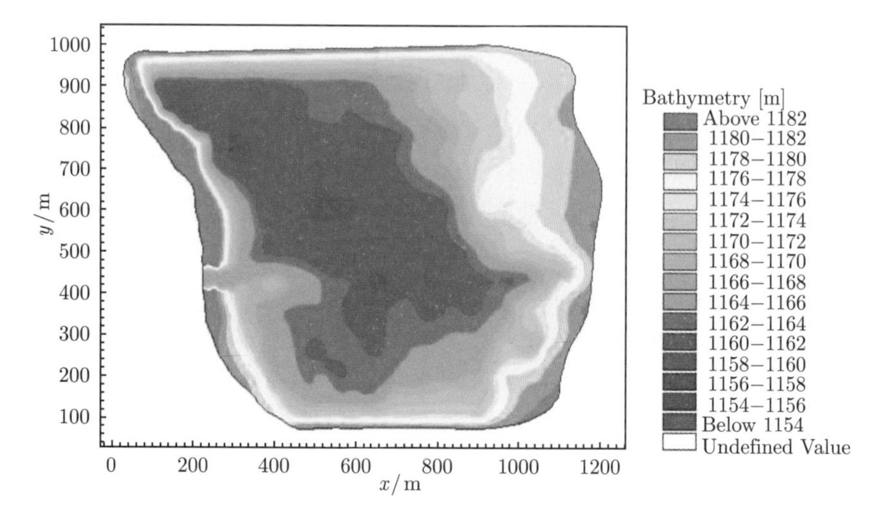

图 6.2.2　水洞沟水库模拟区域地形图

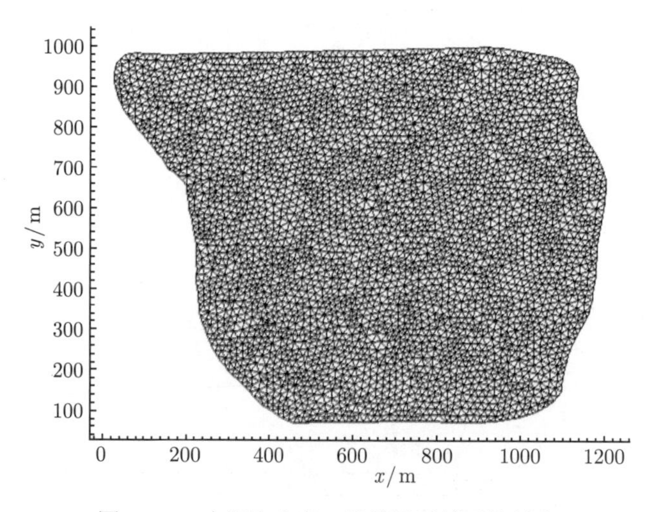

图 6.2.3　水洞沟水库二维模拟区域网格剖分

6.2.2　边界条件及其处理方法

目前, 由于上海庙、红墩子能源化工基地的大部分企业还在建设中, 水洞沟水库的供水规模为 1 万 m^3/d, 进水为 60 万 m^3/d. 其中, 供水方式为持续供水, 进水则根据水库的实际需要.

项目组于 2011 年 11 月和 2012 年 5 月分别对各断面的河底高程、流速等进行了实测. 2011 年 11 月至 2012 年 5 月, 只进了一次水, 持续 7d, 其中第二次实测当天为进水的第 7 天.

以 2011 年 11 月实测的地形作为模拟初始地形, 对三种典型工况进行数值模拟, 其中, 一期前工况: 2012 年 5 月实测时水库进水 7 天时的运行情况; 一期: 水库一期设计运行情况; 二期: 水库二期设计运行情况. 为了保证进库泥沙总量和进水后水位均相同, 故三种工况进水时长都设定为 7d. 由于三种工况的取水量不同, 为了保证进水结束时水位均上升至 1174.4m, 对初始水位的设置是根据多次实验后确定的. 各工况的边界条件如表 6.2.1 所示.

表 6.2.1 水洞沟水库数值模拟三种工况边界条件

工况	进水			取水		
	进水量 /(万 m^3/d)	时间 /d	悬移质含沙量 /(kg/m^3)	取水量 /(万 m^3/d)	初始水位 /m	悬移质含沙量 /(kg/m^3)
一期前	60	7	1.031	1	1167.1	0.021
一期	60	7	1.031	20	1169.6	0.021
二期	60	7	1.031	40	1172	0.021

由于水洞沟水库的情况与沙坡头库区不同, 在模拟计算中, 采用冷启动方式, 即除进口外, 其余流场的流速初值为零; 进水口给定流量, 进口处的水位通过相邻的内部节点插值计算得; 取水口给流量和水位.

此外, 进口断面的 k 和 ε 的取值按照公式 (3.7.1) 计算得到, 两岸及主尾坝按照无滑移的固定边界处理, 动边界采用 "干湿边界" 处理. 为了保证计算时模型的稳定, 时间步长的选取需要满足 CFL (courant-friedrichs-levy) 线性稳定条件, 本节在计算中选取柯朗数 $C_r < 0.8$ (柯朗数 Cr: Courant number 在耦合求解时才出现. 指时间步长和空间步长的相对关系, 用其来调节计算的稳定性与收敛性), 模拟计算时采用 "软启动" 方式.

6.3 水流运动数值模拟

6.3.1 二维水沙运动数值模拟

一期前工况是第二次实测时水库的运行状况, 故本部分将一期前工况的模拟值与实测值对比, 验证模型和计算方法的准确性, 进而预测一期和二期.

1) 一期前工况的模拟结果及分析

两次实测间隔期间 (即从 2011 年 11 月至 2012 年 5 月), 每天持续取水, 然而进水只有一次, 且持续 7 天. 其中第二次实测当天为进水的第 7 天.

由表 6.3.1 可知, 取水量小且取水口附近含沙量非常小, 针对只有取水且取水量为 1 万 m^3/d 的情况, 按照不同的运行时长进行了多次模拟计算, 如模拟运行时长有 7 天、15 天、31 天和 60 天. 现以模拟计算 60 天为例, 初始水位设定为 1176m,

计算 60 天后水位下降至 1174.83m, 流场如图 6.3.1 所示, 其中图 6.3.1(b) 流速为图 6.3.1(a) 中流速放大 10 倍. 取水口附近断面 S03 的垂向平均流速如表 6.3.1 所示.

表 6.3.1　断面 S03 垂向平均流速表

距左岸距离/m	垂向平均流速/(m/s)	距左岸距离/m	垂向平均流速/(m/s)
0	0	80.912	0.00960
6.224	0.0178	87.136	0.01120
12.448	0.0136	93.360	0.01030
18.672	0.0191	99.584	0.01050
24.896	0.0145	105.808	0.01020
31.120	0.0185	112.032	0.00990
37.344	0.0148	118.256	0.00950
43.568	0.0204	124.480	0.01020
49.792	0.0186	130.704	0.00578
56.016	0.0067	136.928	0.00863
62.240	0.0035	143.152	0.00910
68.464	0.0055	149.376	0.00620
74.688	0.0087	155.600	0

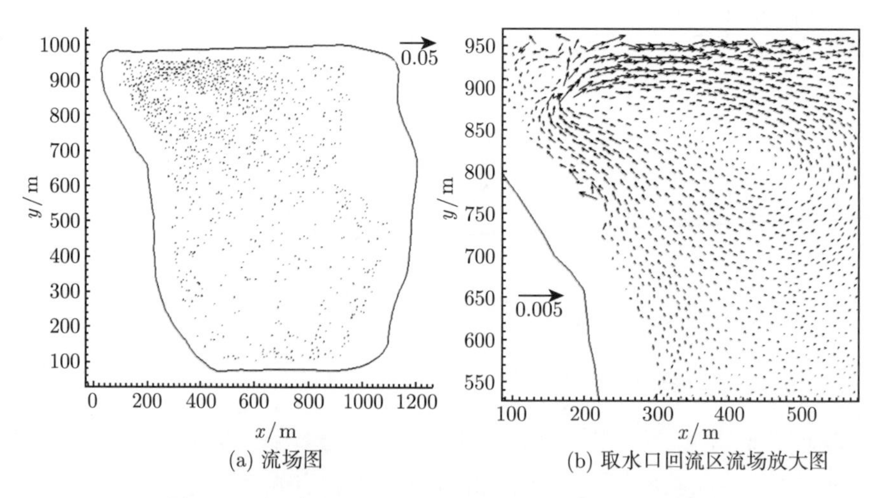

(a) 流场图　　(b) 取水口回流区流场放大图

图 6.3.1　只有取水, 且取水量为 1 万 m^3/d 的流场图

由图 6.3.1 和表 6.3.1 可知: 只有取水且取水量为 1 万 m^3/d 时, 库区内流速非常小, 对水库地形的影响将微乎其微, 此处不再对河底地形变化进行对比. 故下面只模拟进水 7 天 (即一期前) 对水库地形的影响. 库区流场及取水口、进水口附近流场放大图, 如图 6.3.2 所示.

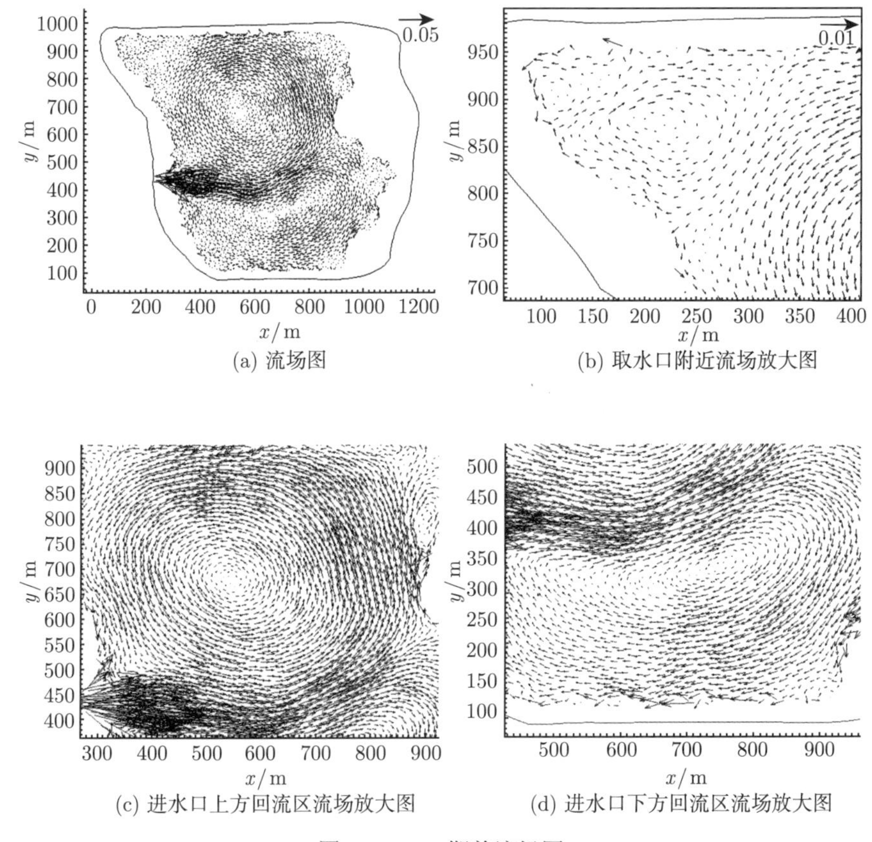

(a) 流场图 (b) 取水口附近流场放大图

(c) 进水口上方回流区流场放大图 (d) 进水口下方回流区流场放大图

图 6.3.2 一期前流场图

选择进水口附近的横断面 C09、C10 和取水口附近的纵断面 S02、S03(四个断面位置如图 6.2.1 所示) 为例, 将断面垂线平均流速和河底高程的模拟值与实测值进行比较. 四个断面的垂向平均流速比较如图 6.3.3 所示, 河底高程比较如图 6.3.4 所示.

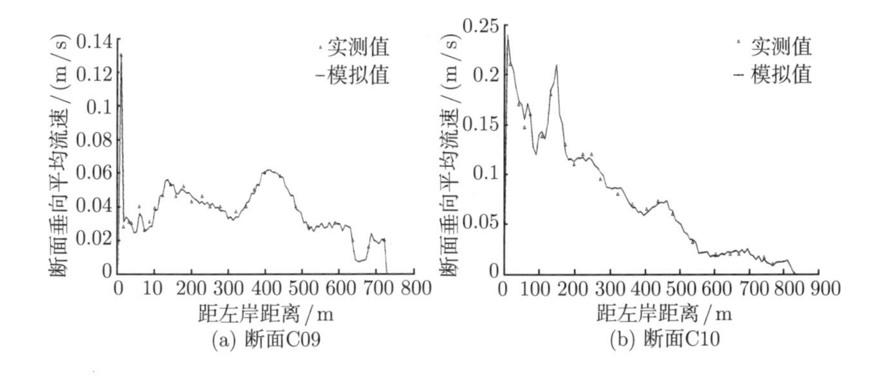

(a) 断面C09 (b) 断面C10

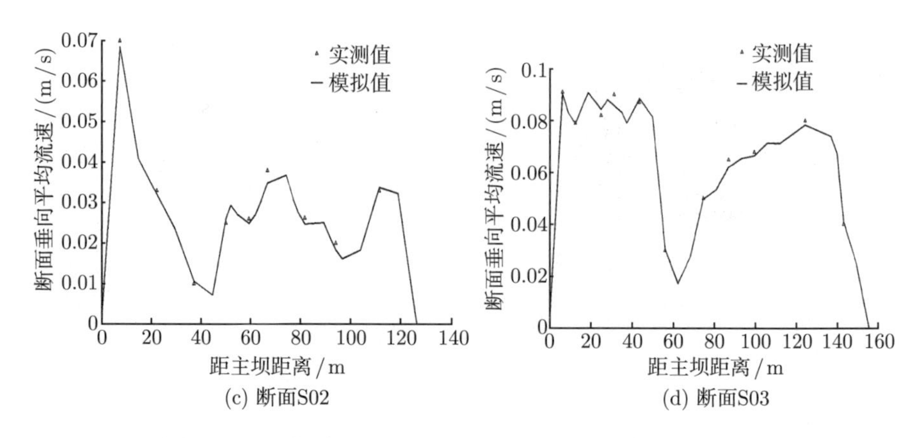

图 6.3.3 一期前断面垂向平均流速模拟值与实测值对比图

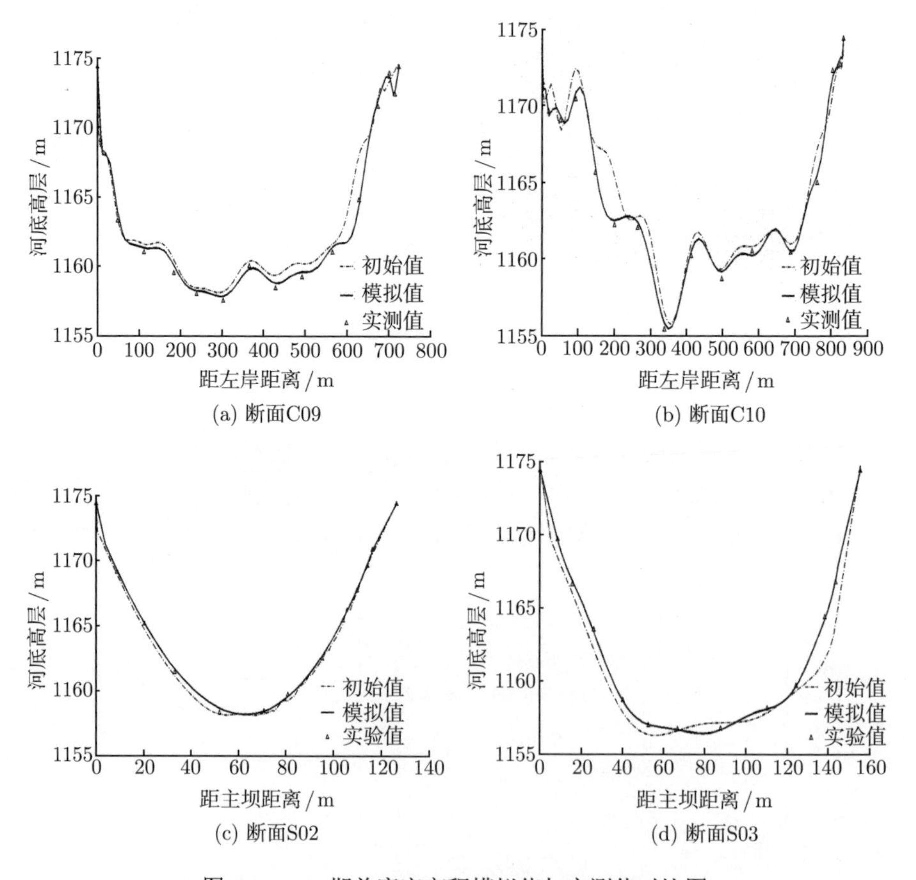

图 6.3.4 一期前库底高程模拟值与实测值对比图

由一期前工况的流场图、模拟值与实测值的对比图可知:

(1) 取水口两侧形成两个回流且右侧回流区比左侧大, 由于进水量是取水量的 60 倍, 故进水对取水口右侧回流区的发展影响很大. 且取水口附近的流速值较进水口小得多;

(2) 由于右岸的阻挡, 进水水流进入水库后逐渐向主、尾坝流动并形成两个回流. 由于进水口距尾坝较近, 所以进水口下方的回流区较为扁长;

(3) 断面垂线平均流速、河底高程的模拟值与实测值较为一致;

(4) 进水口附近流速大, 横断面 C09 和 C10 离进水口很近, 故两个断面靠近左岸附近将被冲刷;

(5) 取水口位于距主坝 80m 附近, 纵断面 S03 距取水口较近, 故由图 6.3.3(d) 可看出, 在距主坝 80m 附近明显表现为冲刷;

(6) 由于取水和进水的作用, 使得水沙向取水口附近运动, 断面 S02 和 S03 两侧靠近岸边出现不同程度的淤积, 其中断面 S03 受到进水影响较大, 靠近岸边的两侧淤积更为明显.

2) 对一期和二期的模拟预测

由一期前工况的计算结果可知, 本节所选的平面二维数学模型及求解方法是准确的, 下面对一期和二期进行模拟、分析.

一期的流场如图 6.3.5 所示, 二期的流场如图 6.3.6 所示.

由一期、二期的流场图可知:

(1) 两种工况下模拟的流场是符合水流运动规律的;

(2) 随着取水量的加大, 取水口附近的流速增加, 且右侧回流区的区域逐渐变大;

(3) 由于取水量的加大, 进水口附近的流场受到取水口的影响逐渐加大;

(4) 二期工况的流场中, 进水能较直的冲向右岸, 也使得进水口下方的不再是一个扁长的回流区.

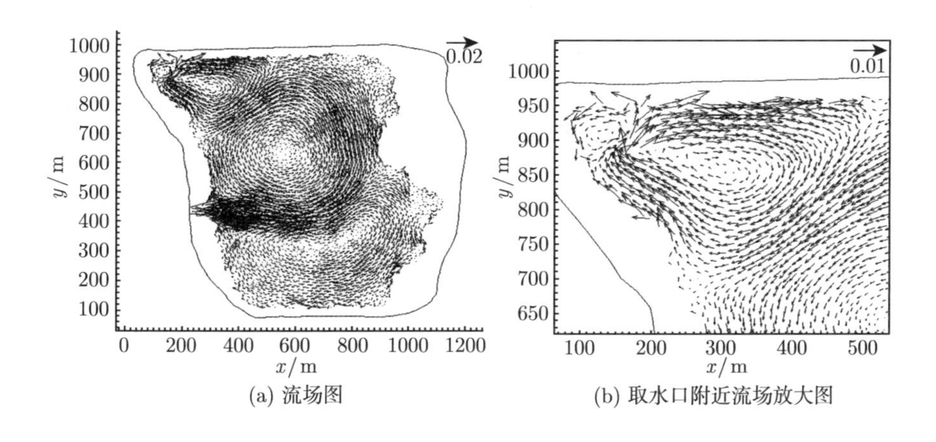

(a) 流场图 (b) 取水口附近流场放大图

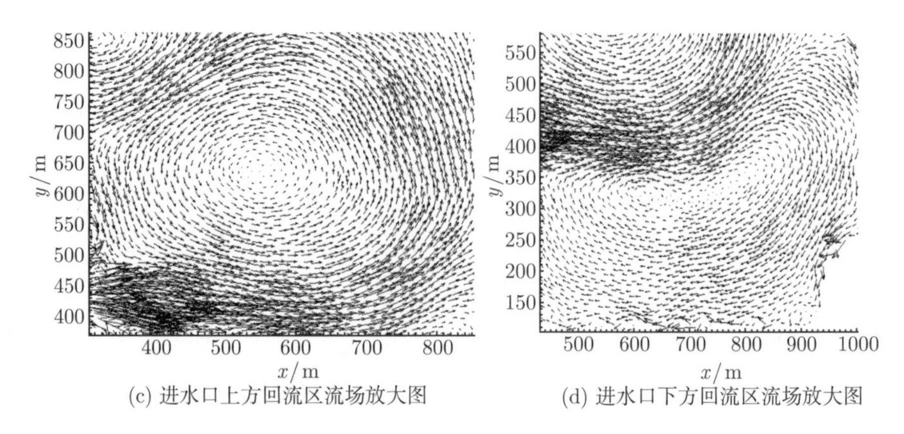

(c) 进水口上方回流区流场放大图　　(d) 进水口下方回流区流场放大图

图 6.3.5　一期流场图

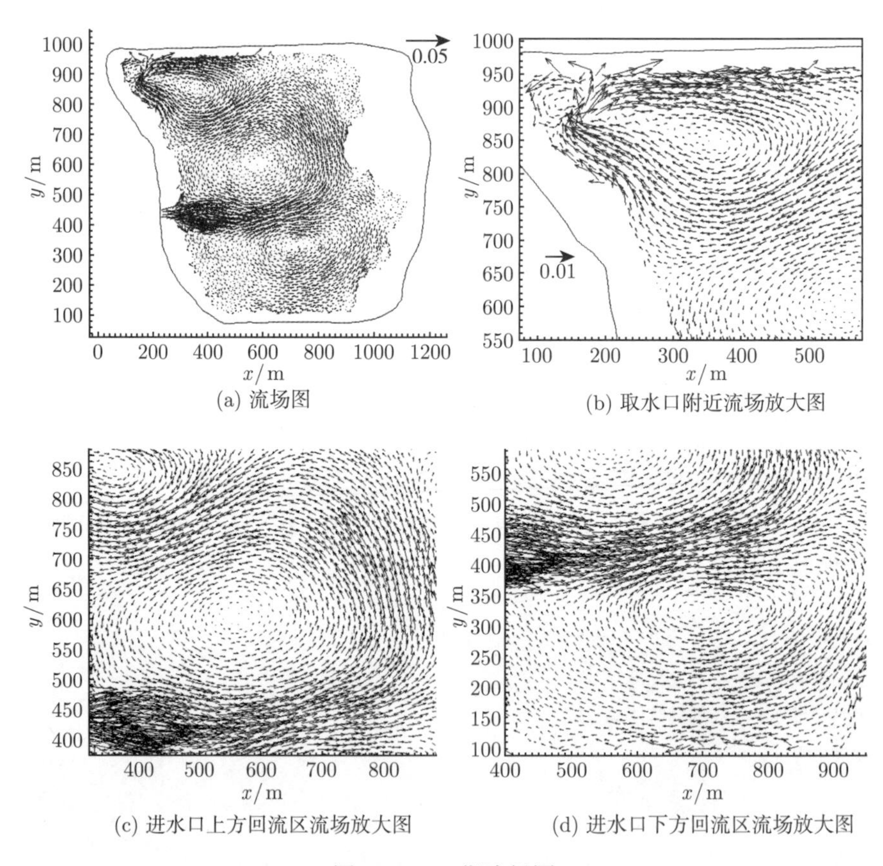

(a) 流场图　　(b) 取水口附近流场放大图

(c) 进水口上方回流区流场放大图　　(d) 进水口下方回流区流场放大图

图 6.3.6　二期流场图

以横断面 C10 和纵断面 S03 两个断面为例比较库底高程的变化, 如图 6.3.7 所示.

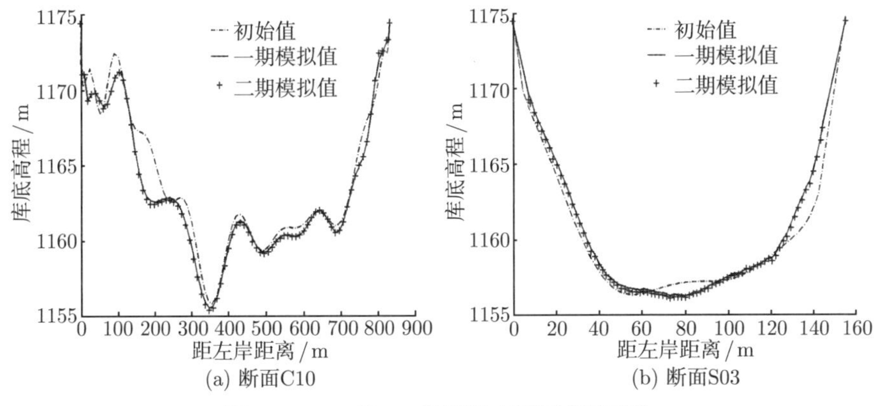

(a) 断面C10 (b) 断面S03

图 6.3.7 一期、二期库底高程模拟值对比

由一期、二期库底高程模拟值对比图可知:

(1) 一期和二期中, 断面 C10 冲刷, 断面 S03 淤积;

(2) 由于进口流量相同, 所以两种工况对进口附近库底的影响相差不大. 断面 C10 上, 距左岸 200~500m 之间二期的流场较为平直, 故对断面的冲刷较一期严重, 由图 6.3.7(a) 也可看出;

(3) 二期的取水量是一期的两倍, 理论上由取水带走的泥沙也应较多, 由图 6.3.7(b) 可知, 取水口附近二期较一期冲刷稍微多一些, 所以模拟结果是合理的.

6.3.2 不同工况水流运动模拟研究

在前面研究基础上, 在满足水库安全运行的前提下, 不考虑由于蒸发及输运过程中水的损失等其他因素. 对水库二维水流运动规律进行研究, 并对库区的淤积进行定性分析.

水洞沟运行情况为: 取水量 10 万 ~ 15 万 m^3/d. 规划一期 (2015 年) 取水量 20 万 m^3/d, 二期 (2020 年) 取水量 40 万 m^3/d; 进水量有两种选择, 即 30 万 m^3/d 和 60 万 m^3/d; 水库运行设计最大水位 1180m. 在不考虑蒸发的情况下, 水库淤积主要受到运行方式的影响, 根据取水量、进水量及运行水位, 设计了几种不同运行工况, 对这些工况下的流场进行模拟计算、分析. 各种工况详细参数如表 6.3.2 所示, 各工况流场如图 6.3.8 ~ 图 6.3.11 所示.

表 6.3.2 几种工况的详细参数

工况		取水量/(万 m^3/d)	进水量/(万 m^3/d)	运行水位/m
工况 1	工况 1.1	10	30	1179.0
	工况 1.2	10	30	1174.4
	工况 1.3	10	60	1179.0
	工况 1.4	10	60	1174.4

续表

工况		取水量/(万 m^3/d)	进水量/(万 m^3/d)	运行水位/m
工况 2	工况 2.1	15	30	1179.0
	工况 2.2	15	30	1174.4
	工况 2.3	15	60	1179.0
	工况 2.4	15	60	1174.4
工况 3	工况 3.1	20	60	1179.0
	工况 3.2	20	60	1174.4
工况 4	工况 4.1	40	60	1179.0
	工况 4.2	40	60	1174.4

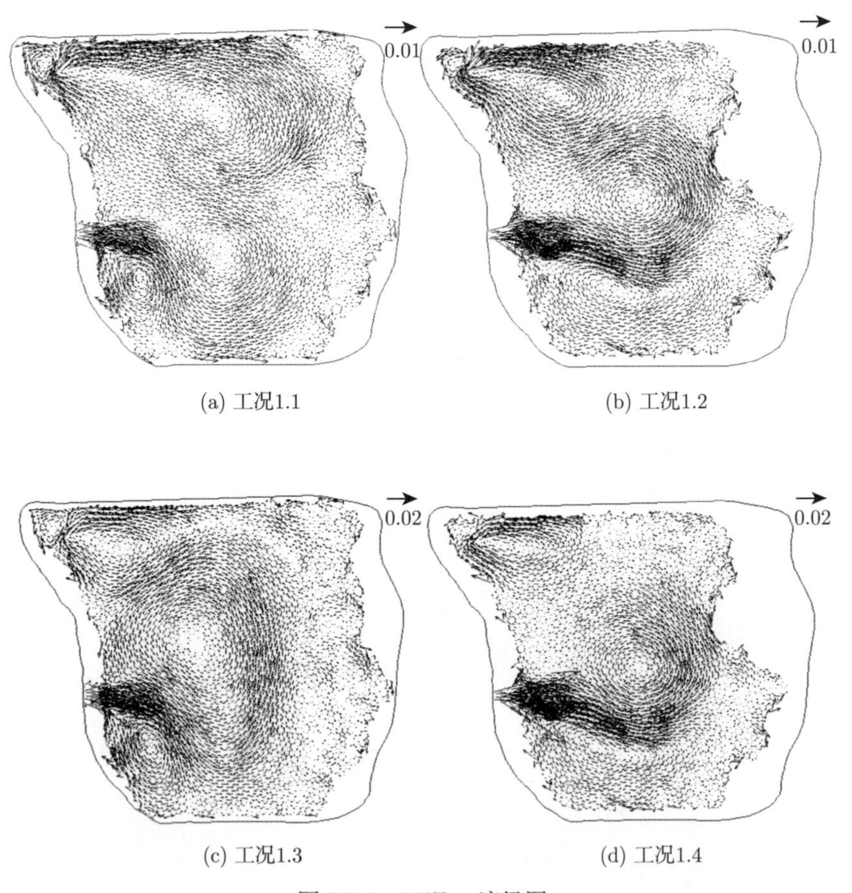

图 6.3.8　工况 1 流场图

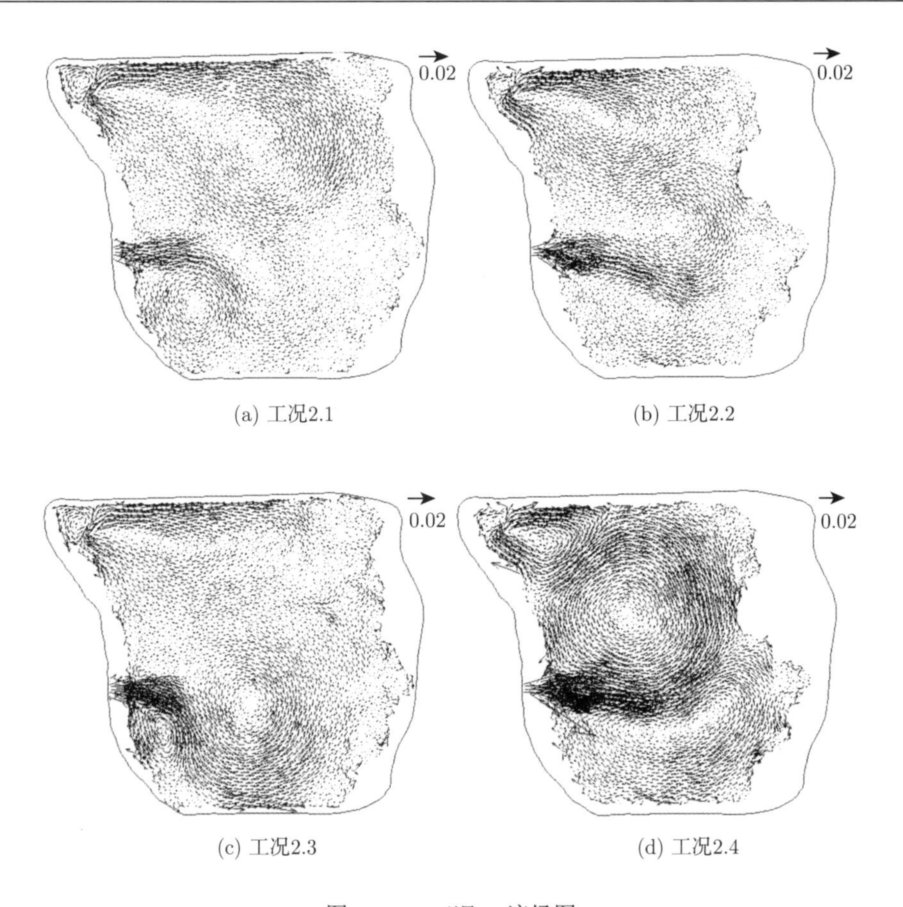

(a) 工况2.1 (b) 工况2.2

(c) 工况2.3 (d) 工况2.4

图 6.3.9 工况 2 流场图

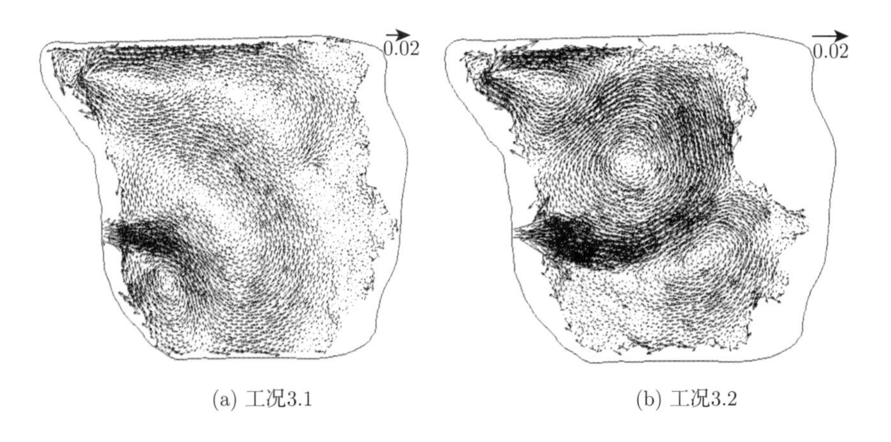

(a) 工况3.1 (b) 工况3.2

图 6.3.10 工况 3 流场图

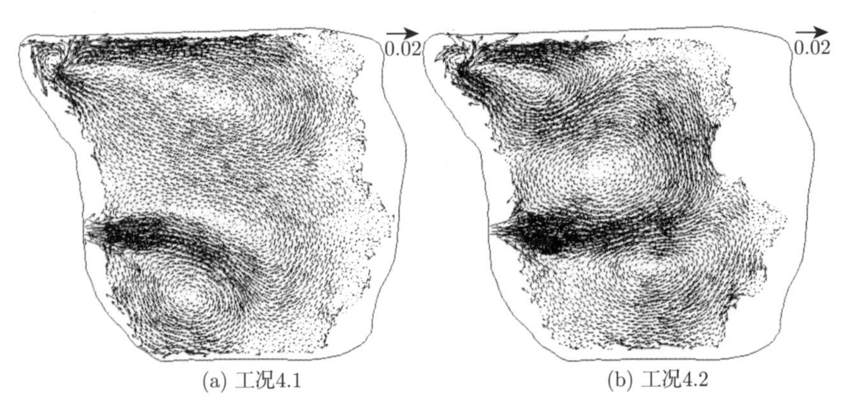

(a) 工况4.1　　(b) 工况4.2

图 6.3.11　工况 4 流场图

由图 6.3.8、图 6.3.9 可知：① 由于进水量是取水量的数倍, 故由模拟结果可看出, 随着进水量的增加, 流速明显增加, 且明显改变了库区的水流运动；② 进水量和取水量不变时, 高水位 (1179m) 全场流速明显比低水位 (1174.4m) 的流速小；③ 高水位时, 进水口南侧有一个小的回流区, 随着进水量的增加, 流速增大, 并增强了对左岸的侵蚀强度. 低水位时, 进水主流上方存在一个明显的大回流区, 且随着进水量的增加, 流速明显增加；④ 高水位时, 进口主流几乎贴着尾坝流动, 进水主流上方的回流区向东移动, 取水口东侧的回流区, 随着进水量的增加逐渐靠近主坝；⑤ 低水位时, 进水口水流向东形成一个主流, 主流的两侧各有一个回流区, 其中北侧的回流区较大, 随着水位降低和进水量的增加, 主流逐渐笔直的向东流动, 且使得取水口右侧的回流区域逐渐缩小.

由图 6.3.10 和图 6.3.11 可知, ① 当进水量与取水量不同, 表现为：进水量和取水量不变时, 随着水位下降流速增大. 水位不变时, 随着进水量和取水量的增大, 流速变大；② 由图 6.3.10 (a) 和图 6.3.11 (a) 可看出, 水位在 1179m 时, 水流进入库区后很快偏向尾坝流动, 随着进水量和取水量的增加取水口右侧的回流区逐渐向主坝偏移, 进水口主流上方的回流区逐渐变大；③ 由图 6.3.10 (b) 和图 6.3.11(b) 可看出, 水位在 1174.4m 时, 进水主流直接冲向右岸, 并在水流的上下各形成一个回流区, 在此水位随着进水量和取水量的增加, 库区水流的流速增大.

结合模拟结果, 对水洞沟水库的淤积情况进行分析并提出运行管理建议.

(1) 工况 1.1、1.2, 进水量为 30 万 m^3/d 时. 进水形成的回流区位于进水口附近, 且靠近尾坝. 进入库区泥沙主要淤积在进水口附近, 且靠近尾坝. 随着水位下降, 进水形成回流区位于进水主流的南北两侧, 且北侧的回流区流速相对较大, 泥沙大部分应淤积在北侧的回流区.

(2) 工况 1.3、1.4, 进水量为 60 万 m^3/d 时. 由于进水量增大为取水量的 6 倍, 进水对库区的影响明显增大, 进水形成的较大的回流区几乎位于库区的中央, 故淤积主要位于库区的中央位置. 其中, 高水位时, 进水主流下方的回流区靠近左岸, 由于流速较大, 将造成左岸侵蚀严重.

(3) 工况 2.1、2.2, 进水量为 30 万 m^3/d 时. 由于取水量是进水量的 1/2, 此时取水对库区水流泥沙运动有着较重要的影响, 由模拟的流场可看出, 高水位时流速相对较小, 泥沙主要淤积在进水口附近. 低水位时流速增加, 泥沙主要淤积在进水主流的南北两侧.

(4) 工况 2.3、2.4, 进水量为 60 万 m^3/d 时. 高水位时进水口南侧的左岸受到进水的侵蚀, 淤积主要在进水口附近, 取水口附近的淤积主要出现在主坝附近. 低水位时, 全场流速明显增大, 此时对水库右岸的侵蚀明显增强, 进水口附近的淤积主要出现在进水主流的南北两侧, 而取水口附近的淤积则靠近取水口.

(5) 工况 3 和工况 4 中, 水位在 1179 m 时, 进水主流指向尾坝流动, 此时对进水口和尾坝之间的流场影响较大, 且由于取水量相对较大, 故大部分泥沙将淤积在进水主流两侧的回流区;

(6) 工况 3 和工况 4 中, 水位在 1174.4 m 时, 进水主流指向右岸流动, 随着取水量的增大, 进水口附近流场受取水的影响也增大, 大部分泥沙将淤积在进水两侧的回流区附近, 且由于受到取水的影响, 进水口以北的淤积量应大于进水口以南.

由以上分析, 针对水库目前的运行情况提出运行的建议: ① 若选择高水位运行, 进水量选择 30 万 m^3/d 比较合适, 因为此时进水对库区左岸的侵蚀强度相对较小; ② 若选择低水位运行, 进水量选择 60 万 m^3/d 比较合适, 因为进水主流指向右岸或者主坝流动, 从而可使进库部分泥沙淤积在右岸附近, 减少进口和尾坝附近的淤积; ③ 由于目前库区取水量为 10 万 ~ 15 万 m^3/d, 为了减少左岸的侵蚀, 减少进口附近的淤积, 同时考虑库区运行安全, 建议库区运行水位低于 1179m, 高于 1174.4m; ④ 对于一期取水量相对较大, 可以根据黄河不同时期的含沙量设计选择进水时间, 进水量选择 60 万 m^3/d, 运行最高水位为 1177m. 可尽量使进水主流指向右岸或者主坝流动, 从而可使进库部分泥沙淤积在右岸附近; ⑤ 对于二期取水量较大, 且到二期时库容已有所减少, 运行时无法采取间隔进水, 又考虑到黄河汛期泥沙含量较高, 故可在含沙量高时采取选择进水量和取水量相同, 含沙量低时采取进水量大于取水量的方式. 考虑到夏季降雨因素, 可将运行水位控制在不超过 1179m.

6.3.3 三维水沙运动数值模拟

1. 平面流场模拟结果分析

水洞沟水库最深处约为 19m, 计算中在纵向分为 15 层, 取水口根据实际情况设置在第 5 层. 本部分选取表层 (第 15 层)、中层 (第 7 层) 和底层 (第 1 层) 为例, 对模拟的流场结果进行分析.

一期前水洞沟水库的三层流场及进水口附近流场放大如图 6.3.12 所示.

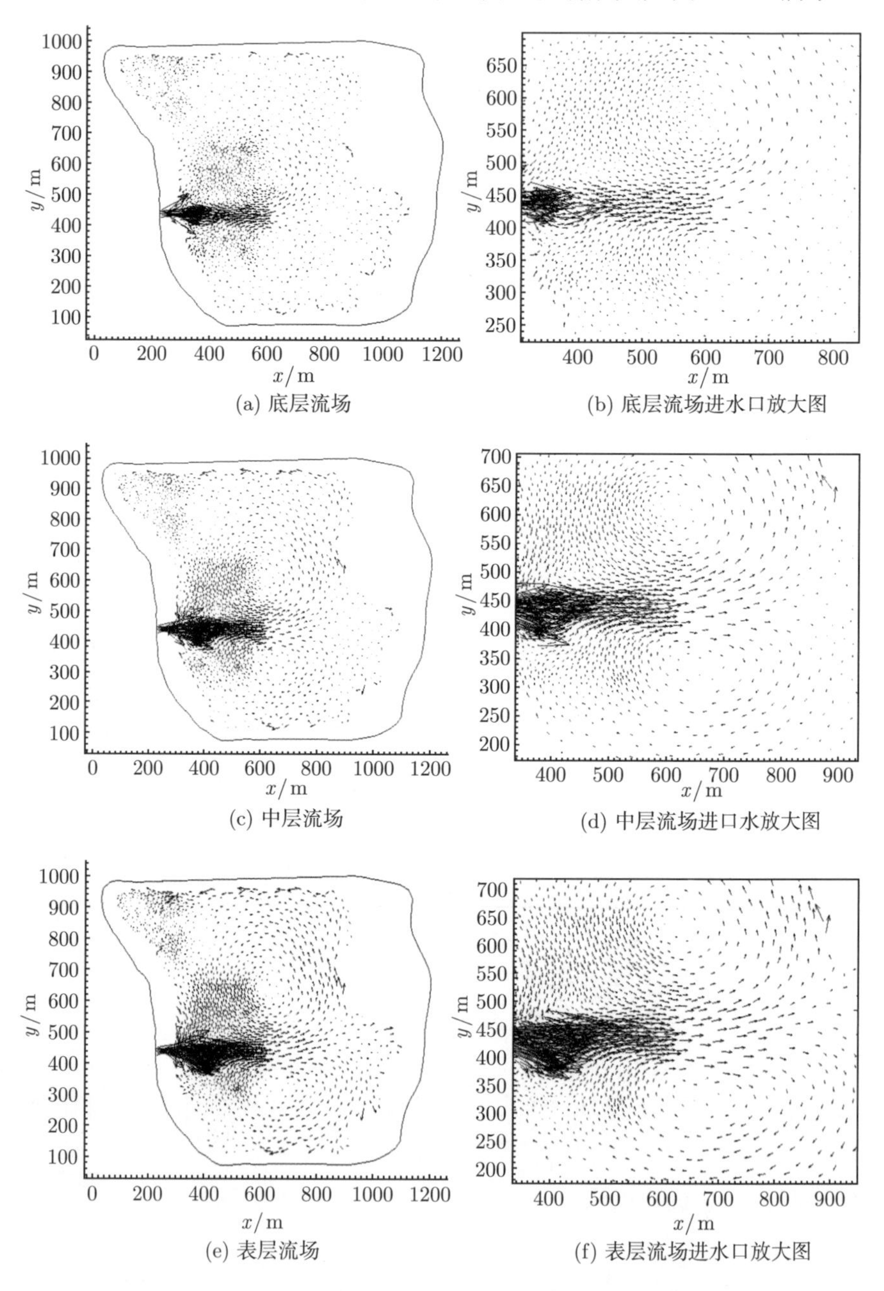

图 6.3.12　水洞沟水库一期前三层流场及放大图

由图 6.3.12 分析可知:

(1) 进水口和取水口网格较密, 又由于水洞沟水库的流速较沙坡头库区的流速小的多, 绘制水洞沟库区流场时将模拟的流速值进行了放大, 故进水口和取水口附近的流速显得密集且表示进水口附近表示流速的箭头较长;

(2) 从底层到表层, 流速逐渐增大. 其中从底层到中层变化较为明显, 中层到表层流速的增速变缓;

(3) 进水量是取水量的 60 倍, 由流场图可明显看出进水口附近的流场较取水口附近流场大得多;

(4) 由于库区整体流速不大, 进水对左岸的影响大于右岸, 故右岸流速小于左岸.

一期时水洞沟水库的三层流场及进水口附近流场放大如图 6.3.13 所示.

可以看出:

(1) 一期时由底层到表层流速逐渐增大, 且库区流场流态与一期前类似;

(2) 与一期前相比, 一期进口附近的流场差别不大, 但是由于一期的取水量是一期前工况的 20 倍, 故取水对库区流场的影响增大, 尤其是从进水主流上方回流区的大小可明显看出;

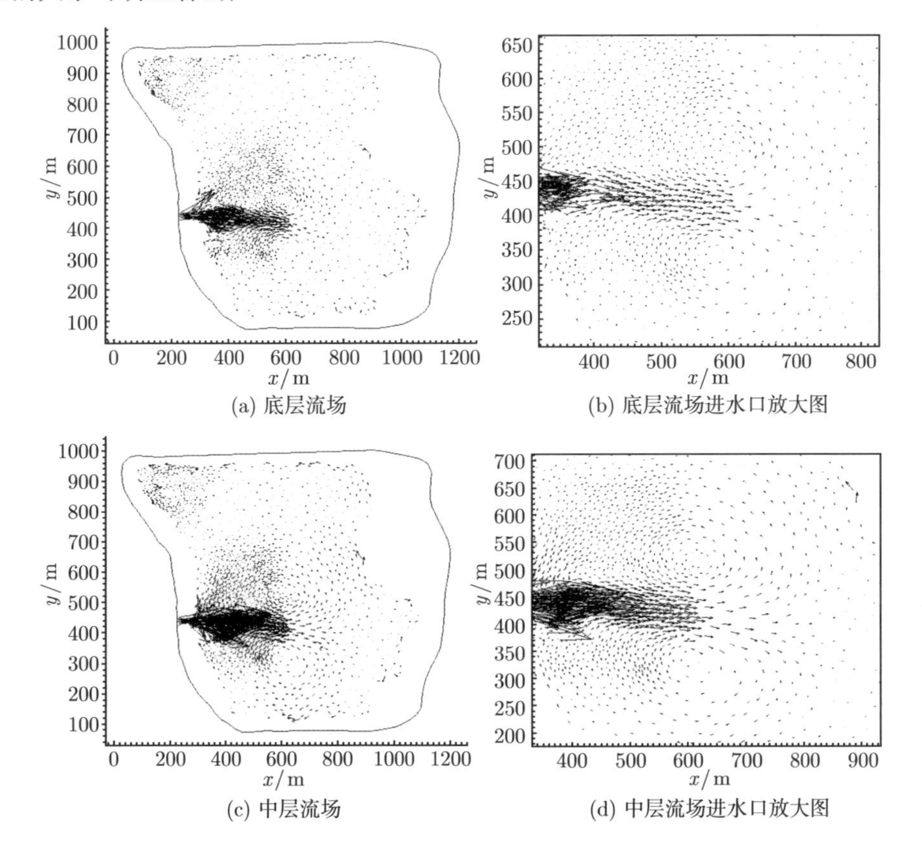

(a) 底层流场

(b) 底层流场进水口放大图

(c) 中层流场

(d) 中层流场进水口放大图

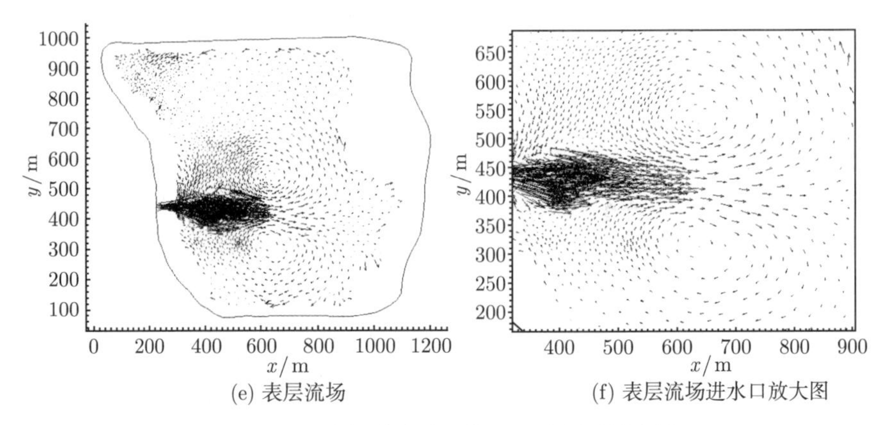

图 6.3.13　水洞沟水库一期三层流场及放大图

(3) 对一期前、一期进行三维水流运动模拟每层流场的流态与 6.3.2 小节中平面二维流场的流态类似, 表明本章建立的三维水沙模型中水流模块是适合对水洞沟水库进行模拟计算的.

2. 断面流场模拟结果分析

由于受到实测资料的限制, 本节选择典型断面：进口附近的断面 C09 和 C10, 取水口附近的 S02 和 S03. 根据两种工况下模拟计算的各个断面上的流速进行分析. 一期前的四个断面等流速线如图 6.3.14 所示, 一期的四个断面等流速线如图 6.3.15 所示. 由上图分析可知：

(1) 断面 C09、C10 在进水口附近, 最大流速在左岸, 且断面 C10 离进水口较近, 故该断面左岸附近的流速较断面 C09 大;

(2) 断面 C09、C10 两个断面中间部分在进水主流形成的回流区内, 故由左岸到右岸流速先减小后增大;

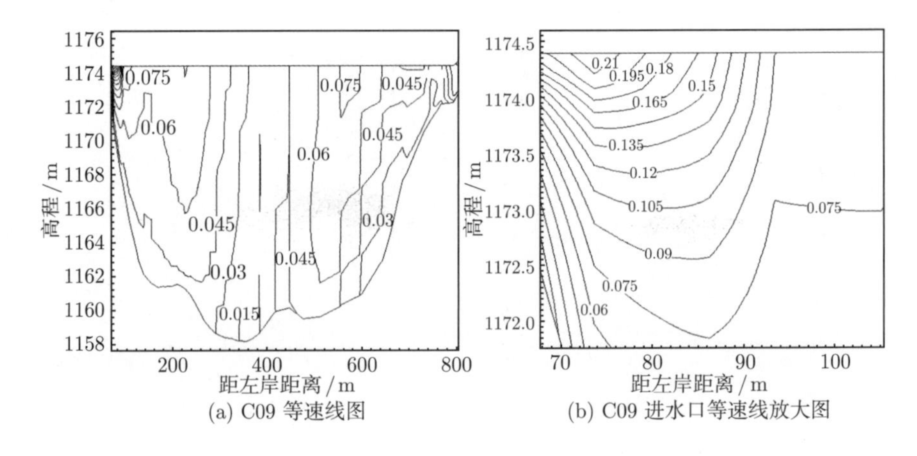

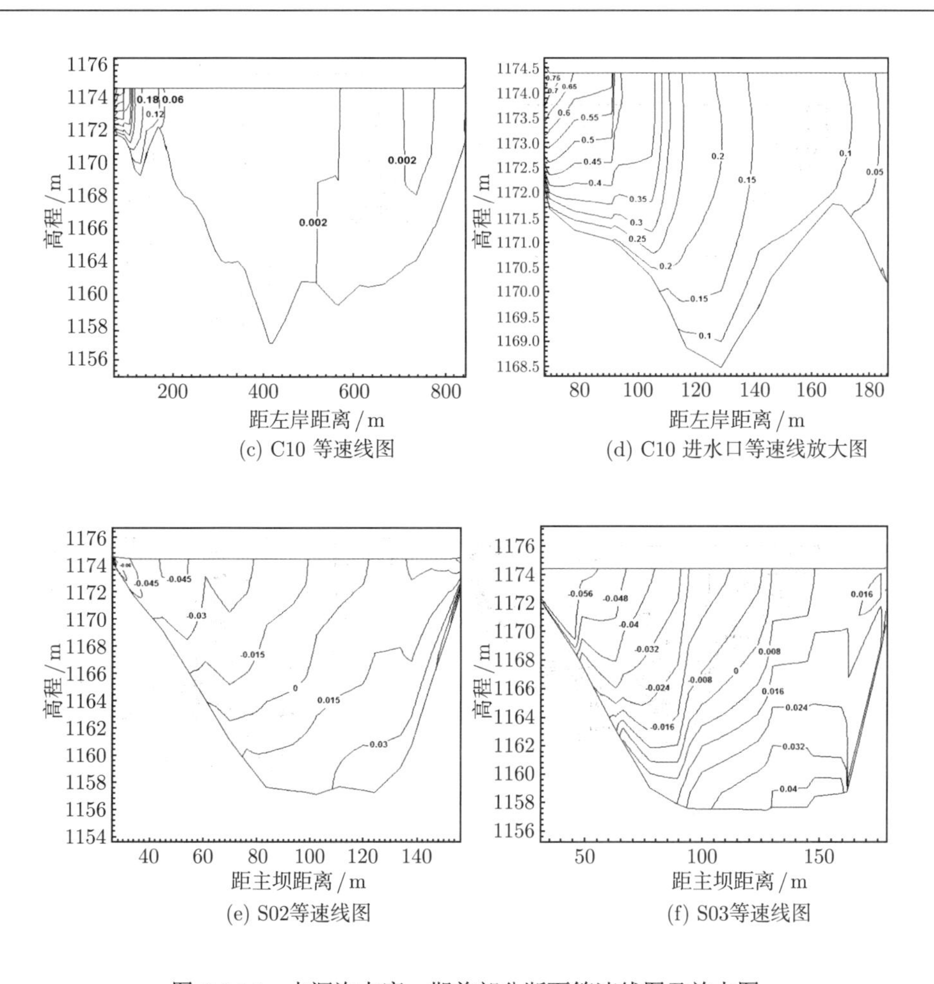

(c) C10 等速线图

(d) C10 进水口等速线放大图

(e) S02等速线图

(f) S03等速线图

图 6.3.14 水洞沟水库一期前部分断面等速线图及放大图

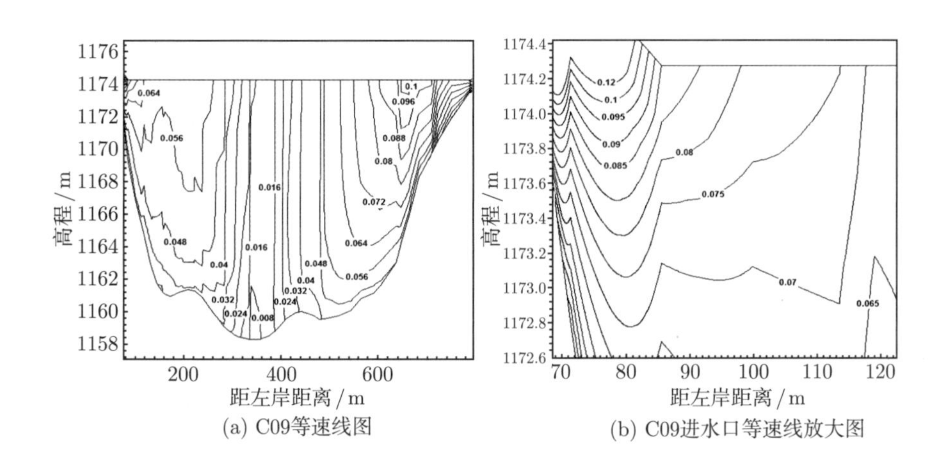

(a) C09等速线图

(b) C09进水口等速线放大图

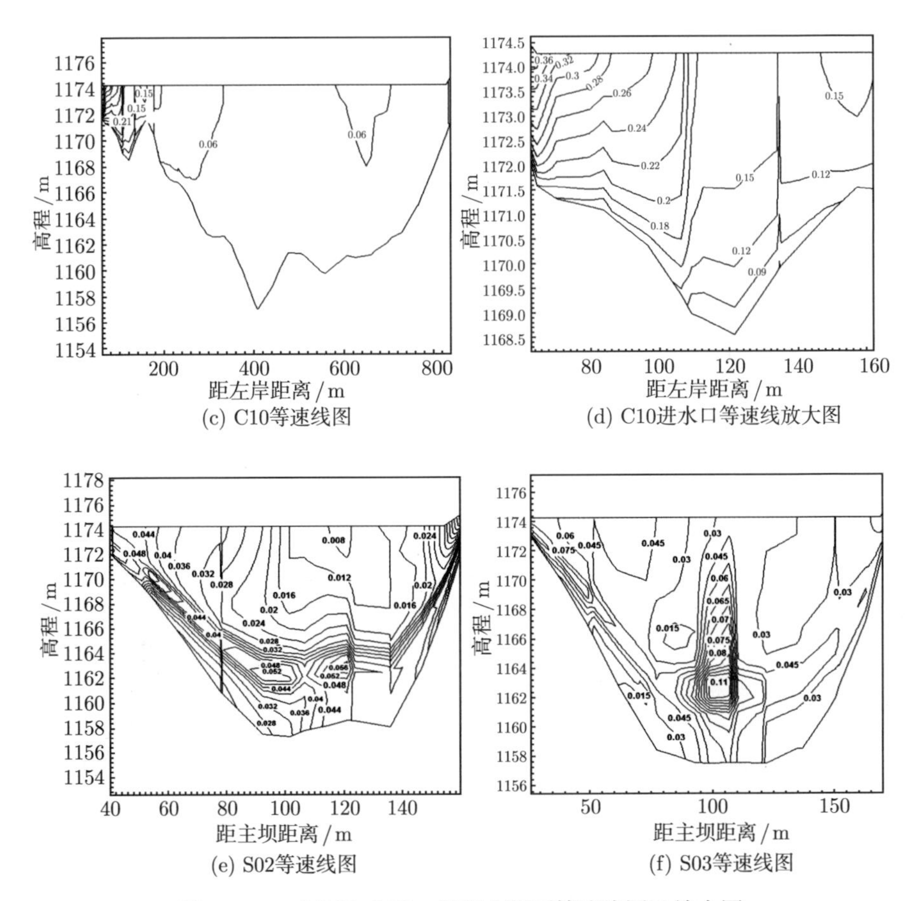

图 6.3.15　水洞沟水库一期部分断面等速线图及放大图

(3) 断面 S02、S03 在取水口附近, 由于一期前的取水量很小, 两断面的流速相对较小;

(4) 一期前的进水量是取水量的 60 倍, 取水口附近的回流区受到进水非常大的影响, 故断面靠近主坝处的流速为负值;

(5) 计算时取水口位置在第五层, 由图 6.3.14(e)、(f) 中的等速线可看出, 靠近断面右侧库底的的位置流速较大且为正值.

由水洞沟水库一期运行部分断面等速线图可知:

(1) 与一期前相比, 一期进口附近的的断面流速有所下降, 可能是受到取水的影响;

(2) 断面 C09、C10 两个断面中间部分在进水主流形成的回流区内, 故由左岸到右岸流速先减小后增大;

(3) 一期取水量是进水量的三分之一, 此时取水口附近的流场主要受取水的影

响, 故断面 S02、S03 的流速相较一期前时的大, 且不再为负值;

(4) 断面 S03 更靠近取水口, 由图 6.3.15(f) 可明显看出取水口附近的流场变化规律: 由取水口向四周流速逐渐减小.

3. 库底变形模拟结果分析

本部分选择横向断面 C01、C02、C07 和 C11 进行简要分析. 两个断面的库底高程对比如图 6.3.16 所示.

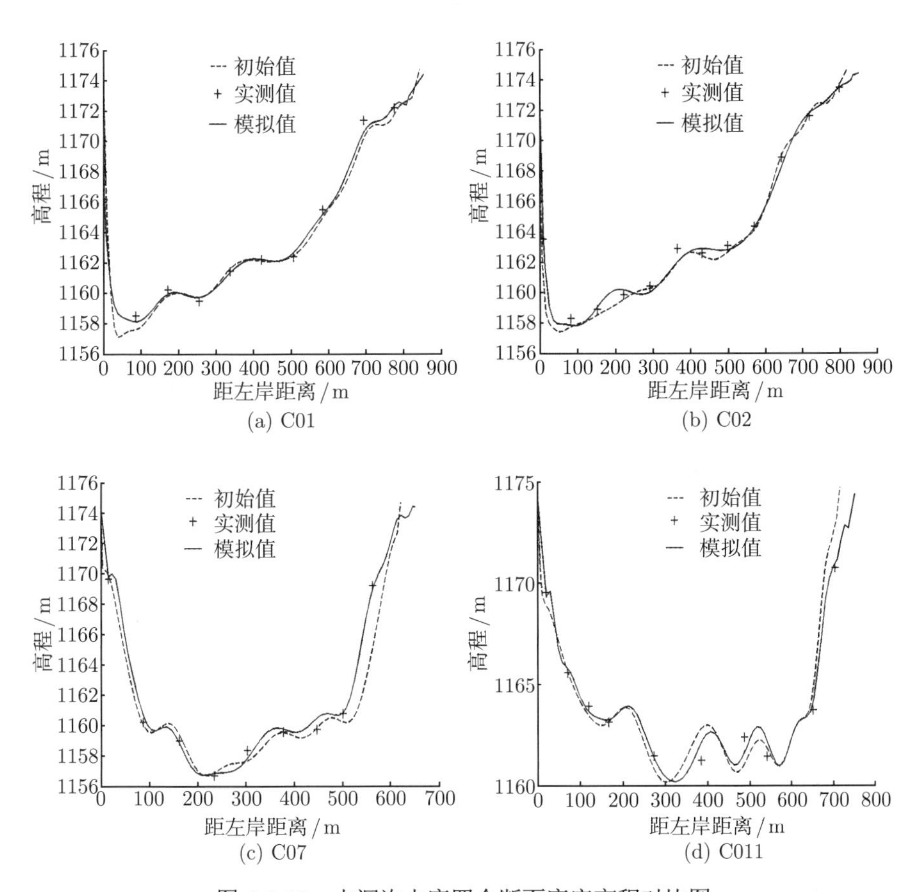

图 6.3.16 水洞沟水库四个断面库底高程对比图

对四个断面的库底高程变形及流场模拟结果分析, 可知:

(1) 模拟值与实测值较为一致, 表明本章建立的三维水沙模型中的泥沙模块能应用于水洞沟水库的库底变形的模拟中;

(2) 水洞沟水库总体呈淤积趋势, 断面 C01 和 C02 分别位于取水口上下两侧, 两断面靠近左右岸的地方有不同程度的淤积. 断面 C07 和 C11 分别位于进水口上下两侧, 由于进水量为 60 万 m^3/d, 进水直接冲向右岸, 导致两断面的右岸有冲有淤, 由于进水主流上下均形成回流区, 导致两断面中处于回流区的位置以淤积为主.

6.4 小 结

本章对水洞沟水库水沙运移进行数值模拟研究, 得到了较为合理的模拟结果, 根据研究结果, 结合水洞沟水库的实际情况, 可以得到如下能够延长水库使用寿命、减少水库运行费用、保持水库生态环境的一些具体建议 (李春光等, 2014; Li and Yang,2014):

1. *尽可能避免结冰期进水*

由于水源地金水源-泵站所处黄河河段在每年 11 月底开始流凌, 在来年 3 月上中旬开河. 在结冰期进水, 处理冰凌问题会增加水库运行成本. 因此, 在水库一期前运行阶段 (2011~2014), 由于年水需求量不大 (1226 万 m^3), 刚好达到水库库容, 因此每年进水 2 次即可满足需求. 因此, 完全可以避开结冰期进水.

但在水库一期和二期运行阶段, 由于每天取水量较大, 而水库的可调蓄库容最多只能分别满足水库一个月和半个月的用水需求. 因此, 结冰期必须进水. 首先, 在水源地必须设置拦冰栅, 防止冰凌进入压力管道; 其次, 进水时要保持流量稳定, 防止进水大起大落, 破坏已经在库区形成的冰盖, 造成取水口拥堵, 无法正常取水; 最后, 在取水口也需要设置拦冰栅, 防止冰凌进入压力管道.

2. *尽可能避免在含沙量较大的时期进水, 尤其是汛期*

含沙量较大的时期进水, 带入库区的泥沙总量也会较大, 同时库区泥沙淤积量也会增大, 水库的使用寿命会因此缩减. 另一方面, 含沙量较大的时期进水, 由水库取水口进入水处理厂的泥沙含量也随之较大, 会增加水处理的经济成本和处理周期.

由于水库在一期前运行阶段取水量很小, 完全可以避免在含沙量较大的时期进水, 尤其是每年 7 月和 8 月含沙量较大的时期不进水. 在水库一期和二期运行阶段, 取水量较大, 在 7 月和 8 月完全不进水是不可能的, 但是可以在含沙量较小的时期多进水, 而在含沙量较大的月份少进水, 可以有效减少水库泥沙淤积量.

3. *避免在水质较差时进水*

在水质较差时进水, 会增加水厂水处理的负担, 从而增加额外经营费用.

4. 尽可能采用间歇式集中进水的方式

若采用持续进水的方式, 水源地抽水泵站持续工作会增加水库的运行成本, 另一方面, 进入库区的泥沙来不及沉淀便进入水处理厂, 又会增加水处理的成本. 此外, 若保持每天进水量和需水量相等进水, 就无法避开结冰期或者含沙量较大的时期, 会产生处理冰凌问题的运行成本或水库使用寿命的缩减.

因此, 应该采用间歇式集中进水方式, 即一次集中进足一段时间的水量, 然后停止进水, 等水库可调蓄库容快用尽时再集中进水一次, 然后再停止进水, 如此反复.

5. 相邻两次进水时间间隔不宜过长

水库一期前运行阶段, 由于用水量较小, 一年进水一次即可满足需要. 但是, 如果采取这种进水方式, 相邻两次进水时间间隔是差不多一年时间. 这样长时间得不到新鲜的水量补充, 往往会使库区水质恶化, 增加了水处理的难度.

6. 一期前运行阶段, 宜采用低水位运行

在水洞沟水库一期前运行阶段, 由于需水量不大, 采用高水位运行, 会造成水库中大量水资源的闲置, 同时由于高水位时水库有水面积较大, 相应蒸发和渗漏损失也会较大, 造成水资源的浪费. 因此, 在一期前运行阶段, 宜采用较低水位如 1170~1175m 运行即可.

7. 一期运行阶段和二期运行阶段, 宜采用高水位运行

在一期和二期运行阶段, 每天取水量较大, 若采用低水位运行, 水库可调蓄水量不多, 只能采用每天持续进水方式, 这样在含沙量较大的时期也必须持续进水, 从而增加水库泥沙淤积量, 缩短水库使用寿命. 另外, 低水位运行时, 有水区域面积会大幅度减小, 相同进水量前提条件下库区平均淤积厚度会增大, 同样会缩短水库使用寿命.

8. 定期在重点区域进行工程疏浚, 以便延长水库使用寿命

从对水洞沟水库的泥沙淤积测量和数值计算结果可知, 泥沙淤积在库区并不是均匀分布的. 在部分区域, 尤其是在进水口附近, 泥沙淤积量较大, 而在部分区域淤积量较小. 而进水口高程较低, 如果不采取工程措施, 库底高程会超过进水口高程, 导致水库无法正常进水. 另外, 取水口附近泥沙淤积量也相对较大, 如不进行清淤, 容易导致库底高程超过取水口高程, 导致水库无法正常由输水塔向水厂供水. 因此, 需要根据供水情况及水库泥沙淤积情况, 定期对重点区域进行清淤, 建议清淤区域为主坝 -C02、C07-C11、C13-C15.

综上所述, 在水洞沟水库不同运行时期 (2011~2029), 为了减少水库泥沙淤积, 总体思路是采取间歇式进水, 含沙量较大的时期、水质较差的时期和结冰期少进水或不进水, 而在含沙量较小、水质较好的时期和非结冰期多进水, 一期前运行阶段, 宜采用低水位运行, 而二期和三期运行阶段, 宜采用高水位运行. 二期后运行阶段 (2030 年以后), 由于水库泥沙淤积, 库容减小较为严重, 取水量不宜过大 (可定为 20 万 m^3/s), 否则会加重水库的淤积, 减小水库的使用寿命. 另外, 需要定期对进水口及取水口附近区域淤积比较严重的区域进行清淤, 以便有效延长水库使用寿命.

第 7 章 抽水型水库水质数值模拟研究

抽水型水库通过人为抽水增加水库的蓄水量, 是一类特殊的水库. 这类水库的来水时间和来水量不同于河道型水库, 水库的水动力学有其独特的特点. 在上水期, 水库从河道通过泵抽, 经输水管线进水, 库区水体的流动因进水变得显著; 而在不上水期, 由于缺乏进水的动力, 库区水体的流动迅速减慢. 独特的水动力特征, 决定了抽水型水库在上水期和不上水期水体污染物的迁移、转化规律亦呈现出差异性.

7.1 水库水质样品采集及数据分析

7.1.1 水质采样点布设

根据《地表水和污水监测技术规范》(HJ/T 91—2002), 湖泊、水库在水质采样时通常只设监测垂线. 通常在湖库区的不同水域, 如进水区、出水区、深水区、浅水区、湖 (库) 心区、岸边区, 按照水体类别设置监测垂线. 湖库区若无明显功能区别, 可用网格法均匀设置监测垂线. 监测垂线上采样点的布设一般与河流的规定相同, 但对有可能出现温度分层现象时, 应作水温、溶解氧的探索性试验后再行确定. 湖库监测垂线采样点的设置原则如表 7.1.1 所示.

根据《水质湖泊和水库采样技术指导》(GB/T 14581—93), 结合水洞沟水库的库形和进出口位置, 在库区设置了 5 条采样垂线, 如表 7.1.2 所示 (Zheng et al. 2013, 2014).

表 7.1.1 湖库监测垂线采样点的设置原则

水深	分层情况	采样点数	说明
⩽ 5m		一点 (水面下 0.5m 处)	1. 分层是指湖库水温分层状况;
5~10m	不分层	两点(水面下 0.5m, 水底上 0.5m)	2.水深不足 1m, 在 1/2 水深处设置测点;
5~10m	分层	三点(水面下 0.5m, 1/2 斜温层, 水底上 0.5m)	3. 有充分数据证实垂线水质均匀时, 可酌情减少测点
> 10m		除水面下 0.5m, 水底上 0.5m, 按每一1/2斜温层设置	

5 条采样垂线在库区的分布如图 7.1.1 所示.

表 7.1.2 采样垂线布设

采样垂线	设置采样点数	相对坐标 x	相对坐标 y	备注
①	1	383.798766	419.267481	进水口
②	2	807.042814	266.899624	尾坝边岸
③	3	650.442516	601.262422	库中心
④	3	176.409183	882.719714	出水口
⑤	2	785.880612	878.487273	主坝边岸

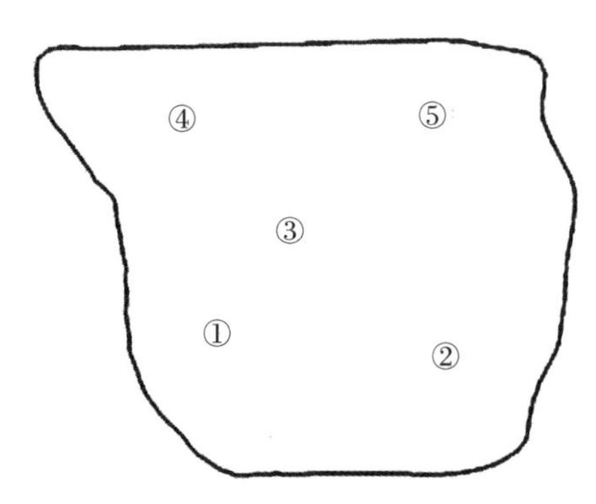

图 7.1.1 库区采样布点示意图

7.1.2 水样采集及保存

采用行船取水样. 通过 RTK 定位, 将船行至采样点位, 先用水深测定仪测定采样垂线处的水深. 依据采样垂线上的水深和表 7.1.1 中不同水深采样点布设原则, 确定每条采样垂线上的采样点数量. 采用有机玻璃水质采样器采集各采样垂线上不同采样点的水样. 水样采用容积为 1L 的塑料瓶贮存, 每瓶水样滴上硫酸至 pH <3, 并置于 4°C 的恒温箱冷藏保存, 水样在 48h 内测定完所有水质指标.

7.1.3 测定指标及分析方法

针对 COD 和 NH_3-N 开展模拟, 测定的水质指标和分析方法如表 7.1.3 所示.

表 7.1.3 水质测定指标及方法

测定指标	分析方法	备注
COD	快速消解法	COD 指化学需氧量
NH_3-N	纳氏试剂分光光度法	

7.1.4 水质数据分析

2013 年 5 月和 6 月, 分别在水库的上水和不上水两个时段对库区水质进行两次采样分析. 实测数据见表 7.1.4 和表 7.1.5.

根据《地表水环境质量标准》(GB3838—2002), 水洞沟水库为集中式供水水源地, 按水体功能和保护目标属于III类水体. 因此, 根据标准水质指标中 COD 应小于

20mg/L, NH_3-N 小于 1mg/L. 从表 7.1.4 可以看出, 在上水时受进水浓度影响, 库区的 COD 和 NH_3-N 浓度较高. 其中在①、②、④三条采样垂线上 COD 浓度均超过标准限值 20mg/L, ③和⑤采样垂线上 COD 浓度均低于标准限值. 沿采样深度, ①、②和③采样垂线上, 水深越深, COD 浓度越高; ④和⑤采样垂线上, 水深越深, COD 浓度越低. 各采样点上的 NH_3-N 浓度均低于 1mg/L, 各采样垂线上, NH_3-N 浓度随水深的变化规律与 COD 浓度沿水深的变化规律保持一致.

表 7.1.4 水洞沟水库水质监测数据(2013 年 5 月)

采样垂线	采样水深/m	COD/(mg/L)	NH_3-N/(mg/L)
①	0.5	29.5	0.49
	3	29.6	0.51
	8	30.5	0.52
②	0.5	20.2	0.4
	5	20.8	0.41
	13	22.2	0.42
③	0.5	17.2	0.36
	8	18.5	0.376
	18	19.8	0.4
④	0.5	22.1	0.43
	5	21.5	0.42
	20	20.3	0.41
⑤	0.5	16.1	0.36
	4	15.6	0.35
	8	14.3	0.34

表 7.1.5 水洞沟水库水质监测数据(2013 年 6 月)

采样垂线	采样水深/m	COD/(mg/L)	NH_3-N/(mg/L)
①	0.5	10.5	0.27
	3	11.8	0.28
②	0.5	11	0.27
	3	11.5	0.28
	6	11.8	0.285
③	0.5	10.5	0.26
	5	10.8	0.26
	12	11.8	0.28
④	0.5	10.90	0.28
	5	10.93	0.27
	14	11.06	0.26
⑤	0.5	10.9	0.265
	5	11.5	0.27

不上水时, 库区 COD 和 NH_3-N 浓度因为自然净化作用, 浓度会比上水时低. 表 7.1.5 为水洞沟水库不上水时的一组水质数据. 可以看出, 此时各采样点的 COD 和 NH_3-N 浓度均达到III类水体的水质标准. 沿采样深度, 各采样垂线上, 水深越深, COD 浓度越高. NH_3-N 浓度除④采样垂线外, 其他 4 条采样垂线的变化规律与 COD 相同. 与上水时相比, 不上水时库区的 COD 和 NH_3-N 浓度在空间上总体变化不大.

7.2 初边界条件及模型参数率定

水洞沟水库为典型的抽水型水库, 根据其上水时和不上水时的不同水动力特征, 本书采用 MIKE3 软件对水洞沟水库上水时和不上水时的水质进行了模拟.

7.2.1 水库地形的制作

1. 模拟区域的边界

水库模拟区域的边界根据对水库岸边实测点的坐标值进行三次样条插值得到.

2. 网格的设置

MIKE 3 Flow Model FM 是一个基于不规则网格的模型. 设定三角网格的最小角度不小于 30°.

图 7.2.1 为 MIKE3 中的 3D 网格设置, 垂向上网格的配置为基于 sigma 坐标的结构网格形式. 因此, 就平面上而言不规则网格的空间不规则性完全不变.

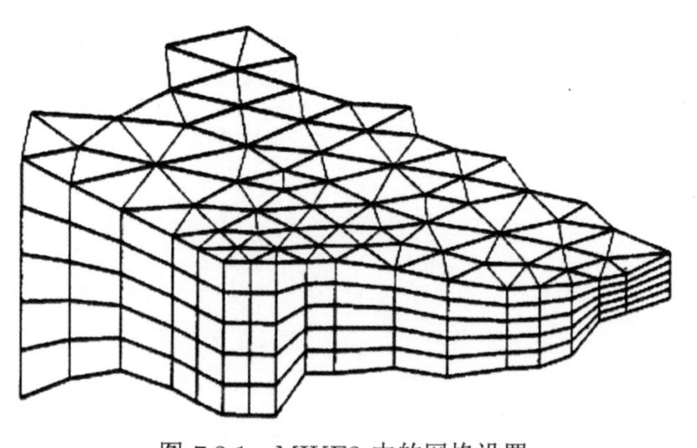

图 7.2.1 MIKE3 中的网格设置

3. 模拟区域的库底高程

根据实测断面的库底高程值, 插值得到各网格节点的库底高程值, 以此作为初始时刻的库底高程.

7.2.2 上水时的初边界条件

1. 水动力模块的初边值条件

1) 初始条件

抽水型水库在上水时, 进水口持续进水, 取水口稳定出水. 模拟时初始条件难以用实测资料给定, 尤其是流速. 为此, 计算中根据计算初始时刻的入口水位和水库出口流量作为初始条件.

设定水库入口处出水水位: 1173m.

上水前, 库区的水流速度较小, 本次模拟中设定库区流场的初始流速 $u = v = w = 0$.

出水流量: $2.31\text{m}^3/\text{s}$.

2) 边界条件

(1) 进口边界: 根据实测数据, 进口给定流量 $Q = 6.95\text{m}^3/\text{s}$.

(2) 壁面边界: 按照无滑移处理, 即 $u = v = w = 0$; 对水位, 采用不可渗透边界条件, 即 $\dfrac{\partial z}{\partial n} = 0$.

2. 水质模块的初值条件

1) 初始条件

水质的初始浓度设为某一常数值. 库区污染物浓度按均匀分布处理, 各污染物的初始浓度为 COD=15mg/L,NH_3-N=0.1mg/L.

2) 边界条件

(1) 进口边界. 根据实测, 上水时进水中污染物的浓度 COD = 30mg/L, NH_3-N=0.5mg/L.

(2) 出口边界. 对于出水中污染物的浓度根据实测建立时间序列文件.

(3) 壁面边界. 对污染物, 采用不可渗透边界条件, 即 $\dfrac{\partial C}{\partial n} = 0$.

7.2.3 不上水时的初边界条件

1. 水动力模块的初边值条件

1) 初始条件

抽水型水库在不上水时, 进水口无进水, 但取水口稳定出水. 为此, 以上水结束时的水位和水库出口流量作为初始条件.

设定水库入口处出水水位: 1178m.

出水流量: $2.31\text{m}^3/\text{s}$.

2) 边界条件

(1) 进口边界. 无进水, 进口给定流量 $Q = 0\text{m}^3/\text{s}$.

(2) 壁面边界. 按照无滑移处理, 即 $u = v = w = 0$; 对水位, 采用不可渗透边界条件, 即 $\dfrac{\partial z}{\partial n} = 0$.

2. 水质模块的初边值条件

1) 初始条件

为更好地模拟实际情况, 以上水时模拟的最终结果作为不上水时库区水质的初始浓度分布.

2) 边界条件

(1) 出口边界. 对于出水中污染物的浓度根据实测建立时间序列文件.

(2) 壁面边界. 对污染物, 采用不可渗透边界条件, 即 $\dfrac{\partial C}{\partial n} = 0$.

7.2.4 模型参数的率定

1. 降解系数

水体污染物降解系数与湖库的水文条件、水深、湖库表面积、湖库的污染程度、温度、溶解氧含量等因素有关. 因此, 对库区污染物的降解系数进行现场实测率定是比较困难的. 本研究中采用实验室测定的基础上来率定降解系数, 通过率定获得 K_{COD}=0.026d^{-1}, $K_{\text{NH}_3-\text{N}}$=0.0065 d^{-1}.

2. 扩散系数

参考相关文献, 扩散系数取 0.02m^2/s.

7.3 模拟结果分析

根据水库 2013 年运行实际情况, 水洞沟水库每日往工业园区供水量为 20 万 m^3/d, 金水源泵站每日的上水量可达 60 万 m^3/d. 本研究中, 分上水时和不上水时两种工况模拟库区流场和水质的时空分布. 上水时, 金水源泵站往水库上水, 水库往外取水; 不上水时, 水库不上水, 但仍往外取水.

7.3.1 库区流场分布

上水时和不上水时库区的流场分布见图 7.3.1~图 7.3.4. 上水时, 由于进水的巨大冲力, 在进水口附近形成两个明显的大回流. 在取水口附近由于取水引起水流运动, 亦在取水口附近形成一个小回流. 进水口附近水体流速较大, 达到 10mm/s. 不上水时, 由于没有进水的动力, 水体的流速主要依靠取水的动力, 由于取水量相对较小, 引起的水流运动速度也较小, 在不上水时库区水流速度在 1mm/s 左右. 此时, 整个库区, 仅在取水口附近形成一个小回流.

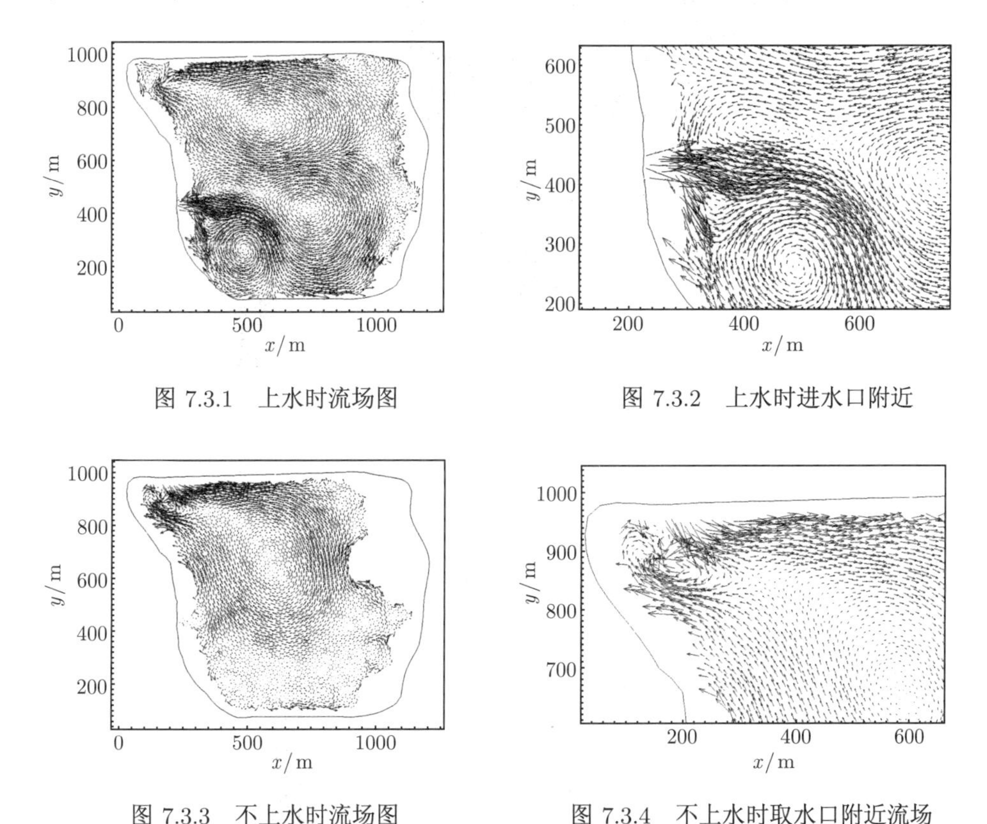

图 7.3.1 上水时流场图

图 7.3.2 上水时进水口附近

图 7.3.3 不上水时流场图

图 7.3.4 不上水时取水口附近流场

7.3.2 COD 的浓度分布

图 7.3.5 为上水结束时库区 COD 的浓度分布图. 由于进水中 COD 浓度达到 30mg/L, 致使上水过程中, 进水口附近的 COD 浓度较高, 接近 30mg/L. 进水进入东南区域, 浓度得到降低, 进到取水口附近, COD 浓度降到 22mg/L 左右. 在水库的东北区域水中 COD 浓度最低, 均在 20mg/L 以下. 可见, 受进水 COD 浓度影响, 在上水时, 库区 COD 浓度仅在东北区域达到III类水体的标准限值, 其他区域则超过III类水体.

图 7.3.6 为停止上水后, 水库只有取水口出水没有上水的情况下, 经过 12d 之后, 库区的 COD 浓度分布图. 此时, 库区的 COD 浓度已经下降到 9~11mg/L, 各区域的浓度值分布不同但差别不大.

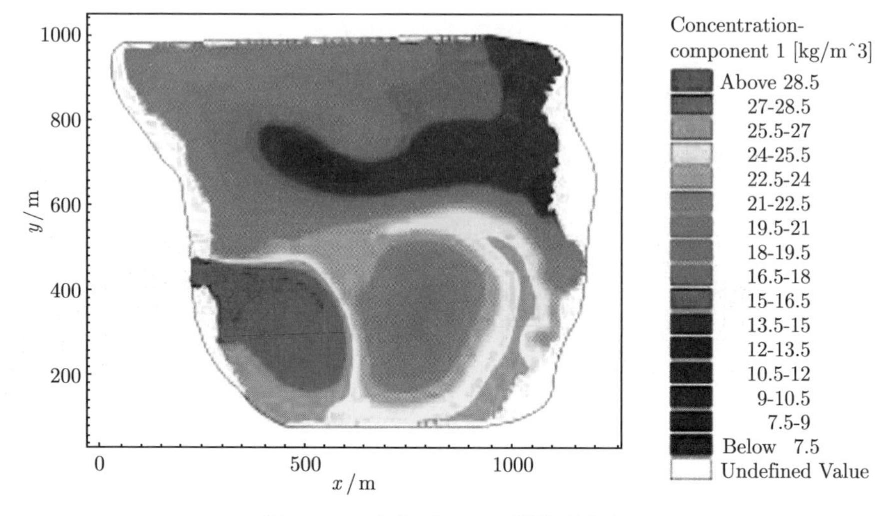

图 7.3.5　上水时 COD 的浓度分布

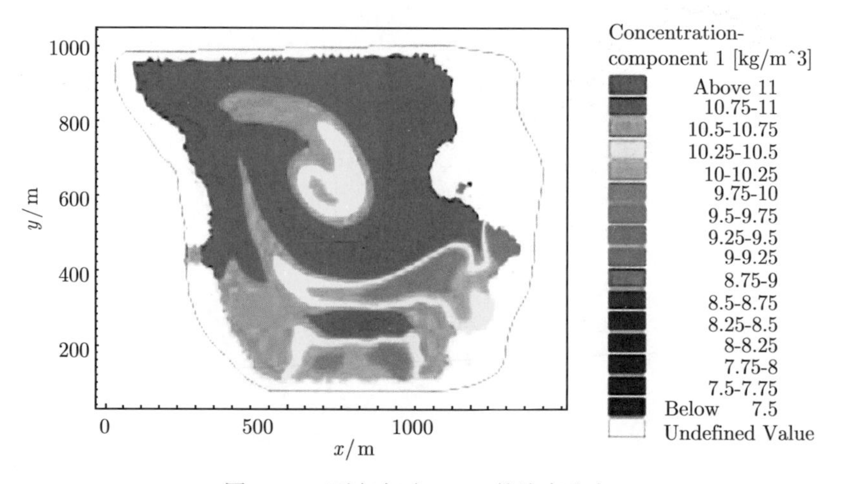

图 7.3.6　不上水时 COD 的浓度分布

7.3.3　NH_3-N 的浓度分布

图 7.3.7 和图 7.3.8 为上水结束时和不上水 12d 库区的 NH_3-N 浓度分布图, 与图 7.3.5 和图 7.3.6 比较可知, 相同阶段下, NH_3-N 的浓度分布图和 COD 的浓度分布相似. 在上水时, 进水口附近的浓度值达到最大 0.5mg/L, 取水口附近则为 0.35 mg/L, 库区的东北区域浓度最低为 0.2 mg/L 左右. 上水时, NH_3-N 的浓度在库区各区域分布不同但均未超过标准限值 1mg/L. 不上水时, NH_3-N 的浓度降到 0.1 mg/L 以下.

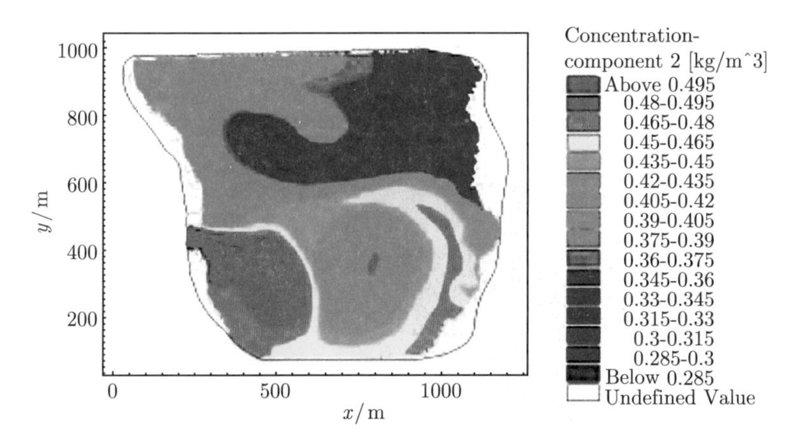

图 7.3.7 上水时 NH_3-N 的浓度分布

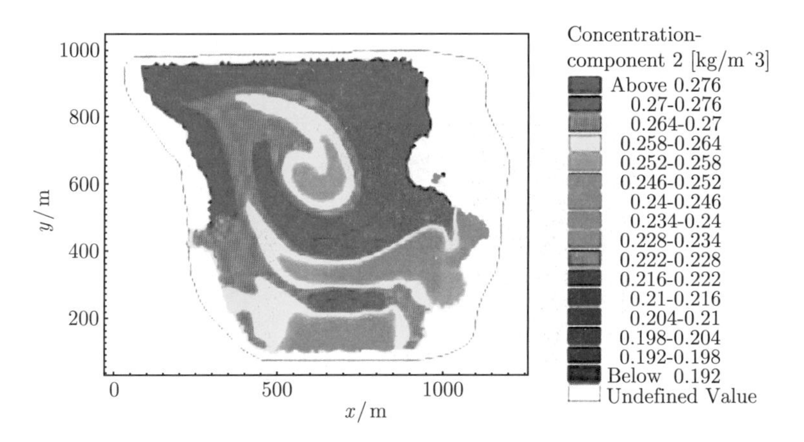

图 7.3.8 不上水时 NH_3-N 的浓度分布

7.3.4 垂向分布分析

上水时:

图 7.3.9~图 7.3.14 为上水时, C02、C09、C12 三个典型断面上 COD 和 NH_3-N 浓度的垂向分布图. 由图可见, 在 C02 断面上, COD 和 NH_3-N 均在取水口附近达到最大值, 分别为 24mg/L 和 0.36mg/L. 同一水深处, 由西往东, 浓度逐渐降低; 对同一条垂线, COD 和 NH_3-N 的浓度随水深逐渐降低. 在 C09 断面上, COD 和 NH_3-N 的浓度中间最低, 往两侧逐渐升高, 且东边的浓度要高于西边的浓度. 在同一垂线上, 西边的 COD 和 NH_3-N 的浓度随水深逐渐增加, 西边的 COD 和 NH_3-N 的浓度随水深逐渐降低. 在 C12 断面上, 由于西侧靠近进水口, 所以 COD 和 NH_3-N 的浓度最高, 在中间水回流处, 浓度最低. 该断面上的 COD 和 NH_3-N 的浓度变

化无明显规律. C12 断面上浓度在垂向上的分布特征与 C02、C09 断面的不同, 结合图 7.3.1 分析可知, 可能是由于该断面上的水流方向和 C02、C09 断面的不同, 存在回流有关.

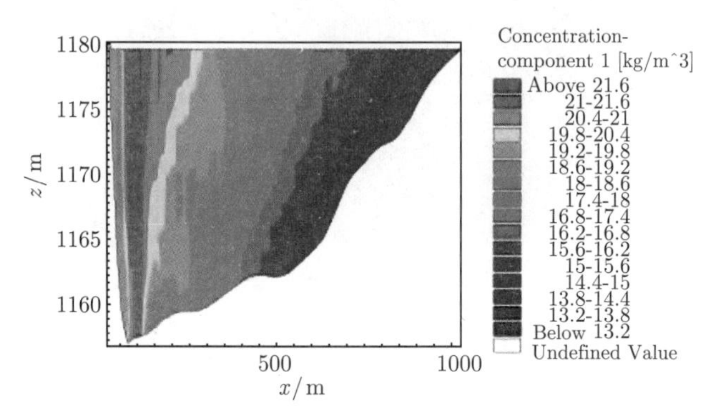

图 7.3.9　C02 断面的 COD 垂向分布

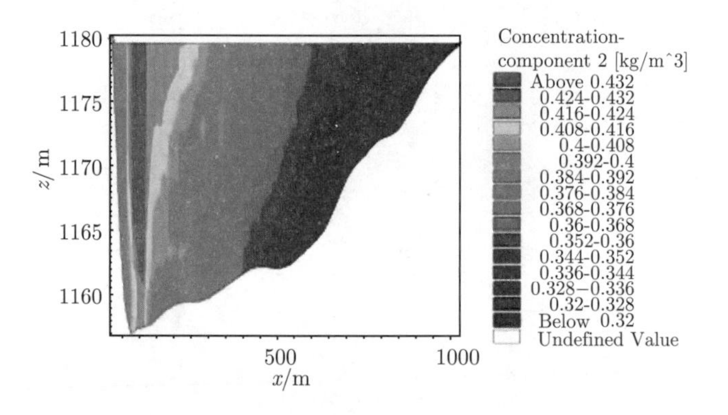

图 7.3.10　C02 断面的 NH_3-N 垂向分布

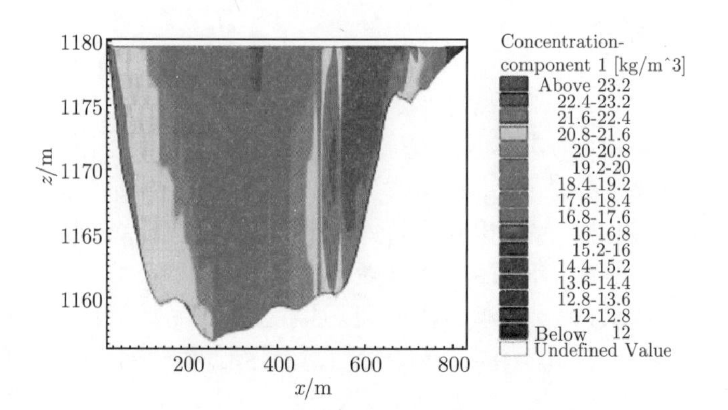

图 7.3.11　C09 断面的 COD 垂向分布图

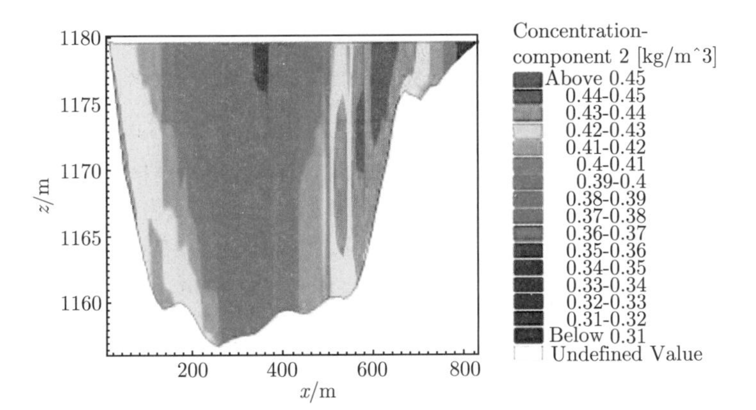

图 7.3.12 C09 断面的 NH3-N 垂向分布

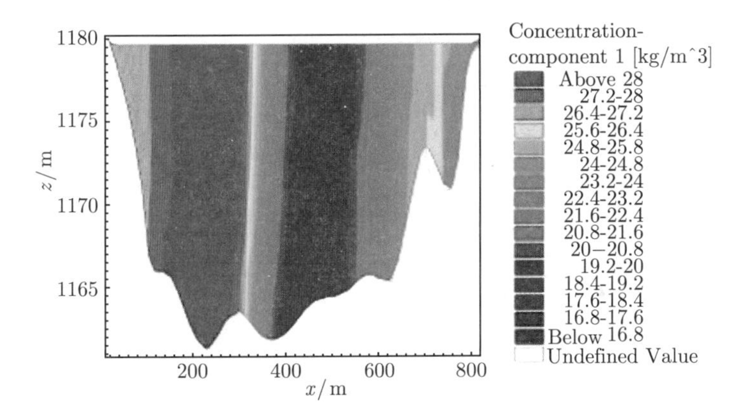

图 7.3.13 C12 断面的 COD 垂向分布图

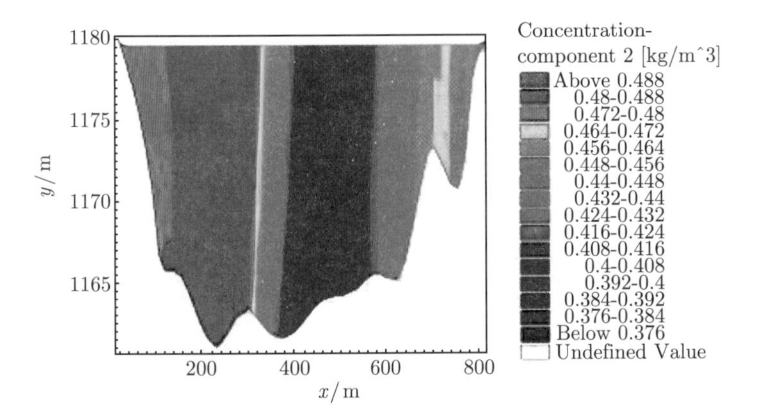

图 7.3.14 C12 断面的 NH_3-N 垂向分布

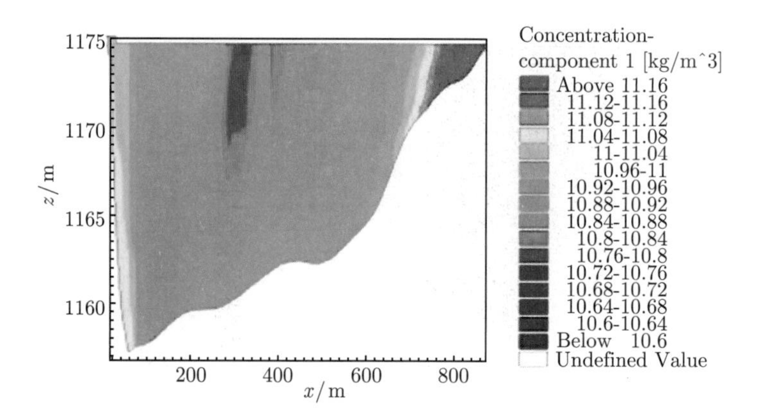

图 7.3.15 C02 断面的 COD 垂向分布

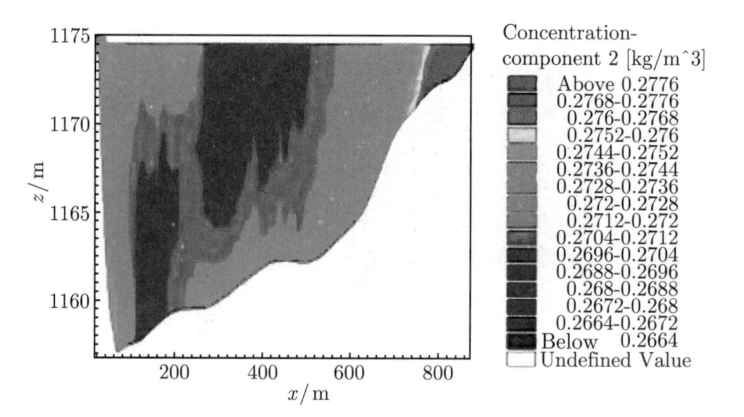

图 7.3.16 C02 断面的 NH_3-N 垂向分布

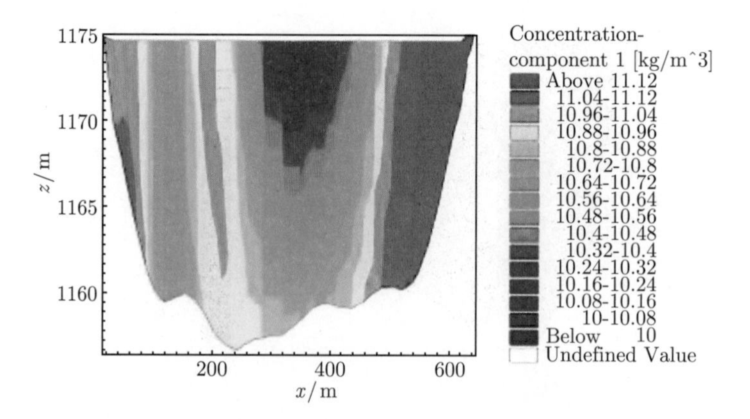

图 7.3.17 C09 断面的 COD 垂向分布

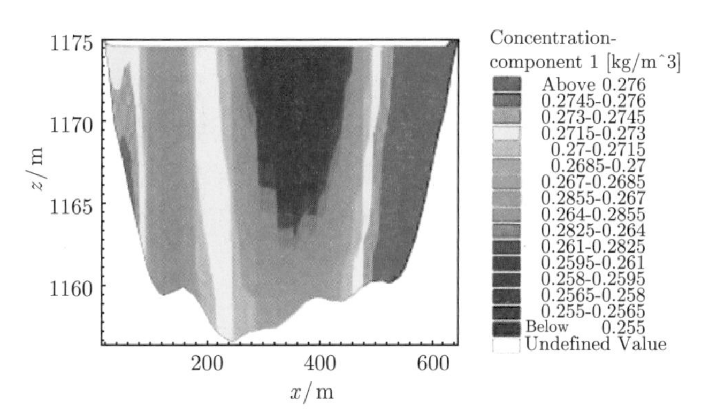

图 7.3.18 C09 断面的 NH_3-N 垂向分布

不上水时:

图 7.3.15~图 7.3.20 为不上水时, C02、C09、C12 三个典型断面上 COD 和 NH_3-N 浓度的垂向分布图. 由图可见, 在 C02 断面上, 最高的 COD 和 NH_3-N 浓度出现在东边, 这刚好与上水时的特征相反, 主要是因为不上水期在该断面上东边

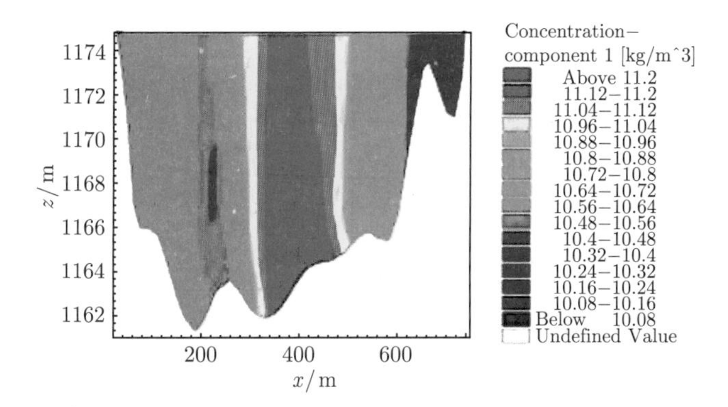

图 7.3.19 C12 断面的 COD 垂向分布

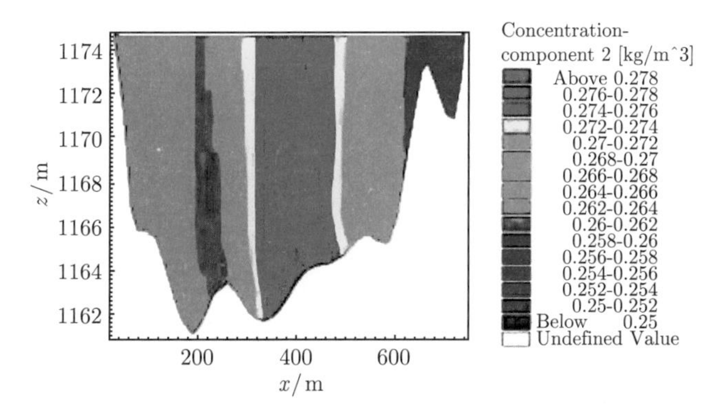

图 7.3.20 C12 断面的 NH_3-N 垂向分布

因为水流最小, 因此污染物降解较慢. C09 断面上, COD 和 NH_3-N 浓度变化特征与 C02 断面相似, 最高浓度出现在最东边, 而最低浓度处于断面中间处. 在该断面中心处, COD 和 NH_3-N 浓度在垂向上差异明显, 水深越深浓度越高. 在 C12 断面上, COD 和 NH_3-N 浓度最高值出现在断面中间, 东边的浓度相对较低. 与上水时相比, 不上水时各断面上的 COD 和 NH_3-N 浓度分布呈现明显的不规律性.

7.3.5 实测值与模拟值对比分析

将表 7.1.4 及表 7.1.5 中的实测数据与同一采样垂线的模拟值进行对比, 结果如图 7.3.21~图 7.3.24 所示. 由图可知, 在上水和不上水两种工况下, COD 和 NH_3-N 的实测值均能较好地与模拟值吻合, 因此可以推断采用 MIKE3 软件对水洞沟水库进行的水动力和水质模拟, 所采用的参数合适, 模拟结果与实际情况较相符.

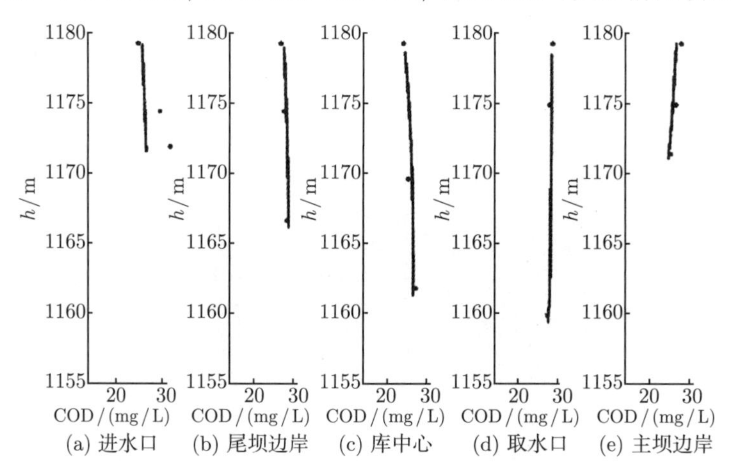

图 7.3.21 上水时的 COD 实测值与模拟值对比

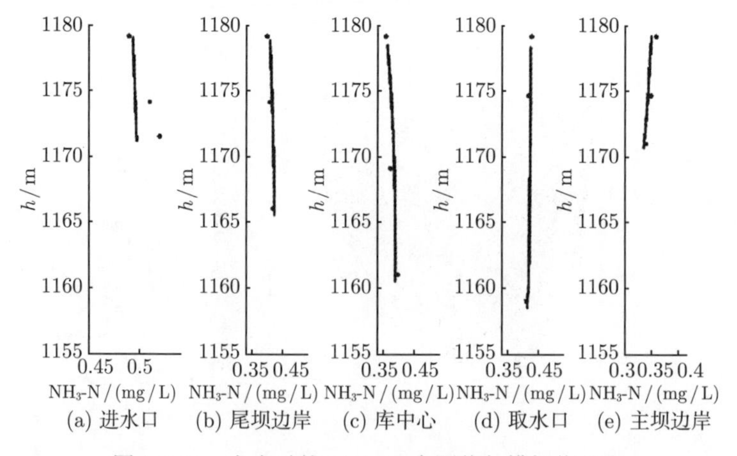

图 7.3.22 上水时的 NH_3-N 实测值与模拟值对比

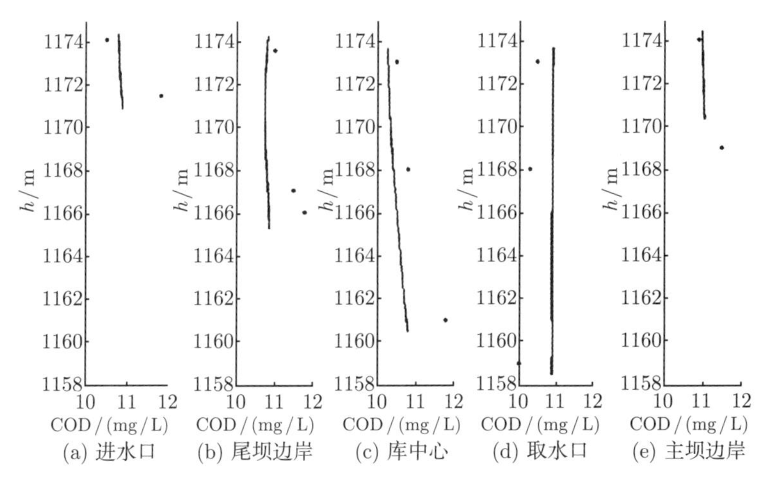

图 7.3.23 不上水时的 COD 实测值与模拟值对比

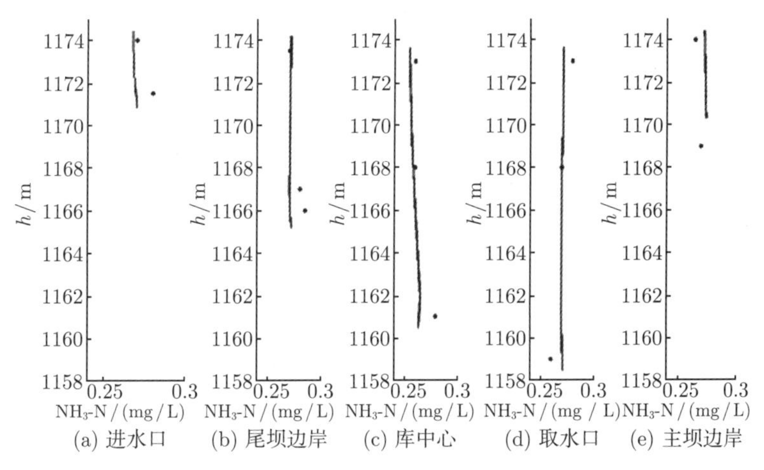

图 7.3.24 不上水时的 NH_3-N 实测值与模拟值对比

7.4 水洞沟水库水质模拟预测

根据水洞沟水库建设规划, 一期工程设计日供水量 20 万 m^3/d, 二期工程设计日供水量将达到 40 万 m^3/d. 忽略泥沙淤积引起的库底变形, 以一期模拟的水库地形作为基础, 模拟预测二期供水时库区流场及水质变化, 为将来库区的水质管理提供参考.

7.4.1 上水时的模拟结果

二期工程上水时的模拟, 参数设置与一期工程上水时相同, 所不同的是供水量由 20 万 m^3/d 变为 40 万 m^3/d. 图 7.4.1~图 7.4.4 为库区流场图, 图 7.4.5 和图 7.4.6 为 COD 和 NH_3-N 的浓度分布图. 由模拟结果可以看出, 受取水量影响, 二期

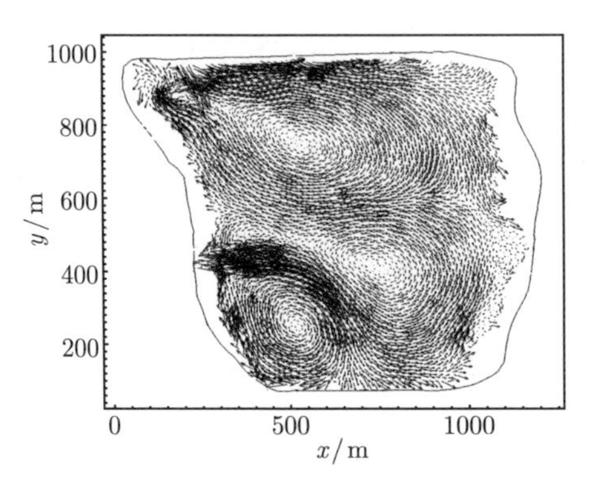

图 7.4.1　上水时库区流场图

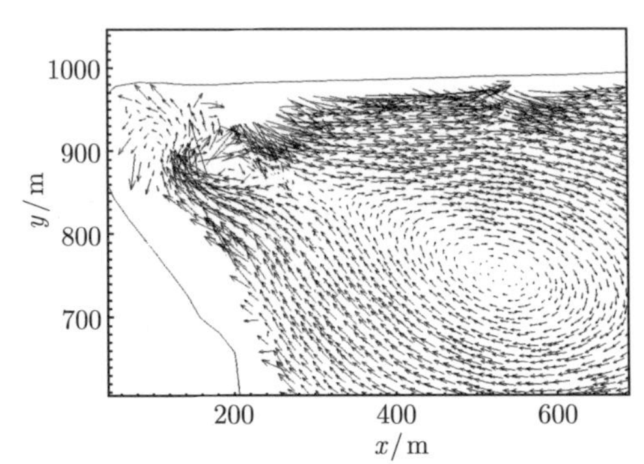

图 7.4.2　出水口放大图

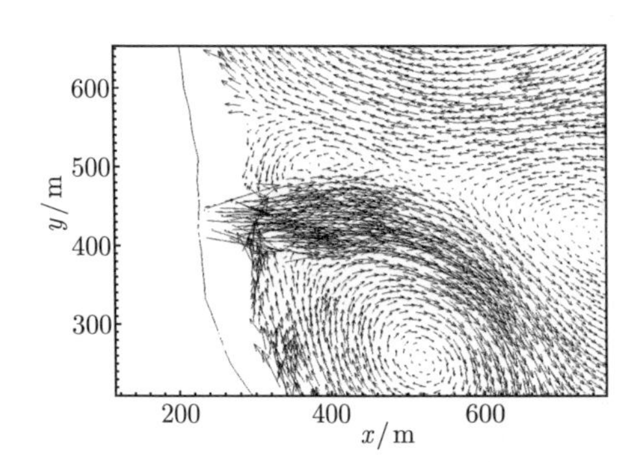

图 7.4.3　进水口放大图

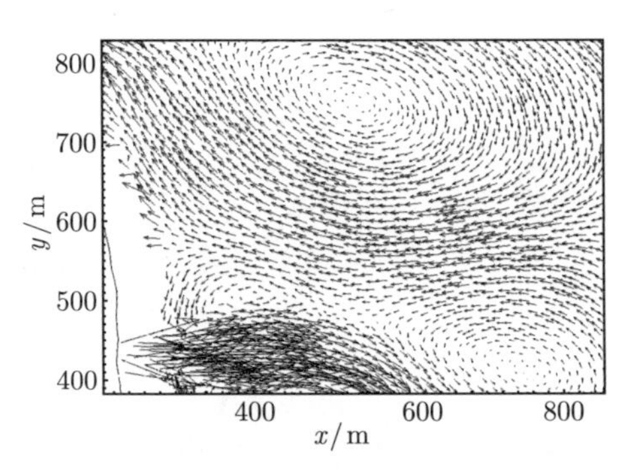

图 7.4.4　进水口附近放大图

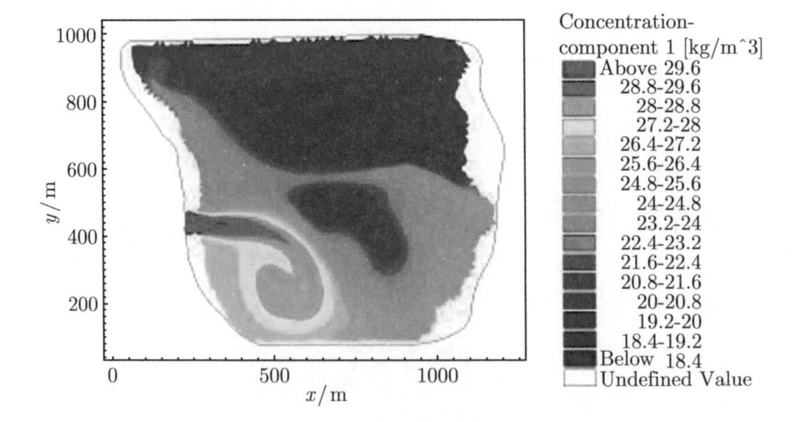

图 7.4.5　COD 浓度分布图

库区的水流速度比一期时大, 在进水口达到 11mm/s, 取水口附近达到 8mm/s. 在进水口附近形成 2 个大回流、在库中心和取水口各形成一个回流. 回流区域基本与一期工程相同, 但流速明显增大.

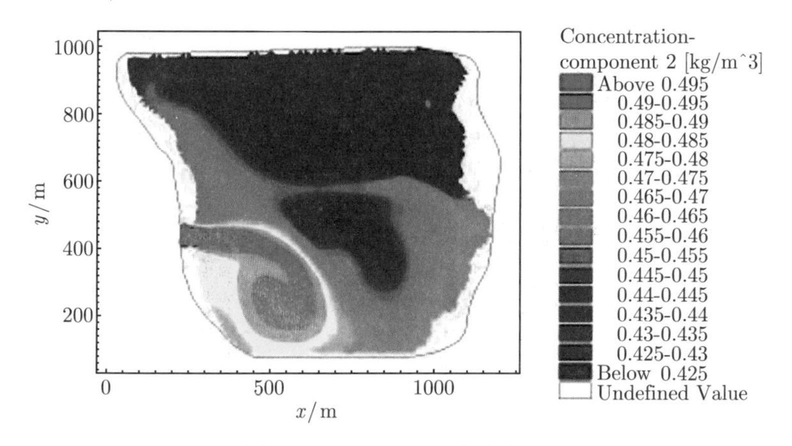

图 7.4.6 NH_3-N 浓度分布图

从 COD 浓度分布图可以看出, 受进水浓度和库区流场的影响, 二期工程中, 上水时库区约一半的区域 COD 超过 20mg/L, 进水口附近区域的 COD 浓度较高. 此时, NH_3-N 在库区空间上的分布特征与 COD 相似, 但其浓度未超过 1mg/L.

7.4.2 不上水时的模拟结果

二期工程不上水时的模拟, 其参数设置亦与一期工程不上水时相同, 所不同的是取水量由 20 万 m^3/d 变为 40 万 m^3/d. 由于取水量增大, 模拟的天数由一期的 12 天降为 8 天. 图 7.4.7 和图 7.4.8 为库区流场图, 图 7.4.9 和图 7.4.10 分别为 COD 和 NH_3-N 的浓度分布图. 由模拟结果可以看出, 由于此时水库没有进水, 库区的流速明显低于上水时的流速. 受取水量影响, 二期库区不上水时的水流速度比一期时

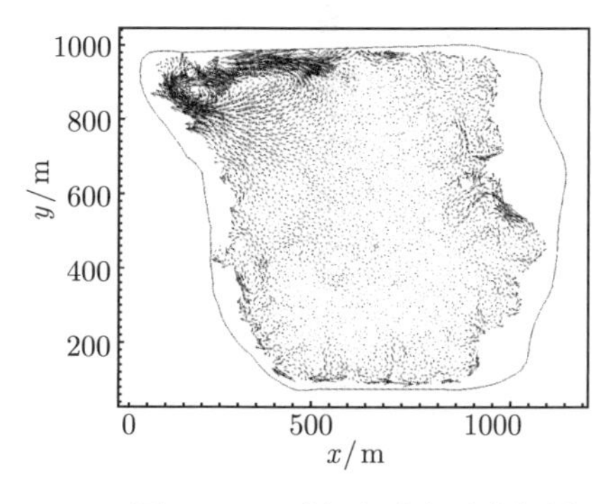

图 7.4.7 不上水时库区流场图

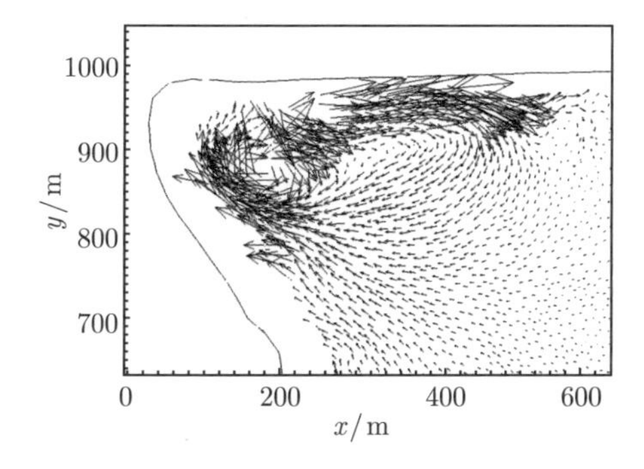

图 7.4.8 出水口放大图

大, 取水口附近达到 10mm/s. 在取水口附近形成一个回流. 回流区域基本与一期工程相同, 但流速明显增大. 从 COD 和 NH_3-N 浓度分布图可以看出, 整个库区浓度分布相对均匀, 且都能达到III类水体的标准要求.

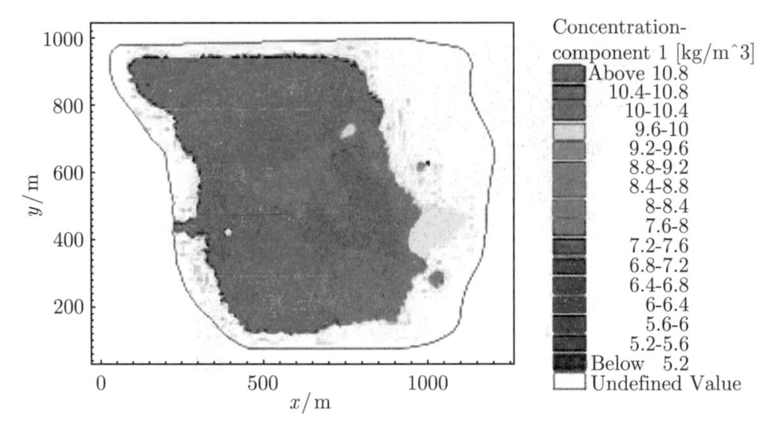

图 7.4.9　COD 浓度分布图

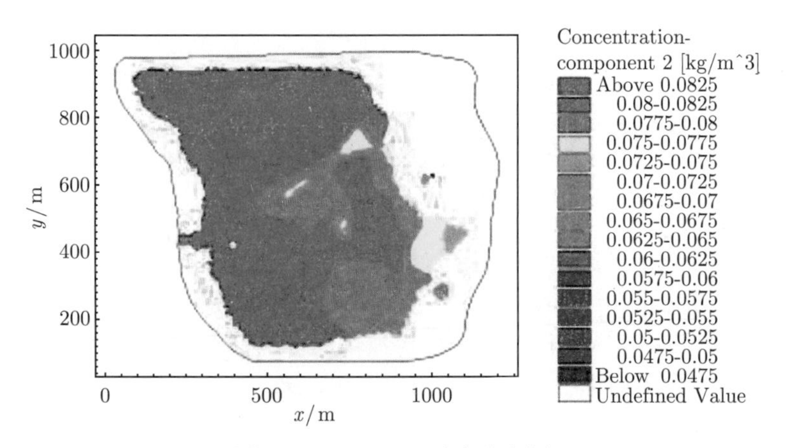

图 7.4.10　NH_3-N 浓度分布图

7.5　小　　结

采用 MIKE3 软件对水洞沟水库一期工程上水时和不上水时的水质分布进行模拟, 并对二期工程的上水时和不上水时的水质分布进行预测, 结果表明:

(1) 参数率定中, 确定水洞沟水库的 COD 降解系数为 $K_{\mathrm{COD}}=0.026\mathrm{d}^{-1}$, NH_3-N 降解系数为 $K_{\mathrm{NH_3-N}}=0.0065\ \mathrm{d}^{-1}$.

(2) 水洞沟水库一期工程中, 上水时, 进水量为 60 万 m^3/d, 取水量为 20 万

m^3/d, 受进水 COD 浓度影响, 此阶段库区 COD 浓度仅在东北区域达到III类水体的标准限值, 其他区域则超过III类水体. 不上水时, 库区的 COD 浓度下降到 9~11mg/L, 库区各区域的浓度值分布不同但差别不大.

(3) 水洞沟水库二期工程水质预测中, 采用一期工程模拟时的库底地形及相关参数设置. 上水时, 进水量为 60 万 m^3/d, 取水量为 40 万 m^3/d, 上水时库区约一半的区域 COD 超过 20mg/L, 进水口附近区域的 COD 浓度较高. 此时, NH_3-N 在库区空间上的分布特征与 COD 相似, 但其浓度未超过 1mg/L. 不上水时, COD 和 NH_3-N 在整个库区浓度分布相对均匀, 且都能达到III类水体的标准要求.

第 8 章　引水明渠冬季输水数值模拟研究

寒冷地区天然河道或人工渠道在冬季必然会出现结冰和融冰现象, 这对河道或渠道的输水、防洪、航运、水力发电及周围环境和生态产生一定的影响. 因此, 河冰的形成与消融以及由此产生的危害是寒冷地区水利工程建设和水资源开发利用必须考虑的一个重要因素. 研究河冰的形成和演变规律, 寻求相应的解决办法以保证在冰期安全输水成为许多国家关心的重要问题.

本章以宁夏吴忠金积供水工程为例, 对寒冷地区供水工程引水明渠结冰问题进行数值模拟. 通过数值模拟, 预测了引水明渠在三种典型工况下的初始结冰位置, 并利用冰盖发展数学模型, 对 10 年来东干渠冰盖发展厚度进行了计算. 最后, 对可能产生的结果做出合理的预测并对拟采取的工程措施提出建议(李春光等, 2008; 景何仿等, 2009a; Jing et al., 2012).

8.1　宁夏吴忠金积供水工程简介

金积供水工程计划从黄河青铜峡大坝引水, 供给位于距离青铜峡大坝 16.5km 处的金积工业园区. 金积工业园区位于宁夏回族自治区吴忠市利通区金积镇内, 由穆斯林产业园、金积工业园、造纸化工循环经济园和镁合金产业园等四个特色产业园构成. 金积工程供水的对象造纸化工循环经济园和镁合金产业园位于吴忠市侯家湾, 规划总面积 32.5km^2. 工业园的地理位置十分优越, 水源东干渠从两个园区中间东西向横穿, 交通发达, 水源条件便利.

然而, 金积工业园区需要大量的水资源, 需要从黄河引水. 为了节省资源, 可以利用位于工业园区附近的灌渠 (东干渠) 从黄河引水, 或者将灌渠和输水管道相结合. 根据工程布置, 在东干渠非灌溉期, 利用东干渠前 4km 渠道冬季供水和取水泵站与管道供水的方案. 东干渠从黄河青铜峡水库取水, 根据近几年水库温度测量资料分析, 冬季水库水面最低温度为 3°C, 库区不结冰.

宁夏吴忠金积供水工程方案四提出, 先用 4km 明渠 (东干渠) 从青铜峡大坝取水, 然后由 12.5km 地下输水管线输送到宁夏吴忠金积工业园区. 如果这一设想能够实现, 可以充分利用已有的灌渠在冬季输水, 节约资源. 根据近年来吴忠地区的气象资料及青铜峡水库库区水温情况, 对冬季东干渠引水工程中不同方案中水温分布、结冰点的位置以及结冰以后冰的发展演变情况进行数值模拟研究.

8.2 金积供水工程引水明渠一维水温分布数值模拟

8.2.1 模拟区域

选取东干渠前 4km 为数值计算区域, 从青铜峡大坝渠首引水口到压力泵站处渠道共长 4km, 平面示意图如图 8.2.1 所示. 渠道横断面为规则的等腰梯形, 设计水深为 3m, 渠底宽为 9m, 边坡为 1∶2.5.

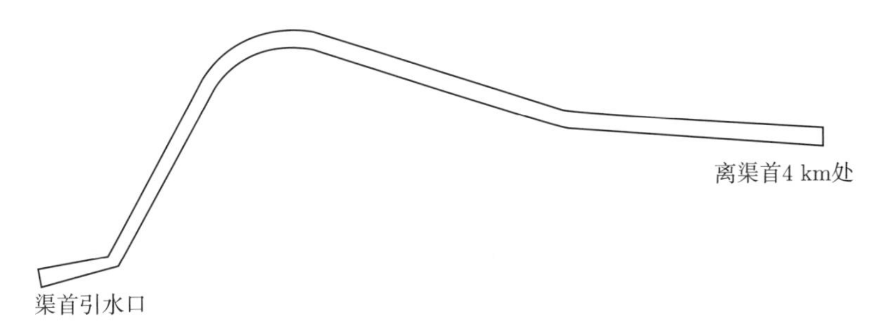

图 8.2.1 东干渠 0~4km 平面示意图

8.2.2 模拟工况及初边界条件

根据吴忠市过去 10 年的气象资料, 分别模拟计算了 0~4km 段正常气温 (工况 1 与工况 2)、热型气温 (工况 3) 和寒型气温 (工况 4) 情况下引水渠道的水温度值. 表 8.2.1 给出了四种工况下的气象资料.

表 8.2.1 四种典型工况的气象资料

参数	单位	工况 1	工况 2	工况 3	工况 4
日期		2002-12-21~31	2003-1-1~10	2003-1-21~31	1975-12-12
日平均气温	℃	−12.55	−10.57	−3.80	−17.70
日最高气温	℃	−7.27	−3.59	3.10	−9.90
日最低气温	℃	−16.34	−15.62	−8.90	−24.00
日平均云量	成	3.55	1.30	2.91	3.50
日照时数	时	6.12	7.80	7.71	6.00
日平均风速	m/s	2.50	2.72	3.21	4.00
露点	℃	−14.56	−15.24	−13.70	−17.00
太阳辐射	$MJ/(m^2 \cdot 月)$	287.38	305.72	305.70	287.38
入口流量	m^3/s	1.55	1.55	1.55	1.55
水库温度	℃	3.00	3.00	3.00	3.00
出口水深	m	2.00	2.00	2.00	2.00

8.2.3　引水渠 0~4km 小流量供水一维数值模拟结果及分析

现利用一维水动力、水温耦合数学模型, 计算引水明渠前 4km 的水温分布及结冰点的位置, 这里流量取为 1.55m^3/s.

由于四种工况下温度分布及结冰点的位置比较相似, 这里仅给出了工况 2 和工况 4 条件下的模拟结果.

需要说明的是, 图中出现的零温度线下的负温度值, 是按照水的温度模型进行计算而得到的, 没有考虑水结成冰后会放出热量以及出现冰盖后水体与大气的热交换会减缓等因素. 因此, 理论上, 结冰点以后的温度分布应当按冰水两相流来进行数值模拟.

图 8.2.2 和图 8.2.3 分别给出工况 2 条件下当出水口水深与风速变化时的温度分布. 可以看到, 从进水口到出水口, 水温呈下降的趋势. 这是因为, 在进水口, 水温与青铜峡大坝取水位置处温度一致 (为 3°C), 随着水流在引水渠中的流动, 受寒冷气温的影响, 水温会逐渐下降, 到一定位置处, 达到结冰点的温度, 从而出现结冰现象.

当出水口水深变化时, 引水渠水温分布会有所不同, 从而结冰点的位置也不相同. 从图中可以发现, 当水深从 1.0m 增大为 2.5m 时, 结冰点的位置会提前 1.1km 左右. 这是因为, 当出水口水深增大时, 引水渠整体水深都有所增加, 而进水口流量不变, 因此断面平均流速减小, 整体水温有所下降, 结冰点位置距进水口越近.

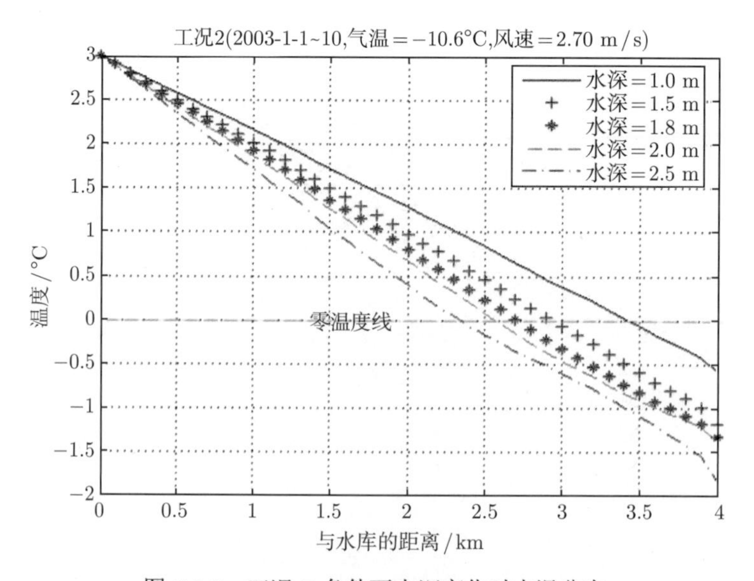

图 8.2.2　工况 2 条件下水深变化时水温分布

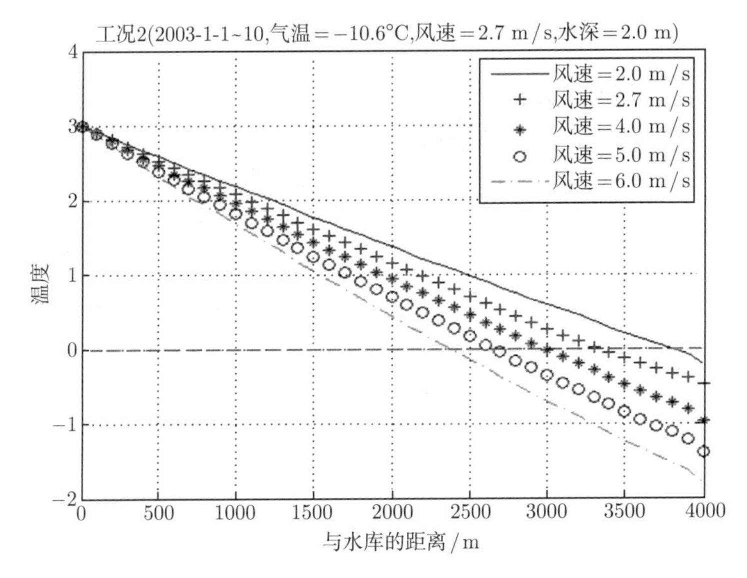

图 8.2.3 工况 2 条件下风速变化时水温分布

当风速变化时, 引水渠水温分布也会有所不同, 从而结冰点位置也会相应变化. 可以看出, 当风速从 2.0m/s 增大到 6.0m/s 时, 结冰点的位置会提前约 1.4km. 这是因为当风速变大时, 引水渠中的水流温度容易下降. 风速越大, 水温下降速度也越大.

图 8.2.4 和图 8.2.5 分布给出工况 4 条件下当出水口水深与风速变化时引水渠水温分布. 水温分布及结冰点位置变化规律与工况 2 基本相同.

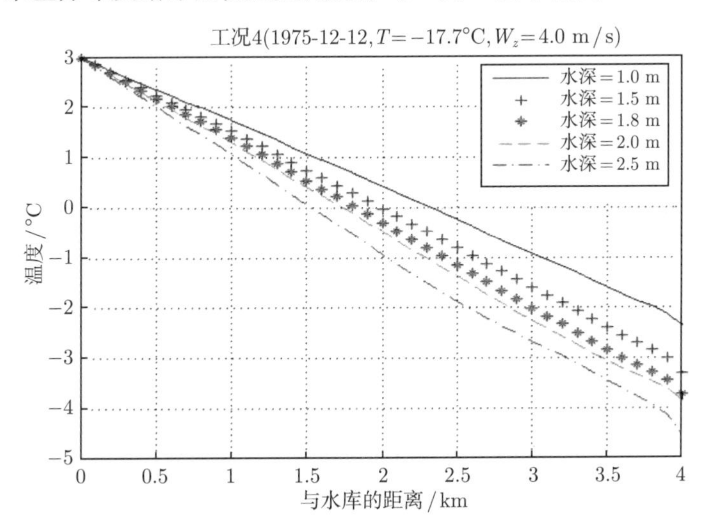

图 8.2.4 工况 4 水深不同时结冰点位置比较

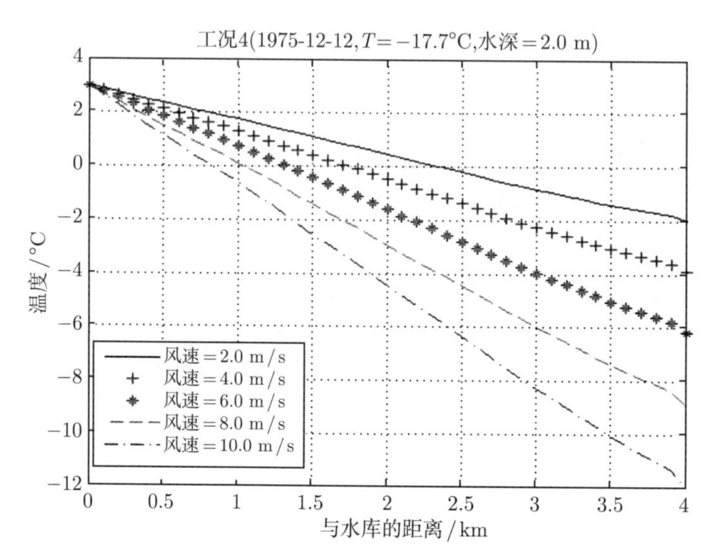

图 8.2.5　工况 4 风速不同时结冰点位置比较

图 8.2.2～图 8.2.5 中水温分布曲线与零温度线的交点被视作结冰点出现的位置. 在正常平均气温情况下, 正常水深 (1.5～2.0m) 时, 引水渠结冰点的位置位于 2.5～3.0km 处的可能性最大. 在极端寒冷天气情况下, 正常水深 (1.5～2.0m) 时, 可能会在 1.5～2.0km 处出现结冰点. 在极端寒冷与持续大风等不利因素相互叠加的十分罕见气候条件下, 也可能会在 0.8～1.5km 出现结冰点.

从总体上看, 可得出以下结论:

(1) 水深越大, 结冰点越靠近引水渠进水口;

(2) 风速越大, 结冰点越靠近引水渠进水口.

8.2.4　引水渠 0～16.5km 大流量供水一维数值模拟结果及分析

在宁夏吴忠金积供水工程方案一中, 考虑利用东干渠前 16.5km 渠道给蓄水池常年供水. 在冬季, 由于用水量及蓄水池容量有限, 拟采取每周一次 (24 小时) 大流量 (10m^3/s 以上) 间歇性运行方式供水. 在寒冷气温和正常气温情况下, 不同流量供水时 16.5km 引水渠出现结冰点的位置不同. 这里仅就正常气温 (工况 2) 和寒冷气温 (工况 4) 两种典型工况给出相应模拟结果.

而图 8.2.6 和图 8.2.7 则给出了这两种工况下横断面平均温度分布情况. 而表 8.2.2 和表 8.2.3 分别给出了工况 2 和工况 4 条件下流量及风速变化时结冰点位置.

可以看出, 在正常平均气温情况下且风速不大, 按照大流量供水, 要保证冬季东干渠 16.5km 全程供水不结冰, 所需的供水流量应当不低于 30 m^3/s. 若为了提高工业供水的可靠性, 遇大风天气, 要保证冬季东干渠 16.5km 全程供水不结冰, 所需的供水流量应当不低于 40m^3/s. 在极端寒冷天气情况下, 按照大流量供水, 当 $Q = 10\text{m}^3/\text{s}, 20\text{m}^3/\text{s}, 30\text{m}^3/\text{s}, 40\text{m}^3/\text{s}$ 时均会出现结冰, 结冰点位置大致位于 11.7~16.4km 处.

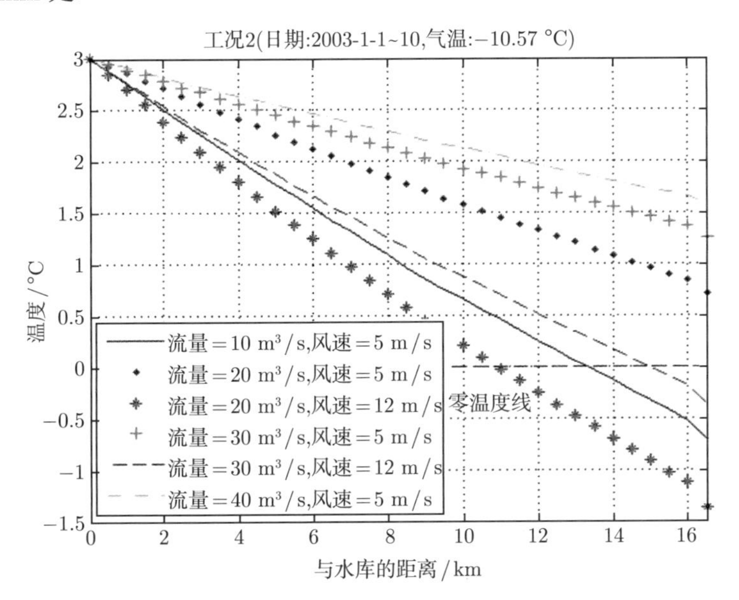

图 8.2.6　大流量一维水温模拟结果 (工况 2)

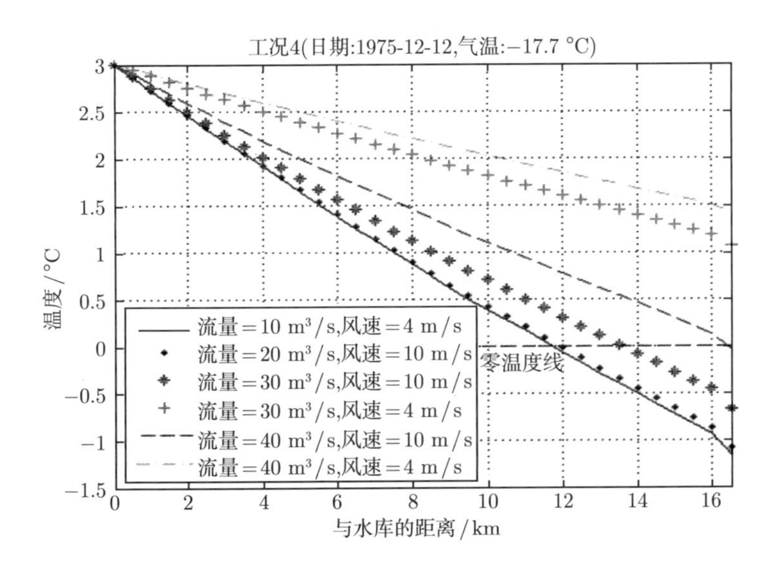

图 8.2.7　大流量一维水温模拟结果 (工况 4)

若采用每周一天大流量、间歇式供水方案, 冬季结冰情况将可能非常严峻. 原因是在停止供水的情况下, 在渠中残留的水几乎处于静止状态, 将会迅速结冰. 结冰后还会继续降温. 第二次供水时, 一部分残冰将被水流冲起, 在渠道中整体运动; 而另一部分残冰作为水体的负热源保留在水下使渠水温度下降加速. 经过几周这样的不利循环之后, 渠中的冰所占比例会越来越高, 从而导致形成冰塞甚至冰坝的可能性很大.

表 8.2.2　工况 2 在流量、风速不同时结冰点出现的位置

	单位	工况 2.1	工况 2.2	工况 2.3	工况 2.4	工况 2.5	工况 2.6
风速	m/s	5.00	5.00	12.00	5.00	12.00	5.00
流量	m^3/s	10.00	20.00	20.00	30.00	30.00	40.00
水深	m	1.51	2.20	2.20	2.73	2.73	3.17
结冰点	km	13.20	16.50	10.80	16.50	14.90	16.50

表 8.2.3　工况 4 在流量、风速不同时结冰点出现的位置

	单位	工况 4.1	工况 4.2	工况 4.3	工况 4.4	工况 4.5	工况 4.6
风速	m/s	4.00	10.00	10.00	4.00	10.00	4.00
流量	m^3/s	10.00	20.00	30.00	30.00	40.00	40.00
水深	m	1.51	2.20	2.73	2.73	3.17	3.17
结冰点	km	11.70	11.80	13.50	16.50	16.40	16.50

8.3　金积供水工程引水明渠二维水温分布数值模拟

在前面已经利用一维水流水温数值模型分别模拟计算了不同工况下引水渠的水温度值和初始结冰点的位置. 然而, 由于传热问题的复杂性, 一维水温数学模型无法反映水温分布沿横向及垂向的变化. 而平面二维和立面二维水温数学模型能够做到这点. 以下分别给出利用平面二维和立面二维数学模型计算的水温分布及结冰位置的结果.

8.3.1　平面二维水温分布数值模拟结果及分析

由一维数值模拟结果可知, 采用小流量供水 ($1.55\ m^3/s$) 供水时, 结冰点位置一般出现在 1.5~4.0km, 因此这里仅给出 1.5~4.0km 水温分布二维数值模拟结果.

表 8.3.1 给出了工况 1~工况 4 各个子工况对应的水深及平面二维数值模拟结果中相应结冰点的位置.

这里结冰点的位置与一维有所不同. 一维数值模拟中结冰点是指水温沿断面平均后开始出现零温度的位置. 而平面二维数值模拟中的结冰点是指沿水深平均后的水温开始出现零温度的位置. 一般而言, 渠道中心位置处水温最高, 沿渠宽方向水温逐渐减小. 可以发现, 其他条件不变时, 水深越大, 结冰点位置越靠近引水渠进水口处.

表 8.3.1 四种工况在水深变化时平面二维数值模拟结冰点的位置

工况		水深/m	结冰点/km
1	1.1	1.0	3.10
	1.2	1.5	2.67
	1.3	2.0	2.17
	1.4	2.5	1.80
2	2.1	1.0	3.08
	2.2	1.5	2.63
	2.3	2.0	2.15
	2.4	2.5	1.80
3	3.1	1.0	3.55
	3.2	1.5	3.13
	3.3	2.0	2.72
	3.4	2.5	2.23
4	4.1	1.0	2.15
	4.2	1.5	1.70
	4.3	2.0	1.53
	4.4	2.5	1.52

图 8.3.1~图 8.3.4 给出了对应每一种工况下引水渠当出水口水深为 2m 时水温沿横向的分布情况. 由于同一工况下当水深不同时, 水温分布比较类似, 为了节约篇幅, 这里仅给出当水深为 2.0m 时的温度分布.

需要指出的是, 这里是采用水温模型对沿水深平均的水温分布进行数值计算得出的结果, 而零温度线之后的温度分布涉及复杂的冰水两相流, 这里得出的温度值是不真实的. 但是通过平面二维数值模拟, 我们可以对结冰情况沿横向的分布有一定的认识.

图 8.3.1~图 8.3.4 给出了工况 1~工况 4 条件下水温沿横向的分布, 可以得出以下几点结论:

(1) 在正常气温情况下, 正常水深 (1.5~2.0m) 时, 引水渠初始结冰点的位置位于距取水口 2.1~2.7km 处的可能性最大. 在极端寒冷天气情况下, 正常水深 (1.5~2.0m) 时, 可能会在 1.5~2.1km 处出现初始结冰点.

(2) 将平面二维数值模拟结果与一维数值模拟结果相比较可以看出, 在同一工况下, 二维模拟结果出现结冰点的位置较一维模拟结果大致提前了 0.3~0.4km. 由于引水渠 0~4km 过水断面属梯形断面 (边坡为 1 : 2.5), 在岸边处水流较缓且水深较小. 因此, 岸边温度值要低于中心线处温度值, 岸边的初始结冰点要比中心线处更靠近取水口.

(3) 水深越大, 初始结冰点与整体结冰点距离越大. 一般情况下, 当水深为 1.0m 时, 岸边的结冰点位置比整体提前约 0.1km; 当水深为 1.5m 时, 岸边的结冰点位置比整体结冰点位置提前约 0.2km; 当水深为 2.0m 时, 岸边的结冰点位置比整体结冰点位置提前约 0.4km; 当水深为 2.5m 时, 岸边的结冰点位置比整体结冰点位置提前约 0.6km.

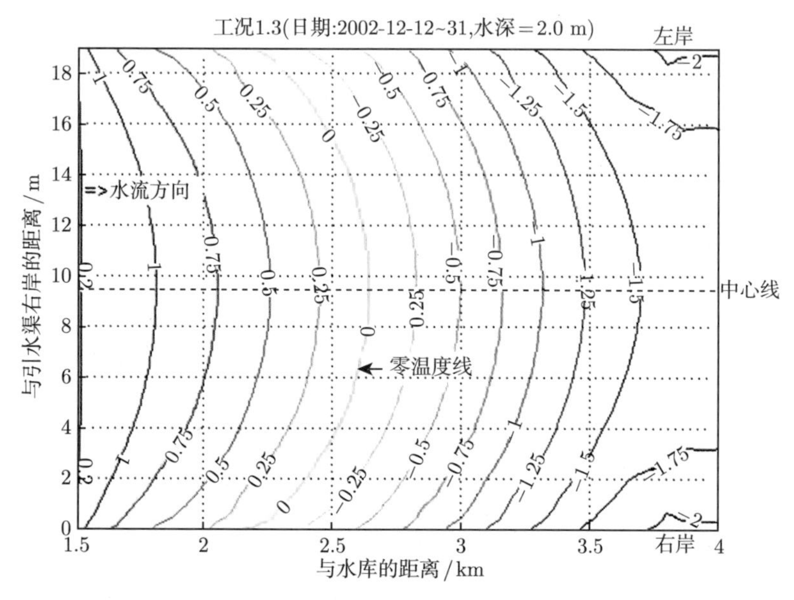

图 8.3.1　平面二维水温分布 (工况 1)

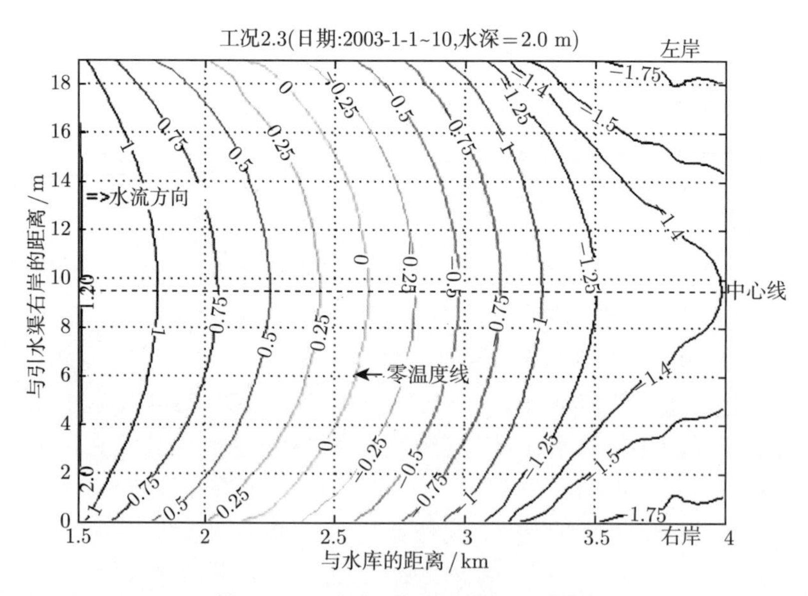

图 8.3.2　平面二维水温分布 (工况 2)

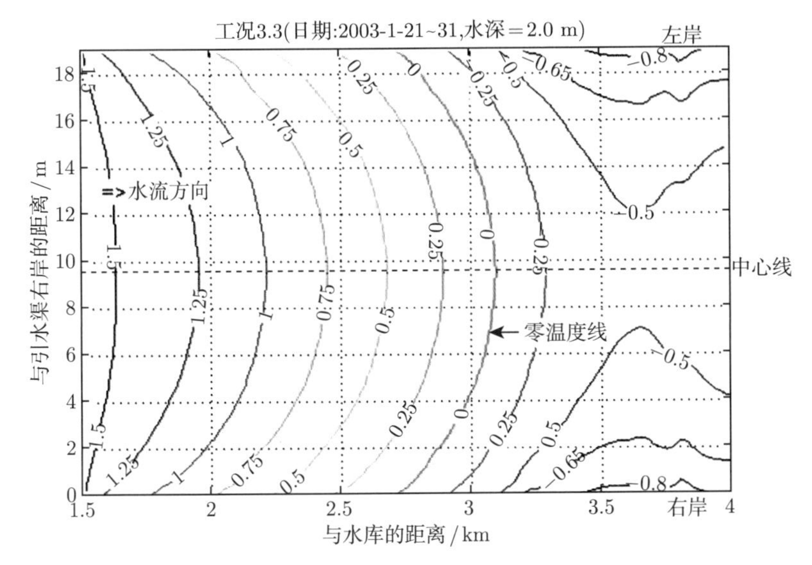

图 8.3.3　平面二维水温分布 (工况 3)

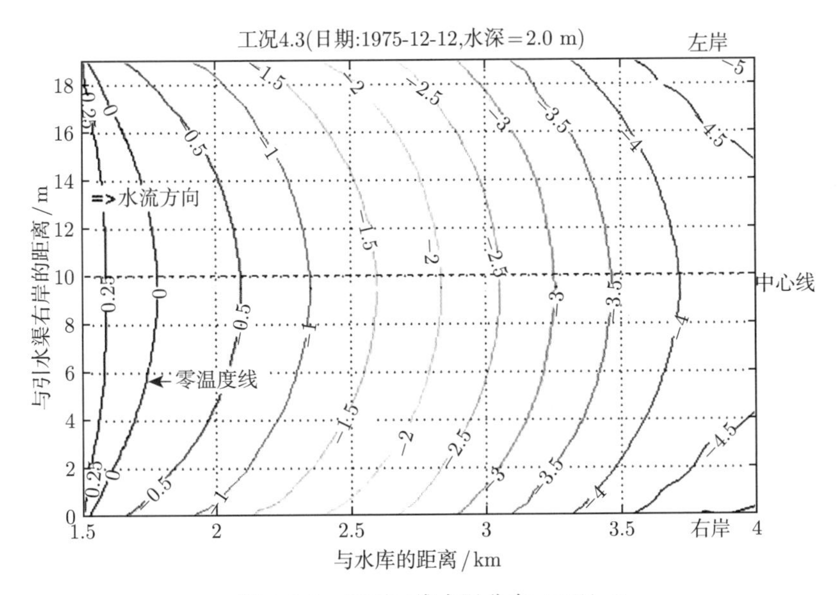

图 8.3.4　平面二维水温分布 (工况 4)

8.3.2　立面二维水温分布数值模拟结果及分析

利用立面二维水温数学模型, 分别模拟计算了工况 1~工况 4 在 0~4km 的沿渠宽平均的水温值. 由于篇幅所限, 仅对水深为 2.0m 时四种工况下水温值进行了数值计算.

图 8.3.5 给出了工况 1 在水深为 2m 时的沿渠宽平均的水温分布. 从图中可以发现, 水面处初始结冰点位置在 2.35km 处. 从渠底到水面, 水温值逐渐降低, 但是温度变化不大, 不到 0.1°C.

究其原因, 主要在于水面处与外界直接发生热交换, 而水体内部除了吸收部分太阳辐射外, 通过水面热传递与水面发生热交换. 在冬季气温低于水温时, 水面温度自然要低于水体内部温度. 但是由于水深较小 (2.0m) 及水流的紊动作用, 沿水深方向温度变化较小.

图 8.3.6 给出了工况 2 在水深为 2m 时的沿渠宽平均的水温分布. 从图中可以发现, 水面处初始结冰点位置在 2.30km 处. 从渠底到水面, 水温值同样逐渐降低, 但是温度变化不大, 不到 0.1°C. 原因分析完全与工况 1 相同, 不再重复.

图 8.3.7 给出了工况 3 在水深为 2m 时的沿渠宽平均的水温分布. 从图中可以发现, 水面处初始结冰点位置在 2.95km 处. 从渠底到水面, 水温值同样逐渐降低, 但是温度变化不大, 不到 0.1°C.

图 8.3.8 给出了工况 4 在水深为 2m 时的沿渠宽平均的水温分布. 从图中可以发现, 水面处初始结冰点位置在 1.60km 处. 从渠底到水面, 水温值同样逐渐降低, 但是温度变化不大, 不到 0.1°C.

现在以水深 2m 为例, 将一维、立面二维、平面二维三种模型在不同工况下结冰点位置距取水口的距离汇总如表 8.3.2 所示.

表 8.3.2 三种数学模型结冰点位置汇总

	工况 1	工况 2	工况 3	工况 4
水深/m	2.0	2.0	2.0	2.0
一维模型结冰点/km	2.50	2.55	3.25	1.70
立面二维模型结冰点/km	2.35	2.30	2.95	1.60
平面二维模型结冰点/km	2.17	2.15	2.72	1.53
三种模型算术平均值/km	2.34	2.33	2.97	1.61

通过对比发现, 在极端寒冷、热型气温和正常气温情况下三种模型计算出初始结冰点的位置有一定差别. 立面二维模型初始结冰点位置比一维情形靠近渠道引水口, 而平面二维模型初始结冰点位置比立面二维情形更靠近渠道引水口.

分析其原因, 第一, 由于岸边水深较小, 流速较小, 靠近岸边的零温度值要比引水渠中心线处更靠近取水口, 因而岸边的结冰点自然比一维数值模拟结果中沿断面平均的结冰点有所提前. 第二, 在冬季, 当气温低于水体温度时, 水面与外界热交换的结果, 要放出热量, 水面温度值要低于水面下水温值. 相应地, 立面二维数值模拟结果中初始结冰点的位置比一维模型相应结冰点位置靠近渠道引水口. 第三, 由于引水渠内水深较小, 受到垂向扩散作用的影响, 沿垂向水温变化幅度不大, 因此, 平面二维数值模拟结果中初始结冰点的位置要比立面二维数值模拟结果更靠近渠道引水口.

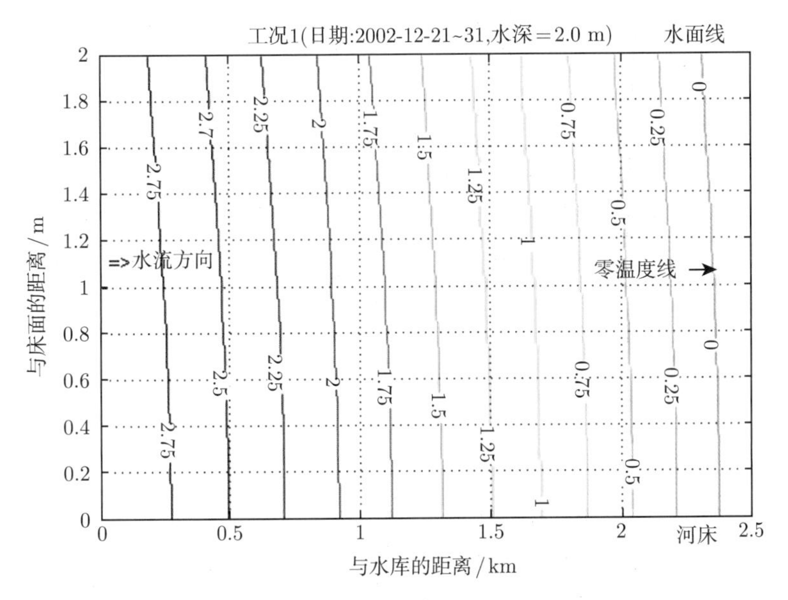

图 8.3.5 立面二维水温分布 (工况 1)

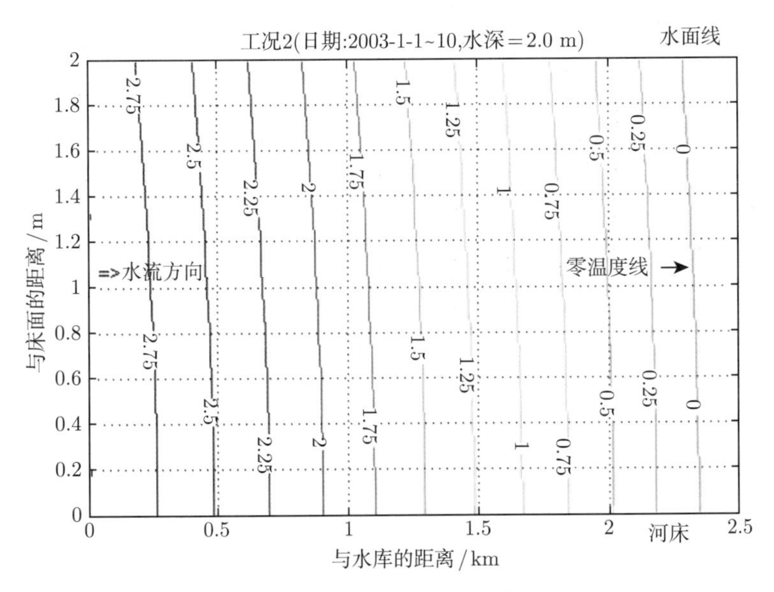

图 8.3.6 立面二维水温分布 (工况 2)

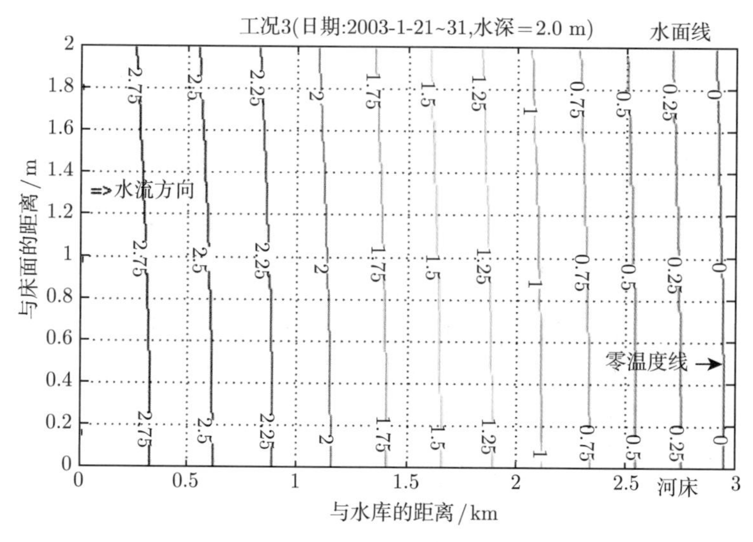

图 8.3.7　立面二维水温分布图 (工况 3)

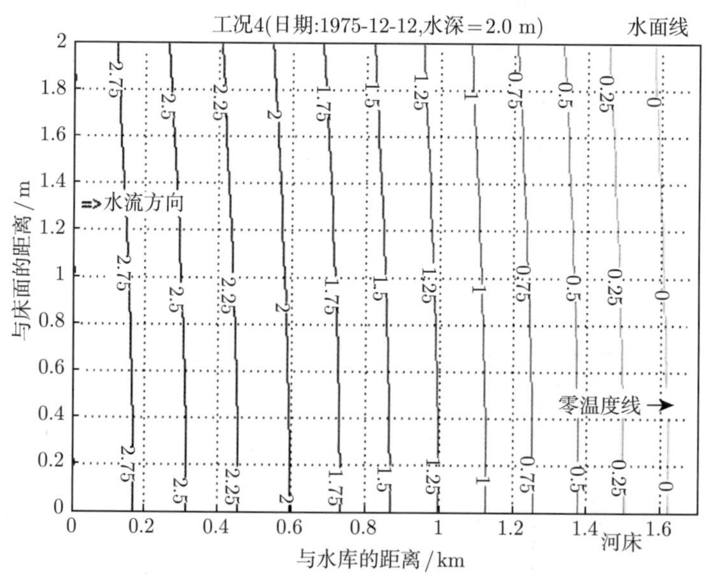

图 8.3.8　立面二维水温分布图 (工况 4)

8.4　金积供水工程引水明渠冰盖厚度数值模拟

8.4.1　1997—2007 年冰盖厚度发展情况

根据吴忠地区过去 10 年 (1997—2007) 的气象资料, 利用冰盖厚度发展模型方程计算了冬季冰盖厚度的发展变化情况, 如图 8.4.1 所示.

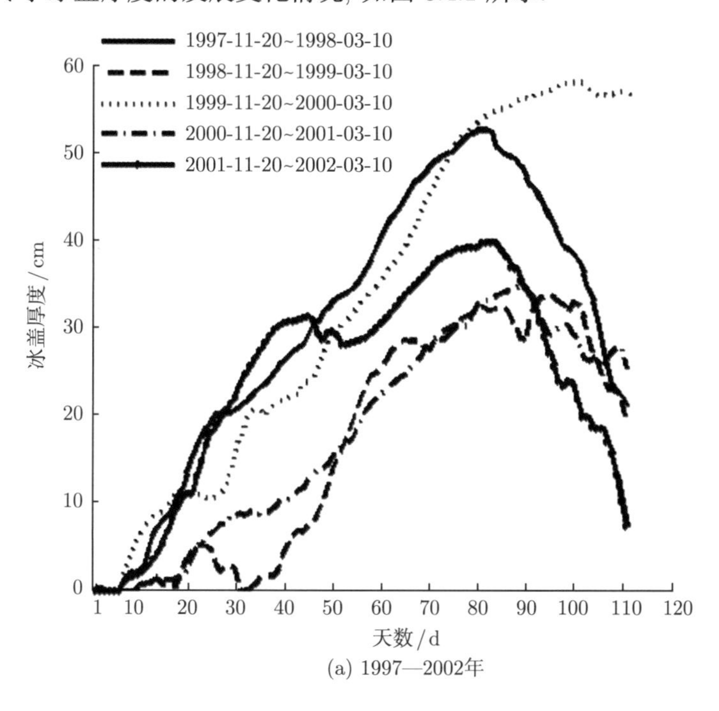

(a) 1997—2002年

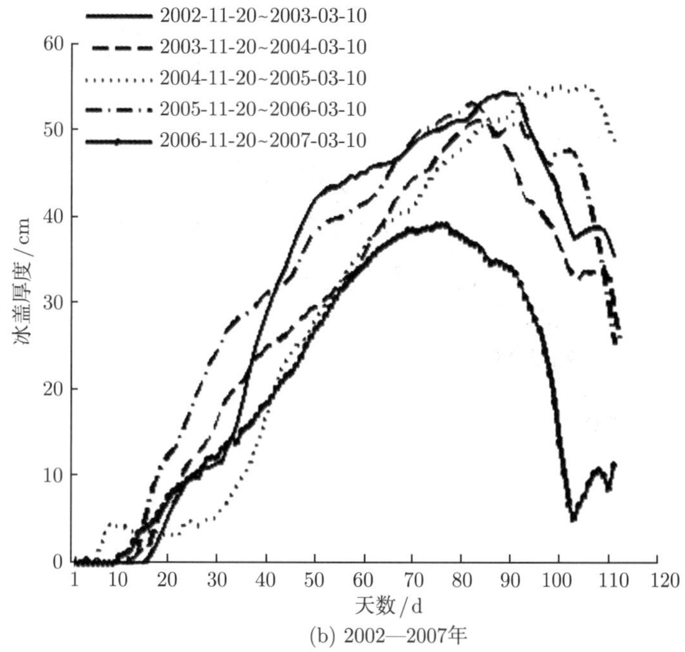

(b) 2002—2007年

图 8.4.1 冬季冰盖厚度发展情况

对过去 10 年的气象资料作比较, 1999 年冬季是这 10 年中最冷的一年, 而实际计算表明, 这一年是冰盖发展最厚 (58.2cm) 的一年. 数值模拟结果还表明, 2000 年冬季是冰盖发展最薄的一年 (34.8cm). 当然, 由于全球气候变暖, 近年来气温有逐年上升的趋势, 而冰盖厚度的发展也呈现减小的趋势. 由于模型中没有考虑形成稳定冰盖所需的时间, 一般情况下, 模拟出来的冰盖厚度会比实际情形略大一点. 当负气温积累达到一定的程度时, 开始形成稳定的冰盖. 随着负气温的进一步积累, 冰盖会进一步增厚. 当冰盖发展到一定程度时, 就不再发展了. 如果这时气候变暖, 出现正气温, 冰盖开始消融, 厚度逐渐减小, 直至冰盖消失.

8.4.2 数值模拟结果与经验公式的比较

由于 1999 年冬季是这 10 年中气候最冷的一年, 我们利用经验公式计算了 1999 年冬季冰盖发展情况, 并与数值模拟结果进行对比, 如图 8.4.2 所示. 经验公式中取不同的经验常数 α 时, 冰盖厚度不同. 当 $\alpha=2.7$ 时, 利用经验公式计算的冰盖变化过程和数值计算结果比较接近. 由于缺乏东干渠冬季冰盖厚度的实测资料, 有关冰盖厚度的模拟结果有待进一步实测验证. 由数值模拟结果, 并结合经验公式可以看出, 东干渠冬季引水出现结冰之后, 冰盖厚度会随着时间缓慢增长. 整个冬季 (11 月 20 日至次年 3 月 10 日), 冰盖累积厚度平均为 30~50cm, 最大不超过 60cm. 因此, 若水深为 1.5~2.0m, 可以保证冬季进行冰盖下稳定供水的要求.

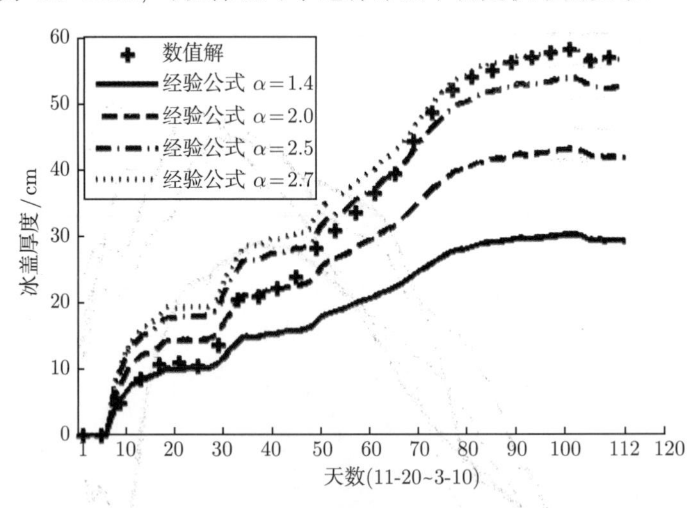

图 8.4.2 1999 年冬季冰盖发展情况数值模拟与经验公式的比较

8.5 小 结

综合关于宁夏吴忠金积供水工程纵向一维水温数值模拟、平面二维水温数值

模拟、立面二维水温数值模拟及冰盖发展数值模拟结果, 有如下主要结论:

(1) 在宁夏吴忠金积供水工程中, 采用东干渠 0~4km 进行水源引水的技术方案, 若配合必要的工程措施, 冬季进行正常供水应当是可行的, 在科学上是有保证的.

(2) 东干渠冬季供水在小流量 ($Q = 1.55\text{m}^3/\text{s}$) 情况下必然会出现结冰现象. 根据数值模拟结果, 初始结冰位置在正常气象条件下 (工况 1) 位于距引水渠进水口 2.5~3.0km 处, 较高气温下 (工况 2) 位于 2.8~3.2km 处, 而在极端寒冷情况下 (工况 3) 则位于 1.5~2.0km 处.

(3) 寒冷地区引水明渠冬季供水时渠水温度分布规律是: 沿渠道中心线 (纵向) 靠近引水渠进水口处温度较高, 随水流方向水温逐渐降低, 在初始结冰位置处开始结冰.

(4) 从渠道中心线到渠岸, 水温呈下降的幅度, 下降幅度为 0.5°C 左右.

(5) 从渠底到水面, 水温值同样逐渐降低, 但是温度变化不大, 不到 0.1°C.

(6) 立面二维模型初始结冰点位置比一维情形靠近渠道引水口, 而平面二维模型初始结冰点位置比立面二维情形更靠近渠道引水口.

(7) 影响水温分布及初始结冰位置的因素较多. 在供水流量和取水口水温为恒定的情况下, 按其影响程度排列依次为: 气温、风速、水深等因素. 一般说来, 气温越低, 结冰点越靠近渠首引水口; 水深越大, 结冰点位置越靠近渠首引水口; 风速越大, 结冰点位置越靠近渠首引水口.

(8) 寒冷地区引水明渠开始结冰之后, 冰的厚度会在整个冬季缓慢而稳定地增长. 初始结冰位置后冰盖累积厚度一般为 30~50cm, 最大厚度处将不超过 60cm.

第 9 章　抽水泵站水锤数值模拟研究

在压力管道流中因流速剧烈变化引起动量转换, 从而在管路中产生一系列急骤的压力交替变化的水力撞击称为水锤现象. 水锤也称水击, 或称流体 (水力) 瞬变 (暂态) 过程, 它是流体的一种非恒定流动, 即液体运动中所有空间点处的一切运动要素 (流速、加速度、动力压强、切应力与密度等) 不仅随空间位置而变, 而且随时间而变.

水锤现象的延续时间虽然短暂, 但它会造成严重的工程事故; 如因事故停泵在管路中产生水柱分离和断流弥合水锤, 则其破坏力更为严重. 泵站中发生水锤事故的现象较为普遍, 其中以地形复杂、高差起伏较大的我国西北、西南地区尤为突出. 在农田灌溉泵站及供水工程系统中, 人们特别将泵站水锤的危害列为泵站三害 (水锤、汽蚀、泥沙) 之首 (唐均等, 2010). 泵站及管路系统中的水锤问题, 一直是国内外研究和防护的重要课题. 随着工农业的日益现代化, 高扬程、大功率的大型泵站及大口径、长距离输水系统的广泛修建 (方永旗, 2010; 刘梅清等, 2004), 因而进一步研究泵站供水系统中水锤发生的机理、计算、预测方法及有效防护措施, 就显得十分重要.

泵站水锤分析计算中普遍采用的是特征线法. 其主要思路是将以偏微分方程表示的水锤基本方程组, 转化为在特征方向上的常微分方程组 (特征方程), 沿特征线进行积分, 将得到有限差分方程. 根据给定的初始条件, 采用有限差分数值计算. 特征线法物理概念明确, 便于应用计算机进行计算, 特征线法能处理复杂的边界条件, 容易满足数值计算解收敛的稳定条件, 计算精度高、速度快, 现已被广泛采用 (陈松山等, 2007).

目前, 由于输水工程管线长, 管道起伏大, 要求输水保证率高, 因此工程的安全运行问题越来越受到科研、设计、施工及运行管理人员的重视. 水锤是影响压力输水工程安全运行的一个重要因素, 不少工程因水锤而引起爆管, 产生了严重的经济损失. 因此, 分析和模拟计算压力管道水锤并采取适当的防护措施, 使管线中的最大升压和最大降压控制在管道承压所允许的范围内, 确保输水系统安全、经济、可靠运行 (毛艳艳等, 2011).

9.1　抽水泵站工程概况

某供水工程采用水泵加压输水方式, 设计取水流量 0.2m^3/s, 取水水位 755m,

泵站压力出水管道采用单管布置, 管径 0.5m, 管道全长 11000m, 其管线纵剖面布置如图 9.1.1 所示.

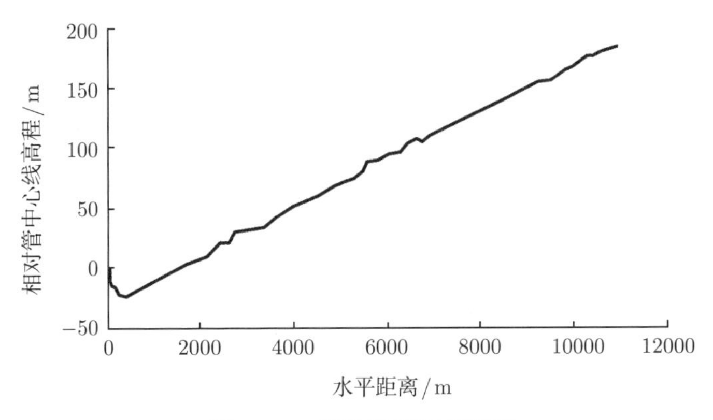

图 9.1.1 管道纵剖面布置图

地形扬程 189m, 最大设计扬程为 217m. 泵站布置 3 台机组, 2 台工作 1 台备用, 水泵额定流量 $0.11\mathrm{m}^3/\mathrm{s}$, 额定扬程 217m, 额定转速 1480r/min, 水泵出口均安装两阶段关闭蝶阀. 结合泵站输水的特点, 输水管线主管道总长 11000m, 分为 550 段, 时间步长 $\Delta t = 0.0235$, 计算时间 300s. 根据泵站布置台数, 计算分析最不利运行工况, 采用水柱分离模型和特征线法, 对事故停泵的水力过渡过程进行计算分析.

9.2 水泵正常运行工况点的确定

9.2.1 水泵性能曲线方程

水泵性能参数之间的关系一般是由水泵样本或生产厂家以基本性能曲线的形式提供给用户, 大多数离心泵 $Q-H$ 曲线是一条下降的抛物线, 可用抛物线方程表示.

$$H = A_1 + B_1 Q + C_1 Q^2 \tag{9.2.1}$$

式中: Q 为水泵流量, m^3/s; H 为水泵扬程, m; A_1, B_1, C_1 为水泵 $Q-H$ 曲线性能常数, 其值取决于水泵性能曲线的形式. 在水泵性能曲线上取三个点, 一般取水泵设计点和高效区两点的参数, 也可取水泵性能表对应的三个点的参数. 根据三个点的流量和扬程, 可列出含有 A_1, B_1, C_1 三元的线性程组, 即可求得常数 A_1, B_1, C_1.

9.2.2 单泵运行工况点的确定

水泵装置需要扬程是由净扬程和管路阻力损失两部分组成, 即

$$H_{需} = H_{净} + h_{损} \tag{9.2.2}$$

式中: $H_{需}$ 为水泵装置的需要扬程, m; $H_{净}$ 为净扬程, 即进水池水位和出水池水位之差, m; $h_{损}$ 为管道水头损失, 包括沿程水头损失和局部水头损失, m. 对于特殊管路来说, 管道水头损失按水力学或有关手册提供的计算公式进行计算, 一般管道的水头损失 $h_{损} = SQ^2$, S 为管道阻力参数, m^3/s^2.

在水泵工运行工况点, 要求水泵扬程与需要扬程应相等, 即 $H = H_{需}$.

$$A_1 + B_1Q + C_1Q^2 = H_{需} + SQ^2 \tag{9.2.3}$$

对单泵运行工况点可用 (9.2.3) 计算出流量, 即可确定水泵运行工况点.

9.2.3 并联运行水泵工况点确定

水泵并联是两台或两台以上水泵同时用一根输水管道输水. 在高扬程、多机组、长管道的泵站中, 多采用水泵并联, 并联的各台水泵的流量与扬程曲线方程可用式 (9.2.1) 分别表示. 根据水泵并联的特点, 并联点以前的水头损失可分别从相应水泵的流量与扬程曲线中扣除, 得到并联点以前扣除水头损失的流量与扬程方程. 并联点以后的水头损失加上净扬程, 得需要扬程曲线. 以两台不同型号水泵并联为例, 给出水泵扬程与需要扬程之间的关系.

$$H_1 = A_1 + B_1Q_1 + C_1Q_1^2 - S_{AX}Q_1^2 \tag{9.2.4}$$

$$H_2 = A_2 + B_2Q_2 + C_2Q_2^2 - S_{BX}Q_2^2 \tag{9.2.5}$$

$$H_{需} = H_{净} + S(Q + Q_2)^2 \tag{9.2.6}$$

式中: Q_1, Q_2 分别为 1#、2#水泵的流量 m^3/s; H_1, H_2 分别为 1#、2#水泵的扬程, m; A_1, B_1, C_1 为 1#水泵 $Q-H$ 性能曲线常数; A_1, B_1, C_1 为 2#水泵 $Q-H$ 性能曲线常数; S_{AX} 为 AX 段管道阻力参数, m^3/s^2; S_{BX} 为 BX 段管道阻力参数, m^3/s^2. 在水泵工况点 $H_1 = H_2 = H_{需}$, 利用动态规划法求解水泵并联运行工况点.

9.2.4 庄头支线泵站水泵运行工况点确定

根据庄头支线泵站安装机组台数和管道布置, 利用 9.2.3 小节方法确定水泵工作参数和水泵运行工况点.

表 9.2.1 水泵性能参数表

水泵型号	流量		扬程	效率	转速	轴功率	电机功率
	/(m³/h)/(L/s)		/m	/%	/(r/min)	/kW	/kW
SLOW150-570×2	320	89.0	228	73.15	1480	272.13	400
	450	125.0	210	77.00	1480	334.43	400
	580	161.0	184	73.15	1480	397.28	400

表 9.2.2 庄头支线泵站在净扬程为 189m 时水泵正常运行参数

泵型	运行台数	单泵流量 /(m^3/s)	水泵扬程 /m	轴功率 /kW	效率 /%	主管流量 /(m^3/s)	主管流速 /(m/s)
SLOW150-570×2	1	0.13	204.46	349.11	76.73	0.134	0.68
SLOW150-570×2	2	0.1	222.83	292.77	75.43	0.202	1.03

9.3 特征线法离散水锤控制方程

水锤基本控制方程是泵站压力管道水力过渡过程分析和计算的基础, 它包含了以微分方程式表示的运动方程和连续性方程, 反映了在水力过渡过程中不稳定水流的流速和水头变化规律 (朱满林等, 2007). 根据流体力学原理, 可推导压力管道中可压缩流体的运动方程和连续性方程分别为 (曹广学等, 2006)

$$gA_1\frac{\partial H}{\partial x}+\frac{\partial Q}{\partial t}+\frac{fQ\left|Q\right|}{2DA_1}=0 \tag{9.3.1}$$

$$gA_1\frac{\partial H}{\partial t}+a^2\frac{\partial Q}{\partial x}=0 \tag{9.3.2}$$

式中: g 为重力加速度; A_1 为管道断面面积; H 为压力水头; Q 为管道流量; f 为管道沿程阻力系数; x 为沿管轴线的轴向坐标; t 为时间; D 为管道直径; a 为水锤波速.

特征线方法是目前求解管道输水系统水力过渡过程常用的数值计算方法. 具有可以建立稳定性准则; 边界条件容易编写程序, 可以处理复杂系统; 可以适用于各种管道水力过渡过程分析 (杨开林, 2011), 下面用特征线法离散水锤控制方程.

压力管道中可压缩流体的运动方程 (9.3.1) 和连续性方程 (9.3.2) 可以表示为下述形式:

$$L_1=gA_1\frac{\partial H}{\partial x}+\frac{\partial Q}{\partial t}+\frac{fQ\left|Q\right|}{2DA_1}=0 \tag{9.3.3}$$

$$L_2=gA_1\frac{\partial H}{\partial t}+a^2\frac{\partial Q}{\partial x}=0 \tag{9.3.4}$$

将上述方程用一个未知因子 λ 进行线性组合得

$$\begin{aligned}L_1+\lambda L_2&=gA_1\frac{\partial H}{\partial x}+\frac{\partial Q}{\partial t}+\frac{fQ\left|Q\right|}{2DA_1}+\lambda\left(gA_1\frac{\partial H}{\partial t}+a^2\frac{\partial Q}{\partial x}\right)\\&=\left(\frac{\partial Q}{\partial t}+\lambda a^2\frac{\partial Q}{\partial x}\right)+\lambda gA_1\left(\frac{\partial H}{\partial t}+\frac{1}{\lambda}\frac{\partial H}{\partial x}\right)+\frac{fQ\left|Q\right|}{2DA_1}=0\end{aligned} \tag{9.3.5}$$

设 $H=H(x,t)$ 和 $Q=Q(x,t)$ 是运动方程和连续方程的解, 并假设变量 x 是 t 的函数, 根据微分法则

$$\frac{\mathrm{d}Q}{\mathrm{d}t}=\frac{\partial Q}{\partial t}+\frac{\partial Q}{\partial x}\frac{\mathrm{d}x}{\mathrm{d}t} \tag{9.3.6}$$

$$\frac{\mathrm{d}H}{\mathrm{d}t}=\frac{\partial H}{\partial t}+\frac{\partial H}{\partial x}\frac{\mathrm{d}x}{\mathrm{d}t} \tag{9.3.7}$$

设 $\lambda a^2=\dfrac{\mathrm{d}x}{\mathrm{d}t}$, 代入式 (9.3.6), 有

$$\frac{\mathrm{d}Q}{\mathrm{d}t}=\frac{\partial Q}{\partial t}+\lambda a^2\frac{\partial Q}{\partial x} \tag{9.3.8}$$

又设 $\dfrac{1}{\lambda}=\dfrac{\mathrm{d}x}{\mathrm{d}t}$, 代入式 (9.3.7), 有

$$\frac{\mathrm{d}H}{\mathrm{d}t}=\frac{\partial H}{\partial t}+\frac{1}{\lambda}\frac{\mathrm{d}x}{\mathrm{d}t} \tag{9.3.9}$$

那么, 式 (9.3.5) 可写为

$$\frac{\mathrm{d}Q}{\mathrm{d}t}+\lambda gA_1\frac{\mathrm{d}H}{\mathrm{d}t}+\frac{fQ\left|Q\right|}{2DA_1}=0 \tag{9.3.10}$$

由 $\dfrac{\mathrm{d}x}{\mathrm{d}t}=\lambda a^2=\dfrac{1}{\lambda}$, 可解出 λ 的两个特征值

$$\lambda=\pm\frac{1}{a} \tag{9.3.11}$$

将 $\lambda=1/a$ 代入式 (9.3.10), 有

$$C^+\begin{cases}\dfrac{\mathrm{d}Q}{\mathrm{d}t}+\dfrac{gA_1}{a}\dfrac{\mathrm{d}H}{\mathrm{d}t}+\dfrac{fQ\left|Q\right|}{2DA_1}=0\\ \dfrac{\mathrm{d}x}{\mathrm{d}t}=a\end{cases} \tag{9.3.12}$$

称式 (9.3.12) 为管道流动瞬态的正特征线方程.

将 $\lambda=-\dfrac{1}{a}$ 代入式 (9.3.10), 有

$$C^-\begin{cases}\dfrac{\mathrm{d}Q}{\mathrm{d}t}-\dfrac{gA_1}{a}\dfrac{\mathrm{d}H}{\mathrm{d}t}+\dfrac{fQ\left|Q\right|}{2DA_1}=0\\ \dfrac{\mathrm{d}x}{\mathrm{d}t}=-a\end{cases} \tag{9.3.13}$$

称式 (9.3.13) 为管道流动瞬态的负特征线方程.

对于给定的管道, 水锤波速 a 通常是常数. 在特征线方程中, $\dfrac{\mathrm{d}t}{\mathrm{d}x}=\pm\dfrac{1}{a}$ 分别是斜率为 $+\dfrac{1}{a}$ 和 $-\dfrac{1}{a}$ 的两条直线, 如图 9.3.1 所示, 以 x 为横坐标, t 为纵坐标, 设 A, B 两点间的距离为 $2\Delta x$, A, B 两点在 t_0 时刻的流量和水头分别为 Q_A, H_A, Q_B, H_B; P 点在 $t_0+\Delta t$ 时刻的流量和水头为 Q_P, H_P.

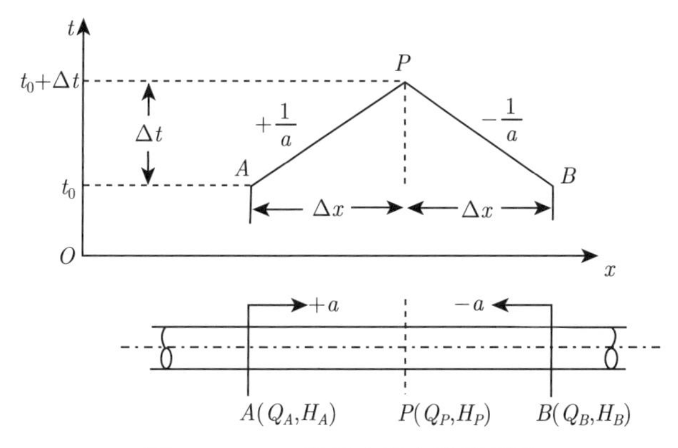

图 9.3.1 x-t 坐标中的水锤特征线

将微分方程 (9.3.12) 沿特征线 AP 积分得

$$\int_A^P \mathrm{d}Q + \frac{gA_1}{a}\int_A^P \mathrm{d}H + \frac{f}{2DA_1}\int_A^P Q\,|Q|\mathrm{d}t = 0 \tag{9.3.14}$$

即

$$(Q_P - Q_A) + \frac{gA_1}{a}(H_P - H_A) + \frac{f\Delta t}{2DA_1}Q_A\,|Q_A| = 0 \tag{9.3.15}$$

同理, 对于微分方程 (9.3.13) 沿特征线 BP 积分得

$$(Q_P - Q_B) - \frac{gA_1}{a}(H_P - H_B) + \frac{f\Delta t}{2DA_1}Q_B\,|Q_B| = 0 \tag{9.3.16}$$

从而可用差分形式表示 A, P 两点及 B, P 之间的流量和水头关系, 可得到水锤计算的正、负特征差分方程.

对于正特征线 AP, 有

$$Q_P = Q_A - \frac{gA_1}{a}(H_P - H_A) - \frac{f\Delta t}{2DA_1}Q_A\,|Q_A| \tag{9.3.17}$$

对于负特征线 BP, 有

$$Q_P = Q_B + \frac{gA_1}{a}(H_P - H_B) - \frac{f\Delta t}{2DA_1}Q_B\,|Q_B| \tag{9.3.18}$$

求解输水管道水力瞬变流动问题时, 通常从 $t = t_0$ 时的定常流动状态开始, 将整个计算管长分成 N 段, 得到计算水锤的特征线网格图如 9.3.2 所示 (这里 $N = 6$), 则 $\Delta x = L/N$, $\Delta t = \Delta x/a$, H_0 为管道进口测压管水头. 因此, 管道每一个计算断面上的 H 及 Q 的初始值 H_A, Q_A, H_B, Q_B 是已知的. 利用特征线方程计算 $t = t_0+\Delta t$ 时刻每个网格点的 H 及 Q, 然后接着在 $t = t_0 + 2\Delta t$ 上计算, 以此类推, 一直计算到所要的时间为止. 在任何一个内部网格节点, 如截面 i, 联立求解式 (9.3.17) 和式 (9.3.18) 可以解出 t 时刻的未知量 Q_{Pi} 和 H_{Pi}.

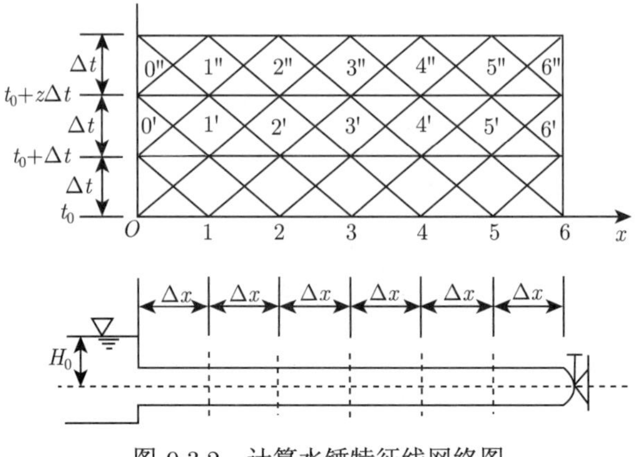

图 9.3.2 计算水锤特征线网络图

式 (9.3.17)、(9.3.18) 可简写成

$$Q_{Pi} = C_A - EH_{Pi} \tag{9.3.19}$$

$$Q_{Pi} = C_B + EH_{Pi} \tag{9.3.20}$$

式中 C_A, C_B 为 $t-\Delta t$ 时刻的已知量

$$C_A = Q_{i-1} + EH_{i-1} - CQ_{i-1}\left|Q_{i-1}\right|, \quad C_B = Q_{i+1} - EH_{i+1} - CQ_{i+1}\left|Q_{i+1}\right|$$

$$E = \frac{gA_1}{a}, \quad C = \frac{f\Delta t}{2DA_1}$$

将式 (9.3.19)、式 (9.3.20) 联立, 可得

$$Q_{Pi} = (C_A + C_B)/2 \tag{9.3.21}$$

$$H_{Pi} = \frac{C_A - C_B}{2E} \tag{9.3.22}$$

需要说明一下, 截面 i 是 x 方向的任一网格节点, 有时也称为管道内截面. 再计算每一个截面上的 Q_{Pi} 和 H_{Pi}, 它在前一时步的数值总是已知的, 不是作为起始条件给出, 就是它前一步计算的结果. 当管路两端的边界条件给定时, 时刻 t 计算断面 i 的未知流量 Q 和水头 H 可由式 (9.3.19) 和式 (9.3.20) 得到.

9.4 定解条件

9.4.1 水泵端边界条件

1. 水泵全面性能曲线方程

事故停泵后, 水泵扬程、流量、转速、转矩之间的关系, 一般以相对值在泵全性能曲线中反映出, 为便于计算机对水泵性能参数的存储和运算, 需要对全性能曲线

简化. 根据泵的相似理论, 在相似工况下有

$$\frac{Q}{n}=\text{const},\quad \frac{H}{n^2}=\text{const},\quad \frac{P}{n^3}=\text{const}$$

这里 P 为轴功率, 水泵参数中的转矩可表示为 $M=\dfrac{P}{\omega}=\dfrac{30P}{\pi n}$, 故有

$$\frac{M}{n^2}=\frac{30P}{\pi n^3}=\text{const}$$

用相对值表示(令 $v=\dfrac{Q}{Q_{\mathrm{R}}}$; $h=\dfrac{H}{H_{\mathrm{R}}}$; $\alpha=\dfrac{n}{n_{\mathrm{R}}}$; $m=\dfrac{M}{M_{\mathrm{R}}}$), Q_{R}, H_{R}, n_{R}, M_{R} 为水泵额定流量、额定扬程、额定转速、额定转矩, 则上述流量、扬程、转矩的关系为

$$\frac{v}{\alpha}=\text{const},\quad \frac{h}{\alpha^2}=\text{const},\quad \frac{m}{\alpha^2}=\text{const}$$

如果把水泵的全性能曲线的四个象限每隔一定的角度 $\Delta\theta$ 等分, 则对应任意角度为 θ 的射线上的各点为

$$\tan\theta=\frac{\alpha}{v}=\text{const}$$

也就是说, 同一射线上各点的 $\dfrac{\alpha}{v}$ 相等, 均为相似工况点, 所以该射线上各点的 $\dfrac{h}{\alpha^2}$ 和 $\dfrac{m}{\alpha^2}$ 也分别相等. 这样, 若给出不同的 θ 值, 就能求出相应的 $\dfrac{\alpha}{v}$, $\dfrac{h}{\alpha^2}$ 和 $\dfrac{m}{\alpha^2}$ 值.

如果以 $\dfrac{\alpha}{v}$ 为横坐标, 分别以 $\dfrac{h}{\alpha^2}$ 和 $\dfrac{m}{\alpha^2}$ 为纵坐标, 可将水泵全性能曲线用两条以综合参数表示的曲线来概括. 其中 $\dfrac{h}{\alpha^2}-\dfrac{\alpha}{v}$ 曲线表示任意转速情况下, 扬程与流量的关系; $\dfrac{m}{\alpha^2}-\dfrac{\alpha}{v}$ 曲线表示在任意转速情况下, 转矩与流量的关系, 从而全性能曲线得到简化.

由于水泵全性能曲线表示水泵各种不同运行工况下的参数, v, h, α, m 的值可正可负, 当 $\alpha=0$ 或 $v=0$ 时, $\dfrac{h}{\alpha^2}$, $\dfrac{m}{\alpha^2}$ 或 $\dfrac{\alpha}{v}$ 变为无穷大而没意义, 也不可能绘出整个曲线.

将 $\dfrac{v^2}{h}=\text{const}$ 和 $\dfrac{\alpha^2}{h}=\text{const}$ 进行组合变换, 得

$$\frac{h}{\alpha^2+v^2}=\text{const}$$

将 $\dfrac{\alpha^2}{m}=\text{const}$ 和 $\dfrac{v^2}{m}=\text{const}$ 进行组合变换, 得

$$\frac{m}{\alpha^2+v^2}=\text{const}$$

这样, 全性能曲线就可表达为 $\dfrac{h}{\alpha^2+v^2}-\theta$ 和 $\dfrac{m}{\alpha^2+v^2}-\theta$ 两条曲线, 其中 $\theta=\arctan\dfrac{\alpha}{v}$. 经过这种转换坐标变化后的曲线, 其横坐标 $\theta=\arctan\dfrac{\alpha}{v}$ 在任何工况下都在 $0^\circ\sim360^\circ$ 范围内变化, 且 α 和 v 不可能同时为零, 从而使纵坐标 $\dfrac{h}{\alpha^2+v^2}$ 和 $\dfrac{m}{\alpha^2+v^2}$ 均为有界值.

在 $0^\circ\sim360^\circ$ 范围内, 将 θ 等分, 如 $\Delta\theta=5^\circ$, 分别求得相邻点的 $\dfrac{h}{\alpha^2+v^2}$ 和 $\dfrac{m}{\alpha^2+v^2}$ 值, 然后以数据表的形式存储于计算机中, 可供水锤计算时使用.

对于两点之间的任意 θ 值, 可由线性插值求出 θ 所对应的 $\dfrac{h}{\alpha^2+v^2}$ 和 $\dfrac{m}{\alpha^2+v^2}$, 即

$$\frac{h}{\alpha^2+v^2}=a_1+b_1\arctan\frac{\alpha}{v} \tag{9.4.1}$$

$$\frac{m}{\alpha^2+v^2}=a_2+b_2\arctan\frac{\alpha}{v} \tag{9.4.2}$$

式中: a_1, b_1 分别为扬程直线方程中的截距和斜率; a_2, b_2 分别为转矩直线方程中的截距和斜率.

2. 水泵机组转子惯性方程

由理论力学知, 机组转子绕固定轴旋转矩是

$$M=-J\frac{\mathrm{d}\omega}{\mathrm{d}t}=-\frac{GD^2}{4g}\frac{2\pi}{60}\frac{\mathrm{d}n}{\mathrm{d}t}=-\frac{GD^2}{375}\frac{\mathrm{d}n}{\mathrm{d}t} \tag{9.4.3}$$

式中, M 为作用于机组转子上的转矩, N·m; J 为机组转子的转动惯量, kg·m^2; ω 为转动角速度, s^{-1}; GD^2 为机组转动部分的飞轮惯量, N·m^2.

机组失去动力后, 靠惯性减速运转. 用有限差分表示上式, 取微小时段 $\Delta t=t-t_i$, 则有

$$\frac{M+M_i}{2}=-\frac{GD^2}{375}\frac{n-n_i}{\Delta t} \tag{9.4.4}$$

将式 (9.4.4) 中的有关参数用无量纲的相对值表示, 即 $m=\dfrac{M}{M_{\mathrm{R}}}$, $\alpha=\dfrac{n}{n_{\mathrm{R}}}$, 代入式 (9.4.4) 并整理得

$$\alpha-\alpha_i=-\frac{187.5M_{\mathrm{R}}}{GD^2n_{\mathrm{R}}}(m+m_i)\Delta t \tag{9.4.5}$$

令

$$K=-\frac{187.5M_{\mathrm{R}}}{GD^2n_{\mathrm{R}}}\Delta t=-\frac{1.79\times10^6P_{\mathrm{R}}}{GD^2n_{\mathrm{R}}}\Delta t \tag{9.4.6}$$

式中下标 “R” 表示泵的额定工况参数. 由此可得时段末未知转速的相对比值为

$$\alpha = \alpha_i + K(m + m_i) \tag{9.4.7}$$

3. 任意时刻水头平衡方程

如果水泵出口装有缓闭阀, 则水泵扬程 H 与管道始端 (阀后) 水头 H_{P0} 的关系在不计流速水头的情况下为

$$H_{P0} = H + H_{\mathrm{s}} - H_{\mathrm{f}} \tag{9.4.8}$$

式中,H_{P0} 为管道始端 (阀后) 水头; H_{s} 为水泵进口断面的测压管水头. 当进水管较短, 忽略水力损失, 其值为进水池水面到基准面的高度; H 为水泵扬程; H_{f} 为阀门的水力损失, 可表示为 $H_{\mathrm{f}} = c_{\mathrm{f}} Q_{P0} |Q_{P0}|$, 其中 c_{f} 为阀门的阻力系数, 由阀门开度确定.

4. 流量连续方程

在水泵和阀门之间, 没有分流和汇流, 因而流过阀门的流量 Q_{P0} 与水泵流量相等, 即

$$Q_{P0} = Q \tag{9.4.9}$$

5. 管道起始断面特征方程

当进水管较短时, 可略去其与水泵连接的特征方程. 由式 (9.3.20), 列出管道起始断面处的负特征方程

$$Q_{P0} = C_B + EH_{P0} \tag{9.4.10}$$

将方程 (9.4.1)、(9.4.2)、(9.4.7)、(9.4.8)、(9.4.9) 和 (9.4.10) 联立, 便可求得所需要的水泵端参数, 过程如下:

首先将式 (9.4.8) 和式 (9.4.9) 代入式 (9.4.10), 得

$$Q = C_B + EH_{\mathrm{s}} + EH - Ec_{\mathrm{f}} Q |Q| \tag{9.4.11}$$

将水泵流量 Q 和扬程 H 用无因次的相对值表示, 式 (9.4.11) 变为

$$Q_{\mathrm{R}} v = C_B + EH_{\mathrm{s}} + EH_{\mathrm{R}} h - Ec_{\mathrm{f}} Q_{\mathrm{R}}^2 v |v| \tag{9.4.12}$$

现有 4 个方程, 即式 (9.4.1)、(9.4.2)、(9.4.7) 和式 (9.4.12), 共含有 4 个未知量 v, h, α, m, 方程组可解. 经过代换, 消去 h 和 m, 整理可得下列两个方程:

$$F_1 = C_B + EH_{\mathrm{s}} - Q_{\mathrm{R}} v - Ec_{\mathrm{f}} Q_{\mathrm{R}}^2 v |v| + EH_{\mathrm{R}} a_1 (\alpha^2 + v^2) + EH_{\mathrm{R}} b_1 (\alpha^2 + v^2) \arctan \frac{\alpha}{v} = 0 \tag{9.4.13}$$

$$F_2 = \alpha - Ka_2(\alpha^2 + v^2) - Kb_2(\alpha^2 + v^2)\arctan\frac{\alpha}{v} - \alpha_i - Km_i = 0 \tag{9.4.14}$$

上两式是包含 α 和 v 两个未知量的非线性方程式, 可用 Newton-Rapson 迭代法求解.

方程 (9.4.13) 和 (9.4.14) 可简写为下述函数的形式, 即

$$F_1(\alpha, v) = 0, \quad F_2(\alpha, v) = 0$$

求解时, 先假定 α 和 v 为近似解, 则 $\alpha + \Delta\alpha$, $v + \Delta v$ 为逼近于精确解的近似值, 于是

$$F_1(\alpha + \Delta\alpha, v + \Delta v) = 0, \quad F_2(\alpha + \Delta\alpha, v + \Delta v) = 0$$

将上述函数用多元函数的 Taylor 级数展开, 并取其线性项近似得

$$F_1(\alpha + \Delta\alpha, v + \Delta v) \approx F_1 + \frac{\partial F_1}{\partial \alpha}\Delta\alpha + \frac{\partial F_1}{\partial v}\Delta v = 0 \tag{9.4.15}$$

$$F_2(\alpha + \Delta\alpha, v + \Delta v) \approx F_2 + \frac{\partial F_2}{\partial \alpha}\Delta\alpha + \frac{\partial F_2}{\partial v}\Delta v = 0 \tag{9.4.16}$$

联立求解以上两方程可得

$$\Delta\alpha = \frac{F_2\dfrac{\partial F_1}{\partial v} - F_1\dfrac{\partial F_2}{\partial v}}{\dfrac{\partial F_1}{\partial \alpha}\cdot\dfrac{\partial F_2}{\partial v} - \dfrac{\partial F_1}{\partial v}\cdot\dfrac{\partial F_2}{\partial \alpha}} \tag{9.4.17}$$

$$\Delta v = \frac{F_1\dfrac{\partial F_2}{\partial \alpha} - F_2\dfrac{\partial F_1}{\partial \alpha}}{\dfrac{\partial F_1}{\partial \alpha}\cdot\dfrac{\partial F_2}{\partial v} - \dfrac{\partial F_1}{\partial v}\cdot\dfrac{\partial F_2}{\partial \alpha}} \tag{9.4.18}$$

式中 F_1, F_2 对 α 和 v 的偏导数, 可由式 (9.4.13) 和式 (9.4.14) 求得

$$\frac{\partial F_1}{\partial \alpha} = EH_{\mathrm{R}}\left(2a_1\alpha + b_1 v + 2b_1\alpha\arctan\frac{\alpha}{v}\right)$$

$$\frac{\partial F_1}{\partial v} = EH_{\mathrm{R}}\left(2a_1 v - b_1 v + 2b_1 v\arctan\frac{\alpha}{v}\right) - Q_{\mathrm{R}} - 2Ec_{\mathrm{f}}Q_{\mathrm{R}}^2|v|$$

$$\frac{\partial F_2}{\partial \alpha} = 1 - K\left(2a_2\alpha + b_2 v + 2b_2\alpha\arctan\frac{\alpha}{v}\right)$$

$$\frac{\partial F_2}{\partial v} = E\left(-2a_2 v + b_2\alpha - 2b_2 v\arctan\frac{\alpha}{v}\right)$$

具体计算方法和步骤如下:

(1) 先假定 $\alpha^{(0)}$ 和 $v^{(0)}$ 为近似解, 则更逼近于精确解的近似解为

$$\alpha^{(1)} = \alpha^{(0)} + \Delta\alpha \tag{9.4.19}$$

$$v^{(1)} = v^{(0)} + \Delta v \tag{9.4.20}$$

(2) 根据得到的 α 和 v, 计算 $\theta = \arctan\dfrac{\alpha}{v}$, 从而确定在水泵全性能曲线中 θ 所在的分格区间 $[\theta_j, \theta_{j+1}]$, 从数据表中读出该区间端坐标值 $\left[\left(\dfrac{h}{\alpha^2+v^2}\right)_j, \left(\dfrac{h}{\alpha^2+v^2}\right)_{j+1}\right]$ 及 $\left[\left(\dfrac{m}{\alpha^2+v^2}\right)_j, (\dfrac{m}{\alpha^2+v^2})_{j+1}\right]$.

(3) 针对上述区间段 $[\theta_j, \theta_{j+1}]$, 建立扬程特性方程和转矩特性方程所对应的直线方程的截距和斜率, 即式 (9.4.1) 和式 (9.4.2) 中的系数

$$a_1 = \frac{\theta_{j+1}\left(\dfrac{h}{\alpha^2+v^2}\right)_j - \theta_j\left(\dfrac{h}{\alpha^2+v^2}\right)_{j+1}}{\theta_{j+1} - \theta_j}$$

$$b_1 = \frac{\theta_{j+1}\left(\dfrac{h}{\alpha^2+v^2}\right)_{j+1} - \theta_j\left(\dfrac{h}{\alpha^2+v^2}\right)_j}{\theta_{j+1} - \theta_j}$$

$$a_2 = \frac{\theta_{j+1}\left(\dfrac{m}{\alpha^2+v^2}\right)_j - \theta_j\left(\dfrac{m}{\alpha^2+v^2}\right)_{j+1}}{\theta_{j+1} - \theta_j}$$

$$b_2 = \frac{\theta_{j+1}\left(\dfrac{m}{\alpha^2+v^2}\right)_{j+1} - \theta_j\left(\dfrac{m}{\alpha^2+v^2}\right)_j}{\theta_{j+1} - \theta_j}$$

(4) 根据阀门开度, 确定该时段末的阀门参数 c_{f}.

(5) 根据以各参数, 构造方程 (9.4.13)、(9.4.14), 根据式 (9.4.17) 和 (9.4.18) 求得 $\Delta\alpha$ 和 Δv.

(6) 由式 (9.4.19) 和 (9.4.20) 计算 α 和 v 的近似值 $\alpha^{(1)}$ 和 $v^{(1)}$. 如果 $|\Delta\alpha|$ 和 $|\Delta v|$ 的值均小于规定的误差, 如 0.001, 则停止迭代. 否则, 以得到的 α 和 v 值为已知值, 继续重新从第 (2) 步计算. 为了避免求解进入死循环, 计算时应该限制最大迭代次数, 如 30 次.

(7) 求出 α 和 v 值后, 代入式 (9.4.1) 和式 (9.4.2), 便可求出 h 和 m, 进而求得管道始端的流量 Q_{P0} 和水头 H_{P0}.

9.4.2 初值条件和边界条件

管道出口断面的流量和水头根据正特征方程和出水池水位确定. 根据式 (9.3.19) 写出管道出口断面处的正特征方程为

$$Q_{Pn} = C_A - EH_{Pn} \tag{9.4.21}$$

H_{Pn} 为出水池水位, 联立式 (9.4.21) 即可求得管道出口断面的流量 Q_{Pn} 和水头 H_{Pn}. 初始的流量和水头由水泵在稳态运行时确定.

空气阀是一种用于防止停泵水锤过程中产生负压的特殊阀门. 其边界条件通常遵循以下假定, 空气等熵的流进流出阀门; 管内气体的变化遵守等温定律, 且温度接近于液体温度; 进入管内的气体仅停留在空气阀附近; 液体表面的高度基本不变, 而空气的体积和管段里的液体体积相比很小. 空气通过进排气阀时的质量流量与管外大气的绝对压力 P_0、绝对温度 T_0 及管内的绝对压力 P 和温度 T 有关 (刘志勇, 刘梅清, 2009). 当空气以不同速度流入或流出时, 空气通过进排气阀的质量流量可用以下公式表示 (杨开林, 1997).

空气以亚声速流入:

$$\dot{m} = C_{\mathrm{i}}\omega_{\mathrm{i}}\sqrt{7P_0\rho_0[(P/P_0)^{1.4286} - (P/P_0)^{1.714}]},\quad 0.528P_0 < P < P_0 \tag{9.4.22}$$

空气以临界速度流入:

$$\dot{m} = C_{\mathrm{i}}\omega_{\mathrm{i}}\frac{0.686}{\sqrt{RT_0}}P_0,\quad P \leqslant 0.528P_0 \tag{9.4.23}$$

空气以亚声速流出:

$$\dot{m} = -C_{\mathrm{o}}\omega_{\mathrm{o}}P\sqrt{\frac{7}{RT}\left[\left(\frac{P_0}{P}\right)^{1.4286} - \left(\frac{P_0}{P}\right)^{1.714}\right]},\quad P_0 < P < \frac{P_0}{0.528} \tag{9.4.24}$$

空气以临界速度流出:

$$\dot{m} = -C_{\mathrm{o}}\omega_{\mathrm{o}}\frac{0.686}{\sqrt{RT}}P,\quad P \geqslant \frac{P_0}{0.528} \tag{9.4.25}$$

式中: $C_{\mathrm{i}}, C_{\mathrm{o}}$ 分别为空气流入和流出空气阀时的流量系数, 二者值分别为 0.65 和 0.975; $\omega_{\mathrm{i}}, \omega_{\mathrm{o}}$ 分别为空气阀的开启面积; R 为气体常数; P 为管内绝对压力; ρ_0 为大气密度, $\rho_0 = P_0/RT_0$,T_0 为大气绝对温度.

当不存在空气及水压高于大气压时, 空气阀接头处的边界条件就是 H_{Pi} 和 Q_{Pi} 的一般内截面解. 当水头降到管线高度以下时, 空气阀打开让空气流入, 在空气被排出之前, 气体满足恒定内温的完善气体方程

$$PV = M_{\mathrm{a}}RT \tag{9.4.26}$$

式中: V 为空穴体积; M_{a} 为空穴中空气的质量. 在 t 时刻, 式 (9.4.26) 可表示为

$$P\left[V_0 + 0.5\Delta t\left(Q_i + Q_{Pi} - Q_{ui} - Q_{Pui}\right)\right] = \left[M_0 + 0.5\Delta t(\dot{M}_0 + \dot{M})\right]RT \tag{9.4.27}$$

式中: V_0 为 t_0 时刻空穴体积; Q_i 为 t_0 时刻流出断面 i 的流量; Q_{Pi} 为 t 时刻流出断面 i 的流量; Q_{ui} 为 t_0 时刻流入断面 i 的流量; Q_{Pui} 为 t 时刻流入断面 i 的流量; M_0 为 t_0 时刻空穴中空气的质量, $\dot{M}_0$ 为 t_0 时刻流入或流出空穴的质量流量; $\dot{M}$ 为 t 时刻流入或流出空穴的质量流量; RT 为气体常数和绝对温度的乘积.

在 i 断面上安装空气阀, 根据式 (9.3.19) 和 (9.3.20) 写出 i 断面上 C^+ 和 C^- 的相容性方程为

$$C^+ : Q_{P\mathrm{ui}} = C_A - EH_{Pi} \tag{9.4.28}$$

$$C^- : Q_{P\mathrm{i}} = C_B + EH_{Pi} \tag{9.4.29}$$

压力水头 H_{Pi} 与绝对压强 P 之间的关系为

$$H_{Pi} = \frac{P}{\gamma} + Z - H_\mathrm{a} \tag{9.4.30}$$

式中: γ 为液体容重; Z 为空气阀位置高程; H_a 为大气压头 (绝对压头).

将式 (9.4.28)、(9.4.29) 和 (9.4.30) 代入式 (9.4.27), 可得

$$\begin{aligned}&P\left\{V_0 + 0.5\Delta t\left[Q_i - Q_{ui} + C_B - C_A + 2E\left(\frac{P}{\gamma} + Z - H_\mathrm{a}\right)\right]\right\}\\ =&[M_0 + 0.5\Delta t(\dot{M}_0 + \dot{M})]RT\end{aligned} \tag{9.4.31}$$

将式 (9.4.31) 改写为下述形式:

$$F = P(C_1P + C_2) - C_3 - \dot{M} = 0 \tag{9.4.32}$$

式中:

$$C_1 = \frac{2E}{RT\gamma},\quad C_2 = \frac{1}{0.5\Delta tRT}\left\{V_0 + 0.5\Delta t\left[Q_i - Q_{ui} + C_B - C_A + 2E\left(Z - H_\mathrm{a}\right)\right]\right\},$$

$$C_3 = \frac{\left(M_0 + 0.5\Delta t\dot{M}_0\right)}{0.5\Delta t}$$

由于函数 F 中只有压强 P 是未知量, 由牛顿 — 雷伏生方法, 式 (9.4.32) 可以近似为

$$F + F_P\Delta P = 0 \tag{9.4.33}$$

即

$$\Delta P = -F/F_P$$

$$F = P(C_1P + C_2) - C_3 - \dot{M}$$

$$F_P = \frac{\partial F}{\partial P} = 2C_1P + C_2 - \frac{1}{P_0}\frac{\mathrm{d}\dot{M}}{\mathrm{d}P_\mathrm{r}},\quad P_\mathrm{r} = \frac{P}{P_0}$$

采用中心差分代替微分, 即取

$$\frac{\mathrm{d}\dot{M}}{\mathrm{d}P_{\mathrm{r}}}=\frac{\dot{M}(P_{\mathrm{r}}+\delta)-\dot{M}(P_{\mathrm{r}}-\delta)}{2\delta} \tag{9.4.34}$$

式中: δ 为 P_{r} 的微小增量, 可取 $\delta=10^{-7}$. 计算时取初始值 $P=P_0$(时刻 t_0 的值), 由式 (9.4.34) 计算 $\mathrm{d}\dot{M}/\mathrm{d}P_{\mathrm{r}}$, 并算出 F_P、F、和 ΔP; 判别 $|\Delta P|\leqslant 10^{-6}$, 如果条件成立, 则 P 是方程 (9.4.32) 的解, 转下一步; 否则, 判别 $\Delta P\leqslant 0.1$, 则用 $P_r+\Delta P$ 替代方程 (9.4.34) 中 P_{r}, 若条件不成立, 则用 $\Delta P=0.1\Delta P/|\Delta P|$, $P_{\mathrm{r}}=P_{\mathrm{r}}+\Delta P$ 代替式 (9.4.34) 中 P_{r}, 重复上述步骤, 直到为 $|\Delta P|\leqslant 10^{-6}$ 止.

9.5 事故停泵水锤数值模拟

9.5.1 事故停泵泵出口无蝶阀防护水锤数值模拟

庄头支线泵站布置 3 台机组, 2 台工作 1 台备用, 采用上述离散数值模型和特征线法, 在 2 台泵同时并联运行时, 对事故停泵的水力过渡过程进行模拟计算分析 (吕岁菊等, 2013a, 2014). 图 9.5.1 为水泵机组突然事故断电, 泵出口无蝶阀防护条件下, 数值模拟水泵相对流量、转速、转矩的变化过程. 图 9.5.2 为蝶阀出口水锤最大、最小压力变化过程, 以泵出口管道断面中心线为基准线.

由图 9.5.1 和图 9.5.2 可见, 在无蝶阀防护措施下, 水泵突然停机后引起了严重的倒转倒流现象, 水泵在 0.78s 开始倒流, 在 4.02s 开始倒转, 最大倒转转速为额定转速的 1.41 倍. 由于管线布置起伏较大, 管路中的最大、最小压力水头分别为 214m, −6.9m. 在计算时间 300s 内, 最大倒泄水量达 93.47m^3. 水泵的倒转、倒流及管道中的负压会对整个管道产生危害, 应采取有效的水锤防护措施.

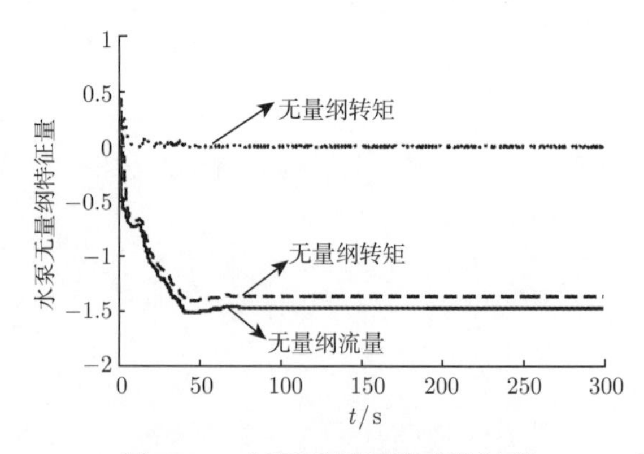

图 9.5.1 水泵无量纲参数变化过程

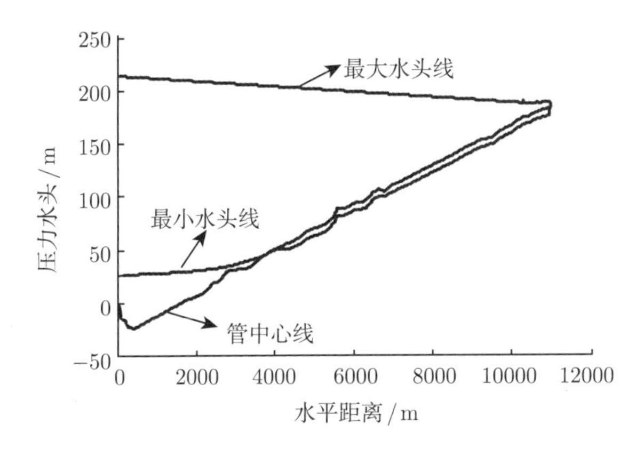

图 9.5.2　沿程管线最大最小水头压力变化

9.5.2　事故停泵有蝶阀防护的水锤数值模拟

在泵出口安装两阶段关闭蝶阀, 通过对多种运行方案及蝶阀不同快关时间、快关角度、慢关时间、慢关角度进行事故停泵水锤对比分析计算, 分析管道内最大正水锤和负水锤分布情况, 确定该泵站泵两阶段关闭蝶阀最优关闭程序为快关 9s/70°, 慢关 63s/20°, 数值模拟计算事故停泵过程中水泵各特征量的变化及沿管线最大、最小压力水头压力的变化过程. 结果如图 9.5.3 所示.

从图 9.5.3 可以看出, 在事故停泵时, 泵出口两阶段关闭阀按最优程序关闭, 水泵在 1.04s 开始倒流, 在 2.54s 开始倒转, 最大倒转转速为额定转速的 0.94 倍. 在计算时间 300 s 内, 最大倒泄水量为 12.3m^3. 由于泵出口蝶阀关闭合理, 机组最大倒转转速均未超过额定转速的 1.2 倍, 阀出口最大水锤压力与额定扬程的比值也未超过 1.5 倍, 采用两阶段关闭蝶阀对防治事故停泵机组倒转、倒流效果较明显, 但管路中间局部“凸点”出现负压区, 因此应采用进排气阀降低管线负压.

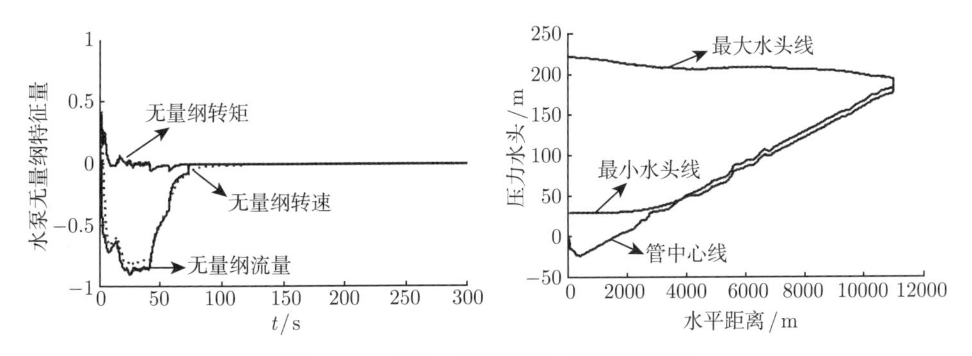

图 9.5.3　泵出口蝶阀防护下水锤的计算

9.5.3 事故停泵泵出口蝶阀和进排气阀联合防护水锤数值模拟

经大量分析与计算, 结合泵输水管线布置情况, 利用进排气阀边界条件, 对该泵站输水进系统进行空气阀防护, 分别在距离水泵出口 1060m, 1740m, 2440m, 3100m, 3660m, 4560m, 5120m, 5820m, 6260m, 6640m,7400m, 8340m, 9240m, 9840m 和 10420m 共 15 处安装 15 个口径为 85 mm 的空气阀, 依次用 1 号、2 号 ……15 号表示空气阀编号. 计算取大气环境温度 313.15 K, 气体常数 286.7, 外界大气压强 101325Pa, 水体温度 293.15 K, 进、排气时空气阀的流量系数分别为 0.975 和 0.65. 此时蝶阀按最优关闭规律快关 9s/70°, 慢关 63s/20° 关闭泵后阀门, 对事故停泵输水管线最大、最小水头压力及沿线 6~15 号空气阀的进气量进行数值模拟计算, 其结果如图 9.5.4 和图 9.5.5 所示.

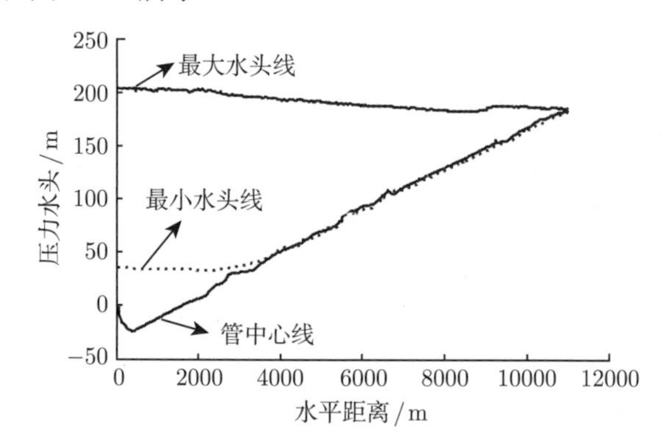

图 9.5.4　泵出口蝶阀和空气阀联合防护水锤计算结果

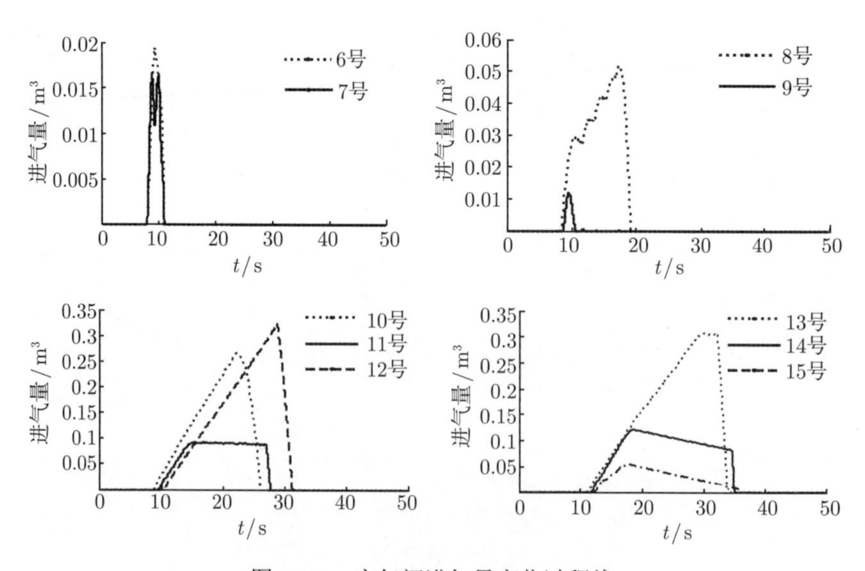

图 9.5.5　空气阀进气量变化过程线

水头图 9.5.4 为泵出口蝶阀与空气阀联合防护下的水锤模拟计算结果, 沿线最小压力为 −2.0m, 说明设置空气阀的位置、空气阀口径大小是合理的, 可以有效降低沿线负压, 保证供水系统安全. 图 9.5.5 给出了 6~15 号空气阀进气量的计算结果, 1~5 号空气阀所在位置处没有出现负压, 也就没有进气量, 故此文没有给出进气量变化图. 由于空气阀布设位置不同, 进气量也不同, 且各空气阀进气均可有效排出, 说明该工程设置的空气阀位置、间距合理, 可有效抑制管线负压过大.

9.5.4 模拟计算结果分析

(1) 庄头支线泵站在 2 台泵并联运行工况下, 当出口两阶段关闭阀拒动作时, 事故停泵机组最大倒转转速均超过额定转速的 1.2 倍, 超过了《泵站设计规范》要求的 "水泵倒转转速不得超过额定转速的 1.2 倍" 的要求. 泵出口断面最大压力为 228.97m, 为额定压力的 1.05 倍, 满足《泵站设计规范》要求的 "水泵最大压力不得超过额定压力的 1.3~1.5 倍" 的要求.

(2) 对该泵站输水系统, 可通过调节泵出口两阶段关闭蝶阀的快慢关闭时间及角度来降低输水系统的水击压力和机组的倒转飞逸转速. 通过多次模拟计算, 确定泵出口蝶阀的合理关闭程序为快关时间 9 s、角度 70°, 慢关时间 63 s、角度 20°, 此时机组最大倒转转速均未超过额定转速的 1.2 倍, 阀出口最大水锤压力与额定扬程的比值也未超过 1.5 倍, 说明安装两阶段关闭阀对高扬程、长距离管道的水锤防护效果较明显. 当出现事故时阀门按计算的操作程序进行关闭, 不会对机组及管道产生破坏, 起到一阀多用的目的.

(3) 由于泵站管道布置起伏较大, 在发生事故停泵后, 局部凸起段处压力急剧降低, 最小水头压力达 −6.9 m. 通过调整空气阀的安装位置、空气阀口径及进出流量系数, 在空气阀流入流量系数为 0.975、流出流量系数为 0.65, 分别在距离水泵出口 1060m、1740m、2440m、3100m、3660m、4560m、5120m、5820m、6260m、6640m、7400m、8340m、9240m、9840m、10420 m 共 15 处安装 15 个口径为 85 mm 的空气阀, 并进行水力过度过程模拟计算, 管路中沿线负压降低到 −2.0 m, 但没有出现水柱断裂现象, 不会对管道造成破坏. 可见, 沿管线合理布置空气阀是防止管道负压的有效措施.

(4) 通过对管道内流体水力过渡过程及空气阀设置的数学模型进行了理论分析和研究, 采用水锤数学模型和特征线法进行数值模拟计算, 在事故停泵后泵出口无阀防护、有阀门防护及蝶阀加排补气阀联合防护时, 得出水泵机组的倒转飞逸转速和管道各断面最大水锤压力、最小水锤压力及相对各断面的水头值, 可作为泵站压力管道设计承压选择的依据. 本章结合工程实例, 通过编写 Matlab 计算程序, 确定事故停泵时泵出口两阶段关闭蝶阀的快慢关闭时间及角度, 有效减小了水泵机组的倒转转速和倒流. 接着对该系统中空气阀的布置进行了分析和计算, 由于泵站管线沿程起伏变化大, 局部凸起段处压力降幅较大, 当最小水锤压力降至汽化压力时, 局部凸起段处水体开始空化, 因此设计中采用空气阀门进、排气是合理和必要的. 但从计算结果看, 管内仍存在局部空化现象. 因此进一步优化空气阀的布置密度和位置是十分必要的, 并进行水力过渡过程模拟计算, 调整空气阀的设置位置、空气阀口径及进出流量系数, 使得沿线负压降低到管道承受范围之内, 保证供水工程的安全稳定运行.

9.5.5 主要结论

本章通过对有压管道内流体水力过渡过程及空气阀设置的数学模型进行了理论推导, 分析了在长距离输水系统过程中, 由于泵站事故停泵引起水泵机组的倒转飞逸转速和管道中的水锤压力变化, 采用水柱分离模型和特征线法进行数值模拟研究. 结合工程实例, 通过编程计算, 确定事故停泵时泵出口两阶段关闭蝶阀的快慢关闭时间及关闭角度, 有效减小了水泵机组的倒转转速和倒流. 目前, 由于输水工程管线长, 管道起伏大, 管道局部凸起段处压力降幅较大, 当最小水锤压力降至汽化压力时, 局部凸起段处水体开始空化, 会引起爆管问题, 因此需要在输水管道上布置空气阀. 本研究对该系统中空气阀的布置进行了分析和计算, 设计中采用空气阀门进气和排气, 但从计算结果看, 管内仍存在局部空化现象, 因此需要在输水管道上进一步优化空气阀的布置密度和确定安装位置, 并进行水力过渡过程模拟计算, 确定空气阀的设置位置、空气阀口径及进出流量系数, 使得沿线负压降低到管道承受范围之内, 保证供水工程的安全稳定运行.

第 10 章　土壤水盐运移数值模拟研究

宁夏银北地区存有大面积的盐渍化土地, 多年采用定性的方法对土地盐渍化进行防治, 近几年该地区盐渍化出现了整体控制、局部加重的新情况, 了解土壤水分盐分的运移规律是防止该局势进一步恶化的必要前提. 通过建立土壤水盐运移模型不仅可以定量分析盐渍化与土壤水盐运移之间复杂的函数关系, 而且为制定合理的土壤盐渍化调控模式和治理措施提供理论基础 (赵文娟等, 2014a, 2014b).

10.1　土壤水分特征曲线的测定

土壤水分特征曲线是描述土壤含水量与吸力 (基质势) 之间的关系曲线. 它反映了土壤水能量与土壤水数量之间的函数关系, 对研究土壤水运移和保持有十分重要的生产作用 (van Genuchten, 1980). 科研工作者通过长期的研究分析将确定水分特征曲线的方法归纳为两大类. 一类是直接测定法. 如张力计法、砂芯漏斗法、压力膜法、平衡水汽压法等. 前两种方法均只可测定吸力低于 0.8Pa 的土壤水分特征曲线, 要获得更高的吸力, 就需用压力膜仪进行测定. 此法所加压力的大小, 取决于多孔板 (陶土板或薄膜) 的耐压能力 (即在压力用下透水不透气的能力) 和压力室的安全工作压力 (李开元等, 1991). 国内目前使用最多的是美国的 1500 型 15 巴压力膜仪, 陶土板有 1bar、5bar、15bar 三种. 压力膜仪还可用来研究大型原状土块的物理特性, 进行土壤水动力学模型研因此, 它是土壤物理实验室里一种多用途的常规仪器.

10.1.1　压力膜法

对含有土样的容器施加一定的压力, 迫使土壤水分渗出, 达到平衡时, 土壤基质势与所加压力值相等, 通过称重法测量此时土壤水分含量, 通过逐级改变压力就可获得不同吸力下的含水率, 从而标定土壤的水分特征曲线. 该法可应用于扰动土和原状土, 适用于土壤水分动态模拟. 该装置由三部分组成: 加压系统、压力室和排水系统. 三部分装置之间通过有一定硬度的橡胶管连接, 整个装置密封性要好, 确保气流通畅. 如图 10.1.1 所示.

在一系列压力下的实验过程完成后, 将最终样品放置在烘箱内, 在 105°C 下烘

干 6~12h, 得到最终的干土重, 按如下公式即可得到在某个压力下的土壤含水率:

$$V_i = \frac{(M_{\mathrm{wsi}} - M_{\mathrm{s}})/\rho_{\mathrm{w}}}{M_{\mathrm{s}}/\rho_{\mathrm{s}}} \tag{10.1.1}$$

式中: V_i 为在压力值 i 下的某个土样的体积含水率, $\mathrm{cm}^3/\mathrm{cm}^3$; M_{wsi} 为在压力值 i 下的某个土样的湿土质量, g; M_{s} 为某个土壤样品的干土质量, g; ρ_{w} 为水的密度, 取 $1\mathrm{g/cm}^3$; ρ_{s} 为某个土样的容重, $\mathrm{g/cm}^3$.

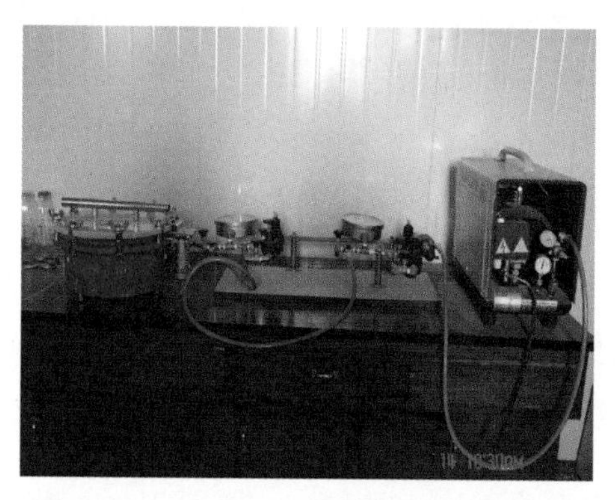

图 10.1.1 15bar 压力膜仪实验室装置图

10.1.2 压力膜法试验结果

对样品进行 4 次重复性试验, 结果见表 10.1.1 和表 10.1.2.

表 10.1.1 土壤水分特征曲线试验参数表

土壤吸力/kPa	600	1000	1500	2500	3000	5000	7400	11600
1#	0.333	0.288	0.255	0.229	0.215	0.195	0.176	0.154
2#	0.155	0.143	0.127	0.111	0.107	0.105	0.086	0.079
3#	0.032	0.029	0.028	0.027	0.026	0.024	0.022	0.021
4#	0.029	0.027	0.024	0.023	0.023	0.023	0.022	0.020

表 10.1.2 土壤水分特征曲线实测土样质量

土壤吸力/kPa		600	1000	1500	2500	3000	5000	7400	11600
1#	铝盒重 + 湿土/g	15.043	15.807	15.345	14.83	13.612	13.861	14.507	16.041
	铝盒重 + 干土/g	14.46	15.183	14.837	14.391	13.362	13.69	14.228	15.661
2#	铝盒重 + 湿土/g	16	15.408	14.114	14.922	13.36	13.75	14.383	16.195
	铝盒重 + 干土/g	15.549	15.06	13.904	14.628	13.228	13.595	14.219	15.944
3#	铝盒重 + 湿土/g	13.397	14.515	14.302	14.588	14.938	13.858	16.011	28.505
	铝盒重 + 干土/g	13.339	14.428	14.228	14.516	14.848	13.8	15.913	28.365
4#	铝盒重 + 湿土/g	13.836	14.45	14.487	15.906	15.265	15.133	16.716	29.054
	铝盒重 + 干土/g	13.773	14.373	14.415	15.807	15.178	14.933	16.601	28.922

10.1.3 土壤水分特征曲线的拟合

通过直接实验或间接推求可以得到非饱和土壤水分特征曲线. 为了准确拟合土壤水分特征曲线并在此基础上求得非饱和导水率和扩散率, 需要对土壤水分特征曲线的实测数据进行拟合, 而且所选拟合方程必须能够充分描述土壤含水量和土壤基质势的关系. 人们通过大量的实验研究, 已提出了一些经验公式来描述土壤负压和土壤含水率 ϕ 的关系曲线, 目前国内外使用最为普遍的描述土壤水分特征曲线的方程是 VG 模型和 Broods-Corey 模型.

1. Van-Genuchten 模型

Van-Genuchten 模型由美国学者在 1980 年提出的 (肖建英等, 2007), 方程形式为:

$$\phi(h) = \phi_{\mathrm{r}} + \frac{\phi_{\mathrm{s}} - \phi_{\mathrm{r}}}{[1 + |\alpha h^n|]^m}, \quad \left(m = 1 - \frac{1}{n}, 0 < m < 1\right) \tag{10.1.2}$$

式中: ϕ 为体积含水率, $\mathrm{cm^3/cm^3}$; ϕ_{s} 为残留含水率, $\mathrm{cm^3/cm^3}$; ϕ_{r} 为饱和含水率, $\mathrm{cm^3/cm^3}$; h 为负压, $\mathrm{cmH_2O}$.

2. Broods-Corey 模型

Broods-Corey 模型是土壤水分特征曲线模型中参数较少、函数表达式最为简单的模型, 方程形式为

$$\phi(h) = \phi_r + \frac{\phi_s - \phi_r}{(\gamma h)^\beta}, \quad \gamma h > 1 \tag{10.1.3}$$

式中: ϕ_s 为饱和含水率, $\mathrm{cm^3/cm^3}$; ϕ_r 为残余含水率, $\mathrm{cm^3/cm^3}$; h 为压力水头; γ、β 为经验性的形状参数, 可通过拟合实测数据得到.

采用 Van Genuchten 模型与 Broods-Corey 模型对土壤水分特征曲线进行拟合的参数数量是不同的. 前者中有三个是拟合参数, 后者中有两个拟合参数. 求解方程 (10.1.2)、(10.1.3) 中的参数, 是根据土壤水吸力实验测定相对应的土壤含水率, 并使用这两组实测数据按照模型进行拟合, 进而得到拟合参数. 参数 ϕ_r 和 ϕ_s 的物理意义分别为残留体积含水率和饱和体积含水率. 在实际应用过程中, 认为土壤吸力在 15bar 左右时的含水率作为残留体积含水率, 而将土壤吸力等于零时的含水率作为饱和体积含水率. 所以 ϕ_r 和 ϕ_s 可以通过实验室试验来确定, 其取值范围控制在 0~0.5 内, 并 $\phi_s > \phi_r$(李法虎, 1993). 拟合参数 α 一般认为是与土体进气值有关的吸力值 (Fredlund and Xing 1994), 但文献 (胡波等, 2005) 中认为不是所有的拟合模型中的吸力值 α 与土体进气值相关, Van Genuchten 模型的 α 与进气值有关; 而 Gardner 模型的 α 与进气值无关, 仅与 ϕ_r 和 ϕ_s 有关. n 是表示土壤水分特征曲线的坡度, n 的大小可用于判断曲线的陡缓, $n > 1$.

作者调用 Matlab 软件中非线性曲线拟合函数 Isqcurvefit 对上述模型进行拟合求参. Isqcurvefit 函数也称最小二乘法函数, 在进行拟合运算的过程中需要对拟合参数设定初值. 初始值的给定对计算结果具有相当大的影响, 其中 α、n 起到至关重要的作用, 对于 α、n 的初值采用线性回归的方法对其进行估算 (赵文娟和李春光, 2014). 对式 (10.1.2)、(10.1.3) 通过线性回归拟合求解模型的迭代初始值, 见表 10.1.3.

将方程 (10.1.2) 变形可得

$$\frac{\phi_s-\phi_r}{\phi-\phi_r}=[1+(\alpha h^n)]^m \tag{10.1.4}$$

令: $X=\ln h$; $Y=\ln\left[\left(\frac{\phi_s-\phi_r}{\phi-\phi_r}\right)^{\frac{1}{m}}-1\right]$; $b=n\ln\alpha$, 对式 (10.1.4) 两边分别求对数得

$$Y=nX+b \tag{10.1.5}$$

利用 $n>1$, 调用回归函数 polyfit 即可得到 α、n 的值, 从而获得拟合参数初值. 同理令 $X_1=\ln h$; $Y_1=\ln\left(\frac{\phi_s-\phi_r}{\phi-\phi_r}\right)$; $b_1=\beta\ln\gamma$, 将方程 (10.1.3) 求对数可得

$$\frac{1}{\beta}\ln\left(\frac{\phi_s-\varphi_r}{\phi-\phi_r}\right)=\ln\gamma+\ln h \tag{10.1.6}$$

整理后得 $Y_1=\beta X_1+b_1$.

利用表 10.1.1 及表 10.1.2 中的土壤特征曲线试验参数和经过线性回归的拟合初始值, 对上述两种模型拟合求解. 从表 10.1.3 可知, 在 1#和 2#土壤样品中, Van-Genuchten 模型拟合值的残差平方和和 BC 模型的残差平方和在同一个数量级上, 且数值相近, 说明上述两种模型对于这两种土壤样品的水分特征曲线拟合效果是相同的; 在 3#和 4#土壤样品中, Van-Genuchten 模型的残差平方和比 BC 模型的大一个数量级, 说明 BC 模型拟合精度远小于 Van-Genuchten 模型的模拟精度.

使用固定初值迭代值拟合结果如图 10.1.2 所示, 仅有 3 号土样本在两种模型所得曲线是与实测值吻合较好, 并基本重合; 1 号、2 号和 4 号样本在采用 BC 模

表 10.1.3　拟合模型线性回归初值

土样编号	VG 模型迭代初值				BC 模型迭代初值			
	ϕ_s	ϕ_r	α	n	ϕ_s	ϕ_r	γ	β
1 #	0.35	0.05	0.119	1.3125	0.35	0.05	0.1259	0.3647
2 #	0.26	0.01	0.4956	1.2541	0.26	0.01	0.4965	0.2507
3 #	0.48	0.03	0.1831	1.3713	0.48	0.03	0.1948	0.3525
4 #	0.5	0.08	0.5139	1.4854	0.5	0.08	0.0769	0.3293

型进行拟合计算程序出现了发散、不收敛的表现. 采用 VG 模型 4 个土壤样本拟合数值均收敛, 其中 2 号和 4 号样本的拟合曲线与实测值吻合较好, 1 号、3 号曲线吻合较差, 特别是 1 号样本, 出现了数值发散的现象. 原因可能是土壤特征曲线的试验参数存在误差或拟合参数 n 和 β 取值对拟合结果存在影响. 所以在固定初始值迭代求土壤水分特征曲线的拟合参数中, 对于 BC 模型易出现数值离散和计算不收敛的现象, 而 VG 模型保持了稳定的计算拟合结果.

通过线性回归方法将两种模型的估算迭代初值确定后, 利用非线性拟合函数 Isqcurvefit 对土壤样本进行拟合求参, 见图 10.1.2. 四种土壤的拟合曲线均与实测值吻合, 且 VG 模型和 BC 模型的拟合曲线基本重合. 说明将线性回归函数与非

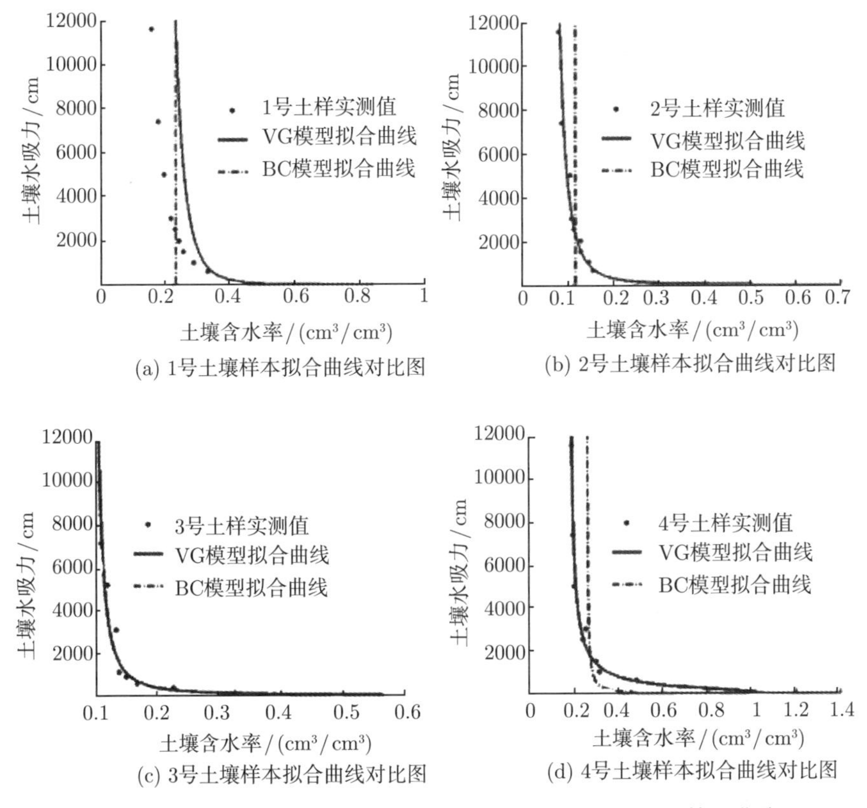

图 10.1.2 1~4 号土样在使用常规初值后拟合的土壤水分特征曲线

线性拟合函数相结合对土壤水分特征曲线的拟合具有很好的适应性. 特别是 BC 模型, 通过使用了线性回归确定迭代初始值, 方程不仅收敛而且数值解和实测值吻合较好, 所得残差平方和范数见表 10.1.4, 其中 $R_{\rm vg}$ 表示为采用 VG 模型拟合值的残差平方和范数, $R_{\rm bc}$ 表示为采用 BC 模型拟合值的残差平方和范数. VG 模型在使用回归拟合确定初始值前后的残差平方和范数均达到 0.1 的标准; BC 模型采用了

拟合初始值后, 拟合值得计算精度与 VG 模型基本均在一个数量级上. 由此可见, BC 模型和 VG 模型在线性回归确定初值的条件下, 计算结果是相同的.

表 10.1.4　水分特征曲线拟合参数对比

模型拟合参数			1 #	2 #	3 #	4 #
VG 模型	α	未修改	-0.2139	0.0939	0.0315	0.0044
		修正后	0.068563	0.3629	0.0485	0.0058
	n	未修改	1.2054	1.3257	1.6082	2.0894
		修正后	1.3805	1.2701	1.5835	1.9838
	R_{vg}	未修改	0.1	1.5849×10^{-4}	7.8131×10^{-4}	0.0021
		修正后	7.2595×10^{-5}	1.3845×10^{-4}	8.1036×10^{-4}	0.0023
BC 模型	γ	未修改	—	—	—	—
		修正后	5.8255	0.3863	0.0517	0.0022
	β	未修改	—	—	—	—
		修正后	7.2918	0.2437	0.5553	1.1851
	R_{bc}	未修改	—	—	—	0.0501
		修正后	0.024853	1.3108×10^{-4}	8.4450×10^{-4}	0.0018

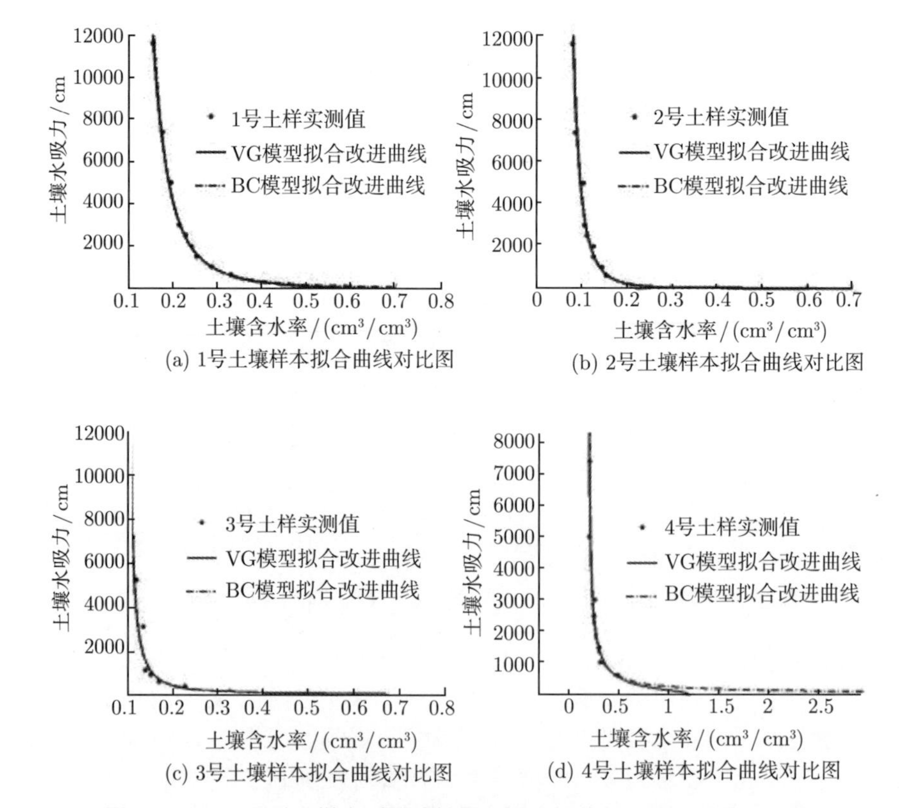

(a) 1号土壤样本拟合曲线对比图　(b) 2号土壤样本拟合曲线对比图

(c) 3号土壤样本拟合曲线对比图　(d) 4号土壤样本拟合曲线对比图

图 10.1.3　1~4 号土样在采用线性回归设定初值的土壤水分特征曲线

Broods-Corey 模型在一定的迭代初值条件下进行拟合求参易发生数值弥散或计算不收敛的现象. 通过将线性回归函数应用于土壤水分特征曲线的拟合求参过程后, Broods-Corey 模型残差平方和明显降低, 拟合值与实测值吻合较好, 且结果稳定. Van-Genuchten 模型在两类初值进行迭代计算中均可获得与实测值吻合较好的拟合值, 在计算精度上采用估算初值要优于常规初值的计算结果. 故对宁夏银北地区盐土的特征曲线在采用上述两类模型进行拟合时, 选用估算初值是可达到较高精度的数值解.

10.2 宁夏银北试验区域概况

10.2.1 研究区自然地理条件

1. 地理条件

宁夏银北地处宁夏河套灌区贺兰山东麓、银川平原的北部和鄂尔多斯台地西缘的高阶地上. 地球空间坐标为东经 105°46′28″~106°50′40″, 北纬 38°11′30″~39°17′20″. 东临黄河, 西倚贺兰山, 南起永宁县北部 4 乡 (通桥乡、金沙乡、兴源乡和胜利乡); 北至惠农县园芒乡. 东西宽约 51km, 南北长约 130km, 总面积为 4310km^2. 银川市及郊区、石嘴山市惠农区、贺兰县、平罗县、永宁县北部 4 乡和 9 个国营农场均分布于宁夏银北地区 (赵文娟等, 2014, 2014a, 2014b).

监测区域位于贺兰县南梁台子铁西村. 该村地理坐标在东经 105°58′, 北纬 38°41′ 处, 位于贺兰县的西北方向. 距离银川市约 20km, 紧邻包兰铁路的东侧, 见图 10.2.1.

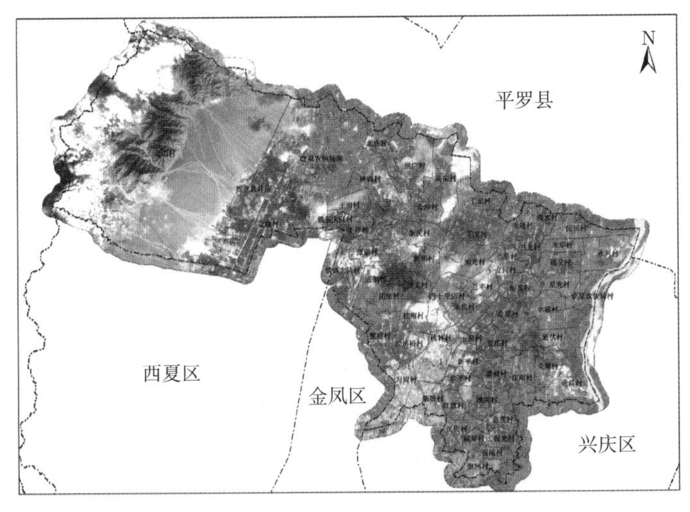

图 10.2.1 2012 年监测区地形图

2. 地形、地貌

研究区地形由西南向东北倾斜, 南北比降 1/8000; 东西向比降大于南北向比降, 一般在 1/500~1/1500; 海拔在 1088~1200m. 地貌单元主要划分为三部分: 山前洪积倾斜平原, 黄河冲洪积倾斜平原和冲湖积平原. 西部的贺兰山山前洪积倾斜平原呈现为南宽北窄的条状分布, 由第四系的上更新统洪积物组成, 地势开阔, 宽约 8~15km. 中部的黄河冲洪积倾斜平原沿黄羊滩 — 平吉堡 — 南梁农场一带向东北或西南延伸、呈现带状分布, 地形较平坦. 东部的冲湖积平原是黄河冲洪积倾斜平原的前沿地带, 宽度为 10~30km, 向东延至黄河, 地势低洼, 是银北灌区的主要组成部分 (杜历和周华, 2003).

3. 气象条件

研究区的气象数据的监测时段是从 2012 年 4 月到 2012 年 10 月. 宁夏银北地区为内陆干旱区, 降水量少. 监测时段内的降水量为 297.1 mm, 2012 年的降雨多出现在 6 月和 7 月, 其中 7 月 30 日当天的降水量高达 119.4 mm, 占监测期内降水量的 40.2%, 见图 10.2.2. 监测区蒸发强烈, 水面蒸发量为 745.6 mm(Φ20). 蒸发量最大出现在 4 月、5 月和 8 月, 分别为 146.5 mm、163.7 mm 和 152.3 mm. 6 月和 7 月明显减少, 降雨量的增加是蒸发量减少的主要原因. 5 月份是监测期内地表水量流失最严重的月份, 而 7 月是土壤吸收外来补给水量最多的月份, 见图 10.2.3.

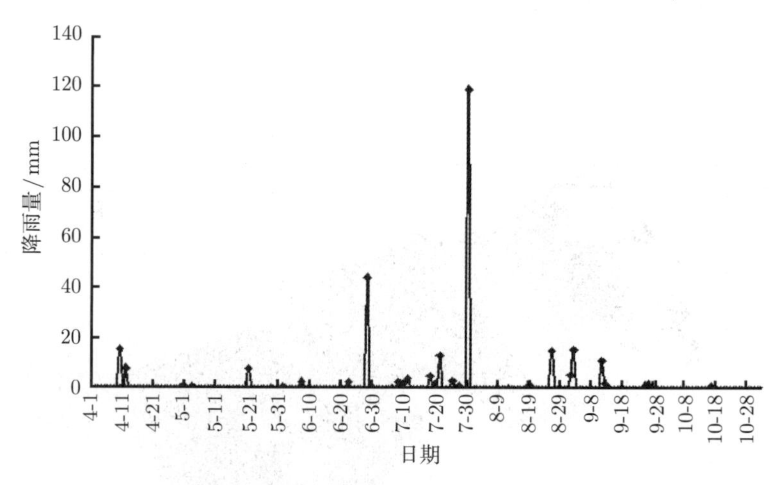

图 10.2.2　2012 年监测区日降雨量

监测时段中的月平均气温为 7 月最高, 日平均地表温度总体呈现抛物线的态势, 其中 4 月 11 日最低地表温度为 0°C, 最高地表温度值仅 9.5°C; 10 月 11 日平均地表温度高达 40.5°C. 见表 10.2.1 与图 10.2.4.

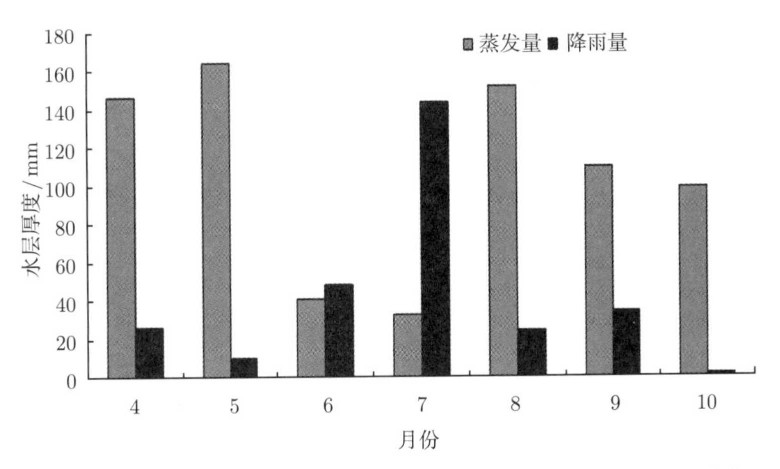

图 10.2.3 2012 年监测区 4~10 月平均蒸发量与平均降雨量对比图

表 10.2.1 监测区 2012 年 4~10 月的气象实测数据

气象因子	4 月	5 月	6 月	7 月	8 月	9 月	10 月
平均气温/°C	13.5	19.3	23.1	24.8	23.7	16.9	10.1
平均风速/(m/s)	2.3	1.9	1.8	1.5	1.6	1.4	1.3
降雨量/mm	25.9	10.0	48.9	143.4	23.8	34.2	2.2
蒸发量/mm	146.5	163.7	163.41	33.0	152.3	110.1	99.0

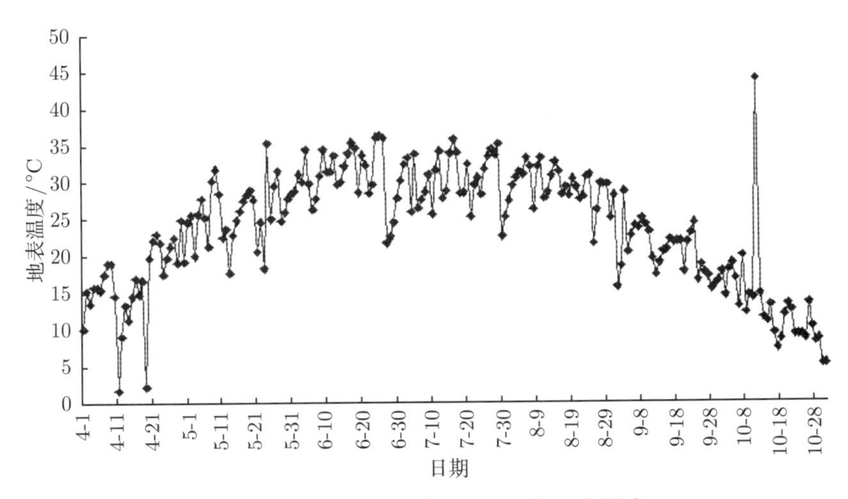

图 10.2.4 2012 年监测区日平均地表温度

4. 水文地质

地下水位的动态按全年月份可分为枯水期和丰水期. 从本年度 12 月份到次年

的 4 月份的这一期间定为枯水期. 黄河侧渗及渠、沟、田间灌溉是影响地下水位的高低的主要因素, 其次是大气降水. 丰水期就是作物生长期, 在这一期间对作物及农田的灌溉会使地下水位上升. 以银北地区贺兰县为例, 每年 1~4 月中上旬的地下水平均埋深约为 2.11m; 4 月下旬春灌开始, 灌后水位升幅在 0.6~1.0m 之间; 从 5 月上旬到 9 月下旬的伏灌的这五个月内, 地下水平均埋深约 1.01m, 水位上升在 1.1m 左右, 在相对地势低洼处的地下水位可临近地表; 到 10 月中旬, 地下水位埋深降幅到 1.7m 左右; 自 10 月份的冬灌开始后, 水位再度回升, 从 11 月份到次年的 4 月上旬, 地下水的埋深是全年水位较低的月份. 对于植被生长的首要问题是排水, 一旦对地下水的排泄不及时, 易导致土壤的盐化, 致使农业的减产或无收.

地下水位埋深在监测期各月的平均值见表 10.2.2.

表 10.2.2 监测区地下水位埋深

月份	5 月	6 月	7 月	8 月	9 月
地下水位埋深/cm	156	120	120	120	140

10.2.2 研究区土壤物理化学特性

1. 土壤机械组成

在描述土壤时, 必须对土壤的颗粒组成作出鉴定. 以便了解土壤理化性质, 进行土壤分类. 土壤颗分, 采用现场取样, 室内分析的方法. 对于粒径大于 0.1mm 的土粒采用筛分法 (40, 20, 10, 5, 2, 1, 0.5, 0.25mm 筛) 进行分类定名. 对于粒径小于 0.1mm 的土粒使用 BT-9300H 型激光粒度分布仪进行粒径分析测定. 在田间平均取样 1~2kg、达到风干状态. 土壤颗粒分析结果见表 10.2.3 和图 10.2.5. 根据土壤颗粒组成, 按国际土壤质地三角坐标图定性为土壤样本确定其质地.

表 10.2.3 土壤机械组成

样品深度	各级颗粒含量百分数						土样质地
	> 10mm	10~2.5 mm	2.5~0.65mm	0.65~0.08mm	0.08~0.001mm	< 0.001mm	
0~20cm	2.90%	8.90%	35.80%	47.30%	5.10%	0	沙壤土

2. 土壤基本化学特性

在实验室温度保持在 19.0°C ~25°C、湿度保持在 25%~ 45%的条件下进行研究区土壤化学性质实验. 使用的主要仪器有 HJ16-TFC-1B Ⅲ型土肥测试仪. 试验土样本过 2 mm 筛, 具体化学性质如表 10.2.4.

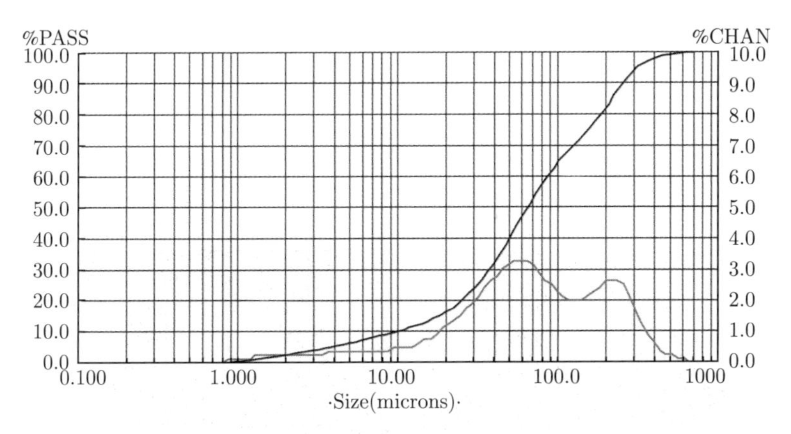

图 10.2.5　BT-9300H 型激光粒度分布仪分析结果

表 10.2.4　土壤化学性质

土壤粒径	全盐量	速效氮	速效磷	速效钾	pH
< 2mm	1.42 g/kg	15 mg/kg	4.4 mg/kg	127 mg/kg	8.56

10.3　宁夏银北试验区土壤水盐动态变化特征

10.3.1　监测区管网布置及实验设计

实验田块为条形, 长约 53 米, 宽 16.4 米, 如图 10.3.1 所示. 在距离地表 20cm 试验土壤的平均初始含水率 15.843%, 土壤容重为 1.6g/m^3. 试验于 2012 年 4~10 月期间进行, 将 24 根 TDR 探测管道布置与上述田块内. 三行八列, 每行布置 8 根探管, 编号自北向南按列排序. 由于地形原因, 自西向东的第一列与第二列的间距为 4 米, 其余各列间距为 8 米; 行间距为 8 米. 布置图如 10.3.1 所示.

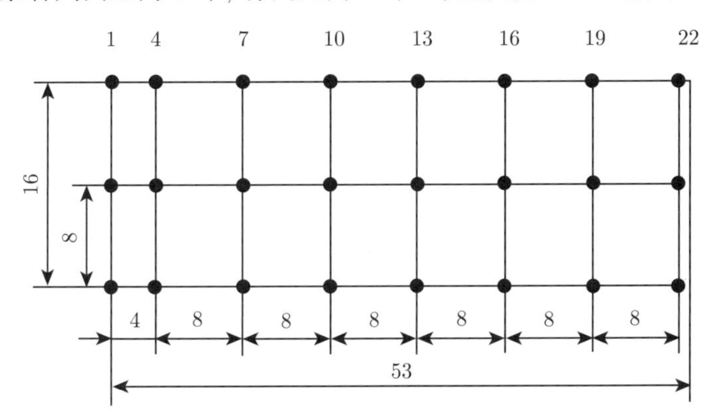

图 10.3.1　TDR 探测管布置图

利用时间延迟反射仪 (time delay reflectometry, TDR) 对该区域的 24 个测点进行分时段, 分层的测定. TDR 探测管由特殊塑料制成, 本次实验采用深度为 1 米的探管, 管内径为 42mm、外径 44.3mm, 该管与 TRIME 配合使用对土壤在 20、40、60cm 深度的土壤含水率和电阻值进行监测. 主要的安装工具有: 支架、土钻、固定钢管、防振锤. 施工图见图 10.3.2.

图 10.3.2　TDR 探管安装图

10.3.2　监测区土壤水盐变化特征

1. 土壤水分变化特征

监测区无作物种植时候, 土壤水分的变化主要受自然降水和蒸发的影响. 测定项目为: 土壤体积含水率和电阻值. 现分别分析自南向北和自西向东的含水率在不同深度随时间的变化. 20cm 深度的土壤含水率在南北方向分为 4 列, 中间列见图 10.3.3, 各列含水率在 5 月中旬的首次监测平均值为 23.5%, 6 月下旬出现了小幅的增高后急剧的降低, 在 7 月份含水率增长缓慢, 接近 9 月初, 含水率出现最大值随后逐渐降低到, 高于初始含水率监测值.

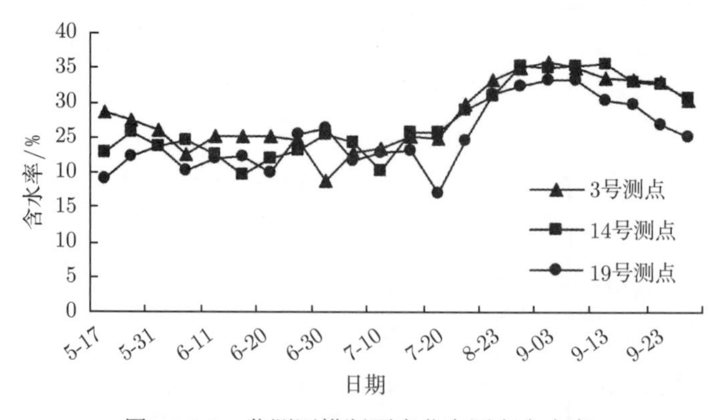

图 10.3.3　监测区横断面南北向测定含水率

整个监测区横断面东西方向的土壤含水率的变化见图 10.3.4. 含水率个测定的运动趋势是一致的. 均为 8 月、9 月份含水率较大, 但变化幅动较小, 仍然是离东侧边界最近测点的含水率最低. 整个断面的含水率随着时间而增加的, 根据变化量认为是一个东北方变化量大, 西南方向变化量小的曲面.

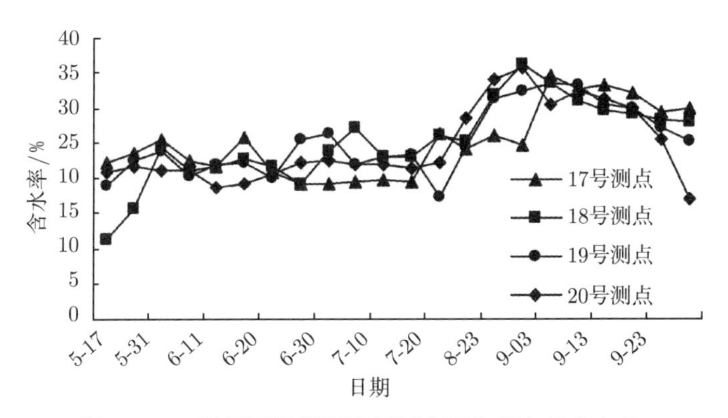

图 10.3.4 监测区横断面横断面东西向测点的含水率

2. 土壤盐分变化特征

采用 TDR 对不同深度的土壤全盐量进行测定. 0~20cm 的土壤全盐量会受到地表大气的降雨、蒸发及太阳辐射的影响. 其中 5 个测点在整个监测期内的全盐量变化见图 10.3.5. 5 个测定的全盐量变化趋势是相似的, 全盐量值得主要波动区间在 1-1.5 之间, 6 月底为最低值, 到 9 月中旬达到最高值. 说明在纵断面上可溶性盐含量是趋于稳态的. 对两个平行的横断面分析见图 10.3.6. 断面上的 3 个测定的全盐量波动区间比纵断面大, 整个监测期的最大值出现在 8 月份, 全盐量最低点出现在 5-6 月份. 9 月 18 日左右, 在纵横断面上全盐量均出现明显的回落, 这与当天的地表温度骤升到 44.5°C, 地下水补给量大有关.

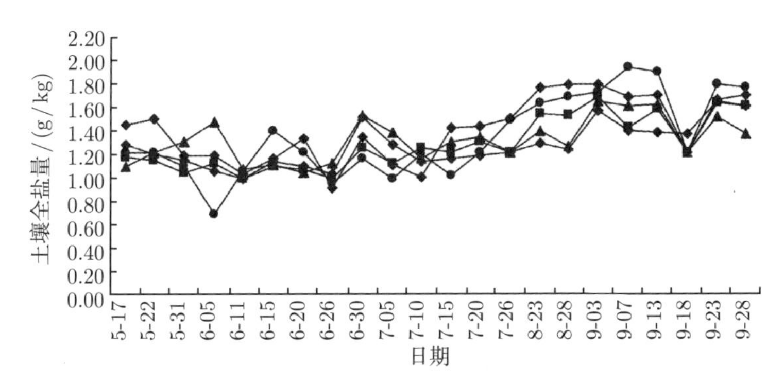

图 10.3.5 20cm 处同一纵坐标下探管土壤全盐量变化值

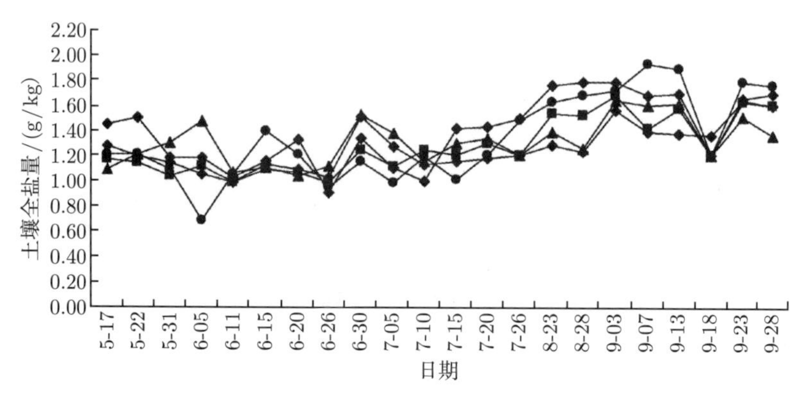

图 10.3.6　20cm 处同一横坐标探管土壤全盐量变化值

10.3.3　监测区有作物下的土壤水盐变化特征

对试验监测区提取 9 个测点控制区域种植了春玉米后, 土壤盐分在 0~40cm 深度的发生了变化. 对于 0~20cm 深处, 自南向北测点的土壤盐分浓度变化值见图 10.3.7. 在这一断面上随监测时间的迁移盐分浓度平缓, 且各个测点的浓度值近似或相等. 整个断面浓度均低于无作物土壤盐分的浓度值.

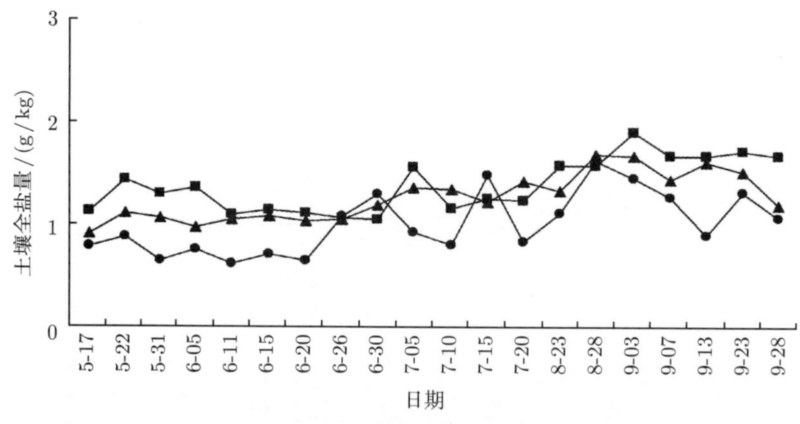

图 10.3.7　20cm 深有作物下的监测区南北向测点土壤全盐量变化值

随着深度的增加, 当达到 40cm 深土层的土壤全盐量变化幅度明显大于 20cm 处的. 在 40cm 处自南向北测点的土壤盐分浓度变化值见图 10.3.8. 盐分浓度最低值出现在 7 月中旬, 最高值出现在 8 月下旬到 9 月初之间. 在 5 月到 7 月初之间, 断面上各个测点的盐分运动趋势保持一致.

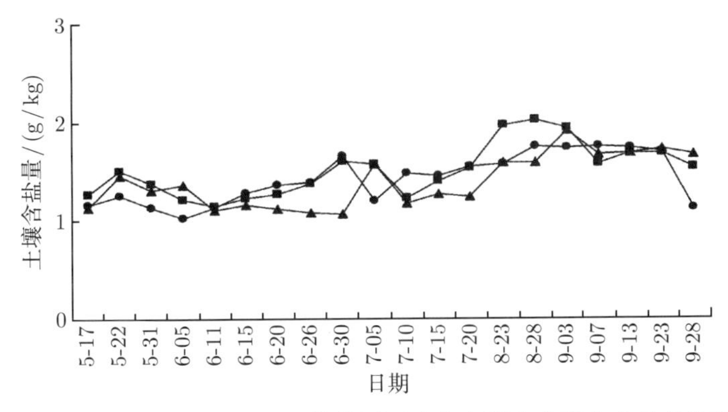

图 10.3.8 40cm 深有作物下的监测区南北向测点土壤全盐量变化值

10.4 宁夏银北试验区土壤水盐运移数值模拟结果及分析

10.4.1 试验区的土壤水分运动模拟研究

1. 初始

监测区的 TDR 探测管布置为三行八列, 水平面布置了 24 个测点用于与模拟结果验证比对. 假设在土壤各项共性的条件下, 对于非饱和土壤水分运动方程的定解条件中的初始条件可认定为首次测量监测点的土壤含水量. 即

$$\phi(x,z,0)=\phi_0(A) \tag{10.4.1}$$

其中 $A=\begin{bmatrix}1&6&7&12&15&18&21&22\\2&5&8&11&14&17&20&23\\3&4&9&10&13&16&19&24\end{bmatrix}$, 表示为水平面 24 个测点的分布位置.

2. 边界条件

下边界条件取地下水埋深值, 监测段内的月地下水位平均埋深分别为 156cm、120 cm、120cm、120cm、140 cm、162 cm. 即有

$$\phi(x,z_1,0)=\phi_s \tag{10.4.2}$$

其中: $Z_1=(156,120,120,120,140,162)$, 表示为 2012 年 4 月到 9 月间月平均地下水埋深.

上边界条件为地表, 与当地的气象因素相关联, 即与垂直向的水量交换强度 ε(cm/d) 有关. 当 ε 为正数时是降雨强度, 当 ε 为负数时为该时期的蒸发强度. 根据监测蒸发、降雨数据即可得到整个监测区域内的水量交换强度值.

$$-D(\phi)\left(\frac{\partial \phi}{\partial z}\right)\bigg|_{z=0}=\varepsilon \tag{10.4.3}$$

其中, $D(\phi)$ 为非饱和土壤扩散率, cm^2/min; $K(\phi)$ 为非饱和土壤导水率, cm/min, 它们均通过实验拟合后的到, 分别为

$$D(\phi)=e^{-8.148+25.3912\phi} \tag{10.4.4}$$

$$K(\phi)=\frac{4.8893\times 10^{-4}e^{25.3912\phi}}{(1.2906+\phi)^2} \tag{10.4.5}$$

在整个监测段中未对试验区进行灌水, 相邻的东南侧废旧渠道为混凝土衬砌, 无流量通过. 即可假设该断面为有一隔水层, 所以有

$$\phi_{\mathrm{E}}=0, \quad \phi_{\mathrm{S}}=0 \tag{10.4.6}$$

西北方向, 监测区与其他土地相连接, 其边界条件是随着土壤含水率的变化而变化的, 即

$$\begin{aligned}\phi_{\text{西侧}}&=\phi(\mathrm{CD}_1,z,t)\\ \phi_{\text{北侧}}&=\phi(\mathrm{CD}_2,z,t)\end{aligned} \tag{10.4.7}$$

其中 CD_1 为 1 号、2 号、3 号测定点的土壤含水率, %, 按向量表示为 $CD_1=(1,2,3)$; CD_2 为 1 号、4 号、7 号、10 号、13 号、16 号、19 号、22 号测点的土壤含水率, %, 按向量表示为 $CD_2=(1,4,7,10,13,16,19,22)$.

10.4.2 试验区纵向剖面水分运动模拟

纵向剖面由 2、5、8、11、14、17、20、23 号测定构成.

1. *蒸发条件下的水分模拟*

非边界点的离散格式为

$$\begin{aligned}(\phi_P-\phi_P^0)\frac{\Delta x}{\Delta t}=&\left[D(\phi_{\mathrm{e}})\frac{\phi_E-\phi_P}{\Delta x}-D(\phi_w)\frac{\phi_P-\phi_W}{\Delta x}\right]\\ &+\left[D(\phi_{\mathrm{n}})\frac{\phi_N-\phi_P}{\Delta z}-D(\phi_s)\frac{\phi_P-\phi_S}{\Delta z}\right]\\ &\pm[K(\phi_n)-K(\phi_s)]\end{aligned} \tag{10.4.8}$$

整理得

$$a_{\mathrm{E}}=\frac{D(\phi_e)}{\Delta x};\quad a_{\mathrm{W}}=\frac{D(\phi_w)}{\Delta x};\quad a_{\mathrm{N}}=\frac{D(\phi_n)}{\Delta z};\quad a_{\mathrm{S}}=\frac{D(\phi_s)}{\Delta z};\quad a_P^0=\frac{\Delta x}{\Delta t}$$

$$S_u=K(\phi_n)-K(\phi_s),\quad a_P=a_{\mathrm{E}}+a_{\mathrm{W}}+a_{\mathrm{N}}+a_{\mathrm{S}}+a_P^0$$

又依据边界条件可知, 东侧边界条件为隔水层所以在非端点的边界节点的离散有

$$(\phi_P - \phi_P^0)\frac{\Delta x}{\Delta t} = \left[2D(\phi_{\rm e})\frac{-\phi_P}{\Delta x} - D(\phi_w)\frac{\phi_P - \phi_{\rm W}}{\Delta x}\right] + \left[D(\phi_{\rm n})\frac{\phi_N - \phi_P}{\Delta z} - D(\phi_s)\frac{\phi_P - \phi_{\rm S}}{\Delta z}\right] \pm \left[K(\phi_n) - K(\phi_s)\right] \tag{10.4.9}$$

整理得

$$a_{\rm E} = 0;\quad a_{\rm W} = \frac{D(\phi_w)}{\Delta x};\quad a_{\rm N} = \frac{D(\phi_n)}{\Delta z};\quad a_{\rm S} = \frac{D(\phi_s)}{\Delta z};\quad a_P^0 = \frac{\Delta x}{\Delta t}$$

$$S_u = K(\phi_n) - K(\phi_s);\quad a_P = 2a_{\rm E} + a_{\rm W} + a_{\rm N} + a_{\rm S} + a_P^0$$

下边界条件为土壤饱和含水率, 即 $\phi_{\rm S} = \phi_{饱和}$, 则有

$$(\phi_P - \phi_P^0)\frac{\Delta x}{\Delta t} = \left[D(\phi_{\rm e})\frac{\phi_{\rm E} - \phi_P}{\Delta x} - D(\phi_w)\frac{\phi_P - \phi_{\rm W}}{\Delta x}\right] + \left[D(\phi_n)\frac{\phi_{\rm N} - \phi_P}{\Delta z} - 2D(\phi_s)\frac{\phi_P - \phi_{饱和}}{\Delta z}\right] \pm \left[K(\phi_n) - K\left(\phi_{饱和}\right)\right] \tag{10.4.10}$$

整理得

$$a_{\rm E} = \frac{D(\phi_e)}{\Delta x};\quad a_{\rm W} = \frac{D(\phi_w)}{\Delta x};\quad a_{\rm N} = \frac{D(\phi_n)}{\Delta z};\quad a_{\rm S} = 0;\quad a_P^0 = \frac{\Delta x}{\Delta t};$$

$$S_u = K(\phi_n) - K(\phi_s) + \frac{2D(\phi_{饱和})}{\Delta z}\phi_{饱和}$$

$$a_P = a_{\rm E} + a_{\rm W} + a_{\rm N} + 2a_{\rm S} + a_P^0$$

西侧边界条件为实测不同深度的土壤含水率值, 进行离散分析. 与式 (10.4.8) 相对应.

上边界条件也是北侧边界条件, 即 $-D(\phi)\left(\dfrac{\partial\phi}{\partial z}\right)\Bigg|_{z=0} = -\varepsilon$.

$$(\phi_P - \phi_P^0)\frac{\Delta x}{\Delta t} = \left[D(\phi_{\rm e})\frac{\phi_{\rm E} - \phi_P}{\Delta x} - D(\phi_w)\frac{\phi_P - \phi_{\rm W}}{\Delta x}\right] + \left[\varepsilon - D(\phi_s)\frac{\phi_P - \phi_{\rm S}}{\Delta z}\right] \pm \left[K\left(\phi_{饱和}\right) - K(\phi_s)\right] \tag{10.4.11}$$

表 10.4.1　计算边界端点离散系数表

端点	离散系数					
	a_{W}	a_{E}	a_{S}	a_{N}	a_P	S_u
东北	$\dfrac{D(\phi_w)}{\Delta x}$	—	$\dfrac{D(\phi_s)}{\Delta x}$	—	$\dfrac{2D(\phi_e)}{\Delta x}+\dfrac{D(\phi_w)}{\Delta x}+\dfrac{D(\phi_s)}{\Delta z}+\dfrac{\Delta x}{\Delta t}$	$[K\left(\phi_{饱和}\right)-K\left(\phi_s\right)]+\varepsilon$
东南	$\dfrac{D(\phi_w)}{\Delta x}$	—	—	$\dfrac{D(\phi_n)}{\Delta x}$	$\dfrac{2D(\phi_e)}{\Delta x}+\dfrac{D(\phi_w)}{\Delta x}+\dfrac{D(\phi_n)}{\Delta z}+\dfrac{2D(\phi_s)}{\Delta z}+\dfrac{\Delta x}{\Delta t}$	$[K\left(\phi_{饱和}\right)-K\left(\phi_s\right)]+\dfrac{2D(\phi_{饱和})}{\Delta z}\phi_{饱和}$
西南	—	$\dfrac{D(\phi_e)}{\Delta x}$	—	$\dfrac{D(\phi_n)}{\Delta x}$	$\dfrac{D(\phi_e)}{\Delta x}+\dfrac{2D(\phi_w)}{\Delta x}+\dfrac{D(\phi_n)}{\Delta z}+\dfrac{2D(\phi_s)}{\Delta z}+\dfrac{\Delta x}{\Delta t}$	$[K\left(\phi_{饱和}\right)-K\left(\phi_s\right)]+\dfrac{2D(\phi_{饱和})}{\Delta z}\phi_{饱和}+\dfrac{2D(\phi_{WB})}{\Delta z}\phi_{WB}$
西北	—	$\dfrac{D(\phi_e)}{\Delta x}$	$\dfrac{D(\phi_s)}{\Delta x}$	—	$\dfrac{D(\phi_e)}{\Delta x}+\dfrac{2D(\phi_w)}{\Delta x}+\dfrac{D(\phi_s)}{\Delta z}+\dfrac{\Delta x}{\Delta t}$	$[K\left(\phi_{饱和}\right)-K\left(\phi_s\right)]+\dfrac{2D(\phi_{饱和})}{\Delta z}\phi_{饱和}+\varepsilon$

整理得:

$$a_{\mathrm{E}}=\frac{D(\phi_e)}{\Delta x};\quad a_{\mathrm{W}}=\frac{D(\phi_w)}{\Delta x};\quad a_{\mathrm{NB}}=0;\quad a_{\mathrm{SB}}=0;\quad a_P^0=\frac{\Delta x}{\Delta t};$$

$$S_u=K\left(\phi_{\text{饱和}}\right)-K\left(\phi_s\right)+\varepsilon$$

$$a_P=a_{\mathrm{E}}+a_{\mathrm{W}}+a_{\mathrm{S}}+a_P^0$$

最后为 4 个端点的边界离散系数, 见表 10.4.1.

以上系数通过编写 Matlab 程序进行迭代运算, 即可得到蒸发条件下的土壤水分运动曲线. 运行前, 需给出初始值. 假设土壤的含水率随监测深度的不同而变化的, 呈现为随深度变化的曲面. 即有

$$\phi_0(\mathrm{SD},0)=\mathrm{HSL}$$

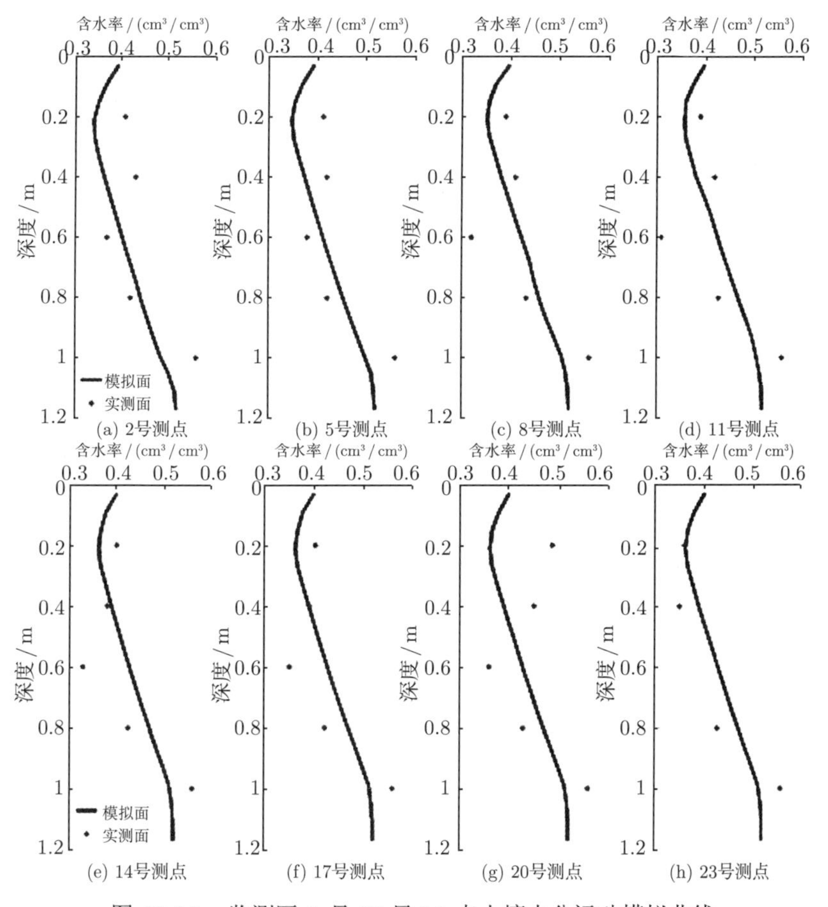

图 10.4.1　监测区 5 月 17 日 10 点土壤水分运动模拟曲线

其中: SD 为土壤不同深度值, M, 按向量表示为 $SD = (0.2, 0.4, 0.6, 0.8, 1)$; HSL 为不同深度的土壤含水率, %, 按向量表示为 $HSL = (0.25, 0.35, 0.38, 0.48, 0.5)$.

选择 5 月 16 日 10 点到 5 月 17 日 10 点对 2 号、5 号、8 号、11 号、14 号、17 号、20 号及 23 号这一纵断面进行数值模拟对比. 当日蒸发所引起的土壤水通量为 6.4cm/d, 蒸发强烈. 同一深度下的土壤含水率自西向东逐渐增加, 土壤含水率最低点出现在 0.2 米处. 模拟值与实测值在 1 米处存在偏移现象, 其他实测值与模拟值吻合较好, 拟合曲线可以基本表达土壤水分在盐渍土内运动趋势.

随后, 对 5 月 22 日的土壤水分运动状态进行了模拟. 拟合曲线见图 10.4.2, 由于气象数据的变化, 土壤含水率发生了变化. 含水率的最小值出现在了 0.4 米左右, 土壤监测断面含水率与 5 月 17 日的相比是增加的, 且在 0.8 米左右土壤含水率逐渐进入稳定状态, 且随着迭代时间的增长, 数值解与实测值吻合较好. 说明方程在使用 TDMA 算法进行迭代计算是可行的.

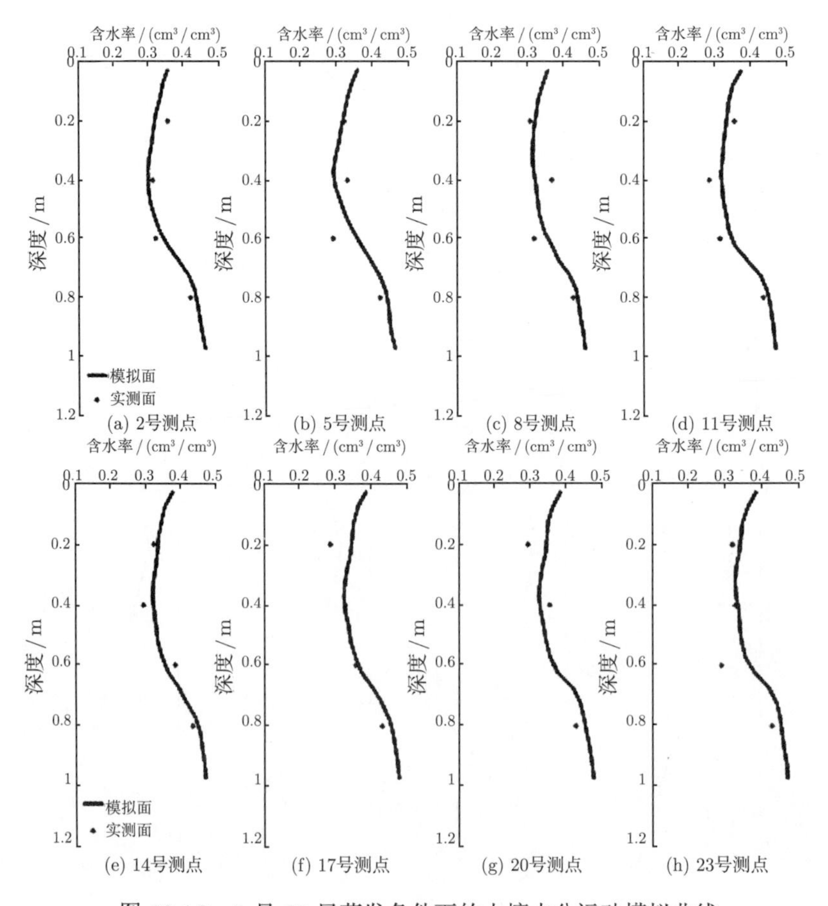

图 10.4.2　5 月 22 日蒸发条件下的土壤水分运动模拟曲线

2. 降雨条件下的水分模拟

在处理降雨条件下的上边界条件时, 有 $-D(\phi)\left(\frac{\partial\phi}{\partial z}\right)\Big|_{z=0}=\varepsilon$, 其他方程各项的有限体积法离散与蒸发条件的水分模拟是相同的.

$$
\begin{aligned}
(\phi_P-\phi_P^0)\frac{\Delta x}{\Delta t}=&\left[D(\phi_{\rm e})\frac{\phi_{\rm E}-\phi_P}{\Delta x}-D(\phi_{\rm w})\frac{\phi_P-\phi_{\rm W}}{\Delta x}\right]\\
&+\left[-\varepsilon-D(\phi_s)\frac{\phi_P-\phi_{\rm S}}{\Delta z}\right]\\
&\pm\left[K\left(\phi_{饱和}\right)-K\left(\phi_s\right)\right]
\end{aligned}
\tag{10.4.12}
$$

整理得

$$
a_{\rm E}=\frac{D(\phi_e)}{\Delta x};\quad a_{\rm W}=\frac{D(\phi_w)}{\Delta x};\quad a_{\rm NB}=0;\quad a_{\rm SB}=0;a_P^0=\frac{\Delta x}{\Delta t};
$$

$$
S_u=K\left(\phi_{饱和}\right)-K\left(\phi_s\right)-\varepsilon
$$

$$
a_P=a_{\rm E}+a_{\rm W}+a_{\rm S}+a_P^0
$$

与上边界值 ε 有关的端点是东北角和西北角, $S_{u_{(东北)}}=\left[K\left(\phi_{饱和}\right)-K\left(\phi_s\right)\right]-\varepsilon$,

$$
S_{u_{(东北)}}=\left[K\left(\phi_{饱和}\right)-K\left(\phi_s\right)\right]+\frac{2D(\phi_{饱和})}{\Delta z}\phi_{饱和}-\varepsilon.
$$

依据上述离散系数, 在降雨条件下, 模拟了 6 月 28 日 10 点到 6 月 28 日 20 点的土壤水分曲线, 见图 10.4.3. 6 月 28 日当天降雨量为 4.4cm, 蒸发量为 0.03cm. 由于蒸发量极少, 在模拟运算中忽略不计, 仅认为当日的 ε 为降雨量. 从数值模拟曲线看, 拟合值与实测值吻合好. 与地表相近的土壤含水率普遍达到 45%左右, 随着深度的增加, 土壤的含水率出现了降低的态势, 这一态势的控制范围在 0.2~0.4. 当深度大于 0.4 米后, 土壤含水率与土壤深度在不同的监测管内均呈现近似线性分布的状态, 直到接近地下水的埋藏深度达到稳定. 对于接近东侧不透水边界的 23 号探测管, 其含水率在不同深度的变化较小, 但在同一深度上与其他探测管的含水率相比其值为最大.

3. 蒸发、降雨同时作用下的水分模拟

降雨的同时, 土壤地表仍然会有蒸发. 将降雨时水量交换强度绝对值减去同一时刻蒸发时所产出的水量交换强度绝对值, 得出正值, 按降雨情况计算求解; 得出负值按蒸发情况计算求解. 通过这一方法依次模拟了 7 月、8 月、9 月底的土壤水分运动曲线.

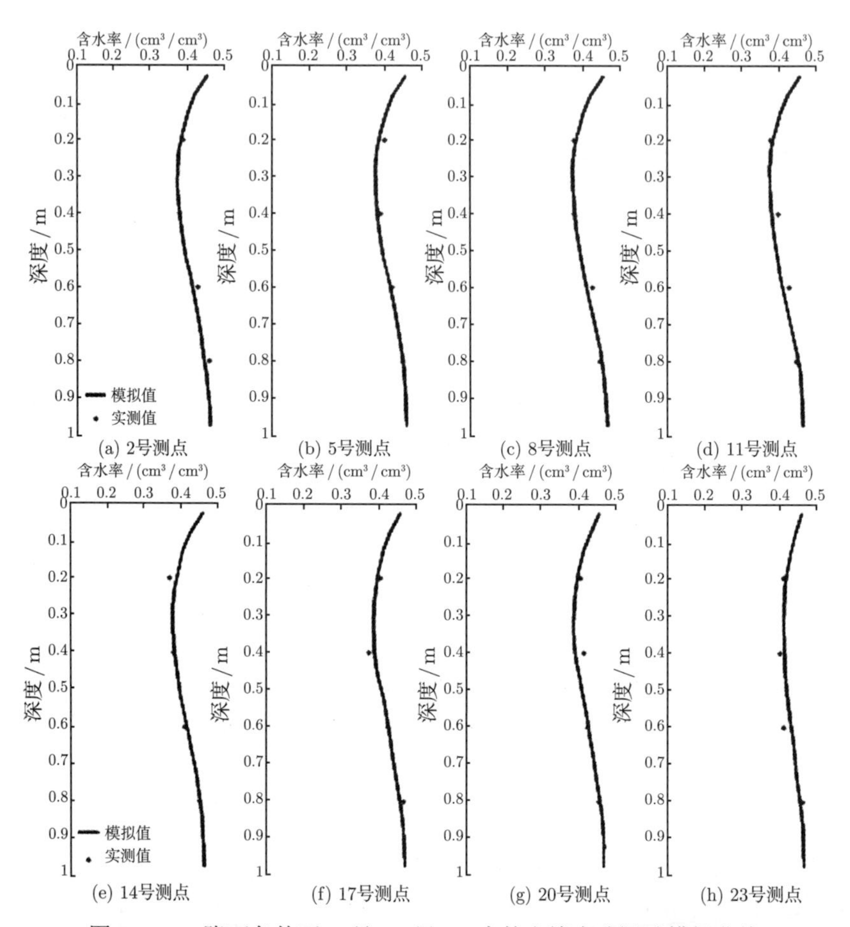

图 10.4.3　降雨条件下 6 月 28 日 20 点的土壤水分运动模拟曲线

图 10.4.4 为 7 月 28 日 10 点的土壤水分运动模拟曲线. 曲线与实测值拟合较好, 且运动趋势相近, 最大含水率出现在近地下水埋深处, 最小含水率分布在 0.15~0.30m 处. 近地面土壤含水率较高, 这与本月降雨量多, 蒸发量少存在一定的联系. 各管自西向东的土壤含水率是逐渐增大的, 整个纵断面的最大土壤含水率出现在东侧接近地下水埋深处.

当到 8 月底, 整个断面的土壤含水率发生了急剧的变化. 见图 10.4.5. 土壤表层含水率普遍比 7 月 28 日的含水率小, 处在 0.2~0.3. 此时位于最西侧的 2 号探测管的土壤含水率随深度的递增而增加, 但变化量不大; 5 号、8 号、11 号及 14 号探测管内的土壤含水率的运动趋势相近, 表层土壤含水率与深层土壤含水率出现了较大的改变, 且土壤含水率最小值均出现在 0.2 米左右; 最东侧的 23 号探测管中的土壤含水率变化曲线与其他测定的不同, 这与东边界是混凝土隔水层有管; 水量在这一测点附近堆积, 造成该区域的土壤含水率明显大于其他测点的土壤含水率, 且呈现线性分布的规律.

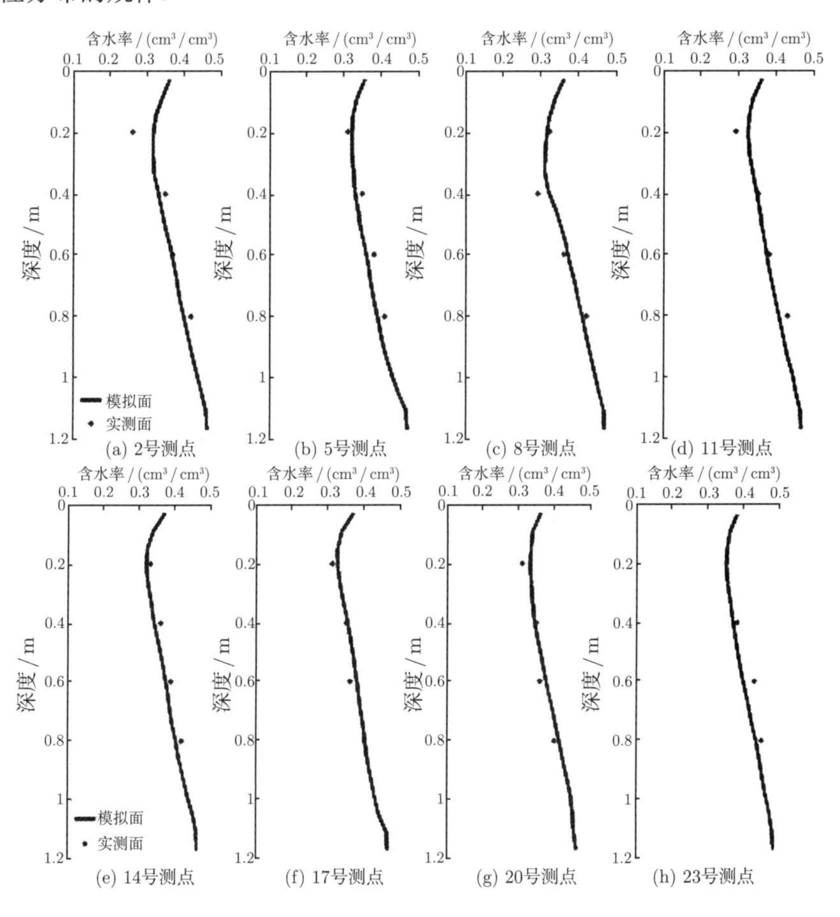

图 10.4.4　2012 年 7 月 28 日 10 点的土壤水分运动模拟曲线

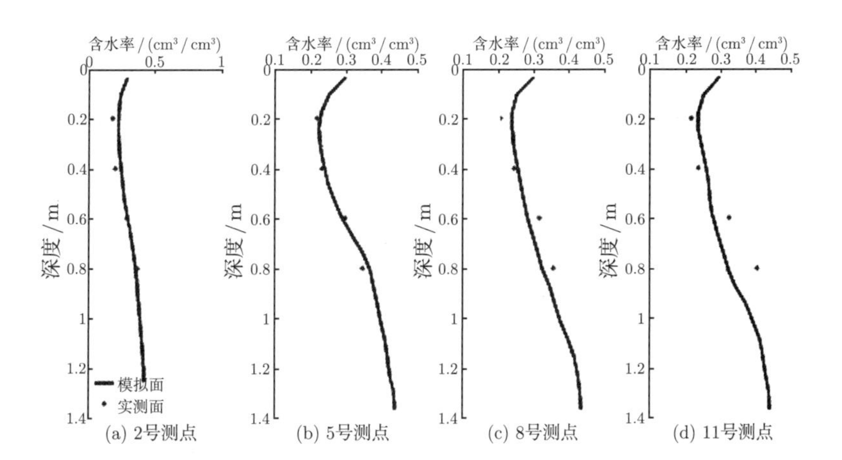

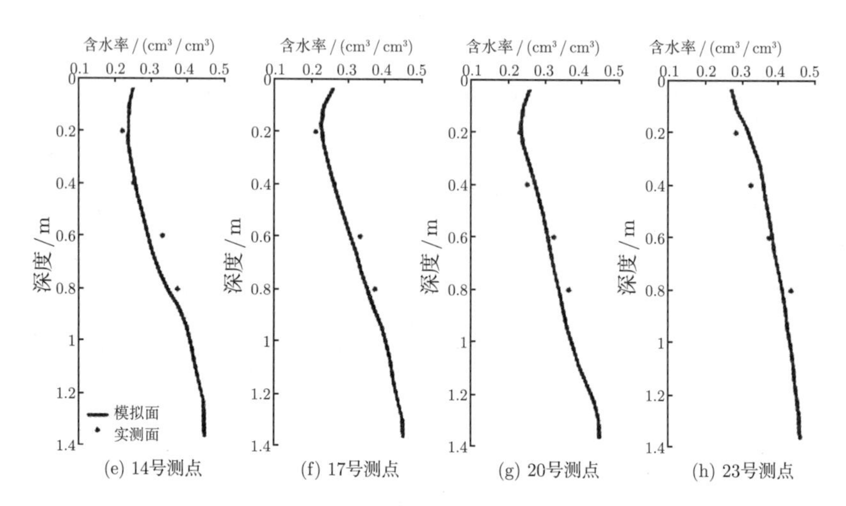

图 10.4.5　2012 年 8 月 28 日 10 点的土壤水分运动模拟曲线

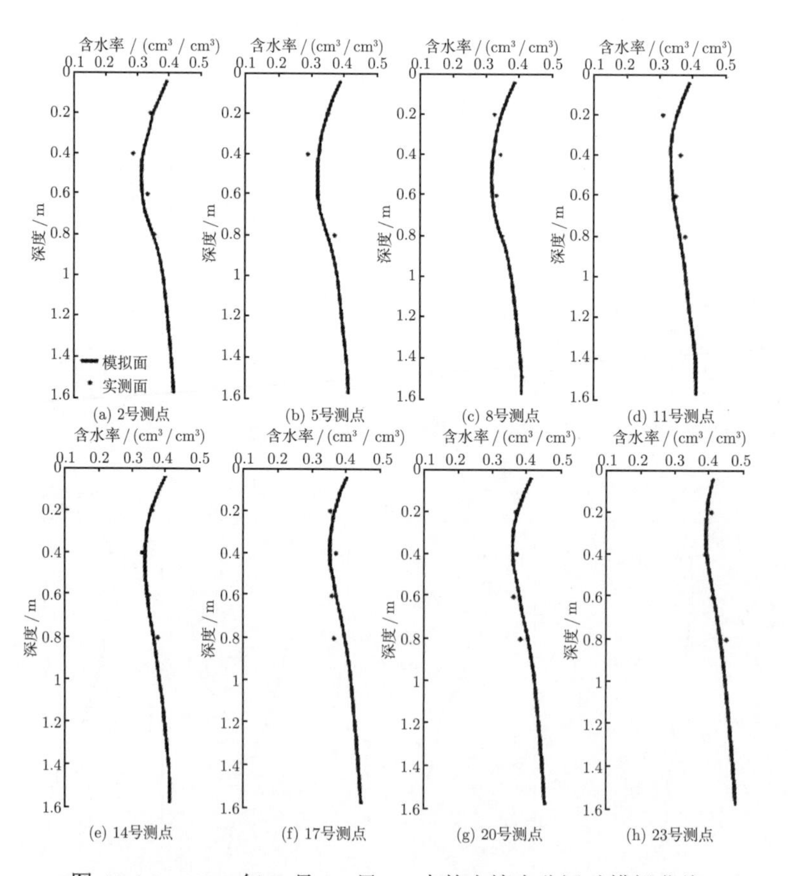

图 10.4.6　2012 年 9 月 27 日 10 点的土壤水分运动模拟曲线

到 9 月底, 见图 10.4.6. 整个断面的土壤含水率的变化趋于平缓. 土壤表层含水率增加, 处在 0.3~0.4. 土壤含水率最小值多数出现在 0.5 米左右; 最东侧的 23 号探测管中的土壤含水率依然居高.

10.4.3 土壤盐分运移方程定解条件

1. *初始条件*

根据第 5 章的水分运动方程求解了 2、5、8、11、14、17、20、23 号 TDR 管所在的纵断面土壤含水率在不同边界条件和不同时期的分别曲线. 利用上述土壤含水率结合土壤盐分运移方程即可求得该断面的土壤盐分浓度值.

初始含盐量为首次按不同深度测量监测点的土壤盐分浓度值. 即

$$C_0(x,z,0)=\mathrm{HYL} \tag{10.4.13}$$

其中 $\mathrm{HYL}=\begin{bmatrix}1.2&1.2&1.2&1.2&1.2&1.2&1.2&1.2\\1.3&1.3&1.3&1.3&1.3&1.3&1.3&1.3\\1.3&1.3&1.3&1.3&1.3&1.3&1.3&1.3\\1.4&1.4&1.4&1.4&1.4&1.4&1.4&1.4\\1.4&1.4&1.4&1.4&1.4&1.4&1.4&1.4\end{bmatrix}$, HYL 为纵断面不同深度时的土壤含盐量, 以矩阵形式给出.

2. *边界条件*

四个边界依然是上边界、下边界、西边界及东边界.

将以地下水的矿化度作为了本次模拟的下边界条件. 数值模拟按月计算时, 将各月的地下水矿化度平均值作为稳定盐分浓度的边界条件. 监测区的月平均地下水矿化度见表 10.4.2.

表 10.4.2 监测区地下水埋深及矿化度

月份	5 月	6 月	7 月	8 月	9 月	10 月
地下水埋深/cm	156	120	120	120	140	162
地下水矿化度/(g/L)	1.86	1.54	0.931	0.523	0.22	1.69

西侧边界的土壤盐分浓度可按初始含盐量进行模拟计算, 每计算得到一组新的盐分浓度值, 即可代入西侧边界点, 作为下一次计算的边界条件. 东侧为混凝土渠道, 可作为绝缘边界进行处理, 即有, $C_{东侧边界}=0$.

上边界条件, 主要分为降雨上边界条件和蒸发上边界条件.

降水上边界条件:

$$-\phi D_{\mathrm{sh}}\frac{\partial C}{\partial z}+qC=\varepsilon C_n \tag{10.4.14}$$

蒸发上边界条件:

$$-\phi D_{\mathrm{sh}}\frac{\partial C}{\partial z}+\varepsilon C=0 \tag{10.4.15}$$

其中: C 为某一时刻的盐分浓度, g/cm^3; ϕ 为某一时刻的土壤含水量, cm^3/cm^3.

C_n 为降水盐分浓度, g/cm^3, 实验室检测后该项为 0; 既有降雨条件下的土壤盐分运移方程的上边界条件可改写为

$$qC-\phi D_{\mathrm{sh}}\frac{\partial C}{\partial z}=0 \tag{10.4.16}$$

D_{sh} 为水动力弥散系数, cm^2/d, 是通过实验拟合得到的,

$$D_{\mathrm{sh}}=3.355\mathrm{e}^{-15.616\theta} \tag{10.4.17}$$

q 为土壤水通量, cm^3/(cm^2·d), 计算表达式为

$$q=P-R_{\mathrm{s}}+C_{\mathrm{mo}} \tag{10.4.18}$$

其中: P 为降雨量, cm; R_{s} 为地表净流量; C_{mo} 为土壤接受的大气凝结水量.

3. 地表径流量 R_{s} 的计算

欲通过式 (10.4.16) 计算土壤水通量, 首先需要计算 R_{s}. 计算地表径流量的方法较多, 常见的有下渗曲线法、φ 指标法、径流系数法和 SCS 模型. 其中 SCS 模型具有参数少, 计算简单的特点, 对于基础数据缺失地区的地表径流仍然可以反映降雨对地表径流的影响. 该模型是由美国土壤保持局开发的 (Mockus V , 1949), 基本原理如下:

假设实际入渗量 F 与实际的径流量 Q 的比值等于降雨前潜在的最大损失量 S 与潜在径流量 $Q_{\max}$ 的比值, 即

$$\frac{F}{Q}=\frac{S}{Q_{\max}} \tag{10.4.19}$$

而潜在径流量 $Q_{\max}$ 又是降雨量与降雨初期由于植被、初渗等因素所引起的初损量 I_{a} 的差值, 即

$$Q_{\max}=P-I_{\mathrm{a}}$$

又实际入渗量 F 是降雨量与径流量和初损的差值, 即

$$F=P-(Q+I_{\mathrm{a}}) \tag{10.4.20}$$

通过联立式 (10.4.18)~(10.4.20), 即可得到实际径流量 Q 的值, 该值也就是 R_{s}, 即

$$\begin{cases} Q=\dfrac{(P-I_{\mathrm{a}})^2}{P+S-I_{\mathrm{a}}}, & P\geqslant I_{\mathrm{a}} \\ Q=0, & P<I_{\mathrm{a}} \end{cases} \tag{10.4.21}$$

采用经验关系式 $I_\mathrm{a} = 0.2S$ 对式 (10.4.21) 进行化简得

$$\begin{cases} Q = \dfrac{(P-0.2S)^2}{P+0.8S}, & P \geqslant 0.2S, \\ Q = 0, & P < 0.2S \end{cases} \tag{10.4.22}$$

(10.4.22) 即为 SCS 模型. 若要获得 Q 值就要确定降雨量和监测区域内的潜在入渗量 S. 但 S 受到土壤物理参数及地表植被覆盖等条件的影响, 变化幅度很大, 不易直接取得. 为此, 引入一个综合性参数 CN(curve number), 又称曲线数值 (穆宏强, 1992), 用于替代潜在入渗量 S 的值.

$$S = \frac{25400}{\mathrm{CN}} - 254 \tag{10.4.23}$$

从 (10.4.23) 可知, CN 的值越小, 入渗量就越大; 反之, 入渗量 S 就越小.

参数 CN 的确定与土壤前期湿度程度(antecedent moisture condition, AMC)、土壤类型及植被覆盖类型有关. 其取值范围在 40~98(魏文秋, 1992), 本次试验地表无植被覆盖, 故不考虑该项因素. 对于前期土壤湿度条件可分为 3 级 (王晓燕, 2003), 见表 10.4.3. 土壤类型是依据土壤的最小渗透率进行划分的, 其指标见表 10.4.4.

表 10.4.3 前期土壤湿度条件等级表

AMC 等级	前五天降雨总量/mm	
	生长期	休闲期
AMC Ⅰ	< 13	< 36
AMC Ⅱ	13~28	36~53
AMC Ⅲ	> 28	> 53

表 10.4.4 SCS 模型土壤类型指标表

土壤类型	最小渗透率范围	土壤质地
A	> 7.261	沙土、沙质壤土
B	3.813~7.262	壤土、粉砂壤土
C	1.272~3.813	砂黏壤土、黏壤土、粉砂黏壤土
D	< 1.272	黏土、盐渍土

由于监测区很小, 根据该区实验室土壤物理分析, 查表 10.4.4 认为土壤类型为 D; 采用 SCS 模型所提供的 CN 值查算表, 结合土壤类型, 查表得 CN. 将该值代入式 (10.4.23)、(10.4.22) 计算实际径流量 Q 值即可. 监测区降雨量分别在 6 月、7 月, 6 月 28 日降雨形成了地表径流量为 1.42cm, 7 月 30 日的暴雨形成的地表径流量为 8.33cm. 综上所述, 土壤水通量 q 即可按公式 (10.4.16) 进行计算求解.

因产生地表径流的时间在 6 月和 7 月, 日蒸发量大, 很难形成形成大气凝结水, 所以将 C_mo 认为是零值.

$$q_{6月} = 4.44 - 1.42 = 3.02\mathrm{cm}$$

表 10.4.5　二维非稳态土壤盐分运移方程计算网格离散系数表

节点	离散系数				
	a_{W}	a_{E}	a_{S}	a_{N}	S
下西	0	$-\left(0.5q_p+\dfrac{\phi_e D_{\mathrm{she}}}{\Delta x}\right)$	0	$-\left(\dfrac{\phi_n D_{\mathrm{shn}}}{\Delta z}+0.5q_p\right)$	$\dfrac{2\phi_s D_{\mathrm{shs}} C_{实测}}{\Delta z}+0.5q_p C_{实测}+\phi_P C_P^0\dfrac{\Delta d}{\Delta t}-S_c\Delta d$
上西	0	$-\left(0.5q_p+\dfrac{\phi_e D_{\mathrm{she}}}{\Delta x}\right)$	$-0.5q_p$	0	$\dfrac{2\phi_w D_{\mathrm{shw}} C_{实测}}{\Delta x}+0.5q_p C_{实测}+\phi_P C_P^0\dfrac{\Delta d}{\Delta t}-S_c\Delta d$
西侧	0	$-\left(0.5q_p+\dfrac{\phi_e D_{\mathrm{she}}}{\Delta x}\right)$	$\left(0.5q_p-\dfrac{\phi_s D_{\mathrm{shs}}}{\Delta x}\right)$	$-\left(\dfrac{\phi_n D_{\mathrm{shn}}}{\Delta z}+0.5q_p\right)$	$\dfrac{2\phi_w D_{\mathrm{shw}} C_{实测}}{\Delta x}+0.5q_p C_{实测}+\phi_P C_P^0\dfrac{\Delta d}{\Delta t}-S_c\Delta d$
上东	$-\left(0.5q_p+\dfrac{\phi_w D_{\mathrm{shw}}}{\Delta x}\right)$	0	$-0.5p_q$	0	$\phi_P C_P^0\dfrac{\Delta d}{\Delta t}-S_c\Delta d$
下东	$-\left(0.5q_p+\dfrac{\phi_w D_{\mathrm{shw}}}{\Delta x}\right)$	0	0	$-\left(\dfrac{\phi_n D_{\mathrm{shn}}}{\Delta x}+0.5q_p\right)$	$\dfrac{2\phi_s D_{\mathrm{shs}} C_{\mathrm{down}}}{\Delta z}+0.5q_p C_{\mathrm{down}}+\phi_P C_P^0\dfrac{\Delta d}{\Delta t}-S_c\Delta d$
东侧	$-\left(0.5q_p+\dfrac{\phi_w D_{\mathrm{shw}}}{\Delta x}\right)$	0	$\left(0.5q_p-\dfrac{\phi_s D_{\mathrm{shs}}}{\Delta x}\right)$	$-\left(\dfrac{\phi_n D_{\mathrm{shn}}}{\Delta z}+0.5q_p\right)$	$\phi_P C_P^0\dfrac{\Delta d}{\Delta t}-S_c\Delta d$
内部	$-\left(0.5q_p+\dfrac{\phi_w D_{\mathrm{shw}}}{\Delta x}\right)$	$-\left(0.5q_p+\dfrac{\phi_e D_{\mathrm{she}}}{\Delta x}\right)$	$\left(0.5q_p-\dfrac{\phi_s D_{\mathrm{shs}}}{\Delta x}\right)$	$-\left(\dfrac{\phi_n D_{\mathrm{shn}}}{\Delta z}+0.5q_p\right)$	$\phi_P C_P^0\dfrac{\Delta d}{\Delta t}-S_c\Delta d$
上	$-\left(0.5q_p+\dfrac{\phi_w D_{\mathrm{shw}}}{\Delta x}\right)$	$-\left(0.5q_p+\dfrac{\phi_e D_{\mathrm{she}}}{\Delta x}\right)$	$-0.5q_p$	$-(0.5q_p+\varepsilon\Delta d)$	$\phi_P C_P^0\dfrac{\Delta d}{\Delta t}-S_c\Delta d$
下	$-\left(0.5q_p+\dfrac{\phi_w D_{\mathrm{shw}}}{\Delta x}\right)$	$-\left(0.5q_p+\dfrac{\phi_e D_{\mathrm{she}}}{\Delta x}\right)$	0	$-\left(\dfrac{\phi_n D_{\mathrm{shn}}}{\Delta z}+0.5q_p\right)$	$\dfrac{2\phi_s D_{\mathrm{shs}} C_{\mathrm{down}}}{\Delta z}+0.5q_p C_{\mathrm{down}}+\phi_P C_P^0\dfrac{\Delta d}{\Delta t}-S_c\Delta d$

$$q_{7月} = 11.94 - 8.33 = 3.51\text{cm} \tag{10.4.24}$$

10.4.4 土壤盐分运移方程离散处理

通过将网格内部节点与边界节点共同构造系数矩阵, 见表 10.4.5. 计算网格节点处的值即 ϕ_e、ϕ_w、ϕ_n、ϕ_s, 用实际网格的前后或左右的含水率值采用中心插值的方法进行替代, 对于水动力弥散系数的值同理进行替代计算.

10.4.5 土壤盐分模拟曲线及数据分析

获得土壤盐分运模拟曲线, 在数值计算上首先对水分运动方程进行求解得到土壤的含水率值, 然后通过计算水分通量代入溶质运移方程进行计算求解, 最后得到土壤盐分的分布. 模拟运算的空间网格节点为 800 个, 时间步长为 1, 运算时间随设定的模拟时间而增加.

图 10.4.7 所示为 4 月 15 日 8 时至 18 时的土壤盐分运移模拟曲线. 方程初始值为 4 月 15 日 8 时实测的土壤盐分含量. 运用有限体积方法对溶质方程离散后迭代计算后的模拟值与不同的探测点位的实测值进行比对, 认为该方法能够较好地反映出土壤内部溶质随溶液的运移规律. 除 2 号监测点, 其余测点的盐分含量基本处于稳定状态, 模拟值与实测值吻合较好. 从模拟曲线看出, 土壤深度为 98cm 左右盐分浓度出现急剧增加.

2 号测点紧邻西侧边界, 模拟结果显示盐分浓度在 80~90cm 发生了数值振荡现象. 且模拟值与实测值吻合程度相对较差. 通过对边界进行网格加密处理, 降雨条件下的土壤盐分浓度在这一测定点的数值振荡减弱, 见图 10.4.8. 当模拟区域纵向深度增加后, 通过这一方法有效地避免了数值振荡的发生, 且模拟值与实测值吻合较好.

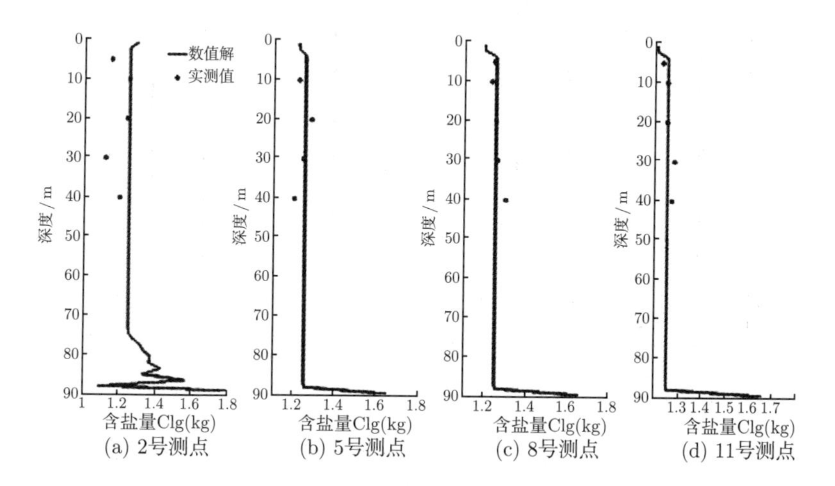

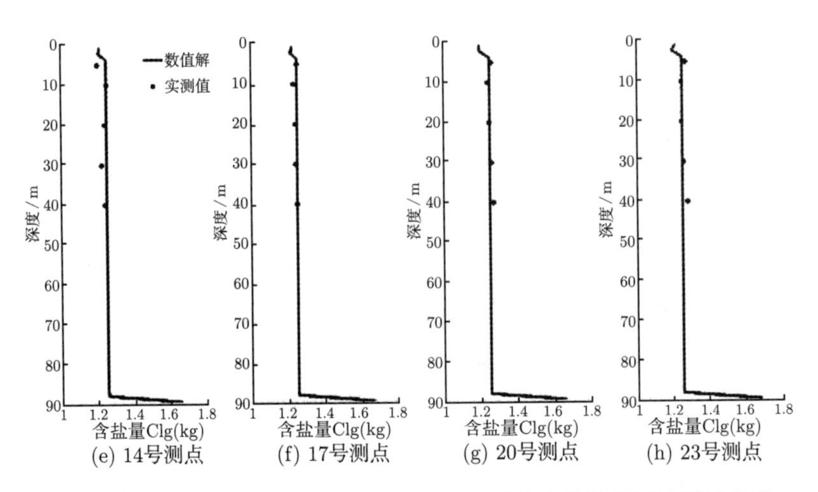

图 10.4.7　蒸发条件下的 4 月 15 日 8~18 时的土壤盐分运移模拟曲线

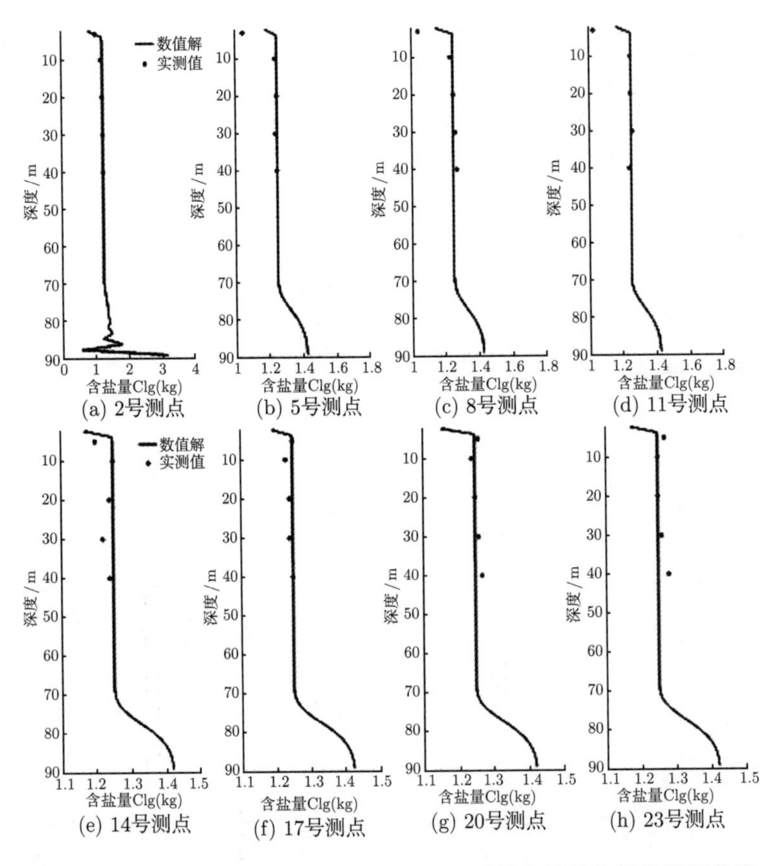

图 10.4.8　降雨条件下的 6 月 22 日 8~18 时的土壤盐分运移模拟曲线

运用土壤溶质运移模型分别对 2012 年 7 月、8 月、9 月的盐分浓度进行模拟. 图 10.4.9 为模型运行至 7 月 22 日 10 时的盐分运移曲线. 随着模型运行时间的增加, 边界处的测定点的运算结果趋于稳定, 未发生局部的震荡现象. 整个断面的土壤盐分浓度运移趋势保持一致, 随着深度的增加, 浓度逐渐的增加.

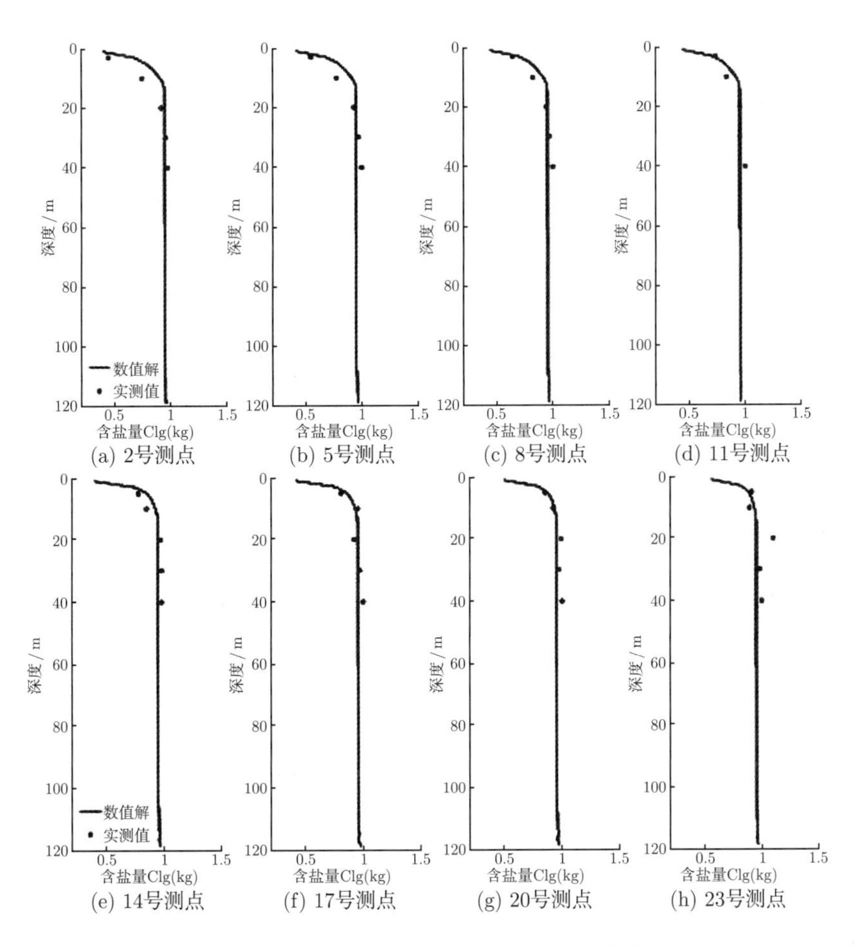

图 10.4.9 7 月 22 日 10 时的土壤盐分运移模拟曲线

图 10.4.10 和图 10.4.11 分别为土壤盐分在 8 月 22 日和 9 月 22 日的模拟曲线. 从曲线的形状来看, 土壤盐分在土体表层是随着土壤深度的增加而递增的, 而深层的土壤盐分则随着土壤埋深的增加而递减. 9 月 22 日的模拟曲线可以看出, 由于地下水矿化度的降低, 土壤含水率增加, 致使土壤的盐份浓度在下边界处接近零值. 上边界由于大气补给水量的因素, 表层土的盐分浓度随深度的增加而增加.

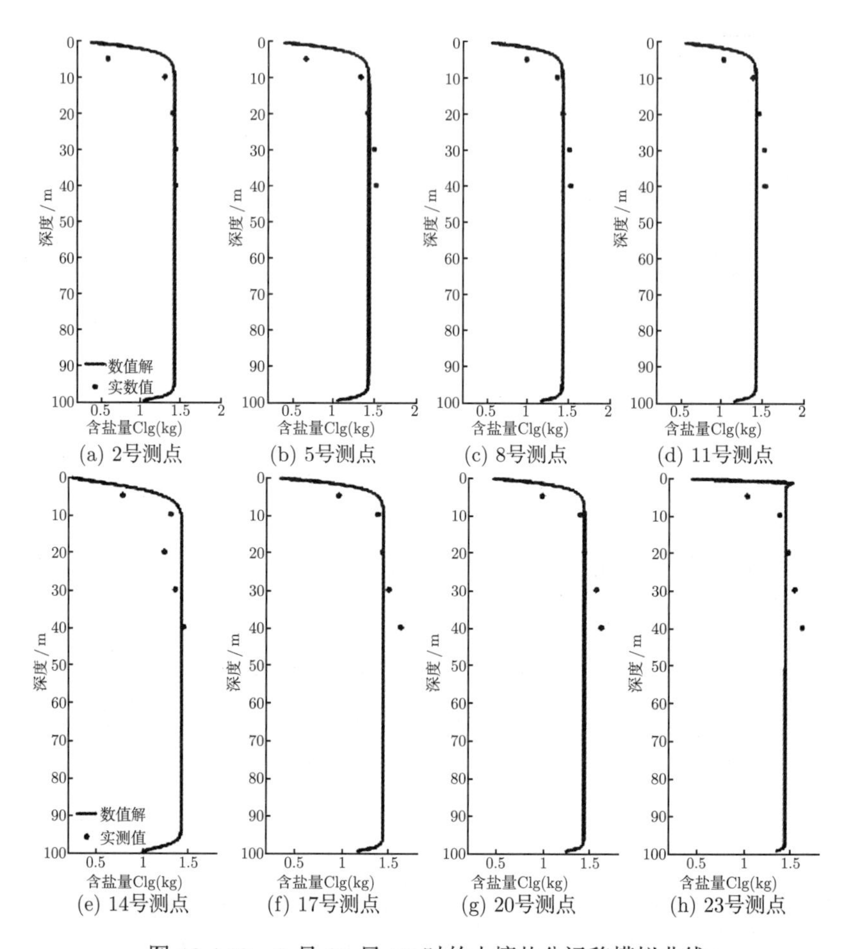

图 10.4.10 8 月 22 日 10 时的土壤盐分运移模拟曲线

本实验监测区春夏季的土壤盐分浓度变化量较大, 浓度高值出现在 9 月底, 低浓度值出现在 7 月下旬; 8 月和 9 月的盐分浓度受到地下水矿化度影响较大, 而 7 月的盐分浓度受地表蒸发、降雨的影响较大, 导致表层土体的盐分浓度较低. 数值模拟值与实测值吻合较好, 说明模型及相关拟合参数符合实际, 是可以采用该数值方法模拟宁夏银北地区盐渍土在春夏季盐分运移规律的. 但数值计算中, 模拟值与实测值在不同月份均存在一定的偏移, 造成这种吻合差异的原因有:

(1) 由于实验设备检测用管线长度所限, 实测值较少, 对深层的土壤盐分模拟结果不能进行模拟对比; 其次, 西侧边界条件受实测值得影响较大, 直接造成在数值模拟部分区域出现了数值振荡的现象.

(2) 随着时间的推移, 模拟值与实测值得吻合度有所增强, 说明有限体积法自身的收敛效果可有效地避免部分数值偏移或振荡的结果, 但由于在模型的离散处理中各参数项均存在不同程度的简化, 造成了模拟结果仍然存在一定量的偏移现象.

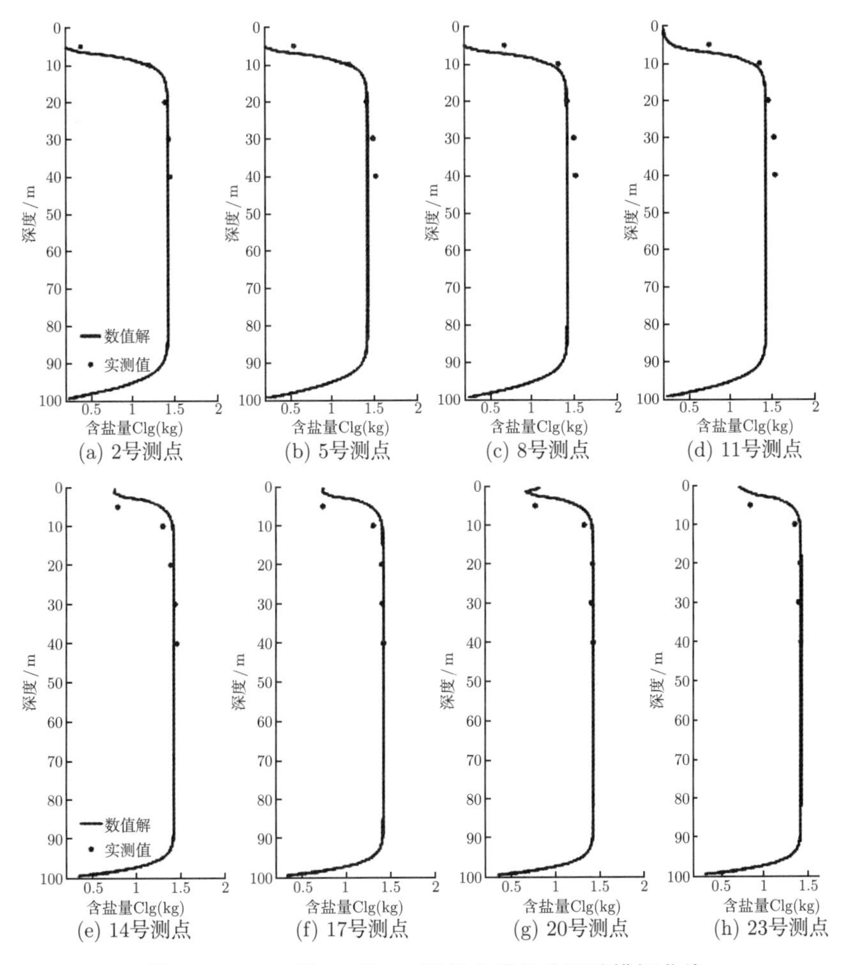

图 10.4.11　9 月 22 日 10 时的土壤盐分运移模拟曲线

10.5 结　论

结合室内外试验对宁夏银北试验区进行了土壤水盐运移模拟. 室内试验主要对试验区盐渍土的土壤水分曲线的试验参数进行测定. 本节尝试性地采用线性回归估算初值的方法对上述参数进行模型拟合, 结果显示此法可有效的提高数值结果与实测值的吻合性. 在获得相关参数的基础上, 继而采用有限体积法对土壤水盐运移进行了数值模拟. 结合以上实测结果和数值模拟的结果, 本节对该地区盐渍土纵断面水、盐运移规律进行综合分析, 得到以下结论: 利用有限体积法求解土壤水盐运移方程在精准度、稳定性及适应性等方面经过验证是可行的. 受地下水埋深的影响, 模拟土壤水分在监测期的断面形态是呈现西低东高的. 通过数学模拟曲线表明 7、8 月份表层土含盐量极低, 9 月则急剧增加. 积盐层出现在距离地表 25cm 处的浅土层区, 极易对农作物及其他植被的生长造成影响. 土壤水盐模拟值受边界条件的影响较大, 当出现非透水边界时, 在接近该边界处易发生水分集聚和盐分堆积现象.

参考文献

毕经伟, 张佳宝, 陈效民. 2004. 应用 HYDRUS-1D 模型模拟农田土壤水渗漏及硝态氮淋失特征 [J]. 农村生态环境, 20(2): 28–32.

蔡琳, 卢杜田. 2002. 水库防凌调度数学模型的研制与开发 [J]. 水利学报, (6): 67–71.

曹广学, 张晓艳, 吴建华. 2006. 黄河禹门口供水管泵系统水锤计算 [J]. 合肥工业大学学报, 29(10): 1287–1291.

陈丽娟, 冯起, 张新民. 2010. 明沟排水洗盐条件下土壤水盐动态模拟研究 [J]. 水土保持研究, 17(1): 235–239.

程文辉, 王船海. 1988. 用正交曲线网格及 “冻结法” 计算河道流速场 [J]. 水利学报, (6): 18–24.

池宝亮, 黄学芳, 张冬梅等. 2005. 点源地下滴灌土壤水分运动数值模拟及验证 [J]. 农业工程学报, 21(3): 56–60.

陈松山, 何钟宁, 周正富. 2007. 低扬程大型泵站停泵动态特性计算 [J]. 水力发电学报, 26(5): 128–133.

丁欣硕, 焦楠. 2014. FLUENT 14.5 流体仿真计算从入门到精通 [M]. 北京: 清华大学出版社.

董耀华, 杨国录. 1999. 大清河系观测河段及南水北调中线方案冰情计算分析 [J]. 长江科学院院报, 16(6): 13–17.

窦国仁, 董风舞, 窦希萍. 1995. 河口海岸泥沙数学模型 [J]. 中国科学, 25(9): 995–1001.

窦国仁, 赵世清, 黄亦芬.1987. 河道二维全沙数学模型的研究 [J]. 水利水运科学研究, (2): 1–12.

杜历, 周华. 2003. 浅层地下水利用与盐碱地治理 [M]. 银川: 宁夏人民出版社.

方春明. 2003. 考虑弯道环流影响的平面二维水流泥沙数学模型 [J]. 中国农村水利水电科学研究院学报, 1 (3): 190–193.

方永旗. 2010. 高扬程提灌泵站水锤分析及防护措施 [J]. 中国农村水利水电, (11): 141–143.

傅国伟. 1987. 河流水质数学模型及其模拟计算 [M]. 北京: 中国环境科学出版社.

高霈生, 靳国厚, 吕斌秀. 2003. 南水北调中线工程输水冰情的初步分析 [J]. 水利学报, (11): 96–101, 106.

关朋燕, 李春光, 景何仿. 2014. TDMA 算法在求解二维对流扩散问题中的收敛性证明 [J]. 高等学校计算数学学报, 36(1): 77–85.

郭瑞, 冯起, 司建华等. 2008. 土壤水盐运移模型研究进展 [J]. 冰川冻土, 30(3): 527–532.

郭维东, 李宝筏, 纪志军. 2001. 坐水播种时耕层土壤水分入渗的二维数值模拟 [J]. 农业工程学报, 17(2): 24–28.

郭照立, 郑楚光. 2009. 格子 Boltzmann 方法的原理及应用 [M]. 北京: 科学出版社.

韩其为, 何明民. 1987. 水库淤积与河床演变的 (一维) 数学模型 [J]. 泥沙研究, (3): 14–29.

韩占忠. 2010. FLUENT: 流体工程仿真计算实例与应用 [M]. 北京: 北京理工大学出版社.

韩其为, 何明民. 1988. 泥沙数学模型中冲淤计算的几个问题 [J]. 水利学报, (5): 16–25.

何少苓, 王连祥. 1986. 窄缝法在二维边界变动水域计算中的应用 [J]. 水利学报, 12: 11–19.

何雅玲, 王勇, 李庆. 2009. 格子 Boltzmann 方法的理论及应用 [M]. 北京: 科学出版社.

胡波, 肖元清, 王钊. 2005. 土水特征曲线方程参数和拟合效果研究 [J]. 三峡大学学报 (自然科学版). 02, 27(1): 31–34.

虎胆 · 吐马尔白, 吴争光, 苏里坦等. 2012. 棉花膜下滴灌土壤水盐运移规律数值模拟 [J]. 土壤, 44(4): 665–670.

黄新丽, 周晓阳, 程攀. 2007. 正交曲线坐标下一种有效的弯道河流数值模型 [J]. 水动力学研究与进展 (A 辑), 22 (3): 286–292.

槐文信, 赵明登, 童汉毅. 2005. 河道及近海水流的数值模拟 [M]. 北京: 科学出版社.

季顺迎, 沈洪道, 王志联等. 2005. 基于 Mohr-Coulomb 准则的黏弹 - 塑性海冰动力学本构模型 [J]. 海洋学报, 27(4): 19–30.

靳国厚, 高霈生, 吕斌秀, 1997. 明渠冰情预报的数学模型 [J]. 水利学报, (10): 1–9.

景何仿. 2011. 黄河大柳树－沙坡头河段连续弯道水流运动及河床变形数值模拟研究 [D]. 银川: 宁夏大学博士学位论文.

景何仿, 李春光, 吕岁菊等. 2009a. 寒冷地区供水工程引水明渠结冰问题数值模拟 [J]. 水利水电科技进展, 29(4): 27–31.

景何仿, 李春光, 吕岁菊等. 2009b. 黄河沙坡头连续弯道水沙实测结果分析 [J]. 中国农村水利水电, (7): 13–17.

景何仿, 李春光, 吕岁菊等. 2010. 沙坡头连续弯道水流运动三维数值模拟 [J]. 宁夏大学学报, 31(3): 51–56.

景何仿, 李春光. 2011a. 黄河上游大柳树 — 沙坡头河段河床变形数值模拟 [J]. 中国农村水利水电, 11: 5–9.

景何仿, 李春光. 2011b. 黄河大柳树 — 沙坡头河段典型弯道水流运动平面二维数值模拟 [J]. 水利水电科技进展, 31(4): 60–64.

景何仿, 李春光. 2012. 黄河上游连续弯道水流运动及泥沙运移数值模拟研究. 郑州: 黄河水利出版社.

可素娟, 王敏, 饶素秋等, 2002. 黄河冰凌研究 [M]. 郑州: 黄河水利出版社.

雷志栋, 杨诗秀. 1988. 土壤水动力学 [M]. 北京: 清华大学出版社, 25–37.

李春光, 景何仿, 吕岁菊等. 2008. 宁夏吴忠金积供水工程引水渠冬季结冰问题数值模拟研究报告 [R]. 北方民族大学数值计算与工程应用研究所.

李春光, 景何仿, 吕岁菊等. 2010. 弯道水流运动和河床变形数值模拟研究进展 [J]. 华北水利水电学院学报, 31 (1): 1–5.

李春光, 景何仿, 吕岁菊等. 2011. 黄河大柳树 — 沙坡头河段泥沙运移平面二维数值模拟 [J]. 水利水运工程学报, 4: 102–107.

李春光, 杨程. 2013. 宁夏水洞沟水库三维水沙运移数值模拟研究 [J]. 中国农村水利水电, 12: 45–50.

李春光, 景何仿, 吕岁菊等. 2015. 水洞沟水库泥沙淤积测试与模拟计算研究报告 [R], 北方民族大学数值计算与工程应用研究所.

李法虎, 傅建平, 孙雪峰. 1993. 土壤水分运动参数的确定及其灵敏性能分析 [J]. 灌溉排水, 12(2): 6–15.

李宏伟. 2010. 降雨入渗条件下土质边坡非饱和渗流二维数值分析 [J]. 水资源与水工程学报, 21(6): 133–137.

李开泰, 黄艾香, 黄庆怀. 2006. 有限元方法及其应用 (修订版)[M]. 北京: 科学出版社.

李开元, 李玉山. 1991. 土壤水分特征曲线的意义及其应用 [J]. 陕西农业科学, 04: 47–48.

李秋梅, 张显双, 朴富林. 1999. 小型水库多年淤积量测算研究 [J]. 中国水土保持, 1999(4): 13–14.

李人宪. 2008. 有限体积法基础 [M]. 北京: 国防工业出版社.

李韵珠, 胡克林. 2004. 蒸发条件下粘土层对土壤水和溶质运移影响的模拟 [J]. 土壤学报, 41(4): 493–502.

李义天. 1987. 冲淤平衡状态下床沙质级配初探 [J]. 泥沙研究, (1): 82–87.

李义天. 1988. 冲击河道平面变形计算初步研究 [J]. 泥沙研究, (1): 34–44.

李义天, 谢鉴衡. 1986. 冲积平原河流平面流动的数值模拟 [J]. 水利学报, (11): 9–15.

李志军, 韩明, 秦建敏等. 2005. 冰厚变化的现场监测现状和研究进展 [J]. 水科学进展, 16(5): 753–757.

梁冰, 王永波, 赵颖等. 2009. 降雨入渗和再分布对边坡土壤水分运移的数值模拟研究 [J]. 系统仿真学报, 21(1): 43–47.

刘安成, 王亚盟, 郝春生. 2009. SST k-ω 模型用于冲击射流冷却的可靠性 [J]. 南昌航空大学学报, 23 (4): 32–36.

刘嘉夫. 2007. 同位网格下平面二位水沙数学模型的研究 [D]. 西安理工大学硕士学位论文.

刘梅清, 孙兰凤, 周龙才, 2004. 长管道泵系统中空气阀的水锤防护特性模拟 [J]. 武汉大学学报, 37(5): 23–27.

刘儒勋, 舒其望. 2003. 计算流体力学的若干新方法 [M]. 北京: 科学出版社.

刘玉玲, 刘哲. 2006. 弯道水流数值模拟研究. 应用力学学报 [J], 24 (2): 310–312.

刘志勇, 刘梅清. 2009. 空气阀水锤防护特性的主要影响参数分析及优化 [J]. 农业机械学报, 40(6): 85–89.

鲁春霞, 张耀军, 成升魁等. 2003. 黄河大柳树水利工程开发的机会成本分析 [J]. 水利学报, (10): 124–128.

陆金甫, 关冶. 2004. 偏微分方程数值解法 (第二版)[M]. 北京: 清华大学出版社.

陆永军, 窦国仁, 韩龙喜等. 2004. 三维紊流悬沙数学模型及应用 [J]. 中国科学 (E 辑), 34(3): 311–328.

陆永军, 张华庆. 1993. 平面二维河床变形的数值模拟 [J]. 水动力学研究与进展, 8(3): 273–284.

吕岁菊, 冯民权, 李春光. 2013a. 有压输水系统停泵水锤数值模拟及其防护研究 [J]. 人民黄河, 35(11): 124–126.

吕岁菊, 冯民权, 李春光. 2013b. 天然连续弯道中水流运动的三维数值模拟 [J]. 水利水运工程学报, (5): 10–16.

吕岁菊, 冯民权, 李春光. 2014. 泵输水管线水锤数值模拟及其防护研究 [J]. 西北农林科技大学学报, 42(9): 219–226.

吕岁菊, 冯民权, 李春光. 2015. 黄河大柳树河段水流运动与河床冲淤特性精细实测数据初析 [J]. 水力发电学报, 34(1): 107–114.

毛艳艳, 闫观清, 毛艳民. 2011. 空气阀在长距离供水工程水锤防护中的作用 [J]. 人民黄河, 33(12): 123–125.

茅泽育, 张磊, 王永填等. 2003. 采用适体坐标变换方法数值模拟天然河道河冰过程 [J]. 冰川冻土, 25(增刊): 214 –219.

穆宏强. 1992. SCS 模型在石桥铺流域的应用研究 [J]. 水利学报, (10): 79–83, 89.

欧阳鹏飞. 2014. SIMPLE 类算法的收敛性研究 [D]. 银川: 北方民族大学硕士学位论文.

帕坦卡. 1989. 传热与流体流动的数值解法 [M]. 张政译. 北京: 科学出版社.

彭建平, 邵爱军. 2006. 土壤水盐运移数值模拟——三峡工程对长江河口地区土壤水盐动态影响评价 [J]. 中国农村水利水电, (2): 50–54.

齐顺迎. 2001. 渤海海冰数值模拟及其工程应用 [D]. 大连: 大连理工大学博士学位论文.

钱意颖, 曲少军, 曹文洪等. 1998. 黄河泥沙冲淤数学模型 [M]. 郑州: 黄河水利出版社.

乔云峰, 沈冰. 2001. 土壤溶质运移的微观机理模型研究 [J]. 西北水资源与水工程, 12(1): 6–7.

石元春, 辛德惠. 1983. 黄淮海平原的水盐运动和旱涝盐碱的综合治理 [M]. 河北人民出版社.

舒彩文, 谈广鸣. 2009. 河道冲淤量计算方法研究进展 [J]. 泥沙研究, 2009(4): 68–73.

孙建书, 余美. 2011. 不同灌排模式下土壤盐分动态模拟与评价 [J]. 干旱地区农业研究. 29(4): 157–164.

唐均, 张洪明, 王文全. 2010. 长距离有压输水管道系统水锤分析 [J]. 水电能源学, 28(2): 82–84.

陶文铨. 2001. 数值传热学 (第二版)[M]. 西安: 西安交通大学出版社.

陶文铨. 2009. 传热与流动问题的多尺度数值模拟 [M]. 北京: 科学出版社.

王福军. 2004. 计算流体动力学分析 [M]. 北京: 清华大学出版社.

王刚, 季顺迎, 吕和祥等. 2006. 粘弹 - 塑性海冰动力学本构模型中的 Drucker-Prager 屈服准则 [J]. 工程力学, 23(6): 154–161.

王光谦, 张红武, 夏军强. 2005. 游荡型河流河床演变及模拟 [M]. 北京: 科学出版社.

王军. 2004. 河冰形成和演变分析 [M]. 合肥: 合肥工业大学出版社.

王玲杰, 孙世群, 田丰. 2005. 河流水质模拟问题的探讨 [J]. 合肥工业大学学报 (自然科学版), 28(3): 260–265.

王晓燕. 2003. 非点源污染及其管理 [M]. 北京: 海洋出版社.

汪飞. 2013. SIMPLE 系列算法的 Fourier 分析及其改进的初步研究 [D]. 武汉大学博士学位论文.

魏文秋, 谢淑秦. 1992. 遥感资料在 SCS 模型产流计算中的应用 [J]. 环境遥感, (4), 243–250.

吴持恭. 2003. 水力学 (第三版)[M]. 北京: 高等教育出版社.

吴昊. 2006. 大镜山水库水动力学和水质耦合数值模型的研究 [D]. 南京: 南京航天航空大学博士学位论文.

吴修广. 2004. 曲线坐标系下水流和污染物扩散输移的湍流模型 [D]. 大连: 大连理工大学博士学位论文.

夏军强, 王光谦, 吴保生. 2005. 游荡型河流演变及其数值模拟 [M]. 北京: 中国水利水电出版社.

肖建英, 李永涛, 王丽等. 2007. 利用 Van Genuchten 模型拟合土壤水分特征曲线 [J]. 地下水, 29(5): 46–47.

谢永明. 1996. 环境水质模型概论 [M]. 北京: 中国科学技术出版社.

徐树方, 高立, 张平文. 2000. 数值线性代数 [M]. 北京: 北京大学出版社.

许婷. 2010. 丹麦 MIKE21 模型概述及应用实例 [J]. 水利科技与经济, 16(8): 867–869.

杨程. 2009. 同位网格中的 SIMPLER 算法研究及其在水沙运动数值模拟中的应用 [D]. 北方民族大学硕士学位论文.

杨程, 李春光, 景何仿等. 2013. 水洞沟水库二维水流运动数值模拟 [J], 水利水电科技进展, 33(6): 56–60.

杨国录. 1993. 河流数学模型 [M]. 北京: 海洋出版社.

杨国录, 吴伟民. 1994. SUSBED-2 动床恒定非均匀全沙模型 [J]. 水利学报, (4): 1–11.

杨开林. 1997. 电站与泵站中的水力瞬变及调节 [M]. 中国水利水电出版社.

杨开林. 2011. 控制输水管道瞬态液柱分离的空气阀调压室 [J]. 水利学报, 43(7): 805–811.

杨开林, 刘之平, 李桂芬等. 2002. 河道冰塞的模拟 [J]. 水利水电技术, 33(10): 40–47.

杨红梅, 徐海量, 牛俊勇. 2010. 干旱区滴灌条件下防护林次生盐渍化土壤水盐运移规律研究 [J]. 土壤学报, 47(5): 1023–1028.

杨金忠. 1986. 一维饱和与非饱和水动力弥散的实验研究 [J]. 水利学报, 3: 11–12.

杨录峰. 2008. 求解 Navier-Stokes 方程的 CLEAR 算法研究及其在水沙运动数值模拟中的应用 [D]. 北方民族大学硕士学位论文.

杨志峰. 2006. 环境水力学原理 [M]. 北京: 北京师范大学出版社.

余艳玲, 熊耀湘, 文俊. 2006. 降雨条件下旱地土壤水分运动的数值模拟 [J]. 中国农村水利水电, (11): 19–22.

赵文发, 张娉. 2004. 黑山峡河段开发方式经济性比较分析 [J]. 西北水电, (3): 40–43.

赵文娟, 李春光, 梁晨璟. 2014. 参数初始值对土壤水分特征曲线拟合模型的影响 [J]. 灌溉排水学报, 33(1): 34–38.

赵文娟, 李春光, 梁晨璟. 2014a. 参数初始值对宁夏银北地区土壤水分特征曲线拟合模型的影响 [J]. 灌溉排水学报, 33(1): 34–37,54.

赵文娟, 李春光, 梁晨璟. 2014b. 宁夏银北非饱和盐渍土水分特征曲线拟合研究 [J]. 人民黄河, 36 (1): 92–94.

张明亮, 沈永明. 2007. RNG k-ε 湍流模型在三维弯曲河流中的应用 [J], 水力发电学报, 26(5): 86–91.

张瑞瑾等. 1961. 河流动力学 [M]. 北京: 中国工业出版社.

张瑞瑾. 1998. 河流泥沙动力学 (第二版) [M]. 北京: 中国水利水电出版社.

张雅, 刘淑艳, 王保国. 2005. 雷诺应力模型在三维湍流流场数值计算中的应用 [J]. 航空动力学学报, 20(4): 572–576.

张展羽, 郭相平. 1998. 作物水盐动态响应模型 [J]. 水利学报, 12. 66–69.

张展羽, 郭相平. 1999. 作物土长条件卜农田水盐运移模型 [J]. 农业工程学报, 15(2): 70–72.

郑平. 2011. 冻土区埋地管道周围土壤水热力耦合作用的数值模拟 [D]. 北京: 中国石油大学博士学位论文.

钟德钰, 张红武, 王光谦. 2004. 冲积河流混合活动层内床沙级配变化的动力学基本方程 [J]. 水利学报, (9): 1–10.

钟德钰, 张红武, 张俊华等. 2009. 游荡型河流的平面二维水沙数学模型 [J]. 水利学报, 40(9): 1040–1047.

中国水利委员会. 1992. 泥沙手册 [M]. 北京: 中国环境科学出版社.

朱满林, 沈冰, 张言禾. 2007. 长距离压力输水工程水锤防护研究 [J]. 西安建筑科技大学学报, 39(1): 40–43.

朱庆平. 2005. 基于 GIS 的二维水沙数学模型及其在黄河下游应用的研究 [D]. 南京: 河海大学博士学位论文.

朱庆平, 芮孝芳. 2005. 基于 GIS 的黄河下游二维水沙数学模型水沙构件设计 [J]. 人民黄河, 27(3): 44–46.

Beltaos S. 1993. Numerical computation of river ice jams[J]. Canadian Journal of Civil Engineering, 20(1): 88–99.

Bruse RR, Klu A. The measurement of soil moisture diffusivity[J]. Soil Sic. Am. Proc, 1956(20): 458–462.

Chatwani AU, Turan A. 1991. Improved Pressure-Velocity Coupling Algorithm Based on Global Residual Norm [J]. Numer. Heat Transfer B, 20:115–123.

Chen CJ, Neshart-Naseri H, Ho KS. 1981. Finite analytic numerical simulation of heat transfer in two dimensional cavity flow[J]. Numerical Heattransfer,23(4):179–197.

Chen RF. 1986. Modeling of esturay hydrodynamics-A mixtures of are and science[C]. Proceedings of 3rd International Symp. On River sedimentation, the University of Mississippi.

Cheng YP, Lee TS, Low HT. 2007. Improvement of SIMPLER algorithm for incompressible flow on collocated grid system[J].Numerical Heat Transfer,51(5):463-486.

Dagan G, Bresler E. 1979. Solute dispersion in unsaturated heterogeneous soil at field scale: I. Theory [J]. Soil Sci. Soc. Am. J.,43:461–467.

Duan JG, Julien PY. 2010. Numerical simulation of meandering evolution [J]. Journal of Hydrology, 391: 34–46.

Feldman AD. 1981. HEC models for water resources system simulation: theory and experience [M]. The Hydraulic Engineering Center, Davis, California.

Flato GM, Gerard R. 1986. Calculation of ice jam profiles[A]. In Proceedings 4th Workshop on Hydraulics of River Ice[C]. Montreal,Quebec: IAHR.

Flato GM. 1987. Calculation of Ice Jam Profiles[D]. Ph D thesis, Alberta: University of Edmonton.

Flury M. 1998.Analytical solution for solute transport with depth-dependent transformation or sorption coefficients[J]. Water Resour. Res., 34(11): 2931–2937.

Fredlund DG, Xing AQ. 1994. Equations for the Soil Water Characteristic Curve[J]. Canadian Geotechnical Journal, 31: 521–532.

Harten A. 1983. High resolution schemes for hyperbolic conservation law [J]. Comput. Phys., 49: 357–393.

Harten A, Engquist B, Osher S, et al. 1987. Uniformly high order accurate essentially non-oscillatory schemes III [J].Comput.Phys,71: 231–303.

Hayase T, Humphrey JAC, Greif R. 1992. A consistently formulated Quick scheme for fast and stable convergence using finite-volume iterative calculation procedure [J]. Journal of Computational Physics, 98: 108–118.

HEC. 1979. Analysis of flow in ice covered streams using the computer program HEC-2[R]. Davis California: Hydrologic Engineering Center.

Hsu C. 1981. A curvilinear-coordinate method for momentum, heat and mass transfer of irregular geometry [D]. Ph D thesis, University of Minnesota.

Kang H, Choi SU. 2006. Reynolds stress modeling of rectangular open-channel flow [J]. Int. J. Numer. Meth. Fluids, 51: 1319–1334.

Jin YC, Kennedy JF. 1993. Moment model of nonuniform channel-bend flow [J]. Journal of Hydraulic Engineering (ASCE) 119 (1): 109–124.

Jing HF, Guo YK, Li CG, et al. 2009. Three-dimensional numerical simulation of compound meandering open channel flow by the Reynolds stress model [J]. International Journal for Numerical Methods in Fluids, 59: 927–943.

Jing HF, Li CG, Guo YK, et al. 2011. Numerical simulation of turbulent flows in trapezoidal meandering compound open channels [J]. Int. J. Numer. Mech. Fluids, 65: 1071–1083.

Jing HF, Li CG. 2012. Applications of Water Temperature Models to Water Diversion Open Channels. Advanced Material Research, 550–553: 2595–2599.

Jing HF, Li CG, Guo YK, et al. 2013. Modelling of sediment transport and bed deformation in rivers with continuous bends. Journal of Hydrology, 499: 224–235.

Jing HF, Li CG, Guo YK, et al. 2014. Numerical modeling of flow in continuous bends from Daliushu to Shapotou in Yellow River. Water Science and Engineering, 7(2): 194–207.

Jury WA. 1982. Simulation of solute transport using a transfer function model [J]. Water Resour. Res., 18(2): 363–368.

Lal AMW, Shen HT. 1991. Mathematical model for river ice processes [J]. J. Hydr. Engrg., ASCE, 117(7): 851–867.

Lal AMW, Shen HT. 1992. Numerical simulation of river ice dynamics[C]. Proceedings of the Third International Conference on Ice Technology, Massachusetts Institute of Technology, Massachusetts: Cambridge, 11–13.

Lapidus L, Amundson NR. 1952. Mathematics of adsorption in beds [J]. The Journal of Physical Chemistry, 56: 984–988.

Launder BE, Spalding DB. 1974. The numerical computation of turbulent flows [J]. Comp. Methods Appl. Mech. Eng., 3 (2): 269–289.

Li CG, Vuik C. 2004., Eigenvalue Analysis of the SIMPLE Preconditioning for Incompressi ble Flow, Numerical Linear Algebra with Applications, 11: 511–523.

Li CG, Jing HF, Lv SJ, et al. 2010. Numerical Simulation of Circulation Flow in Typical Bends of the Yellow River in Ningxia Reach, the 2010 IEEE International Conference on Computational and Information Sciences (ICCIS2010), Chengdu, China.

Li CG, Yang C. 2014. Study on the rules of sedimentation in Ningxia Shuidonggou Reservoir. Advanced Materials Research, 1044–1045: 438–443.

Lien HC, Hsieh TY, Yang JC, et al. 1999. Bend-flow simulation using 2D depth-averaged model[J]. Journal of Hydraulic Engineering (ASCE), 125(10): 1097–1108.

Lv SJ, Feng MQ. 2015. Three-dimensional Numerical Simulation of flow in Daliushu Reach of the Yellow River. International Journal of Heat and Technology, 33(1): 107–114.

Matousek V. 1984a. Regularity of the freezing up of the water surface and heat exchange between water body and water surface[C]. In proceedings of IAHR International Symposium on Ice, Hamburg, Germany, 1: 187–200.

Matousek V. 1984b. Types of ice run and conditions for their formulation[C]. Proceedings, IAHR International Symposium on Ice, Hamburge, 1: 315–327.

Meskat S, Ruppert J, Li HW. 1991. Three-dimensional automatic grid generation based on Delaunay tetrahedrization [C]. In: Arcilla A S, Hauser J, Eiseman P R, Thompson J F, eds. Numerical grid generation in computational fluid dynamics and related fields. Amsterdam: North-Holand. 653–841.

Michel B. 1966. Winter regime of rivers and lakes[R]. Cold Regions Science and Engineering Monograph III-Bla, Cold Regions Research and Engineering Laboratory, U.S. Army, Hanover, New Hampshire, U.S.A.

Michel B. 1984. Comparison of field data with theories on ice cover progression in large rivers[J]. Canadian Journal of Civil Engineering. 11(4): 798–814.

Mockus V. 1949. Estimation of total (and peak rates of) Survey Report Grand (Neosho) River Watershed [R]. Exhibit A of Appendix B. U.S. Dep. Agric (U. S. Gov. print. Office: Washington, D. C.).

Mohamad AA. 2011. Lattice Boltzmann Method Fundamentals and Engineering Applications with Computer Codes[M]. Springer, London.

Nagata N, Hosoda T, Muramoto Y. 2000. Numerical analysis of river channel processes with bank erosion[J]. Journal of Hydraulic Engineering (ASCE), 126 (4): 243–252.

Nezhikhovshiy RA. 1964. Coefficients of roughness of bottom surface on slush-ice cover. Soviet Hydrology, Washington, Am. Geoph. Union, 127–150.

Nielsen DR, Biggar JW. 1961. Miscible displacement in soils: I. Experiment information [J]. Soil Sci. Am. Pro. 25:1–5.

Nielsen DE, Biggar JW. 1962. Miscible displacement in soils: III. Theoretical consideration [J]. Soil Sci. Am. Pro. 26: 216–221.

Orlob GT. 1983. Mathematical Modeling of Water Quality: Streams, Lakes, and Reservoirs[M]. New York: John Willy & Sons.

Pariset E, Hausser R, Gagnon A. 1966. Formation of ice covers and ice jams in rivers[J]. Journal of the Hydraulic Division, ASCE, 92: 1–24.

Pernice M. 2000. A hybrid multigrid method for the steady-state incompressible Navier-Stokes [J]. Electronic Transaction on Numerical Analysis, (10): 74–91.

Prakash C. 1981. A finite element method predicting flow through ducts with arbitrary cross sections [D]. Ph D thesis, University of Minnesota.

Prinos P. 1993. Compound open flow with suspend sediments [C]. Advances in Hydro-Science and Engineering, Part B, USA, the University of Mississippi, 1: 1206–1214.

Ramseier RO. 1976. Growth and mechanical properties of river and lake ice[D]. D. Sc. Dissertation, Laval University, Quebec, Canada.

Ruther N, Olsen NRB. 2005. Three-dimensional modelling sediment transport in a narrow channel bend [J]. J Hydr. Eng. ASCE, 131 (10): 917–920.

She Y, Hicks F. 2006. Modeling ice jam release waves with consideration for ice effects [J].Cold Regions Science and Technology, 45(3): 137–147.

Shen HT, Lu S. 1996. Dynamics of River Ice Jam Release[C]. Proc. 8th Int. Conf. Cold Regions Engrg. Fairbanks: ASCE, 594–605.

Shen HT, Shen H, Tsai SM. 1990. Dynamic transport of river ice[J]. Journal of Hydraulic Research (IAHR) , 28 (6): 659–671.

Shen HT, Yapa PD. 1984. Computer Simulation of Ice Cover Formation in the Upper St. Lawrence River[C]. In proceedings of the 3th Workshopon Hydraulics of River Ice Fredericton: NRC press, 227–246.

Sijercic M, Belosevic S, Stevanovic Z. 2007. Simulation of free turbulent particle-laden jet using Reynolds-stress gas turbulence model [J]. Applied Mathematical Modelling, 31: 1001–1014.

Sugiyama H, Hitomi D, Saito T. 2006. Numerical analysis of turbulent structure in compound meandering open channel by algebraic Reynolds stress model [J]. International Journal for Numerical Methods in Fluids, 51: 791–818.

Tatinclaux JC, Cheng ST. 1978. Characteristics of river ice jams [C]. In proceedings of IAHR Symposium on Ice Problems, Lulea, Sweden, Part 2, 461–475.

Tatinclaux JC, Gogus M. 1981. Stability of floes below a floating cover [C]. In proceedings of. International Symposium on ice, IAHR, Quebec, Canada, Vol. I, 298–311.

Thomas PD, Middlecoeff JF. 1980. Direct control of the grid point distribution in meshes generated by elliptic equations[J]. AIAA J., 18: 652–656.

Tian ZF, Ge YB. 2003. A fourth-order compact finite diffence scheme for the steady stream function-vorticity formulation of the Navier-Stokes/Boussinesq equations[J]. International Journal for Numerical Methods in Fluids, 41(5): 495–518.

Urroz-Aguirre GE. 1988. Studies of ice jams in river bends [D]. Ph.D. Thesis of the Unversity of Iowa, Iowa City, USA.

Uzuner MS. 1975. Stability of ice blocks beneath an ice cover [C]. Proceeding of Third IAHR International Symposium on Ice Problems, Hanover, USA, 179–185.

van Genuchten M Th. A Closed-form Equation for Predicting the Hydraulic Conductivity of Unsaturated Soils[J]. Soil Sci. Soc. Am. J., 1980, 44(5): 892–898.

Vriend DHJ. 1981. Velocity redistribution in curved rectangular channels [J]. J. Fluid. Mech., 107: 423–439.

Worth NA, Yang Z. 2006. Simulation of an impinging jet in a cross flow using a Reynolds stress transport model [J]. Int. J. Numer. Meth. Fluids, 52: 199–211.

Xia JQ, Lin BL, Falconer RA, et al. 2010. Modelling dam-break flows over mobile beds using a 2D coupled approach [J]. Advances in Water Resources, 33: 171–183.

Yakhot V, Orzag SA. 1986. Renormalization group analysis of turbulence: basic theory [J]. J. Scient. Comput, 1: 3–11.

Yao DL, Zhu JS, Xie ZT, et al. 2001. Model on water-salt movement and application in field of arid land [J]. Journal of Desert Research, 21(3): 286–290.

Yapa PD, Shen HT. 1986. Unsteady flow simulation for an ice-covered river [J]. J. Hydr Div., ASCE, 112(11): 1036–1049.

Yu B,Tao W Q,Zhang D S, et al. 2001. Discussion on numerical stability and boundedness of convective discretized scheme[J]. Numerical Heat Transfer, Part B: Fundamentals, 40(4): 343–365.

Zheng LX, Li CG. 2013. Water quality evaluation of a pumped-storage reservoir in Ningxia, China. Applied Mechanics and Materials, 368–370: 350–355.

Zheng LX, Ran Y, Yang C, et al. 2014. Analysis of Water Quality and Control Countermeasures of Yazidang Reservoir in Ningxia, China. Advanced Materials Research, 1044–1045: 240–243.

Zufelt JE, Ettema R. 2000. Fully coupled model of ice-jam dynamics [J]. J. Cold Reg. Eng., 14(5): 24–41.

索　　引

A

爱因斯坦，　59

B

半耦合算法，　150
边界条件，　147
边界元法，　95
冰盖厚度，　320
冰凌，　17

C

层流，　8
乘方格式，　101
抽水型水库，　256
初始条件，　146
床沙级配，　50
垂线平均流速，　195
垂向二维水动力学数学模型，　45
垂向平均流速，　232

D

达西定律，　72
大柳树河段，　193
大涡模拟，　9
大涡模拟方法，　8
定解条件，　146
动边界处理，　148
动量插值，　117
对流有界性准则，　142

E

二次流，　232
二阶迎风格式，　101

F

非结构网格，　94
分离式计算方法，　149
傅里叶变换，　125

G

冈恰洛夫公式，　56
冈恰洛夫早期推移质输沙率公式，　59
高分辨率组合格式，　140
高精度格式，　101
公式，　59
供水工程，　307
归正变量，　141

H

含沙量，　53
河床变形，　47
河猫，　185
湖库水温模型，　63
黄河干支流水流挟沙力公式，　53
恢复饱和系数，　61
回声测深仪，　185
混合长度理论，　12
混合格式，　101

J

激光测距仪，　185
激光粒度分析仪，　185
结构网格，　93

K

科里奥利力，　39

L

雷诺数， 9
李义天二维水流挟沙力公式， 53
理查森和扎基公式， 57
粒径， 47

M

曼宁系数， 50
梅叶 - 彼得公式， 58
明渠， 28
明兹公式， 57

N

泥沙沉速， 56
泥沙扩散系数， 60
泥沙粒径， 54, 265
泥沙数学模型， 16
黏性系数， 33
宁夏银北试验区， 351
浓度分布， 294

O

耦合式计算， 150

P

平面二维水动力学数学模型， 42

R

溶解氧， 62

S

三维激光扫描仪， 187
沙莫夫公式， 59
沙坡头河段， 188
沙玉清公式， 56
沙玉清水流挟沙力公式， 52
声学多普勒流速剖面仪， 185
事故停泵， 339
适体坐标变换， 42, 98
收敛性分析， 128
输冰数学模型， 84
数值模拟， 5
水锤， 26
水锤数值模拟， 338
水洞沟水库， 258
水库淤积， 257
水力坡降， 58
水流数学模型， 14
水流挟沙力， 51
水质， 18
水质数学模型， 69
松弛因子， 113

T

特征线法， 95, 325
天宝 RTK， 185
同位网格， 109
土壤含水率， 73
土壤水动力， 73
土壤水动力弥散系数， 79
土壤水分特征曲线， 76
土壤水扩散率， 72
土壤水盐， 20
土壤水盐运移数学模型， 71
推移质， 48

W

弯道环流， 44
紊流， 8
紊流模型， 12

X

悬移质， 48

Y

压力膜法， 342
杨志达水流挟沙力公式， 52
一阶迎风， 101

引水明渠，308
有限差分法，93
有限分析法，94
有限体积法，94
有限元法，93

Z

扎马林渠道水流挟沙力公式，53
张红武水流挟沙力公式，53
张瑞瑾公式，57, 59
张瑞瑾水流挟沙力公式，52
直接模拟，8
指数格式，101
中心差分，101
中值粒径，55

其他

Chezy 系数，44
CLEAR 算法，115
Delft3D，164
FLUENT，152
Gauss 散度定理，101
k- 模型，35
Karman 常数，44
Navier.Stokes 方程，31
Navier-Stokes 方程，22
QUICK 格式，101
Reynolds 平均法，8
Reynolds 时，34
Reynolds 应力，34
SIMPLE 类算法，110
SIMPLEC 算法，114
SIMPLER 算法，114
Stokes 公式，56
TDMA 算法，135

《信息与计算科学丛书》已出版书目

1 样条函数方法 1979.6 李岳生 齐东旭 著
2 高维数值积分 1980.3 徐利治 周蕴时 著
3 快速数论变换 1980.10 孙 琦等 著
4 线性规划计算方法 1981.10 赵凤治 编著
5 样条函数与计算几何 1982.12 孙家昶 著
6 无约束最优化计算方法 1982.12 邓乃扬等 著
7 解数学物理问题的异步并行算法 1985.9 康立山等 著
8 矩阵扰动分析 1987.2 孙继广 著
9 非线性方程组的数值解法 1987.7 李庆扬等 著
10 二维非定常流体力学数值方法 1987.10 李德元等 著
11 刚性常微分方程初值问题的数值解法 1987.11 费景高等 著
12 多元函数逼近 1988.6 王仁宏等 著
13 代数方程组和计算复杂性理论 1989.5 徐森林等 著
14 一维非定常流体力学 1990.8 周毓麟 著
15 椭圆边值问题的边界元分析 1991.5 祝家麟 著
16 约束最优化方法 1991.8 赵凤治等 著
17 双曲型守恒律方程及其差分方法 1991.11 应隆安等 著
18 线性代数方程组的迭代解法 1991.12 胡家赣 著
19 区域分解算法——偏微分方程数值解新技术 1992.5 吕 涛等 著
20 软件工程方法 1992.8 崔俊芝等 著
21 有限元结构分析并行计算 1994.4 周树荃等 著
22 非数值并行算法(第一册)模拟退火算法 1994.4 康立山等 著
23 矩阵与算子广义逆 1994.6 王国荣 著
24 偏微分方程并行有限差分方法 1994.9 张宝琳等 著
25 非数值并行算法(第二册)遗传算法 1995.1 刘 勇等 著
26 准确计算方法 1996.3 邓健新 著
27 最优化理论与方法 1997.1 袁亚湘 孙文瑜 著
28 黏性流体的混合有限分析解法 2000.1 李 炜 著
29 线性规划 2002.6 张建中等 著
30 反问题的数值解法 2003.9 肖庭延等 著
31 有理函数逼近及其应用 2004.1 王仁宏等 著
32 小波分析·应用算法 2004.5 徐 晨等 著
33 非线性微分方程多解计算的搜索延拓法 2005.7 陈传淼 谢资清 著
34 边值问题的Galerkin有限元法 2005.8 李荣华 著
35 Numerical Linear Algebra and Its Applications 2005.8 Xiao-qing Jin, Yi-min Wei
36 不适定问题的正则化方法及应用 2005.9 刘继军 著

37 Developments and Applications of Block Toeplitz Iterative Solvers 2006.3 Xiao-qing Jin
38 非线性分歧：理论和计算 2007.1 杨忠华 著
39 科学计算概论 2007.3 陈传淼 著
40 Superconvergence Analysis and a Posteriori Error Estimation in Finite Element Methods 2008.3 Ningning Yan
41 Adaptive Finite Element Methods for Optimal Control Governed by PDEs 2008.6 Wenbin Liu Ningning Yan
42 计算几何中的几何偏微分方程方法 2008.10 徐国良 著
43 矩阵计算 2008.10 蒋尔雄 著
44 边界元分析 2009.10 祝家麟 袁政强 著
45 大气海洋中的偏微分方程组与波动学引论 2009.10 〔美〕Andrew Majda 著
46 有限元方法 2010.1 石钟慈 王 鸣 著
47 现代数值计算方法 2010.3 刘继军 编著
48 Selected Topics in Finite Elements Method 2011.2 Zhiming Chen Haijun Wu
49 交点间断Galerkin方法：算法、分析和应用 〔美〕Jan S. Hesthaven T. Warburton 著 李继春 汤 涛 译
50 Computational Fluid Dynamics Based on the Unified Coordinates 2012.1 Wai-How Hui Kun Xu
51 间断有限元理论与方法 2012.4 张 铁 著
52 三维油气资源盆地数值模拟的理论和实际应用 2013.1 袁益让 韩玉笈 著
53 偏微分方程外问题——理论和数值方法 2013.1 应隆安 著
54 Geometric Partial Differential Equation Methods in Computational Geometry 2013.3 Guoliang Xu Qin Zhang
55 Effective Condition Number for Numerical Partial Differential Equations 2013.1 Zi-Cai Li Hung-Tsai Huang Yimin Wei Alexander H.-D. Cheng
56 积分方程的高精度算法 2013.3 吕 涛 黄 晋 著
57 能源数值模拟方法的理论和应用 2013.6 袁益让 著
58 Finite Element Methods 2013.6 Shi Zhongci Wang Ming 著
59 支持向量机的算法设计与分析 2013.6 杨晓伟 郝志峰 著
60 后小波与变分理论及其在图像修复中的应用 2013.9 徐 晨 李 敏 张维强 孙晓丽 宋宜美 著
61 统计微分回归方程——微分方程的回归方程观点与解法 2013.9 陈乃辉 著
62 环境科学数值模拟的理论和实际应用 2014.3 袁益让 芮洪兴 梁 栋 著
63 多介质流体动力学计算方法 2014.6 贾祖朋 张树道 蔚喜军 著
64 广义逆的符号模式 2014.7 卜长江 魏益民 著
65 医学图像处理中的数学理论与方法 2014.7 孔德兴 陈韵梅 董芳芳 楼 琼 著
66 Applied Iterative Analysis 2014.10 Jinyun Yuan 著
67 偏微分方程数值解法 2015.1 陈艳萍 鲁祖亮 刘利斌 编著
68 并行计算与实现技术 2015.5 迟学斌 王彦棡 王 珏 刘 芳 编著
69 高精度解多维问题的外推法 2015.6 吕 涛 著

70 分数阶微分方程的有限差分方法 2015.8 孙志忠 高广花 著

71 图像重构的数值方法 2015.10 徐国良 陈 冲 李 明 著

72 High Efficient and Accuracy Numerical Methods for Optimal Control Problems 2015.11 Chen Yanping Lu Zuliang

73 Numerical Linear Algebra and Its Applications (Second Edition) 2015.11 Jin Xiao-qing Wei Yi-min Zhao Zhi

74 分数阶偏微分方程数值方法及其应用 2015.11 刘发旺 庄平辉 刘青霞 著

75 迭代方法和预处理技术(上册) 2015.11 谷同祥 安恒斌 刘兴平 徐小文 编著

76 迭代方法和预处理技术(下册) 2015.11 谷同祥 刘兴平 安恒斌 徐小文 杭旭登 编著

77 Effective Condition Number for Numerical Partial Differential Equations (Second Edition) 2015.11 Li Zi-Cai Huang Hung-Tsgi Wei Yi-min Cheng Alexander H.-D.

78 扩散方程计算方法 2015.11 袁光伟 盛志强 杭旭登 姚彦忠 常利娜 岳晶岩 著

79 自适应 Fourier 变换：一个贯穿复几何，调和分析及信号分析的数学方法 2015.11 钱 涛 著

80 Finite Element Language and Its Applications I 2015.11 Liang Guoping Zhou Yongfa

81 Finite Element Language and Its Applications II 2015.11 Liang Guoping Zhou Yongfa

82 水沙水质类水利工程问题数值模拟理论与应用 2015.11 李春光 景何仿 吕岁菊 杨 程 赵文娟 郑兰香 著